SÄCHSISCHE AKADEMIE DER WISSENSCHAFTEN
ZU LEIPZIG

JAHRBUCH

1971—1972

MIT 11 TAFELN UND 4 ABBILDUNGEN

AKADEMIE-VERLAG · BERLIN
1974

Nach dem Stand vom 31. Dezember 1972
Manuskript eingeliefert am 23. April 1973
Druckfertig erklärt am 23. Februar 1974

Im Auftrage der Akademie
bearbeitet und herausgegeben
von Gerald Wiemers

Erschienen im Akademie-Verlag, 108 Berlin, Leipziger Str. 3–4

Lizenznummer: 202 · 100/203/74
Gesamtherstellung: VEB Druckhaus „Maxim Gorki", 74 Altenburg
Bestellnummer: 752 506 6 (1011/71-72) · LSV 0725
Printed in GDR

EVP 60,–

INHALT

PRÄSIDIUM

Präsident
Schwabe, Kurt, em. Prof. Dr.-Ing., Dr. rer. nat. h. c.

Vizepräsident
Lehmann, Edgar, em. Prof. Dr. phil., Dr.-Ing. e. h.

Sekretar der mathematisch-naturwissenschaftlichen Klasse
Neef, Ernst, em. Prof. Dr. phil.

Stellvertr. Sekretar der mathematisch-naturwissenschaftlichen Klasse
Emmrich, Rolf, Prof. Dr. med.

Sekretar der philologisch-historischen Klasse
Große, Rudolf, Prof. Dr. phil.

Stellvertr. Sekretar der philologisch-historischen Klasse
Jahn, Johannes, em. Prof. Dr. phil., Dr. phil. h. c.

Lösche, Artur, Prof. Dr. phil.

SATZUNG DER AKADEMIE

siehe Jahrbuch 1969—1970 (Berlin 1972) S. 9—13

EHRUNG

Die Moritz-Wilhelm-Drobisch-Medaille der Akademie erhielt Herr Professor Max Seydewitz, Generaldirektor der Staatlichen Kunstsammlung in Dresden, in Anerkennung seiner Verdienste um die Wiedereröffnung der Sächsischen Akademie der Wissenschaften zu Leipzig am 8. Dezember 1948.

ARCHIV

701 Leipzig, Goethestraße 3—5, Tel. 22886
Archivare: Dipl. phil. Elisabeth Lea und Diplom-Archivar/Diplom-Historiker Gerald Wiemers

BIBLIOTHEK

Bibliothekar im Nebenamt: Dr. Dietmar Debes, wissenschaftlicher Bibliothekar an der Universitätsbibliothek Leipzig, 701 Leipzig, Beethovenstraße 6, Tel. 34391
Bibliothekarin im Nebenamt: Jutta Sporleder
Magazinverwalter: Paul Tottermusch

VERWALTUNG UND SEKRETARIAT

701 Leipzig, Goethestraße 3—5, Tel. 26090
Verwaltungsleiterin: Gerda Rüprich
Hauptsachbearbeiterin: Christine Meister-Bodenburg, Ruth Keitel
Angestellte: Hilda Hilse, Heinz Kunze

VERLAG DER AKADEMIE

Akademie-Verlag GmbH, 108 Berlin, Leipziger Straße 3—4, Tel. 220441

VERTRAGSHEIM DER AKADEMIE

Kurhaus Masserberg, Tel. Masserberg/Thür. 221

MITGLIEDER

(Die eingeklammerten Zahlen bedeuten das Datum der Zuwahl)

Ordentliche Mitglieder der mathematisch-naturwissenschaftlichen Klasse

Arland, Anton, Dr. phil., Dr. agr. h. c. (Leipzig), em. Professor mit Lehrstuhl für Acker- und Pflanzenbau an der Karl-Marx-Universität Leipzig, Träger des Vaterländischen Verdienstordens, der Ehrennadel der Karl-Marx-Universität Leipzig und der Goldenen Medaille der Fürstlich Jablonowskischen Gesellschaft der Wissenschaften, Mitglied der Kommission für spezielle Umweltprobleme und der Poggendorff-Kommission der Akademie, em. o. Mitglied der Akademie der Landwirtschaftswissenschaften der DDR, Mitglied des Präsidiums der Deutsch-Arabischen Gesellschaft in Berlin, des Wissenschaftlichen Rates der Internationalen Gesellschaft für Nahrungs- und Vitalstoff-Forschung in Hannover, aktives Mitglied der Société Française des Physiologie Végétale in Paris, geb. 20. VII. 1895 in Eisenbrod, 705 Leipzig, Holsteinstraße 27, Tel. im Institut 68500 (1. VII. 1948).

Berg, Hermann, Dr. rer. nat., Prof. für physikalische Chemie an der Akademie der Wissenschaften der DDR, Zentralinstitut für Mikrobiologie und experimentelle Therapie in Jena, Inhaber der Heyrovsky-Medaille des Heyrovsky-Instituts für Polarographie der Tschechoslowakischen Akademie der Wissenschaften in Prag, Mitglied der Gesellschaft für mathematische und physikalische Biologie der Deutschen Demokratischen Republik, der International Society of Electrochemistry (ISE) und des Comité International de Photobiologie (CIP), geb. 16. VII. 1924 in Greifswald, 69 Jena, Greifbergstraße 15, Tel. 24817 (28. VI. 1971).

Brednow, Walter, Dr. med., Dr. med. h. c. (Tübingen), em. Professor mit Lehrstuhl für innere Medizin an der Friedrich-Schiller-Universität Jena, Obermedizinalrat, Mitglied der Deutschen Akademie der Naturforscher Leopoldina in Halle, der Gesellschaft Deutscher Naturforscher und Ärzte in Bonn und der Internationalen Gesellschaft für Innere Medizin, Ehrenmitglied der Gesellschaft für Innere Medizin an der Friedrich-Schiller-Universität Jena, der Deutschen Gesellschaft für Innere Medizin in Wiesbaden, der Nordwestdeutschen Gesellschaft für Innere Medizin in Hamburg, der Deutschen Gesellschaft für Klinische Medizin, Sektion Innere Medizin, in Leipzig und der Medizinisch-wissenschaftlichen Gesellschaft Eichsfelder Ärzte, geb. 13. II. 1896 in Berlin, 69 Jena, Dornbluthweg 1, Tel. 25148 (5. XII. 1960).

Buchheim, Wolfgang, Dr. phil., Professor mit Lehrstuhl für theoretische Physik der Bergakademie Freiberg, Mitglied der Kommission für spezielle Umweltprobleme der Akademie und der Deutschen Akademie der Naturforscher Leopoldina in Halle, Mitglied im Wissenschaftlichen Beirat des Zentralinstituts für Physik der Erde der Akademie der Wissenschaften der DDR und der problemgebundenen Klasse „Optimale Gestaltung der Umweltbedingungen" dieser Akademie, Mitglied der Permanenten Kommission für die Festerdegezeiten der Internationalen Association für Geodäsie in Strasbourg und des Nationalkomitees für Geodäsie und Geophysik der Deutschen Demokratischen Republik, geb. 18. X. 1909 in Leipzig, 92 Freiberg (Sachsen), Richard-Wagner-Straße 25, Tel. 21 32 (7. XII. 1959).

Drischel, Hans, Dr. med., o. Professor für Physiologie an der Karl-Marx-Universität Leipzig, Nationalpreisträger, o. Mitglied der Akademie der Wissenschaften der DDR, der Deutschen Akademie der Naturforscher Leopoldina in Halle, der New York Academy of Sciences, Member of the Council IUPS (International Union of Physiological Sciences), geb. 8. VI. 1915 in Köln, 7027 Leipzig, Güldengossaer Straße 33, Tel. 80923 (7. XII. 1964).

Emmrich, Rolf, Dr. med., o. Professor für innere Medizin an der Karl-Marx-Universität Leipzig, Mitglied der Kommission für spezielle Umweltprobleme der Akademie, der Deutschen Akademie der Naturforscher Leopoldina in Halle, der Internationalen Gesellschaft für Innere Medizin in Basel, der Gesellschaft für Experimentelle Medizin in der Deutschen Demokratischen Republik in Berlin, des International College of Angiology in New York, Ehrenmitglied der Gesellschaft für Innere Medizin in der Deutschen Demokratischen Republik, geb. 26. VIII. 1910 in Freiberg (Sachsen), 7027 Leipzig, Naunhofer Straße 22, Tel. 82120 (11. XII. 1961).

Eßbach, Hasso, Dr. med., o. Professor für pathologische Anatomie an der Medizinischen Akademie Magdeburg und an der Deutschen Akademie für Ärztliche Fortbildung Berlin, Träger des Vaterländischen Verdienstordens, Inhaber des Rudolf-Virchow-Preises des Ministeriums für Gesundheitswesen in der Deutschen Demokratischen Republik, Mitglied der Deutschen Gesellschaft für Pathologie in Münster, der Gesellschaft für Experimentelle Medizin in der Deutschen Demokratischen Republik in Berlin, der Deutschen Gesellschaft für Elektronenmikroskopie in Düsseldorf, des Nationalkomitees der Deutschen Demokratischen Republik zur Erforschung und Bekämpfung der Poliomyelitis und verwandter Erkrankungen in Berlin, geb. 9. III. 1909 in Chemnitz, 3271 Möser über Burg bei Magdeburg, Kastanienallee 3, Tel. 274 (24. V. 1965).

Freimuth, Ulrich, Dr. rer. nat., Prof. für analytische Biochemie und Lebensmittelchemie an der TU Dresden, Inhaber der Verdienstmedaille der Deutschen Demokratischen Republik, Mitglied der Chemischen Gesellschaft in der DDR, Vorsitzender des Fachverbandes Lebensmittelchemie dieser Gesellschaft, Mitglied der Biochemischen Gesellschaft und der Gesellschaft für Ernährung in der Deutschen

Demokratischen Republik, geb. 16. X. 1914 in Wismar, 8020 Dresden, Bernerstraße 1, Tel. 40644 (28. VI. 1971).

Gersch, Manfred, Dr. phil., o. Professor für Zoologie an der Friedrich-Schiller-Universität Jena, Nationalpreisträger, Inhaber des Heinrich-Greif-Preises der Deutschen Demokratischen Republik, Mitglied der Kommission für spezielle Umweltprobleme der Akademie, o. Mitglied der Akademie der Wissenschaften der DDR, Mitglied der Deutschen Akademie der Naturforscher Leopoldina in Halle, Ehrenmitglied der Entomologischen Gesellschaft der UdSSR, geb. 12. VIII. 1909 in Dresden, 69 Jena, Beethovenstraße 8, Tel. 23518 (11. XII. 1961).

Görlich, Paul, Dr.-Ing., Dr. rer. nat. h. c. (Leipzig), Professor mit Lehrauftrag für Festkörperphysik an der Friedrich-Schiller-Universität Jena, Nationalpreisträger, Verdienter Techniker des Volkes, Inhaber des Vaterländischen Verdienstordens in Silber und der Lenin-Erinnerungsmedaille des Obersten Sowjets der UdSSR, Mitglied der Kommission für spezielle Umweltprobleme der Akademie, o. Mitglied der Akademie der Wissenschaften der DDR, em. Direktor am Institut für Optik und Spektroskopie dieser Akademie, Mitglied der Deutschen Akademie der Naturforscher Leopoldina in Halle, Vorstandsmitglied der Physikalischen Gesellschaft der Deutschen Demokratischen Republik, der Deutschen Gesellschaft für Meßtechnik und Automatisierung und der Internationalen Gesellschaft für Photogrammetrie in der Deutschen Demokratischen Republik, Mitglied der Royal Microscopical Society in London—Oxford, geb. 7. X. 1905 in Dresden, 69 Jena, Humboldtstraße 26, Tel. 24496 (15. III. 1965).

Hanson, Horst, Dr. med., o. Professor für Biochemie, Direktor des physiologisch-chemischen Instituts der Martin-Luther-Universität Halle—Wittenberg, Inhaber der Carus-Medaille der Deutschen Akademie der Naturforscher Leopoldina und des Carus-Preises der Stadt Schweinfurt (1970), Mitglied der Deutschen Akademie der Naturforscher Leopoldina in Halle, Generalsekretär und Präsidiumsmitglied dieser Akademie, geb. 5. VI. 1911 in Lauchhammer, 4014 Halle (Saale), Straße der Deutsch-Sowjetischen Freundschaft Nr. 93, Tel. 29324 (7. XII. 1959).

Hein, Franz, Dr. phil., Dr. rer. nat. h. c. (Freiburg i. Br. und Rostock), em. Professor mit Lehrstuhl für anorganische Chemie an der Friedrich-Schiller-Universität Jena, Nationalpreisträger, Hervorragender Wissenschaftler des Volkes, Inhaber der Clemens-Winkler-Medaille der Chemischen Gesellschaft in der Deutschen Demokratischen Republik und der Alexander-von-Humboldt-Gedenkmedaille der Deutschen Demokratischen Republik, o. Mitglied der Akademie der Wissenschaften der DDR, em. Direktor der Forschungsstelle für Komplexchemie dieser Akademie, Mitglied der Deutschen Akademie der Naturforscher Leopoldina in Halle, korresp. Mitglied der Heidelberger Akademie der Wissenschaften, Ehrenmitglied der Chemischen Gesellschaft in der Deutschen Demokratischen Republik und Ehrenmitglied auf Lebenszeit der New York Academy of Sciences, geb. 30. VI. 1892 in Grötzingen b. Karlsruhe (Baden), 69 Jena, Gutenbergstraße 5, Tel. im Institut 23472 u. 22578, App. 262 (7. V. 1951).

Hertz, Gustav, Dr. phil., Dr. rer. nat. h. c. (Berlin und Leipzig), Dr.-Ing. E. h. (Dresden), em. Professor mit Lehrstuhl für Physik an der Karl-Marx-Universität Leipzig, Nobel-, Staats-(UdSSR) und Nationalpreisträger, Hervorragender Wissenschaftler des Volkes, Träger des Vaterländischen Verdienstordens und des Ordens ‚Banner der Arbeit', der Max-Planck-Medaille des Verbandes Deutscher Physikalischer Gesellschaften, der Helmholtz-Medaille der Akademie der Wissenschaften der DDR, der Alexander-von-Humboldt-Gedenkmedaille der Deutschen Demokratischen Republik und der Ernst-Moritz-Arndt-Medaille des Nationalrates der Nationalen Front des Demokratischen Deutschland, Ehrenmitglied des Forschungsrates der Deutschen Demokratischen Republik, o. Mitglied der Akademie der Wissenschaften der DDR und der Tschechoslowakischen Akademie der Wissenschaften in Prag, korresp. Mitglied der Akademie der Wissenschaften in Göttingen, auswärt. Mitglied der Akademie der Wissenschaften der UdSSR in Moskau, Mitglied der Deutschen Akademie der Naturforscher Leopoldina in Halle, Ehrenmitglied der Ungarischen Akademie der Wissenschaften in Budapest und der Rumänischen Akademie der Wissenschaften in Bukarest, geb. 22. VII. 1887 in Hamburg, 117 Berlin, Lienhardweg 47, Tel. 674483 (24. I. 1955).

Keller, Ott-Heinrich, Dr. phil. nat., em. o. Professor für Mathematik an der Martin-Luther-Universität Halle—Wittenberg, Nationalpreisträger, Mitglied der Deutschen Akademie der Naturforscher Leopoldina in Halle, geb. 22. VI. 1906 in Frankfurt (Main), 402 Halle (Saale), Dölauer Straße 82, Tel. 31480 (15. IX. 1958).

Lösche, Artur, Dr. phil. o. Professor für experimentelle Physik an der Karl-Marx-Universität Leipzig, Nationalpreisträger, o. Mitglied der Akademie der Wissenschaften der DDR, Mitglied des Vorstandes und gegenwärtig Präsident der Groupement AMPERE (Internationale Gesellschaft für HF-Spektroskopie), geb. 20. X. 1921 in Leipzig, 7027 Leipzig, Egon-Erwin-Kisch-Weg 35, Tel. 81932 (24. V. 1965).

Lueken, Bernd Lüder, Dr. med., o. Professor für Physiologie an der Martin-Luther-Universität Halle—Wittenberg, Mitglied der Deutschen Akademie der Naturforscher Leopoldina in Halle, der Gesellschaft für theoretische Medizin und Grenzgebiete Sachsen-Anhalt und der Gesellschaft der Physiologen in der Deutschen Demokratischen Republik, geb. 8. VIII. 1908 in Rüstringen (Oldenburg), 402 Halle (Saale), Rathenauplatz 14, Tel. 26501 (7. XII. 1964).

Maier, Wilhelm, Dr. phil., em. Professor mit Lehrstuhl für Mathematik an der Friedrich-Schiller-Universität Jena, korresp. Mitglied der Heidelberger Akademie der Wissenschaften, geb. 4. I. 1896 in Neuenbürg (Schwarzwald), 402 Halle (Saale), Wilhelm-Külz-Straße 16 (5. XII. 1960).

Matzen, Peter Friedrich, Dr. med., o. Professor für Orthopädie an der Karl-Marx-Universität Leipzig, Verdienter Arzt des Volkes, Inhaber der Priorev-Medaille, Mitglied der Deutschen Akademie der Naturforscher Leopoldina in Halle und Senator dieser Akademie, Mitglied der Société Internationale de Chirurgie orthopédique et de Traumatologie in Brüssel, Ehrenmitglied der Bulgarischen Orthopädischen Gesellschaft und der Vereinigung der Orthopäden Österreichs in Wien, korresp. Mitglied der Società Italiana di Ortopedia e Traumatologia in Rom, Fellow of the International College of Surgeons in Chicago, Mitglied des Vorstandes der Deutschen Orthopädischen Gesellschaft und der Gesellschaft für Orthopädie in der Deutschen Demokratischen Republik, geb. 11.X. 1909 in München, 701 Leipzig, Semmelweisstraße 10, Tel. 82623, App. 336 (7. XII. 1964).

Mothes, Kurt, Dr. phil., Dr. med. h. c. (Halle—Wittenberg), Dr. agr. h. c. (Kiel), Dr. phil. h. c. (Wien), Dr. rer. nat. h. c. (Halle—Wittenberg), Dr. pharm. h. c. (Szeged/Ungarn), em. Professor mit Lehrstuhl für Botanik, Pharmakognosie und Biochemie der Pflanzen an der Martin-Luther-Universität Halle—Wittenberg, Nationalpreisträger, Hervorragender Wissenschaftler des Volkes, Träger des Vaterländischen Verdienstordens, Inhaber des Ordens ‚Banner der Arbeit', der Cothenius-Medaille der Deutschen Akademie der Naturforscher Leopoldina, der Döbereiner-Medaille der Pharmazeutischen Gesellschaft der Deutschen Demokratischen Republik, der Otto-Warburg-Medaille der Gesellschaft für Physiologische Chemie in Berlin—Dahlem, der Carl-Mannich-Medaille der Deutschen Pharmazeutischen Gesellschaft Berlin, der Hoest-Madsen-Medaille der Fédération Internationale Pharmaceutique, der Gregor-Mendel-Medaille der Tschechoslowakischen Akademie der Wissenschaften, der Pazmany-Medaille der Universität Budapest, der Paul-Karrer-Medaille der Universität Zürich, der August-Kekulé-Medaille der Chemischen Gesellschaft in der Deutschen Demokratischen Republik, der Charles Reid-Barnes Honorary Life Membership of the American Society of Plant Physiologists, Mitglied der Kommission für spezielle Umweltprobleme und der Poggendorff-Kommission der Akademie, Präsident der Deutschen Akademie der Naturforscher Leopoldina in Halle, o. Mitglied der Akademie der Wissenschaften der DDR und em. Direktor des Instituts für Biochemie der Pflanzen dieser Akademie, korresp. Mitglied der Heidelberger Akademie der Wissenschaften, der Bayerischen Akademie der Wissenschaften in München, der Österreichischen Akademie der Wissenschaften in Wien, der Rumänischen Akademie der Wissenschaften in Bukarest, der Rajasthan Academy of Scienses in Pilani (Indien) und der Kungl. Vetenskaps-Societen in Uppsala, ausländisches Mitglied der Akademie der Wissenschaften der UdSSR, Ehrenmitglied der mathematisch-naturwissenschaftlichen Klasse der Österreichischen Akademie der Wissenschaften in Wien, der Ungarischen Akademie der Wissenschaften in Budapest, des Gesamtverbandes der Ungarischen Medizinisch-Wissenschaftlichen Gesellschaften in Budapest und der American Society of Plant Physiologists in Ithaca, Mitglied der American Society of Pharmacognosy in Storrs/Conn., der American Chemical Society in Washington, der Fédération Internationale Pharmaceutique in Amsterdam, der British Society for Experimental Biology in London, der Japanese Society of Plant Physiologists in Tokio, der Societas Physiologiae Plantarum Scandinavica in Lund, der Deutschen Arzneibuch-Kommission in Berlin und des Kuratoriums der Flückiger-Stiftung in Bern, Ehrenmitglied der Deutschen Vereinigung für angewandte Botanik in Berlin-Dahlem, der Indian Society of Plant Physiologists in New Delhi, der Indian Botanical Society in Bombay, der Sowjetischen Botanischen Allunionsgesellschaft in Leningrad, der Biologischen Gesellschaft der Deutschen Demokratischen Republik, der Gesellschaft für Arzneipflanzenforschung (Camberg, BRD) und der Gesellschaft Deutscher Chemiker der Bundesrepublik Deutschland, geb. 3. XI. 1900 in Plauen (Vogtland), 40 Halle (Saale), Hoher Weg 23, Tel. 21717 (10. V. 1954).

Neef, Ernst, Dr. phil., em. o. Professor für Geographie an der Technischen Universität Dresden, Inhaber der Verdienstmedallie der Deutschen Demokratischen Republik, der Hermann-Haack-Medaille der Geographischen Gesellschaft in der Deutschen Demokratischen Republik, der Verdienstmedaille der Polnischen Geographischen Gesellschaft, Vorsitzender der Kommission für spezielle Umweltprobleme und der Poggendorff-Kommission der Akademie, Mitglied der Deutschen Akademie der Naturforscher Leopoldina in Halle, Ehrenmitglied der Geographischen Gesellschaft in Wien und der Ungarischen Geographischen Gesellschaft in Budapest, korresp. Mitglied der Geographischen Gesellschaft in München, geb. 16. IV. 1908 in Dresden, 8020 Dresden, Wiener Straße 71, Tel. 473379 (17. XI. 1956).

Obenaus, Fritz, Dr.-Ing., em. Professor mit Lehrstuhl für Hochspannungstechnik an der Technischen Universität Dresden, Nationalpreisträger, Verdienter Techniker des Volkes, Träger des Vaterländischen Verdienstordens, o. Mitglied der Akademie der Wissenschaften der DDR, geb. 9. XII. 1904 in Niedersedlitz, 8020 Dresden, Donndorfstraße 37, Tel. 41331 (7. XII. 1959).

Rammler, Erich, Dr.-Ing., Dr.-Ing. E. h. (Aachen), em. Professor mit Lehrstuhl für Brennstofftechnik, Wärmewirtschaft und Brikettierung an der Bergakademie Freiberg, Nationalpreisträger, Hervorragender Wissenschaftler des Volkes, Verdienter Bergmann der Deutschen Demokratischen Republik, Träger des Vaterländischen Verdienstordens, Inhaber der Carl-Exter-Medaille und der Karl-Kegel-Medaille der ehemaligen Brennstofftechnischen Gesellschaft in der Deutschen Demokratischen Republik, o. Mitglied der Akademie der Wissenschaften der DDR, Ehrenmitglied der ehemaligen Gesellschaft Deutscher Berg- und Hüttenleute und der ehemaligen Brennstofftechnischen Gesellschaft in der Deutschen Demokratischen Republik, geb. 9. VII. 1901 in Tirpersdorf (Vogtland), 92 Freiberg, Richard-Wagner-Straße 12, Tel. 3388 (15. IX. 1958).

Runge, Franz, Dr. phil., em. Professor mit Lehrstuhl für technische Chemie an der Martin-Luther-Universität Halle—Wittenberg, Nationalpreisträger, Mitglied der Kommission für spezielle Umweltprobleme und der Poggendorff-Kommission der Akademie, Mitglied der Deutschen Akademie der Naturforscher Leopoldina in Halle, der Deutschen Chemischen Gesellschaft in der Deutschen Demokratischen Republik, der Deutschen Bunsen-Gesellschaft für physikalische Chemie in Frankfurt (Main), der Gesellschaft Deutscher Naturforscher und Ärzte in Bonn, des Deutschen Museums in München, der Faraday Society in London und des Plastics Institute in London, geb. 5. XII. 1893 in Göttingen, 402 Halle (Saale), Spechtweg 8, Tel. 24200 (14. III. 1955). †29. VIII. 1973.

Schmalfuß, Karl, Dr. rer. nat., Dr. agr. h. c. (Leipzig), em. Professor mit Lehrstuhl für Pflanzenernährung und Bodenkunde an der Martin-Luther-Universität Halle—Wittenberg, Nationalpreisträger, Träger des Vaterländischen Verdienstordens, Inhaber der Erwin-Baur-Medaille der Akademie der Landwirtschaftswissenschaften der DDR, o. Mitglied der Akademie der Landwirtschaftswissenschaften der DDR, Mitglied der Deutschen Akademie der Naturforscher Leopoldina in Halle, geb. 5. XI. 1904 in Wedruschitz (Kr. Saaz), 4021 Halle (Saale), Weidenweg 7, Tel. 612452 (10. V. 1954).

Schulze, Gustav, E. R., Dr. phil., o. Professor für Experimentalphysik an der Technischen Universität Dresden, Nationalpreisträger, Träger der Verdienstmedaille der Deutschen Demokratischen Republik, Vorstandsmitglied der Deutschen Vereinigung für Kristallographie in Berlin, Mitglied des Nationalkomitees für Kristallographie, der Physikalischen Gesellschaft in der Deutschen Demokratischen Republik und des Institute of Metals in London, geb. 24. II. 1911 in Berlin, 8036 Dresden, Kauschaer Straße 6, Tel. 42072 (5. XII. 1960).

Schwabe, Kurt, Dr.-Ing., Dr. rer. nat. h. c. (Karl-Marx-Stadt), em. Professor mit Lehrstuhl für physikalische Chemie und Elektrochemie an der Technischen Universität Dresden, Nationalpreisträger, Hervorragender Wissenschaftler des Volkes, Held der Arbeit, Träger des Ordens ‚Banner der Arbeit', der Goldenen Ehrennadel und der Ernst-Abbe-Medaille der Kammer der Technik, der Hans-Clemm-Gedenkmünze des Vereins der Zellstoff- und Papierchemiker und -ingenieure, der Clemens-Winkler-Medaille der Chemischen Gesellschaft in der Deutschen Demokratischen Republik und der Arthur-Becker-Medaille der Freien Deutschen Jugend in Gold, Mitglied des Forschungsrates der Deutschen Demokratischen Republik in Berlin, Vorsitzender des wissenschaftlich-technischen Rates des Koordinationszentrums der RGW-Länder für Korrosionsschutz, Direktor des Forschungsinstituts Meinsberg (Entwicklungslabor der Technischen Universität Dresden), Mitglied der Kommission für spezielle Umweltprobleme der Akademie, o. Mitglied und Vizepräsident der Akademie der Wissenschaften der DDR, Mitglied der Deutschen Akademie der Naturforscher Leopoldina in Halle, korresp. Mitglied der math.-nat. Klasse der Österreichischen Akademie der Wissenschaften in Wien, Mitglied der Electrochemical Society in New York, der Faraday Society in London, der International Society of Electrochemistry (I. S. E.) in Genf und nationaler Sekretär dieser Society, Mitglied des International Corrosion Council und der Chemischen Gesellschaft in der Deutschen Demokratischen Republik in Berlin, Ehrenmitglied der Kammer der Technik in Berlin, geb. 29. V. 1905 in Reichenbach (Vogtland), Meinsberg/Sa., Post 7305 Waldheim, Tel. Waldheim 665 (11. XII. 1950).

Stather, Fritz, Dr. phil., em. Professor für Gerbereichemie und -technologie an der Technischen Universität Dresden, em. Direktor des Deutschen Lederinstituts, Hervorragender Wissenschaftler des Volkes, Preisträger 1958 des Vereins für Gerbereichemie und -technik, Träger des Goldenen Ehrenzeichens der Kammer der Technik und der Edmund-Stiasny-Medaille des Vereins für Gerbereichemie und -technik, o. Mitglied der Akademie der Wissenschaften der DDR, Ehrenmitglied der Kammer der Technik und des Vereins österreichischer Gerbereitechniker, geb. 5. XI. 1901 in Offenburg (Baden), 92 Freiberg, Goethestraße 11, Tel. 47348 (15. IX. 1958).

Strack, Erich, Dr. med., Dr. phil., Dr. med. h. c. (Leipzig und Rostock), Dr. rer. nat. h. c. (Leipzig), Diplom-Chemiker, em. Professor mit Lehrstuhl für physiologische Chemie an der Karl-Marx-Universität Leipzig, Nationalpreisträger, Mitglied der Kommission für spezielle Umweltprobleme und der Poggendorff-Kommission der Akademie, Mitglied der Deutschen Akademie der Naturforscher Leopoldina in Halle, Ehrenmitglied der Biochemischen Gesellschaft in der Deutschen Demokratischen Republik, geb. 20. XI. 1897 in Wollin (Pommern), 701 Leipzig, Philipp-Rosenthal-Straße 19, Tel. 35081 (14. II. 1949).

Stubbe, Hans, Dr. agr., Dr. agr. h. c. (Berlin, Jena und Kraków), Dr. Sc. h. c. (Brno), em. Professor mit Lehrstuhl für allgemeine und spezielle Genetik an der Martin-Luther-Universität Halle—Wittenberg, Nationalpreisträger, Hervorragender Wissenschaftler des Volkes, Träger des Vaterländischen Verdienstordens, des Ordens ‚Banner der Arbeit', der Darwin-Plakette der Deutschen Akademie der Naturforscher Leopoldina, der Alexander-von-Humboldt-Gedenkmedaille der Deutschen Demokratischen Republik, der Gregor-Mendel-Medaille der Tschechoslowakischen Akademie der Wissenschaften, der Erwin-Baur-Medaille der Akademie der Landwirtschaftswissenschaften der DDR und der Purkyně-Medaille der Universität Brno, Ehrenpräsident der Akademie der Landwirtschaftswissenschaften der DDR, o. Mitglied der Akademie der Wissenschaften der DDR, em. Direktor des Zentralinstituts für Genetik und Kulturpflanzenforschung Gatersleben dieser Akademie, Mitglied der Deutschen Akademie der Naturforscher Leopoldina in Halle, ausländ. Mitglied der W. I. Lenin-All-Unions-Akademie für Landwirtschaftswissenschaften in Moskau, der Rumänischen Akademie der Wissenschaften in Bukarest, der Bulgarischen Akademie der Wissenschaften und der Bulgarischen Akademie der Landwirtschaftswissenschaften in Sofia, der Polnischen Akademie der Wissenschaften in Warschau, Ehrenmitglied der Ungarischen Akademie der Wissenschaften in Budapest, der All-Unions Botanischen Gesellschaft der UdSSR, der Schwedischen Saatzuchtgesellschaft Svalöf, der Mendel-Gesellschaft in Lund, der Biologischen Gesellschaft und der Agrarwissenschaftlichen Gesellschaft in der Deutschen Demokratischen Republik, geb. 7. III. 1902 in Berlin, 4325 Gatersleben, Schmiedestraße 1, Tel. Gatersleben 212 (13. II. 1950).

Uhlmann, Dietrich, Dr. rer. nat., Prof. für Hydrobiologie an der TU Dresden, Mitglied der Kommission für spezielle Umweltprobleme der Akademie und des

Leitungsgremiums der International Association of Theoretical and Applied Limnology, Leitungsmitglied der Sektion Ökologie und Vorsitzender der Arbeitsgruppe Hydrobiologie der Biologischen Gesellschaft der DDR in Berlin, Mitglied des Nationalkomitees der DDR für das Internationale Biologische Programm und des Herausgeberstabes der „Internationalen Revue der gesamten Hydrobiologie“ in Berlin, geb. 4. VIII. 1930 in Chemnitz, 8021 Dresden, Schlüterstraße 19, Tel. 32856 (28. VI. 1971).

Watznauer, Adolf, Dr. rer. nat., em. o. Professor für Geologie an der Bergakademie Freiberg, Hervorragender Wissenschaftler des Volkes, Inhaber des Fourmarier-Preises (1972) der Académie Royale des Sciences, des Lettres et des Beaux-Arts de Belgique in Brüssel, Mitglied der Kommission für spezielle Umweltprobleme der Akademie, o. Mitglied der Akademie der Wissenschaften der DDR und Mitglied der problemgebundenen Klasse „Umweltschutz und Umweltgestaltung“ dieser Akademie, Mitglied der Deutschen Akademie der Naturforscher Leopoldina in Halle, korresp. Mitglied der Geologischen Gesellschaft in Wien und Ehrenmitglied der Geologischen Gesellschaft der ČSSR, geb. 29. IV. 1907 in Reichenberg (ČSR), 9030 Karl-Marx-Stadt, Dieselstr. 8, Postschließfach 30 (18. XII. 1972).

Wolf, Leopold, Dr. phil., em. Professor mit Lehrstuhl für anorganische Chemie an der Karl-Marx-Universität Leipzig, Nationalpreisträger, Träger des Vaterländischen Verdienstordens, korresp. Mitglied der Akademie der Wissenschaften der DDR, Ehrenmitglied der Chemischen Gesellschaft in der Deutschen Demokratischen Republik, geb. 23. XI. 1896 in Niederlungwitz (Sachsen), 7022 Leipzig, Quedlinburger Straße 27, Tel. 52224 (5. XII. 1960).

Auswärtige Mitglieder der mathematisch-naturwissenschaftlichen Klasse

Bredt, Heinrich, Dr. med., o. Professor für allgemeine Pathologie und pathologische Anatomie an der Johannes-Gutenberg-Universität Mainz, Nationalpreisträger, Mitglied und Präsident der Akademie der Wissenschaften und der Literatur in Mainz, korresp. Mitglied der Akademie der Wissenschaften der DDR, Mitglied der Deutschen Akademie der Naturforscher Leopoldina in Halle, geb. 29. I. 1906 in Oberneudorf (Siebenbürgen), 65 Mainz, Langenbeckstraße 1, Tel. 192305 (12. II. 1951).

Buchner, Paul, Dr. phil., Dr. med. h. c. (München), Dr. Sc. biol. h. c. (Pavia), Dr. rer. nat. h. c. (Greifswald), em. o. Professor für Zoologie an der Ludwig-Maximilians-Universität München, Träger des Großen Verdienstkreuzes der Bundesrepublik Deutschland, der Carus-Medaille der Deutschen Akademie der Naturforscher Leopoldina in Halle und der Erzherzog-Rainer-Medaille der Österreichischen Zoologisch-Botanischen Gesellschaft, Ehrenbürger von Ischia, Ehrenpräsident des Centro di Studio sull'Isola d'Ischia, korresp. Mitglied der Bayerischen Akademie der Wissenschaften in München und der Dansk Naturhistorisk Forening, Mitglied der Deutschen Akademie der Naturforscher Leopoldina in Halle und der Accademia delle Scienze in Neapel, Ehrenmitglied des Naturwissenschaftlichen Vereins für Vorpommern und Rügen und der Deutschen Zoologischen Gesellschaft in Tübingen, geb. 12. IV. 1886 in Nürnberg, Porto d'Ischia (Napoli), Via S. Alessandro (5. VI. 1935).

Chadwick, James, Sir, C. H., Ph. D., D. Sc. h. c. (Birmingham, Exeter Dublin, Leeds, McGill, Oxford, Reading), LL. D. h. c. (Edinburgh, Liverpool), Fellow of Gonville and Caius College in Cambridge, Nobelpreisträger, Inhaber der Hughes Medal und der Copley Medal der Royal Society, der Franklin Medal des Franklin Institute of the State of Pennsylvania, Mitglied der Royal Society in London und der Pontificia Academia Scientiarum, Vatikanstadt, ausländ. Mitglied der Kongelige Danske Videnskabernes Selskab in Kopenhagen, der Koninklijke Nederlandse Akademie van Wetenschappen in Amsterdam, der Académie Royale de Belgique in Brüssel, der American Philosophical Society in Philadelphia, Ehrenmitglied des American Institute of Physics in New York, ausländ. Mitglied des Ordens pour le mérite für Wissenschaften und Künste, geb. 20. X. 1891 in Cheshire, 16 Grange Court, Pinehurst, Cambridge, England (1. VII. 1932).

Dabelow, Adolf, Dr. med. et phil. et nat., Dr. med. h. c. (Salamanca), em. o. Professor für Anatomie an der Johannes-Gutenberg-Universität Mainz, o. Mitglied der Akademie der Wissenschaften und der Literatur in Mainz, korresp. Mitglied der Bayerischen Akademie der Wissenschaften in München, geb. 28. VI. 1899 in Magdeburg, 78 Freiburg/Breisgau, Sautierstr. 75, Postfach 352 (24. VI. 1944).

Eggert, John, Dr. phil., Dr.-Ing. E. h. (Karlsruhe), Dr. rer. nat. h. c. (Freie Universität Berlin), em. o. Professor für Photochemie und Photographie an der Eidgenössischen Technischen Hochschule Zürich, Inhaber der Goldenen Medaille und der Goldenen Voigtländer-Medaille (1972) der Photographischen Gesellschaft in Wien, der Goldenen Medaille der Universität Padua, der Traill Taylor Medal 1935 und der Progress Medal 1949 der Royal Photographic Society of Great Britain, der Médaille Péligot der Société Française de Photographie et Cinématographie, der Plakette der Stadt Paris, der Gauss-Weber-Medaille der Mathematisch-naturwissenschaftlichen Fakultät der Georg-August-Universität Göttingen, der Special Citation of the Photographers' Association of America, der Photokina-Plakette Köln, der Goldenen Adolf-von-Baeyer-Denkmünze der Gesellschaft Deutscher Chemiker, des Kulturpreises der Deutschen Gesellschaft für Photographie in Köln, korresp. Mitglied der Bayerischen Akademie der Wissenschaften in München, der Heidelberger Akademie der Wissenschaften und der Société Royale des Sciences in Liège, Ehrenmitglied der Royal Photographic Society of Great Britain in London, der Photographic Society of America in Philadelphia, der Society of Photographic Scientists and Engineers in Washington, der Japanischen Gesellschaft für wissenschaftliche Photographie in Tokio, der Photographischen Gesellschaft in Wien (1971), der Fédération internationale de l'Art photographique in Bern, der Deutschen Bunsengesellschaft für Physikalische Chemie in Frankfurt (Main), des Schweizerischen Photographenverbandes und der Physikalischen Gesellschaft Zürich, Mitglied der Gesellschaft Deutscher Chemiker in Frankfurt (Main) und der Deutschen Physikalischen Gesellschaft in Frankfurt (Main), geb. 1. VIII. 1891 in Berlin, CH 8702 Zollikon, Höhestraße 44, Tel. (01) 658372 (12. V. 1958). † 29. IX. 1973.

Fejes Tóth, László, Dr. phil., Professor für Mathematik an der Ungarischen Akademie der Wissenschaften in Budapest, Kossuth-Preisträger, Mitglied der Ungarischen Akademie der Wissenschaften in Budapest, geb. 12. III. 1915 in Szeged, Budapest II, Pusztaszeri út. 32, Tel. 688636 (13. VI. 1966).

Frumkin, Alexander Naumowitsch, Dr. chem., Dr. rer. nat. h. c. (Dresden), Professor für Elektrochemie an der Lomonossow-Universität Moskau, Held der sozialistischen Arbeit, Staats- und Leninpreisträger, Inhaber der Medaille „Sichel und Hammer", des Leninordens und der Palladium Medal der Electrochemical Society, o. Mitglied der Akademie der Wissenschaften der UdSSR in Moskau, der Deutschen Akademie der Naturforscher Leopoldina in Halle, ausländ. Mitglied der Polnischen Akademie der Wissenschaften in Warschau, der Bulgarischen Akademie der Wissenschaften in Sofia, der Koninklijke Nederlandse Akademie van Wetenschappen in Amsterdam und der Jugoslawischen Akademie der Wissenschaften und Künste in Zagreb, Ehrenmitglied der Ungarischen Akademie der Wissenschaften in Budapest, Foreign Honorary Member of the American Academy of Arts and Sciences, Boston, Foreign associate National Academy of Sciecens, Washington, Ehrenmitglied der All-Union Mendelejew Chemischen Gesellschaft in Moskau, des Council of the National Institute of Sciences of India in New Delhi und der Société Chimique de Belgique in Brüssel, geb. 24. X. 1895 in Kischinev, Moskau W-97, Leninsky Prospekt 13, Tel. 232-14-26 (24. X. 1966).

Gerasimov, Innokentii Petrovich, Dr. der geographischen Wissenschaften, em. Professor für Geographie an der Lomonossow-Universität in Moskau, Vizepräsident der International Geographical Union, Inhaber des Lenin-Ordens, des Ordens Roter Stern und des Dimitroff-Preises der VR Bulgarien, Träger der Goldenen Dokučaev-Medaille, der Goldenen Przenalski-Medaille und der Moritz-Wilhelm-Drobisch-Medaille der Sächsischen Akademie, Mitglied der Deutschen Akademie der Naturforscher Leopoldina in Halle, der Akademie der Landwirtschaftswissenschaften der DDR, der Bulgarischen Akademie der Wissenschaften in Sofia, auswärtiges Mitglied der Akademie der Wissenschaften der DDR und Ehrenmitglied der Geographischen Gesellschaften in Columbien, England, Finnland, Frankreich, Italien, Österreich, Polen, Schottland, Serbien und Ungarn, geb. 9. XII. 1905 in St. Kostroma, Moskau-W 3, Leninsky Prospekt 13, Tel. 231-61-44 (12. XI. 1971).

Heisenberg, Werner, Dr. phil., Dr.-Ing. E. h. (Karlsruhe), D. Sc. h. c. (Brüssel), Dr. rer. nat. h. c. (Budapest), Dr. phil. h. c. (Kopenhagen), Dr. h. c. (Athen), em.

Direktor des Max-Planck-Instituts für Physik und Astrophysik in München, Hon.-Professor für theoretische Physik an der Ludwig-Maximilians-Universität München, Präsident der Alexander-von-Humboldt-Stiftung in Bad Godesberg, Mitglied des Vorstandsrates des Deutschen Museums in München, Nobelpreisträger, Träger des Ordens Pour le mérite für Verdienste um die Wissenschaft und um die Künste, des Großen Verdienstkreuzes mit Stern und Schulterband der Bundesrepublik Deutschland, Inhaber des Ordens der Aufgehenden Sonne II. Klasse der japanischen Regierung, des Komturkreuzes des Ordens Georg I., Griechenland, des Großkreuzes des Ordens ‚Alfonso X el Sabio‘, Spanien, des Kultur-Ehrenpreises der Stadt München, des Siegmund-Freud-Preises für wissenschaftliche Prosa der Deutschen Akademie für Sprache und Dichtung in Darmstadt, des Romano-Guardini-Preises 1973 der Katholischen Akademie in Bayern, Inhaber der Goldenen Niels-Bohr-Medaille, der Hugo-Grotius-Medaille der International Grotius Foundation for the Propagation of the Law of Nations in Genf, der Max-Planck-Medaille des Verbandes Deutscher Physikalischer Gesellschaften, der Barnard-Medaille der Columbia-University New York, der Matteucci-Medaille der Academia Nazionale dei Quaranta in Rom, der Goldenen Medaille der Medizinisch-naturwissenschaftlichen Gesellschaft in Jena und der Bronzemedaille der National Academy of Sciences in Washington, o. Mitglied der Akademie der Wissenschaften der DDR, der Bayerischen Akademie der Wissenschaften in München und der Akademie der Wissenschaften in Göttingen, Mitglied der Deutschen Akademie der Naturforscher Leopoldina in Halle, der Kongelike Danske Videnskabernes Selskab in Kopenhagen, der Suomaleinen Tiedeakatemia in Helsinki, der Koninklijke Nederlandse Akademie van Wetenschappen in Amsterdam, der Norske-Videnskaps Akademi in Oslo, der Royal Society in London, der Rumänischen Akademie der Wissenschaften in Bukarest, der Jugoslawischen Akademie der Wissenschaften und Künste in Zagreb, der Svenska Akademien in Stockholm, der Real Academie de Ciencias Exactas, Físicas y Naturales in Valverde, der Accademia Nazionale dei Lincei in Rom, der Pontificia Academia Scientiarum, Vatikanstadt, der American Academy of Arts und Sciences in Boston, der National Academy of Sciences in Washington, der American Philosophical Society in Philadelphia, der Société Philomatique in Paris, der Physical Society in London, der Royal Institution of Great Britain in London, der Wissenschaftlichen Kommission des Institut International de Physique Solvay in Brüssel, der Kongelige Norske Videnskabers Selskab in Drontheim, der Kungl. Vetenskaps-Societeten in Uppsala, der Medizinisch-naturwissenschaftlichen Gesellschaft in Jena, Ehrenmitglied der New York Academy of Science, der Royal Irish Academy in Dublin, und der Societas Scientiarum Fennica-Finska Vetenskaps Societeten-Suomen Tiedeseura in Helsinki, Ehrenrat des Consejo Superior de Investigaciones Científicas in Madrid, geb. 5. XII. 1901 in Würzburg, 8 München 40, Föhringer Ring 6, Tel. 327001 (1. VII. 1930).

Helferich, Burckhardt, Dr. phil., Dr. rer. nat. h. c. (Stuttgart), em. o. Professor für Chemie an der Rheinischen Friedrich-Wilhelms-Universität Bonn, Träger des

Großen Verdienstkreuzes des Verdienstordens der Bundesrepublik Deutschland, Inhaber der Emil-Fischer-Medaille der Gesellschaft Deutscher Chemiker, Mitglied der Deutschen Akademie der Naturforscher Leopoldina in Halle, Ehrenmitglied der Chemischen Gesellschaft in der Deutschen Demokratischen Republik, geb. 10. VI. 1887 in Greifswald, 53 Bonn, Bonner Talweg 66, Tel. 223285 (23. II. 1931).

Hertwig, Paula, Dr. phil., Dr. med. h. c. (Halle—Wittenberg und Heidelberg), em. Professor mit Lehrstuhl für allgemeine Biologie an der Martin-Luther-Universität Halle—Wittenberg, Nationalpreisträgerin, Hervorragender Wissenschaftler des Volkes, Trägerin des Vaterländischen Verdienstordens, Inhaberin des Theobald-Christ-Preises der Senkenbergischen Naturforschenden Gesellschaft in Frankfurt (Main), Mitglied der Deutschen Akademie der Naturforscher Leopoldina in Halle, geb. 11. X. 1889 in Berlin, 773 Villingen, Belchenweg 7 (14. III. 1955).

Hill, Archibald Vivian, Sc. D., LL. D. h. c. (Edinburgh, Belfast), D. Sc. h. c. (Algier, Baltimore [Maryland], Bristol, Columbia, Exeter, John Hopkins, Liège, Manchester, Oxford, Pennsylvania, Rio de Janeiro, Rochester- und Rockefeller Universities), M. D. h. c. (Louvain, Bruxelles, Toulouse), em. Professor für Physiologie, Hon. Research Associate und Hon. Fellow am University College London, Hon. Fellow am Trinity College und King's College Cambridge, Nobelpreisträger, Inhaber der Copley Medal der Royal Society und der Goldenen Cothenius-Medaille der Deutschen Akademie der Naturforscher Leopoldina in Halle, Mitglied der Royal Society in London, der National Academy of Sciences in Washington, der Kongelige Danske Videnskabernes Selskap in Kopenhagen und der Deutschen Akademie der Naturforscher Leopoldina in Halle, ausländ. Ehrenmitglied der Rumänischen Akademie der Wissenschaften in Bukarest, geb. 26. IX. 1886 in Bristol, 11a Chaucer Road, Cambridge, Tel. 54551 (1. VII. 1929).

Hölder, Ernst, Dr. phil., o. Professor der Mathematik an der Johannes-Gutenberg-Universität Mainz, Inhaber der Silbernen Medaille der Universität Helsinki, o. Mitglied der Akademie der Wissenschaften der DDR, Mitglied der Deutschen Akademie der Naturforscher Leopoldina in Halle, geb. 2. IV. 1901 in Leipzig, 65 Mainz-Gonsenheim, Friedrichstraße 36 (1. VII. 1948).

Hopf, Eberhard, Dr. phil., o. Professor für Mathematik an der Indiana University, Bloomington, Indiana (USA), korresp. Mitglied der Bayerischen Akademie der Wissenschaften in München, geb. 17. IV. 1902 in Salzburg, Bloomington/Indiana, USA, 512 S. Swain Avenue (26. XI. 1938).

Hund, Friedrich, Dr. phil., Dr. phil. nat. h. c. (Frankfurt [Main], Uppsala), o. Professor für theoretische Physik an der Georg-August-Universität Göttingen, Nationalpreisträger, Träger der Max-Planck-Medaille der Deutschen Physikalischen Gesellschaft, der Cothenius-Medaille der Deutschen Akademie der Naturforscher

Leopoldina und des Großen Verdienstkreuzes des Verdienstordens der Bundesrepublik Deutschland, o. Mitglied der Akademie der Wissenschaften der DDR und der Akademie der Wissenschaften in Göttingen, Mitglied der Deutschen Akademie der Naturforscher Leopoldina in Halle, Ehrenmitglied der Deutschen Bunsengesellschaft für Physikalische Chemie, geb. 4. II. 1896 in Karlsruhe, 34 Göttingen, Tuckermannweg 5, Tel. 58589 (18. XI. 1933).

Kähler, Erich, Dr. phil., o. Professor für Mathematik an der Universität Hamburg, Hon.-Professor an der Technischen Universität Berlin, Mitglied der Deutschen Akademie der Naturforscher Leopoldina in Halle, ausländ. Mitglied der Accademia Nazionale der Lincei in Rom, geb. 16. I. 1906 in Leipzig, 1 Berlin 46, Waldmannstraße 23, Tel. 7717578 (14. II. 1949).

Kaischev, Rostislav, Dr.-Ing., o. Professor für physikalische Chemie an der Universität Sofia, Vizepräsident der Bulgarischen Akademie der Wissenschaften in Sofia, Mitglied der Deutschen Akademie der Naturforscher Leopoldina in Halle, korresp. Mitglied der Akademie der Wissenschaften der DDR, geb. 16. II. 1908 in Petersburg, Universität Sofia, ul. „7 noemvri" 1 (19. II. 1968).

Keldysch, Mstislav V., Dr. phil., Dr. h. c. (Lagos/Nigeria), Professor für Mathematik, Präsident der Akademie der Wissenschaften der UdSSR in Moskau, Held der sozialistischen Arbeit, Staats- und Leninpreisträger, Inhaber von Leninorden und Orden des Roten Arbeitsbanners, korresp. Mitglied der Akademie der Wissenschaften der DDR, Mitglied der Tschechoslowakischen Akademie der Wissenschaften in Prag, ausländ. Ehrenmitglied der Rumänischen Akademie der Wissenschaften in Bukarest und der National Academy of Sciences in Washington, geb. 10. XI. 1911 in Riga, Moskau, Leninsky Prospekt 14, Tel. V-1-02-06 (24. X. 1966).

Kersten, Martin, Dr.-Ing., Hon.-Professor für Physik an der Technischen Hochschule Carolo-Wilhelmina Braunschweig, Vizepräsident der Deutschen Physikalischen Gesellschaft, Mitglied der Internationalen Kommission für Maß und Gewicht, geb. 28. IV. 1906 in Zittau, 33 Braunschweig, Bundesallee 100, Tel. 592-2201 (14. II. 1949).

Klimaszewski, Mieczysław, Dr. phil., Dr. rer. nat. h. c. (Jena, Kiew, Bratislava, Alliance College, Cambridge Springs [USA]), o. Professor für physische Geographie an der Jagiellonischen Universität Kraków, Stellvertreter des Vorsitzenden des Staatsrates der VR Polen, Träger des Offizierskreuzes, des Kommandeur-Kreuzes mit Stern Polonia Restituta und der Standarte der Arbeit I. Klasse, Grand officier du l'ordre de Mérite, Inhaber der Alexander-von-Humboldt-Gedenkmedaille der Deutschen Demokratischen Republik und der Karl-Sapper-Medaille der Geographischen Gesellschaft in Würzburg, o. Mitglied der Polnischen Akademie der Wissenschaften in Warschau, Mitglied der Deutschen Akademie der Naturforscher Leopoldina in Halle, der Societas Academia Scientiarum Fennica, der Wissenschaftlichen Gesellschaft in Wrocław, der Geographischen Gesellschaft der UdSSR in Leningrad, der Koninklijk Nederlandsch Aardrijkskundig Genootschap in Amsterdam, der Société Belge de Geologie, de Paléontologie et d'Hydrologie in Brüssel, der Suomen Maantieteellinen Seura-Geografiska Sällskapet i Finland in Helsinki und der Magyar Fóldrajzi Társaság in Budapest, Ehrenmitglied des Wissenschaftlichen Rates der Universitäten Kiew und Jena, geb. 26. VII. 1908 in Stanisławów, Kraków, Wyspiańskiego 3, Tel. 37573 (13. VI. 1966).

König, Robert, Dr. phil., em. o. Professor für Mathematik an der Ludwig-Maximilians-Universität München, o. Mitglied der Bayerischen Akademie der Wissenschaften in München, geb. 11. IV. 1885 in Linz (Österreich), 8 München 40, Adelheidstraße 21, Tel. 376005 (31. VII. 1934).

Kolotyrkin, Jakov Mikhailovitsch, Dr. der chemischen Wissenschaften, Professor für Elektrochemie und Korrosionsschutz, Direktor des Chemischen Instituts „L. Ja. Karpov" in Moskau, Inhaber des Lenin-Ordens und des Ordens des Roten Arbeitsbanners, Träger der Goldmedaille der Tschechoslowakischen Gesellschaft für Internationale Zusammenarbeit und der Gedenkmedaille zu Ehren des 50. Jahrestages des Bestehens der Kommunistischen Partei der ČSSR, o. Mitglied der Akademie der Wissenschaften der UdSSR, der Internationalen Elektrochemischen Gesellschaft, des Staatlichen Komitees für Wissenschaft und Technik beim Ministerrat der UdSSR und Vertreter der UdSSR im wissenschaftlich-technischen Rat des Koordinationszentrums der RGW-Länder für Korrosionsschutz, geb. 14. XI. 1910 im Dorf Zanino des Jarzevsker Bezirks im Smolensker Gebiet, 107120 Moskva B-120, ul. Obucha 10, Karpov-Institut, Tel. 297-32-57 (12. XI. 1971).

Kramer, Kurt, Dr. med., o. Professor für Physiologie an der Ludwig-Maximilians-Universität München, o. Mitglied der Akademie der Wissenschaften in Göttingen, Mitglied der Deutschen Akademie der Naturforscher Leopoldina in Halle und der Gesellschaft zur Förderung der Naturwissenschaften in Marburg (Lahn), geb. 16. VI. 1906 in Münster, 8 München 15, Schubertstraße 4, Tel. 531199 (24. VI. 1944).

Lange, Erich, Dr.-Ing., em. o. Professor für physikalische Chemie an der Friedrich-Alexander-Universität Erlangen—Nürnberg, Mitglied der Deutschen Bunsengesellschaft für physikalische Chemie in Frankfurt (Main), der Gesellschaft Deutscher Chemiker in Frankfurt (Main), der Gesellschaft Deutscher Naturforscher und Ärzte in Bonn, ehemals Mitglied des Comité International de Thermodynamique et de Cinétique Électrochimiques (Nomenklaturkommission) in Brüssel, und der American Elektrochemical Society in New York, geb. 26. XI. 1896 in Hartha b. Waldheim, 852 Erlangen, Hindenburgstraße 61, Postfach 142, Tel. 852558 (10. VI. 1961).

Leutwein, Friedrich, Dr. phil. nat., Directeur de Recherches (C. N. R. S.) am Centre de Recherches Pétrographiques et Géochimiques in Nancy-Vandœuvre (Frankreich), Hon. Professor (Hamburg), Nationalpreisträger, korresp. Mitglied der

Akademie der Wissenschaften der DDR, Mitglied der Geologischen Vereinigung in Bonn, der Deutschen Mineralogischen Gesellschaft in Bonn, der Gesellschaft Deutscher Metallhütten- und Bergleute in Clausthal, der Geochemical Society in Washington, der Société Française de Minéralogie et de Cristallographie in Paris, der Société Géologique de France in Paris und der Société de Géologie Appliquée aux Gites Minéraux, geb. 9. VIII. 1911 in Berlin, 54500 Vandœuvre-Nancy (Frankreich), 2, Rue de la Louvière, Tel.: Nancy 537913 (17. XI. 1956).

Müller, Karl Otto, Dr. phil., Professor für Phytopathologie, Oberregierungsrat a. D., Mitglied der American Phytopathological Society, der Deutschen Botanischen Gesellschaft in Berlin-Zehlendorf und der Australian Academy of Science in Canberra, geb. 16. XII. 1897 in Berlin, 75 Karlsruhe-Waldstadt, Schneidemühler Str. 22a (13. VI. 1966).

Myrberg, Pekka Juhana, Dr. phil., Dr. techn. h. c. (Helsinki), Dr. phil. h. c. (Turku und Stockholm), em. o. Professor für Mathematik an der Universität Helsinki, ehem. Kanzler der Universität Helsinki, Mitglied der Suomen Tiedeseura in Helsinki, ausländ. Mitglied der Kongelige Danske Videnskabernes Selskap in Kopenhagen und der Norske Videnskaps-Akademi in Oslo, Ehrenmitglied der Suomalainen Tiedeakatemia in Helsinki, geb. 30. XII. 1892 in Wiipuri, Helsinki, Mannerheimintie 75 (5. XII. 1942).

Nissen, Rudolf, Dr. med., Dr. med. h. c. (Humboldt-Universität Berlin, Technische Universität München), em. oö. Professor für Chirurgie an der Universität Basel, 1956 Master of Surgery des International College of Surgeons, Inhaber der Rudolf-Virchow-Medaille in Gold der Virchow-Society in New York, der Vesalius-Medaille der Akademie für ärztliche Fortbildung in Stuttgart, des Ordens Civil de Sanidad Medico, Categoria Europienda, der Cron of Academic Honor of the Academic Council of the American International Academy, des Gimbernat-Preises der Asociacion de Cirurgia de Barcelona (1971), des Bayerischen Verdienstordens und der Paracelsus-Medaille der Deutschen Ärzteschaft, Mitglied der Schweizerischen Akademie der Medizinischen Wissenschaften in Basel (1961—1967 Senatsmitglied), der Deutschen Akademie der Naturforscher Leopoldina in Halle, korresp. Mitglied der Van Swieten-Gesellschaft in Wien, Mitglied der Rudolf-Virchow-Society of the City of New York, früher deren Präsident, Mitglied der Mittelrheinischen Chirurgen-Vereinigung, der Bayerischen Chirurgen-Vereinigung, der Deutschen Gesellschaft für Chirurgie in Berlin, der Schweizerischen Gesellschaft für Angiologie und der Schweizerischen Gesellschaft für Chirurgie, ehemaliger Vorsitzender des Beirates der Fakultät für Medizin der Technischen Hochschule München, Ehrenmitglied und früherer Präsident des International College of Surgeons, Ehrenmitglied der Accademia Lancisiana in Rom, der International Mark Twain Society, St. Louis, der American International Academy, New York, des American College of Gastroenterology, der Physikalisch-medizinischen Sozietät Erlangen, der Schweizerischen Gesellschaft für Anaesthesiologie in Zürich, der Société Hellénique de Chirurgie, Athen, der Società Piemontese di Chirurgia, der Nordwestdeutschen Chirurgen-Vereinigung in Hamburg, der Society of Thoracic Surgeons of Great Britain and Ireland in London, der Deutschen Gesellschaft für Anaesthesiologie in Freiburg (Br.), der Deutschen Gesellschaft für Verdauungs- und Stoffwechselkrankheiten in Gießen, der Deutschen Gesellschaft für klinische Medizin, Sektion Chirurgie in Berlin, der Österreichischen Gesellschaft für Chirurgie und Traumatologie in Wien, der Berliner Chirurgen-Gesellschaft, der Schweizerischen Gesellschaft für Gastroenterololgie, der Società Italiana di Chirurgia in Rom, der Deutschen Röntgengesellschaft in Mainz, des American College of Chest Physicians in Chicago, der International Society of University Colon and Rectal Surgeons, der Société Européenne de Chirurgie Cardio-Vasculaire, der Deutschen Gesellschaft für Angiologie, der Société Internationale de Chirurgie in Bruxelles und der Asociacion de Cirurgia de Barcelona, geb. 9. IX. 1896 in Neisse (Schlesien), CH 4125 Riehen b. Basel, Höhenstraße 45, Tel. 492323 (20. IV. 1963).

Răduleţ, B. Remus, Dr. phil., Professor für Grundlagen der Elektrotechnik an der Technischen Hochschule „Gh. Gheorgiu-Dej" in Bukarest, Staatspreisträger, o. Mitglied der Rumänischen Akademie der Wissenschaften in Bukarest, Vizepräsident dieser Akademie, Mitglied der Académie du Monde Latin in Paris, Präsident des Comités d'Etudes Nr. 1 der Internationalen Elektrotechnischen Kommission in Genf, geb. 3. V. 1904 in Hendorf, Bucureşti, Strada Dimitrie Orbescu 11, Tel. 12-56-29 (24. X. 1966).

Schmid, Erich, Dr. phil., Dr. mont. h. c. (Montanistische Hochschule Leoben), Dr. rer. nat. h. c. (TU Clausthal) em. o. Professor für Physik an der Universität Wien, Träger des Österr. Ehrenzeichens für Wissenschaft und Kunst und der Moritz-Wilhelm-Drobisch-Medaille der Sächsischen Akademie, wirkliches Mitglied der Österreichischen Akademie der Wissenschaften in Wien, Präsident dieser Akademie und Vorsitzender der mathematisch-naturwissenschaftlichen Klasse, Mitglied der Deutschen Akademie der Naturforscher Leopoldina in Halle und der Academy of Sciences in New York, auswärtiges Mitglied der Akademie der Wissenschaften der DDR, korresp. Mitglied der Accademia di Studi Economici e Sociali in Triest, auswärtiges wiss. Mitglied des Max-Planck-Institutes für Metallforschung in Stuttgart, geb. 4. V. 1896 in Bruck/Mur (Österreich), A-1090 Wien, Universitätsstraße 10, Tel 4240062 (12. XI. 1971).

Śmiałowski, Michał, Dr.-Ing., Prof. für physikalische Chemie, Direktor am Institut für physikalische Chemie der Polnischen Akademie der Wissenschaften in Warschau, Mitglied der polnischen Pugwash-Kommission, Staatspreisträger, Träger des Ordens Sztandar Pracy I. und II. Klasse und Inhaber des Kommandeurkreuzes des Ordens Polonia Restituta, o. Mitglied der Polnischen Akademie der Wissenschaften, Sekretär der III. Abteilung dieser Akademie, Mitglied der Polnischen Chemischen Gesellschaft in Warschau, der Electrochemical Society in New York, der Faraday Society in London und der Société de Chimie Physique in Paris, geb. 14. XII. 1906 in Hordynia (Ost-Galizien), Warszawa, ul. Marszałkowska 73 m. 18, Tel. 283772 (12. XI. 1971).

Spitzin, Viktor Iwanowitsch, Dr. chem., Dr. h. c. (Leipzig und Wrocław), Professor für anorganische Chemie an der Lomonossow-Universität in Moskau, Held der Sozialistischen Arbeit der UdSSR, Inhaber von drei Leninorden, des Ordens der Oktoberrevolution und des Ordens des Roten Arbeitsbanners, o. Mitglied der Akademie der Wissenschaften der UdSSR in Moskau, Direktor des Instituts für Physikalische Chemie dieser Akademie, geb. 25. IV. 1902 in Moskau, Moskau, Leninsky Prospekt 31 (24. X. 1966).

Staude, Herbert, Dr. phil., em. o. Professor für physikalische Chemie an der Johann-Wolfgang-Goethe-Universität Frankfurt (Main), Mitglied der Deutschen Bunsen-gesellschaft für Physikalische Chemie in Frankfurt (Main), der Gesellschaft Deutscher Chemiker in Frankfurt (Main), der Faraday Society in London und der Chemischen Gesellschaft in der Deutschen Demokratischen Republik, geb. 20. III. 1901 in Schmölln, 6 Bergen-Enkheim, Ostpreußenstraße 13, Tel. (06194) 22372 (17. XI. 1956).

Ţiţeica, G. Şerban, Dr. phil., Professor für Physik an der Universität Bukarest, o. Mitglied der Rumänischen Akademie der Wissenschaften in Bukarest, Vizepräsident dieser Akademie, korresp. Mitglied der Akademie der Wissenschaften der UdSSR in Moskau, geb. 27. III. 1908 in Bukarest, Bucureşti, B-dul-Magheru 35, Tel. 15-81-99 (24. X. 1966).

Treibs, Wilhelm, Dr. phil., Dr. rer. nat. h. c. (Humboldt-Universität Berlin), Gastprofessor für organische Chemie an der Ruprecht-Karl-Universität Heidelberg, Nationalpreisträger, Hervorragender Wissenschaftler des Volkes, Träger des Vaterländischen Verdienstordens, Inhaber der August-Kekulé-Medaille der Chemischen Gesellschaft in der Deutschen Demokratischen Republik, o. Mitglied der Akademie der Wissenschaften der DDR, Mitglied der Deutschen Akademie der Naturforscher Leopoldina in Halle, der Gesellschaft Deutscher Chemiker in Frankfurt (Main), der Schweizerischen Chemischen Gesellschaft in Basel, der Chemical Society in London, der International Society for Fat Research in Hannover, Mitglied des Editorial Advisory Board des ‚Tetrahedron' (International Journal of Organic Chemistry) und der ‚Tetrahedron Letters', des Herausgeberstabes der „Chemischen Berichte" und des Expertenbeirates von ‚Parfürmerie und Kosmetik' in Heidelberg, Ehrenmitglied der Chemischen Gesellschaft in der Deutschen Demokratischen Republik, geb. 6. XI. 1890 in Oberstein (Nahe), 69 Heidelberg, Bergstraße 33 (14. III. 1955).

van der Waerden, Bartel L., Dr. phil., Dr. h. c. (Athen) o. Professor für Mathematik an der Universität Zürich, Inhaber der Goldenen Cothenius-Medaille der Deutschen Akademie der Naturforscher Leopoldina, Mitglied der Deutschen Akademie der Naturforscher Leopoldina in Halle, korresp. Mitglied der Bayerischen Akademie der Wissenschaften in München, der Akademie der Wissenschaften in Göttingen und der Heidelberger Akademie der Wissenschaften, ausländ. Mitglied der Koninklijke Nederlandse Akademie van Wetenschappen in Amsterdam, geb. 2. II. 1903 in Amsterdam, CH 8053 Zürich, Carl-Spitteler-Straße 186, Tel. 552179 (31. VIII. 1934).

Wagner, Carl., Dr. phil., Dr. rer. nat. h. c. (Darmstadt), Dr.-Ing. E. h. (Clausthal-Zellerfeld), Hon.-Professor für physikalische Chemie an der Georg-August-Universität Göttingen, Inhaber der Palladium Medal der Electrochemical Society, der Wilhelm-Exner-Medaille des Österreichischen Gewerbevereins und der Carl-Friedrich-Gauß-Medaille der Braunschweigischen Wissenschaftlichen Gesellschaft, o. Mitglied der Akademie der Wissenschaften in Göttingen, Mitglied der Deutschen Akademie der Naturforscher Leopoldina in Halle, des Max-Planck-Institutes für Physikalische Chemie in Göttingen, der American Academy of Arts and Sciences in Boston, auswärt. Mitglied der National Academy of Sciences in Washington, Mitglied der Deutschen Bunsengesellschaft für physikalische Chemie in Frankfurt (Main), der Deutschen Gesellschaft für Metallkunde in Stuttgart, der Gesellschaft Deutscher Chemiker in Frankfurt (Main), der Faraday Society in Washington, der American Physikal Society in New York, der National Association of Corrosion Engineers in Houston (Texas) und des American Institute of Mining, Metallurgical and Petroleum Engineers in New York, geb. 25. V. 1901 in Leipzig, 34 Göttingen, Nikolausberger Weg 63, Tel. 44051/670 (9. III. 1959).

Zhdanov, German Stepanowitsch, Dr. phys. math., Professor für Metallphysik an der Lomonossow-Universität Moskau, Verdienter Wissenschaftler und Techniker der UdSSR, Inhaber des A. N. Bach-Preises und des D. I. Mendelejew-Preises, Vorsitzender der Kommission für Röntgenographie der Akademie der Wissenschaften der UdSSR in Moskau, Mitglied des Nationalkomitees für Kristallographie in Moskau, geb. 11. VIII. 1906 in Petersburg, Moskau B-234, Moskauer Staatliche Universität, Block I, W. 52, Tel. 139-16-34 (13. VI. 1966).

Ordentliche Mitglieder der philologisch-historischen Klasse

Baetke, Walter, Dr. phil., D. theol. h. c. (Leipzig), em. Professor mit Lehrstuhl für nordische Philologie und Religionsgeschichte an der Karl-Marx-Universität Leipzig, Hervorragender Wissenschaftler des Volkes, Träger des Vaterländischen Verdienstordens, geb. 28. III. 1884 in Sternberg (Neum.), 703 Leipzig, Turmweg 18, Tel. 32981 (19. VI. 1943).

Bahner, Werner, Dr. phil., Professor, Bereichsdirektor am Zentralinstitut für Literaturgeschichte bei der Akademie der Wissenschaften der DDR, Mitglied der Sprachwissenschaftlichen Kommission der Sächsischen Akademie, o. Mitglied der Akademie der Wissenschaften der DDR, Mitglied des Büros des Comité International Permanent des Linguistes, der Société de Linguistique Romane in Paris und Strasbourg, des Comité International der Internationalen Vereinigung für Südosteuropäische Studien (AJESEE) in Bukarest und der Asociación Internacional de Hispanistas, geb. 18. VI. 1927 in Neuwiese/Erzgeb., 1138 Berlin-Kaulsdorf, Scharnauer Straße 23, Tel. 6561782 (24. V. 1965).

Blumenthal, Lieselotte, Dr. phil., em. Professor an der Akademie der Wissenschaften der DDR, Inhaberin der Goethe- und Schiller-Plakette der Nationalen Forschungs- und Gedenkstätten der klassischen deutschen Literatur in Weimar, geb. 30. IX. 1906 in Bielefeld, 53 Weimar, Belvederer Allee 22a, Tel. 3461 (5. XII. 1960).

Brüning, Eberhard, Dr. phil., o. Professor für Amerikanistik an der Karl-Marx-Universität Leipzig, Inhaber der Johann-Heinrich-Pestalozzi-Medaille in Bronze und Silber und der Ehrennadel der Karl-Marx-Universität, Mitglied der Deutschen Shakespeare-Gesellschaft in Weimar und der Association Internationale de Littérature Comparée, geb. 4. VI. 1925 in Chemnitz, 703 Leipzig, Scheffelstraße 53, Tel. 384593 (28. VI. 1971).

Buchda, Gerhard, Dr. jur., em. Professor mit Lehrstuhl für deutsche Rechtsgeschichte und Handelsrecht an der Friedrich-Schiller-Universität Jena, Träger des Vaterländischen Verdienstordens, Inhaber der Deutschen Friedensmedaille des Friedensrates der DDR in Berlin und der Gedächtnisplakette der Humboldt-Universität Berlin, Leiter der Historischen Kommission der Akademie, Mitglied der Vereinigung der Deutschen Rechtshistoriker und der Société Jean Bodin pour l'histoire comparative des institutions in Brüssel, geb. 22. X. 1901 in Stadtroda (Thür.), 654 Stadtroda (Thür.), Straße der Jugend 5, Tel. Stadtroda 798 (15. IX. 1958).

Coblenz, Werner, Dr. phil., Direktor des Landesmuseums für Vorgeschichte in Dresden, Inhaber der Verdienstmedaille der DDR, der Leibniz-Medaille der Akademie der Wissenschaften der DDR und der Johannes-R.-Becher-Medaille des Kulturbundes der DDR, o. Mitglied des Deutschen Archäologischen Instituts in Berlin-Dahlem, Mitglied im Conseil Permanent der Union Internationale des Sciences Protohistoriques et Préhistoriques, des Nationalkomitees für Ur- und Frühgeschichte der DDR bei der Akademie der Wissenschaften der DDR, des wissenschaftlichen Beirats für Heimatforschung des geographischen Instituts der Akademie der Wissenschaften der DDR und des Problemrates für Alte Geschichte und Archäologie beim Wissenschaftlichen Rat für Geschichtswissenschaften der DDR, geb. 24. V. 1917 in Pirna/Elbe, 8020 Dresden, Geystraße 6, Tel. 40916 (18. XII. 1972).

Eißfeldt, Otto, Dr. phil., D. theol. h. c. (Berlin), DD. (Glasgow), D. theol. h. c. (Budapest), em. Professor mit Lehrstuhl für Altes Testament und semitische Religionsgeschichte an der Martin-Luther-Universität Halle—Wittenberg, Ehrensenator dieser Universität, Träger des Vaterländischen Verdienstordens in Silber und des Ordens ‚Banner der Arbeit', o. Mitglied der Akademie der Wissenschaften der DDR, auswärt. Mitglied des Institut de France/Académie des Inscriptions et Belles-Lettres in Paris, Mitglied der Kungl. Humanistiska Vetenskapssamfundet in Lund (Regia societas humaniorum litterarum Lundensis), korresp. Mitglied der

Akademie der Wissenschaften und der Literatur in Mainz und der British Academy in London, o. Mitglied des Deutschen Archäologischen Instituts in Berlin-Dahlem, Ehrenmitglied der Deutschen Morgenländischen Gesellschaft in Mainz, der Society for Old Testament Study (Great Britain) und der Society of Biblical Literature and Exegesis (USA), geb. 1. IX. 1887 in Northeim (Hann.), 402 Halle (Saale), Steffensstraße 7, Tel. 29566 (1. VII. 1948). †23. IV. 1973.

Fück, Johann, Dr. phil., em. Professor mit Lehrstuhl für semitische Philologie und Islamkunde an der Martin-Luther-Universität Halle—Wittenberg, Nationalpreisträger, korresp. Mitglied der Akademie der arabischen Sprache der VAR in Kairo, Mitglied des Executive Committee of the Union for Scientific Collaboration in Islamic Studies, der Association pour l'Avancement des Études Islamiques in Paris, Ehrenmitglied des Instituto Peruano de Altos Estudios Islámicos in Lima und der Deutschen Morgenländischen Gesellschaft in Mainz, geb. 8. VII. 1894 in Frankfurt (Main), 402 Halle (Saale), Karl-Liebknecht-Straße 23, Tel. 33728 (1. VII. 1948).

Große, Rudolf, Dr. phil., o. Professor für deutsche Philologie an der Karl-Marx-Universität Leipzig, Leiter der Sprachwissenschaftlichen Kommission und Mitglied der Historischen Kommission der Akademie, korresp. Mitglied der Akademie der Wissenschaften der DDR, Vorsitzender der Germanisten-Kommission der Deutschen Demokratischen Republik und der Volksrepublik Polen, Ausschußmitglied der Internationalen Vereinigung für Germanische Sprach- und Literaturwissenschaft, Mitglied des Comité International de Dialectologie in Louvain, geb. 28. VII. 1924 in Heldrungen, 703 Leipzig, Aschenbrödelweg 36, Tel. 31592 (24. V. 1965).

Hiebsch, Hans, Dr. phil., o. Professor für Psychologie an der Friedrich-Schiller-Universität Jena, Inhaber der Verdienstmedaille der Deutschen Demokratischen Republik und der Verdienstmedaille der Nationalen Volksarmee der Deutschen Demokratischen Republik in Silber, Mitglied der Sprachwissenschaftlichen Kommission der Akademie und der Gesellschaft für Psychologie in der Deutschen Demokratischen Republik, stellvertretender Vorsitzender dieser Gesellschaft, und Mitglied der European Association of Experimental Social Psychology in Hague, geb. 10. VIII. 1922 in Bodenbach/ČSR, 69 Jena, Professor-Ibrahim-Straße 35, Tel. 24907 (28. VI. 1971).

Jahn, Johannes, Dr. phil., Dr. phil. h. c. (Leipzig), em. Professor mit Lehrstuhl für Kunstgeschichte an der Karl-Marx-Universität Leipzig, Ehrenpräsident des Nationalen Museumsrates, Träger des Vaterländischen Verdienstordens und des Ordens ‚Banner der Arbeit', Ehrenmitglied des Verbandes Bildender Künstler in Berlin, geb. 22. XI. 1892 in Orlandshof (Krs. Wissek), 701 Leipzig, Auenstraße 13, Tel. 208634 (11. XII. 1961).

Krauss, Werner, Dr. phil., Dr. phil. h. c. (Aix-Marseille), em. Professor mit Lehrstuhl für romanische Philologie an der Karl-Marx-Universität Leipzig, Nationalpreisträger, Hervorragender Wissenschaftler des Volkes, Träger des Vaterländischen Verdienstordens, Inhaber des Friedrich-Engels-Preises der Akademie der Wissenschaften der DDR und der Medaille für Kämpfer gegen den Faschismus 1933—1945, o. Mitglied der Akademie der Wissenschaften der DDR und em. Direktor des Instituts für romanische Sprachen und Kultur dieser Akademie, korresp. Mitglied der Academia Nacional de Derecho y Ciencias Sociales in Buenos Aires, ausländ. korresp. Mitglied der Rumänischen Akademie der Wissenschaften in Bukarest, Vizepräsident der Asociacion Internacional de Hispanistas und Mitglied des Büros der Association Internationale de Littérature Comparée, geb. 7. VI. 1900 in Stuttgart, 1167 Berlin-Hessenwinkel, Kanalstraße 35, Tel. 6589636 (14. II. 1949).

Lau, Franz, D., D. theol. h. c. (Rostock), em. o. Professor für Kirchengeschichte an der Karl-Marx-Universität Leipzig, Mitglied und stellv. Vorsitzender der Historischen Kommission der Akademie, Domherr und Domdechant des Hochstiftes Meißen, Präsident des Gustav-Adolf-Werkes in der Deutschen Demokratischen Republik, Vorsitzender der Arbeitsgemeinschaft für sächsische Kirchengeschichte und der Vereinigten Arbeitsgemeinschaften für Kirchengeschichte in den evangelischen Landeskirchen der Deutschen Demokratischen Republik, Mitglied der Kommission zur Herausgabe der Werke Martin Luthers, geb. 18. II. 1907 in Leipzig, 7113 Markkleeberg I, Mittelstraße 8, Tel. 30619 (18. I. 1965). † 6. VI. 1973.

Lehmann, Edgar, Dr. phil., Dr.-Ing. e. h. (Eidgenössische Technische Hochschule Zürich), em. Professor, em. Direktor des Geographischen Instituts der Akademie der Wissenschaften der DDR, Träger des Vaterländischen Verdienstordens in Silber, Inhaber der Alexander-von-Humboldt-Gedenkmedaille der Deutschen Demokratischen Republik, der Hermann-Haack-Medaille der Geographischen Gesellschaft der Deutschen Demokratischen Republik, der Lajós-Loczy-Gedenkmedaille der Ungarischen Geographischen Gesellschaft und der Medaille für wissenschaftliche Verdienste der Polnischen Geographischen Gesellschaft, Mitglied der Historischen Kommission und der Kommission für spezielle Umweltprobleme der Akademie, Präsident der „Kommission National- und Regionalatlanten" der Internationalen Geographischen Union (IGU), o. Mitglied der Akademie der Wissenschaften der DDR, Vorsitzender der Klasse „Umweltschutz und Umweltgestaltung", Vorsitzender der „Kommission zur Herausgabe des Atlas der DDR", Vorsitzender des Wissenschaftlichen Beirates für Heimatforschung und Mitglied des Wissenschaftlichen Beirates des Forschungsbereiches „Kosmische Physik" bei dieser Akademie, Vorstandsmitglied der Geographischen Gesellschaft der Deutschen Demokratischen Republik, Mitglied des Nationalkomitees für Geographie und Kartographie der Deutschen Demokratischen Republik, Ehrenmitglied der Geographischen Gesellschaft der UdSSR, geb. 25. III. 1905 in Berlin, 703 Leipzig, Heilemannstraße 29, Tel. 31219 (7. XII. 1959).

Lieberwirth, Rolf, Dr. jur., o. Professor für deutsche Rechtsgeschichte an der Martin-Luther-Universität Halle—Wittenberg, Inhaber der Verdienstmedaille der Deutschen Demokratischen Republik und der Wilhelm-Külz-Ehrennadel der LDPD,

Mitglied der Gesellschaft für Völkerrecht der Deutschen Demokratischen Republik und der International Law Association in London, geb. 1. XII. 1920 in Halle (Saale), 402 Halle (Saale), Rainstraße 3b, Tel. 30465 (18. XII. 1972).

Markov, Walter, Dr. phil., Dr. phil. h. c. (Leipzig), em. o. Professor für mittelalterliche und neuere Geschichte an der Karl-Marx-Universität Leipzig, Nationalpreisträger, Träger des Vaterländischen Verdienstordens, Inhaber der Medaille für Kämpfer gegen den Faschismus 1933—1945, der Bronzemedaille der Universität Helsinki und der Ehrennadel für Verdienste um die Freundschaft der Völker in Gold, Mitglied der Historischen Kommission der Akademie, o. Mitglied der Akademie der Wissenschaften der DDR, Vorstandsmitglied der Société des Études Robespierristes in Paris, Mitglied der Société d'Histoire Moderne et Contemporaine in Paris, der Société Française d'Étude du XVIIIe Siècle in Paris, der Association Européenne d'Histoire Contemporaine in Strasbourg, des Instituto de Estudios Internacionales de la Universidad de Chile in Santiago, der Historical Society of Nigeria in Zaria, Vorstandsmitglied des Nationalkomitees der Historiker der DDR, und der Historikergesellschaft der DDR, geb. 5. X. 1909 in Graz, 7124 Holzhausen (Sachsen), Weißdornweg 4, Tel. 61384 (7. XII. 1964).

Meyer, Rudolf, Dr. theol., Dr. theol. h. c. (Humboldt-Universität Berlin), o. Professor für Altes Testament und rabbinische Literatur an der Friedrich-Schiller-Universität Jena, Sektion Theologie, Leiter des Fachbeirates Altes Testament, Kurator der Hilprecht-Sammlung Vorderasiatischer Altertümer, geb. 8. IX. 1909 in Leipzig, 69 Jena, Hornstraße 1, Tel. 24382 (15. IX. 1958).

Müller, Joachim, Dr. phil., em. o. Professor für Deutsche Literatur an der Friedrich-Schiller-Universität Jena, Inhaber der Schiller-Plakette der Deutschen Schiller-Stiftung, der Schiller-Plakette der Friedrich-Schiller-Universität in Silber und der Johann-Heinrich-Pestalozzi-Medaille in Bronze, Mitglied der Sprachwissenschaftlichen Kommission der Akademie, korresp. Mitglied des Adalbert-Stifter-Institutes des Landes Oberösterreich in Linz, Mitglied des PEN-Clubs, geb. 12. VII. 1906 in Oberwiesenthal (Sachsen), 69 Jena, Schillbachstraße 39, Tel. 23808 (7. XII. 1959).

Neubert, Albrecht, Dr. phil., o. Professor und Direktor der Sektion Theoretische und angewandte Sprachwissenschaft an der Karl-Marx-Universität Leipzig, Inhaber der Ehrennadel der Karl-Marx-Universität Leipzig und der Johann-Heinrich-Pestalozzi-Medaille in Bronze, Mitglied der Sprachwissenschaftlichen Kommission der Akademie, o. Mitglied der Akademie der Wissenschaften der DDR, Vorsitzender des Wissenschaftlichen Rates beim Zentralinstitut für Sprachwissenschaft dieser Akademie, Mitglied der Deutschen Shakespeare-Gesellschaft in Weimar, Mitglied und Vizepräsident der International Association of Applied Linguistics, geb. 3. III. 1930 in Hartenstein (Sachsen), 7022 Leipzig, Poetenweg 5, Tel. 50131 (18. XII. 1972).

Peek, Werner, Dr. phil., em. o. Professor für klassische Philologie an der Martin-Luther-Universität Halle—Wittenberg, Nationalpreisträger, Inhaber der Verdienstmedaille der Martin-Luther-Universität, o. Mitglied der Akademie der Wissenschaften der DDR, korresp. Mitglied der Heidelberger Akademie der Wissenschaften und des Deutschen Archäologischen Instituts in Berlin-Dahlem, auswärt. Mitglied der Kommission für die archäologische Erforschung Kleinasiens bei der Österreichischen Akademie der Wissenschaften in Wien, geb. 6. VI. 1904 in Bielefeld, 403 Halle (Saale), Am Krähenberg 21, Tel. 32822 (7. XII. 1959).

Peukert, Herbert, Dr. phil., em. o. Professor für slawische Sprachen an der Friedrich-Schiller-Universität Jena, Inhaber der Johann-Heinrich-Pestalozzi-Medaille in Bronze und Silber und der Johann-Gottfried-Herder-Medaille in Gold, Mitglied der Sprachwissenschaftlichen Kommission der Akademie und des Nationalkomitees der Slawisten der Deutschen Demokratischen Republik bei der Akademie der Wissenschaften der DDR, ausländ. Mitglied der Makedonischen Akademie der Wissenschaften und Künste zu Skopje, geb. 29. IV. 1907 in Reichenau, 69 Jena, Okenstraße 33, Tel. 24186 (24. V. 1965).

Růžička, Rudolf, Dr. phil., o. Professor für Slawistik und Allgemeine Sprachwissenschaft an der Karl-Marx-Universität Leipzig, o. Mitglied der Akademie der Wissenschaften der DDR, Leiter der problemgebundenen Klasse „Sprachwissenschaft und Sprache der Wissenschaft“ und Mitglied des Wissenschaftlichen Rates beim Zentralinstitut für Sprachwissenschaft dieser Akademie, geb. 20. XII. 1920 in Löbau, 701 Leipzig, Gottschedstraße 12, Tel. 23853 (18. XII. 1972).

Schubart-Fikentscher, Gertrud, Dr. jur., em. Professor mit Lehrstuhl für Rechtsgeschichte und Zivilrecht an der Martin-Luther-Universität Halle—Wittenberg, Trägerin des Vaterländischen Verdienstordens, Mitglied der Historischen Kommission der Akademie, korresp. Mitglied der Monumenta Germaniae Historica in München, geb. 23. XII. 1896 in Zwickau (Sachsen), 403 Halle (Saale), Marsstraße 10, Tel. 32710 (7. XII. 1959).

Straub, Werner, Dr. phil., em. Professor mit Lehrstuhl für Psychologie an der Technischen Universität Dresden, Träger des Vaterländischen Verdienstordens in Silber und Bronze, des Ordens ‚Banner der Arbeit‘ und der Verdienstmedaille der Deutschen Demokratischen Republik, Ehrenmitglied der Gesellschaft für Psychologie in der Deutschen Demokratischen Republik, geb. 14. VII. 1902 in Stuttgart, 8051 Dresden-Bad Weißer Hirsch, Collenbuschstraße 10, Tel. 36036 (16. V. 1949).

Weller, Friedrich, Dr. phil., em. Professor mit Lehrstuhl für Indologie an der Karl-Marx-Universität Leipzig, Nationalpreisträger, Hervorragender Wissenschaftler des Volkes, Mitglied der Deutschen Gesellschaft für Natur- und Völkerkunde Ostasiens in Tokio, korresp. Mitglied der School of Oriental and African Studies in London, Ehrenmitglied der Deutschen Morgenländischen Gesellschaft in Mainz und der Kőrösi Csoma-Gesellschaft in Budapest, geb. 22. VII. 1889 in Markneukirchen, 701 Leipzig, Stephanstraße 12, Tel. 25801 (19. VI. 1943).

Werner, Ernst, Dr. phil., o. Professor für Geschichte des Mittelalters an der Karl-Marx-Universität Leipzig, Nationalpreisträger, Inhaber der Verdienstmedaille der DDR und der Erinnerungsmedaille zum 50. Jahrestag der Großen Sozialistischen Oktoberrevolution der Universität Kiew, Mitglied der Sprachwissenschaftlichen Kommission der Akademie, o. Mitglied der Akademie der Wissenschaften der DDR, geb. 20. XI. 1920 in Tyssa/ČSR, 7022 Leipzig, Braunschweiger Straße 19, Tel. 54390 (28. VI. 1971).

Auswärtige Mitglieder der philologisch-historischen Klasse

Aebischer, Paul, Dr. phil., em. Professor für romanische Philologie an der Universität Lausanne, auswärt. Mitglied der Akademie der Wissenschaften der DDR und der Accademia delle Scienze in Turin, korresp. Mitglied der Accademia de Buenas Letras in Barcelona, des Institut d'Estudis Catalans in Barcelona und der Accademia della Crusca in Florenz, geb. 8. XII. 1897 in Hauterive (Kanton Fribourg), CH 1680 Romont (Fribourg), route d'Arruffens, 573 (29. XI. 1943).

Aland, Kurt, D., D. theol. h. c. (Göttingen), D. D. h. c. (St. Andrews), D. Litt. h. c. (Wartburg College, Iowa), o. Professor für Geschichte der Alten Kirche und Neutestamentliche Textforschung im Fachbereich Evangelische Theologie der Westfälischen Wilhelms-Universität Münster, Direktor des Instituts für neutestamentliche Textforschung und Geschäftsführer der Stiftung zur Förderung der neutestamentlichen Textforschung, Leiter der Arbeitsstelle Münster der Patristischen Kommission, Träger des Athos-Kreuzes in Gold, verliehen vom Ökumenischen Patriarchen von Konstantinopel, korresp. Mitglied der British Academy, Mitglied der Studiorum Novi Testamenti Societas (England), des Kuratoriums der Vetus Latina in Beuron (Hohenzollern), Ehrenmitglied auf Lebenszeit der American Bible Society und Ehrenmitglied der Society of Biblical Literature and Exegesis (USA), geb. 28. III. 1915 in Berlin, 44 Münster (Westf.), Roxeler Straße 12, Tel. 22409 (14. III. 1955).

Bischoff, Karl, Dr. phil., em. o. Professor für deutsche Philologie und Volkskunde an der Johannes Gutenberg-Universität Mainz, Mitglied der Historischen Kommission der Akademie, o. Mitglied der Akademie der Wissenschaften und der Literatur in Mainz, korresp. Mitglied der Akademie der Wissenschaften in Göttingen und buitenlands erelid der Koninklijke Vlaamse Academie voor Taal- en Letterkunde in Gent, geb. 19. V. 1905 in Aken (Elbe), 65 Mainz, In der Meielache 15, Tel. 32174 (14. III. 1955).

Bruford, Walter Horace, M. A., LL. D. h. c. (Aberdeen), D. Litt. h. c. (Newcastle), em. Professor für Germanistik an der Universität Cambridge (England), Inhaber der Goethe-Medaille in Gold des Goethe-Instituts in München, Mitglied der British Academy in London, korresp. Mitglied der Deutschen Akademie für

Sprache und Dichtung in Darmstadt, Mitglied der Modern Humanities Research Association in Cambridge, 1965 deren Präsident, Mitglied der Internationalen Vereinigung für germanische Sprach- und Literaturwissenschaft, 1955—1960 deren Vizepräsident, geb. 14. VII. 1894 in Manchester (England), Moorhouse, Abbey St. Bathans, Duns, Berwickshire/Great Britain, Tel. Abbey St. Bathans 235 (21. VI. 1965).

Erben, Johannes, Dr. phil., o. Professor der älteren deutschen Sprache und Literatur an der Leopold-Franzens-Universität Innsbruck, Nationalpreisträger, Inhaber des Konrad-Duden-Preises 1969 der Stadt Mannheim, korresp. Mitglied der Akademie der Wissenschaften der DDR, Kuratoriumsmitglied des Instituts für deutsche Sprache in Mannheim, geb. 12. I. 1925 in Leipzig, A-6020 Innsbruck, Reithmannstraße 20 I, Tel. 522623 (11. XII. 1961).

Gadamer, Hans-Georg, Dr. phil., o. Professor für Philosophie an der Ruprecht-Karl-Universität Heidelberg, Träger des Ordens Pour le mérite für Verdienste um die Wissenschaft und um die Künste, des Großen Verdienstkreuzes mit Stern und Schulterband der Bundesrepublik Deutschland und Inhaber des Reuchlingpreises 1971 der Stadt Pforzheim, o. Mitglied der Heidelberger Akademie der Wissenschaften, Vorsitzender der Cusanus-Kommission dieser Akademie, korresp. Mitglied der Deutschen Akademie für Sprache und Dichtung in Darmstadt und der Akademie der Wissenschaften in Athen, geb. 11. II. 1900 in Marburg, 6904 Ziegelhausen, Büchsenackerhangweg 53, Tel. 59536 (15. VI. 1940).

Georgiev, Vladimir I., Dr. phil., Dr. phil. h. c. (Berlin und Prag), o. Professor für allgemeine und indoeuropäische Sprachwissenschaft, Slawistik und Balkanistik an der Universität Sofia, Inhaber des Nationalpreises für Wissenschaft, Mitglied und Vizepräsident der Bulgarischen Akademie der Wissenschaften in Sofia, Mitglied des Institut de France/Académie des Inscriptions et Belles-Lettres in Paris, korresp. Mitglied der Societas Scientiarum Fennica-Finska Vetenskaps-Societeten-Suomen Tiedeseura in Helsinki und der Académie Royale des Sciences, des Lettres et des Beaux-Arts de Belgique in Brüssel, geb. 3. II. 1908 in Gabare (Bulg.), Sofia, ul. „7 noemvri“ 1, Tel. 88-40-46, Privatanscharift: Sofia, Oberiste 11, Tel. 44-16-40 (19. II. 1968).

van Giffen, Albert Egges, Dr. phil., Dr. phil. h. c. (Köln), em. o. Professor für Prä- und Protohistorie an der Universität Groningen, em. o. Professor an der Universität Amsterdam, Rijksadviseur voor de Bescherming en de Instandhouding van de Hunnebedden en van gerestaureerde archaeologische Monumenten, Direktor a. D. des Biologisch-Archäologischen Instituts der Rijksuniversiteit in Groningen, Direktor a. D. des Instituts für Prä- und Protohistorie (IPP) der Universität Amsterdam, Konservator a. D. des Museums der Provinz Drente, Chevalier de l'Ordre National de la Légion d'Honneur, Ridder in de Orde van de Nederlandsche Leeuw, Inhaber der Gold Medal of the Society of Antiquaries in London, Mitglied der Koninklijke Nederlandse Akademie van Wetenschappen in Amsterdam, der Koninklijke Vlaamse Academie voor Taal- en Letterkunde in

Gent und der Akademie der Wissenschaften in Göttingen, korresp. Mitglied der Académie Royale de Belgique in Brüssel, Mitglied der Society of Antiquaries in London und der Society of Antiquaries of Scotland, der Hollandsche Maatschappij der Wetenschappen in Haarlem, o. Mitglied des Deutschen Archäologischen Instituts in Berlin-Dahlem, ausländ. Mitglied der Suomen Muinaismuistoyhdistys-Finska Fornminnesföreningen in Helsinki, korresp. Mitglied des Institute of Prehistory and Archaeology, University Aarhus, Ehrenmitglied des Marschenrates zur Förderung der Forschung im Küstengebiet, geb. 14. III. 1884 in Noordhorn (Holland), Zwolle (Holland), Zalnéflat 62, Weteringpark 7 (5. XII. 1960). †31. IV. 1973.

Havránek, Bohuslav, Dr. phil., Dr. phil. h. c. (Leipzig, Brno und Olomouc), o. Professor für Slawistik an der Karls-Universität Prag, Träger des Ordens der Tschechoslowakischen Sozialistischen Republik, Inhaber der J. A. Comenius-Medaille, der Josef-Dobroský-Medaille und der Medaille für Verdienste um Wissenschaft und Menschheit, o. Mitglied der Tschechoslowakischen Akademie der Wissenschaften in Prag, korresp. Mitglied der Akademie der Wissenschaften der DDR, ausländ. Mitglied der Bulgarischen Akademie der Wissenschaften in Sofia, der Serbischen Akademie der Wissenschaften in Belgrad, der Jugoslawischen Akademie der Wissenschaften in Zagreb und des Comité International Permanent des Linguistes in Louvain, stellv. Vorsitzender des Internationalen Komitees der Slawisten, geb. 30. I. 1893 in Prag, Praha 6 — Hradčany, Na Valech 8, Tel. 325-103 (10. XII. 1962).

Heimpel, Hermann, Dr. phil., Dr. jur. h. c. (Freiburg i. Br.), em. o. Professor der mittelalterlichen und neueren Geschichte an der Georg-August-Universität Göttingen, em. Direktor des Max-Planck-Instituts für Geschichte in Göttingen, Inhaber des großen Verdienstkreuzes des Verdienstordens der Bundesrepublik Deutschland und des Kulturpreises der Stadt Goslar für das Jahr 1965, o. Mitglied der Akademie der Wissenschaften in Göttingen, korresp. Mitglied der Deutschen Akademie für Sprache und Dichtung in Darmstadt, der Bayerischen Akademie der Wissenschaften in München, der Heidelberger Akademie der Wissenschaften, der Akademie der Wissenschaften und der Literatur in Mainz, der Österr. Akademie der Wissenschaften in Wien und der Royal Historical Society in London, o. Mitglied der Zentraldirektion der Monumenta Germaniae Historica in München und der Historischen Kommission bei der Bayerischen Akademie der Wissenschaften in München, Mitglied des Verwaltungsausschusses des Germanischen Museums in Nürnberg und des Wissenschaftlichen Beirates des Deutschen Historischen Instituts in Rom, Ehrenmitglied des Instituts für Österreichische Geschichtsforschung in Wien, geb. 19. IX. 1901 in München, 34 Göttingen, Dahlmannstraße 14, Tel. 59382 (5. VI. 1935).

Iordan, Iorgu, Dr. phil., Dr. phil. h. c. (Humboldt-Universität Berlin, Gent, Jassy, Montpellier), em. o. Professor für romanische Philologie an der Universität Bukarest, Verdienter Wissenschaftler, Staatspreisträger I. und II. Klasse, Inhaber des

„Ordinul Muncii“ I. Klasse, des Ordens „Steaua Republicii Populare Române“ I. Klasse, des Ordens „Meritul Ştiintific“ I. Klasse, des Ordens „23. August“ II. Klasse, der Medaille „40 de ani de la întemeierea Partidului Comunist din România“, der Medaille „A XX-a aniversare a Eliberării Patriei“, der Medaille „A cincizecea aniversare a P. C. R.“ und der Medaille „25 de ani de la proclamarea Republicii“, Inhaber des Titels „Eron al Muncii Socialiste“, o. Mitglied der Rumänischen Akademie der Wissenschaften in Bukarest, früher Vizepräsident dieser Akademie und Präsident der Klasse für Sprache, Literatur und Kunst, korresp. Mitglied der Akademie der Wissenschaften der DDR, der Bayerischen Akademie der Wissenschaften in München, der Österreichischen Akademie der Wissenschaften in Wien, Präsident der Rumänischen Gesellschaft für romanische Sprachforschung und des Rumänischen Nationalkomitees für Volksmusik, Vizepräsident der Rumänischen Gesellschaft für Beziehungen mit der UdSSR, Ehrenpräsident der Société de Linguistique Romane in Paris und Straßburg, Mitglied der Société de Linguistique in Paris, der Asociación Internacional de Hispanistas, der Junta directiva dieser Asociación, seit 1971 deren Vizepräsident, der Asociación de Lingüística y Filología Hispanoamericana, des Comité International des Sciences Onomastiques in Louvain und des Comité International Permanent des Linguistes (CIPL), korresp. Mitglied des Instituts Mexicano de Cultura in Mexico City, geb. 29. IX. 1888 in Tecuči (Rumänien), Bucureşti, str. Sofia 12, Tel. 331886 (10. III. 1958).

Jahn, Martin, Dr. phil., em. Professor mit Lehrstuhl für Vor- und Frühgeschichte an der Martin-Luther-Universität Halle—Wittenberg, em. Direktor des Landesmuseums für Vorgeschichte in Halle, o. Mitglied des Deutschen Archäologischen Instituts in Berlin-Dahlem, Mitglied der Deutschen Akademie der Naturforscher Leopoldina in Halle, geb. 20. IX. 1888 in Berlin, 852 Buckenhof b. Erlangen, Hallerstraße 33 I, Tel. Erlangen 57863 (1. VII. 1948).

Kühn, Johannes, Dr. phil., em. o. Professor für neuere Geschichte an der Ruprecht-Karl-Universität Heidelberg, Mitglied der Historischen Kommission bei der Bayerischen Akademie der Wissenschaften in München, geb. 24. I. 1887 in Bogschütz, 69 Heidelberg, Mühlingstraße 23 (19. VI. 1943). †24. II. 1973.

Kumaniecki, Kazimierz, Dr. phil., Dr. phil. h. c. (Debrecen und Warszawa), o. Professor für klassische Philologie an der Universität Warschau, Staatspreisträger, Inhaber des Kommandeur- und Kavalierkreuzes des Ordens Polonia Restituta und des Tapferkeitskreuzes, o. Mitglied der Polnischen Akademie der Wissenschaften in Warschau, auswärt. Mitglied der Koninklijke Vlaamse Academie voor Taal- en Letterkunde in Gent, o. Mitglied des Centro di Studi Ciceroniani in Rom, Präsident der Union Académique Internationale in Brüssel, ehemals Vizepräsident des Conseil International de la Philosophie et des Sciences Humaines in Paris, Präsident und Ehrenmitglied der Polnischen Philologischen Gesellschaft, geb. 18. V. 1905 in Krakau, Warszawa, Sewerynów 6/10, Tel. 269305 (21. VI. 1965).

Ladendorf, Heinz, Dr. phil., o. Professor für Kunstgeschichte an der Universität Köln, Träger des Ordens Officier des Palmes Académiques, o. Mitglied des Deutschen Archäologischen Instituts in Berlin-Dahlem, geb. 29. VI. 1909 in Leipzig, 5 Köln 41, Kunsthistorisches Institut, Albertus-Magnus-Platz, Tel. 4702349 und 5 Köln-Lindenthal, Kerpener Straße 4, Tel. 416058 (14. III. 1955).

Ligeti, Lajos, Dr. phil., Dr. lit., Professor mit Lehrstuhl für innerasiatische Studien an der Eötvös-Loránd-Universität Budapest, Träger des Arbeiterordens, Inhaber des Kossuth-Preises, des Fahnenordens der Ungarischen Volksrepublik, des mongolischen Nairamdalordens, der Goldmedaille der Ungarischen Akademie der Wissenschaften in Budapest und der Goldmedaille der Permanent International Altaistic Conference, o. Mitglied des Präsidiums der Ungarischen Akademie der Wissenschaften in Budapest, Präsident des Bibliotheksausschusses und des Ausschusses für Orientalistik dieser Akademie, o. Mitglied der Akademie der Wissenschaften der Mongolischen Volksrepublik in Ulan-Bator, korresp. Mitglied des Instituts de France/Académie des Inscriptions et Belles-Lettres in Paris und der Suomalaisurgilainen Seura in Helsinki, Ehrenmitglied der Société Asiatique in Paris, der Royal Asiatic Society in London und der Türk Dil Kurumu in Ankara, Vizepräsident des Permanent Comittee of the International Congress of Mongolists, geb. 26. X. 1902 in Balassagyarmat, Budapest V., Belgrád-rkp. 26, Tel. 187-529 (18. I. 1965).

Lissa, Zofia, Dr. phil., Dr. d. Musikwissenschaft, o. Professor für Musikwissenschaft an der Universität Warschau, Staatspreisträger, Träger des Ordens Sztandar Pracy II. Klasse, des Goldenen Verdienstkreuzes, des Ordens Polonia Restituta IV. und V. Klasse, des Kavalier- und Offiziersordens, Inhaber von Verdienstmedaillen, korresp. Mitglied der Akademie der Wissenschaften und der Literatur in Mainz und der Akademie der Künste der DDR, Mitglied des Direktoriums der Internationalen Gesellschaft für Musikwissenschaft, der Gesellschaft für Musikforschung in Kiel, des Polnischen Komponisten-Verbandes und des Komitees für Theorie und Geschichte der Kunst der Polnischen Akademie der Wissenschaften in Warschau, früher Vizepräsident des Polnischen Nationalkomitees des Musikrates des Conseil International de Musique/UNESCO und des Wissenschaftlichen Rates der Chopin-Gesellschaft, geb. 19. X. 1908 in Lwów, Warszawa 87, ul. Miączyńska 37, Tel. 44-09-85 (21. VI. 1965).

Mayrhofer, Manfred, Dr. phil., o. Prof. für Allgemeine und Indogermanische Sprachwissenschaft an der Universität Wien, wirkliches Mitglied der Österreichischen Akademie der Wissenschaften in Wien und Sekretär der philologisch-historischen Klasse dieser Akademie, Vorsitzender der Indogermanischen Gesellschaft, Träger des Ritterkreuzes I. Klasse des finnländischen Ordens der Weißen Rose, auswärtiges Mitglied der Accademia di Scienze e Lettere in Mailand und der Suomalais-Ugrilainen Seura [Finnisch-ugrische Gesellschaft] in Helsinki, Ehrenmitglied der Ungarischen Akademie der Wissenschaften in Budapest und der Linguistic Society of India in Calcutta, geb. 26. IX. 1926 in Linz a. d. Donau (Österreich),

A-1190 Wien, Bauernfeldgasse 9/II/6, Tel. 3639354, Post: Institut für Allgemeine und Indogermanische Sprachwissenschaft der Universität Wien, A-1010 Wien, Dr. Karl-Lueger-Ring 1, Tel. 427611/440 (12. XI. 1971).

Michałowski, Kazimierz, Dr. phil., Dr. phil. h. c. (Strasbourg und Cambridge), o. Professor für Mittelmeer-Archäologie an der Universität Warschau, stellv. Direktor des Nationalmuseums Warschau, Leiter des Polnischen Zentrums für Mittelmeer-Archäologie in Kairo und des Zentrums für Mittelmeer-Archäologie der Polnischen Akademie der Wissenschaften, Träger des Silbernen Kreuzes des Ordens Virtuti Militari, zweifacher Träger des Goldenen Verdienstkreuzes, der Fahne der Arbeit I. Klasse, des Kommandeurkreuzes Polonia Restituta, des Kommandeurkreuzes mit Stern Polonia Restituta, des Kommandeurkreuzes Corona d'Italia und des Offizierskreuzes der Ehrenlegion, Inhaber des Polnischen Nationalpreises I. und II. Klasse, der Medaille George Perrot des Institut de France/ Académie des Inscriptions et Belles-Lettres in Paris, Herder-Preisträger 1971 in Wien, o. Mitglied und Präsidiumsmitglied der Polnischen Akademie der Wissenschaften in Warschau, Mitglied der Accademia Nazionale dei Lincei in Rom und der British Academy in London, korresp. Mitglied der Akademie der Wissenschaften der DDR, o. Mitglied des Deutschen Archäologischen Instituts in Berlin-Dahlem, der Association Internationale des Égyptologues und des Tschechoslowakischen Orientalischen Instituts, Ehrenmitglied des Institut d'Égypte in Kairo, des Archaelogical Institute of America in Washington und des Archaeologiki Hetairia in Athen, stellv. Präsident der Association Internationale d'Epigraphie Latine, Präsident des Internationalen Komitees des Experten für Abu Simbel bei der UNESCO und der Society for Nubian Studies, geb. 14. XII. 1901 in Tarnopol, Warszawa, Sewerynów 6, Tel. 263979 (5. XII. 1960).

Németh, Julius, Dr. phil., em. o. Professor für Turkologie an der Eötvös-Loránd-Universität Budapest, o. Mitglied der Ungarischen Akademie der Wissenschaften in Budapest und em. Direktor des Sprachwissenschaftlichen Instituts dieser Akademie, Träger des Arbeiterordens, des Ordens „Kirill i Metod" (Sofia), Inhaber des Kossuth-Preises und des Indiana University Prize for Altaic Studies, korresp. Mitglied der Akademie der Wissenschaften der DDR und der Bulgarischen Akademie der Wissenschaften in Sofia, Ehrenmitglied der Royal Asiatic Society in London, der Suomalaisugrilainen Seura in Helsinki, der Societas Uralto-altaica in Göttingen, der Türk Dil Kurumu und der Türk Tarih Kurumu in Ankara und der Polnischen Orientalischen Gesellschaft in Warschau, geb. 2. XI. 1890 in Karcag (Ungarn), Budapest XI., Karinthy út. 24. III. 1., Tel. 257-382 (13. X. 1958).

Pée, Willem, Dr. phil., em. Professor für Niederländische Linguistik, Dialektologie und Experimentelle Phonetik an der Universität Gent (Belgien), Inhaber der belgischen Leopolds- und Kronorden, des niederländischen Kommandeurordens für Oranien-Nassau und der Ehrennadel der Liga für Völkerfreundschaft der DDR in Gold für Verdienste um die Völkerfreundschaft, Mitglied der Maatschappij der Nederlandse Letterkunde in Leiden, der Fryske Akademy in Leeuwarden, des

Provinciaal Utrechts Genootschap van Kunsten en Wetenschappen, der Commissie belast met de voorbereiding van de Nederlandse tekst van de Grondwet, de wetboeken en van de voornaamste wetten en besluiten, der Centrale Commissie voor de Nederlandse rechtstaal en bestuurstaal in België, Vizepräsident dieser Kommission seit 1969, Mitglied der Niederländisch-Belgischen Stiftung für niederländische Lexikologie, der Belgische Spellingcommissie und der Belgische Woordenlijstcommissie, Präsident dieser Kommission, Mitglied der Belgische Vaste Commissie van Advies voor de Spelling van de Nederlandse taal, Präsident dieser Kommission seit 1970, Präsident der Terminologische Commissie bei het Ministerie van Binnenlandse Zaken, der Belgischen Abteilung der Belgisch-Nederlandse Commissie van Advies voor de Spelling van de Bastaardwoorden, Vizepräsident des Belgisch Centrum voor Neerlandistiek, Generalsekretär dieser Vereinigung, Präsident der Gesellschaft Belgien—DDR in Brüssel, Ehrenmitglied der Koninklijke Commissie voor Toponymie & Dialectologie in Brüssel, geb. 9. IV. 1903 in Brügge (West-Flandern), 1170 Brüssel, Bosvoorde, Vuurkeienweg 3, Tel. 02/722649 (12. XI. 1971).

Petschow, Herbert, Dr. phil. et jur., o. Professor für antike Rechtsgeschichte an der Ludwig-Maximilians-Universität München, Gastprofessor für altorientalische Rechtsgeschichte an der Karl-Marx-Universität Leipzig, o. Mitglied der Bayerischen Akademie der Wissenschaften in München, Mitglied der Deutschen Morgenländischen Gesellschaft in Mainz, geb. 26. XII. 1909 in Dresden, 8000 München 90, Mailänder Straße 8, Tel. 6422883 (10. XII. 1962).

Préaux, Claire, Dr. phil., Dr. phil. h. c. (Strasbourg), Dr. jur. h. c. (Freiburg i. Br.), o. Professor für Klassische Altertumswissenschaft an der Universität Brüssel, Abteilungsleiter in der Fondation Égyptologique Reine Elisabeth, Inhaberin des Prix de la Société pour l'Encouragement des Études grecques en France und des Prix Francqui, Mitglied der Académie Royale des Sciences, des Lettres et des Beaux-Arts de Belgique in Brüssel, korresp. Mitglied der British Academy in London, des Institut de France/Académie des Inscriptions et Belle-Lettres in Paris, der Koninklijke Nederlandse Akademie van Wetenschappen in Amsterdam, geb. 21. XII. 1904 in Liège, 1050 Bruxelles, 109 rue de l'Abbaye, Tel. 442753 (14. III. 1955).

Průšek, Jaroslav, Dr. phil., Dr. Sc., Dr. phil. h. c. (Berlin, Olmouc, Stockholm), Professor für Sinologie und Japanologie an der Karls-Universität Prag, zweifacher Träger des Staatspreises für Wissenschaft und Kunst, Inhaber der Medaille für Verdienste um Wissenschaft und Menschheit der Tschechoslowakischen Akademie der Wissenschaften, o. Mitglied der Tschechoslowakischen Akademie der Wissenschaften in Prag und korresp. Mitglied der Akademie der Wissenschaften der DDR, Mitglied der Société Asiatique in Paris und der American Oriental Society in New Haven, geb. 14. IX. 1906 in Prag, Praha 1, Gogolova 2 (21. VI. 1965).

Schadewaldt, Wolfgang, Dr. phil., em. o. Professor für klassische Philologie und für Geschichte der Fortwirkung des Griechentums an der Eberhard-Karls-Universität Tübingen, Visiting Professor an der University of Michigan Ann Arbor, USA, 1968, Träger des Ordens Pour le mérite für Verdienste um die Wissenschaft und um die Künste, des Großen Verdienstkreuzes mit Stern des Verdienstordens der Bundesrepublik Deutschland und des Österreichischen Ehrenzeichens für Wissenschaft und Kunst, Inhaber des Reuchlin-Preises der Stadt Pforzheim 1963 und des Übersetzerpreises der Deutschen Akademie für Sprache und Dichtung in Darmstadt 1965, o. Mitglied der Akademie der Wissenschaften der DDR und der Heidelberger Akademie der Wissenschaften, korresp. Mitglied der Österreichischen Akademie der Wissenschaften in Wien, Mitglied der Deutschen Akademie für Sprache und Dichtung in Darmstadt, der Zentraldirektion des Deutschen Archäologischen Instituts in Berlin-Dahlem und des PEN-Clubs, geb. 15. III. 1900 in Berlin, 74 Tübingen, Stauffenbergstraße 65, Tel. 22509 (5. VI. 1935).

Schmidt, Eberhard, Dr. jur., Dr. med. h. c. (Göttingen), em. o. Professor der Rechte (Straf- und Strafprozeßrecht, Rechtsgeschichte) an der Ruprecht-Karl-Universität Heidelberg, Träger des Großen Verdienstkreuzes des Verdienstordens mit Stern der Bundesrepublik Deutschland, Inhaber des Ehrenzeichens der deutschen Ärzteschaft, o. Mitglied der Heidelberger Akademie der Wissenschaften, korresp. Mitglied der Österreichischen Akademie der Wissenschaften in Wien und der Deutschen Gesellschaft für Psychiatrie und Nervenheilkunde in Marburg (Lahn), geb. 16. III. 1891 in Jüterbog, 69 Heidelberg, Werderplatz 9, Tel. 40796 (14. VI. 1941).

Tackenberg, Kurt, Dr. phil., em. o. Professor für Vor- und Frühgeschichte an der Westfälischen Wilhelms-Universität Münster, Mitglied der Historischen Kommission für Niedersachsen in Hannover der Archäologischen Kommission für Niedersachsen und des Deutschen Archäologischen Instituts in Berlin-Dahlem, Ehrenmitglied des Niedersächsischen Landesvereins für Urgeschichte in Hannover, geb. 30. VI. 1899 in Tschammendorf (Schlesien), 44 St. Mauritz b. Münster/Westf., Parkallee 2, Tel. Münster 315158 (19. X. 1959).

Thieme, Paul, Dr. phil., em. o. Professor für Indologie und vergleichende Religionswissenschaft an der Eberhard-Karls-Universität Tübingen, geb. 18. III. 1905 in Berlin, 74 Tübingen, Spemannstr. 14 (12. XI. 1949).

Vossler, Otto, Dr. phil., em. o. Professor für mittlere und neuere Geschichte an der Johann-Wolfgang-Goethe-Universität Frankfurt am Main, Inhaber der Jusserand Medal der American Historical Association in Washington, geb. 14. II. 1902 in Heidelberg, 60 Frankfurt (Main), Grüneburgweg 143, Tel. 726269 (20. VI. 1942).

von Weizsäcker, Carl Friedrich, Freiherr, Dr. phil., Honorar-Professor für Philosophie an der Universität München, Direktor des Max-Planck-Instituts zur Erforschung der Lebensbedingungen der wissenschaftlich-technischen Welt in Starnberg (Obb.), Träger des Ordens Pour le mérite für Verdienste um die Wissenschaft und um die Künste, des Großen Verdienstkreuzes mit Stern der Bundesrepublik Deutschland und des Österr. Ehrenzeichens für Wissenschaft und Kunst, Inhaber der Goldenen Wilhelm-Bölsche-Medaille der Kosmos-Gesellschaft der Naturfreunde in Stuttgart, der Max-Planck-Medaille des Verbandes Deutscher Physikalischer Gesellschaften in Braunschweig, der Hans-Thoma-Medaille der Hans-Thoma-Gesellschaft in Reutlingen, des Goethe-Preises der Stadt Frankfurt (Main), des Prix Arnold Reymond der Universität Lausanne, des Friedenspreises des Deutschen Buchhandels und des Erasmus-Preises der Stiftung „Prämium Erasmianum" der Niederlande, o. Mitglied der Akademie der Wissenschaften in Göttingen, Mitglied der Deutschen Akademie der Naturforscher Leopoldina in Halle, der Deutschen Akademie für Sprache und Dichtung in Darmstadt und der Joachim-Jungius-Gesellschaft der Wissenschaften in Hamburg, korresp. Mitglied der Bayerischen Akademie der Wissenschaften in München und der Österreichischen Akademie der Wissenschaften in Wien, Senator der Max-Planck-Gesellschaft zur Förderung der Wissenschaft, Vorsitzender des Verwaltungsrates des Deutschen Entwicklungsdienstes (DED), Mitglied des Verwaltungsausschusses des Deutschen Museums in München und des PEN-Zentrums in Darmstadt, geb. 28. VI. 1912 in Kiel, 813 Starnberg/Obb., Riemerschmidstraße 7, Tel. 7169 und 8135 Söcking, Alpenstraße 15.

Wieacker, Franz, Dr. jur., Dr. phil. h. c. (Freiburg i. Br.), LL. D. h. c. (Glasgow), o. Professor für römisches und bürgerliches Recht an der Georg-August-Universität Göttingen, o. Mitglied der Akademie der Wissenschaften in Göttingen, korresp. Mitglied der Heidelberger Akademie der Wissenschaften und der Accademia Nazionale dei Lincei in Rom, geb. 5. VIII. 1908 in Stargard (Pommern), 34 Göttingen, Prinzenstraße 21 (14. VI. 1941).

Zucker, Friedrich, Dr. phil., em. Professor mit Lehrstuhl für klassische Philologie und Papyruskunde an der Friedrich-Schiller-Universität Jena, Nationalpreisträger, o. Mitglied der Akademie der Wissenschaften der DDR und des Deutschen Archäologischen Instituts in Berlin-Dahlem, geb. 30. VI. 1881 in Fürth (Bayern), 2 Wedel/Holst., Hans-Böckler-Platz 15, Graf-Luckner-Haus, App. 225 (1. VII. 1948). † 4. IV. 1973.

TODESFÄLLE

Ehrenmitglieder

Baethgen, Friedrich, Dr. phil., Dr. phil. h. c. (Rom), Präsident der Monumenta Germaniae Historica i. R., Hon.-Professor für mittelalterliche Geschichte an der Ludwig-Maximilians-Universität München, Träger des Großen Verdienstkreuzes mit Stern und Schulterband des Verdienstordens der Bundesrepublik Deutschland und des Bayerischen Verdienstordens, o. Mitglied und Altpräsident der Bayerischen Akademie der Wissenschaften in München und der Historischen Kommission bei der Bayerischen Akademie der Wissenschaften, o. Mitglied der Akademie der Wissenschaften der DDR, korresp. Mitglied der Mediaeval Academy of America in Cambridge (Mass.) und der Società Romana di Storia Patria in Rom, Ehrenmitglied der philos.-hist. Klasse der Österreichischen Akademie der Wissenschaften in Wien und des Instituts für österreichische Geschichtsforschung in Wien, geb. 30. VII. 1890 in Greifswald, 8 München 19, Aiblinger Straße 3 (19. X. 1959). †18. VI. 1972.

Schirmunski, Viktor Maximowitsch, Dr. phil., Dr. phil. h. c. (Berlin, Kraków, Oxford, Prag), em. Professor für deutsche Sprache und Literatur an der Universität Leningrad, Leiter der Abteilung für indoeuropäische Sprachen des Instituts für Sprachforschung der Akademie der Wissenschaften der UdSSR, Inhaber der Goldmedaille 1967 des Goethe-Instituts in München, o. Mitglied der Akademie der Wissenschaften der UdSSR in Moskau, korresp. Mitglied der Akademie der Wissenschaften der DDR, der Bayerischen Akademie der Wissenschaften in München, der British Academy, London, und der Kongelige Danske Videnskabernes Selskap in Kopenhagen, geb. 2. VIII. 1891 in St. Petersburg, Leningrad, Institut für Sprachforschung der Akademie der Wissenschaften der UdSSR (16. X. 1967). † 31. I. 1971.

Ordentliche Mitglieder
der mathematisch-naturwissenschaftlichen Klasse

Klinkowski, Maximilian, Dr. agr., Dr. agr. h. c. (Hohenheim), em. o. Professor mit Lehrstuhl für Phytopathologie an der Martin-Luther-Universität Halle—Wittenberg, Nationalpreisträger, Träger der Verdienstmedaille der DDR, der Erinnerungsmedaille zum 20. Jahrestag der Demokratischen Bodenreform und der Erwin-Baur-Medaille der Akademie der Landwirtschaftswissenschaften der DDR,

o. Mitglied der Akademie der Wissenschaften der DDR und der Akademie der Landwirtschaftswissenschaften der DDR, em. Direktor des Instituts für Phytopathologie Aschersleben dieser Akademie, Mitglied der Deutschen Akademie der Naturforscher Leopoldina in Halle, auswärtiges Mitglied der Polnischen Akademie der Wissenschaften in Warschau, geb. 24. V. 1904 in Berlin-Steglitz, 432 Aschersleben, Auf der Alten Burg 23 (5. XII. 1960). †22. VI. 1971.

Merrem, Georg, Dr. med., Professor mit Lehrstuhl für Neurochirurgie an der Karl-Marx-Universität Leipzig, Verdienter Arzt des Volkes, Inhaber der Hufeland-Medaille der Deutschen Demokratischen Republik und der Fedor-Krause-Medaille der Deutschen Gesellschaft für Neurochirurgie, Mitglied der Deutschen Akademie der Naturforscher Leopoldina in Halle, Senator und medizinischer Adjunkt für die Bezirke Dresden, Leipzig und Karl-Marx-Stadt dieser Akademie, Ehrenmitglied der Deutschen Gesellschaft für Klinische Medizin, Sektion Neuro-Elektrodiagnostik, in Leipzig, geb. 21. IX. 1908 in Königsberg, 703 Leipzig, Zauberweg 2 (5. XII. 1960). †8. VII. 1971.

Auswärtiges Mitglied der mathematisch-naturwissenschaftlichen Klasse

Kulenkampff, Helmuth, Dr. phil., em. o. Professor für Physik an der Julius-Maximilians-Universität Würzburg, Direktor des Instituts für Experimentalphysik 1946—1964 an dieser Universität, Träger der Röntgen-Plakette, o. Mitglied der Bayerischen Akademie der Wissenschaften in München, korresp. Mitglied der Bremer wissenschaftlichen Gesellschaft, geb. 5. XII. 1895 in Bremen, 87 Würzburg, Mittlerer Neuburgweg 13b (19. VI. 1943). †12. VI. 1971.

Ordentliche Mitglieder der philologisch-historischen Klasse

Fischer, Rudolf, Dr. phil., em. Professor mit Lehrstuhl für Bohemistik an der Karl-Marx-Universität Leipzig, Träger des Vaterländischen Verdienstordens, Mitglied der Historischen Kommission der Akademie, Mitglied des Comité International des Sciences Onomastiques, der Onomastischen Kommission des Internationalen Slawistenkomitees und Vorsitzender der Onomastischen Kommission des Deutschen Slawistenkomitees, geb. 18. XII. 1910 in Königsberg (Eger), 521 Arnstadt (Thür.), Berggartenweg 21 (14. III. 1955). †2. VIII. 1971.

Hauschild, Richard, Dr. phil., em. Professor mit Lehrstuhl für vergleichende Sprachwissenschaft und Indologie an der Friedrich-Schiller-Universität Jena, Mitglied der Deutschen Morgenländischen Gesellschaft in Mainz, geb. 2. XII. 1901 in Roschütz (Krs. Gera), 69 Jena, Schillbachstraße 43 (7. XII. 1949). †15. II. 1972.

Neumann, Gotthard, Dr. phil., em. Professor mit Lehrstuhl für Ur- und Frühgeschichte an der Friedrich-Schiller-Universität Jena, o. Mitglied des Deutschen Archäologischen Instituts in Berlin-Dahlem und der Berliner Gesellschaft für

Anthropologie, Ethnologie und Urgeschichte, korresp. Mitglied der Gesellschaft für Coburger Heimatkunde und Landesgeschichte, geb. 8. VI. 1902 in Schwabsdorf (Krs. Weimar), 69 Jena, Riemannstraße 4 (7. XII. 1964) †29. IV. 1972.

Auswärtige Mitglieder
der philologisch-historischen Klasse

Friedrich, Johannes, Dr. phil., em. o. Professor für altorientalische Sprachen an der Freien Universität Berlin, korresp. Mitglied des Orientalischen Instituts in Prag, des Istituto Lombardo di Scienze e Lettere in Mailand, der Vooraziatisch-Egyptisch Gezelschap „Ex Oriente Lux" in Leiden und der Societas Orientalis Fennica in Helsinki, Ehrenmitglied der Deutschen Morgenländischen Gesellschaft und der Linguistic Society of America, geb. 27. VIII. 1893 in Leipzig, 1 Berlin 41 (Steglitz), Schloßstraße 49 (20. III. 1940). †12. VIII. 1972.

Lersch, Philipp, Dr. phil., oö. Professor für Psychologie und Philosophie an der Ludwig-Maximilians-Universität München, o. Mitglied der Bayerischen Akademie der Wissenschaften in München, Mitglied der Deutschen Akademie der Naturforscher Leopoldina in Halle, korresp. Mitglied der Deutschen Gesellschaft für Psychiatrie und Nervenheilkunde in Marburg (Lahn), Ehrenmitglied der Deutschen Gesellschaft für Psychologie in Münster und der Spanischen Gesellschaft für Psychologie, geb. 4. IV. 1898 in München, 8 München 23, Dreschstraße 5, (20. VI. 1942). †15. III. 1972.

Siebenschein, Hugo, Dr. phil., em. o. Professor für neue deutsche Literaturgeschichte an der Karls-Universität Prag, Mitglied des Kuratoriums des Thomas-Mann-Archivs in Berlin, der Hölderlin-Gesellschaft in Tübingen, der Internationalen Vereinigung für germanische Sprach- und Literaturwissenschaft, der Fédération internationale des Langues et Littératures modernes in Liège, der Literaturwissenschaftlichen Gesellschaft der ČSSR in Prag, des Kreises der modernen Philologen bei der Tschechoslowakischen Akademie der Wissenschaften in Prag, Begründer und Vorsitzender des Adalbert-Stifter-Kreises in Prag, korresp. Mitglied des Thomas-Mann-Kreises in Potsdam, geb. 6. IV. 1889 in Strážnice (Mähren, ČSR), Praha 7, Čechova 21 (12. II. 1959). †12. XII. 1971.

von Wartburg, Walther, Dr. phil., Dr. phil. h. c. (Lausanne, Leeds, Brüssel, Strasbourg), em. o. Professor für romanische Philologie an der Universität Basel, Träger des Ordens Pour le mérite für Verdienste um die Wissenschaft und um die Künste der Bundesrepublik Deutschland und des Gran Cruz de la Orden Civil de ‚Alfonso X el Sabio', Inhaber des Prix Volney des Institut de France, korresp. Mitglied der Akademie der Wissenschaften der DDR, ausländ. Mitglied der Koninklijke Nederlandse Akademie van Wetenschappen in Amsterdam, der Suomalainen Tiedeakatemia in Helsinki, der Kungl. Svenska Vetenskapsakademien und der Kungl. Vitterhets-Historie-och Antikvitets-Akademien in Stockholm, der Accademia Nazionale dei Lincei in Rom, der Accademia della Crusca in Florenz, der Academia de Buenas Letras in Barcelona, der British Academy in London, des

Institut de France/Académie des Inscriptions et Belle-Lettres in Paris und des Consejo Superior de Investigaciones Científicas in Madrid, Mitglied des Comité de patronage de l'Encyclopédie Linguistique beim Centre International de Dialectologie Générale in Louvain, Ehrenmitglied der philosophisch-historischen Klasse der Österreichischen Akademie der Wissenschaften in Wien, der Linguistic Society of America und des 2. Internationalen Dialektologenkongresses v. 5—10. IX. 1965 in Marburg (Lahn), Ehrenpräsident der Société de Linguistique Romane in Paris und Strasbourg, geb. 18. V. 1888 in Riedholz b. Solothurn, CH 4000 Basel, Predigerhofstraße 25 (1. VII. 1930). †15. VIII. 1971.

ZUWAHLEN

In der Plenarsitzung vom 28. Juni 1971 wurden gewählt:

Ordentliche Mitglieder
der mathematisch-naturwissenschaftlichen Klasse

Berg, Hermann, Dr. rer. nat., Professor für physikalische Chemie an der Akademie der Wissenschaften der DDR, Zentralinstitut für Mikrobiologie und experimentelle Therapie in Jena, Inhaber der Heyrovsky-Medaille des Heyrovsky-Instituts für Polarographie der Tschechoslowakischen Akademie der Wissenschaften in Prag, Mitglied der Gesellschaft für mathematische und physikalische Biologie der Deutschen Demokratischen Republik, der International Society of Electrochemistry (ISE) und des Comité International de Photobiologie (CIP), geb. 16. VII. 1924 in Greifswald, 69 Jena, Greifbergstraße 15, Tel. 24817.

Freimuth, Ulrich, Dr. rer. nat., Professor für analytische Biochemie und Lebensmittelchemie an der TU Dresden, Inhaber der Verdienstmedaille der Deutschen Demokratischen Republik, Mitglied der Chemischen Gesellschaft in der DDR, Vorsitzender des Fachverbandes Lebensmittelchemie dieser Gesellschaft, Mitglied der Biochemischen Gesellschaft und der Gesellschaft für Ernährung in der Deutschen Demokratischen Republik, geb. 16. X. 1914 in Wismar, 8020 Dresden, Bernerstraße 1, Tel. 40644.

Uhlmann, Dietrich, Dr. rer. nat., Professor für Hydrobiologie an der TU Dresden, Mitglied der Kommission für spezielle Umweltprobleme der Akademie und des Leitungsgremiums der International Association of Theoretical and Applied Limnology, Leitungsmitglied der Sektion Ökologie und Vorsitzender der Arbeitsgruppe Hydrobiologie der Biologischen Gesellschaft der DDR in Berlin, Mitglied des Nationalkomitees der DDR für das Internationale Biologische Programm und des Herausgeberstabes der „Internationalen Revue der gesamten Hydrobiologie“ in Berlin, geb. 4. VIII. 1930 in Chemnitz, 8021 Dresden, Schlüterstraße 19, Tel. 32856.

Ordentliche Mitglieder
der philologisch-historischen Klasse

Brüning, Eberhard, Dr. phil., o. Professor für Amerikanistik an der Karl-Marx-Universität Leipzig, Inhaber der Johann-Heinrich-Pestalozzi-Medaille in Bronze und Silber und der Ehrennadel der Karl-Marx-Universität, Mitglied der Deutschen

Shakespeare-Gesellschaft in Weimar und der Association Internationale de Littérature Comparée, geb. 4. VI. 1925 in Chemnitz, 703 Leipzig, Scheffelstraße 53, Tel. 384593.

Hiebsch, Hans, Dr. phil., o. Professor für Psychologie an der Friedrich-Schiller-Universität Jena, Inhaber der Verdienstmedaille der Deutschen Demokratischen Republik und der Verdienstmedaille der Nationalen Volksarmee der Deutschen Demokratischen Republik in Silber, Mitglied der Sprachwissenschaftlichen Kommission der Akademie und der Gesellschaft für Psychologie in der Deutschen Demokratischen Republik, stellvertretender Vorsitzender dieser Gesellschaft, und Mitglied der European Association of Experimental Social Psychology in Hague, geb. 10. VIII. 1922 in Bodenbach/ČSR, 69 Jena, Professor-Ibrahim-Straße 35, Tel. 24907.

Werner, Ernst, Dr. phil., o. Professor für Geschichte des Mittelalters an der Karl-Marx-Universität Leipzig, Nationalpreisträger, Inhaber der Verdienstmedaille der DDR und der Erinnerungsmedaille zum 50. Jahrestag der Großen Sozialistischen Oktoberrevolution der Universität Kiew, Mitglied der Sprachwissenschaftlichen Kommission der Akademie, o. Mitglied der Akademie der Wissenschaften der DDR, geb. 20. XI. 1920 in Tyssa/ČSR, 7022 Leipzig, Braunschweiger Str. 19, Tel. 54390.

*

Anläßlich der 125. Jahrfeier der Sächsischen Akademie der Wissenschaften zu Leipzig am 12. November 1971 wurden gewählt:

Auswärtige Mitglieder der mathematisch-naturwissenschaftlichen Klasse

Gerasimov, Innokentii Petrovich, Dr. der geographischen Wissenschaften, em. Professor für Geographie an der Lomonossow-Universität in Moskau, Vizepräsident der International Geographical Union, Inhaber des Lenin-Ordens, des Ordens Roter Stern und des Dimitroff-Preises der VR Bulgarien, Träger der Goldenen Dokučaev-Medaille, der Goldenen Przenalski-Medaille und der Moritz-Wilhelm-Drobisch-Medaille der Sächsischen Akademie, Mitglied der Deutschen Akademie der Naturforscher Leopoldina in Halle, der Akademie der Landwirtschaftswissenschaften der DDR, der Bulgarischen Akademie der Wissenschaften in Sofia, auswärtiges Mitglied der Akademie der Wissenschaften der DDR und Ehrenmitglied der Geographischen Gesellschaften in Columbien, England, Finnland. Frankreich, Italien, Österreich, Polen, Schottland, Serbien und Ungarn, geb. 9. XII 1905 in St. Kostroma, Moskau — W 3, Leninsky Prospekt 13, Tel. 231-61-44.

Kolotyrkin, Jakov Mikhailovitsch, Dr. der chemischen Wissenschaften, Professor für Elektrochemie und Korrosionsschutz, Direktor des Chemischen Instituts

„L. Ja. Karpov" in Moskau, Inhaber des Lenin-Ordens und des Ordens des Roten Arbeitsbanners, Träger der Goldmedaille der Tschechoslowakischen Gesellschaft für Internationale Zusammenarbeit und der Gedenkmedaille zu Ehren des 50. Jahrestages des Bestehens der Kommunistischen Partei der ČSSR, o. Mitglied der Akademie der Wissenschaften der UdSSR, der Internationalen Elektrochemischen Gesellschaft, des Staatlichen Komitees für Wissenschaft und Technik beim Ministerrat der UdSSR und Vertreter der UdSSR im wissenschaftlich-technischen Rat des Koordinationszentrum der RGW-Länder für Korrosionsschutz, geb. 14. XI. 1910 im Dorf Zanino des Jarzevsker Bezirks im Smolensker Gebiet, 107120 Moskva B-120, ul. Obucha 10, Karpov-Institut, Tel. 297-32-57.

Schmid, Erich, Dr. phil., Dr. mont. h. c. (Montanistische Hochschule Leoben), Dr. rer. nat. h. c. (TU Clausthal), em. o. Professor für Physik an der Universität Wien, Träger der Moritz-Wilhelm-Drobisch-Medaille der Sächsischen Akademie, wirkliches Mitglied der Österreichischen Akademie der Wissenschaften in Wien, Präsident dieser Akademie und Vorsitzender der mathematisch-naturwissenschaftlichen Klasse, Mitglied der Deutschen Akademie der Naturforscher Leopoldina in Halle und der Academy of Sciences in New York, auswärtiges Mitglied der Akademie der Wissenschaften der DDR, korresp. Mitglied der Accademia di Studi Economici e Sociali in Triest, auswärtiges wiss. Mitglied des Max-Planck-Institutes für Metallforschung in Stuttgart, geb. 4. V. 1896 in Bruck/Mur (Österreich), A-1090 Wien, Universitätsstraße 10, Tel. 4240062.

Śmiałowski, Michał, Dr.-Ing., Professor für physikalische Chemie, Direktor am Institut für physikalische Chemie der Polnischen Akademie der Wissenschaften in Warschau, Mitglied der polnischen Pugwash-Kommission, Staatspreisträger, Träger des Ordens Sztandar Pracy I. und II. Klasse und Inhaber des Kommandeurkreuzes des Ordens Polonia Restituta, o. Mitglied der Polnischen Akademie der Wissenschaften, Sekretär der III. Abteilung dieser Akademie, Mitglied der Polnischen Chemischen Gesellschaft in Warschau, der Electrochemical Society in New York, der Faraday Society in London und der Société de Chimie Physique in Paris, geb. 14. XII. 1906 in Hordynia (Ost-Galizien), Warszawa, ul. Marszałkowska 73 m. 18, Tel. 283772.

Auswärtige Mitglieder der philologisch-historischen Klasse

Mayrhofer, Manfred, Dr. phil., o. Professor für Allgemeine und Indogermanische Sprachwissenschaft an der Universität Wien, wirkliches Mitglied der Österreichischen Akademie der Wissenschaften in Wien und Sekretär der philologisch-historischen Klasse dieser Akademie, Vorsitzender der Indogermanischen Gesellschaft, Träger des Ritterkreuzes I. Klasse des finnländischen Ordens der Weißen Rose und des Kommandeurkreuzes des kaiserl. iran. Humâyân-Ordens, auswärtiges Mitglied der Accademia di Scienze e Lettere in Mailand und der

Suomalais-Ugrilainen Seura [Finnisch-ugrische Gesellschaft] in Helsinki, gewähltes Mitglied des Council of ‚Corpus Inscriptionum Iranicarum' in London, Ehrenmitglied der Ungarischen Akademie der Wissenschaften in Budapest und der Linguistic Society of India in Calcutta, geb. 26. IX. 1926 in Linz a. d. Donau (Österreich), A-1190 Wien, Bauernfeldgasse 9/II/6, Tel. 3639354, Post: Institut für Allgemeine und Indogermanische Sprachwissenschaft der Universität Wien, A-1010 Wien, Dr. Karl-Lueger-Ring 1, Tel. 427611/440.

Pée, Willem, Dr. phil., em. Professor für Niederländische Linguistik, Dialektologie und Experimentelle Phonetik an der Universität Gent (Belgien), Inhaber der belgischen Leopolds- und Kronorden, des niederländischen Kommandeurordens für Oranien-Nassau und der Ehrennadel der Liga für Völkerfreundschaft der DDR in Gold für Verdienste um die Völkerfreundschaft, Mitglied der Maatschappij der Nederlandse Letterkunde in Leiden, der Fryske Akademy in Leeuwarden, des Provinciaal Utrechts Genootschap van Kunsten en Wetenschappen, der Commissie belast met de voorbereiding van de Nederlandse tekst van de Grondwet, de wetboeken en van de voornaamste wetten en besluiten, der Centrale Commissie voor de Nederlandse rechtsstaal en bestuurstaal in België, Vizepräsident dieser Kommission seit 1969, Mitglied der Niederländisch-Belgischen Stiftung für niederländische Lexikologie, der Belgische Spellingcommissie und der Belgische Woordenlijstcommissie, Präsident dieser Kommission, Mitglied der Belgische Vaste Commissie van Advies voor de Spelling van de Nederlandse taal, Präsident dieser Kommission seit 1970, Präsident der Terminologische Commissie bei het Ministerie van Binnenlandse Zaken, der Belgischen Abteilung der Belgisch-Nederlandse Commissie van Advies voor de Spelling van de Bastaardwoorden, Vizepräsident des Belgisch Centrum voor Neerlandistiek, Generalsekretär dieser Vereinigung, Präsident der Gesellschaft Belgien—DDR in Brüssel, Ehrenmitglied der Koninklijke Commissie voor Toponymie & Dialectologie in Brüssel, geb. 9. IV. 1903 in Brügge (West-Flandern), 1170 Brüssel, Bosvoorde, Vuurkeienweg 3, Tel. 02/722649.

*

In der Plenarsitzung vom 18. Dezember 1972 wurden gewählt:

Ordentliches Mitglied
der mathematisch-naturwissenschaftlichen Klasse

Watznauer, Adolf, Dr. rer. nat., em. o. Professor für Geologie an der Bergakademie Freiberg, Hervorragender Wissenschaftler des Volkes, Inhaber des Fourmarier-Preises (1972) der Académie Royale des Sciences, des Lettres et des Beaux-Arts de Belgique in Brüssel, Mitglied der Kommission für spezielle Umweltprobleme der Akademie, o. Mitglied der Akademie der Wissenschaften der DDR und Mitglied der problemgebundenen Klasse „Umweltschutz und Umweltgestaltung" dieser Akademie, Mitglied der Deutschen Akademie der Naturforscher Leopoldina in Halle, korresp. Mitglied der Geologischen Gesellschaft in Wien und Ehrenmitglied der Geologischen Gesellschaft der ČSSR, geb. 29. IV. 1907 in Reichenberg (ČSR), 9030 Karl-Marx-Stadt, Dieselstr. 8, Postschließfach 30.

Ordentliche Mitglieder der philologisch-historischen Klasse

Coblenz, Werner, Dr. phil., Direktor des Landesmuseums für Vorgeschichte in Dresden, Inhaber der Verdienstmedaille der DDR, der Leibniz-Medaille der Akademie der Wissenschaften der DDR und der Johannes-R.-Becher-Medaille des Kulturbundes der DDR, o. Mitglied des Deutschen Archäologischen Instituts in Berlin-Dahlem, Mitglied im Conseil Permanent der Union Internationale des Sciences Protohistoriques et Préhistoriques, des Nationalkomitees für Ur- und Frühgeschichte der DDR bei der Akademie der Wissenschaften der DDR, des wissenschaftlichen Beirates für Heimatforschung des geographischen Instituts der Akademie der Wissenschaften der DDR und des Problemrates für Alte Geschichte und Archäologie beim Wissenschaftlichen Rat für Geschichtswissenschaften der DDR, geb. 24. V. 1917 in Pirna/Elbe, 8020 Dresden, Geystraße 6, Tel. 40916.

Lieberwirth, Rolf, Dr. jur., o. Professor für deutsche Rechtsgeschichte an der Martin-Luther-Universität Halle—Wittenberg, Inhaber der Verdienstmedaille der Deutschen Demokratischen Republik und der Wilhelm-Külz-Ehrennadel der LDPD, Mitglied der Gesellschaft für Völkerrecht der Deutschen Demokratischen Republik und der International Law Association in London, geb. 1. XII. 1920 in Halle (Saale), 402 Halle (Saale), Rainstraße 3b, Tel. 30465.

Neubert, Albrecht, Dr. phil., o. Professor und Direktor der Sektion Theoretische und angewandte Sprachwissenschaft an der Karl-Marx-Universität Leipzig, Inhaber der Ehrennadel der Karl-Marx-Universität Leipzig und der Johann-Heinrich-Pestalozzi-Medaille in Bronze, Mitglied der Sprachwissenschaftlichen Kommission der Akademie, o. Mitglied der Akademie der Wissenschaften der DDR, Vorsitzender des Wissenschaftlichen Rates beim Zentralinstitut für Sprachwissenschaft dieser Akademie, Mitglied der Deutschen Shakespeare-Gesellschaft in Weimar, Mitglied und Vizepräsident der International Association of Applied Linguistics, geb. 3. III. 1930 in Hartenstein (Sachsen), 7022 Leipzig, Poetenweg 5, Tel. 50131.

Růžička, Rudolf, Dr. phil., o. Professor für Slawistik und Allgemeine Sprachwissenschaft an der Karl-Marx-Universität Leipzig, o. Mitglied der Akademie der Wissenschaften der DDR, Leiter der problemgebundenen Klasse „Sprachwissenschaft und Sprache der Wissenschaft“ und Mitglied des Wissenschaftlichen Rates beim Zentralinstitut für Sprachwissenschaft dieser Akademie, geb. 20. XII. 1920 in Löbau, 701 Leipzig, Gottschedstraße 12, Tel. 23853.

GEDENKTAGE

100. Geburtstage

Mathematisch-naturwissenschaftliche Klasse

1974	Liebmann, Heinrich	22. Oktober
	Krogh, August	15. November
1975	Schur, Issai	10. Januar
	Kahle, Paul Ernst	21. Januar

Philologisch-historische Klasse

1974	Krueger, Felix	10. August
1975	Meyer, Herbert	10. Februar
	Sommer, Ferdinand	4. Mai

150. Geburtstage

Mathematisch-naturwissenschaftliche Klasse

1974	Hofmeister, Wilhelm	18. Mai

Philologisch-historische Klasse

1974	Stark, Carl Bernhard	2. Oktober
1975	Krehl, Ludolf	29. Juni
	Springer, Anton	13. Juli
	Lange, Ludwig	4. März

200. Geburtstag

Mathematisch-naturwissenschaftliche Klasse

1975	Schwägrichen, Christian Friedrich	16. September

50. Todestage

Mathematisch-naturwissenschaftliche Klasse

1975	Neumann, Carl Gottfried	27. März
	Klein, Felix	22. Juni

Philologisch-historische Klasse

1974	Köster, Albert	29. Mai
1975	Conrady, August	4. Juni
	Partsch, Joseph	22. Juni
	Streitberg, Wilhelm	19. August

100. Todestage

Mathematisch-naturwissenschaftliche Klasse

1974	Hansen, Peter Andreas	28. März
1975	d'Arrest, Heinrich	14. Juni
	Scheerer, Theodor	19. Juli

Philologisch-historische Klasse

1974	Gersdorf, Karl Ernst Gotthelf	5. Januar
	Haupt, Moritz	5. Februar
	von der Gabelentz, Hans Conon	3. September
1975	Nipperdey, Carl	2. Januar

GEDANKEN ZUR WIEDERERÖFFNUNG DER SÄCHSISCHEN AKADEMIE DER WISSENSCHAFTEN ZU LEIPZIG VOR 25 JAHREN, AM 8. DEZEMBER 1948

Im Archiv der Sächsischen Akademie befindet sich der Entwurf einer Einladung zur Feier des 300. Geburtstages von G. W. Leibniz und des hundertjährigen Bestehens der Sächsischen Akademie der Wissenschaften am 1. Juli 1946. Er stammt von der Hand des Präsidenten Theodor Frings und ist verfaßt in Absprache mit dem damaligen Rektor der Universität Leipzig, die sich als die Stätte der ersten Bildung des Gelehrten und Staatsmannes an dieser Feier beteiligen wollte.

Im Jahre 1946, nach Zeiten der Zerstörung, sich aus gegebenem Anlaß des Gründers der wissenschaftlichen Akademien zu erinnern, war eine heilsame Gelegenheit zur Besinnung auf eine durch Haß und Krieg zerstörte Gemeinschaft der Wissenschaftler: „Es mögen sich mit uns alte Freunde im Geiste zusammenfinden in einem Augenblick, wo die Völker der Erde sich nach einer neuen Gemeinschaft im sittlichen und geistigen Wollen sehnen", so formuliert es die Einladung. Als hektographiertes Blatt mit den Unterschriften von Präsident und Rektor wurde sie über die Grenzen hinweg versandt, im vollen Bewußtsein der Schwierigkeiten, die sich einer Reise nach Leipzig, ein Jahr nach dem Ende des Krieges, entgegensetzen würden. Akademie und Universität wollten am 1. Juli 1946 „wenigstens das Bewußtsein einer Begegnung im Erinnern haben und vermitteln".

So war die Einladung zur Leibniz-Feier mehr als nur eine Geste, und sie wurde in ihrem ganzen Ernst verstanden. Das bezeugen die Antworten, die dem Präsidenten zugegangen sind. Des 100-jährigen Bestehens der Sächsischen Akademie gedachten die anderen Akademien im deutschen Sprachraum, darunter die Österreichische Akademie der Wissenschaften, der Akademie in Leipzig seit langem enger verbunden. Gelehrte aus dem In- und Ausland, vor allem aber Mitglieder, die im Laufe der Zeit, sei es durch Emigration oder Wechsel der Universität, aus Sachsen verzogen waren, danken für die Anregungen, die ihnen aus der Gemeinschaft der Kollegen in der Akademie für ihre Arbeit und für ihr persönliches Leben zugekommen sind. Sich unter dem Namen von G. W. Leibniz eins zu fühlen, „völkerverbindend und völkerversöhnend" zu wirken, „in eifrigem Bestreben zum Wiederaufbau einer halbzerstörten Welt und dann in frohem Gedeihen zur Weiterentwicklung der wissenschaftlichen Erkenntnis und des Könnens im Dienste der Menschheit", in diesen und ähnlichen Worten sammeln sich die Wünsche für ein glückliches Fortbestehen der Sächsischen Akademie.

Die Feier selbst fand dann, der außergewöhnlichen Situation des Jahres 1946 entsprechend, auch im kleinen Kreis nicht statt. Die Zerstörungen aus der Zeit des Faschismus hatten die Akademie allzu tief getroffen. Ihren äußeren Rahmen, Diensträume, Archiv, Bibliothek, sah sie durch den Bombenangriff im Dezember 1943 vernichtet. Tiefer und einschneidender noch waren Eingriffe in ihre innere Struktur: der Zwang eines Statutes, das hochverdiente, langjährige Mitglieder jüdischer Abstammung, Georg Steindorff, die korrespondierenden Mitglieder Edmund O. von Lippmann und Issai Schur, ausschloß; die Weigerung der staatlichen Aufsichtsbehörde, Zuwahlen zu bestätigen, so in den Fällen Walter Baetke, Friedrich Weller und der zu korrespondierenden Mitgliedern gewählten Johannes Pedersen, Kopenhagen, und Oskar Perron, München; und ihr Versuch, die Wahl von Personen durchzusetzen, die dem nationalsozialistischen Gedankengut verpflichtet waren; das Redeverbot der Gestapo für Theodor Litt kurz vor seinem öffentlichen Akademievortrag im November 1941; der Boykott der öffentlichen Herbstsitzung 1944 durch den Rektor der Universität Leipzig — all das sind Beispiele für Maßnahmen, die angelegt waren, den Geist einer wissenschaftlichen Gesellschaft zu verändern und zu beugen. Es gereicht der Sächsischen Akademie zur Ehre, daß sie selten nachgegeben, in vielen Fällen Widerstand geleistet hat: Theodor Frings ist, ohne seine Gründe zu verhehlen, vom Amt des Vorsitzenden Sekretärs zurückgetreten; die Klassen sperrten sich gegen befohlene Zuwahlen; die Einführung des neuen Statutes wurde über Jahre hinausgezögert. Aber die Gemeinschaft der Mitglieder wuchs um so enger zusammen. 1946 schreibt das korrespondierende Mitglied Walter von Wartburg aus Basel an den Präsidenten: „Meine Verbundenheit mit der Akademie und der Universität, denen ich 10 Jahre intensivster Arbeit und reichster Förderung verdanke, ist durch all die Ereignisse hindurch die gleiche geblieben. Meine Gedanken werden ... noch mehr als sonst bei den Kollegen sein, die durch all die Jahre unter den schwierigsten Verhältnissen ohne Wanken und trotz aller Gefahren ganz ihrem geistigen Auftrag gelebt haben".

Nun war nach den zerstörenden 12 Jahren endlich ein neuer Anfang gesetzt. Die Mitglieder, die sich am 21. Juli 1945 zu einer Dienstbesprechung zusammenfanden, waren sich des Einschnittes bewußt, mit dem sich keine Zäsur in der 100jährigen Geschichte der Akademie, auch nicht die von 1918, vergleichen ließ. Zwar war an Sitzungen auf Grund des allgemeinen Versammlungsverbotes vorerst nicht zu denken; Druckaussichten bestanden keine; für 1945 war die Akademie ohne finanzielle Mittel. Dennoch ging man daran, über die künftige Arbeit zu beraten und, soweit möglich, Entscheidungen zu treffen. Theodor Frings wird zum Vorsitzenden der philologisch-historischen Klasse und zugleich zum Präsidenten der Akademie gewählt. Man beschließt, bis zur Verabschiedung eines neuen Statuts die Satzungen von 1928 in Kraft zu setzen. Den Professoren Baetke und Weller werden nunmehr die Rechte eines ordentlichen Mitgliedes zugesprochen. Zudem ist man sich einig, daß neben die bisher gepflegten philologischen Aufgaben verstärkt die naturwissenschaftliche Forschung zu treten hat.

In dieser Zeit und den folgenden Monaten und Jahren haben allen anderen voran zwei Männer die Verantwortung auf sich genommen und die Wiedereröffnung der Sächsischen Akademie vorbereiten helfen: der Präsident Theodor Frings und der Ministerialdirektor im damaligen Sächsischen Ministerium für Volksbildung Artur Simon, Mitglied der Akademie seit 1. Juli 1948, Vizepräsident von 1959 bis 1961. Beide Männer bewältigten die Aufgaben neben ihrem Amt als Hochschullehrer. In

ПРИКАЗ

ГЛАВНОНАЧАЛЬСТВУЮЩЕГО СВА В ГЕРМАНИИ

№ 125

23 мая 1947 года Берлин
(Получено: 28.5.47)

Сод.: Начало работ в Саксонской Академии Наук в Лейпциге.

С целью привлечь науку к воссозданию демократической Германии

приказываю:

I. Просьба Президента германского правления народного просвещения и Министерпрезидента Федеральной Земли Саксония относительно возобновления работ в Саксонской Академии Наук в Лейпциге разрешается положительно.

2. Ответственность за своевременное финансирование Академии налагается на Министерпрезидента Федеральной Земли Саксония.

3. Президентом Академии утверждается академик Теодор Фрингс

4. Министерпрезидент Федеральной Земли Саксония и Президент Академии после соглашения с Президентом германского Правления Народного Просвещения представляют I-ого августа 1947 года Отделу Народного Просвещения при СВА в Германии следующее:

а) Устав Академии

б) Список лиц, предложенных на должность вице-президента и секретарей классов Академии.

в) Список членов Академии

г) Рабочий план Академии на 1947 год.

5. Министерпрезидент Федеральной Земли Саксония к I августу 1947 года представляет Управлению СВА Федеральной Земли Саксония для утверждения:

а) Штаты Академии
б) Список научных сотрудников а так же административных и технических сотрудников.

6. Начальник Управления СВА в Федеральной земле Саксония, Генерал-Майор Дубровский, проверяет и утверждает штаты и список научных сотрудников а так же административных и технических сотрудников.

7. Начальник Отдела Народного Просвещения СВА в Германии, товарищ Золотухин, обязан проверять проведение настоящего приказа.

ЗАМЕСТИТЕЛЬ ГЛАВНОНАЧАЛЬСТВУЮЩЕГО В ГЕРМАНИИ
ГЕНЕРАЛ-ЛЕЙТЕНАНТ БРАТЗИН

ЗА НАЧАЛЬНИКА ШТАБА СВА В ГЕРМАНИИ
ГЕНЕРАЛ-МАЙОР ПАНОВ

За верность: За Начальника I Подотдела общего Отдела Штаба СВА в Г
МАЙОР КМОВ.

SMA-Befehl Nr. 125 vom 23. Mai 1947 zur Wiedereröffnung der Akademie

B e f e h l

des Obersten Chefs der SMA in Deutschland

Nr. 125

23. Mai 1947 — Berlin
(Eingang: 28.5.47)

Betr.: <u>Die Wiederaufnahme der Arbeit in der Sächsischen Akademie der Wissenschaften in Leipzig.</u>

Zwecks Heranziehung der Wissenschaft zum Aufbau eines demokratischen Deutschlands

b e f e h l e i c h :

1. Das Gesuch des Präsidenten der deutschen Verwaltung für Volksbildung und des Ministerpräsidenten des Landes Sachsen betr.die wiederaufnahme der Arbeit in der Sächsischen Akademie der Wissenschaften in Leipzig wird bewilligt.

2. Die Verantwortung für die rechtzeitige Finanzierung der Akademie wird dem Ministerpräsidenten des Landes Sachsen übertragen.

3. <u>Als Präsident der Akademie wird der Akademiker Theodor Frings bestätigt</u>.

4. Der Ministerpräsident des Landes Sachsen und der Präsident der Akademie haben nach Uebereinkunft mit dem Präsidenten der deutschen Verwaltung für die Volksbildung am 1.August 1947 der Abteilung für Volksbildung der SMA in Deutschland folgendes vorzulegen:

a) Die Satzung der Akademie

b) Das Verzeichnis der Personen,die für das Amt des Vizepräsidenten und der Klassensekretäre der Akademie ausersehen sind.

c) Das Verzeichnis der Mitglieder der Akademie

d) Den Arbeitsplan der Akademie für das Jahr 1947.

5. Der Ministerpräsident des Landes Sachsen hat zum 1.August 1947 der Verwaltung der SMA des Landes Sachsen zur Bestätigung einzureichen:
a) Den Personaletat der Akademie
b) Das Verzeichnis der wissenschaftlichen Hilfskräfte sowie der Verwaltungs- und technischen Kräfte.

6. Der Chef der Verwaltung der SMA des Landes Sachsen, Generalmajor Dubrowskij, hat den Etat und das Verzeichnis der wissenschaftlichen Hilfskräfte sowie der Verwaltungs- und technischen Kräfte zu prüfen und zu bestätigen.

7. Die Kontrolle über die Durchführung des vorliegenden Befehls wird dem Chef der Abteilung für Volksbildung der SMA in Deutschland, Genossen Solotouchin übertragen.

Der stellv.Oberste Chef der SMA in Deutschland
Generalleutnant Dratwin

Für den Stabschef der SMA in Deutschland
Generalmajor Panow

F.d.R.:Für den Chef der 1.Unterabteilung der allg.Abtlg.des Stabes der SMAD Major Know.

SMA-Befehl Nr. 125 vom 23. Mai 1947 zur Wiedereröffnung der Akademie ungezählten Vorverhandlungen, Verhandlungen, Besprechungen, Anweisungen, Berichten und Memoranden bemühten sie sich, eine Grundlage zu schaffen, auf der die Arbeit der Akademie beginnen und gedeihen konnte.

Sie fanden bei der Sowjetischen Militäradministration in Deutschland (SMAD) Verständnis und volle Unterstützung. Im Glückwunsch zum 100jährigen Bestehen der Akademie schreiben Richard Meister und Josef Keil an Theodor Frings: „Die Wiener Akademie der Wissenschaften hat dank des Verständnisses, das die russischen Militärbehörden sofort nach dem Einmarsch in Wien uns entgegenbrachten, schon im Mai 1945, ihre Tätigkeit wiederaufnehmen können". Das Gleiche gilt, wenn auch zeitlich verschoben, für die Sächsische Akademie. 1945 gab es erste freundliche Kontakte zwischen dem Präsidenten und der SMAD in Karlshorst. Von sowjetischer Seite kam 1946 die Anregung, einen Forschungsrat für ökonomische Fragen zu bilden, der im Auftrage der Akademie arbeiten sollte. Dieser Forschungsrat hat in den ersten Jahren Pläne zur Verbesserung der Ernährungslage und zum Aufbau der Industrie im Leipziger Gebiet vorlegen können.

Der entscheidende Schritt erfolgte am 23. Mai 1947 mit dem SMA-Befehl 125; er betraf „die Wiederaufnahme der Arbeit in der Sächsischen Akademie der Wissenschaften zu Leipzig". Vierzehn Tage später besprach Ministerialdirektor Simon bei der SMA mit Major Pluschnikov die näheren Einzelheiten. In einer Aktennotiz hat er 6 Punkte festgehalten, die zu bedenken er gebeten worden ist: Mitgliederstand und Zuwahlen; Vorbereitung der Wiedereröffnung und die Eröffnung selbst, vielleicht in Form einer feierlichen Sitzung; die geplanten Forschungsunternehmungen; Etat und Statut; die Einrichtung eines würdigen Hauses für Sitzungen, Verwaltung, Arbeitsstellen; Beschaffung eines Erholungsheimes für die Mitglieder. Damit war der Grundstein gelegt für eine erneuerte Gemeinschaft der Akademie. Bis zur konstituierenden Sitzung am 19. Juli 1948 verging dann immerhin noch ein gutes Jahr. Aber die Monate waren erfüllt von Überlegungen und Plänen. Der Präsident der Akademie fand neben den sowjetischen Behörden Verständnis und Hilfe beim Ministerpräsidenten des Landes Sachsen, Max Seydewitz, dem er am Ende des Jahres 1947 schreiben kann: „Ihr fester Zugriff hat die Akademie über größte Schwierigkeiten hinübergehoben".

Die Feier der Wiedereröffnung fand am 8. Dezember 1948 im Schauspielhaus zu Leipzig statt. „Die alte Sächsische Akademie der Wissenschaften ist nach einem Jahrhundert des Glanzes in härtester Stunde neugeboren ... Die Wiederbelebung namentlich der naturwissenschaftlichen Forschung ist ein Gebot aus der Not des Volkes. In dieser klaren Einsicht hat sich darum die neue Akademie den praktischen Wissenschaften, der Technik, der Medizin, der Landwirtschaft anders als früher geöffnet. Der neue Bereich um die geistigen Mittelpunkte Dresden, Freiberg, Halle, Jena, Leipzig mag das zusammenführen, was an Kräften lebt, und nicht nur, um in altem Sinn allein zu fragen nach der Geschichte des Menschen und den Geheimnissen der Welt, sondern gerade auch nach dem, was dem Menschen nützt". Mit diesem Worten des Präsidenten war der Weg frei für eine neue, fruchtbare Arbeit.

Kurt Schwabe

KOMMISSIONEN

Mathematisch-naturwissenschaftliche Klasse

Kommission für spezielle Umweltprobleme

701 Leipzig, Goethestraße 3–5, Tel. 26090
Leiter: Neef
Mitglieder: Prof. Dr. Dr. h. c. Anton Arland, Prof. Dr. Wolfgang Buchheim, Prof. Dr. Rolf Emmrich, Prof. Dr. Manfred Gersch, Prof. Dr. Dr. h. c. Paul Görlich, Prof. Dr. Dr. h. c. Edgar Lehmann, Prof. Dr. Dr. h. c. Kurt Mothes, Prof. Dr. Franz Runge, Prof. Dr. Dr. h. c. Kurt Schwabe, Prof. Dr. Dr. h. c. Erich Strack, Prof. Dr. Dietrich Uhlmann, Prof. Dr. Adolf Watznauer

Düngung der Pflanzen

701 Leipzig, Johannisallee 19, Tel. 68500
Leiter: Arland
Mitarbeiter: Dr. Ruth Zwicker, Herbert Pührer

Spektroskopische Untersuchung von Heilwässern

92 Freiberg (Sachsen), Gustav-Zeuner-Straße, Tel. 512591
Leiter: Buchheim
Wiss. Oberassistent: Dr. Manfred Klose

Laboratorium für Alternsforschung

701 Leipzig, Johannisallee 32, Tel. 30254
Leiter: Emmrich
Technische Hilfskraft: Ralf Michel

Untersuchungen über die Wirkungsmechanismen von Neurohormonen

69 Jena, Ebertstraße 1, Tel. 25311-13, App. 339, 333
Leiter: Gersch
Wiss. Arbeitsleiter: Dr. Klaus Richter

Wiss. Oberassistenten: Dr. Eckehard Baumann, Dr. Gustav-Adolf Böhm, Dr. Heiner Birkenbeil
Technische Hilfskräfte: Harry Rabe, Ingenieur; Rosemarie Meißner, wiss.-technische Assistentin; Annemaria Tilz, Laborantin

Untersuchungen über Naturhaushalt und Gebietscharakter

8027 Dresden, Zellescher Weg 19, Tel. 4836099 u. -3275
Leiter: Neef
Wiss. Arbeitsleiter: Dr. Arnd Bernhardt
Wiss. Oberassistent: Dr. Karl Mannsfeld
Wiss. Assistenten: Dr. Inge Hartsch, Dr. Klaus Jäger
Ingenieur-Kartograph: Joachim Bieler
Laborantin: Karin Kießling
Mitarbeiter: Dipl.-Geograph Ernst Benedict, Dipl.-Forst-Ingenieur Felix Lampadius

Reinigung von Abwässern mit Hilfe von Adsorbentien

402 Halle (Saale), Schloßberg 2, Tel. 21191
Leiter: Runge †
Wiss. Oberassistentinnen: Dr. Erika Laqua, Dr. Sabine Lindau
Technische Hilfskräfte: Friederike Frahm, Ingeborg Schwab
Mitarbeiter: Dipl.-Chem. Jürgen Ackermann, Dipl.-Chem. Helmut Fischer

Wirkung von Carnitinester auf den physiologischen und pathologischen Stoffwechsel sowie auf den Tumorstoffwechsel

701 Leipzig, Liebigstraße 16, Tel. 31114, App. 379
Leiter: Strack
Wiss. Oberassistent: Dr. Detlef Müller
Med.-technische Assistentin: Helga Landmann

Düngung der Pflanzen

In Weiterführung der unter klimatisierten Bedingungen eingeleiteten Untersuchungen gelangten neben den bisher verwendeten Lumineszenzlampen vom PHILIPS-Laboratorium („TL“ 55, Tageslicht mit relativ hohem Anteil an Blaulicht), Leuchtstofflampen der Marke „Lumoflor“ zur Verwendung, ein Typ, der vom VEB Berliner Glühlampenwerk Narwa in den letzten Jahren speziell für den Einsatz in der Pflanzenkultur entwickelt wurde. Hierbei ließen bei gleicher Beleuchtungsstärke und Temperatur durchgeführte Untersuchungen erkennen, daß die Frischmasse des Sprosses von jarowisierten Winterweizen-Pflanzen unter Lumineszenzlampen „TL“ 55 ein größeres Ausmaß als unter Lumoflorlampen erreicht. Bestimmte Genotypen von jarowisiertem Winterweizen wiesen unter Einfluß von

Lumoflorlampen intensivere Bestockung und größere Wuchshöhe auf als unter PHILIPS-Leuchtstofflampen. Zugunsten der Bestockung verliefen die Differenzierungsvorgänge des Sproßpols am Haupthalm unter Lumoflorlampen langsamer als unter Tageslicht mit relativ hohem Anteil an Blaulicht, wobei Entwicklungsunterschiede in stärkerem Maße auftraten als unter PHILIPS-Leuchten. Hieraus ergibt sich, daß für die Ertragsprognose im Sinne der Anwelkmethode Lampen vom Typ „TL“ 55 besser geeignet sind als solche vom Typ Lumoflor.

Diese Befunde erfuhren eine weitere Bestätigung in Versuchen mit gestaffelten Stickstoff-Gaben. Hier zeigte sich an Hand der Frisch- und Trockenmasse sowie an Hand der Evapotranspiration, daß der N-Ausnutzungsgrad unter Lumoflorlampen geringer ist als unter Lampen vom Typ„ TL “55, was bedeutet, daß im Rahmen von Sortenprüfungen Intensivtypen unter Lumoflorlampen nicht in ihrer potentiellen Leistung erfaßt werden können. Je nach Ziel der Arbeit wird die Entscheidung zu treffen sein, welcher Lampentyp in Frage kommt.

Anton Arland

Untersuchungen zur Physik der Thermalwässer

Die Arbeiten im Berichtszeitraum rundeten die vorangegangenen Untersuchungen ab, über deren Ziele und Einzelergebnisse bereits in den Jahrbüchern 1966—68 und 1969—70 berichtet wurde. Die Versuche zur Aufklärung des Einflusses gelöster Bestandteile auf die Struktur des reinen Wassers wurden an Thermalwässern wohl definierter Herkunft mit verschiedenen Methoden fortgesetzt. Sie gliederten sich in:

1. Untersuchungen zur sogenannten „D-Struktur“ (Diffusionally-averaged structure) durch Vergleiche von thermoelektrisch bestimmten osmotischen Drücken, osmotischen und mittleren Aktivitätskoeffizienten gelöster Bestandteile zwischen reinen Lösungsmitteln, speziellen Thermalwässern und Standard-Elektrolytlösungen. Dabei konnten balneogisch besonders interessante Alterungseffekte an Thermalwässern im Laufe der seit Austritt verstrichenen Zeit bis zu einem gewissen Grade als Ionen-Assoziation verstanden werden.

2. Untersuchungen der sogenannten „V-Struktur“ (Vibrationally-averaged structure) an der OH-Valenz-Bande des Wassers im Infrarot. Hier ergab sich eine befriedigende Übereinstimmung zwischen Theorie und Experiment bei Annahme eines auf Wasserstoffbrücken-Bildung beruhenden Orientierungseffektes der Wassermoleküle innerhalb einer Schicht von einigen hundert Å.-E. Dicke auf der Küvettenwand. Dieses Resultat ist für die Bildung des sogenannten „anomalen Wassers“, sofern es in Einschlüssen in einer silikatischen Festkörpermatrix, z. B. in Glas oder kieselsauren Gesteinen entsteht, von Wichtigkeit. Die Lösung von Kieselsäure bei höheren Temperaturen könnte nämlich dazu führen, daß diese Strukturen durch SiO_2-Gel-Bildung fixiert werden und sich nach Ablösung von der Kapillarwand auch in der kompakten Phase nach Austritt aus dem Gestein noch eine Zeitlang erhalten.

3. Untersuchungen der gleichen Schwingungsbande des Wassers im Raman-Effekt mittels He-Ne-Laser-Anregung. Die Auflösung in drei Teilbanden zeigte, daß bei Thermalwässern die Deutung infolge der Vielzahl gelöster Bestandteile sehr schwierig wird. Doch ergeben sich wichtige Hinweise für die Theorie der wäßrigen Elektrolytlösungen mit wenigen gelösten Komponenten.

4. Trübungsmessungen mit dem Ziele, daraus Virialkoeffizienten abzuleiten. Sie erwiesen sich aber wegen der bei Thermalwässern niemals ganz auszuschließenden Fluoreszenz auch bei Berücksichtigung der Depolarisation des Streulichtes als nicht brauchbar.

Das vorläufige Gesamtergebnis, das von Dr. M. Klose in mehrjähriger, mühevoller, vorwiegend experimenteller Tätigkeit erarbeitet wurde, findet sich in seiner Dissertation

„Beiträge zur D- und V-Struktur
von Wasser und speziellen wäßrigen Elektrolytlösungen"

(= Abhandlung der Sächsischen Akademie der Wissenschaften) ausführlich dargelegt. Es läßt sich etwa wie folgt zusammenfassen: Ausgehend von der altberühmten Akratotherme von Jánske Lázně (Johannisbad) und unter Einbeziehung noch anderer Quellen der ČSSR wurde mit optisch-spektrometrischen, massen-spektrometrischen, dampfdruckosmotischen, viskosimetrischen und refraktometrischen Methoden versucht, zu klären, ob sich signifikante Hinweise auf besondere, typische Molekularstrukturen bzw. Ordnungszustände (Polymerisate, Cluster) in Akratothermalwässern finden lassen. Diese sind von medizinischer Seite immer wieder vermutet, aber von physikalischer Seite zumeist bestritten und als theoretisch unwahrscheinlich erklärt worden. Das Ergebnis ist, daß sich — jedenfalls längere Zeit nach Austritt der Thermalwässer aus dem Boden (Tage, Wochen) — derartige Strukturen in der „Bulk-Phase" nicht nachweisen lassen und Thermalwässer keine signifikanten Abweichungen von anderen schwach-konzentrierten Elektrolyten von den Aussagen der Debye-Hückelschen Theorie zeigen. Doch deuten kurzzeitige Relaxationserscheinungen von der Dauer von Stunden bzw. Tagen bei Brechungsindex, osmotischem Druck und Aktivitätskoeffizienten darauf hin, daß neben Gasaustritt möglicherweise Änderungen der Ionenassoziation in Verbindung mit dem Zerfall von Kieselsäure-Gel-Strukturen, die sich in den kapillaren Gesteinshohlräumen gebildet haben können, den Chemismus und die Wirkungsweise bei der therapeutischen Anwendung beeinflussen könnten. Dabei sind besonders im Hinblick auf die zuerst von Derjagin, Fedjakin und Mitarbeitern beobachteten und von verschiedenen anderen Forschern bestätigten Anomalien der physikalischen Parameter des Wassers in Quarzkapillaren neue Perspektiven für die Physikochemie der Thermalwässer eröffnet worden, deren weitere Verfolgung lohnend im Hinblick einerseits auf therapeutische Anwendungen, andererseits aber auch auf balneotechnische Probleme sein dürfte.

Wolfgang Buchheim

Laboratorium für Alternsforschung

Erhöhter Adrenalinspiegel im Blut als mögliche Ursache für die Entstehung der Arteriosklerose

Die Erforschung der Ursachen der Arteriosklerose (Atheromatose) ist ein wichtiges Problem der Alternsforschung. Neben der im höheren Lebensalter auftretenden Physiosklerose (die normalerweise sich ausbildende Verdickung der Gefäßwand) kennen wir die Arteriosklerose als krankhaften Vorgang, der stets mit den Erscheinungen eines Hochdrucks verbunden ist. Bekannt ist die blutdrucksteigernde Wirkung des Adrenalins. Ein erhöhter Adrenalinspiegel im Blut könnte zumindest auch einen Risikofaktor für das Entstehen einer Arteriosklerose darstellen. Biochemisch sind arteriosklerotische Veränderungen u. a. charakterisiert durch die Transmineralisation, insbesondere die Einlagerung von Kalzium in die Gefäße und Verarmung der Knochensubstanz daran. Ferner durch die Anreicherung von Lipiden in der Gefäßwand und in der Knochensubstanz.

An Modellversuchen mit Kaninchen sollte der Einfluß des Adrenalins auf die Entstehung der Arteriosklerose, insbesondere hinsichtlich der Transmineralisation und der Lipideinlagerung untersucht werden. Im Vergleich mit einer Gruppe normal ernährter Tiere wurde bei einer zweiten Gruppe ein durch Adrenalininjektion über das physiologische Maß erhöhter Adrenalinspiegel erzeugt. Nach jeweils 15, 30, 45 und 60 Tagen wurde ein Teil der Tiere getötet und den herauspräparierten Organen (Aorta, Rippenknochen, Lendenwirbel, Femor) durch Gefriertrocknung das Wasser entzogen. Alle Analysenergebnisse beziehen sich auf die wasserfreie Trockensubstanz.

Ergebnisse:

Der Kalziumspiegel in der Aortenwand ist bei den Tieren mit erhöhtem Adrenalinspiegel im Vergleich zu den normal ernährten Tieren bereits nach 15 Tagen auf das Vielfache des Ausgangswertes angestiegen. Nach 30 Tagen sinkt der Kalziumspiegel wieder ab, bleibt aber wesentlich erhöht gegenüber den normalen Tieren. Das ursprüngliche Verhältnis Na > K > Ca wird in der Richtung verschoben, daß nunmehr Ca > Na > K wird. Nach 60 Tagen ist die normale Relation wieder hergestellt, die Absolutwerte sind allerdings weiterhin erhöht.

Die wechselseitigen Beziehungen zwischen Arterienwand und Knochensubstanz bezüglich des Mineraliengehaltes zeigten sich besonders bei den Rippenknochen der Kaninchen, wo nach 15 Tagen Kalzium und Kalium erheblich verringert sind, während das Natrium erhöhte Werte aufweist. Nach 30 Tagen sind hier wieder die normalen Werte erreicht. Im menschlichen Skelettsystem fanden wir bei früheren Untersuchungen (Vgl. Jahrbuch der Sächs. Akademie d. Wissensch. 1969—1970), daß an der Transmineralisation bei sklerotischen Veränderungen besonders der Wirbelkörper beteiligt ist. Im Lendenwirbel der Kaninchen finden wir dagegen eine

Erhöhung der Kalzium- und Natriumwerte um ca. 20% mit einem Maximum nach 30 Tagen; auch nach 60 Tagen bleiben die Werte leicht erhöht. Beim Femor ist über die ganze Versuchsdauer ein geringer Anstieg aller Mineralwerte zu verzeichnen.

Der Gesamtlipidgehalt der Aortenwand ist — parallel zum Kalzium-Anstieg — bei den adrenalinbehandelten Tieren stark erhöht mit einem Maximum nach 15 Tagen. Auch nach 60 Tagen liegt der Lipidgehalt noch über den Ausgangswerten. Untersuchungen des Phosphor- und Stickstoffgehaltes der betreffenden Organe, sowie Bestimmungen des Blutzuckerspiegels und des Blutdruckes der Tiere unter der Adrenalininjektion vervollständigten die Ergebnisse. Sie erbrachten den Nachweis, daß durch erhöhten Adrenalingehalt des Blutes sklerotische Veränderungen der Gefäße und der Knochensubstanz entstehen können.

Rolf Emmrich

Untersuchungen über die Wirkungsmechanismen von Neurohormonen

Die Arbeiten der Forschungsgruppe richteten sich während der Berichtszeit vornehmlich auf die Zielsetzung, neue Prinziplösungen zur biologischen Kontrolle und zur Ausschaltung von Schadinsekten mittels hormonaler Wirkungen oder mittels Hemmfaktoren zu erkunden. Sie stellen daher sowohl einen Beitrag zu dem Komplex „Spezielle Umweltfragen" als auch zugleich zu dem innerhalb *Mogewus* aufgestellten Forschungsprogramm dar. Einige weitere Untersuchungen erstreckten sich auf neurohormonale Übertragungs- und Regulationsmechanismen sowie deren Integration bei Insekten zum Zwecke gezielter Beeinflussungsmöglichkeiten dieser Systeme. Sie stehen inhaltlich mit dem erstgenannten Themenkreis in enger Beziehung.

1. Untersuchungen zum Problem der Steuerung der Insekten-Entwicklung

Die Untersuchungen erstreckten sich im wesentlichen auf die Fragen der Steuerung der Funktion der Prothoracaldrüse durch das übergeordnete neuroendokrine System. Von vorausgegangenen entwicklungsphysiologischen Befunden über die Wirkung von 2 säulenchromatographisch aufgetrennten Gehirnfraktionen wurde die stimulatorische Wirkung der beiden Aktivationsfaktoren I und II anhand des ^{3}H-Uridin-Einbaus in die RNS der Prothoracaldrüse in vitro bei *Periplaneta*, *Mamestra* und *Agrotis* untersucht. Dieses Verfahren, für das zunächst geeignete in-vitro-Bedingungen erarbeitet werden mußten, bewährte sich für physiologische Testungen hinsichtlich der Wirkungsspezifität bestimmter Faktoren sehr gut.

Die in-vitro-Kultivierung der Prothoracaldrüse erfolgte in einer Flüssigkeit, die 0,1 ml Zellzüchtungsmedium nach PARKER, 0,0125 ml Hämolymphe von adulten Schaben, 0,025 Riordan-Ringer mit einem jeweiligen Stimulationsfaktor (oder später auch Hemmfaktor) und schließlich 20 μC ^{3}H-5-Uridin enthielt. Die Drüsen werden gewöhnlich 16 h in einem abgedeckten und abgedichteten Hohlschliffobjektträger bei 25°C in einem Klimaschrank inkubiert. Die hier entwickelte Technik bewährte sich für alle weiteren Versuche ausgezeichnet. Zunächst ergab sich, daß die Inkorporationsraten in vivo und in vitro in die RNS der Prothoracaldrüse weitgehend identisch sind. Die Intensität des ^{3}H-5-Uridin-Einbaus steigt dabei im Verlauf des Larvenstadiums an und zeigt auf diese Weise die sekretorische Aktivität der Drüse während der einzelnen Phasen exakt an. In Untersuchungen an den Prothoracaldrüsen der holometabolen Insekten *Mamestra* und *Agrotis* ließ sich weiterhin zeigen, daß die Inkorporationsrate und somit die Drüsenaktivität von rechter und linker Prothoracaldrüse eines Individuums unterschiedlich groß sein kann (Tabelle). Die Feststellung wirft besondere Probleme der Steuerung der Aktivität der jeweiligen Drüse auf beiden Seiten auf.

Tabelle

Inkorporationsrate von ^{3}H-5-Uridin in rechte und linke Prothoracaldrüse in vitro

1. *Mamestra brassicae* 5. Larvenstadium

Nummer des Exp.	linke Drüse Imp./min	rechte Drüse Imp./min
1	1738	1468
2	610	582
3	684	318
4	1223	928

2. *Agrotis segetum* 5. Larvenstadium

Nummer des Exp.	linke Drüse Imp./min	rechte Drüse Imp./min
1	509	1824
2	2159	1820
3	1252	1857
4	2068	1987
5	953	1256
6	1727	983
7	2462	2079
8	2711	3326

Sowohl in vivo- als auch in vitro-Versuchen führte der Aktivationsfaktor I im Gegensatz zum Aktivationsfaktor II zu einer deutlichen Erhöhung der ^{3}H-5-Uridin-Inkorporation in die RNS gegenüber Kontrollen. Die Steigerung betrug zwischen 150 und 235%, war konzentrationsabhängig und variierte etwas zwischen den einzelnen Chargen. Durch den Aktivationsfaktor I werden wahrscheinlich mehrere, zeitlich voneinander getrennte Prozesse beeinflußt. Das zeigen die Ergebnisse von

Kurzzeit- und Langzeit-Inkubationen. Zumindest kann zwischen einem frühen Effekt (0 bis 4 Stunden) und einer Langzeitwirkung unterschieden werden. Die Ergebnisse deuten daraufhin, daß zumindest bei längeren Einwirkungszeiten eine echte Stimulierung der RNS-Synthese stattfindet.

Die Untersuchung der RNS-Muster der Prothoracaldrüse mittels Polyacrylamid-Gelelektrophorese nach Stimulierung durch Aktivationsfaktor I ergab darüber hinaus noch den interessanten Befund, daß die Synthese aller RNS-Raten stark erhöht ist. Sehr frühzeitig tritt dabei eine Stimulierung der s-RNS-Synthese in Erscheinung, während nach längeren Einwirkungszeiten bevorzugt ribosomale RNS-Arten synthetisiert werden. Außerdem sind in aktivierten Drüsen meist kleine Aktivitäts-Peaks zwischen 5 s und 18 s RNS zu beobachten, die zwar nicht weiter

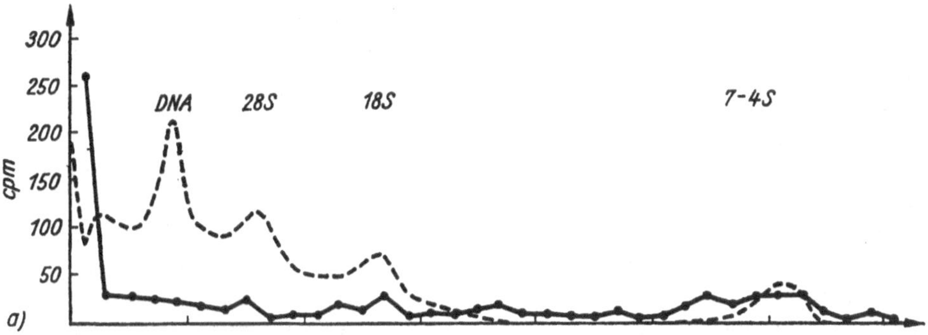

Abb. 1a. Kurzzeit-Inkorporation (1 Std.) mit 20 μC ^{3}H-5-Uridin von 20 Prothoracaldrüsen in vitro und anschließender Auftrennung der RNS mittels Polyacrylamid Gelelektrophorese — — — — Extinktion (510 mm); ———— Radioaktivität

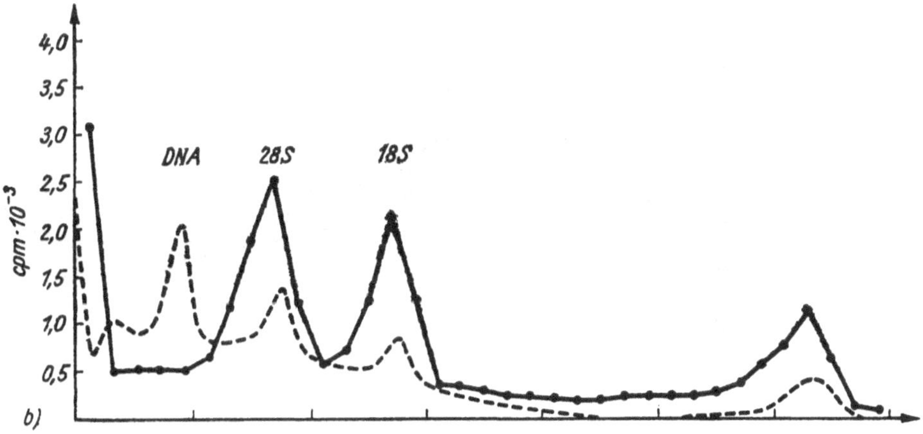

Abb. 1b. Langzeit-Inkorporation (18 Std.) mit 20 μC ^{3}H-5-Uridin von 20 Prothoracaldrüsen in vitro und anschließender Auftrennung der RNS mittels Polyacrylamid Gelelektrophorese (Bezeichnungen wie bei 1a)

charakterisiert werden konnten, unter denen sich aber, nach dem Markierungsverhalten und den Sedimentationswerten zu urteilen, noch niedrigmolekulare messenger RNS-Arten befinden könnten (Abb. 1).

Demgegenüber scheint Aktivationsfaktor II auf diese Weise nicht wirksam zu sein. Vielmehr ist anzunehmen, daß Aktivationsfaktor II in einer noch nicht exakt faßbaren Art die Permeabilität der Zellmembran beeinflußt.

Ausgehend von den Befunden der Stimulation der RNS-Syntheserate der Prothoracaldrüse durch Corpora-cardiaca-Homogenate und durch den aufgetrennten Aktivationsfaktor I, schien es naheliegend zu prüfen, ob diese Fraktion direkt das genetische System beeinflußt. In ausgedehnten Untersuchungen wurde daher die Wirkung der neurohormonalen Faktoren an den Riesenchromosomen der Speicheldrüse von *Drosophila hydei* geprüft und die Veränderungen der bekannten Puffmuster in vivo und in vitro verfolgt. Die Untersuchungen sind noch nicht abgeschlossen. Die bisherigen Feststellungen zeigen, daß durch Corpora-cardiaca-Homogenat und durch die Aktivationsfaktoren eine starke Puffbildung am Locus 97A des Chromosoms 5 induziert wird. Allerdings muß die Spezifität der induzierten Puffbildung durch weitere Untersuchungen noch geklärt werden.

Ausgedehnte Messungen des Membranpotentials der Prothoracaldrüsenzellen der Wachsmotte *Galleria mellonella* in Beziehung zum Entwicklungsstadium und nach Einwirkung der beiden Aktivationsfaktoren I und II ergaben eine Reihe genereller Hinweise und Befunde. Unter Ausnutzung des Umstandes, daß das Alter der erwachsenen Raupen und der Vorpuppe von *Galleria mellonella* auf Grund des fortschreitenden Abrückens der Raupenstemmata aus den Chitinlinsen der Kopfkapsel abgeleitet bzw. eingeordnet werden kann, wurden die Messungen an Prothoracal-

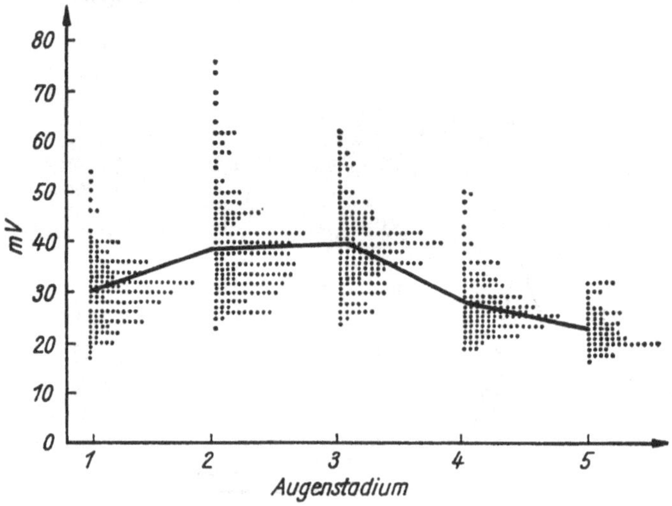

Abb. 2. Zusammengefaßte Übersicht der Membranpotentialmessungen (jeder Punkt bezeichnet eine Einzelmessung) an den Prothoracaldrüsen von Raupen der Augenstadien I–V von *Galleria mellonella*

drüsen der nach diesen 5 Altersklassen eingeteilten Versuchstiere vorgenommen. Es treten hierbei deutliche Unterschiede in der Höhe des Membranpotentials zwischen den Drüsen von Tieren verschiedener Augenstadien in Erscheinung (Abb. 2). Dies wird besonders deutlich durch den Vergleich der Werte von Augenstadium 1 und 3 ebenso wie auch zwischen Augenstadium 3 sowie 4 und 5. Es ist allgemein bekannt, daß die Prothoracaldrüse ein zyklisches Verhalten aufweist. Damit decken sich sehr gut die Zeitabschnitte, in denen klare Unterschiede der Membranpotentiale der Prothoracaldrüse festzustellen waren. Die Parallele zwischen diesen Erscheinungen

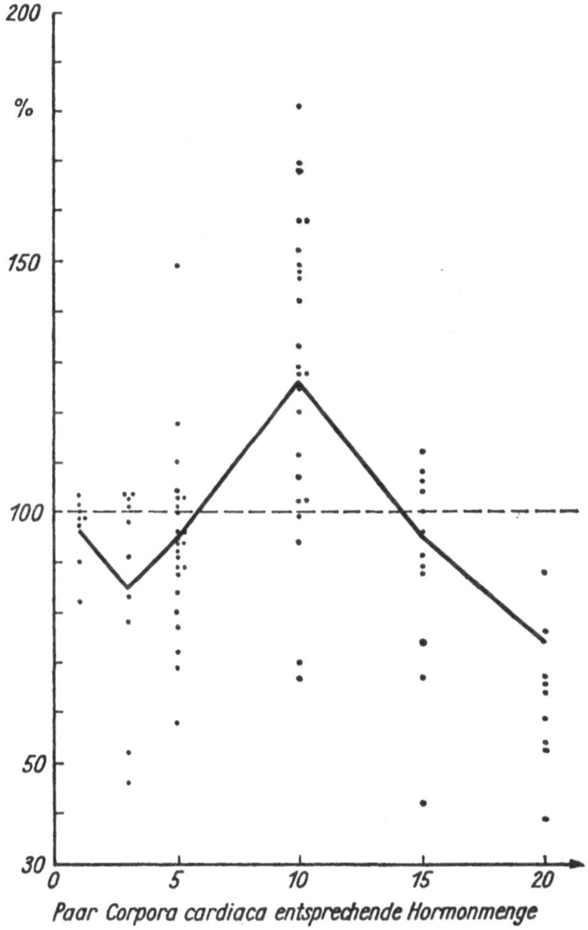

Abb. 3. Zusammengefaßte Übersicht der Meßergebnisse nach Einwirkung von Aktivationsfaktor II. Aus den Ergebnissen aller Experimente ergibt sich eine Dosis-Wirkung-Beziehung. Jeder Punkt entspricht dem Mittelwert der Membranpotentialmessungen von 5 bis 15 Zellen einer Drüse

führt zu der Schlußfolgerung, daß sich eine erhöhte sekretorische Aktivität der Drüse zugleich in einer Erhöhung des Membranpotentials ausdrückt. Völlig ungeklärt ist dabei allerdings die Frage nach der physiologischen bzw. chemisch-physikalischen Grundlage dieser Parallele.

Messungen des Membranpotentials einzelner Zellen der Prothoracaldrüse von *Galleria* nach Einwirkung der durch Gelfiltration aus Corpora-cardiaca-Homogenaten aufgetrennten Aktivationsfaktoren ergaben eine deutliche Stimulierung und zugleich eine signifikante Dosiswirkungs-Abhängigkeit des Membranpotentials durch Aktivationsfaktor II (Abb. 3), während Aktivationsfaktor I diese Wirkung nicht aufweist. Die beiden entwicklungsphysiologisch aktiven Fraktionen des sogenannten „Gehirnhormons" der Insekten besitzen offenbar unterschiedliche zelluläre Wirkungsmechanismen. Aktivationsfaktor I bewirkt eine Steuerung der RNS-Synthese. Aktivationsfaktor II scheint durch Permeabilitätsbeeinflussung zu wirken.

Im Vergleich zu den durch Gelfiltration aufgetrennten Faktoren zeigten Homogenate von Gehirn und von Corpora cardiaca neben gewisser Erhöhung des Membranpotentials auch umgekehrt Erniedrigung. In ganz entsprechender Weise verursachten solche Homogenate in in-vitro-Testen der Prothoracaldrüsen teilweise eine Steigerung, in manchen Fällen eine Erniedrigung der RNS-Syntheserate. Beide Feststellungen sind mit dem Vorkommen und der Wirkung verschiedener Faktoren in den Homogenaten zu erklären. Dabei sind hormonale Hemmfaktoren im Nervensystem der Insekten denkbar.

Die ersten Ergebnisse über die Wirkungsweise des Hemmhormons aus den Augenstielen von Krebsen zeigen, daß die RNS-Aktivität der Prothoracaldrüse der Schabe *Periplaneta americana* im Vergleich zu Kontrollen deutlich gesenkt ist. Dagegen beeinflußt der Faktor das Membranpotential der Prothoracaldrüse nicht. In ähnlicher Weise wird die RNS-Syntheserate der Prothoracaldrüse teilweise durch Homogenate des Gehirns und der ventralen Bauchganglienkette erniedrigt. Beide Befunde können nur mit dem Vorkommen und dem Wirken eines Hemmfaktors befriedigend erklärt werden. Die hieran unmittelbar anschließenden Fragen nach dem Vorkommen und nach dem Wirkungsprinzip solcher Hemmfaktoren stellen ohne Zweifel grundsätzliche Probleme mit neuartigen Aspekten dar.

2. *Untersuchungen neurohormonaler Regulationen*

Die Untersuchungen erstreckten sich einerseits auf die Regulierung der Hormonausschüttung nach experimenteller Reizung der Corpora cardiaca der Schabe und andererseits auf die Steuerung der Herztätigkeit der Insekten.

Frühere Untersuchungen hatten gezeigt, daß durch getrennte elektrische Reizung der beiden die Corpora cardiaca von *Periplaneta americana* innervierenden Nerven (N. c. c. I und II) in vitro mit Saugelektroden selektive Ausschüttung verschiedener Neurohormone erfolgt. In den jetzigen Versuchen wurden die Corpora cardiaca entweder über N. c. c. I oder über N. c. c. II ganz entsprechend wie früher gereizt, dabei allerdings die Ausschüttung der jeweiligen Neurohormone bei gleichzeitiger Anwesenheit von Parasympatikolytika bzw. Parasympatikomimetika oder Sympatikolytika bzw. Sympatikomimetika ermittelt. In den jeweiligen physiologischen

Testen konnte die Aktivität der unter diesen Bedingungen freigesetzten Neurohormone mit jener verglichen werden, die ohne die Anwesenheit der Hemmungs- bzw. Stimulationssubstanzen nach Reizung und die dadurch verursachte Freisetzung in Erscheinung tritt.

Aus dem Ergebnis nach Reizung von N. c. c. I bei gleichzeitiger Anwesenheit von einerseits Atropin und andererseits Eserin in der Badeflüssigkeit während der Reizperiode ist ersichtlich, daß beide Substanzen in antagonistischer Weise die Hormonfreisetzung beeinflussen. Während die Badeflüssigkeit, der Atropin während der Reizperiode zugesetzt (dann aber für die Testung wieder entfernt) worden war, die Herzfrequenz signifikant senkt, zeigt sich für die mit Eserin in ganz entsprechender Weise behandelte Badeflüssigkeit eine deutliche Steigerung der Herztätigkeit. Im ersten Fall bedeutet dies, daß nach Applikation von Atropin trotz Reizung kein Neurohormon ausgeschüttet wurde. Atropin hemmt somit die Hormonfreisetzung. Eserin in der Badeflüssigkeit bewirkt bei gleichzeitiger Reizung eine erhöhte Hormonfreisetzung. Demgegenüber hatten die angewandten Sympatikolytika und Sympatikomimetika keinen Einfluß auf die Freisetzung des herzaktiven Hormons bei gleichzeitiger Reizung. Alle Feststellungen deuten auf die Anwesenheit und Beteiligung cholinerger Komponenten bei der Ausschüttung von Neurohormon D in Verbindung mit der Reizung von N. c. c. I hin.

Die Ausschüttung des hyperglykaemischen Neurohormons nach experimenteller Reizung des N. c. c. II der Corpora cardiaca in vitro wird demgegenüber von adrenergen Faktoren gesteuert. Das beweisen die Befunde, die zeigen, daß Reserpin die Ausschüttungsrate dieses Hormons erhöht. Durch Sympatikolytika erniedrigt sich dagegen die Ausschüttungsrate des hyperglykaemischen Neurohormons in die Badeflüssigkeit bei gleichzeitiger Reizung. Parasympatikolytika und Parasympatikometika haben auf die Hormonausschüttung nach Reizung von N. c. c. II keinen Einfluß.

Als allgemeinere Schlußfolgerung kann aus diesen Ergebnissen die Feststellung getroffen werden, daß die selektive Hormonfreisetzung dieses Systems nach experimenteller Reizung auf der unterschiedlichen funktionellen Beziehung von cholinergen und adrenergen Mechanismen zu peptidergen Neurohormonen beruht. Das weist auf Parallelen zu den „releasing factors“ im Hypothalamus-Hypophysensystem der Vertebraten hin.

Die Arbeiten zur Steuerung der Herztätigkeit der Insekten bezogen sich auf die Funktion der lateralen Herznerven bei Schaben. Für Neurohormon D und Acetylcholin konnten exakte Dosiswirkungsbeziehungen ermittelt werden. Für Acetylcholin liegt in den motorischen Neuronen ein Rezeptor vom Muscarin-Typ vor. Außer diesen Feststellungen cholinerger und peptiderger Mechanismen in lateralen Herznerven wurde die Existenz eines monoaminergen Mechnismus durch elektrophysiologische Versuche nachgewiesen. Diese Befunde konnten durch elektronenmikroskopische Hinweise weiter gestützt werden. Damit ist der Weg für eine gezielte Untersuchung der funktionellen Integration dieser 3 Überträgersysteme bei der Herzregulation gegeben.

Außerdem wurde schließlich laufend an weiteren Verbesserungen der Reinigung und Isolierung der Peptidhormone der Insekten gearbeitet. Bei der Reinigung der höhermolekularen Peptidhormone wurden immunochemische Methoden erfolgreich verwendet. Durch Gelfiltration und Ionenaustauschchromatographie der makromolekularen Fraktionen konnte eine weitgehende Reinigung antigener Faktoren erzielt werden, die sich durch Immunenzymtechnik in bestimmten neurosekretorischen Zellen des Gehirns und der Corpora cardiaca nachweisen lassen.

Hinsichtlich der Eigenschaften von Neurohormon D wurden Temperaturinaktivierung, Abbau durch Trypsin und Säurelabilität untersucht. Weitere Reinigungsschritte wurden hier durch Anwendung der Hochspannungselektrophorese erzielt.

Literatur

1. Baumann, E., u. M. Gersch: Untersuchungen zur Stabilität des Neurohormons D. In: Zool. Jahrb. Physiol. *77*, 153—160, 1973.
2. Bräuer, R.: Zur neurohormonalen Steuerung der RNS-Synthese der Prothoracaldrüse von *Periplaneta americana* (Dissertation). In: Zool. Jahrb. Physiol. *77*, 107—144, 1973.
3. Gersch, M.: Experimentelle Untersuchungen zum Freisetzungsmechanismus von Neurohormonen nach elektrischer Reizung der Corpora cardiaca von *Periplaneta americana* in vitro. In: J. Insect Physiol. *19*, 2090—2108, 1972.
4. Gersch, M.: Chitin-Hypertrophie in den Speicheldrüsengängen von *Periplaneta americana* nach operativen Eingriff in die Thorarxregion. In: Zool. Anz. *189*, 27—30, 1972.
5. Gersch, M., u. H. Birkenbeil: Das Membranpotential der Prothoracaldrüsenzellen von *Galleria mellonella* in Beziehung zum Entwicklungsstadium und nach Einwirkung von Neurohormonen. In: Zool. Jahrb. Physiol. *77*, 1—23, 1972.
6. Gersch, M., u. G.-A. Böhm: Aktuelle Aspekte und Tendenzen der Hormonforschung bei Insekten. In: Biol. Rdsch. *9*, 1—11, 1971.
7. Gersch, M., R. Bräuer u. H. Birkenbeil: Experimentelle Untersuchungen zum Wirkungsmechanismus der beiden entwicklungsphysiologisch aktiven Fraktionen des „Gehirnhormons" der Insekten (Aktivationsfaktor I und II) auf die Prothoracaldrüse. In: Experientia *29*, 425—427, 1973.
8. Gersch, M., u. J. Stürzebecher: Further Studies on Chemical Characterisation of Neurohormone D. Insect Endocrines. In: Suplementa Acta entomologica bohemoslovaca 71—80, 1971.
9. v. Knorre, D., M. Gersch. u. T. Kusch: Zur Frage der Beeinflussung des „tanning"-Phänomens durch zyklisches 3'5'-AMP. In: Zool. Jahrb. Physiol. *76*, 434—440, 1972.
10. Ude, J., u. K. Richter: The submicroscopic morphology of the heart ganglion of the spider *Tegenaria atrica* (C. L. Koch) and its neuroendocrine relation to the myocard. (im Druck).

Manfred Gersch

Naturhaushalt und Gebietscharakter

Die im Bericht des Jahrbuchs 1969/70 erläuterten Studien im Erzgebirge, die Bodenfeuchtemeßreihe auf der Lausitzer Platte nördlich von Dresden sowie die Untersuchungen im Erholungsgebiet Sächsische Schweiz wurden 1971 zu einem vorläufigen Abschluß gebracht. Das gewonnene Material ist in Form modellhafter Beispiele hinreichend aufbereitet und für spätere Auswertungen jederzeit verfügbar.

In einer Reihe von Publikationen und Manuskripten wurden und werden größere Teile desselben der Öffentlichkeit zugänglich gemacht.

Es wurde großer Wert darauf gelegt, daß nahezu alle Forschungsergebnisse abschließend auf ihre ökonomische und praktische Bedeutung kritisch getestet wurden. In dieser Hinsicht erbrachten die Untersuchungen einige wissenschaftsmethodologisch wichtige Ergebnisse:

Die Naturräume der unteren Dimensionsstufen sind prinzipiell als naturgesetzlich geordnete Systeme in Struktur und Dynamik, und damit auch hinsichtlich des Landschaftshaushaltes faßbar. Landschaftsgenese und spätere umformende Prozesse bestimmen ihren Inhalt und ihre räumliche Differenzierung. Ihre Beurteilung und Wichtung durch die Gesellschaft ist jedoch mit der Änderung der gesellschaftlichen Verhältnisse, der Entwicklung der Produktivkräfte, insbesondere der Technik und der Steigerung der gesellschaftlichen Bedürfnisse, variabel.

Die Aussagen der Naturraumerkundung bleiben daher für die praktische Anwendung unbestimmt, solange die hochintegrierten Naturkomplexe nicht im Rahmen der Auseinandersetzung von Gesellschaft und Natur gesehen werden. Die Gesellschaft setzt jeweils die Maßstäbe für die Nutzung der Naturressourcen und gibt durch ihre Entwicklungsprognosen eine Reihe von Vorgaben für die naturwissenschaftliche Erkundung.

Die historische Entwicklung hat in einer äußerst vielseitigen Durchdringung gesellschaftlicher und natürlicher Prozesse einerseits zur Herausbildung eines Siedlungsnetzes und damit zu einer räumlichen Ordnung des gesellschaftlichen Lebens und ihrer Zentren, andererseits zu einem landeskulturellen Ausbau des Territoriums und seiner Nutzungsmöglichkeiten geführt. Die mannigfachen und ökonomisch vielfach sehr gewichtigen Wechselwirkungen zwischen gesellschaftlichen und natürlichen Prozessen sind in zunehmendem Maße für die territorialplanerischen Entscheidungen von hoher Bedeutung.

Daraus geht hervor, daß eine rein naturwissenschaftliche Betrachtungsweise den aktuellen Problemen nicht gerecht werden kann, sondern die Relationen zu gesellschaftlichen Sachverhalten für die Erarbeitung von praktisch anwendbaren Ergebnissen der Naturraumerkundung Beachtung finden müssen. Damit unterscheiden sich physisch-geographische Untersuchungen, die auf eine Systematik physisch-geographischer Raumeinheiten der topischen oder chorischen Dimension abzielen, ganz erheblich von Untersuchungen, die die landeskulturellen Fragestellungen unterbauen und mit den benötigten Daten ausstatten sollen. Zwar stimmen die behandelten Naturphänomene überein, aber während bei rein naturwissenschaftlichen Betrachtungsweisen die Ordnung der Befunde nach fachspezifischen Argumenten erfolgt, erfordert die angewandte, landeskulturelle Zielsetzung die Herausarbeitung der Relationen der natürlichen Elemente zu den gesellschaftlichen Sachverhalten. Die Relevanz einzelner Naturfaktoren für die gesellschaftlichen Bedürfnisse und die Entwicklungen zwingt zu einer Wichtung ihrer praktischen Bedeutung, zu einer gezielten Auswahl und Rangordnung der Elemente sowie zu einer auf den Zweck orientierten Darstellungsform. Diese Auswertung und Transformation naturwissenschaftlicher Ergebnisse für gesellschaftliche Fragestellungen ist ein entscheidender

Schritt für die Nutzbarmachung natürlicher Potentiale für die gesellschaftliche Nutzung.

Ausgehend von diesen Erkenntnissen wurden Konzeptionen erarbeitet und Wege gesucht, um diese Problematik aufzugreifen. Als Beispiel dafür sei eine bereits 1971 begonnene informative und räumlich begrenzte Teilstudie zu speziellen Fragen der landeskulturellen Infrastruktur und deren Beziehung zur Naturraumausstattung angeführt. Es ging darum, an einem technischen Maßstab, nämlich der zur Zeit eingesetzten Agrartechnik, die Bedeutung der Naturraumausstattung für eine effektive Landnutzung zu demonstrieren.

Im Südosten des Kreises Freital wurden, angeregt durch Abschlußergebnisse in Lippersdorf, auf einer überwiegend agrarisch genutzten Fläche von 54 km² Strukturanalysen zur Landnutzung und zur potentiellen Schlaggröße gefertigt. Die Ermittlungen erfassen einfache Landnutzungsbestimmungen, kritische Hangneigungen für die moderne Landtechnik auf der bestehenden landwirtschaftlichen Nutzfläche (LNF) und die Analyse maximal möglicher (potentieller) Schlaggrößen.

Im Untersuchungsgebiet ergaben sich aus diesen wenigen Kennzeichnungen drei verschieden geartete Teilbereiche:

Tabelle 1

Teilbereiche	I	II	III
Siedlungs-, Industrie- u. Gartenfläche	21%	14%	5%
Waldfläche	4%	5%	26%
Sonderkulturen (insbes. Obst)	7%	9%	1%
LNF (Acker u. Grünland)	68%	72%	68%
davon LNF mit kritischen Hangneigungen	5%	5%	14%

Tabelle 2

Teilbereiche	I	II	III
Großschläge (> 20/25 ha)	50%	–	–
Großschläge mit Beeinträchtigungen	1%	16%	5%
Mittelschläge (5/8–20/25 ha)	8%	32%	2%
Mittelschläge mit Beeinträchtigungen	–	–	38%
Kleinschläge (< 5/8 ha)	3%	12%	8%
Auen (meist zersplittertes Grünland)	2%	7%	1%

I. zerschnittene Lößplatte (19 km²), II. Kreischaer Becken (21 km²) und III. Wilisch-Rücken und Nordosthang (14 km²). Bezüglich Flächennutzung und dem Anteil kritischer Hangneigungen auf der LNF weisen die Teilbereiche I und II recht große Ähnlichkeit auf (Tabelle 1). Hinsichtlich der potentiellen Schlaggrößen (Tabelle 2) ergeben sich jedoch recht markante Unterschiede. Sie beruhen auf physischen und landeskulturellen Strukturen. Das fluviatile Netz ist im Teilbereich I etwa parallel angeordnet mit tiefen mittleren Talungen; dazwischen verbleiben ungestörte breite Riedelflächen. Im Teilbereich II verursacht hingegen eine dichtere und verwinkelte Anordnung kleinerer Täler ein stärker gestörtes Aufschneidungsmuster. Siedlungskörper und Trassensysteme, insbesondere die Straßen (Wirtschaftswege blieben unberücksichtigt) wirken als landeskulturelles Element ebenfalls nachhaltig auf die Schlaggrößen. In beiden Teilbereichen überwiegen Kleinsiedlungen. Diese lehnen sich in I an die Talränder an, sind in II aber unregelmäßig gestreut. Aus dieser Anordnung ergibt sich in Verbindung mit dem zugehörigen Straßennetz für II ein weiterer deutlicher Nachteil hinsichtlich der potentiellen Schlaggrößen.

Die Teilstudie erbrachte als wesentlichste Ergebnisse die Notwendigkeit der getrennten und vergleichenden Betrachtung von Naturraumausstattung und landeskultureller Infrastruktur. Am Beispiel der potentiellen Schlaggrößen, deren ökonomische Inwertsetzung von agrotechnischen Experten erfolgen muß, und am Beispiel der LNF, die wegen kritischer Hangneigungen für die Landtechnik in den nächsten Jahren schrittweise extensiviert bzw. in andere Nutzungsformen überführt wird, zeigt sich die Möglichkeit der unmittelbaren Umsetzung solcher Analysen in die territorialplanerische Praxis.

Die mit dem Jahr 1971 erreichten Ergebnisse und das daraus abgeleitete Forschungsprogramm der Arbeitsgruppe führten ab 1972 zur Vertragsforschung. Im Rahmen eines Vertrages zwischen dem Ministerium für Wissenschaft und Technik und dem Geographischen Institut der Akademie der Wissenschaften der DDR als Auftragnehmer wurde die gesamte Forschung „Geoökologische Grundlagen für die Planung komplexer landeskultureller Maßnahmen“ in der DDR koordiniert, dabei das Forschungsprogramm der Arbeitsgruppe im vollen Umfang und die Arbeitsgruppe selbst mit 4,1 VbE als Nachauftragnehmer aufgenommen. Auf diese Weise ist es möglich, in Form einer Arbeitsteilung und regionaler Vergleiche die Forschungsarbeiten unter optimalen Bedingungen zu forcieren. Die Arbeitsgruppe selbst hatte 1972 wesentlichen Anteil am Gesamtforschungsprogramm und konzentrierte sich voll auf die theoretische und methodische Klärung der Naturraumerkundung in mittleren Maßstäben (1:100000 bis 1:200000) sowie auf die Ausarbeitung von Verfahren zur Erfassung landeskulturell relevanter Elemente der Infrastruktur. Sie ist über die Vertragsbindungen auch direkt an internationaler Zusammenarbeit beteiligt und zwar am RGW-Abkommen über „Erarbeitung von Maßnahmen zum Schutz der Natur“ und im Rahmen der Internationalen Geographischen Union, Kommission „Man and Environment“.

Die vertragsgebundene Forschung konzentrierte sich auf drei Problemkreise:

a) Bericht über den Forschungsstand und die Auswertemöglichkeiten der Naturraumtypen in Karten mittleren Maßstabes (1:100000 bis 1:200000)
b) Methodische Beiträge zur komplexen Naturraumerkundung an Beispielen aus dem Bezirk Dresden.
c) Untersuchungen zur Erfassung und Darstellung von Elementen des landeskulturellen und infrastrukturellen Zustandes.

Zu a)

Der Bericht orientierte sich am historischen Werdegang der Arbeiten zur naturräumlichen Gliederung, um daraus die gegenwärtige Position und die gegenwärtigen Aufgaben zu bestimmen. Die naturräumliche Erkundung erfaßt einen Teilkomplex der Faktorenverflechtung in einer Landschaft, und zwar den ausschließlich naturgesetzlich determinierten Sachzusammenhang.

Dabei erfolgte die Charakteristik der Naturräume ursprünglich auf induktivem Wege über die Erkundung des topologischen Inventars der Naturraumeinheiten. In zunehmendem Maße jedoch erfolgte von diesen „Kernen" eine Extrapolation auf deduktivem Wege.

Die Analyse der zum Untersuchungszeitpunkt vorliegenden Beispiele machte deutlich, daß es für zukünftige Arbeiten auf die sinnvolle Synthese beider Verfahrensprinzipien ankommt, um auch den praktischen Anforderungen von Seiten territorialer Einrichtungen gerecht zu werden.

Die diskutierten Fragen spitzten sich immer mehr auf den Informationsverlust dieser Karten beim Übergang von der topologischen zur chorologischen Dimension als Maßstabsproblem zu.

Eine Auswertung der mittelmaßstäbigen Naturraumtypenkarten ließ zu dieser Hauptfrage erkennen, daß es vornehmlich indirekte Auswerteformen zum Karteninhalt gibt, d. h. die Eigenschaften der naturräumlichen Einheiten werden über Beschreibungen und tabellarische Aufbereitungen (oft im größeren Aufnahmemaßstab) dargestellt, die mittelmaßstäbige Karte bietet davon nur das räumliche Verteilungs- und Vergesellschaftungsmuster.

Hinsichtlich der Auswerteformen konnten die Beispielkartierungen in drei methodische Gruppen eingeteilt werden, die als geoökologischer, bilanzmäßiger und (formal)-statistischer Ansatz bezeichnet wurden.

Dagegen ist die Herausarbeitung der unmittelbar möglichen Informationsgehalte für Übersichten nach dem Prinzip der äquivalenten Aussage (NEEF) eine direktere Auswertungsform.

Als methodologisches Problem zeichnete sich somit ab, daß die Auswahl der inhaltlichen Kennzeichnungen bzw. ihre Umformierung in einer dem Maßstab adäquaten Form erfolgen müsse und sich in jedem Falle auf eine definierte chorische Kartierungseinheit zu beziehen habe. In diesem Zusammenhang erfolgte eine kritische Durchsicht des theoretischen Ansatzes der *Mikrochore*. In ihrem Ergebnis erbrachte diese Durchsicht folgende Diskussionspunkte:

- Die Abbildung der Mikrochoren umschließt zwei Aufgaben: Abgrenzung und Charakteristik
- Die Charakteristik der ausgewiesenen naturräumlichen Einheiten ist bisher uneinheitlich gegeben worden. Es besteht noch keine Klarheit über die Elemente, die generell oder in der spezifisch kartographischen Ausdrucksform die Information über den jeweiligen Naturraum tragen müssen.
- Die Charakteristik der Mikrochoren beruht auf drei Grundmerkmalen, die mit Inventar, Mosaik und Mensur bezeichnet werden. Offen ist noch die Frage, in

welcher Form eine Quantifizierung der Merkmale möglich und welche Informationen aus der topologischen Ebene übertragen werden können.

- Ohne Analogieverfahren als Grundlage der Extrapolation der topologischen Erfahrungen auf weniger durchforschte Areale, besteht keine Aussicht zur Schaffung mittelmaßstäbiger Karten mit vertretbarem Zeitaufwand.
- Für die Abgrenzung von Einheiten auf der Karte können auch Elemente des Nutzungsmosaiks herangezogen werden.
- Die Karte soll eine Übersicht über das Naturdargebot geben, das von der Gesellschaft in Anspruch genommen wird und im Zuge der kommenden Entwicklung in immer stärkerem Maße ausgeschöpft wird. Eine Vermischung mit gesellschaftlichen Erscheinungen, Forderungen und Entwicklungsmöglichkeiten ist in diesem Stadium nicht zulässig.
- Die Mikrochorenkarte (und in ihrem Hintergrund die Datenbank) ist die wissenschaftliche Basis für die geoökologischen Grundlagen der Planung komplexer landeskultureller Maßnahmen.
- Die Nutzung der einer Mikrochore innewohnenden Potentiale ist abhängig von den jeweils herrschenden gesellschaftlichen und wissenschaftlich-technischen und staatlichen Bedingungen. Es sind auch solche Potentiale zu erfassen, die als Reserven für die Zukunft zu gelten haben.
- Um dem Bezugssystem Landeskultur bei der Auswertung gerecht zu werden, gilt es, die Relationen klarzulegen und zu bestimmen. Sie werden durch die „Anforderungen" von seiten der Gesellschaft an die Naturressourcen und an das „Naturdargebot" von seiten der natürlichen Ausstattung bestimmt. (Bereitstellung von Flächen, Rohstoffen, Naturstoffen, Wasser, Nahrungsgütern u. Erholungsgebieten).
- Vom Anforderungsbild hängt es ab, welche natürlichen und anthropogenen Elemente der Natur für die gesellschaftliche Nutzung relevant sind. Die Zentrierung chorischer Einheiten unter dem Aspekt des gesellschaftlichen Bedarfs ist eine andere räumliche Ordnung als die der Naturraumgliederung. Diese Unterschiede müssen herausgearbeitet werden.

Zu b)

Unter Berücksichtigung dieser Leitsätze zum Forschungsstand geoökologischer Erkundung sind methodische Beiträge zur komplexen Naturraumerfassung an Beispielen im Hügelland nördlich von Dresden und im Erzgebirgsvorland und dem osterzgebirgischen Raum zwischen Elbe—Gottleuba und Weißeritz in Angriff genommen worden.

Im ersteren Falle wurde ausgehend von einer umfassenden physisch-geographischen Analyse eines Testgebietes (35 km²) eine Übertragung und vor allem Eichung für einen größeren Nachbarraum vorgenommen. Der nun vollständig mit topischen Einheiten bedeckte Raum beträgt mehr als 250 km². Es handelt sich um ein von glazialen Ablagerungen wechselnder Intensität und Mächtigkeit und äolischen Sedimenten (Treibsand, Sandlöß und Löß) bedecktes Grundgebirgshügelland.

Wichtigstes Hilfsmittel zur flächenhaften Vervollständigung waren Unterlagen der Bodenschätzung und der forstlichen Standorterkundung. Im Vordergrund stand die Kennzeichnung der im Vergleich zur vollen topologischen Felderkundung durch Generalisierung stark ausgedünnten Informationsgehalte (Geländeklima, Vegetationsbedeckung, Bodenwasserhaushalt).

Gleichzeitig sollte geprüft werden, inwieweit bei geringfügig reduzierter topologischer Kennzeichnung gesicherte Korrelationen zwischen Einzelmerkmalen (z. B. Relief/Substrat und Bodenform/Bodenfeuchte) gegeben werden können, wie sie bei der Bearbeitung in der Erzgebirgsstudie generell angewandt wurden. Bei diesem Beispiel sollte erkundet werden, wie mit gröberen Ansprachebedingungen (deduktive Methode) Mikrochoren ausgegrenzt und deren wesentliche Inhalte eingeschätzt werden können.

In dem ca. 370 km^2 großen, heterogenen Gebiet (geneigte Lößplatten der Erzgebirgsnordabdachung, Rotliegendbecken, Elbtalschiefergebirge, Gneisregion mit Sandsteinplatten und eigentliches Gneisgebiet des Osterzgebirges) ergab dieser Ansatz befriedigende Ergebnisse. Das Verfahren der Inhaltcharakteristik bedient sich faßbarer Parameter und direkter und indirekter Rückschlüsse aus topographischem und geologischem Kartenmaterial, forstlicher Standorterkundung u. ä., und bietet textliche Formulierungen und Datenmaterial zu den Teilkomplexen Relief, Geologie/Lithologie, Hydrologie und Klima.

Aus den Unterlagen beider Bearbeitungen wurde als das wichtigste Ergebnis für die zukünftigen Studien, besonders auch für andere geographische Institute in der DDR, der Versuch einer Rahmenmethodik vorgelegt, damit in den verschiedenen Maßstabsbereichen mit einer rationellen und wissenschaftlich einwandfreien chorologischen Gliederung gearbeitet werden kann.

In dieser Rahmenmethodik charakterisiert eine vierstufige Rangfolge die qualitativen und quantitativen inhaltlichen Kennzeichnungen der Einheiten in den Eigenschaften des Reliefs, Bodens, Klimas, Bios, Wasserhaushalts und in der raumgeometrischen Determinierung der Gefüge in den Maßstabsbereichen 1:5000 bis 1:500000.

Zu c)

Die Untersuchungen zur Ausgrenzung und Charakteristik von Mikrochoren ergaben immer wieder, daß die Beeinflussung und Überprägung von Naturräumen mit den Elementen der landeskulturellen Infrastruktur so bedeutend ist, daß auf eine Untersuchung, statistische Erfassung und kartographische Darstellung dieser Sachverhalte nicht länger verzichtet werden kann. Für die Lösung dieser Aufgabe mußten die zur Verfügung stehenden topographischen Karten (vor allem 1:10000-Ausgabe für die Volkswirtschaft —, als dem z. Z. besten einheitlichen Kartenwerk) auf ihre Eignung überprüft werden.

Das statistisch auszuwertende Datenmaterial wird bei der vorliegenden Methodik nach flächen-, punkt- und linienhaften Elementen aufgeschlüsselt. Die untersuchten Parameter betreffen natürliche, landeskulturelle und infrastrukturelle Objekte und Eigenschaften. Zu dieser Problematik wurde ein Katalog der für die Hochzeichnung vom Kartenblatt ausgewählten Elemente entwickelt und an Hand von 8 Beispielsblättern getestet.

Für die Bedeutung der durch das methodische Verfahren erbrachten Ergebnisse und die sichtbaren Ansätze für das landeskulturelle Grundmuster der DDR, spricht die Absicht des Auftraggebers, unter Hinzuziehung weiterer Unterlagen ein modernes landeskulturelles Kartenwerk für das Territorium der DDR vorzubereiten. — Ein solches Kartenwerk wäre im Moment weltweit ohne Parallele.

Außer der Vertragsforschung wurden Untersuchungen zur Bestimmung der Funktionsfelder und der Funktionstüchtigkeit von Siedlungen oder Siedlungsteilen erforderlich, da das „Anforderungsbild" aus dem bestehenden Siedlungsgefüge und seinen jeweiligen örtlichen Besonderheiten abzuleiten ist. Die rein statistische Darstellung gesellschaftlicher Anforderungen ohne Berücksichtigung der räumlichen Konkretisierung mit optimaler Funktionsleistung kann der gegebenen Fragestellung nicht genügen. Die Überlagerung von Funktionsfeldern bietet sowohl die Möglichkeiten, die Lebensvorgänge mit einem möglichst geringen Aufwand an Wegezeiten durchzuführen und polyfunktionale Raumstrukturen bieten hierfür den geeigneten Ansatzpunkt. Andererseits können durch die Überlagerung von Funktionsfeldern (einschließlich ihrer Nebenerscheinungen) Störungen und Schäden entstehen, die eine optimale Gestaltung und die geforderte hohe Effektivität aller Maßnahmen ausschließen, da sie zu Minderungen der Funktionstüchtigkeit und in vielen Fällen zu zusätzlichen und ökonomisch aufwendigen Schutzmaßnahmen Anlaß geben. Da sich das Anforderungsbild außerdem mit der ständigen Entwicklung des Reproduktionsprozesses abwandelt, sollten auch die zeitlichen Veränderungen im Funktionsgefüge eines Gebietes erfaßt werden.

Zu diesem Zwecke wurde ein Dresdner Stadtteil, die 141 ha große Südvorstadt, ein Neubaugebiet der 50er Jahre mit rund 44% Altbausubstanz und 22000 Einwohnern, einer Wohngebietsanalyse unterzogen.

Die Strukturanalyse war auf die beiden Hauptfunktionen Wohnen und Versorgen orientiert. Wohnqualität und Auslastung des vorhandenen Wohnungsbestandes wurden mit Hilfe von Bewertungskennziffern erfaßt. Im Versorgungsbereich wurden Einkaufsstätten, Dienstleistungen, gastronomische Versorgung, öffentliche Dienste, wie Post und Sparkassen, Einrichtungen der Volksbildung, der Kultur und des Gesundheitswesens nach ihrer Kapazität und Lage untersucht, wobei die städtebaulichen Bemessungsrichtwerte für den komplexen Wohnungsbau Beurteilungsmaßstab waren.

Die Bevölkerungsanalyse betrachtet die Bewohner des Stadtteils als Nutzer des Funktionssystems (Versorgungssystems) nach ihrer Verteilung, ihrer demographischen und — soweit möglich — sozialökonomischen Struktur. Das Untersuchungsgebiet erweist sich als relativ junger Stadtteil mit einer entsprechenden Dynamik. Der Anteil der Bevölkerung im arbeitsfähigen Alter und der Anteil der Kinder liegen über dem Stadtdurchschnitt, während der Anteil der Rentner erheblich darunter bleibt.

Die Funktionsanalyse des Versorgungssystems versucht, methodische Wege zu finden, um die Wegzeit-Anforderungen zu klären, die die Struktur an die Nutzer stellt, und damit das räumliche Interaktionsmuster erkennbar zu machen, das durch die von der Struktur abhängigen Lebensvorgänge erzeugt wird. Zur Klärung und Erprobung von Methoden wurde das polyfunktionale Bewegungsfeld der Bewohner auf fünf Wegegruppen eingeengt, die die notwendigsten täglichen Wegebeziehungen zwischen Wohnung und gesellschaftlichen Einrichtungen im Wohngebiet umfassen. Für vier von ihnen (Kinderkrippe, Kindergarten, Schule, Haltestellen der öffentlichen Verkehrsmittel) lassen sich Quell- und Zielverkehr quantifizieren, in einer Verkehrsmatrix zusammenstellen und der tägliche Energieaufwand an Wegezeiten berechnen. Für die rechnerische Erfassung des Zielverkehrs der 5. Wegegruppe „Einkauf" wird das mit Mitteln der Wahrscheinlichkeitsrechnung arbeitende „Gelegenheitsmodell" erprobt.

Der Studie über städtische Funktionsmuster soll eine analoge über eine ländliche Gemeinde folgen, damit die gegenüber der naturräumlichen Erkundung zurückgebliebene Analyse des Anforderungsbildes besser unterbaut werden kann.

Literatur

Bernhardt, Arnd: Flächenzustand und Flächennutzung — eine Komplexkarte als Arbeitsgrundlage für rationelles Planen in der Landwirtschaft. Wiss. Abh. d. Geogr. Ges. d. DDR *9* (Gotha 1972) S. 219—230.

Hartsch, Inge: Wohngebietsanalyse Dresden-Südvorstadt, unveröff. Manuskript, 36 Ktn, 20 Abb., 31 Tab.

Mannsfeld, Karl: Die Bilanzmethode in der Mikrochorenanalyse. Pet. Geogr. Mitt. *116* (1972) S. 45—53.

— Zur ökonomischen Bewertung des Naturrauminventars. In: Probleme der Flächennutzung bei der 3. Arbeitstagung des Fachverbandes der Berufsgeographen in der Geogr. Ges. der DDR, Leipzig 1971, S. 99—113.

Neef, Ernst: Die Interferenzanalyse als Grundlage territorialer Entscheidungen. Wiss. Abh. d. Geogr. Ges. d. DDR *9* (1972) S. 171—182.

Neef, E., und J. Bieler: Zur Frage der landschaftsökologischen Übersichtskarte — ein Beitrag zum Problem der Komplexkarte In: Pet. Geogr. Mitt. *115* (1971) S. 73—77, mit einer mehrfarbigen Karte.

Ernst Neef

Reinigung von Abwässern mit Hilfe von Adsorbentien

Der Berichtszeitraum beinhaltet abschließende Arbeiten zur Charakterisierung der mit verschiedenen siliciumhaltigen Vernetzern hergestellten Adsorbentien auf Vinylacetat- und Acrylesterbasis.

A — Harze mit Silanvernetzer:

Auf Grund des von Seiten der Industrie (Wolfen) für unser Vinylacetatsilan-Harz gezeigten Interesse ergab sich die Notwendigkeit der Umstellung der Polymerisationstechnik von „Lösung“ auf „Suspension“. Dieser Forderung konnte entsprochen werden, indem die Synthese dieses Harzes in wäßriger Suspension unter folgenden Bedingungen gelang:

Polymerisationstemperatur: 60 °C
Dispergatorlösung: Polyvinylalkohol (4g/l)
Phasenverhältnis: Monomer —: wäßrige Phase = 1:5
Initiator: 0,5 Gew.% Porofor N
Ansatzbeispiel: 250 g Vinylacetat
37,5 g (15 Gew.%) Vinyltrimethoxysilan
Ausbeute: 165 g

Nach diesem Muster wurden verschiedene Vinyltrimethoxysilan-Vernetzer-Gehalte ausprobiert, und es erwies sich die Verwendung von 15 Gew.% Silan als am günstigsten zur Erzielung befriedigender Eigenschaften des zur Phenoladsorption einzusetzenden Adsorbers, wie im folgenden angeführt:

1. Polymerisatgewinnung (im Maßstab geeignet als Vorversuch für halbtechnische Produktion) mit *engem* Kornspektrum (Hauptfraktion: 0,3 bis 0,8 mm).
2. Quellwertsbestimmung: Herausstellung der zur Adsorption an diesem Harz geeigneten Verbindungsklassen (auf Grund der Anwesenheit Wasserstoff-Brücken-aktiver Gruppierungen)
3. Makroporosität: nicht durch Verwendung von Inertmittel zu erzielen ohne Kapazitätsverlust und Stabilitätsverminderung. Positiver Porositätsnachweis in Harztypen mit mehr als 20 Gew.% Vernetzer, aber auch hier Verringerung der Phenoladsorptionskapazität.
4. Mechanische — und thermische Stabilität bis 200°C gut, wie Phenoladsorptionsuntersuchungen an bei unterschiedlichen Temperaturen gealterten Harzproben, sowie Ad- und Desorptionscyclen (Regenerierung mittels Wasserdampf) ergaben.
5. Möglichkeit für Modifizierung des Harzes durch Pfropfung polymeraktiver Verbindungen auf thermisch gealtertes Vinylacetatsilanharz experimentell erwiesen durch Vinyltrimethoxysilan- und Acrylsäureesterpfropfung.
6. Erweiterung des möglichen Einsatzgebietes dieses Suspensionsharzes durch Einbeziehung organischer Säuren in Adsorptionsuntersuchungen. Beispiel: Salicylsäure ähnlich gut adsorbierbar wie Phenol = Beitrag zur Lösung der Problematik „Reinigung phenol- und salicylsäure- sowie p-oxybenzoesäurehaltiger Abwässer“ im VEB Leuna-Werke.
7. Experimentell erwiesene negative Adsorptionsfähigkeit gegenüber zwei Vertretern der Klasse chlorhaltiger Insektizide — DDT und Lindan (Hexachlorcyclohexan) — als Untermauerung der durch Porositätsmessungen nachgewiesenen „Engporigkeit“ dieses Harzes.

(Detaillierte Angaben zur obigen Charakterisierung des Vinylacetatsilanharzes sind Gegenstand einer Veröffentlichung in „Acta hydrochim. hydrobiol.“).

B — Harze mit Siloxanvernetzer:

Die Arbeiten zur Synthese von Phenoladsorbentien unter Verwendung von 1,3-Divinyltetra-n-butoxydisiloxan als Vernetzer konnten zum Abschluß gebracht werden und ihre Ergebnisse liegen als Doktorarbeit vor. Sie wurden bereits als Veröffentlichung in der Zeitschrift „Acta hydrochimica et hydrobiologica" eingereicht. Es hatte sich ergeben, daß mit genanntem Vernetzer synthetisierte Harze auf Acrylesterbasis auf Grund ihrer besseren Phenoladsorptionsfähigkeit die entsprechenden Vinylacetatsiloxanharze übertreffen.

Anorganisches Adsorbens im Orientierungstest:

Zement und Carbid-Kalk wurden hinsichtlich ihrer Adsorptionsfähigkeit gegenüber verschiedener im Meerwasser vorkommender Ionen (Mg^{++}, Ca^{++}, Na^{+}, K^{+} und Cl^{-}) im Batch-Verfahren getestet. Ergebnis: 75%ige Aufnahme von Mg-Ionen durch Zement/Carbid-Kalk-Kombination des Mischungsverhältnisses von 15,6:1. Die anderen Ionen konnten nur bis zu 20% aus entsprechenden Modellwässern entfernt werden.

C — Silicium enthaltende Melamin-Kondensations-Harze:

Melamin ((2.4.6)Triamino-1-3-5-triazin) wird großtechnisch hergestellt und bietet sich als Triamin direkt als Anionenaustauscher und damit für die Wasserreinigung an. Dazu wurde aus Melamin ein Methylolmelamin hergestellt, das mit Hilfe von Dichlordimethoxysilan zu einem Harz vernetzt wurde, wie das schon im letzten Bericht beschrieben ist. Die jeweilige Kapazität dieses Harzes wurde nach der Methode von Griessbach festgestellt und die entsprechenden p_H-Titrationskurven graphisch dargestellt. Die Reaktion mit Phenolen erfolgt in Form einer echten Adsorption, wie sich aus Berechnungen und graphischen Darstellungen ergibt. Das Harz ist bis etwa 300 °C thermostabil, so daß sich eine Regenerierung mit Hilfe von Wasserdampf durchaus durchführen läßt.

Damit ist ein neues Adsorptionsharz gewonnen, das nunmehr für die verschiedensten Probleme der Wasserreinigung ausprobiert werden soll.

Franz Runge†

Carnitinesterwirkung

Der Forschungsauftrag „Wirkung von Carnitinester auf den physiologischen und pathologischen Stoffwechsel sowie auf den Tumorstoffwechsel" (kurz: Carnitinesterwirkung) führt laufende Studien weiter. [1,2] Folgende vier Schwerpunkte lagen unseren Arbeiten in der Berichtszeit zugrunde: 1. Verbesserte Darstellungsverfahren für die beiden optisch aktiven Carnitine und deren Derivate. Insbesondere sollten Bedingungen für eine möglichst billige Darstellung von größeren Laboratoriumsmengen erprobt werden. 2. Untersuchungen über die Hydrolyseenthalpie der O-Acylcarnitine wurden fortgesetzt. 3. Abbauprodukte der beiden optischen Carnitine und einiger Derivate und Abkömmlinge wurden studiert. 4. Der therapeutische Einsatz von L(—)-Carnitin bei Erkrankungen wurde ausgeweitet und intensiviert.

Chemie: L(—)-Carnitin, das Kliniken im größeren Umfang zugeleitet werden soll, wird nach einem Verfahren [3, 4] dargestellt, das vom käuflichen D,L-Carnitin-hydrochlorid ausgeht. Nach Überführung in D,L-Carnitin wird dieses mit D(+)-Camphersäure im molaren Verhältnis heiß in Methanol gelöst und durch Abkühlen fraktioniert kristallisiert. Die ersten Kristallfraktionen enthalten einen hohen Anteil von D(+)-Carnitin-D(+)-camphorat. Diese Fraktionen werden vereinigt und umkristallisiert. Dabei fällt reines D(+)-Carnitin-D(+)-camphorat an. Aus den eingeengten Mutterlaugen fallen beim Abkühlen Fraktionen von L(—)-Carnitin-D(+)-camphorat an, aus denen sich nach Abtrennung der D(+)-Camphersäure das reine L(—)-Carnitin gewinnen läßt. Vollständiger ist letzteres zu gewinnen, wenn man aus den Mutterlaugen die Camphersäure entfernt (mit Wasser oder Ionenaustauscher oder Wasser/Äther) und das dabei anfallende Carnitingemisch nochmals wie oben beschrieben, aber nun mit L(—)-Camphersäure oder Dibenzoyl-D(—)-

Racematspaltung von D,L-Carnitin mittels D(+)- und L(—)-Camphersäure

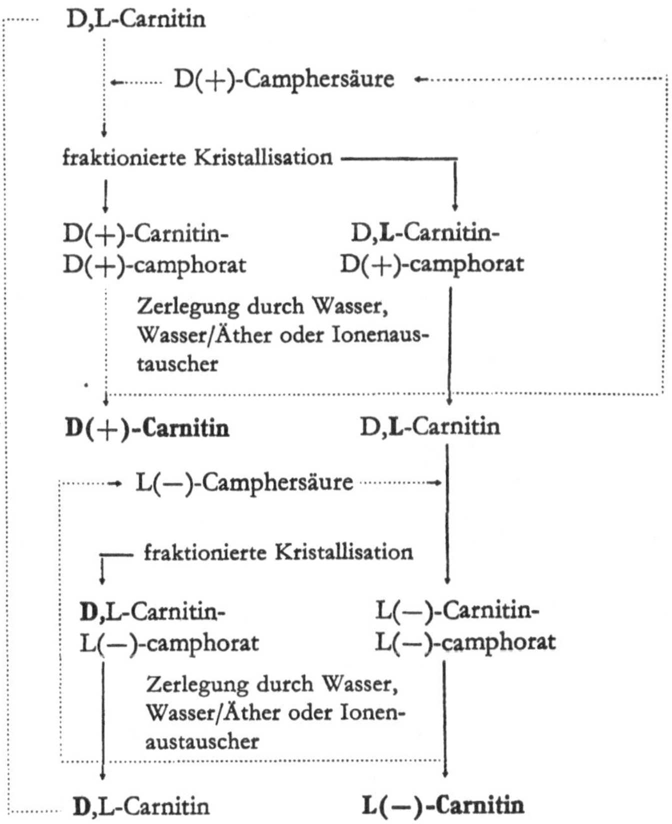

(Bei optisch aktiven Mischfraktionen ist die angereicherte Komponente halbfett gesetzt)

weinsäure oder L(+)-Weinsäure fraktioniert kristallisiert und auftrennt. Man erhält dann nach Entfernen der Trennsäure bis zu 90% L(—)-Carnitin in der vorteilhaft verwendbaren Betainform (siehe Schema). Das Produkt kann durch Umkristallisieren aus Alkohol rein erhalten werden.

Theoretische Überlegungen, praktische Erfahrungen und verschiedene Literaturhinweise sprachen eigentlich gegen die Möglichkeit einer Racematspaltung von neutralen, bifunktionellen Verbindungen zu denen das Carnitin gehört. Die direkte Trennung solcher Substanzen in ihre optischen Antipoden galt als undurchführbar. In vielen experimentellen Einzelschritten konnten wir dieses Problem meistern. Schließlich führten die Ergebnisse zu dem relativ einfachen und billigen Verfahren, das sich insbesondere auch für eine lukrative industrielle Darstellung eignet. Leider waren alle unsere Bemühungen dieses Verfahren in der Industrie zu realisieren vergeblich. Das Verfahren wurde von uns in der DDR zum Patent angemeldet und 1972 patentiert [4]. Wir haben nunmehr die Darstellung von L(—)-Carnitin im Kilomengenbereich begonnen.

Weitere Studien, D,L-Carnitin in seine optischen Isomeren aufzutrennen, führten zu einem Verfahren, in welchem dieses in Alkoholen mit L(—)- und D(+)-Camphersulfonsäure aufgetrennt wird. Die D(+)-Camphersulfonsäure fällt die L(—)-Carnitinkomponente als schwerer lösliche Fraktion aus. L(—)-Camphersulfonsäure fällt primär die D(+)-Carnitinkomponente. Dieses Verfahren war jedoch dem oben beschriebenen nicht überlegen. Insbesondere waren die Kristallisationstendenzen recht klein. Zur völligen Auftrennung würde viel Zeit benötigt.

Das frühere Verfahren, D,L-Carnitinnitril mit D(+)- und L(—)-Camphersulfonsäure in die optischen Isomeren aufzutrennen [5], wurde durch gezielten Einsatz von Ionenaustauschern etwas abgeändert [6], wodurch dieses Verfahren rationeller gestaltet wurde. Diese Abänderungen erlaubten uns, die noch vorhandenen Reste von D,L-Carnitinnitrilchlorid vorteilhaft zu verwenden.

Weitere Darstellungen der O-Acylcarnitine wurden bearbeitet. Einmal wurden die quantitativen Bedingungen studiert, kleinste Mengen von O-Acylcarnitin mit teuren und anfälligen Fettsäuren rein herzustellen. O-Oleyl- und Linolenoyl-L(—)-carnitin wurden zum Studium der Muskeldystrophien eingesetzt (Dr. Kunze, Abt. Klinische Chemie der Charité Berlin).

Vorarbeiten zu neuen Verfahren, mit denen isotop-markierte, optisch aktive Carnitine möglichst verlustlos hergestellt werden können, wurden begonnen. Sie erfordern besondere Techniken im Mikromaßstab.

Die Darstellungsweise von Doppelestern der optisch aktiven Carnitine wurde ausgearbeitet, um diese empfindlichen Substanzen in rationeller Weise rein zu gewinnen. 12 Doppelester für unsere biologischen und physikochemischen Studien mit verschiedenen Säuren und Alkoholen wurden synthetisiert. Eine Anzahl von Acylestern mit langkettigen Fettsäuren der optisch aktiven Carnitinamide und Carnitinnitrile wurden dargestellt. Mit ihnen sollen die Untersuchungen über den Einfluß der Substitution der Carboxylgruppe auf die Hydrolyseenthalpie der O-Acylbindungen fortgesetzt werden.

Physikalisch-chemische Untersuchungen über die Bindungsenergie der O-Acyl gruppen in O-Acylcarnitinen wurden weitergeführt [7]. Die Hydrolyseenthalpien aller O-Acylcarnitine im Bereich von C_2—C_{12} sind gleich groß [8]. Ihre Hydrolysegeschwindigkeit wird mit längerer C-Kette des Acylrestes kleiner [9]. Es lassen sich 4 Gruppen in der Hydrolysegeschwindigkeit abgrenzen, die sich interessanterweise mit den Wirkungsbereichen der vier bekannten O-Acylcarnitintransferasen decken [10]. Die Transferasen werden nach der Acylgruppe unterschieden, bei der sie die höchste Aktivität besitzen (C_3, C_6, C_{12}, C_{16}). Die bisherige Bezeichnung als Acetyl-, Octanoyl- und Palmitoylcarnitintransferase müßte nunmehr abgeändert werden. Für die Struktur der einzelnen Enzyme werfen sich in diesem Zusammenhang einige interessante Fragen auf. Zwischen der Hydrolyseenthalpie ΔH und der freien Enthalpie ΔG der untersuchten Ester bestehen Korrelationen, mit deren Hilfe aus den gemessenen Hydrolyseenthalpien echte Aussagen über die freie Enthalpie ΔG dieser Bindungen gemacht werden können.

Weiterhin wurden die Hydrolyseenthalpien der Methylester des Carnitins und einiger dem Carnitin ähnlichen Substanzen sowie einiger Doppelester des Carnitins bestimmt. In den Doppelestern des Carnitins ist die Energie der Esterbindungen gegenüber den entsprechenden Monoestern vermindert. Bei Spaltung einer Esterbindung wird die Energie der verbleibenden Esterbindung auf den Betrag des Monoesters erhöht. Aus diesen Betrachtungen lassen sich Hinweise auf mögliche Steuerungsmechanismen bei der Acylübertragung ableiten. Dieses Prinzip könnte bei allen Substanzen mit mehrfachen Ladungsschwerpunkten wirksam werden, z. B. beim CoA und beim Carnitin, die im intermediären Stoffwechsel ein Wirkpaar bei der Carrierfunktion des Carnitins darstellen. Es bleibt noch zu ergründen, ob die physikalisch-chemische Aussage auch noch in weiteren Lebensprozessen Bedeutung haben kann, da alle Eiweiße eine mehr oder weniger ausgeprägte dipolare Struktur aufweisen.

Biologie: Toxicitätsbestimmungen von L(—)- und D(+)-Carnitin wurden laufend weitergeführt, um die im Schrifttum nicht übereinstimmenden LD_{50} zu festigen [11, 12]. Die LD_{50} von L(—)-Carnitin liegt bei 9,1 mg/g Maus, bei einem mittleren Gewicht der Tiere von 20 g, für D(+)-Carnitin bei 10,5 mg/g Maus. Die höhere Toxicität von L(—)-Carnitin ist wahrscheinlich dadurch bedingt, daß diese natürliche Form unmittelbar nach Injektion in die mitochondrialen Stoffwechselvorgänge eingreift, sichtbar an der hohen Acetylcarnitinausscheidung im Harn nach Zufuhr größerer Mengen. D(+)-Carnitin wird unter gleichen Bedingungen nicht acetyliert.

Weitere Studien über die Membranpermeabilität der Mitochondrien durch L(—)- und D(+)-Palmitoylcarnitinester [13] wurden abgeschlossen. Beide Verbindungen werden durch Eiweiße gebunden (Rinderserumalbumin). Von beiden Stoffen hat aber nur das natürliche L(—)-Isomere die Fähigkeit die Mitochondrien zur Schwellung zu bringen und spontan zu kontrahieren. An der Kontraktion der Membran durch die L(—)-Isomere nach vorheriger Zugabe der D(+)-Isomeren sollte die niedrigste Konzentration der L(—)-Isomeren ermittelt werden, welche eine Kontraktion = Permeabilitätsherabsetzung bewirkt. Die Ergebnisse hatten einen relativ großen Schwankungsbereich, wahrscheinlich durch die nicht einheitlichen Mitochondriensuspensionen bedingt, wodurch es nicht zu signifikanten Ergebnissen kam.

Studien über den bekannten Effekt, daß L(—)-Carnitin und sein Acetylester den O_2-Verbrauch von Mitochondrien um das 2—3fache erhöht, wurden bestätigt und erweitert. Diese Ergebnisse bekommen neues Interesse in Hinsicht auf das Verhalten der Ausscheidungsprodukte von Carnitin und seines Acetylesters und deren Umwandlungsprodukte. Die Arbeiten sind noch im Gange.

Neue Studien über den Umsatz und die Ausscheidung der beiden optisch aktiven Carnitine wurden in Angriff genommen und gaben zum Teil überraschende Ergebnisse, die vielfältige Probleme aufwerfen. Ausgehend von der Überlegung, daß Zuführen von großen Mengen häufig Abbauwege erkennbar werden lassen, die bei physiologischen Mengen nicht sichtbar sind, oder Wege offenbaren, die Abwehrreaktionen zugeordnet werden können, haben wir Mäusen und Ratten größere Substanzmengen teils subkutan injiziert teils per os im Trinkwasser zugeführt. Beide Applikationsarten unterscheiden sich als Stoßzufuhr mit hoher Anfangsdosis und als zeitlich verteiltes Angebot, das über Wochen hin zugeführt werden kann. Wir studierten die quaternären Ausscheidungsprodukte im Harn durch dünnschichtchromatographische Trennung. Die Substanzen können mit Joddampf als braune Flecken sichtbar gemacht werden. Sie wurden durch Vergleich der R_f-Werte identifiziert und anschließend quantitativ bestimmt.

Injiziert wurden folgende Substanzen: L(—)-Carnitin, D(+)-Carnitin, L(—)-Acetylcarnitin, D(+)-Acetylcarnitin, γ-Butyrobetain, Crotonsäurebetain und die optischen Isomeren der O-Acylcarnitine mit den Fettsäuren C_3, C_8 und C_{10}. L(—)-Carnitin und D(+)-Carnitin wurden langzeitig (bis zu 40 Tagen) per os zugeführt. Die Mengen wurden zwischen 0,5 und 5 mg/g Maus pro Tag varriiert. Den hier zu besprechenden Ergebnissen liegen Zufuhren von 2—3 mg/g Maus und Tag zugrunde. Bei Injektionen zeigte sich, daß L(—)-Carnitin im Harn im Gleichgewicht mit L(—)-Acetylcarnitin erscheint, bei anfänglich überhöhten L(—)-Carnitinanteil. D(+)-Carnitin wird dagegen nicht acetyliert, es erscheint aber Acetonyltrimethylammoniumsalz als Abbauprodukt im Harn. L(—)-Acetylcarnitin verhält sich wie L(—)-Carnitin, jedoch mit anfänglich überhöhter L(—)-Acetylcarnitinausscheidung. Von den längerkettigen Acylcarnitinen (C_3, C_8 und C_{10}) erscheint von der L(—)-Isomeren nur eine geringe Menge im Harn, dafür aber L(—)-Carnitin und L(—)-Acetylcarnitin im Verhältnis von etwa 1:1. Von diesen höheren D(+)-Acylcarnitinen erscheint etwas im Harn, daneben größere Anteile an D(+)-Carnitin, aber kein Acetylprodukt. Daraus ergibt sich: L(—)-Carnitin wird spezifisch rasch acetyliert. Ein solches Gleichgewicht ist anscheinend physiologisch. Es deutet auf die primäre Bildung des Acetyl-CoA hin. Hier wären die quantitativen Probleme der einzelnen Acyltransferasen von Interesse. Andere Ergebnisse lieferte die Untersuchungsreihe nach Zufuhr von Carnitinen per os. Bei Zufuhr von $2 \frac{\text{mg}}{\text{g} \cdot \text{die}}$ verändert sich die Ausscheidung derart, daß das anfänglich ausgeschiedene L(—)-Carnitin und L(—)-Acetylcarnitin im Verlaufe des Versuches vermindert ausgeschieden wird und dafür im Harn ein entsprechender Anteil γ-Butyrobetain erscheint. Das sich nach 10—12

Tagen einstellende Verhältnis von 30 mg γ-Butyrobetain zu 11 mg L(—)-Carnitin blieb bis zum 40. Tage konstant. Zufuhr von D(+)-Carnitin ergab ähnliche Verhältnisse, jedoch erschien nach einiger Zeit etwas Acetylcarnitin. Erklärt wird das Erscheinen der L(—)-Isomeren dadurch, daß das gebildete γ-Butyrobetain zum L(—)-Carnitin hydroxyliert wird, was durch eine bereits beschriebene Carnitinhydroxylase [14] geschehen könnte.

Diese Ergebnisse werfen eine erhebliche Anzahl von Problemen auf, die zum Gegenstand weiterer Untersuchungen gemacht werden sollen. Sie sind Teil einer demnächst abschlußreifen Doktorarbeit [15].

Klinik: Der Einsatz von L(—)-Carnitin in der Klinik zur Beeinflussung von bindegewebigen Erkrankungen wird ausgeweitet und intensiviert. Unseren theoretischen Überlegungen nach, sollte die Wirkung von L(—)-Carnitin in einer spezifisch eingestellten kombinierten Therapie besonders wirksam sein [16]. Diese Vorstellung wurde in den letzten Monaten mit der Chirurgischen Klinik der Karl-Marx-Universität bei Behandlungen von Dupuytrenscher Kontraktur verwirklicht. Nunmehr können auch narbige Veränderungen angreifbar und für das Carnitin gut beeinflußbar gemacht werden. Es wurden mit guten Teilerfolgen weitere Sklerodermiefälle [17] kombiniert behandelt. Gute Ergebnisse wurden bei Skleroedema adultorum Buschke erreicht [18]. Studien bei Ulcus cruris wurden begonnen. Bei einigen Leberstörungen wurden Besserungen gesehen. Die Verbindungen mit einigen Universitätskliniken der Karl-Marx-Universität wurden intensiviert (Hautklinik, Medizinische Klinik). Mit der hiesigen Chirurgischen Universitätsklinik wurde die Zusammenarbeit bei der Behandlung verschiedener Erkrankungen vereinbart und das benötigte L(—)-Carnitin bereitgestellt. Neu hinzugewonnen wurde die Hautklinik der Charité Berlin für Studien bei Sklerodermien.

Neben diesen Heilungsversuchen wurden im Selbstversuch Wirkungen von L(—)-Carnitin auf das Altersherz erprobt. Beschwerden bei Schwerstarbeit, wie sie im Versuch ohne Carnitin in Gestalt von unregelmäßigem Herzschlag, nachfolgender starker Ermüdung und schweren Muskelkater eintraten, blieben bei einem nach mehreren Wochen folgenden Versuch mit Carnitin aus. Es wird erneut versucht Kliniker für die Problematik „Carnitin und Herz“ zu interessieren und zur Mitarbeit anzuregen.

Literatur

[1] Strack, E.: Jahrbuch *1966/68* der Sächsischen Akademie der Wissenschaften zu Leipzig, Akademie-Verlag Berlin, S. 181—184.

[2] Strack, E.: desgl. *1969/70*, S. 136—140.

[3] Müller, D. M., u. E. Strack (1972): Z. physiol. Chem. *353*, 618—622.

[4] Strack, E., u. D. M. Müller (1972): DDR-Patentschrift 93347 vom 20. 10. 1972 (Anmeldetag 22. 1. 71).

[5] Strack, E., u. I. Lorenz (1960): Z. physiol. Chem. *318*, 129—137.

[6] Müller, D. M. (1972): Dissertation A, Math.-Naturwiss. Fak. Karl-Marx-Universität Leipzig, 102 S.

[7] Strack, E., u. D. M. Müller (1971): Z. physiol. Chem. *352*, 1014—1018.
[8] Müller, D. M., u. E. Strack: Vortrag, VIII. Jahrestagung der Biochemischen Gesellschaft der DDR, 19.—22. 11. 1972 Oberhof/Thür.
[9] Müller, D. M., u. E. Strack (1972): Z. physiol. Chem. *353*, 1775—1778.
[10] Solberg, H. E. (1972): Biochim. Biophys. Acta *280*, 422—433.
[11] Rotzsch, W., I. Lorenz und E. Strack (1959): Acta biol. med. germ. *3*, 28—36.
[12] Wolff, J., D. M. Müller und E. Strack (1971): Acta biol. med. germ. *26*, 1237—1242.
[13] Dargel, R., u. E. Strack (1968): Acta biol. med. germ. *21*, 430—446.
[14] Lindstedt, G. (1967): Biochemistry *6*, 1271—1282.
[15] Seim, H., u. E. Strack: Vortrag, VIII. Jahrestagung der Biochemischen Gesellschaft der DDR, 19.—22. 11. 1972 Oberhof/Thür.
[16] Strack, E., H. Nitzschner und F. Liebsch (1970): Dtsch. Ges.wesen *25*, 1233—1236.
[17] Nitzschner, H., u. F. Liebsch (1971): Derm. Mschr. *157*, 538—542.
[18] Nitzschner, H., u. F. Liebsch (1971): Zschr. inn. Med. *26*, 397—400.

Erich Strack

Kommission für J. C. Poggendorff, Biographisch-literarisches Handwörterbuch der exakten Naturwissenschaften

701 Leipzig, Goethestraße 3—5, Tel. 26090

Vorsitzender: Neef
Mitglieder: Arland, Mothes, Runge†, Strack
Prof. Dr. Hans Salié als außerakademisches Mitglied
Leiter der Redaktion: Prof. Dr. Hans Salié
701 Leipzig, Beethovenstraße 6, Tel. 34391, App. 88 und 89
Wiss. Arbeitsleiter: Dr. Lebrecht Weichsel
Wiss. Assistentinnen: Dipl.-Chem. Margot Köstler, Dipl. phil. Winnifred Schenk; Bibliothekarinnen: Dr. Hildegard Delling, Luise Lützenberg; Hauptsachbearbeiterinnen: Irene Börnert, Ingeborg Kühner, Gertrud Lindemann, Lona Meischner, Margot Mohs, Gudrun Scheibe; wiss. Sekretärin: Ella Kandtler; Mitarbeiterinnen: Dipl. phil. Lili Schneyer, Dipl. Chem. Ursel Gerhardt

J. C. Poggendorff: Biographisch-Literarisches Handwörterbuch der exakten Naturwissenschaften

herausgegeben von der Sächsischen Akademie der Wissenschaften zu Leipzig.
Leitung der Redaktion: Prof. Dr. Hans Salié

Bisher liegen vollständig vor die Bände I bis VI (1858—1940) und VII a (1956—1962) mit VII a-Supplement (1971).

Von der Bearbeitung VII b sind erschienen: Teil 1: A—B (1967) S. 1—686; Teil 2: C—E (1968) S. 687—1312; Teil 3: F—Hem (1970) S. 1313—1948; Teil 4: Hen—K:

Lieferung 1 (1971) S. 1949—2108; Lieferung 2 (1972) S. 2109—2268, Lieferung 3 (1972) S. 2269—2428, Lieferung im Satz.

Der Begründer des „Poggendorff", dieses in der Weltliteratur einzigartigen Werkes, ist der Physiker und Historiker der Naturwissenschaften Johann Christian Poggendorff (1796—1877). Er vollendete 1863 ein zweibändiges „Biographisch-Literarisches Handwörterbuch zur Geschichte der exacten Wissenschaften, enthaltend Nachweisungen über Lebensverhältnisse und Leistungen von Mathematikern, Astronomen, Physikern, Chemikern, Mineralogen, Geologen usw. aller Völker und Zeiten". Sein Werk wurde fortgesetzt und zwar so, daß biographische Angaben und Schriftenverzeichnisse, die in vorangehenden Bänden bereits aufgeführt wurden, in dem folgenden Band nicht wiederholt wurden. Bis 1940 lagen die vier Bearbeitungen III bis VI vor, die seit 1912 von der Sächsischen Akademie der Wissenschaften (damals Gesellschaft) zu Leipzig herausgegeben wurden. Ihre Redaktoren waren Berend Wilhelm Feddersen (1832—1918), Arthur von Oettingen (1836—1920), Paul Weinmeister (1856—1927) und Hans Stobbe (1860—1938). In den Bänden I bis VI findet man (VI nach dem Stande von 1931) auf 9138 Seiten in 36028 Artikeln Auskunft über 24759 Gelehrte.

Mit der Herausgabe der jetzt laufenden Bearbeitung VII (Berichtszeit ab 1932) wurden 1949 Rudolph Zaunick (1893—1967), Leitung bis 1955, und Hans Salié, Leitung ab 1956, beauftragt. Aus technischen Gründen mußte VII in drei Teilbearbeitungen VIIa, VIIa/Supplement und VIIb gegliedert werden. VIIa und VIIa/Supplement geben Biobibliographien von Gelehrten aus Deutschland, Österreich und der Schweiz. VIIb bringt solche von Gelehrten der übrigen Länder.

VIIa wurde 1961 mit vier Teilbänden beendet, die auf insgesamt 3722 Seiten 6994 Artikel enthalten. 4030 Gelehrte sind darin neu aufgenommen worden. In der Berichtszeit des vorliegenden Jahrbuchs konnte 1971 auch VIIa/Supplement abgeschlossen werden. Dieser wertvolle Band (Umfang 798 Seiten) ist für den Historiker von besonderem Interesse. R. Zaunick, der ihn plante und zwei Jahrzehnte bis zu seinem Tode daran arbeitete, wählte über 800 meist markante deutsche Vertreter der exakten Naturwissenschaften, Medizin und Technik aus älterer Zeit aus (700 sind bereits in den Bänden I bis VI vertreten) und sammelte möglichst vollständig Literatur über deren Leben und Werk. Nach seinem Tode stellte die Poggendorff-Redaktion aus den hinterlassenen Karteien ein Manuskript her, das dank des Arbeitseinsatzes der Mitarbeiter rasch gedruckt werden konnte. An einigen Stellen wurde auch nach 1966 erschienene Literatur hinzugefügt. Am Rande sei vermerkt, daß der Supplementband VIIa kein Ergänzungsband der Biobibliographien von VIIa ist.

Bei Beginn der Bearbeitung von Teil VIIb, der die Biobibliographien der Gelehrten des nichtdeutschsprachigen Auslandes enthalten soll, mußte sich die Redaktion entschließen, von einer Neuaufnahme von Gelehrten in Teil VIIb Abstand zu nehmen und nur die in Band VI vorhandenen Biobibliographien fortzuführen bzw. abzuschließen. Die Gründe sind bekannt. Die Zahl der neu in die Forschung eintretenden Gelehrten und der Umfang der wissenschaftlichen Literatur auf dem Gebiete der Mathematik und Naturwissenschaften ist in den letzten Jahrzehnten sprunghaft angewachsen. Schätzungsweise wäre gegenüber Band VI mindestens mit einer Verdreifachung der Zahl der Biobibliographien zu rechnen. Die dadurch bedingte sehr lange Bearbeitungsdauer von VIIb war nicht zu empfehlen. Trotz der Beschränkung wird VIIb acht Bände mit etwa 5000 Gelehrten umfassen. In der Berichtszeit sind drei Lieferungen des vierten Teilbandes (Hen—K) erschienen. Die 4. Lieferung ist im Druck und damit der Buchstabe K abgeschlossen. Außerdem liegen Manuskripte des Buchstaben L druckfertig vor. Die Bearbeitung VII enthält damit bisher mehr als 9000 Artikel auf über 7000 Seiten.

Es ist deutlich geworden, daß der „Poggendorff“ nach Abschluß von VII nicht in der bisherigen Form fortgesetzt werden kann. Man wird dazu übergehen müssen, eine Neugliederung nach Sachgebieten vorzunehmen. Es sollen Teilbände herausgegeben werden, die Mathematiker, Physiker, Chemiker usw. getrennt enthalten. Auch der inhaltliche Aufbau wird neu gestaltet werden müssen. Für die so geplanten Mathematiker-Bände wurde in der Berichtszeit weiteres Material zusammengetragen.

Literatur

J. C. Poggendorff: Biogr.-Lit. Handwörterb.
VIIa, 1. Teilband (A—E) (Berlin 1956) Vorwort V—X
VIIa, 4. Teilband (S—Z) (Berlin 1962) Schlußwort 161—162
VIIb, 1. Teilband (A—B) (Berlin 1967) Vorwort V—VIII
VIIa/Suppl. (Berlin 1971) 514—516 J. C. Poggendorff

H. Salié: Ein Standardwerk zur Geschichte der Naturwissenschaften. Hundert Jahre Poggendorff. In: FuF *37* (1963) 202—205.

Derselbe: Poggendorff and Poggendorff. In: Isis *57* (1966) 389—392.

Für die Poggendorff-Redaktion
Prof. Dr. Hans Salié

Für die Poggendorff-Kommission
Ernst Neef

Philologisch-historische-Klasse

Historische Kommission

701 Leipzig, Goethestraße 3—5, Tel. 22886

I. Allgemeines

Die Historische Kommission der Sächsischen Akademie der Wissenschaften hat im Sommer 1971 ihr 76. Arbeitsjahr begonnen. Das vorliegende Jahrbuch würdigt diese Tatsache an anderer Stelle.

Die bisherige Arbeitsordnung der Kommission (gültig seit dem 11. II. 1957) bedurfte nach dem Inkrafttreten des neuen Akademiestatuts vom 3. II. 1971 (GBL II Nr. 29) einer Umgestaltung. Die Geschäfte der Kommission werden vom Leiter künftig mit Hilfe der Mitarbeiter der Akademieverwaltung geführt; die Stelle des wissenschaftlichen Sekretärs entfällt.

Die „Mitteldeutschen Studien" und die „Deutsch-Slawischen Forschungen zur Namenkunde und Siedlungsgeschichte" sind im folgenden Bericht zum letzten Mal in die Unternehmungen der Historischen Kommission eingereiht; sie gehen in den Bereich der neugebildeten Sprachwissenschaftlichen Kommission über.

II. Personalstand

Leiter: Buchda
Stellv. Leiter: Lau†
Beisitzer: Dr. Hans Eberhardt
Mitglieder: Dr. Friedrich Beck, Prof. Dr. K. Bischoff, Dr. phil. habil. Karlheinz Blaschke, Dr. phil. habil. Werner Coblenz, Prof. Dr. phil. Karl Czok, Dr. Dietmar Debes, Dr. phil. habil. Ernst Eichler, Prof. Dr. Rudolf Fischer († 2. VIII. 1971), Dr. Hanns Gringmuth-Dallmer, Prof. Dr. Rudolf Große, Prof. Dr. Gerhard Heitz, Prof. Dr. Dr.-Ing. e. h. Edgar Lehmann, Prof. Dr. Dr. h. c. Walter Markov, Prof. Dr. Dr.-Ing. Hans-Joachim Mrusek, Dr. Ernst Müller († 10. III. 1972), Prof. Dr. Gotthard Neumann († 29. IV. 1972), Prof. Dr. Erich Neuß, Dr. Paul Nowotny, Dr. Horst Schlechte, Prof. Dr. Gertrud Schubart-Fikentscher, Prof. Dr. Max Steinmetz, Prof. Dr. Dr. h. c. Leo Stern, Dr. Manfred Unger, Dr. phil. habil. Hans Walther, Prof. Dr. Dr. Hermann Weidhaas.
Wiss. Sekretär: Dr. phil. habil. Hans Walther (bis 31. V. 1972)
Verwaltung: Christine Meister-Bodenburg (bis 11. I. 1971), Ruth Keitel (seit Mai 1972).

III. Unternehmungen

Mitteldeutsche Studien
Leiter: Große

Deutsch-Slawische Forschungen zur Namenkunde und Siedlungsgeschichte (in Verbindung mit dem Ministerium für das Hoch- und Fachschulwesen)
Leiter: Große und Fischer († 2. VIII. 1971)
Mitarbeiter (hauptamtlich): Dr. phil. habil. Hans Walther (zugleich als Geschäftsführer), Johannes Schultheis

Bibliographie zur Sächsischen Geschichte
Leiter: Buchda

Dresden-Bibliographie, Ergänzungen, Biographie (in Verbindung mit der Sächsischen Landesbibliothek)
Leiter: Dr. Dietmar Debes
Bearbeiter: Dr. Christian Alschner, Rosemarie Wünsche

Leipzig-Bibliographie (in Verbindung mit dem Stadtarchiv)
Leiter: Dr. Manfred Unger
Bearbeiterin: Hildegard Heilemann

Akten und Briefe zur Kirchenpolitik Herzogs Georgs von Sachsen
Leiter: Buchda und Lau†
Bearbeiterin: Dr. Elisabeth Werl

Politische Korrespondenz des Herzogs und Kurfürsten Moritz von Sachsen
Leiter: Buchda und Lau†
Bearbeiter: Dr. Johannes Herrmann, Renate Rochler, Dr. Günther Wartenberg

Historischer Atlas von Sachsen
Leiter: Lehmann
Bearbeiter: Dr. phil. habil. Karlheinz Blaschke
(mit Hilfe kartographischer Fachkräfte)

Quellen und Forschungen zur sächsischen Geschichte
Leiter: Buchda mit Dr. phil. habil. Karlheinz Blaschke und Dr. phil. habil. Hans Walther

Jahrbuch für Regionalgeschichte
Leiter: Buchda
Redaktion: Prof. Dr. phil. habil. Karl Czok (und Mitarbeiter)

Codex diplomaticus Saxoniae regiae
Hauptteil 1, Bd 3: Urkunden der Markgrafen von Meißen und Landgrafen von Thüringen 1196–1234.
Leiter: Manfred Kobuch
Bearbeitung des Registers: Dr. Elisabeth Boer und Manfred Kobuch.

IV. Fortgang der Arbeiten

An allen wissenschaftlichen Vorhaben der Historischen Kommission wurde weiter gearbeitet.

Innerhalb der Sächsischen Bibliographie steht die Bibliographie zur Geschichte der Stadt Leipzig kurz vor dem Abschluß. Nachdem vier Sonderbände vorausgegangen, ist 1971 der I. Hauptband erschienen. Dem II. Hauptband, der druckfertig ist, wird später noch ein Registerband zu den beiden Hauptbänden folgen. Die Dresden-Bibliographie machte gute Fortschritte; die Reinschrift des Manuskripts des I. Bandes konnte in Angriff genommen werden. Auf wiederholte Empfehlungen der Kommission entschloß sich das Zentralantiquariat der Deutschen Demokratischen Republik, die Bibliographie der Sächsischen Geschichte von Rudolf Bemmann und Jakob Jatzwauk, d. h. das dreibändige Grundwerk, um dessen Ergänzung sich die Kommission bemüht, in einem Nachdruck wieder allgemein zugänglich zu machen.

An dem Manuskript „Akten und Briefe zur Kirchenpolitik Herzog Georgs von Sachsen" (III. und IV. Band) leistet die Bearbeiterin letzte Ergänzungs-, Korrektur- und Registerarbeiten.

Von der „Politischen Korrespondenz des Herzogs und Kurfürsten Moritz von Sachsen“ wird der III. Band für den Druck in den Abhandlungen der Akademie (Beschluß des Plenums vom 24. V. 1971) zubereitet. Inzwischen ist auch der IV. Band weit herangereift, der die Zeit vom 25. V. 1548 bis zum 9. XI. 1551 umfassen soll. Archivbesuche in Prag, in Karl-Marx-Stadt und in Schwerin dienten der Vervollständigung des Stoffes. Der Inhalt verschiedener Akten des Staatsarchivs Dresden wurde neu aufgenommen, um mangelhafte ältere Regesten zu ersetzen.

Sorgen bereitet der Historischen Kommission der „Historische Atlas von Sachsen“, weil es in den letzten Jahren trotz aller Bemühungen nicht möglich war, für das Zeichnen und den Andruck neuer Karten hinreichende kartographische Unterstützung zu finden.

Die „Quellen und Forschungen zur sächsischen Geschichte“ (bisher 7 Bände in Rotaprintdruck) sind nicht über den Buchhandel, sondern nur von der Sächsischen Akademie oder vom Staatsarchiv Dresden als Vermittlungsstelle zu beziehen. Obwohl sie von zahlreichen Bibliotheken angefordert wurden und ihnen meist als Tauschschriften zugegangen sind, haben sie wegen der Schwerfälligkeit des Vertriebs ihren Weg in die an ihnen interessierten Kreise nicht in dem Maße gefunden, wie es die Historische Kommission für wünschenswert hält. Deswegen ist beabsichtigt, die „Quellen und Forschungen“ in der Form von Beiheften mit dem „Jahrbuch für Regionalgeschichte“ zu verbinden.

Von diesem Jahrbuch wurde 1972 der IV. Band ausgegeben.

V. Schriftenreihen, Einzelschriften, Nachdrucke

Mitteldeutsche Studien, hrsg. von Rudolf Große

Heft 30: Gotthard Lerchner: Zur II. Lautverschiebung im Rheinisch-Westmitteldeutschen. Halle (Saale) 1971. 336 S.

Deutsch-Slawische Forschungen zur Namenkunde und Siedlungsgeschichte, begründet von Theodor Frings und Rudolf Fischer, hrsg. von Rudolf Fischer und Rudolf Große bis Nr. 26, dann von: Ernst Eichler, Wolfgang Fleischer, Rudolf Große, Albrecht Neubert und Hans Walther

Nr. 26: Hans Walther: Namenkundliche Beiträge zur Siedlungsgeschichte des Saale- und Mittelelbegebietes bis zum Ende des 9. Jahrhunderts. Berlin 1971. 373 S. u. 14 Ktn.

Nr. 30: Horst Naumann: Die bäuerliche deutsche Mikrotoponymie der Meißnischen Sprachlandschaft. Berlin 1972. 311 S. u. 1 Karte.

Nr. 31: Untersuchungen zur slawischen Namengeographie I: Siegfried Körner: Die Patronymischen Ortsnamen im Altsorbischen. Berlin 1972. 193 S., 13 Ktn u. 1 Faltkarte.

Bibliographie zur Geschichte der Stadt Leipzig. Erster Hauptband. Weimar 1971. XII, 263 S.

Jahrbuch für Regionalgeschichte. IV. Band. Weimar 1972. 344 S.

Bibliographie der Sächsischen Geschichte. Bd I. Landesgeschichte. Hrsg. von Rudolf Bemmann. 2 Halbbde, Leipzig 1918, 1921; Bd II. Geschichte der Landesteile. Hrsg. von Rudolf Bemmann unter Mitwirkung von Jakob Jatzwauk. Leipzig 1923; Bd III. Ortsgeschichte. Hrsg. von Rudolf Bemmann unter Mitwirkung von Jakob Jatzwauk. 2 Teile, Leipzig 1928, 1932. — Unveränd. fotomechan. Nachdruck. Leipzig: Zentralantiquariat der Deutschen Demokratischen Republik 1970.

Mit Unterstützung der Kommission erschien im Druck:

Erich Neuß: Wüstungskunde des Saalkreises, der Stadt Halle und der Mansfelder Kreise. Zweiter Teil: Wüstungskunde der Mansfelder Kreise (Seekreis und Gebirgskreis). Weimar 1971. 1. Heft: II, XXII, S. 1—328; 2. Heft: S. 329—611 mit 75 Ktn im Text u. 13 Übersichtsktn am Ende des 2. Heftes.

Gerhard Buchda

Arbeiten zur Erschließung der Handschriftenbestände im Archiv der Franckeschen Stiftungen in Halle

402 Halle (Saale), Francheplatz 1, Tel. 8147

Leiter: Lau †

Bearbeiter: Dipl. theol. Bernd Stephan

Im Berichtszeitraum wurde die Bearbeitung der Buchstaben *O—Q* fortgesetzt. Etwa die Hälfte der zu bearbeitenden Namen konnte in der Arbeitskartei, einige auch schon in der Reinschrift auf den grünen Karten, abgeschlossen werden; für die Erstellung der Kurzbiographien der restlichen Personen fanden die üblichen Quellen, um eine Reihe zum Teil neuster genealogischer Werke der „Deutschen Bücherei" und der Universitätsbibliothek Leipzig erweitert, und die Handschriften des Francke-Archivs selbst Verwendung, mit deren Hilfe einige zum Teil schwerwiegende Unklarheiten über einige Personen beseitigt werden konnten; entsprechende Korrekturen der Namenskartei folgten, Korrekturen, die sich bisweilen auch auf andere Buchstabengruppen ausdehnten. Gleichzeitig begann eine zur Zeit noch laufende Korrespondenz mit den verschiedensten Pfarrerbuchbearbeitern, Stadtarchiven, Kirchgemeindeämtern und auf genealogischem Gebiet tätigen Privatpersonen, zu denen sich ebenfalls einige neue gesellten. Parallel zu dieser Tätigkeit lief die Arbeit am Buchstaben *R*, zu dem die wichtigsten Nachschlagewerke und einige Einzeldarstellungen durchgesehen wurden. Biographische Daten zu unter *S—Z* auftauchenden Namen fanden ebenfalls Aufnahme in die Arbeitskartei, rückläufige Korrekturen bzw. Ergänzungen ließen sich auch hier nicht immer vermeiden.

Franz Lau†

69 Jena, Hornstraße 1, Tel. 24382
Leiter: Meyer

Sprachwissenschaftliche Kommission

701 Leipzig, Goethestraße 3—5, Tel. 26090
Leiter: Große
Stellv. Leiter: Peukert
Beisitzer: Dr. phil. habil. Ernst Eichler
Mitglieder: Prof. Dr. phil. Werner Bahner, Prof. Dr. phil. Wolfgang Fleischer, Prof. Dr. phil. Hans Hiebsch, Dr. phil. habil. Gerhard Ising, Dr. phil. habil. Gotthard Lerchner, Prof. Dr. phil. Heinz Mettke, Prof. Dr. phil. Joachim Müller, Prof. Dr. phil. Albrecht Neubert, Prof. Dr. phil. Heinz Schuster, Dr. phil. habil. Hans Walther, Prof. Dr. phil. Ernst Werner
Wiss. Sekretär: Dipl. paed. Erika Weber

Althochdeutsches Wörterbuch

701 Leipzig, Beethovenstr. 6, Tel. 34391, App. 83-85
Leiter: Große
Wiss. Arbeitsleiter: Dr. Siegfried Blum, Dr. Heinrich Götz (zugleich als Geschäftsführer), Dr. Rolf Heller, Dr. Gertraud Müller, Dr. Ernst Otto, Dr. Elfriede Ulbricht, Dr. Gerhard Wolfrum
Wiss. Oberassistentin: Dr. Ingeborg Köppe
Wiss. Assistentin: Dipl. phil. Sybille Blum
Wiss.-techn. Assistent: Dipl. phil. Bernhard Langer
Mitarbeiter: Dr. Walter Krug

Brandenburg-Berlinisches Wörterbuch

108 Berlin, Zimmerstr. 94, Tel. 225116, App. 23 und 24
Bereichsleiter für das Brandenburg-Berlinische, das Mecklenburgische Wörterbuch und das Pommersche Wörterbucharchiv: Dr. Gerhard Ising
Wiss. Arbeitsleiter: Dr. Joachim Wiese
Wiss.-techn. Assistentin: Charlotte Müller

Mecklenburgisches Wörterbuch

253 Rostock—Warnemünde, Seestraße 15, Tel. Warnemünde 341, App. 344-347
Leiter der Arbeitsstelle: Dr. Jürgen Gundlach
Wiss. Arbeitsleiter: Dr. Jürgen Gundlach, Dr. Eva-Sophie Dahl
Wiss. Oberassistent: Christian Rothe
Wiss. techn. Assistentin: Dipl. phil. Erika Krackow
Sekretärin u. Sachbearbeiterin: Irma Horak
Angestellte: Gertrud Fröhlich

Pommersches Wörterbucharchiv

22 Greifswald, R.-Petershagen-Allee 1
Verwaltung des Archivs: Dr. Renate Herrmann

Wörterbuch der obersächsischen Mundarten

701 Leipzig, Goethestraße 3—5, Tel. 7197, App. 338 u. 334
Leiter der Arbeitsstelle: Dr. Gunter Bergmann
Wiss. Arbeitsleiter: Dr. Gunter Bergmann
Wiss. Oberassistentin: Dr. Dagmar Helm
Wiss. Assistenten: Dipl. phil. Ingrid Pak, Dipl. paed. Erika Weber, Dipl. phil. Lothar Wezel, Dipl. phil. Hartmut Wittkowski
Wiss. Mitarbeiterin: Dr. Isolde Neumann

Thüringisches Wörterbuch

69 Jena, Universitätshochhaus, 8. Etage, Tel. 834633
Leiter der Arbeitsstelle: Dr. Karl Spangenberg
Wiss. Arbeitsleiter: Dr. Karl Spangenberg, Dr. Heinz Rosenkranz
Sachbearbeiterin: Herta Rädlein

Mitarbeiter am Siebenbürgisch-Sächsischen Wörterbuch: Dr. Helmut Protze, wiss. Arbeitsleiter, 7126 Mölkau bei Leipzig, Dr. Wilhlem-Külz-Straße 4, Tel 67552

Sprachwissenschaftliche Kommission

Die Sächsische Akademie der Wissenschaften gründete im Herbst 1971 gemäß ihrem Statut vom 3. 2. 1971 eine Sprachwissenschaftliche Kommission. Die konstituierende Versammlung fand am 15. April 1972 statt.
Die Hauptaufgaben der Kommission sind:

1. Die Bearbeitung des Wortschatzes der althochdeutschen Periode
2. Die Erfassung, Ordnung und Untersuchung des Wortschatzes der Mundarten in der DDR
3. Untersuchungen zur soziolinguistischen Entwicklung in der sozialistischen Gesellschaftsordnung
4. Untersuchungen zur Geschichte der Personen- und Ortsnamen und der Namengebung in der DDR, unter besonderer Berücksichtigung der soziolinguistischen Zusammenhänge.

Im Rahmen der Profilierung und Koordinierung der Forschungsvorhaben übernahm die Sächsische Akademie am 1. 1. 1972 von der Akademie der Wissenschaften der DDR das Brandenburg-Berlinische und das Mecklenburgische Wörterbuchunternehmen, und gemeinsam mit der Friedrich-Schiller-Universität Jena das Thüringische Wörterbuch und das Pommersche Wörterbucharchiv. Nunmehr sind alle Mundartwörterbuchunternehmen der DDR in der Sprachwissenschaftlichen Kommission der Sächsischen Akademie vereinigt.

Althochdeutsches Wörterbuch

Die Arbeit am Althochdeutschen Wörterbuch wurde gleichzeitig am zweiten Band mit den Buchstaben C/D und am dritten Band mit den Buchstaben E/F weitergeführt. Erschienen ist im Berichtszeitraum die erste Lieferung des dritten Bandes (*ebah*, *edo*, *odo*). Im Druck befinden sich die zweite und die dritte Lieferung dieses Bandes. Am Manuskript für die zweite Lieferung des zweiten Bandes und die vierte und fünfte Lieferung des dritten Bandes wird gearbeitet. Im Bereich der Appellativa konnte mit der Ausarbeitung von Artikeln im Buchstaben F begonnen werden.

Aus der Arbeit am Material gingen zwei Studien hervor, die Probleme der Valenz bei althochdeutschen Verben behandeln bzw. sich zur Interpretation und Darstellung althochdeutscher Glossen äußern. Beide Arbeiten liegen druckfertig vor. Wiederum konnten Materialauskünfte an Fragesteller des In- und Auslandes erteilt werden. Besucher aus der BRD, der VR Jugoslawien, der VR Rumänien und den USA suchten die Arbeitsstelle auf, um sich mit dem Aufbau unseres Werkes und mit unserer Arbeitsmethode vertraut zu machen sowie Erfahrungen über die Arbeit an historischem Wortschatz und an einem historischen Wörterbuch auszutauschen.

Brandenburg-Berlinisches Wörterbuch

Die Schlußredaktion des Sammelbandes „Aktuelle Probleme der sprachlichen Kommunikation. Soziolinguistische Studien zur sprachlichen Situation in der DDR" wurde vorgenommen. Das Manuskript für den Sammelband (620 Seiten) wurde abgeschlossen und dem Akademie-Verlag zugeleitet. Der Band wird 1973/74 in der Publikationsreihe ‚Sprache und Gesellschaft' erscheinen.

Die Bearbeitung des Brandenburg-Berlinischen Wörterbuchs wurde planmäßig fortgesetzt. Fertiggestellt wurde die 7. Lieferung (mit 5 Sprachkarten). Sie wurde dem Akademie-Verlag zugeleitet und wird 1973 erscheinen. Der Archivbestand des Wörterbuchs wurde durch Erschließung einiger neuer Quellen weiter ergänzt.

Mecklenburgisches Wörterbuch

1971 erschienen die 49. und 50. Lieferung, 1972 die 51. Lieferung. Die 52. Lieferung (VI, 5: Sodmäuhm bis Spir) war im Druck. Die Arbeit am Manuskript wurde planmäßig fortgeführt und die 53. Lieferung eingereicht. Aus dem Nachlaß Richard Wossidlos wurde weiteres Wortmaterial für das Archiv übernommen, sachkundliche Erhebungen und Exzerptionsarbeiten wurden fortgeführt.

Pommersches Wörterbucharchiv

Das Archiv ist durch exzerpiertes Material aus historischer Literatur und durch neues mundartliches Wortgut ergänzt worden. Auf zahlreiche Anfragen aus dem In- und Ausland wurden Auskünfte erteilt.

Wörterbuch der obersächsischen Mundarten

Bei der wissenschaftlichen Aufbereitung und Systematisierung des vorhandenen Materials wurden in der Berichtszeit wesentliche Fortschritte erzielt. Die Verzettelung der Karten des Deutschen Wortatlasses und die Auswertung der Tonbandaufnahmen wurden abgeschlossen. Damit wurde das durch eigene Erhebungen erfaßte Material nach zwei Richtungen hin wesentlich bereichert: Der Wortatlas fördert alte Wortschichten zutage und bietet eine hohe Belegdichte, die Tonbandaufnahmen führen neuere sprachliche Entwicklungen vor Augen. Das Material wird aber weiterhin durch das Auszetteln der erscheinenden wissenschaftlichen und belletristischen Mundartliteratur und durch die Befragung von etwa 35 Gewährsleuten in Form von Wortlisten, von denen im Jahr fünf verschickt werden, laufend ergänzt. — Das Ziel von 30000 Stichwortansetzungen im Jahr wurde erfüllt. Die Auswertung der 19 Fragebogen, die in den Jahren 1955—66 vom Wörterbuch ausgesandt wurden und in durchschnittlich je 1000 ausgefüllten Exemplaren vorliegen, geht ebenfalls planmäßig voran. Die Bearbeitung von zehn Bogen ist abgeschlossen, fünf Bogen sind in Arbeit, und lediglich bei vier Bogen steht die Bearbeitung noch aus.

Thüringisches Wörterbuch

1971/72 erschienen die 7. u. 8. Lieferung des Thüringischen Wörterbuchs, die 9. Lieferung wurde fertiggestellt und eine Diskussionsfassung der 10. Lieferung erarbeitet.

Ca. 50000 Wörterbuchzettel und 522 Kartenskizzen entstanden bei der Auswertung von Tonbandaufnahmen aus 200 Ortschaften und durch weitere Exzerptionen von Fragebogen und Mundartschrifttum. Die Materialaufbereitung zur Arbeit „Sprachschichtung in Thüringen unter Berücksichtigung ihrer kommunikativen Geltung und gesellschaftlichen Bedingtheit“ wurde abgeschlossen.

Für das Siebenbürgisch-Sächsische Wörterbuch wurden die Korrekturen *H—J* gelesen und mit den Wissenschaftlern aus der SR Rumänien besprochen.

Rudolf Große

Veröffentlichungen

Althochdeutsches Wörterbuch

Auf Grund der von Elias von Steinmeyer hinterlassenen Sammlungen im Auftrag der Sächsischen Akademie der Wissenschaften zu Leipzig

Bd III E u. F Erste Lieferung

Begründet von Elisabeth Karg-Gasterstädt u. Theodor Frings, herausgegeben von Rudolf Grosse,

bearbeitet von Siegfried Blum, Sybille Blum, Heinrich Götz, Rolf Heller, Ingeborg Köppe, Gertraud Müller, Elfriede Ulbricht, Gerhard Wolfrum

Akademie-Verlag Berlin 1971

Brandenburg-Berlinisches Wörterbuch

Begründet und angelegt von Anneliese Bretschneider, unter Einschluß der Sammlungen von Hermann Teuchert; bearbeitet unter der Leitung von Gerhard Ising

I. Band, 6. Lieferung (Bettstupel bis Bratfisch)
bearbeitet von Heinz Gebhardt u. Joachim Wiese. Akademie-Verlag Berlin, in Arbeitsgemeinschaft mit Karl Wachholtz Verlag, Neumünster 1972

Wossidlo-Teuchert: Mecklenburgisches Wörterbuch.

Im Auftrage der Deutschen Akademie der Wissenschaften zu Berlin aus den Sammlungen Richard Wossidlos und aus eigenen Ergänzungen bearbeitet und herausgegeben von Hermann Teuchert.
Neunundvierzigste Lieferung (VI, 2), Schopenstäl bis Seil¹.
Unter Mitarbeit von Jürgen Gundlach, Eva-Sophie Dahl und Christian Rothe. Akademie-Verlag Berlin, in Arbeitsgemeinschaft mit Karl Wachholtz Verlag, Neumünster 1971

Wossidlo-Teuchert: Mecklenburgisches Wörterbuch.
Im Auftrage der Deutschen Akademie der Wissenschaften zu Berlin aus den Sammlungen Richard Wossidlos und aus eigenen Ergänzungen bearbeitet und herausgegeben von Hermann Teuchert.
Fünfzigste Lieferung (VI, 3), Seil² bis Slüs'.
Unter Mitarbeit von Jürgen Gundlach, Eva-Sophie Dahl und Christian Rothe. Akademie-Verlag Berlin, in Arbeitsgemeinschaft mit Karl Wachholtz Verlag, Neumünster 1971

Wossidlo-Teuchert: Mecklenburgisches Wörterbuch.
Herausgegeben von der Sächsischen Akademie der Wissenschaften zu Leipzig aus den Sammlungen Richard Wossidlos und aus den Ergänzungen und nach der Anlage Hermann Teucherts. Einundfünfzigste Lieferung (VI, 4), Slusch bis Sodmannsch. Bearbeitet unter der Leitung von Jürgen Gundlach unter Mitarbeit von Eva-Sophie Dahl, Christian Rothe und Erika Krackow. Akademie-Verlag Berlin, in Arbeitsgemeinschaft mit Karl-Wachholtz Verlag, Neumünster 1972.

Wörterbuch der obersächsischen Mundarten

G. Bergmann: (Aufsatz) Zur Theorie der Wortbildungsregeln. (Der Typ ,Heulsuse'), in: Deutsch als Fremdsprache 1971, 2 (8. Jg.).
(Rezension) P. Wiesinger, Phonetisch-phonologische Untersuchungen zur Vokalentwicklung in den deutschen Dialekten, 2 Bände, Berlin 1970; in: Orbis, Tome XX, Nr. 2, 1971, S. 315ff.
(Rezension) I. Eichler, Sächsische Märchen und Geschichten, Berlin 1971; in: Sprachpflege 1972, Heft 4, S. 96.
I. Neumann: (Aufsatz) Zum Stichwortansatz bei Familiennamenbüchern, in: Namenkundliche Informationen Heft 20, 1972, S. 39—44.

Thüringisches Wörterbuch

Auf Grund der von V. Michels begonnenen und H. Hucke fortgeführten Sammlungen, bearbeitet unter der Leitung von Karl Spangenberg an der Sektion Sprach-

wissenschaft der Friedrich-Schiller-Universität Jena, IV. Band, 8. Lieferung (Nesthöckel-Oxycrocenspflaster); bearbeitet von Herbert Schrickel, Karl Spangenberg, Rolf Schäftlein. Akademie-Verlag Berlin 1972.
K. Spangenberg: (Rezension) Zur Soziologie der Sprache, hrsg. v. R. Kjolseth u. F. Sack. In: DLZ *93* (1972) H. 12.

ZUSCHÜSSE

werden geleistet für die Veröffentlichung des

Thesaurus Linguae Latinae

Für die Unternehmungen innerhalb der Union Académique Internationale ist je ein Mitarbeiter eingesetzt:

für das Corpus Vasorum Antiquorum: Dr. phil. habil. Eberhard Paul
für das Mittellateinische Wörterbuch: Dr. phil. Anneliese Grau

Das Corpus Vasorum Antiquorum Leipzig

Nach längerer Unterbrechung der Drucklegung des zweiten Bandes wurden die Arbeiten erneut aufgenommen und im wesentlichen zum Abschluß gebracht; die Auslieferung wird im 2. Quartal 1973 erfolgen.

Das zweite Faszikel, das sämtliche Objekte der schwarzfigurigen Gattungen im Antikenmuseum der Karl-Marx-Universität enthält, wird in der begonnenen DDR-Zählung die Bandzahl 2 tragen; dementsprechend war die Deutschland-Tafelnummerierung aufzugeben und durch eine selbständige zu ersetzen. Der vollständige bibliographische Nachweis lautet: Union Académique Internationale Corpus Vasorum Antiquorum Deutsche Demokratische Republik Band 2, Leipzig Antikenmuseum der Karl-Marx-Universität Band 2, Akademie-Verlag Berlin, Bearbeiter Eberhard Paul.

Für den dritten Band wurde die Bearbeitung der attisch rotfigurigen Keramik des Antikenmuseums im Berichtszeitraum kontinuierlich fortgesetzt. Der konservatorischen Behandlung der Gefäße und Fragmente wurden methodisch die gleichen Kriterien wie bisher zugrunde gelegt. Vorrangige Aufgabe blieb nach wie vor, unzulänglich restaurierte Vasen einmal durch Entfernung von falschen und irreführenden Ergänzungen, zum anderen durch Wiederherstellung der ursprünglichen Form publikationsfähig zu machen. Bei der wissenschaftlichen Erschließung des Materials konnte ebenso wie schon hinsichtlich der schwarzfigurigen Gattungen ermittelt werden, daß während der Erwerbungen rotfiguriger Keramik im 19. Jh. zahlreiche zusammengehörende Einzelscherben und Scherbenkomplexe voneinander getrennt worden sind. Ihre Identifizierung und richtige Zuordnung ermöglicht in vielen Fällen eine bessere Rekonstruktion der Gefäße, wie es z. B. auf einen Scherbenkomplex zweier Vasen des Syleus Malers zutrifft, der durch zehn weitere Scherben bereichert werden konnte.

In Zusammenarbeit mit ausländischen Archäologen wurden anpassende Scherben, die, von denselben Gefäßen stammend, in verschiedene Sammlungen gelangt sind, durch Fotoaustausch wenigstens abbildungsmäßig zusammengefügt.

Unter den bisher bearbeiteten besten rotfigurigen Gefäßen und Fragmenten befinden sich Werke des Andokides Malers, Kleophrades Malers, Harrow Malers, Oinokles Malers, Phiale Malers und Syriskos Malers. Dr. Eberhard Paul

Die Arbeit für das Mittellateinische Wörterbuch

In den Jahren 1971 und 1972 wurde die Auswertung der sechs Zeitschriften fortgesetzt, die der Leipziger Mitarbeiterin seit langem als Aufgabengebiet zugewiesen sind. Am ertragsreichsten erwiesen sich hierbei die Jahrgänge *86* bis *88* (1969—71) der Germanistischen Abteilung der Zeitschrift für Rechtsgeschichte mit fast 290 Exzerpten und das Deutsche Archiv, das aus den Jahrgängen *25*, *2* bis *27* (1969—71) sowie einem in der Gesamtreihe noch fehlenden älteren Jahrgang, *6* (1943), über 270 Exzerpte erbrachte. Ihnen folgte zahlenmäßig das Archiv für Diplomatik mit 125 Exzerpten aus den Jahrgängen *15* (1969) und *16* (1970). Weniger ergiebig war die Lektüre des *77.* (1969) Bandes der Mitteilungen des Instituts für österreichische Geschichtsforschung, 22 Exzerpte, der Bände *86* (1969) und *87* (1970) der Kanonistischen Abteilung der Zeitschrift für Rechtsgeschichte, zusammen 41 Exzerpte, und der Jahrgänge *50* (1968) und *51* (1969) des Archivs für Kulturgeschichte, zusammen 35 Exzerpte. Neu hinzugenommen wurde die Zeitschrift für Geschichtswissenschaft, von der die Jahrgänge *15* bis *18* (1967—1970) durchgesehen wurden, die aber — dem wesentlich auf die neuere und neueste Zeit ausgerichteten Aufgabenbereich dieser Zeitschrift entsprechend — im ganzen nur 16 Exzerpte lieferten.

Insgesamt wurden aus den genannten 17 Zeitschriftenbänden 123 Aufsätze und größere Besprechungen gelesen, von denen 83 exzerpiert werden konnten; die Gesamtzahl der gewonnenen Exzerpte betrug rund 800, zu denen außerdem fast 40 Quellenverweise kommen.

Neben die Durcharbeitung der Zeitschriften trat im Berichtszeitraum noch die Lektüre und Exzerpierung einiger selbständig erschienenen, zum Teil sehr umfangreichen Veröffentlichungen. Von ihnen sei die Festschrift für G. *Eis* „Fachliteratur des Mittelalters" (Stuttgart 1968) genannt, von deren 37 gelesenen Beiträgen allerdings nur sechs exzerpiert werden konnten und 46 Exzerpte erbrachten. Der II. Teil des Werkes von J. *Fleckenstein* über die Hofkapelle der deutschen Könige „Die Hofkapelle im Rahmen der ottonisch-salischen Reichskirche" (Stuttgart 1966) ergab dagegen rund 70 Exzerpte, die Abhandlung von L. Söll über „Die Bezeichnungen für den Wald in den romanischen Sprachen" (München 1967) fast 80. Besonders viel Material, 142 außergewöhnlich ausführliche Exzerpte, konnte dem Werk von E. *Müller-Mertens* „Regnum Teutonicum" (Berlin 1970) entnommen werden, das durch die zusätzliche Verzettelung der Belegstellennachweise noch besser zu erschließen versucht wurde.

Aus allen Monographien zusammen kamen weitere 425 Exzerpte zu denen aus den Zeitschriften hinzu. Dr. Anneliese Grau

VERTRETER DER AKADEMIE

Internationale Thesaurus-Kommission
Wolfgang Schadewaldt

Verwaltungsausschuß des Deutschen Museums
Franz Runge †

Redaktionsausschuß der Deutschen Literaturzeitung
Gerhard Buchda
Ernst Neef

Kommission für die Herausgabe einer Enzyklopädie der mathematischen Wissenschaften
Ernst Hölder

Unternehmungen der deutschen Akademien der Wissenschaften innerhalb der Union Académique Internationale

Corpus Vasorum Antiquorum
Werner Peek

Mittellateinisches Wörterbuch
Wolfgang Schadewaldt

SITZUNGSKALENDER FÜR DIE JAHRE 1971 UND 1972

Die Vorträge werden nacheinander gehalten und vom Plenum entgegengenommen. Im Anschluß an die Vorträge finden getrennte Geschäftssitzungen der Klassen statt, an diese schließen Gesamtsitzungen an.

1971

		Mathematisch-naturwissenschaftliche Klasse	Philologisch-historische Klasse
Montag,	18. Januar	Hanson	Meyer
Montag,	22. Februar	Gersch	Müller
Montag,	29. März	Eßbach	Bahner
Sonnabend,	17. April	Öffentliche Gesamtsitzung zur Erinnerung an den Geburtstag von Leibniz	Neumann
Montag,	24. Mai	Matzen	Blumenthal
Montag,	28. Juni	Görlich	—
Montag,	11. Oktober	Strack	Große
Sonnabend,	13. November	Symposium anläßlich des 125. Gründungstages der Sächsischen Akademie der Wissenschaften zu Leipzig	
Montag	13. Dezember	Lueken	Jahn

1972

Montag,	17. Januar	Keller	Werner
Montag,	14. Februar	Brednow	Bahner
Montag,	6. März	Runge	Markov
Sonnabend,	15. April	Öffentliche Gesamtsitzung zur Erinnerung an den Geburtstag von Leibniz	Peukert
Montag,	29. Mai	Berg	Müller
Montag,	19. Juni	Uhlmann	Brüning
Montag,	9. Oktober	Rammler u. Lange, Erlangen	—
Sonnabend,	18. November	Öffentliche Gesamtsitzung zur Erinnerung an den den Todestag von Leibniz	Lösche
Montag,	18. Dezember	Freimuth	Schubart-Fikentscher

ANSPRACHE DES PRÄSIDENTEN, HERRN SCHWABE

bei der öffentlichen Gesamtsitzung am 17. April 1971

Seit der öffentlichen Herbstsitzung der Sächsischen Akademie im November 1970 sind einige Änderungen in ihrer Organisation vollzogen worden, über die ich mir erlauben möchte, an dieser Stelle zu informieren.

Die Sächsische Akademie der Wissenschaften zu Leipzig hat nach ausgiebigen Beratungen und Diskussionen zu Beginn dieses Jahres ein neues Statut erhalten, das im Gesetzblatt Nr. 29 vom 10. März 1971 veröffentlicht ist. Durch dieses Statut werden die Rechte und Aufgaben der Sächsischen Akademie als gelehrte Gesellschaft in unserem sozialistischen Staat festgelegt. Sie wird wie bisher eine philologisch-historische Klasse und eine mathematisch-naturwissenschaftliche Klasse haben. Damit ist gewährleistet, daß bewährten Traditionen entsprechend die interdisziplinäre Zusammenarbeit als Hauptanliegen der Akademie weiter betrieben werden kann. Durch das vom Ministerrat bestätigte Statut ist die Bedeutung einer gelehrten Gesellschaft, unserer Akademie, für progressive, wissenschaftliche Arbeit unter den Bedingungen der wissenschaftlich-technischen Revolution in unserer sozialistischen Gesellschaft anerkannt.

Durch Neuwahlen nach Inkrafttreten des Statuts sind als Leiter der philologisch-historischen Klasse Herr Grosse, als Leiter der mathematisch-naturwissenschaftlichen Klasse Herr Neef bestimmt worden. Die bisherigen Sekretare, Herr Jahn und Herr Emmrich, haben sich freundlicherweise bereiterklärt, ihre Stellvertretung zu übernehmen, wodurch die Kontinuität unserer Arbeit gesichert erscheint. Ich möchte Herrn Jahn und Herrn Emmrich auch von dieser Stelle aus dafür und für ihre langjährige, sehr aktive und verantwortungsbewußte Tätigkeit als Sekretare sehr herzlich danken. Die Sächsische Akademie hat nach dem neuen Statut einen Präsidenten und einen Vizepräsidenten. Als Vizepräsident ist auf Vorschlag der Akademie Herr Lehmann berufen worden. Ich möchte Herrn Neef, der nunmehr die mathematisch-naturwissenschaftliche Klasse leiten wird, für die aufopferungsvolle Tätigkeit als Vizepräsident, durch die er den Präsidenten weitgehend entlastet hat, bestens danken. Ich bin sicher, daß mit Herrn Lehmann eine ebensolche vertrauensvolle Arbeitsteilung stattfinden wird. Das Präsidium wird vier Jahre amtieren.

Die Sächsische Akademie hat in ihren öffentlichen Sitzungen und bei vielen anderen Gelegenheiten auf die Forschung über die Wirkung der Technik und Industrialisierung auf den Menschen und seine Umwelt als eine vordringliche Aufgabe hingewiesen. Sie ist wegen ihres ausgesprochen interdisziplinären Charakters — mit Problemen in allen Bereichen der Natur- und Gesellschaftswissenschaften — ein besonderes Anliegen wissenschaftlicher Akademien. Die Sächsische Akademie hat auch mit den ihr gegebenen Möglichkeiten Arbeiten auf diesem Gebiet, z. B. zu Fragen der Ökologie, der Ermittlung und Bestimmung von Schadstoffen in der Atmosphäre und den Gewässern durchgeführt. Darauf wird der Herr Vizepräsident in dem Tätigkeitsbericht der Akademie kurz eingehen. Wir haben aber darauf hingewiesen, daß die Größe dieser Aufgaben, deren Bedeutung und Dringlichkeit für die DDR durch das Gesetz zur sozialistischen Landeskultur besonders hervorgehoben wird, eine enge Kooperation vieler Forschungseinrichtungen der DDR und auch eine internationale Zusammenarbeit erfordert, wenn rasch Erfolge für die Sicherung optimaler Umweltbedingungen erzielt werden sollen.

Im neuen Statut der Sächsischen Akademie ist die enge Zusammenarbeit zwischen der Akademie der Wissenschaften der DDR und der Sächsischen Akademie der Wissenschaften zu Leipzig betont.

Am 8. April ist nun durch den Präsidenten der Akademie der Wissenschaften der DDR, Herrn Klare, eine problemgebundene Klasse „Mensch und Umwelt" gegründet worden, die von unserem Vizepräsidenten und ordentlichem Mitglied der Akademie der Wissenschaften der DDR, Herrn Lehmann, geleitet wird, und der Mitglieder aller Akademien der Deutschen Demokratischen Republik sowie Gelehrte aus anderen Wissenschaftsorganisationen angehören. Die Forschungsinstitute der Akademie der Wissenschaften der DDR werden in die Aufgabenstellung einbezogen werden. Damit sind Voraussetzungen für eine rasche und umfassende Bearbeitung der für unser und unserer Nachkommen Leben entscheidenden Fragen geschaffen.

Die Notwendigkeit, bei allen neuen Projekten der Technik, bei Industrieanlagen, beim Städtebau usw. die Schaffung optimaler Umweltbedingungen, die Verhütung von Schadstoffemissionen usw. von vornherein zu berücksichtigen, hat auf dem soeben zu Ende gegangenen 24. Parteitag der Generalsekretär der KPdSU Leonid Breshnew als vordringlich hervorgehoben. Diese perspektivischen und prognostischen Aufgaben, die wenigstens die Vergrößerung der Umweltschäden verhüten sollen, müssen durch spezifisch zusammengesetzte Expertenkommissionen bearbeitet werden. Die DDR ist ein rohstoffarmes Land mit einem schon jetzt voll ausgeschöpften Arbeitskräftepotential; Material- und Arbeitsökonomie sind daher für uns von allergrößter Bedeutung. Der Aufwand für den Umweltschutz dient auch der Erhaltung unserer Roh- und Werkstoffe und der menschlichen Arbeitskraft. Durch die Zusammenarbeit von Naturwissenschaftlern, Technikern und Ökonomen in wissenschaftlichen Einrichtungen und der Industrie kann der Umweltschutz zur Verbesserung unserer Rohstoff- und Arbeitskräftesituation beitragen. Für eine solche Zusammenarbeit gerade auf diesem Gebiet bietet unsere sozialistische Gesellschaftsordnung die besten Voraussetzungen. Nicht zuletzt haben wir aber die Pflicht, zu gewährleisten, daß, um mit Leonid Breshnew zu reden, „unsere und spätere Generationen in den Genuß aller Segnungen kommen, die die herrliche Natur unserer Heimat uns schenkt".

Die Sächsische Akademie wird im Rahmen der jetzt geschaffenen großen Gemeinschaft alles tun, ihre Kapazitäten in diesem Sinne voll zur Wirkung zu bringen.

Die Sächsische Akademie begeht 1971 die 125. Wiederkehr ihrer Gründung als Gelehrte Gesellschaft. Auch im Gedenken an viele progressive Mitglieder, die in diesen 125 Jahren für wissenschaftliche Wahrheit und gesellschaftlichen Fortschritt gearbeitet, gekämpft und gelitten haben, wird die Sächsische Akademie in diesem Jubiläumsjahr ihre Anstrengungen verstärken, um ihre wissenschaftliche Arbeit für unsere sozialistische Gesellschaft möglichst nutzbringend einzusetzen. Sie wird ihre öffentliche Herbstsitzung als Festveranstaltung mit Vorträgen prominenter, auch auswärtiger Mitglieder durchführen und einen historischen Rückblick geben.

Der Vortrag der heutigen öffentlichen Sitzung von unserem ordentlichen Mitglied, Herrn Neumann, ist einem Thema aus der Menschheitsgeschichte gewidmet. Wenn man die Entwicklung der menschlichen Gesellschaft in der Zukunft voraussagen will, und das ist für die Planung in Wissenschaft und Technik wichtig, so ist die Kenntnis der Menschheitsentwicklung von ihren Anfängen an sicher wertvoll und aufschlußreich. Daher glaube ich, daß die Beschäftigung mit der Geschichte, auch der Frühgeschichte für eine gelehrte Gesellschaft und ihre prognostische Arbeit von Bedeutung ist, so denke ich, wird auch Herrn Neumanns Vortrag Ihnen Anregungen für die eigene Problematik bieten.

Ich darf zum Schluß noch einmal auf das große Thema „Mensch und Umwelt" zurückkommen. In einer Diskussionsbemerkung anläßlich der Gründungssitzung der problemgebundenen Klasse zu diesem Thema wurde darauf hingewiesen, daß der Mensch selbst ja auch zur Umwelt des Menschen gehört und daß die Mensch-Mensch-Beziehungen, also das, was man manchmal unter „Betriebsklima" versteht, auch häufig Anlaß zu gesundheitlichen Schäden sind. Sicher ist das Zusammenleben und -arbeiten der Menschen in kleinen oder größeren Organisationsgruppen für die geistige und seelische Beanspruchung des Einzelnen oft maßgebend. Hier kann, glaube ich, wissenschaftliche Arbeit Ursachen klären. Das wesentliche Mittel, die Mensch-Mensch-Beziehungen so zu gestalten, daß der Einzelne möglichst wenig seelisch belastet, sondern zum verstärkten Einsatz seiner Kräfte in gemeinsamer Arbeit angeregt wird, scheint mir aber eine Erziehungsaufgabe zu sein, die jeder laufend an sich selbst zu leisten hat: Die Erziehung zur Achtung vor der Meinung des anderen und, entschuldigen Sie bitte, wenn ich ein so schlichtes Wort gebrauche, zur Güte von Mensch zu Mensch; sie ist, scheint mir, ein konkreter Beweis für sozialistische, humanistische Gesinnung. Das Studium der Vergangenheit lehrt uns, daß große Leistungen geistiger und künstlerischer Arbeit, die uns noch heute mit höchster Bewunderung erfüllen, ohne die geringsten technischen Hilfsmittel unserer Tage vollbracht wurden. Wir sollten fragen, unter welchen Umweltbedingungen sie möglich waren, inwieweit die Mensch-Mensch-Beziehungen dabei eine Rolle gespielt haben.

Die Sächsische Akademie hat ein neues Statut; sie wird auf seiner Grundlage in Zusammenarbeit mit der Akademie der Wissenschaften und anderen wissenschaftlichen Einrichtungen der DDR sowie des befreundeten Auslandes zu großen Leistungen gelangen, wenn in ihrer kleinen Gemeinschaft die Beziehungen ihrer Mitglieder zueinander weiterhin — auch nach der lange erstrebten Ergänzung — auf gegenseitiger Achtung, vollem Vertrauen und Verständnis für einander beruhen, und wenn in den großen Kollektiven, zu denen sie mit ihren Mitgliedern mitzuarbeiten aufgerufen ist, vorbehaltlose Bereitschaft zur vertrauensvollen Kooperation besteht.

ANSPRACHE DES PRÄSIDENTEN, HERRN SCHWABE

bei der öffentlichen Gesamtsitzung am 15. April 1972

Durch das neue Statut der Sächsischen Akademie ist ihr Charakter als Gelehrte Gesellschaft bestätigt worden. Ihre Aufgaben wird sie in enger Kooperation mit der Akademie der Wissenschaften der DDR und anderen Akademien, auch des befreundeten Auslandes, durchführen. In den Vorträgen anläßlich der 125-Jahrfeier, die in einem Festband veröffentlicht werden, ist das seit 1965 immer wieder bei allen öffentlichen Sitzungen hervorgehobene Anliegen unserer Akademie: die Umweltproblematik von verschiedenen Aspekten aus behandelt worden. Eine Gelehrte Gesellschaft ohne eigene Arbeitsmittel und Räume kann die das Schicksal der Menschheit bestimmende Bedeutung dieses Problems nur immer wieder hervorheben, Wege zur Lösung von Teilaufgaben aufzeigen, ohne sie allein lösen zu können, und Anregungen zur Bearbeitung solcher Aufgaben geben. Der Vizepräsident unserer Akademie, Herr Lehmann, ist gleichzeitig Leiter der problemgebundenen Klasse „Mensch und Umwelt" der Akademie der Wissenschaften der DDR; dadurch ist die Gewähr gegeben, daß unsere Vorschläge zur Kenntnis der großen Forschungseinrichtungen der Akademie der Wissenschaften der DDR gelangen und dort ihrer Bedeutung für die Umweltgestaltung entsprechend bearbeitet werden können. Da das Gesamtproblem aber außerordentlich komplex ist und einer allseitigen Bearbeitung bedarf, sind alle Menschen aufgerufen, an seiner Lösung mitzuwirken. Gestatten Sie mir daher auch von dieser Stelle aus einen Aspekt, der mir wichtig erscheint, zu beleuchten:

Überall in der Welt streben die Werktätigen eine Verbesserung ihrer Lebens- und Arbeitsbedingungen, eine Steigerung ihres Lebensstandardes an, dabei haben große Völker, ja ganze Kontinente im Verhältnis zu hochentwickelten Industrieländern einen außerordentlichen Nachholbedarf. Zum anderen wächst die Bevölkerungszahl unserer Erde sehr viel rascher an als in der Vergangenheit. Während in etwa 300 Jahren die Bevölkerung der Erde von 1 Milliarde Menschen auf 2 Milliarden zunahm (1600—1900), verdoppelt sie sich heute in 45 Jahren, nämlich von 3 Milliarden im Jahre 1950 auf 6 Milliarden im Jahre 1995.

Steigerung des Lebensstandards in aller Welt und Bevölkerungsexplosion führen nicht nur zu einer zunehmenden Belastung unserer Umwelt, sondern sie beanspruchen auch in rapide steigendem Ausmaß unsere natürlichen Ressourcen. Beide Effekte können einer positiven Entwicklung der Menschheit abträglich sein und doch sind beide miteinander verknüpft.

Wir verschmutzen die Umwelt mit Produkten, die wir aus unseren natürlichen Rohstoffreserven erzeugen. Umweltschutz bedeutet daher Schutz gegen die Produkte unserer eigenen, technischen Tätigkeit. Wir sollten daher in Zukunft diese Tätigkeit und damit die Umwelt so gestalten, daß unsere und die Belastung der belebten Natur auf ein Minimum reduziert wird. Das können wir dadurch erreichen, daß die Abfallstoffe der technischen Produktion so weit wie irgend möglich im Kreislaufprozeß der Verwendung wiederzugeführt werden. Gleichzeitig werden damit unsere Rohstoffreserven besser ausgenutzt.

Man hat ausgerechnet, daß sich die bis zum Jahre 2000 auf etwa 7 Milliarden Menschen anwachsende Bevölkerung der Erde durchaus ausreichend ernähren kann, wenn man die Produktion an mineralischem Dünger entsprechend steigert und genügend Schädlingsbekämpfungsmittel produziert, um die Verluste an Nahrungsmitteln (zur Zeit etwa 1/4 bis 1/3 der Produktion, das entspricht 90 Milliarden Mark Verlust pro Jahr) zu reduzieren und die Eiweißlücke durch Futtereiweiß aus Mineralöl schließt. Allein um die Versorgung mit Mineraldünger zu sichern, sind aber riesige Anlagen mit einer Investitionssumme von etwa 150 Milliarden Mark und einem enormen Einsatz an Eisenkonstruktion nötig. Die Erweiterung der Betriebe für die Herstellung von Schädlingsbekämpfungsmitteln und Futtereiweiß benötigt nicht nur Eisen, sondern auch andere metallische Werkstoffe, an denen schon jetzt Mangel besteht, z. B. Nickel. Die Menschen wollen aber nicht nur essen und trinken, sondern sich kleiden, wohnen, reisen und heizen. All diese Bedürfnisse zu befriedigen, bedeutet einen ungeheuer steigenden Aufwand an metallischen Werkstoffen und fossilen Brennstoffen. Der Energieverbrauch insgesamt wird bis zum Jahr 2000 auf das 8—10fache gegenüber 1970 steigen. Erze und fossile Brennstoffe stehen auf unserer Erde nur in einem konstanten, von dem Zuwachs der Bevölkerung und ihrer Bedürfnisse unabhängigen Umfang zur Verfügung. Sicher können wir neue Erzvorkommen und Erdölquellen erschließen, aber damit verändern wir nicht nur in zunehmendem Maße unsere Umwelt, sondern der Aufwand an Stahl und Energie für Erschließung und Verarbeitung wächst um so stärker an, je schwerer zugänglich diese Rohstoffquellen werden (Meeresboden, Antarktis) und je ärmer die Erze sind. Die Wiederaufarbeitung des Schrotts, der heute in der Form von Autowracks und anderem Gerümpel (von den festen Haushaltabfällen sind 10% Metalle) unsere Umwelt verunziert, ist also ein weltweites Gebot der Materialökonomie. Dabei ist zu berücksichtigen, daß heute noch immer 30—40% des produzierten Eisens durch Korrosion, d. h. als Rost unwiederbringlich verlorengehen. Die Maßnahmen des Korrosionsschutzes müssen im Großen und durch jeden Einzelnen verstärkt werden, damit der Metallgehalt unbrauchbarer Geräte wieder aufgearbeitet werden kann. Dieses eine Beispiel mag genügen, um die Verknüpfung zwischen Umweltgestaltung und Rohstofferhaltung zu demonstrieren.

Einer solchen materialerhaltenden Umweltgestaltung stehen nicht so sehr technische wie ideologische Schwierigkeiten im Wege. In der kapitalistischen Welt trachtet der Unternehmer, den Profit durch Steigerung des Umsatzes zu erhöhen und fördert durch Reklame den sogenannten „moralischen Verschleiß" und die Wegwerfideologie. „Bedürfnisse" werden geweckt, die weder der Gesundheit noch der Kultur der Menschen zuträglich sind. In einer zentral gelenkten, sozialistischen Wirtschaft können Rohstoffe und Produktionsmittel den echten Bedürfnissen unserer Menschen entsprechend eingesetzt werden. Die konsequente Friedenspolitik unserer Regierung im Verein mit der der anderen sozialistischen Länder geht von dem Streben aus, den Verlust von Menschenleben, aber auch die ungeheure, sinnlose Materialvernichtung durch moderne Kriege zu vermeiden. Jüngste Berechnungen im Massachusetts Institute of Technology in Cambridge (USA) haben ergeben, daß das gegenwärtige Weltwirtschaftssystem in 50 Jahren zusammenbricht, wenn nicht ab sofort der jährliche Verbrauch an Rohstoffen um 75%, die Investitionen der Industrie um 40%, der Landwirtschaft um 20%, die Weltgeburtenrate um 50% und die Umweltverschmutzung ebenfalls um 50% gesenkt werden. Abgesehen davon, daß solche Rechnungen immer auf unsicheren und willkürlichen Voraussetzungen basieren, ist leider nicht angegeben, welche Auswirkungen eine völlige Einstellung der Rüstungen hätte. Da der jährliche Aufwand der Welt für die Waffenproduktion auf 1000 Milliarden Mark geschätzt wird, könnten hier wohl große Mittel frei gemacht und die vorgeschlagenen, für den Lebensstandard aller Menschen schädlichen Restriktionen weitgehend vermieden werden. Einstellung der Rüstung und Verschrottung des riesigen Waffenarsenals der Welt bedürfen einer weltweiten Einsicht, die leider noch immer nicht erreicht ist.

Unsere eigene kleine Umwelt so zu gestalten, daß wir und unsere Nachbarn Freude und keinen gesundheitlichen Schaden oder Ärger haben, ist jeder Einzelne und insbesondere unsere Jugend, vor der das Jahr 2000 liegt, aufgerufen. Dazu bedarf es einer intensiven Aufklärung und Erziehung. Wir halten die Erziehung zu umweltgerechtem Verhalten schon vom Kindesalter an für eine der vordringlichsten Aufgaben im Hinblick auf den persönlichen Beitrag jedes Menschen zur Umweltgestaltung in der Zukunft, die ja heute viel rascher weittragende Veränderungen mit sich bringt. Deswegen haben wir gemäß unserem Beschluß, den wir anläßlich der 125-Jahrfeier unserer Akademie bekanntgaben: durch Preisausschreiben junge Wissenschaftler zur Bearbeitung aktueller Themen anzuregen, als ein solches Thema gewählt:

1. Wie kann das Denken in ökologischen Zusammenhängen für die Erziehung zu umweltgerechtem Verhalten verwertet werden?

Wir glauben, daß diese Aufgabe junge Pädagogen und Gesellschaftswissenschaftler sowie andere auf dem Gebiet der Ökologie tätigen Fachleute interessieren und ihre Bearbeitung viele wertvolle Anregungen für das weitere Vorgehen bei der Erziehung zur Umweltgestaltung ergeben wird. 1962 hat jedenfalls ein hervorragender Naturwissenschaftler gesagt: „Vom Standpunkt eines langjährigen Überlebens der Menschheit wird die Ökologie die wichtigste Wissenschaft sein, aber gerade sie gehört zu den Wissenschaften, die von der Öffentlichkeit am wenigsten verstanden werden!“

Viele Belastungen, denen wir in unserer heutigen Umwelt ausgesetzt sind, können in ihrer Wirkung schwer abgeschätzt werden, weil sich die Konzentration der Noxe nicht oder nur mit großem Aufwand in der Atmosphäre bestimmen läßt. Wir haben daher eine zweite Preisaufgabe formuliert:

2. Für welche gasförmigen Noxen fehlen einfache, großflächig anwendbare Überwachungsmethoden und welche Vorschläge können dafür gemacht werden?

Durch die Bearbeitung dieser Aufgabe, die in erster Linie für den Naturwissenschaftler geeignet scheint, erwarten wir eine kritische Übersicht über die Methoden zu erhalten, die zur Überwachung bisher bekannter Schadstoffe zur Verfügung stehen und Hinweise auf neue, vielleicht noch weiter zu entwickelnde, einfache Verfahren.

Die Arbeiten sollen einen wichtigen, originalen Beitrag zur Lösung der aufgeworfenen Fragen liefern und innerhalb eines Jahres nach der Bekanntgabe abgeschlossen und eingereicht werden. Die Beurteilung der Arbeiten erfolgt durch eine vom Präsidium geleitete Kommission. Die Bekanntgabe des Preisträgers soll in der öffentlichen Herbstsitzung des Jahres 1973 erfolgen. Auch wenn die Aufgabenstellung im beruflichen Tätigkeitsbereich des Bearbeiters liegt, kann die Arbeit prämiiert werden. Es ist vorgesehen, die ausgezeichneten Arbeiten in den Schriften der Sächsischen Akademie zu veröffentlichen. Nähere Bedingungen sind im Sekretariat der Sächsischen Akademie zu erfragen.

Wir hoffen, durch diese Preisausschreiben das Interesse der Wissenschaftler auf Probleme zu lenken, die nicht im Katalog der Schwerpunktsaufgaben unserer Volkswirtschaft enthalten zu sein brauchen, aber für unsere Zukunft große Bedeutung erlangen können und andererseits hoffen wir, junge befähigte Wissenschaftler entdecken und fördern zu können.

Wir sind uns dabei bewußt, daß die Schwierigkeiten der zukünftigen Umweltgestaltung durch technische Maßnahmen nur überwunden werden können, wenn das egozentrische Profitdenken der kapitalistischen Gesellschaft, das in hohem Maße die heutige Situation herbeigeführt hat, durch einen tätigen Gemeinsinn abgelöst wird.

Resignation und Verzweiflung sind in vielen westlichen Ländern durch eine wieder aus Gewinnsucht provozierte Umwelthysterie entstanden und werden oft mit Rauschgift betäubt. Schwierigkeiten, die durch die Tätigkeit der Menschen aufgetürmt worden sind, können aber auch und müssen durch ihre gemeinsamen Anstrengungen abgebaut werden. Die Sächsische Akademie sieht es als ihre Pflicht an, mit den ihr gegebenen Mitteln die dafür nötigen Aktivitäten zu stimulieren. Der Appell unserer sozialistischen Staatengemeinschaft, durch einen friedlichen Wettstreit die Güter unserer Erde für das Wohl der Menschen einer optimalen Nutzung zuzuführen, ist so rasch und so konsequent wie möglich in die Tat umzusetzen.

Die Probleme der menschlichen Umwelt zu lösen und damit die Zukunft der Menschheit zu sichern, ist eine Aufgabe, die jeden von uns, vor allem unsere Jugend, fordert. Lassen Sie mich eine weise Mahnung, die uns Alten gilt:

„Erlebe jede Stunde, denn es ist viel später als Du denkst",

für die Menschen unserer heutigen Welt abwandeln und ihnen zurufen:

„Nutzet jede Stunde, denn es ist später als Ihr denkt".

Dabei werden sie die Wahrheit des Goethe-Wortes erkennen: Die Tätigkeit ist, was den Menschen glücklich macht.

ANSPRACHE DES PRÄSIDENTEN, HERRN SCHWABE

bei der öffentlichen Gesamtsitzung am 18. November 1972

Die weltweiten Bemühungen um politische Entspannung, die in jüngster Zeit für uns durch den Grundvertrag zwischen der Deutschen Demokratischen Republik und der Bundesrepublik Deutschland besonders unterstrichen worden sind, und dem die offizielle Anerkennung der DDR durch viele Staaten folgen wird, lassen uns hoffen, daß in Zukunft noch mehr auswärtige Mitglieder und Repräsentanten befreundeter Akademien an unseren Veranstaltungen teilnehmen werden. Durch die enge Zusammenarbeit mit der Akademie der Wissenschaften der DDR sind günstige Voraussetzungen für den Ausbau der Beziehungen zu den Akademien der sozialistischen Länder, insbesondere der UdSSR gegeben. Eine Reihe ihrer Gelehrten dürfen wir schon seit vielen Jahren zu unseren auswärtigen Mitgliedern zählen. Einige von ihnen, so der Präsident der Akademie der Wissenschaften der UdSSR, Herr Keldysch, Moskau, und der Präsident der Union Académique Internationale, Herr Kumaniecki, Warschau, haben uns zum heutigen Tage Grüße und beste Wünsche übermittelt. Internationale Zusammenarbeit und weltweiter Erfahrungsaustausch sind auf allen Gebieten der Wissenschaft heute auch zwischen Ländern verschiedener Gesellschaftsordnung dringlicher als je. Nur dann kann die Wissenschaft optimal als Produktivkraft wirksam werden. Davon hängt aber in Zukunft der Wohlstand aller Menschen unserer Erde ab. Im friedlichen Wettstreit der Völker wird das bessere Gesellschaftssystem um so eher siegen, je offener es seine Überlegenheit jedem, der sachlich urteilen kann, sichtbar macht.

Die Sächsische Akademie der Wissenschaften hat in der Vergangenheit durch die Förderung der Gelehrten ihrer philologisch-historischen Klasse in hohem Maße zum internationalen wissenschaftlichen Ansehen ihrer Heimat beigetragen. Wenn ihre Mitglieder, getragen vom Vertrauen unserer Regierung und im Bewußtsein ihrer Verantwortung als Mitglieder unserer Akademie die philologische und historische Forschung als Wahrheit Suchende fortführen, so kann unsere Akademie auch in Zukunft das wissenschaftliche Ansehen der DDR stärken, ohne daß damit ein bebelastender materieller Aufwand verbunden ist. Internationale Kooperation bahnt sich nach verschiedenen Richtungen an. Die biographisch-historische Arbeit über die bedeutendsten Mitglieder unserer Akademie wird dabei eine wichtige Aufgabe sein.

Die mathematisch-naturwissenschaftliche Klasse muß ihr Potential für die Aufgaben der Umweltforschung verstärken, zumal ihr durch Ministerratsbeschluß in Gemeinschaft mit der Akademie der Wissenschaften der DDR erhöhte Verantwortung für die Umweltproblematik übertragen wurde.

Umweltforschung ist keine neue Wissenschaftsdisziplin und sollte erst recht keine neue Studienrichtung werden. Sie ist eine akademiegemäße Komplexaufgabe, die nur von Gesellschafts-, Natur- und Ingenieurwissenschaften gemeinsam und schrittweise zu lösen ist. Die Mitglieder der SAW bearbeiten in den ihnen anvertrauten Einrichtungen des Hochschulwesens Teilprobleme, wie ökologische Fragen, Analytik der Noxen, Reinigung von Abwässern, die sich in den Plan ihrer Forschung einfügen. Auf Grund der Beratung ihrer Mitglieder, vor allem derjenigen, die in der Kommission „Spezielle Umweltprobleme" zusammenarbeiten, kann die SAW aber Aufgaben, die besonders dringlich sind, zur Bearbeitung vorschlagen, wie sie es schon mit ihrem Preisausschreiben versucht hat. Die exakte Bestimmung von Verunreinigungen der Luft und der Gewässer ist eine Voraussetzung für die richtige Beurteilung ihrer Schadwirkung. Das Fehlen quantitativer Bestimmungsmethoden kann zu falschen Einschätzungen und daraus abgeleiteten sehr aufwendigen Maßnahmen führen. Darum ist unsere 1. Preisaufgabe so gestellt.

Durch einen generell und konsequent durchgeführten Stoffkreislauf, d. h. Wiederverwendung von allen Abfall- und Nebenprodukten, ist das Umweltproblem prinzipiell zu beherrschen. Dafür sind zwar im Ganzen gesehen langwierige Forschungs- und ingenieurtechnische Arbeiten sowie enorme Investitionen nötig, sie werden uns aber im Interesse der Rohstoffversorgung der rasch zunehmenden Weltbevölkerung und ihrer wachsenden Lebensansprüche nicht erspart bleiben. Viel kann aber schon erreicht werden, wenn die aus Bequemlichkeit entstandene, in kapitalistischen Ländern aus Profitinteresse intensiv geförderte, sehr infektiöse Wegwerfideologie durch den Respekt vor dem Material und der Arbeitsleistung ersetzt wird. Das bedarf einer permanenten Aufklärungs- und Erziehungsarbeit, sie kann vor allem in einer sozialistischen Gesellschaftsordnung ganz wesentlich die Umweltverschmutzung reduzieren.

Neben diesem pädagogischen und soziologischen Grundproblem, das wir in unserer 2. Preisaufgabe angesprochen haben, gibt es viele naturwissenschaftliche, technische und medizinische Aufgaben der Grundlagenforschung. Sie aufzuzeigen, in ihrer Bedeutung und Dringlichkeit abzuschätzen, wird der gemeinsamen Beratung erfahrener Vertreter der verschiedenen Disziplinen bedürfen, dazu sind wir zusammen mit der problemgebundenen Klasse der AdW der DDR aufgerufen.

Es besteht sicher kein Anlaß zur Resignation oder Panik, denn die jetzige Umweltsituation ist vom Menschen geschaffen worden, er sollte auch in der Lage sein, sie in Zukunft so zu gestalten, daß sie für alle Menschen erträglich wird. Aber ebenso sicher ist keine Zeit zu verlieren: Das notwendige Umdenken, die Forschung und die technischen Maßnahmen zum Umweltschutz müssen schneller wirksam werden als die nachteiligen Folgen der zunehmenden Industrialisierung und Weltbevölkerung. Gerade die junge Generation, auch unter unseren Mitgliedern, sollte ihre Mitarbeit an der Umweltgestaltung sehr ernst nehmen. Sie wird mit harten Problemen konfrontiert werden, die um so schwieriger zu lösen sein werden, je länger mit ihrer Inangriffnahme gezögert wird.

Die Komplexität der Umweltproblematik, die von der Soziologie und Ökonomie bis zur Chemie, Biologie und Technologie reicht, setzt aber eine vorbehaltlose Information und Kooperation voraus, dazu sind zum Teil noch recht hohe disziplinäre Barrieren abzubauen. Der Erfolg der so dringend notwendigen und unablässig geforderten wissenschaftlichen Kooperation wird weder durch organisatorische Maßnahmen noch gar durch Dekrete gesichert, sondern nur durch die aufrichtige Bereitschaft zu der offenen Information und Zusammenarbeit, die aus der Erkenntnis der eigenen Grenzen und der Achtung vor der Leistung und Erfahrung des Partners kommt. Dieser alte, aber noch immer gültige Grundsatz wird auch kein Gefühl der Subordination bei der Zusammenarbeit von Spezialisten zum Zwecke der Integration ihres Wissens aufkommen lassen.

Vorhin war von der Wegwerfideologie materieller Erzeugnisse die Rede. Wir sollten auch keiner Wegwerfideologie geistiger Güter und bewährter Erfahrungen Raum geben, sondern sie ständig anwenden. Schiller hat nach meiner Meinung ausgesprochen, was für die Befriedigung in der wissenschaftlichen Kooperation wesentlich ist:

„Der Mensch ist verehrungswürdig, der den Posten, wo er steht, ganz ausfüllt. Sei der Wirkungskreis noch so klein, er [ein solcher Mensch] ist in seiner Art groß.“

Wie ungleich mehr Gutes würde geschehen und wieviel glücklicher würden die Menschen sein, wenn sie auf diesen Standpunkt gekommen wären.

Auch alte grundlegende naturwissenschaftliche Erkenntnisse werden kaum ungültig, sondern nur ergänzt und erweitert; dafür bietet das Thema unseres heutigen Vortrages ein Beispiel.

Zum Abschluß unserer öffentlichen Herbstsitzung möchte ich einen ehrenvollen Auftrag ausführen, den ich von unseren Mitgliedern schon im Vorjahr erhalten hatte.

Anläßlich des 125. Gründungstages unserer Akademie haben wir zu Ehren ihres Gründers die Drobisch-Medaille geschaffen und bei der Festsitzung erstmalig als Ausdruck der Wertschätzung großer wissenschaftlicher Leistungen und besonderer Verdienste um die Sächsische Akademie der Wissenschaften verliehen. Sie sollte auch unserem verehrten Gast, Herrn Professor Max *Seydewitz*, überreicht werden. Leider waren Sie verhindert, der Festsitzung beizuwohnen. Ich freue mich sehr, dies heute nachholen zu können.

Sie haben, sehr verehrter Herr Professor Seydewitz, nach dem 2. Weltkrieg, als der damalige Ministerpräsident des Landes Sachsen, alles in Ihrer Macht stehende getan, um die Sächsische Akademie der Wissenschaften aus dem Zusammenbruch zu retten und wieder arbeitsfähig zu machen. Seither haben Sie unsere öffentlichen Sitzungen regelmäßig besucht, obwohl Ihnen viele wichtige Aufgaben übertragen waren.

Ihr Name wird mit dem einer der bedeutendsten Gemäldesammlungen der Welt immer verbunden bleiben, der Dresdner Galerie, deren überaus rascher Neuaufbau im wesentlichen Ihrer Initiative und Tatkraft zu verdanken ist. Als Generaldirektor der Staatlichen Kunstsammlungen haben Sie auch sonst maßgeblich dazu beigetragen, Dresden seinen hohen Rang als Kunststadt zurückzugeben.

Durch Heranziehung befähigter Fachkräfte haben Sie der Kunstwissenschaft wertvolle Dienste erwiesen, und Sie haben Ihre Erkenntnisse in eigenen Publikationen der Allgemeinheit zugänglich gemacht. Bis zum heutigen Tage arbeiten Sie in den Gremien, die für das gesamte Museumswesen der Deutschen Demokratischen Republik verantwortlich sind, tatkräftig mit und stellen Ihre reichen Erfahrungen zur Verfügung.

Für Ihre Leistungen als Schirmherr unserer Akademie in schwersten Zeiten und als Hüter kulturellen Erbes danken wir Ihnen von Herzen und überreichen Ihnen als äußeres Zeichen die Drobisch-Medaille.

BERICHT DES VIZEPRÄSIDENTEN, HERRN LEHMANN, ÜBER DEN STAND DER ARBEITEN DER AKADEMIE MATHEMATISCH-NATURWISSENSCHAFTLICH UND PHILOLOGISCH-HISTORISCHE KLASSE

Erstattet in öffentlicher Gesamtsitzung am 17. April 1971

Einen Bericht über die Arbeiten der Akademie für den Zeitraum vom 1. April 1969 bis zum 31. März 1970 zu erstatten, heißt über Forschungen zu referieren, die im wesentlichen auf der Initiative ihrer Mitglieder oder kleiner, unter ihrer Leitung wirkenden Arbeitsgruppen beruhen. Die Arbeiten sind beeinflußt und gefördert durch das Wesen der Akademie als einer gelehrten Gesellschaft, deren Charakter nicht zuletzt durch die wechselseitige Kenntnisnahme der Forschungsgedanken ihrer Mitglieder im Plenum und in den beiden bestehenden Klassen und durch die von ihnen entfaltete wissenschaftliche Kooperation bestimmt ist. Die Leistungen der Akademie fügen sich in eine Ordnung ein, die, dem öffentlichen Leben nur scheinbar entrückt, sich von innen her, durch die Bedeutung der von ihren Mitgliedern erzielten wissenschaftlichen Ergebnisse, immer erneut als wichtiger Faktor des gesellschaftlichen Fortschritts in unserem sozialistischen Staat selbst wie weit über seine Grenzen hinaus zu erweisen suchen. Die Arbeiten, über die zu berichten ist, widerspiegeln die Bemühungen einer Gemeinschaft, die durch die bewußt und nachhaltig gepflegte Kommunikation eine interdisziplinär wirkende Zündung in die immer mit hohen Risiken verbundene wissenschaftliche Forschung einzubringen bemüht ist.

Die Akademie griff wie in der Vergangenheit so auch im Berichtszeitraum Fragestellungen auf, die ihre wissenschaftliche Potenz, aber auch die gegenwärtigen Grenzen ihrer Leistungsfähigkeit sichtbar machen. Der Stand der Arbeiten, der Themenwahl und ihrer organisatorischen Bewältigung läßt erkennen, daß günstige Ansatzpunkte für eine weitere Steigerung der Wirkungskraft der Akademie in ihrer verantwortungsbewußten Auseinandersetzung mit Grundfragen der Gegenwart unter dem Aspekt natur- und gesellschaftswissenschaftlicher Problemstellungen vorhanden sind.

Der schon aus der Antike überkommene Sinn der Arbeiten einer Akademie, ihr reines allgemeines Erkenntnisziel, ist durch den Hunger der Technik, Wirtschaft und Gesellschaft nach neuen wissenschaftlichen Prinzipien und Anwendungsmöglichkeiten in den Hintergrund der Aufgaben gerückt, aber deshalb doch als ein für die Sächsische Akademie durchaus charakteristisches Prinzip schöpferischer Leistungsfähigkeit wirksam. Die zweckgerichteten, notwendigen Forderungen des Tages an die Wissenschaft als Produktivkraft, als Bildungswert, als Mittel für die Formung der Denkkraft der Menschen und für die Fortentwicklung eines pragmatischen, mit zwingender Logik auf den gesellschaftlichen Fortschritt hinführenden Humanismus sind in das seit Plato und Aristoteles bestehende Ziel, die Ordnung der Natur und Gesellschaft zu erkennen, integriert.

Wenn ich mich zunächst den Arbeiten der mathematisch-naturwissenschaftlichen Klasse zuwende, so ist damit nicht bekundet, daß dieser heute zweifellos an der Front des wissenschaftlichen Geschehens stehende Bereich nun unbedingt auch im ersten Teil dieses Berichtes stehen müsse. Aber es erscheint sinnvoll, den Bericht mit dem Hinweis auf einen Problemkreis einzuleiten, der in der Sächsischen Akademie bisher zwar fast ausschließlich von der naturwissenschaftlichen Seite aus in Angriff genommen wurde, aber nicht gelöst werden kann ohne eine letzten Endes politische Wertbestimmung, ohne eine die Natur- und Humanwissenschaften gleichermaßen einbeziehende prognostische Orientierung auf gesellschaftliche Ziele. Gemeint ist der heute hochaktualisierte Fragenkreis, der sich unter dem zum Schlagwort gewordenen Begriff „Mensch und Umwelt" von der Medizin über die Toxikologie, Biologie und Geographie bis zur Soziologie, zur Ökonomie, zum Bauschaffen und zur Baukunst spannt und insbesondere durch die Bemühungen des Sekretars der mathematisch-naturwissenschaftlichen Klasse, des Herrn *Neef*, schon seit einigen Jahren in der Akademie mit gesteigerter Energie bearbeitet wird. An erster Stelle sind hier die Beiträge des Herrn *Neef* selbst und seiner Arbeitsgruppe zu Fragen des Naturhaushaltes und des mit ihm verbundenen Gebietscharakters zu nennen wie die Forschungen des Herrn *Runge* und seiner Mitarbeiter zur Reinigung von Abwässern.

In der unter Leitung von Herrn *Neef* stehenden Arbeitsgruppe konnte eine Karte der naturräumlichen Gliederung im Maßstab 1:200000 als Basis von Untersuchungen zur Übersichtsbilanzierung des Naturhaushaltes des Westteiles des Bezirkes Dresden fertiggestellt werden. Ebenso wurden Untersuchungen zum Eutrophierungsproblem der Saidenbachtalsperre (Erzgebirge) abgeschlossen. Die Bedeutung dieser speziellen Arbeiten, die auf der vollständigen Aufnahme aller, den Nährstoffeintrag in die Talsperre beeinflussenden Faktoren (im Bereich der Gemeinde Lippersorf) beruhen, liegt darin, daß die Ergebnisse auf ihre Übertragbarkeit auf andere Teile des Erzgebirges überprüft wurden und damit zugleich Grundlagen für beliebige landschaftsökologische Analysen zur Verfügung gestellt werden konnten. Ein ähnliches Ziel, methodische, im Rahmen der Mensch/Umweltforschung anwendbare Grundlagen zu gewinnen, haben auch die Versuche, die Unterschiede bestimmter Landschaftseinheiten hinsichtlich ihres agrarischen Leistungsvermögens zu ermitteln, die die Arbeitsgruppe von Herrn *Neef* zur Funktionsüberlagerung in einem Erholungsgebiet der Sächsischen Schweiz durchführte, um Maßstäbe für die Beurteilung konkurrierender Nutzungsformen zu erarbeiten. — Beim Aufbau der Profillinie „Sozialistische Umweltgestaltung" der TU Dresden konnte die Konzeption zu großen Teilen aus den Ergebnissen der Arbeitsgruppe abgeleitet werden.

Herr *Runge* und seine Mitarbeiter haben ihre auf die Reinigung von Abwässern gerichteten Untersuchungen über das Copolymerisat aus Vinylacetat mit Vinyltrimethoxysilan, das sich für die Phenoladsorption aus Wasser sehr bewährt hat, in Zusammenarbeit mit dem VEB Otto Grotewohl Böhlen und dem VEB Leunawerke Walter Ulbricht in verschiedener Richtung modifiziert, um spezielle Effekte wie die Adsorption von Chlorphenol und Stickoxiden zu erzielen. Außerdem wendete sich Herr *Runge* mit seinen Mitarbeitern dem Problem der Adsorption von Nitrat- und

Nitritionen aus Trinkwasser zu, das besonders in Ballungsräumen von Industrie und Bevölkerung eine große Bedeutung hat.

Mittelbar, durch eine möglich erscheinende multivalente Nutzung können mit dem Forschungskomplex Mensch/Umwelt in Beziehung gesetzt werden die Untersuchungen des Herrn *Buchheim* zur Physik der Thermalwasser, die unter anderem auf das Verhalten des sogenannten „anomalen Wassers", d. h. der Veränderung der physikalischen Eigenschaften des Porenwassers (Haftwassers) und der Bildung von pseudopolymeren Strukturen (wahrscheinlich Gelen) zielen.

Im Mittelpunkt der Forschungen des Herrn *Emmrich* standen experimentelle Arbeiten in dem von ihm geleiteten Institut für Alternsforschung, die von der chemischen Zusammensetzung des menschlichen Herzens in Abhängigkeit vom Lebensalter ausgingen und sich später mit Tierversuchen verbanden, und zwar mit dem Ziel, eine künstliche Arteriosklerose zu erzeugen und anschließend die Veränderung bestimmter Gewebe und Gefäße im Vergleich zu normal ernährten Tieren festzustellen. Die Untersuchungen brachten den Nachweis, daß die Umlagerung der Mineralien in die Gefäßwand wesentlich durch das Adrenalin bewirkt wird. In einem Zusammenhang mit dem Problemkreis Mensch/Umwelt stehen schließlich auch die massenspektroskopischen Untersuchungen organischer Schwefelverbindungen des Präsidenten der Akademie, des Herrn *Schwabe* und seiner Mitarbeiter, mittels derer unter anderem eine einwandfreie Methode zur Analyse dieser zum Teil auch als Korrosionsinhibitoren wirksamen Verbindungen (Substanzen) entwickelt werden konnte.

Als eine eigene Gruppe können die biologischen und chemisch-medizinischen Arbeiten der Herren *Gersch* und *Strack* angesehen werden. Die Hormonforschung als ein Grenzgebiet von Biologie, Medizin und Chemie hat im Bereich der Akademie durch die Arbeiten des Herrn *Gersch* und seiner Mitarbeiter eine weitere erhebliche Entwicklung genommen. Das Gehirn sowie andere Teile des Zentralnervensystems von Insekten und aller wirbellosen Tiere kommen als Produktionsorte für Neurohormone in Frage. Die Untersuchungsbefunde, die in erster Linie die molekularen Wirkungsmechanismen von Insektenhormonen zum Inhalt haben, können als Teilergebnisse eines umfassenden Verständnisses der neuroendocrinen Funktionen und als Voraussetzungen eines in Erwägung gezogenen Eingriffes in das endocrine System der Insekten gewertet werden.

Herr *Strack* führte mit seinen Mitarbeitern Forschungen über die Carnitinesterwirkung weiter. Carnitin, ein im Stoffwechsel wichtiger Grundstoff, ist klinisch breit und vielfältig anwendbar. Die neuartige, mit hohem Nutzwert industriell einsetzbare Auftrennung von DL-Carnitin in seine optischen Isomere wurde vollendet. Andere Untersuchungen erstreckten sich auf die Reinstdarstellung von O-Acylcarnitinen, auf die Vorgänge beim Acylieren von Carnitin mit Acylchloriden und auf den Energieinhalt der O-Acylgruppen im Carnitin. Das Carnitin erscheint als geeignetes Mittel, in die komplexen Stoffwechselvorgänge und ihre Störungen Einblicke zu gewinnen.

Mit der stichwortartigen Kennzeichnung von Untersuchungen über „Spezielle analytische Funktionen" und „Düngung der Pflanzen" sei der Bericht über Arbeiten der mathematisch-naturwissenschaftlichen Klasse abgeschlossen. Herrn *Arland* kam es während des Berichtszeitraumes darauf an, das von ihm erarbeitete und theoretisch auf breiter Basis fundierte Anwelkverfahren zu vereinfachen, um den Kostenaufwand bei der praktischen Durchführung zu senken. In Anlehnung an die von Herrn *Arland* und seinen Mitarbeitern im Klimaraum erarbeitete Methodik gelang es in Zusammenarbeit mit der Landwirtschaftlichen Hochschule in Prag einen Vegetationsschrank zu entwickeln, der in landwirtschaftlichen Produktionsgenossenschaften vor allem während der Wintermonate eine sachgemäße Aufzucht der Pflanzen gewährleistet. Ein Vergleich der im Vegetationsschrank erzielten Befunde der Anwelkmethode mit den Ergebnissen der chemischen Bodenanalyse sowie den örtlichen Erfahrungen im Hinblick auf die Feldversuchsertragszahlen zeigte die Überlegenheit der Anwelkmethode. Die Senkung des bisher beim Anwelkverfahren je Bodenprobe üblich gewesenen Kostenaufwandes beträgt 70%.

Der Forschungsauftrag „Spezielle analytische Funktionen" konnte von Herrn W. *Maier* und seinen Mitarbeitern zum Abschluß gebracht werden und wird noch in diesem Monat in Form einer Monographie über „Funktionalgleichungen analytischer Lösungen" vorliegen.

Die traditionsschwere Scheidung des mathematisch-naturwissenschaftlichen Bereichs der Akademiearbeiten von den gesellschaftswissenschaftlichen Untersuchungen, denen ich mich nun zuwende, ist zwar keineswegs von den Methoden her, wohl aber unter dem Gesichtspunkt der Zielsetzung beider Wissenskategorien als überholt anzusehen. Die Gründe, die dennoch für eine solche trennende, scheinbar voneinander wegführende Zweigliederung sprechen, liegen tiefer. Der Weg der Wissenschaft führt im Bereich der Natur ebenso wie der Gesellschaft und Wirtschaft von der anschaulichen Sinneserfahrung zur abstrakten Begriffswelt. Die durch kausalgesetzlich geordnete Zusammenhänge oder Vergleichsuntersuchungen gekennzeichnete Untersuchungsmethodik der Gesellschaftswissenschaften zielt aber letzten Endes auf Beiträge zur Gestaltung von Lebenswerten auf Grund von Erkenntnissen über die Entwicklung unserer Kultur und ihrer perspektivischen sozialistischen Entwicklung, also auf der Basis eines wertbestimmten Willens. Die im Rahmen der Klasse bearbeiteten Kultur- und Geschichtsfragen sind auf den Menschen von heute und auf den Menschen von morgen gerichtet. Die Vergangenheit ist Ausgangspunkt, nicht Bezugssystem.

Die unter Leitung von Herrn *Buchda* stehende Historische Kommission arbeitet zur Zeit an Grundlegungen, von denen aus im historischen Gesichtsfeld ihre Aufgabenstellung schärfer präzisiert werden kann. Der Weg dürfte hier von der Weiterführung älterer Unternehmungen der Historischen Kommission wie der planmäßigen Bearbeitung von Akten und Briefen zur Kirchenpolitik Herzogs Georg von Sachsen, der Sächsischen Bibliographie sowie der Bibliographie zur geographischen Landesforschung im sächsisch-thüringischen Raum, der „Politischen Korrespondenz des Herzogs und Kurfürsten Moritz von Sachsen", deren III. Band im wesentlichen abgeschlossen wurde, der von Herrn *Lau* betreuten Erschließung des Briefwechsels August Hermann Franckes bis zu den auch in Zukunft zu fördernden deutsch-slawischen Forschungen zur Namenkunde und Siedlungsgeschichte führen, von denen die Bände 24 (G. Hänse „Die Flurnamen des Stadt- und Landkreises Weimar") und 25 (Isolde Neumann „Die bäuerlichen Familiennamen des Landeskreises Oschatz") erschienen. Besonderes Gewicht aber ist gewiß den regionalgeographischen Arbeiten beizumessen, insbesondere dem „Historischen Atlas von Sachsen", sowie der landesgeschichtlichen Forschung im weiteren Sinn, die sich unter anderem mit methodologischen Problemen der Regionalgeschichtsforschung befaßt. Die redaktionelle Bearbeitung des Bandes IV des „Jahrbuches für Regionalgeschichte" konnte unter Leitung von Herrn Professor Czok abgeschlossen werden.

Die großen editorischen Unternehmungen der philologisch-historischen Klasse stehen im Zeichen der insbesondere von Theodor *Frings* inaugurierten Kombination von Sprachgeschichte, Sprachgeographie und Soziologie, von Untersuchungen der äußeren sprachlichen Gestalt einer Dichtung und ihrer inneren Form, ihres Sprachgeistes. Die Ergebnisse dieser räumlich-zeitlich fest unterbauten Einsichten, die bei notwendiger territorialer Beschränkung (Eingrenzung) in vergleichender Methode und mit durchaus universalhistorischer Tendenz erarbeitet werden, fanden in der konsequenten und kontinuierlichen Weiterführung der Arbeiten an verschiedenen Wörterbüchern und der Untersuchung von Beispielen literarischer Überlieferung einen eindrucksvollen Niederschlag.

Die unter Leitung von Herrn *Große* stehende Arbeitsstelle „Wörterbuch der obersächsischen Mundarten" widmete sich weiterhin der Analyse von Materialien, von denen Aufschlüsse darüber zu erwarten sind, wie sich die mundartlichen Sprachsysteme im Laufe der Jahrhunderte gewandelt haben und wie die noch vielfach ungeklärten Wechselbeziehungen zwischen Sprache und Gesellschaft beschaffen sind. Die Auswertungsarbeiten zu den mundartlichen Tonbändern stehen kurz vor ihrem Abschluß.

Am „Althochdeutschen Wörterbuch", also am Wortgut der ältesten deutschen Sprache von 750 bis 1050, wurden die Arbeiten, die ebenfalls unter Leitung von Herrn *Große* stehen, planmäßig an zwei Bänden gleichzeitig weitergeführt. Die erste Lieferung des 2. Bandes konnte erscheinen. Die Bearbeitung des „Mittellateinischen Wörterbuches" konzentrierte sich auf die Exzerpierung neuerer Literatur und die Ausschreibung von Quellenverweisen.

Die Geschichte der Literatur ist die Geschichte menschlichen Werteempfindens. Die Erforschung der Sprache der frühen deutschen Lyrik hat eine große Bedeutung für die systematische Auswertung älterer Überlieferungen aus dem Deutschen und Romanischen, um von hier aus zu Grundformen der Dichtung und ihrer Entwicklung vorzustoßen. Unter Leitung von Frau *Blumenthal* vermochte Elisabeth Lea für die Mitte des 12. Jahrhunderts in Untersuchungen über deutsche Liebeslieder nachzuweisen, daß ihre Sprache von der Frau und nicht vom Manne geprägt ist, in direkter Linie in das Volkslied überging und sich so durch die Jahrhunderte erhielt, während sie von dem späteren, unter provencalischen Einfluß stehenden, von der Lyrik des Mannes bestimmten Minnesang scharf abzugrenzen ist.

Die textkritischen Arbeiten an den rheinischen Chansons de geste „Morant und Galie", die bisher in den einschlägigen mittelhochdeutschen Wörterbüchern nur ungenügend beachtet werden konnten, wurden von Dr. Elisabeth Linke † unter Mitarbeit von Brigitte Mattausch zu einem vorläufigen Abschluß gebracht. Ebenso konnte der 3. und damit letzte Band des Wörterbuches zur „Eneide" des Heinrich von Veldeke, erarbeitet von Dr. Gabriele Schieb mit Günter Kramer und Elisabeth Mager, abgeschlossen werden.

Zum Schluß des Berichtes über die fast durchgängig geschichtlich fundierten Arbeiten der philologisch-historischen Klasse, die nicht auf eine rückwärts gerichtete Erinnerung, sondern auf produktive, nach vorwärts schauende, aneignende Neuformung zielen, sei zum Stand der von Herrn *Peek* in Zusammenarbeit mit Dr. Eberhard Paul durchgeführten Arbeiten am Corpus Vasorum Antiquorum bemerkt, daß die mit erheblichen Gefäßrestaurierungen verbundenen Vorarbeiten für den 3. Band, der die attisch-rotfigurige Keramik erfaßt, im Berichtszeitraum weitergeführt wurden.

Die Kennzeichnung der Forschungsvorhaben der Akademie, ihr Stand und ihre Weiterführung, die Anliegen dieses Berichts waren, konnten allenfalls streiflichtartig sichtbar machen, welche Einsichten in die Natur gefunden wurden oder an welchen Stellen neue Nährkräfte aus dem Boden unserer Kultur, Sprache und Geschichte für den Lebensprozeß unserer sozialistischen Gesellschaft gezogen werden können. Ganze Komplexe neuer Themenkreise werden wie in der Vergangenheit so besonders im Rahmen einer bewußten Tendenzbeherrschung zur Zukunft hin an die Stelle alter Schwerpunkte treten. Eine Straffung und Konzentrierung der wissenschaftlichen Arbeiten der Akademie dürfte sich, wie z. B. in der entwicklungsleitenden Problematik über die Beziehungen des Menschen zur Umwelt, in Zukunft stärker abzeichnen, und dies wie bisher in der vor allem stetigen Durchdringung bestimmter, als notwendig und bedeutend angesehener Fragenkreise auf Grund konstruktiver Ideen relativ kleiner Gremien der Akademie, einzelner ihrer Mitglieder oder der mit ihrer Arbeit durch die Mitgliedschaft in Kommissionen verbundenen Wissenschaftler. Das seit 1863 unter der Obhut der Akademie erscheinende Poggendorffsche biographisch-literarische Handwörterbuch der exakten Naturwissenschaften, von dem unter Leitung von Herrn Prof. Salié die 3. und 4. Lieferung des 3. Teilbandes, des Bandes VIIb sowie die 2. und 3. Lieferung des Bandes VIIa/Supplement im Berichtszeitraum erschienen sind, gewinnt in solchem Zusammenhang eine nur noch gesteigerte Bedeutung. Die hier verzeichneten Forschungsleistungen standen und stehen heute im Wettlauf mit einer Zeit, in der die Spanne zwischen Experiment (Laboratoriumsversuch) und industrieller Großanwendung sehr kurzfristig geworden ist. Sie zeigen aber auch, daß wissenschaftliche Arbeiten Lebenswerte in sich schließen. Sie sind eine Erweiterung und Erhöhung des Daseins derer, die diese Forschungsarbeiten tragen, sowie derer, die der der Öffentlichkeit meist verborgenen wissenschaftlichen Neuschöpfungen teilhaftig werden. Wesentliche Leistungen pflegen in den allgemeinen Wissenschaftsprozeß so völlig einzugehen, daß sie sich einer bewußten Herkunftskontrolle relativ schnell entziehen. Immer aber sind sie dann, wenn die Chance eines wertbestimmten, von gesellschaftlichem Willen geprägten Zusammenhangs gegeben ist, als Beiträge zum Weltverständnis (Weltverstehen), zu einer progressiven Weltentwicklung und Weltanschauung anzusehen.

BERICHT DES VIZEPRÄSIDENTEN, HERRN LEHMANN, ÜBER DEN STAND DER ARBEITEN DER AKADEMIE MATHEMATISCH-NATURWISSENSCHAFTLICHE UND PHILOLOGISCH-HISTORISCHE KLASSE

Erstattet in der öffentlichen Gesamtsitzung am 15. April 1972

Über die Tätigkeit der Akademie zu referieren, heißt eine in wenigen Strichen gehaltene Skizze über die Aktivitäten der Akademie zu bieten — heißt am Bild und Beispiel der von der Akademie verantworteten wissenschaftlichen Unternehmungen allenfalls anzudeuten zu versuchen, in welcher Art sich die Akademie als Ort der geistigen Auseinandersetzung darstellt, in welcher Weise sie sich als Stätte der Diskussion zwischen den Disziplinen sowie zwischen der Wissenschaft und der Öffentlichkeit abzeichnet. Die traditionelle Öffnung des akademischen Lebens nach außen auch in Form einer Berichterstattung über den Fortschritt von Forschungsarbeiten steht in vollem Einklang mit der Wissenschaftspolitik von Regierung und Partei, für die die Einheit von Wissenschaft und Sozialismus eine unabdingbare Voraussetzung ist. Die Prozesse, die aus dem politisch-gesellschaftlichen Bereich auf die Akademie, auf ihre Forschungsgruppen und Kommissionen einwirken, sind durch Kräfte gekennzeichnet, die die Akademie immer erneut, wie in der Vergangenheit so sicher nicht weniger in der Gegenwart, stimulieren, in jeder Hinsicht beweglich zu sein, und das heißt insbesondere, den allgemeinen Fortschritt durch wissenschaftliche Leistungen optimal und effektiv gestalten zu helfen.

Die im Zeitraum von April 1971 bis März 1972 fortgeführten Arbeiten zeigen, daß sich die wissenschaftliche Progression kontinuierlich vollzog. Die moderne Tendenz, in der Forschung weniger reflektiv zu verfahren als auf unmittelbare praktische Hilfe zu zielen, verband sich, wie immer in der Wissenschaftsentwicklung der Akademie, mit der wichtigsten Aufgabe, nämlich solche Themen zu bearbeiten, die nicht nur für den kurzfristigen Fortschritt von größtem Interesse sind, sondern zugleich unter betonter Berücksichtigung des Faktors Zeit das Hauptanliegen der Akademie, die Lösung theoretischer, in der Praxis häufig langfristig wirksamer Grundfragen zu fördern geeignet sind.

Alle die verschiedenartigen, an den Forderungen des Tages durchaus orientierten Leistungen, die im Berichtsjahr zu verzeichnen sind, sind von einem disziplinär klar bestimmten Standort aus erbracht worden. Erst von dorther leitet sich der Anspruch der Akademiemitglieder oder von Arbeitsgruppen bzw. Kommissionen der Akademie auf die wissenschaftliche Kommunikation ab. Von dorther auch vollzieht sich die interdisziplinäre Zusammenarbeit in solchen Kommissionen wie der von dem Sekretar der mathematisch-naturwissenschaftlichen Klasse, Herrn *Neef*, jüngst gebildeten Gruppe, die sich mit speziellen Umweltproblemen beschäftigt, oder einer Kommission über sprachlich-methodische und sprachlich-historische Probleme, die unter der Leitung des Sekretars der philologisch-historischen Klasse, Herrn *Große*, nach längerer Vorbereitung im Berichtsjahr soeben ihre Arbeit aufzunehmen begann. In der angestrebten, zum mindesten teilweisen Zusammenfassung der Akademiearbeit in Kommissionen kommt eine für die tragende Idee der Akademie wie der Akademien überhaupt charakteristische Entwicklung zum Ausdruck. Denn schon immer suchte die Akademie an die Stelle der bloßen äußeren Relation der Wissenschaftsrichtungen die innere Verflechtung der geistigen Kräfte zu setzen, d. h., das Aufgehen der spezialistischen Abstraktionen in eine komplexe Gemeinschaftsleistung. Es ist nur ein Gebot der praktischen Zweckmäßigkeit und der notwendigen Respektierung des zur Verfügung stehenden Zeitraumes, wenn der Bericht die Form einer schlichten Anreihung der Forschungsunternehmungen annimmt, zumal die zu referierenden Arbeiten auf der Initiative einzelner Mitglieder im Sinne einer akademiewürdigen Leistungs- und Erfolgstüchtigkeit beruhen. Es sei mit den Arbeiten der naturwissenschaftlichen Klasse begonnen.

Es ist für die Entwicklung der medizinischen und biologischen Wissenschaften charakteristisch, daß sie die Gesetze der inneren Organisation der Lebensfunktionen mit ähnlichen Methoden zu ermitteln suchen wie die physikalischen und insbesondere die chemischen Disziplinen. Die Einheit von Naturforscher und Arzt ist nicht nur in der Ähnlichkeit der Methoden gegeben, sondern auch durch den Wandel der Problemstellungen, die nicht zuletzt durch die veränderten Umweltbedingungen und die durch sie hervorgerufenen Verschiebungen der ätiologisch-analytischen, diagnostischen und therapeutischen Bemühungen hervorgerufen wurden. So spiegelt sich die große Rolle, die die Medizin unserer Tage im Bunde mit den Naturwissenschaften spielt, sehr klar auch in der allmählich in den Vordergrund rückenden Biorhythmusforschung. Hier sind neben den im Lauf eines Tages beträchtlich variierenden physiologischen Parametern auch die im Laufe eines Lebens normal auftretenden Schwankungen von großer Bedeutung. Es ist daher in der klinischen Praxis notwendig, über entsprechende exakte graphisch-statistische Festlegungen von Normalwerten und ihre Streuungsbreite zu verfügen. In solcher Zielrichtung setzte Herr *Emmrich* mit seiner Laborgruppe „Alternsforschung" Arbeiten über die chemische Zusammensetzung des menschlichen Herzens fort. Durch die Untersuchung eines größeren Sektionsmaterials von gesunden menschlichen Herzen wurde der Magnesiumgehalt der Herzmuskeltrockensubstanz ermittelt. Es ergab sich, daß nach einem Höchststand des Magnesiumgehaltes der Herzen im ersten Lebensjahr die Magnesiumwerte absinken, um im 21. bis 30. Lebensjahr und im 51. bis 60. Lebensjahr auf je ein Maximum zu steigen. Auch beim Vergleich der rechten und linken Herzkammern konnten signifikante Unterschiede in den Verlaufkurven der Magnesiumwerte festgestellt werden.

Der gesunde wie der kranke Mensch als das einzige Substrat spezieller klinisch-chemischer Untersuchungen, die nicht zuletzt indirekte Beiträge zur optimalen Gestaltung der Umwelt zu bieten vermögen, ist auch Zielpunkt der physiologisch-chemischen Forschungen, die Herr *Strack* mit seinem Forschungskollektiv über die „Wirkung von Carnitinester auf den physiologischen und pathologischen Stoffwechsel sowie auf den Tumorstoffwechsel" im Berichtsjahr weiterführte. Es wurde ein vorläufiger Endstand in der neuartigen Darstellung des körpereigenen, optisch aktiven Carnitins erreicht, so daß der beabsichtigten Belieferung der Kliniken mit L(—)-Carnitin für therapeutische Zwecke lediglich unzureichende Grundmateriallieferungen entgegenstanden. Ferner wurde am Beispiel der Hydrolyse von Carnitinestern ein neuartiges Verfahren zur mikrokalorimetrischen Bestimmung von Reaktionsgeschwindigkeiten erarbeitet, die positive Wirkung von L(—)-Carnitin auf die körperliche Leistungsfähigkeit unter extremer körperlicher Belastung nachgewiesen, und es wurden Vorarbeiten über den Einfluß von Carnitin bei Herzstörungen und in Hinsicht auf das Arterioskleroseproblem begonnen.

In einem mehr indirekten, aber in großem Ausmaß auch auf Probleme der Umwelt des Menschen, nämlich letzten Endes auf die seine Lebensfunktionen sichernde und erhöhende Schädlingsbekämpfung bezogen, sind die theoretisch wie praktisch grundlegenden Arbeiten von Herrn *Gersch* und seiner Forschungsgruppe über „Untersuchungen über Wirkungsmechanismen von Neurohormonen". Die Analyse hormonaler Vorgänge, deren spezifische Kombinationen die biologischen Eigengesetzlichkeiten wesentlich mitbedingen, führte auf dem Sektor der wirbellosen Tiere zu Erkenntnissen, die zur Ausschaltung schädlicher Wirkungen von Insekten mittels biologischer, antihormonaler Hemmfaktoren erheblich an Bedeutung gewinnen können. Insekten verfügen über ein differenziertes System der in Nervendrüsenzellen gebildeten Neurohormone. Durch die sekretorische Tätigkeit der Nervenzellen niederer Tiere, die sogenannte Neurosekretion, werden Neurohormone erzeugt, die an der Regulation verschiedenartigster Lebenserscheinungen beteiligt sind. Die experimentellen Untersuchungen der unter Leitung von Herrn *Gersch* arbeitenden Forschungsgruppe erstreckten sich in kontinuierlicher Fortführung früherer Untersuchungen auf die Charakterisierung von Neurohormonen mittels immunbiologischer Verfahren. Es gelang erstmalig, zwei neurohormonale Faktoren bei Insekten soweit zu isolieren und zu reinigen, daß einer Herstellung reiner Neurohormonfraktionen keine prinzipiellen Hindernisse mehr im Wege stehen. Die Untersuchungen der physiologischen Wirkung dieser beiden Faktoren auf die Häutungsdrüse der Insekten mit Hilfe markierter Verbindungen und mittels elektrophysiologischer Methoden führte zu der grundlegenden Feststellung, daß beide Faktoren eine deutliche, jedoch unterschiedliche Aktivität der Drüse hervorrufen.

Außerdem konnte mittels markierten Cholestrins eine Synthese der die Häutung auslösenden Hormone Ecdyson und Ecdysteron außerhalb der Häutungsdrüse in Schmetterlingspuppen nachgewiesen werden. Damit werden die seit langem allgemein anerkannten Vorstellungen über den Bildungsort des Häutungshormons in Frage gestellt, grundsätzliche Probleme der hormonalen Steuerung der Insektenentwicklung aufgeworfen und neue Prinziplösungen zur Kontrolle von Schadinsekten gewonnen.

Die Forschungsarbeiten, über die zu berichten ist, werden — das ist aus dem eben behandelten biologischen Bereich besonders ersichtlich — zum Teil durch den reinen Erkenntnistrieb, zum anderen, meist größeren Anteil aus Gründen der volkswirtschaftlichen Notwendigkeit ausgelöst, wie es zum Beispiel bei den Arbeiten von Herrn *Runge* und seiner Mitarbeiter über die „Reinigung von Abwässern mit

Hilfe von Adsorbentien" der Fall ist. Es gilt, die Forschungsmethoden, die auf dem Gebiet der Polymerisation und der lenkbaren Synthese neuer hochmolekularer Verbindungen zwecks Gewinnung künstlicher Stoffe wie Fasern, Kautschuk und Plaste angewendet werden, auch in den Dienst der Eleminierung von Schadstoffen aus unserer Umwelt zu stellen. So gelang es Herrn *Runge*, die Wirksamkeit des Copolymerisats aus Vinylacetat und Vinyltrimethoxy-silan exakt zu bestimmen, seine Adsorptionswirksamkeit durch Vergleiche mit anderen Adsorbentien unter Beweis zu stellen sowie neue Verbesserungen aus der Anwendung des Dispersionsverfahrens bei der Copolymerisation und bei dem Ersatz von Vinylacetat durch Methacrylat zu erzielen.

Einem verwandten Themenkreis, wenn auch mit gleichsam umgekehrtem Vorzeichen, nämlich der Aufklärung des Einflusses gelöster Bestandteile auf die Struktur des reinen Wassers, wendete sich Herr *Buchheim* mit seinen Mitarbeitern in dem Forschungsvorhaben „Spektroskopische Untersuchungen an Heilwässern" zu. Die Versuche wurden an Thermalwässern mit definierter medizinischer Indikation mittels verschiedener mikrophysikalischer Methoden durchgeführt. Es zeigte sich unter vielem anderen, daß Alterungseffekte an Thermalwässern im Sinne der Ionenassoziation gedeutet werden können, und daß man sich vom Raman-Effekt im Laserstrahl wichtige Hinweise für die Weiterentwicklung der Theorie der wässerigen Elektrolyte mit wenigen gelösten Bestandteilen versprechen darf.

Das Eindringen von Methoden der einen Wissenschaft in eine andere, etwa in Form der physikalischen Chemie, der Biochemie, der Biophysik oder Geochemie erweist sich auch im Bereich der Landwirtschaftswissenschaften, die ja hinsichtlich ihrer flächenhaften Einwirkung auf unsere territoriale Umwelt die erste Stelle einnehmen, als besonders fruchtbringend. Der von Herrn *Arland* bearbeitete Forschungsauftrag unter dem Titel „Düngung der Pflanze" ist in der gegenwärtigen Phase seines weiteren Fortschrittes auf die Erprobung und den Vergleich verschiedener Leuchtstofflampen auf das Pflanzenwachstum, die Entwicklung der Pflanzen und die Ertragsprognose gerichtet. Weitere, in Fortsetzung früherer Untersuchungen durchgeführte Forschungen hatten die Herabsetzung der Transpiration mit Hilfe von Antitranspirationsmitteln zum Gegenstand. Die behandelten Pflanzen zeigten eine verminderte Transpiration, was eine geringere Belastung des Wasserhaushaltes und eine Zunahme des Ertrages erwarten läßt. Es ist kennzeichnend für die Untersuchungen Herrn *Arlands*, daß sie stets die Pflanze als Ganzes zum Gegenstand haben.

In dieser Hinsicht verwandt, zugleich der Umweltproblematik am engsten verhaftet, sind die Arbeiten Herrn *Neefs*, der mit seiner Arbeitsgruppe „Naturhaushalt und Gebietscharakter" sich in Fortsetzung vorangegangener landschaftsökologischer Forschungen, dem geographischen Charakter seiner Arbeits- und Denkweise entsprechend, ebenfalls dem Studium eines Ganzen, nämlich der integralen Bewertung der Bedingungen widmete, die die Bildung einer räumlichen Gesamtstruktur von den ökonomischen Aktivitäten her begleiten. Große Bedeutung hat bei diesen theoretisch wichtigen Arbeiten die Erkundung des Forschungsweges als einer ausgesprochenen Pionierleistung. Herr *Neef* ging von der Feststellung aus, daß eine rein naturwissenschaftlich orientierte Aussage für die Konfrontation der Naturraumpotentiale mit den Anforderungen der Gesellschaft unzureichend ist. Da Umweltfragen es immer mit Relationen zu tun haben, muß auch die Bilanzierung von Naturgrößen so formuliert werden, daß sie verschiedenartigen Anforderungen der Gesellschaft mit unterschiedlichen Aspekten gerecht wird. Das erfordert andere Formen der Bilanzaussagen, speziell für diejenigen Elemente, die für die Optimierung der Nutzung relevant sind. Das vorbereitete Forschungsprogramm wurde durch mehrere Testuntersuchungen unterbaut und wird als Teil des Gesamtprogramms „Geoökologische Grundlagen der Planung komplexer landeskultureller Maßnahmen" des Ministeriums für Wissenschaft und Technik durchgeführt werden.

Abgeschlossen wurden die Bodenfeuchtemeßreihe Dresden-Nord und Studien zur Rangordnung und Interferenz der Erholungsfunktion mit anderen Formen der Flächennutzung im Landschaftsschutzgebiet „Sächsische Schweiz".

Die bisherigen Ergebnisse der landschaftsökologischen Untersuchungen, die für die Typologie der Naturäume wichtige Grundlagen erbracht hatten, wurden auf ihre Auswertbarkeit für landeskulturelle Fragestellungen geprüft, wobei die kartographischen Darstellungen in mittleren Maßstäben besondere Berücksichtigung fanden.

Da die Geographie ähnlich wie andere, theoretisch besonders relevante einzelwissenschaftliche Disziplinen, wie etwa die Psychologie, die Ökologie und die Ökonomie, die Objekte ihres spezifischen Interesses sowohl im naturwissenschaftlichen wie im gesellschaftswissenschaftlichen Bereich erforscht, könnte sie in einem Bericht über die Tätigkeiten der Akademie auf Grund inhaltlicher Interpretation ihrer Wirksamkeit zum Teil auch der gesellschaftswissenschaftlichen Klasse zugeordnet werden, deren Tätigkeit im Berichtsjahr ich mich nunmehr zuwende.

Es ist in erster Linie die Sprache als gesellschaftliches Phänomen, als Mittel der Wesensverwirklichung des Menschen in seiner Umwelt, es ist die Sprache als Gestalt und als Stoff zugleich, als elementar Konkretes wie als geistig Abstraktes, die sich in den größer angelegten Unternehmungen der philologisch-historischen Klasse, insbesondere in den Arbeiten an den Wörterbüchern, spiegelt. Es geht hier letzten Sinnes um Beiträge zur Aufhellung linguistischer Entwicklungsgesetzmäßigkeiten — und nicht nur um eine Beschreibung und Kommentierung sprachlicher Sachverhalte. Die durch die Arbeit an den Wörterbüchern erwachsenden theoretischen Vorstellungen bereiteten den Weg zu der Erkenntnis, daß sich die Sprache von innen her, d. h. aus den gesellschaftlich-politischen Triebkräften und aus der objektiven, vom Leben diktierten Notwendigkeit heraus ihren Körper schafft. Daher muß zunächst die reale Wirklichkeit untersucht werden — so, wie sie ist. Es war das unablässige Bemühen von Theodor *Frings*, des ersten Präsidenten unserer Akademie nach dem zweiten Weltkrieg, Gelehrte verschiedener Fachgebiete zu gemeinsamen Untersuchungen von Sprache und Geschichte, Sprache und Geographie, Sprache und Volkskunde anzuregen. Herr *Große*, der Nachfolger von Theodor *Frings* in der Leitung der großen Wörterbuchunternehmungen der Akademie, zu denen noch jüngst 4 dialektologische Wörterbuchunternehmungen und 2 Wörterbucharchive von seiten der Deutschen Akademie der Wissenschaften hinzukamen, zielt in interdisziplinärer Zusammenarbeit unter anderem auf eine Vertiefung der Soziolinguistik als Mittel, die Wechselbeziehungen zwischen sprachlicher und gesellschaftlicher Entwicklung in den Griff zu bekommen.

Zum Stand und zur Perspektive der einzelnen Wörterbuchunternehmen ist folgendes zu sagen:
Das Wörterbuch der obersächsischen Mundarten verfügt über 684000 Belegzettel, wovon 516000 durch nähere Inhaltsangaben ausgewiesen wurden. Im Vordergrund der Arbeit stand im Berichtsjahr die Auswertung von Fragebogen und anderen Quellen, unter anderem die Verzettelung der Karten des Deutschen Wortatlas und die Auswertung der Tonbandaufnahmen aus den Jahren 1961/62, die abgeschlossen werden konnten.
Am Althochdeutschen Wörterbuch wurden die Arbeiten plangemäß am zweiten und dritten Band gleichzeitig weitergeführt. Am Manuskript der zweiten Lieferung des zweiten Bandes wird gearbeitet. Vom dritten Band ist die erste Lieferung erschienen. Das Manuskript für die zweite und dritte Lieferung dieses Bandes steht vor dem Abschluß; am Manuskript für die vierte Lieferung wird gearbeitet. Drei Lieferungen des ersten Bandes wurden für den Nachdruck vorbereitet.

Jede Kultur erhält durch das politische Leben die tiefste und letzte Prägung ihres Charakters. Die Sprache ist nur eine ihrer Äußerungen. Es ist bezeichnend, daß einige in der „Sprachwissenschaftlichen Kommission" wirkende Akademiemitglieder auch in der von Herrn *Buchda* geleiteten „Historischen Kommission" der Akademie tätig sind, deren Hauptziel es ist, durch die Erschließung historischen Quellenmaterials, durch die Edition von Bibliographien und durch die allgemeine Förderung historischer Forschung und Darstellung zur Aufhellung der verborgenen Hintergründe geschichtlichen Geschehens vom Standort unserer Zeit beizutragen. So wurde in der „Historischen Kommission" die Aufnahme des III. Bandes der „Politischen Korrespondenz des Herzogs und Kurfürsten Moritz von Sachsen" in die Akademieschriften gesichert und die Arbeiten am abschließenden IV. Band verstärkt in Angriff genommen. Neben dieser, der Geschichtswerdung eines primären politischen Willens gewidmeten Unternehmung stehen die planmäßige Weiterführung bzw. Förderung der Leipzig-Bibliographie, deren erster Band erscheinen konnte, ferner der Dresden-Bibliographie, des „Jahrbuches der Regionalgeschichte", deren 4. Band sich im Druck befindet, der von Erich Neuß bearbeiteten Wüstungskunde, von der der zweite, die beiden Mansfelder Kreise in 2 Bänden behandelnde Teil erschien, sowie der umfassenden Arbeit Hans Walthers über „Namenkundliche Beiträge zur Siedlungsgeschichte des Saale- und Mittelelbegebietes bis zum Ende des 9. Jahrhunderts", die als 26. Band der von der Historischen Kommission betreuten „Deutsch-Slawischen Forschungen zur Namenkunde und Siedlungsgeschichte" erschien.

Dem historischen Bereich der Akademie sind auch die Arbeiten zur Erschließung der Handschriftenbestände des Archivs der Franckeschen Stiftungen Halle unter Leitung von Herrn *Lau* zugehörig, in deren Rahmen unter anderem die Bearbeitung der Buchstaben O bis Q fortgesetzt werden konnte. Hier ist überdies zu nennen die

Fortführung der Arbeiten an der 4. Lieferung des Polybios-Lexikons, eines Unternehmens, das, wie sein Betreuer, Herr *Peek*, bemerkt, im Interesse der Altertumswissenschaftler der ganzen Welt liegt; zugleich wurden die Arbeiten am Corpus Vasorum Antiquorum gefördert und die redaktionellen, längere Zeit unterbrochenen Arbeiten des Bandes, der die schwarzfigurige Keramik der Sammlung enthält, wieder aufgenommen.

Abschließend sei noch ein Hinweis auf den Stand der Arbeiten an einem Werk gegeben, das sicher als einzigartig und zugleich bedeutendstes Unternehmen der gesamten naturwissenschaftlich basierten, historisch-biographischen Bibliographie angesehen werden darf, auf das seit 1949 von der Sächsischen Akademie der Wissenschaften betreute, von Herrn Prof. Hans Salié mit Hilfe seines Mitarbeiterstabes redigierte, von Johann Christian Poggendorff herausgegebene, bereits 1863 in seiner ersten Lieferung erschienene „Biographisch-Literarische Handwörterbuch zur Geschichte der exakten Wissenschaften". Die bedeutendsten Naturwissenschaftler und Gesellschaftswissenschaftler haben zu allen Zeiten übereinstimmend die Rolle hervorgehoben, die die Geschichte als ein Mittel zum Eindringen in die Problemerkenntnis und als Wegzeiger für Problemlösungen spielt. Das leuchtet auch aus den historischen Studien des Johann Christian Poggendorf heraus, die unter dem bezeichnenden Titel „Lebenslinien zur Geschichte der exakten Wissenschaften" grundlegend für die Konzeption des von ihm in Angriff genommenen Riesenwerkes wurden. Im Berichtsjahr (1971) konnte die 4. und 5. Lieferung des Supplementbandes VIIa erscheinen, der die Lebensdaten und Bibliographien von etwa 800 deutschen Gelehrten der Naturwissenschaften, Medizin und Technik aus älterer Zeit bis zum 19. Jahrhundert enthält. Vom 4. Teilband des Bandes VIIb, der die Bibliographien ausländischer Wissenschaftler fortsetzt, sind im Berichtszeitraum die 1. und 2. Lieferung erschienen; die 3. Lieferung befindet sich im Umbruch. Die Manuskripte sind bis zum Buchstaben *K* fertiggestellt.

Meine Damen und Herren, die Tätigkeit der Akademie erschöpft sich keineswegs in den Leistungen der Forschungsgruppen und Kommissionen, über die zu berichten war. Ein bedeutender, aber wenig ostentativ in die Öffentlichkeit dringender Faktor des wissenschaftlichen Fortschreitens der Akademie ist die Arbeit des beide Klassen vereinigenden Plenums. Im Plenum fließt die schöpferisch-wissenschaftliche Aktivität der einzelnen Akademiemitglieder, konzentriert auf spezielle Problemstellungen, in die Sphäre der Gedankenbewegung der gesamten Akademie ein, um von hier aus, verbreitet durch die Akademie-Publikationen, zur bestmöglichen Formung unserer sozialistischen Gesellschaft und zur Gestaltung ihrer Lebens- und Produktionsprozesse beizutragen. In den letzten Wochen konnten im Akademie-Verlag wiederum einige umfassende Abhandlungen und überdies verschiedene Sitzungsberichte erscheinen. Ich nenne stellvertretend die Arbeiten von zwei hervorragenden Mitgliedern der Akademie, die der Tod im vergangenen Jahr aus ihren Reihen riß: die Abhandlung von Maximilian *Klinkowski* über „Epidemien und Pandemien pflanzenpathogener Krankheitserreger in ihrer Beziehung zum Menschen" (Bd 51, H. 4 der Abhandlungen der mathematisch-naturwissenschaftlichen Klasse) und die Abhandlung von Georg *Merrem* über „Die parasagittalen Meningiome" (Bd 51, H. 3 der Abhandlungen der mathematisch-naturwissenschaftlichen Klasse).

Im Plenum der Akademie wie bei der Arbeit ihrer beiden Klassen werden jene Zündungen gegeben, die sich nicht nur als wichtige Elemente der Akademieentwicklung selbst erweisen, sondern die im besten Sinne akademischer Überlieferung über das Fachspezifische hinaus mit Leidenschaft solche Forschungswege zu erschließen helfen, deren Realisierung nicht allein auf den Nutzen, sondern überdies auf die Erhöhung menschlicher Werte orientiert ist.

KURZFASSUNGEN DER VORTRÄGE UND AUSZÜGE AUS DEN PROTOKOLLEN ÜBER DIE SITZUNGEN DER JAHRE 1971—1972

Mathematisch-naturwissenschaftliche Klasse

1971

Sitzung am 18. Januar

Vortrag des Herrn Horst Hanson: „Eiweißumsatz und Differenzierungsvorgänge tierischer Zellen". — Davon ausgehend, daß die Entwicklung des hochdifferenzierten vielzelligen höheren tierischen Organismus sowie des Menschen ihren Ausgang von einer Zelle, der befruchteten Eizelle, nimmt, wird von den dieser Zelle innewohnenden Potenzen die Differenzierung bei voranschreitender Zellvermehrung und Entwicklung zum vielzelligen Organismus in ihrer Abhängigkeit vom intrazellulären Eiweißumsatz erörtert. Differenzierung der Zellen und damit ihre Spezialisierung auf bestimmte Funktionen und Arbeitsteilung sind auf das engste mit der Synthese, aber auch dem Abbau, also dem Eiweißumsatz bestimmter funktioneller Proteine, speziell der Enzymproteine verknüpft. In der einzelnen Zelle ist das Prinzip der Arbeitsteilung und Spezialisierung durch Herausbildung bestimmter zellulärer Substrukturen (Kern, Mitochondrien u. a.) ebenfalls verwirklicht und wie beim vielzelligen Makroorganismus nur aufrecht zu erhalten, wenn die an Enzymwirkungen gebundene Dynamik des Eiweißumsatzes, d. h. die regulierbare Steuerung von intrazellulärer Proteinbiosynthese und Proteolyse gewährleistet ist. Speziell werden die am Eiweißumsatz und an der Proteolyse beteiligten Zellstrukturen (Lysosomen) und proteolytischen Enzyme (saure und neutrale Endopeptidasen, Exopeptidasen) besprochen. Das Spektrum intrazellulärer proteolytischer Enzyme ist nach Aktivität und Spezifität in Organen mit höherem Eiweißumsatz, wie Leber und Niere viel mannigfaltiger als in Organen mit niedrigem Eiweißumsatz wie die Augenlinse. Die Ergebnisse der Charakterisierung dieser Enzyme werden für die Leber unter Verwendung von Leberzellproteinen, ^{125}J-markiertem Insulin und ^{125}J-Glukagon als Substrate mitgeteilt. Als wesentlich für den koordinierten intrazellulären Eiweißabbau muß neben dem Vorhandensein von Enzymen mit spezifischer Wirkung auch ihre in der Zelle vorhandene räumliche Trennung angesehen werden. In Versuchen an der Augenlinse und mit aus dieser isolierten Enzymen wird gezeigt, daß in Abhängigkeit von den Linsenschichten und je nach Differenzierungsgrad der Linsenepithelzellen sich deutliche und charakteristische Unterschiede im Verhalten von 6 untersuchten Enzymen (Leucinaminopeptidase, Laktatdehydrogenase, Sorbitdehydrogenase, Malatdehydrogenase, Glukose-6-phosphatdehydrogenase,

Glycylleucindipeptidase) feststellen lassen. Durch immunologische Untersuchungen unter Verwendung der hochgereinigten und aus Rinderaugenlinsen kristallisiert dargestellten Leucinaminopeptidase ist abzuleiten, daß die Herausdifferenzierung der chemischen Struktur dieses Enzyms des Rindes auf Grund von Antikörperreaktionen bereits beim Frosch deutlich, bei Fischen dagegen nicht mehr nachweisbar ist. Eine Organdifferenzierung des Enzyms in Leber, Niere und Augenlinse ist für Rind, Schwein und einige andere Species nicht feststellbar. — Erschienen in den Abhandlungen Bd 52 (1973) H. 5.

Vorgelegt werden Veröffentlichungen von: Walter Brednow, Friedrich Leutwein, Wilhelm Treibs.

Sitzung am 22. Februar

Vortrag des Herrn Manfred Gersch: „Aspekte der Neurobiologie ‚niederer Tiere'". — Da sich das Nervensystem aller Tiere, die überhaupt über ein Nervensystem verfügen, aus den gleichen Grundelementen, den Neuronen, aufbaut, können verschiedene neurale Grundfunktionen an niederen Tieren als Modell für Rückschlüsse auf komplizierter angelegte Systeme höherer Organismengruppen dienen. Der Vorteil besteht darin, daß es unter Ausnutzung der übersichtlicheren Konstruktion des Nervensystems niederer Tiere und der geringeren Zahl von Neuronen möglich wird, in bestimmten Fällen die Analyse von Verhaltensprozessen, bis zum Bereich einzelner Ganglien oder sogar einzelner genau ansprechbarer Neuronen vorzunehmen. Darüber hinaus erlaubt das Vorkommen von besonders großen Neuronen (sog. Riesenneuronen) bei verschiedenen Evertebraten die Untersuchung gezielter Neurone mit elektronenmikroskopischen, biochemischen, autoradiographischen und elektrophysiologischen Methoden.

Außer den Grundfunktionen, wie sie in den Neuronen auch der niederen Tiere auftreten, basieren die Leistungen der sog. höheren Nerventätigkeit sicherlich auch noch auf der dort vorliegenden besonderen Art der Verschaltung. Bereits die funktionelle Leistung des Nervennetzes läßt erkennen, daß das Niveau der Verhaltensweisen im wesentlichen im Zusammenwirken der Elemente zu einem System höherer Ordnung begründet liegt. Mit der auf der komplizierten Verschaltung von Neuronen beruhenden Leistungsfähigkeit besteht wohl das besondere Kennzeichen der Nervenfunktion höherer Tiere.

Demgegenüber ist das Nervensystem der sog. niederen Tiere auch durch Kennzeichen ausgezeichnet, die ihm in besonderer Weise zukommen. Hierzu gehört in erster Linie die ausgeprägte sekretorische Tätigkeit von Neuronen. Das bedeutet, daß die Steuerung durch die Produkte dieser Neuronen einen wesentlich größeren Umfang einnimmt, als dies bei Wirbeltieren der Fall ist.

Dabei ist zweierlei bemerkenswert.

Erstens: In den gleichen Ganglien werden Neuronen angetroffen, die peptiderge und die aminerge Substanzen produzieren. Es ist noch eine offene Frage, ob ein und dasselbe Neuron gleichzeitig beide Arten von Sekreten zu erzeugen in der Lage ist.

Dagegen können offenbar bestimmte Neurone gleichzeitig sowohl Catecholamine und biogene Amine bilden.

Die zweite bemerkenswerte Tatsache bedeutet die Feststellung, daß ein und dieselbe Substanz sowohl auf dem Blutwege (hormonal) als auch in Art der Transmitterwirkung unmittelbar bestimmte Erfolgorgane steuert. Eindeutige Beweise liegen für die peptidergen Neurosekrete vor. Sehr wahrscheinlich trifft dies auch für die aminergen Sekrete der Neurone zu. Diese Doppelfunktion kann somit einer tonischen und einer phasischen Regulation durch jeweils den betreffenden Faktor erklärt werden. Offensichtlich ist diese Art der Informationsübermittlung eine für wirbellose Tiere recht verbreitete Form.

Damit wird aber deutlich, daß die aus dem Aspekt der niederen Tiere aufgeworfenen Fragen grundsätzliche Probleme der Funktion des Neurons betreffen, die als ein Grenzgebiet zwischen Endokrinologie-, Neurophysiologie und Pharmakologie gelten können. — Erscheint in den Sitzungsberichten.

Vorgelegt werden Veröffentlichungen von: John Eggert, Horst Hanson, Burckhardt Helferich, Ernst Hölder, Erich Lange, Friedrich Leutwein, Georg Merrem, Karl Otto Müller, Rudolf Nissen, Erich Rammler, Bartel van der Waerden, Carl Wagner und Bd 36, Nr. 198 der Nova Acta Leopoldina, Beiträge zur Geschichte der Präsidenten der Deutschen Akademie der Naturforscher Leopoldina, Festgabe zum 70. Geburtstag des 22. Präsidenten, Kurt Mothes.

Sitzung am 29. März

Vortrag des Herrn Hasso Eßbach: „Zum Problem der Tumoren im Kindesalter". — Auf Grund der Analyse eines großen Obduktionsgutes und des Studiums einschlägiger Literatur wird festgestellt, daß dem Tumorleiden im Kindesalter große Bedeutung zukommt, und daß die Tumorproblematik in diesem Lebensabschnitt besondere Characteristica aufweist. Es wird aufgezeigt, daß es eine Reihe für das Kindesalter spezifische Tumoren gibt, die biologische Eigenheiten und besondere Gesetzmäßigkeiten der Entwicklung aufweisen. Sie kommen angeboren vor oder treten im Säuglingsalter oder in früher Kindheit auf. Strukturell gehen sie auf unioder pluripotente Matrixherde zurück, verhalten sich vielfach wie Malignome, und ihre Prognose zeigt Abhängigkeit vom Lebensalter des Trägers und vom Standort des Tumors im Organismus. Solche Geschwülste mit dysontogenetischer Wurzel weisen bei günstiger Therapie oft überraschend lange Überlebenszeiten und gute Heilungschancen bei jungen Kindern und besonders bei Säuglingen auf, z. T. bei bereits vorhandenen Metastasen. Der Realisationsfaktor, der embryonale Matrixreste zum malignen Tumor sich entfalten läßt, ist noch nicht bekannt. Es wird an immunologische Abwegigkeit gedacht und auf einige Tumortheorien Bezug genommen. — Erschienen in den Sitzungsberichten Bd 110 (1972) H. 2.

Vorgelegt werden Veröffentlichungen von: Hans Drischel, Manfred Gersch, Eberhard Hopf, Friedrich Hund, Peter Friedrich Matzen, Kurt Schwabe.

Sitzung am 24. Mai

Vortrag des Herrn Peter Friedrich Matzen: „Die operative Behandlung der Luxationshüfte“. — Es wird der Begriff der Luxationshüfte definiert und die Ursache der Entstehung der Luxation aus der Hüftdysplasie diskutiert. Dabei kommen die Pauwelsschen Hebelgesetze kurz zur Sprache. Es wird auf den Hackenbrochschen Begriff der Präarthrose eingegangen und die Häufigkeit der Luxationshüfte im sächsischen Raum mit rund $2^1/_2\%$ beziffert. Der mögliche Einfluß der Art der Aufzucht der Neugeborenen auf die Entstehung der Luxation wird erörtert und auf die Bedeutung der familiären Disposition hingewiesen. Die teratologische Hüftluxation wird von der Luxationshüfte abgegrenzt. Hormonelle oder sonstige Fehlsteuerungen als generelle Ursache der Luxationshüfte lassen sich im eigenen Krankengut nicht nachweisen. Auf Hinweise in der Literatur wird eingegangen. Die Entwicklung des Hüftgelenks, insbesondere seine Ossofikation wird erörtert und gezeigt, wie eine Fehlentwicklung der Hüftpfanne bzw. der Winkelstellung des proximalen Femur sich gegenseitig beeinflussen und im Circulus vitiosus das Erscheinungsbild der Hüftluxation prägen. Auf die konservative Behandlung der Luxationshüfte wird eingegangen und gezeigt, wann operatives Eingreifen indiziert ist. Im einzelnen wird auf die operative Einrenkung nach *Ludloff*, auf die in der Leipziger Klinik geübte Einrenkungstechnik, auf die Pfannendachplastiken und Beckenosteotomien verschiedenster Art, auf die Korrekturosteotomien des proximalen Femur, auf den homo- und alloplastischen Gelenkersatz, auf Palliativoperationen wie valgisierende Abstützungsosteotomie, Resektionsangulationsplastik usw. und auch auf die Arthrodese kurz eingegangen. — Erscheint in den Sitzungsberichten.

Vorgelegt werden Veröffentlichungen von: Wolfgang Buchheim, Hasso Eßbach, Franz Hein, Ott-Heinrich Keller, Wilhelm Maier, Georg Merrem, Fritz Obenaus, Herbert Staude.

Sitzung am 14. Juni

Vortrag des Herrn Paul Görlich: „Über die Laser und ihre Anwendung“. — Als vor mehr als 10 Jahren der erste Maser und der erste Laser im Experiment vorlagen, ergaben sich sehr schnell Vorstellungen über deren technische Nutzungsmöglichkeiten. Es zeigte sich jedoch bald, daß eine weitgehende wissenschaftliche Durchdringung jedes der ins Auge gefaßten Anwendungsgebiete eine zwingende Notwendigkeit ist, wenn man eindeutige und klare Erfolge erzielen will. Man hat erkannt, daß die Laser-Physik und die Laser-Anwendungen kompliziertere Forschungsgebiete darstellen, als man nach den ersten Laser-Untersuchungen gemeinhin annehmen konnte. Verfolgt man die Laser-Literatur, so muß man feststellen, daß ein überproportionales Anwachsen sowohl der Literatur über Laser, als auch über deren Anwendungen ein Fakt ist.

Unter den gegebenen Aspekten wird deshalb kurz auf die verschiedenen bisher hauptsächlich bekannten Lasertypen und deren Ausstrahlungseigenschaften eingegangen. Die Anwendungsseite stellt hohe Anforderungen an die gütegesteuerten Laser

- geringe Halbwertsbreite der Laserimpulse
- steiler Anstieg und Abfall der Impulse
- hohe Leistung oder hohe Energie
- Reproduzierbarkeit der Impulsparameter
- Emission von Einzelimpulsen
- hohe Lebensdauer der Bauelemente.

Je nach der Anwendung des Lasers wird entweder strenge Monochromasie seiner Strahlung verlangt, aber auch „Durchstimmbarkeit", d. h. ein Laser, dessen Wellenlänge sich über einen größeren Wellenlängenbereich kontinuierlich verändern läßt.

Die Existenz der Laser hat physikalische Forschungsgebiete stark stimuliert, z. B. das Gebiet der nichtlinearen Optik und das Gebiet Holographie. In der nichtlinearen Optik sind zwei Klassen von Effekten zu unterscheiden

- die nichtlinearen Elektronen-Effekte
- die nichtlinearen Elektronen-Schwingungseffekte.

Beide Klassen unterscheiden sich danach, welche Stärke der Wechselwirkung der Elektronen mit den Molekülschwingungen auftritt, entweder eine vernachlässigbare zwischen Elektronen- und Molekülschwingungen oder eine so starke, daß die Wechselwirkung nicht vernachlässigt werden kann.

Im Gebiet der Holographie handelt es sich um eine dreidimensionale Abbildung eines Gegenstandes mit kohärenten Wellen. Durch die Einführung des Lasers konnte die seit 1948/1951 bekannte Holographie erst voll wirksam werden.

Wichtige Anwendung findet der Laser in der Plasmaphysik. Seit der Nachweis gelungen ist, daß durch Lasereinwirkung auf schweren Wasserstoff Kernfusion hervorgerufen werden kann, rückt die Laser-Plasma-Forschung stark in den Vordergrund. In der Präzisionsmeßtechnik kann auf den Laser nicht mehr verzichtet werden. Bekanntlich beruht der internationale Längenstandard auf der Einführung der Wellenlänge des Lichtes als fester Maßstab. Hohe Forderungen sind an den Laser zu stellen, wenn zweckmäßige interferometrische Methoden in die Längenmeßtechnik eingeführt werden:

- reproduzierbare, stabile Wellenlänge
- räumliche Kohärenz der Strahlung
- Kontinuität der Strahlung
- genügend hohe Intensität in einer Richtung

Konventionelle Lichtquellen können die genannten Forderungen nicht erfüllen.

In der Meteorologie wird der Laser-Entfernungsmesser auf der Basis der Laufzeitmessung des Lichtes (Radarprinzip) benutzt.

Auch auf die Entwicklung der Spektrometrie hat sich die Einführung des Lasers revolutionierend ausgewirkt. Erfolge wurden bereits in der Infrarotspektroskopie und der Raman-Spektroskopie erzielt. Neue Aspekte in der Ultrakurzzeitspektroskopie zeichnen sich a b.

Außer als Lichtquelle wird der Laser auch als Energiequelle in der Spektroskopie genutzt. Wird die Strahlung des Lasers auf eine Festkörperprobe fokussiert, so verdampft ein bestimmter Teil der Probe. Der Verdampfungsvorgang wird mit einer Funkenentladung synchronisiert, so daß unter Benutzung eines Standardspektrographen eine spektralanalytische Untersuchung möglich wird.

Von der Möglichkeit ausgehend, Licht als Informationsträger zu nutzen, läßt sich der Laser in der Datenverarbeitung nutzen. Auch über die Holographie kommt man zu wirkungsvollen Rechnern und Speichersystemen.

Weitere Anwendungsgebiete findet der Laser in

— der Mikroelektronik
— der Nachrichtentechnik und Kommunikation
— der Materialbearbeitung
— der Medizin
— der Chemie zur Auslösung von Reaktionen
— der Energieübertragung.

Es ist erkennbar, daß der Laser bereits in vielen Gebieten der Wissenschaft und Technik Fortschritte hervorgerufen hat, aber auch, daß noch keine Grenzen seiner Nutzungsmöglichkeiten abzusehen sind. — Erschienen in den Sitzungsberichten Bd 110 (1972) H. 1.

Vorgelegt werden Veröffentlichungen von: Walter Bednow, Wolfgang Buchheim, Wilhelm Maier, Peter Friedrich Matzen.

Sitzung am 11. Oktober

Vortrag des Herrn Erich Strack: „Unsere Carnitinforschungen — Bericht und Probleme". — Im vergangenen Jahrfünft des Forschungsauftrages „Wirkung von Carnitinester auf den physiologischen und pathologischen Stoffwechsel sowie auf den Tumorstoffwechsel" sind drei Schwerpunkte bearbeitet worden:

1. Synthesen von Carnitin und Carnitinderivaten. Eine neue Synthese der Auftrennung von D,L-Carnitin in die optischen Isomere wurde zum Patent angemeldet (Strack, Müller). Eine große Zahl von O-Acylcarnitinestern, von Carnitincarboxylestern und von O-Acylcarboxylestern des Carnitins wurden dargestellt und charakterisiert. Sie wurden und werden biologisch geprüft. — Die Hydrolyseenthalpie ΔH von O-Acylestern des Carnitins und von Carnitin mit substituierter Carboxylgruppe wurde mikrokalorimetrisch bestimmt. Aus den stark herabgesetzten Enthalpiewerten der carboxyl-substituierten Derivate wird auf deren erniedrigte ΔG geschlossen. Diese beträchtlichen Veränderungen im ΔG bei Verschiebung in den Ladungsschwerpunkten im Carnitin eröffnen neue Einblicke in die Carnitinfunktion und lassen gleichartige Beeinflussungen bei anderen dipolaren Stoffen möglich erscheinen. So könnte Carnitin ohne Energiezufuhr, z. B. Acetylgruppen aus Stoffen mit niederer Bindungsenergie, wie beim Acetylcholin, übernehmen. Die Verseifungsgeschwindigkeiten von vielen O-Acylcarnitin- und Carnitinderivaten sowie von anderen Basenestern wurden mikrokalorimetrisch ermittelt.

2. Die biologischen Untersuchungen über die Wirkung von Carnitin und Acylcarnitinen wurden mit jeweils den beiden optischen Isomeren durchgeführt. Sie wurden bereits im Jahrbuch der Sächsischen Akademie der Wissenschaften zu Leipzig 1968/69 und 1969/70 (Akademie-Verlag Berlin) eingehender beschrieben. Erneut wurden ihre Wirkungsweisen auf das Froschherz und die Mitochondrienmembran untersucht und nochmals Rattenschwimmerversuche mit Carnitin durchgeführt, die bisher positiv verliefen.

3. In breiterem Umfang wurden auf Grund eigener und der Literatur entnommener Erkenntnisse über die Carnitinwirkung und die seiner Derivate der Einsatz auf den gesunden und kranken Menschen besprochen. Im Vordergrund stehen 5 Probleme. 1. Die Steigerung der muskulären Leistung, 2. Die Beeinflussung des Herzstoffwechsels (Altersherz, Präinfarkt, Infarkt), 3. Bindegewebige Störungen, 4. Probleme der Arteriosklerose und 5. Carnitin als Hilfsstoff bei der Behandlung von Stoffwechselerkrankungen und die Erhöhung der Abwehrkraft des Körpers, woraus sich eine kombinierte Therapie mit Carnitin anbietet. — Erscheint in den Sitzungsberichten.

Sitzung am 13. Dezember

Vortrag des Herrn Bernd Lüder Lueken: „Über die elektromechanische Koppelung an Herzmuskelfasern". — Unter der elektromechanischen Koppelung versteht man die Verknüpfung der elektrischen Prozesse der Erregung an den Strukturen der oberflächlichen Zellmembran mit den mechanischen Vorgängen an den mehr im Innern der Zelle gelegenen kontraktilen Fibrillen bei Fasern des Skelettmuskels, des Herzens und des glatten Muskels. Nach den bisherigen Kenntnissen ist das entscheidende Zwischenglied zwischen Erregung und Kontraktion dabei die Erhöhung der Ca^{++}-Konzentration im Bereich der Fibrillen durch Ca^{++}-Einstrom während des Aktionspotentials, Ca^{++}-Freisetzung aus Speicherstellen als Folge der Depolarisation und der zugehörigen Ionentransporte und durch Ca^{++}-Transport zu den kontraktilen Eiweißkörpern. Man kann daher weiter unterscheiden zwischen einem elektro-chemischen Kopplungsschritt — dem Eintritt und der Freisetzung des Ca^{++} durch das Aktionspotential — und dem chemomechanischen Kopplungsschritt — der Wirkung der erhöhten Ca^{++}-Konzentration auf die kontraktilen Eiweißkörper. Die Wiedererschlaffung der Muskelfaserarten während und nach dem Abklingen des Aktionspotentials wird dann in der Hauptsache durch Speicherung des Ca^{++} in bestimmten Zellorganellen ausgelöst. Dieser Vorgang der Entkoppelung und seine einzelnen Schritte sind in dem Begriff der elektro-mechanischen Koppelung mit enthalten. Schließlich muß der Zufluß an Ca^{++} aus der Umgebung durch einen entsprechenden Ca^{++}-Ausstrom wieder ausgeglichen werden, und dieser Ausgleich muß wieder durch Membrantransporte erfolgen.

Zur Stützung dieser Vorstellungen und der qualitativen und quantitativen Charakterisierung der elektro-mechanischen Koppelung an intakten Herzmuskelfasern wird anhand der Ergebnisse des Schrifttums und der Befunde eigener Arbeitsgruppen folgendes dargelegt: Für die Auslösung der Kontraktion ist die länger dauernde Depolarisation im Plateau des Aktionspotentials und der Einstrom von Na^+ und Ca^{++} über den sogenannten langsamen zweiten Transportkanal maßgebend. Unter bestimmten Bedingungen (z. B. festgehaltener Treibfrequenz und konstanter Temperatur) können durch abgestufte Vaguswirkungen an Vorhöfen reproduzierbare Beziehungen zwischen Aktionspotentialflächen und Kontraktionshöhe als quantitative Charakteristik der Steuerung durch den elektro-chemischen Kopplungsschritt gewonnen werden. Ihre Abhängigkeit vom Verhältnis zwischen der äußeren Ca^{++}-Konzentration und dem Quadrat der äußeren Na^+-Konzentration weist darauf hin, daß diese Steuerung durch einen Herznerven am erwähnten, zweiten Na^+-Ca^{++}-Transportkanal angreifen könnte.

Eigenschaften der intrazellulären Regulation der Ca^{++}-Konzentration im Zyklus der Kontraktion und Erschlaffung können an intakten Herzfasern durch die Erscheinungen der Potentiation untersucht werden. Zu diesen Erscheinungen gehören:

1. Die Vergrößerung der Kontraktion bei höherer Treibfrequenz und genügend großer Treibreizzahl in einem bestimmten Frequenzbereich und die noch stärkere Erhöhung der ersten Kontraktion nach einer Pause von 10 oder 30 s im Anschluß an eine längere Treibung (steady state) mit derartig höheren Frequenzen (stimulatorische Potentiation und poststimulatorische Potentiation).

2. Die Vergrößerung der Kontraktion bei einer derartigen höheren Treibfrequenz im steady state, wenn nach einem Treibreiz im kurzen Abstand eine Extrasystole folgt (vorübergehende Potentiation einiger Schläge), bzw. wenn nach jedem Treibreiz im gleichen kurzen Abstand eine Extrasystole gesetzt wird und durch diese gepaarten Reize ein erhöhter steady-state-Wert der Kontraktion eingestellt wird (Potentiation durch gepaarte Reizung). Auch in diesem Fall ist die erste Kontraktion nach einer Pause wieder vergrößert, wenn vor der Pause am Ende einer längeren Treibserie eine Extrasystole gesetzt wurde bzw. über längere Zeit die gepaarte Reizung angewandt wurde. Die unter 2. genannten Erscheinungen können in dem Begriff postextrasystolische Potentiation zusammengefaßt werden.

3. Die Vergrößerung der Kontraktion durch künstliche Depolarisation längerer Dauer. Dabei können bei fortlaufender Treibung entweder die Plateauphasen der einzelnen Aktionspotentiale durch ebenso starke künstliche Depolarisation verlängert oder durch lange, unterschwellige Depolarisation während einer ganzen Reihe von Treibschlägen einschließlich der Pausen zwischen ihnen die Wirkungen der Aktionspotentiale verstärkt oder schließlich nach Abschaltung der Treibung durch Zwischensetzen einer längeren, überschwelligen Depolarisation mit Kontrakturauslösung die Kontraktion des ersten Treibreizes nach Ende der Depolarisation stark erhöht werden. Die unter 3. genannten Erscheinungen können unter dem Begriff postdepolarisatorische Potentiation zusammengefaßt werden.

Die zahlreichen Ergebnisse der Literatur und der eigenen Beiträge zu den Potentiationserscheinungen 1.—3. und ihre Variabilität bei verschiedenen Tierarten und Herzfaserarten müssen einer ausführlichen Veröffentlichung in den Abhandlungen der Sächsischen Akademie der Wissenschaften entnommen werden. In der Mehrzahl der Potentiationserscheinungen und der Herzpräparate werden die potenzierten Schläge von nahezu normalen, um eine Spur verkürzten Aktionspotentialen ausgelöst. Die Vergrößerungen der Kontraktion (meist bis zum 2- bis 3fachen, im Fall der Potentiation nach längerer, überschwelliger Depolarisation mit Kontraktur sogar bis zum 8—10fachen) dürften daher hauptsächlich auf Veränderungen innerhalb der auf das Aktionspotential folgenden Glieder der Koppelung beruhen. Damit tritt neben die anfangs gezeigte Steuerung der Kontraktionsgröße durch die Aktionspotentialfläche eine zweite Steuerung durch Umstellungen in der intrazellulären Regulation der [Ca^{++}] in der Nähe der kontraktilen Eiweißkörper infolge von Rhythmusänderungen. Das Ca^{++}-Regulationssystem ist bei intakten Herzfasern in seinem jeweiligen steady state dynamisch verschiebbar. Der Frequenzgang dieser Dynamik wurde von eigenen Mitarbeitern durch sinusförmige Änderungen der Treibfrequenz im Bereich der stimulatorischen Potentiation ermittelt. Die Bodediagramme waren durch eine Überträgerfunktion vom PDT_1-Typ beschreibbar.

Die Wirkungsweise des Ca^{++}-Regulationssystems wird an einem stark vereinfachten Modell erläutert. Es enthält mindestens ein Compartment in der Nähe der kontraktilen Eiweißkörper mit sofort verfügbarem Ca^{++}, das durch jedes Aktionspotential stärker gefüllt und bei der Kontraktion teilweise entleert wird. Außerdem muß ein zweites Compartment in größerer Entfernung von den Fibrillen, das größere Ca^{++}-Mengen speichert und fester bindet und auch die Rückbindung zur Auslösung der Erschlaffung durchführt, angenommen werden. Schließlich müssen Verbindungen zwischen den Speichern und den Membranvorgängen einerseits und dem kontraktilen System andererseits und Leckstellen für den Rücktransport des Ca^{++} in das Medium vorhanden sein. Die möglichen Beziehungen zwischen diesen Speichern und Strukturen des sarcoplasmatischen Reticulums, insbesondere des tubulären Apparats und anderen, werden diskutiert. — Erscheint in den Sitzungsberichten.

Vorgelegt werden Veröffentlichungen von: Walter Brednow, John Eggert, Rolf Emmrich, Martin Kersten, Artur Lösche, Wilhelm Maier, Kurt Schwabe, Erich Strack, Wilhelms Treibs.

1972

Sitzung am 17. Januar

Vortrag des Herrn Ott-Heinrich Keller: „Mathematik und Wirklichkeit“. — Es geht um die Frage, inwiefern uns die Mathematik, allgemeiner das rationale Denken die Wirklichkeit erschließt. Wir bauen uns in unserer Vorstellung eine Welt von Begriffen und Symbolen auf, in der alles exakt und logisch wunderschön aufgeht und behaupten, damit etwas über die Welt der wirklichen Dinge auszusagen. Wir bauen uns ein Modell der Wirklichkeit auf, also ein Etwas ganz anderer Art. Es ist darin immer von Allgemeinbegriffen die Rede, während die Wirklichkeit aus lauter Individuen, aus unwiederholbaren Einzelwesen besteht. Es soll darüber nachgedacht werden, was ein solches Modell bedeuten kann. Es kann die Wirklichkeit

1. Ordnen
2. Beschreiben und Messen
3. Vorhersagen
4. Beherrschen
5. Erklären

Dabei verlangen wir von einer Erklärung a) Einfachheit und Übersichtlichkeit b) Allgemeingültigkeit c) Zweckmäßigkeit.

Die Wirklichkeit kann man in folgenden konzentrischen Kreisen anordnen:

1. Ich selbst
2. Du, der andere
3. Das Lebendige, einschließlich des Menschen
4. Die irdische physikalische Welt
5. Der Kosmos

Der Gang der Geschichte ist im Sinne dieses Schemas von außen nach innen gegangen. Es wird in der Geschichte der Planeten-Astronomie aufgezeigt, was man von den Modellen erwartet und was sie leisten. Die Babylonier erreichten die Forderungen 1.—3. mit aller damals möglichen Genauigkeit. Die Griechen konnten sich mit dem Faktum der Unregelmäßigkeit der Planetenbewegung nicht zufrieden geben und stellten zur Erklärung die Hypothese auf, daß sich die Planeten auf Epizyklen bewegen. *Kopernikus* verlegte den Bezugspunkt in die Sonne. *Kepler* lehrte, daß die Planeten Ellipsen beschreiben, in deren einem Brennpunkt die Sonne steht. *Newton* konnte dies mit der Hypothese erklären, daß die Sonne die Planeten mit einer Kraft anzieht, die umgekehrt proportional dem Quadrat der Entfernung ist. Damit sind die Planetenbewegungen vollständig erklärt, soweit eine Erklärung überhaupt möglich ist.

Auf die Modellvorstellungen für die 4 inneren Kreise der Wirklichkeit wird nur kurz eingegangen. — Erscheint in den Sitzungsberichten.

Vorgelegt werden Veröffentlichungen von: Paul Görlich, Artur Lösche, Erich Rammler, Erich Schmid.

Sitzung am 14. Februar

Vortrag des Herrn Walter Brednow: „Zur Anthropologie des Schwindels". — Daß sich Wortbedeutungen im Laufe von Generationen wandeln, ist eine fast alltägliche Beobachtung. Selten aber ist es, daß ein Wort, ein Begriff seinen Wertcharakter so maßgebend ändert, wie dies beim „Schwindel" geschehen ist. In den „Wanderjahren" wird der Wanderer an einer schroffen Felswand vom Schwindel erfaßt, der in der Bergwelt aber erfahrene Montan erachtet einen solchen Schwindel nicht nur für völlig adaequat gegenüber der Größe der Natur, sondern er erklärt, es sei ja „überhaupt kein echter Genuß als da, wo man erst schwindeln muß". Aus der Sicht medizinischer Anthropologie wird auf die ganz zentrale Bedeutung des

Vestibularissystems für die Persönlichkeit hingewiesen, auf die psychosomatische Wertung der aufrechten Haltung, wie sie schon Herder hervorgehoben hat. Störungen aus solcher Richtung können als Méniere-Syndrom im Innenrohr ausgelöst sein oder auf das vasomotorische System im weitesten Sinne bezogen werden. Auf jeden Fall rechnen wir heute den Schwindel in einen pathologischen Bereich, so daß neuro-otologische Funktionsproben differenzierter Art selbstverständliches Erfordernis sind, um entsprechende therapeutische Maßnahmen zu ergreifen. Es wird dargelegt, daß der von *Burke*, *Kant*, *Schiller* u. a. entwickelte Begriff des „Erhabenen" mit jenem Eindruck verbunden wird, den der Mensch im Bewußtsein seiner „Kleinheit" gegenüber der Unendlichkeit und „Größe" der Natur von einem Berggipfel aus erleben kann. Der „Schwindel" als Beweis für „echten Genuß" ist Symbol für die tiefgreifende Wirkung und damit den hohen Wertcharakter des Erhabenen vor 150—200 Jahren. Es entspricht der naturwissenschaftlich-technischen Entwicklung unserer Zeit, daß die Ergriffenheit zurücktritt gegenüber dem ungeheuer machtvollen Ergreifen des technisch Machbaren durch den in solcher Hinsicht immer stärker perfektionierten Menschen. So mußte logischerweise der Schwindel seinen positiven Wertcharakter als Zeichen für „echten Genuß" verlieren. — Erschienen in den Sitzungsberichten *110* (1973) H. 3.

Vorgelegt werden Veröffentlichungen von: Kurt Mothes, Erich Schmid, Gustav E. R. Schulze.

Sitzung am 6. März

Vortrag des Herrn Franz Runge: „10 Jahre Kunststoffe. Entwicklung in Wissenschaft und Technik". — Die technischen Ausgangsstoffe für die Kunststoffe haben sich grundsätzlich gewandelt. Früher war es Steinkohlenteer und Synthesegas, heute sind es Erdöl und Erdgas. Bei der Destillation oder dem Cracken von Erdöl, um Kraftstoffe zu gewinnen, fallen automatisch die aliphatischen Kohlenwasserstoffe C_1 bis C_5 an, die dann durch Dehydrierung technisch in die betreffenden Olefine oder Diene umgewandelt werden. Auch Acetylen wird heute pyrolytisch aus Methan oder sogar direkt aus Erdöl hergestellt, wobei die Anwendung von Plasma das modernste Verfahren ist. Auch die geläufigen Aromaten wie Benzol, Toluol, Xylol, Naphthalin werden durch Cracken aus Erdöl gewonnen. Für die Vinyl-Verbindungen gibt es heute gleichfalls neue Synthesen, z. B. für Vinylchlorid, Vinylacetat, Acrylsäure, Acrylnitril usw.

Formaldehyd, wichtig für die Pheno- und Aminoplaste, wird jetzt direkt aus Methan durch Oxydation nach verschiedenen Verfahren technisch dargestellt.

Die chemischen und physikalischen Eigenschaften unserer Kunststoffe hängen maßgeblich von der inneren Struktur der Makromoleküle ab, die wir mit Hilfe moderner physikalischer Methoden eruieren können. Das ist auch mit der Grund, daß die modernen Kunststoffe weniger durch Polymerisation neuer bisher unbekannter Monomeren entstanden sind, als vielmehr durch Abwandlung alter Polymerisationsverfahren und dann durch geschickte Kombination von zwei oder drei Monomeren zu Copolymeren oder Terpolymeren. Weiter durch Verschmelzen von fertigen Hochpolymeren zu den sogenannten „polymer blends". Schließlich liegen auch Kunststoffe vor, die durch Anwendung beider Methoden entstanden sind. Sehr vielseitig sind die Füllstoffe der Hochpolymeren, wodurch die Kunststoffe modifiziert werden. Vor allem ist es die Glasfaser und neuerdings die Kohlenstofffaser, die nach verschiedenen Methoden erzeugt wird. Außerdem sind zur gezielten Modifikation von Kunststoffen die verschiedensten Präparate entwickelt worden, die Antistatika, Flammenschutzmittel, Gleitmittel, Stabilisatoren, Alterungsschutzmittel usw. darstellen. Die Kunststoffe haben sich auf allen möglichen Gebieten so gut eingeführt, daß sie industriell im größeren Maßstabe als Kupfer oder Stahl erzeugt werden, wenn man nicht die Gewichte, sondern die Volumina vergleicht.

Ganz neue Kunststoffe aus neuen Ausgangsstoffen sind die hochtemperaturbeständigen Derivate, die auf den verschiedensten Gebieten, auch in der Raumfahrt, eine große Rolle spielen. Es sind das meist Verbindungen, deren Konstitution eine sogenannte Treppenleiter darstellt. Weiter sind es die elektrischen Leiter und Halbleiter, die mit Hilfe frei beweglicher π-Elektronen den elektrischen Strom leiten und dadurch für viele Apparate, wie Transistoren usw. von großem Wert sind. Zum Schluß erwähne ich selbstgeschaffene Copolymere aus Vinyl- und Silanverbindungen, die hochporös sind und sich vorzüglich zur Adsorption von Verunreinigungen im Wasser eignen. — Erscheint in den Sitzungsberichten.

Sitzung am 29. Mai

Vortrag des Herrn Hermann Berg: „Von der Photo-Polarographie zur Photodynamie". — In entwicklungsgeschichtlicher Form wurde eine Verbindung zwischen Physik und Biologie aufgezeigt. Dabei handelt es sich um die Bestimmung der Elektronenaustauscheigenschaften angeregter Moleküle, im engeren Sinne um Sensibilisatoren des photodynamischen Effektes. Dieses Problem entstand beim systematischen Aufbau der Photo-Polarographie unter Verwendung von Blitzbelichtung. Hierdurch werden gezielte Störungen von Elektrodenprozessen ausgelöst und die Anregung von Sensibilisatoren an der Grenzfläche Elektrode/Elektrolyt ermöglicht. Die elektrochemische Messung ihres Reduktions- oder Oxydationspotentials jedoch zeigt sich als auf wenige günstige Fälle beschränkt, wo der Elektronenübergang zum oder vom angeregten Sensibilisator irreversibel erfolgt. Sein Reduktionspotential z. B. liegt um ca. 1V positiver als im Grundzustand. Für die meisten photodynamisch aktiven Sensibilisatoren mußte ein indirektes Verfahren aus Blitzphotolyse und (Dunkel-)Polarographie kombiniert werden, womit sich in der Art von apparent redoxpotentials (nach *J. B. Conant*) die Redoxpotentiale angeregter Sensibilisatoren eingabeln lassen. Damit werden Voraussagen photodynamischer Prozesse in der Molekularbiologie möglich. — Erscheint in den Sitzungsberichten.

Sitzung am 19. Juni

Vortrag des Herrn Dietrich Uhlmann: „Störungen des biologischen Gleichgewichts in Gewässern". — Solange in ein Gewässer nicht so große Mengen an toxischen Substanzen gelangen, daß überhaupt keine Organismen normal gedeihen können, bildet sich bei jeder Belastung eine Organismengemeinschaft aus, die durch ihr Vorhandensein anzeigt, daß sie den herrschenden Umweltbedingungen angepaßt ist. Je höher die Belastung z. B. mit Abwässern ist, desto einseitiger ist auch die Populationsstruktur. Für den Abbau der organischen Substrate wird von der Organismengemeinschaft „automatisch" ein angemessenes Enzympotential zur Verfügung gestellt, das in unterschiedlichster Weise auf die anwesenden Arten verteilt sein kann. Weitgehend konstant, im Sinne eines Fließgleichgewichtes, bleibt dabei jedoch nur die biochemische Leistung des Ökosystems. Sie kann zur Zeit nur für homogene Systeme in grober Näherung vorausberechnet werden. Hingegen unterliegen die Individuendichten der einzelnen Arten oft beträchtlichen zeitlichen Schwankungen. Offensichtlich sinkt die Umsatzleistung pro Zelle bzw. pro Individuum, wenn die Biomassekonzentration steigt. Andererseits ist die spezifische Leistung deutlich erhöht, wenn sie durch Freßwirkung oder andere Verlustgrößen auf ein niedriges Niveau gebracht wird. Die zeitlichen Änderungen der Struktur sind in artenreichen Ökosystemen dank der Vielzahl von Verknüpfungen und Rückkopplungen wesentlich stärker gedämpft als in artenarmen.

Das Gewässer-Ökosystem zeigt gegenüber Belastungsstößen, die einen bestimmten Schwellenwert nicht überschreiten, ein erhebliches Pufferungsvermögen. Die Reaktion auf eine stufenförmige Erhöhung oder Verringerung der Belastung entspricht der Mehrzahl der bisher untersuchten Fälle der Übergangsfunktion eines Regelsystems erster Ordnung. Die Wiederherstellung der ursprünglichen biozönotischen Struktur ist in einem stark „offenen" System (Fließstrecke) sehr fiel einfacher als in einem stofflich weitgehend geschlossenen (Seen mit sehr langer Verweilzeit des Wassers).

Gegenwärtig besteht noch ein großer Mangel an Methoden zur Vorhersage der Reaktion von Gewässer-Ökosystemen auf technische Eingriffe. Dies gilt insbesondere für Gewässer, in denen räumliche Gradienten bestehen. — Erschienen in den Abhandlungen Bd *52* (1973) H. 2.

Vorgelegt werden Veröffentlichungen von: Werner Heisenberg, Kurt Mothes, Herbert Staude.

1. Sitzung am 9. Oktober

Vortrag des Herrn Erich Lange (Erlangen): „Praktische Anregungen aus der Wissenstheorie". — Die heutige Wissenschaft ist durch zwei schwerwiegende Umstände gekennzeichnet. Einerseits ist eine immer weitergehende *Spezialisierung* zwecks erfolgreicher Forschung unumgänglich. Andrerseits, und mit ersterer zusammenhängend, hat die *Fülle* des erarbeiteten Wissensstoffes ein solches Ausmaß angenommen, daß der Fachwissenschaftler selbst auf seinem Fachgebiet kaum noch in der Lage ist, das Fachwissen zur Kenntnis zu nehmen und zu verwerten. Beide Charakteristika bewirken, daß die Fachvertreter verschiedener Richtungen selbst benachbarter Gebiete sich oft nicht mehr verstehen, mit dem Ergebnis, daß dadurch auch die einzelnen Fachwissenschaften selbst erhebliche Nachteile erleiden.

Daher hat man innerhalb und außerhalb der Wissenschaft erkannt, daß wirksame Maßnahmen getroffen werden müssen, damit diese Schwierigkeiten nicht noch größer werden, nicht zur Unfruchtbarkeit führen, sondern im Rahmen der weltweiten Bemühungen um bessere Ausbildung und harmonische Bildung Gemeinsames aller Wissenschaften stärker als bisher gefördert wird. Wertvolle Anregungen hierzu können aus der allgemeinen Wissenstheorie und aus einem ihrer Teilgebiete, der Wissenschaftstheorie entnommen werden. Hierbei handelt es sich vor allem um verstärkte Bemühungen, klarere Begriffe und Urteile als bisher zu gewinnen. Auf diese Weise kann man hoffen, die Realitäten einwandfreier zu erfassen, richtigere Vorhersagungen, Verständigungen, erfolgreiche Zielhandlungen des Einzelnen, der Gesellschaft zu erleichtern. Für Hochschulen, wissenschaftliche Organisationen, auch für gelehrte Akademien ergeben sich in dieser Hinsicht neue, wichtige und interessante Aufgaben.

Auch die folgenden Darlegungen sollen einen *Beitrag* hierzu erstellen. Sicherlich sind es nur einige ausgewählte Gesichtspunkte vom *Standpunkt eines Naturwissenschaftlers*, die ergänzt und vielleicht modifiziert werden können. Wahrscheinlich haben sie für unterschiedliche Staats- und Hochschulsysteme verschiedene Bedeutung. Einigen Gesichtspunkten werden Tradition und Interessen entgegenstehen. Trotzdem kann ihre Erwähnung nützlich sein, da sie zur Prüfung anregen kann, welche Maßnahmen schließlich verwirklicht werden sollen.

Die Darlegungen erstrecken sich zunächst auf einige Anregungen aus der Wissenstheorie und Wissenschaftstheorie für *alle* Wissenschaftszweige und anschließend auf solche für einige *ausgewählte Grundwissenschaften*, die Mathematik, Physik, Chemie, Psychologie und Soziologie. Auch auf die Grenzen des Wertes des Wissens wurde hingewiesen. — Erschienen als Vervielfältigung der Akademie Nr. 20/1972. 20 S.

2. Sitzung am 9. Oktober

Vortrag des Herrn Erich Rammler: „Einige Betrachtungen über Erdgas". — Während noch vor zwanzig Jahren in der Energiewirtschaft „Gas" gleichbedeutend mit Entgasungsgas aus Steinkohle war und neben diesem Kunstgas das Naturgas nur in den USA — untergeordnet in der UdSSR und der SR Rumänien — von Bedeutung war, ist das Erdgas heute im Vormarsch im Weltmaßstab und hat bereits 1969 — nach Erdöl und Kohle an dritter Stelle folgend — 19% des Primärenergieaufkommens der Welt bestritten. Anlaß zu dieser Entwicklung sind einmal beträchtliche Erdgasfunde in den letzten 10 Jahren, der stark steigende Gasbedarf durch den wachsenden Einsatz von Gas zur Raumheizung und der höhere Grad von „Umweltfreundlichkeit" entschwefelten Erdgases (CO-Gehalt praktisch gleich Null, kein Staub und nur geringfügiger SO_2-Gehalt im Verbrennungsgas). Erdgas ist mit Heizwerten von 7000 bis 10000, im Durchschnitt 8000 kcal/m^3_n ein hochwertiger Energieträger; allerdings kommen fallweise auch stickstoffreiche Erdgase mit Heizwerten von 5000 bis 3000 kcal/m^3_n vor. Von den nach dem Stand von Ende 1970 nachgewiesenen gewinnbaren Vorräten von 47,3 Billionen m^3 entfallen 31,7% auf die UdSSR, 25,1% auf Amerika, 24% auf Asien (ohne UdSSR), 10,3% auf Europa und 8,8% auf Afrika. Die 5 wichtigsten Erdgasvorratsländer sind die UdSSR, die USA, der Iran, Algerien und die Niederlande. Wichtige Marken in der Vorratsentwicklung sind die großen Funde in West- und Nordwestsibirien (Gebiet von Tjumen bis zum Eismeer), im Polargebiet Alaskas und Kanadas und in den Niederlanden. Die Erdgasfunde in den Niederlanden führten zur Exploration im Schelfmeer der Nordsee. Man fand große Erdgasfdelder vor der Ostküste Großbritanniens, das damit auf den 9. Platz in der Rangfolge der Erdgasvorratsländer der Welt rückte; weitere Erkundungserfolge stellten sich vor der Küste Norwegens ein. Die größte Erdgasförderung weisen mit 620 Milliarden m^3 im Jahre 1970 die USA, die zweitgrößte mit 196 Milliarden m^3 im Jahre 1970 die UdSSR auf, an 3. und 4. Stelle stehen Kanada und die Niederlande. Eine Berechnung des Vortragenden unter Berücksichtigung der Steigerung des Weltenergiebedarfes von 7 Mrd. t Steinkohleneinheiten im Jahre 1970 auf voraussichtlich 21 Mrd. t im Jahre 2000 zeigt, daß die obengenannten sicheren Erdgasvorräte schon zwischen 1990 und 2000 erschöpft sein werden. Eine Zusammenstellung der prognostischen Vorräte, vor allem in den Polargebieten der UdSSR, der USA und Kanadas und in den Festlandsockeln der USA, führt auf 162 Billionen m^3, die eine Lebensdauer der Erdgasgewinnung bis zum Jahre 2040 gewährleisten, wenn die Weltförderung nach dem Jahr 2000 3,6 Billionen m^3 je Jahr nicht übersteigt. Weitergehende Berechnungen auf Grund möglicher Vorräte sind als zu spekulativ abzulehnen. Erdgas ist seit 1964 zunehmend internationales Handelsgut geworden. Zum Transport über internationale Pipelines mit Entfernungen bis über 5000 km Größtes Transportunternehmen: Pipeline „Nordlicht" der UdSSR aus Westsibirien bis Westeuropa) hat sich der Tankertransport von verflüssigtem Erdgas gesellt; eine neue Technologie für den Transport von verflüssigtem Erdgas in Rohrleitungen bei hohen Drücken wird in der UdSSR entwickelt. Die größten Erdgasexporteure sind die UdSSR, die Niederlande und — zur Zeit noch in größerem Abstand — Algerien. Der Vortragende behandelt im letzten Teil seiner Ausführungen die verschiedenen Verwendungszwecke von Erdgas und ihre zweckmäßige Rangordnung, einmal für die stickstoffarmen Erdgase und zum anderen für die stickstoffreichen, niederkalorischen Erdgase der DDR und der VR Polen, auf die viel, größtenteils erfolgreiche Forschungsarbeit verwendet worden ist. Abschließend weist der Vortragende darauf hin, daß Erdgas der umweltfreundlichste, wenn auch nicht der mächtigste im Quartett der Energieträger Erdöl, Kohle, Erdgas und Uran ist, und daß die UdSSR der Staat mit den größten nachgewiesenen und prognostischen Erdgasreserven ist und nach 1980 das größte Erdgasförderland sein wird, nachdem die Sowjetunion schon in den nächsten Jahren größtes Erdgasexportland sein wird. — Erschienen in den Sitzungsberichten *110* (1973) H. 5.

Vorgelegt werden Veröffentlichungen von: Paul Görlich, Jakov Mikhailovitsch Kolotyrkin, Erich Lange, Kurt Schwabe.

Sitzung am 18. Dezember

Vortrag des Herrn Ulrich Freimuth: „Eiweißqualität und Eiweißanalytik". — Die Unentbehrlichkeit der Eiweißkörper in der Ernährung läßt sie infolge der raschen Zunahme der Weltbevölkerung zu einem Nahrungsbestandteil von vorrangiger praktischer und wissenschaftlicher Bedeutung aufrücken. Die ökonomischen Gegebenheiten werden in naher Zukunft einen Austausch der hochwertigen tierischen Proteine durch pflanzliche oder anderweitig gewonnene „neuartige“ Eiweißkörper erforderlich machen. Um die Gesundheit und Leistungsfähigkeit der Bevölkerung zu sichern, muß man für eine solche „Umverteilung“ des Nahrungsproteins dessen ernährungsphysiologischen Wert zugrunde legen.

Da für den biologischen Wert der Proteine das Aminosäurespektrum ausschlaggebend ist, kann neben den bekannten Methoden des Tierversuchs auch die chemische Analyse der Aminosäurebausteine und eine rechnerische Ermittlung der biologischen Wertigkeit herangezogen werden.

Hierbei ist die Bestimmung von solchen essentiellen Aminosäuren besonders wichtig, die den Ernährungseffekt als „limitierender Faktor“ begrenzen können. In der Mehrzahl der Proteine sind dies die „Eckaminosäuren“ Lysin, Methionin und Tryptophan.

Differenzen zwischen den Ergebnissen der verschiedenen Methoden können u. a. auftreten durch eine chemische Blockierung des Lysins infolge einer Umsetzung mit reduzierenden Zuckern (*Maillard*-Reaktion), deren erste Stufen bei der Hydrolyse durch Säuren noch wieder gespalten werden. Dagegen sind diese Verbindungen für die Verdauungsenzyme bereits unangreifbar, und das Lysin ist deshalb nicht verwertbar. Bei der elektrophoretischen Untersuchung eines Eiweißhydrolysates treten solche Spaltprodukte in Erscheinung. Die Unterscheidung des Gesamtlysins gegenüber dem „verfügbaren“ Lysin ist daher für die Bewertung der Eiweißqualität von entscheidender Bedeutung. Strukturelle Faktoren wie Sekundär- und Tertiärstruktur des Proteins wirken sich auf die Reaktivität der funktionellen Gruppen beim Erhitzen oder Trocknen deutlich aus. — Erscheint in den Sitzungsberichten.

Vorgelegt werden Veröffentlichungen von: Franz Runge.

Philologisch-historische Klasse

1971

Sitzung am 18. Januar

Vortrag des Herrn Rudolf Meyer: „Das althebräische Satzgefüge. Zum Problem der Ausdruckmöglichkeiten im Nordwestsemitischen“. — Das Althebräische ist insofern für die Erschließung des Kanaanäischen als des gegenüber dem Aramäischen älteren Sprachzweiges des Nordwestsemitischen von grundlegender Bedeutung, als es nicht nur von den bekannten kanaanäischen Idiomen die umfangreichsten Quellen aufweist, sondern zugleich über ein altwestsemitisches Substrat verfügt, das vor allem durch die Alphabet-Texte von Ugarit ins rechte Licht gerückt worden ist.

Da der Charakter einer Sprache besonders im Satzgefüge zum Ausdruck kommt, muß der Maßstab für die Ausdrucksmöglichkeiten eines Idioms von innen her gewonnen werden. So stellt sich für das Hebräische zunächst der Satz wesentlich anders dar als etwa im Deutschen. Man unterscheidet drei Formen von syntaktischen Einheiten: a) den Nominalsatz mit einem Subjekt und einem nominalen Prädikat, das primär ohne Kopula auf das Subjekt folgt; b) den Verbalsatz, in dem pronominales Subjekt und verbales Prädikat im Verbum finitum fest verbunden sind, während das in der Regel unmittelbar folgende Substantiv besser nicht als Subjekt, sondern Subjekt-Apposition bezeichnet werden sollte; c) den zusammengesetzten Nominalsatz, in welchem dem Subjekt ein Prädikat in Gestalt eines vollständigen Nominal- oder eines Verbalsatzes gegenübersteht.

Die Wortfügungen im Satz sind dadurch gekennzeichnet, daß es nur drei „Fälle" beziehungsweise Bezugsmöglichkeiten zwischen den einzelnen Wortarten gibt: a) den Nominativ, in ihm stehen vornehmlich Subjekt und Subjekts-Appostion; b) den Genitiv oder Adnominalis, in ihm steht jedes von einem Leitwort abhängige Nomen, aber auch jedes in gleicher Abhängigkeit befindliche Verbum; c) den Akkusativ oder Adverbalis, der die überaus vielfältigen Beziehungen eines Nomens oder auch eines Verbums zu einem übergeordneten Verbum ausdrückt.

Das Satzgefüge basiert auf der Parataxe, der Nebeneinanderstellung einzelner Sätze, wobei sowohl Asyndesis als auch Syndesis durch das vieldeutige Bindewort „und" begegnet. Das jeweilige Verhältnis des Nebensatzes zum übergeordneten Hauptsatz muß aus dem Zusammenhang erschlossen werden. Meist werden die Nebensätze, die ihrer Struktur nach stets Hauptsätze sind, durch Konjunktionen eingeleitet. Ein großer Teil von ihnen sind jedoch lediglich deiktische Elemente, deren Funktion erst durch die Art des übergeordneten Satzgliedes bestimmt wird, das der jeweilige Nebensatz vertritt. Formal erkennbar ist die Subordination nur dort, wo der Nebensatz durch eine Präposition oder einen präpositionellen Begriff als Konjunktion eingeleitet wird. Die Eigenart des Hebräischen als einer Ausprägung des Kanaanäischen nötigt dazu, zu überprüfen, ob und wieweit gegenwärtige sprachwissenschaftliche Methoden dem hier vorliegenden Phänomen gerecht werden können. — Erscheint in den Sitzungsberichten.

Vorgelegt werden Veröffentlichungen von: Rudolf Große

Sitzung am 22. Februar

Vortrag des Herrn Joachim Müller: „Zur Motivstruktur von Goethes ‚Faust'". — Die Frage nach der inneren Einheit der Faustdichtung bei all ihrer Disparatheit und Diskontinuität im einzelnen ist am überzeugendsten mit der Analyse des Motivzusammenhangs zu beantworten. Dabei muß stets die Funktionalität des Einzelmotivs wie der Motivkomplexe in der Gesamttextur berücksichtigt werden. Man muß die Faustdichtung als differenziertes Bezugssystem lesen und mit dialektischen Kategorien betrachten. Je mehr man das Wiederkehrende in Sprachfiguren wie in analogen szenischen Situationen verfolgt, desto mehr erschließt sich das strukturbildende Motivgeflecht, das der immer festgehaltenen Grundkonzeption wie dem Kunstverstand des Dichters zu danken ist. So verklammern Themen wie Irren und Streben, Schaudern als Ergriffensein, Erdreisten als Tatbereitschaft Anfang und Ende des Dramas. So enthüllt sich Kerker als durchlaufendes szenisches wie symbolisches Motiv. Komplex und zentral ist das Thema der Wette, in dem Fausts

Charakterwidersprüche wie sein waches Tat- und Lebensbewußtsein dramatisches Ereignis werden. Entscheidend ferner der Motivkreis von Tod und Neugeburt, Erstarren und Regeneration, worin die Korrelation von Entbehren und Begehren, Entsagen und Besitzen eingeschlossen ist. Paralyse und Wiedergeburt Fausts zählen zu den Hauptereignissen. Das Thema der Wiedergeburt konstituiert sowohl den Weg des Homunculus von der geistigen zur körperlichen Existenz wie die Auferstehung von Fausts Entelechie am Ende der Dichtung. Strukturbestimmend das ganze Drama hindurch ist Fausts Verhältnis zur Natur. In den mannigfaltigsten Kontrasten erweist sich die Konstanz und Konsistenz dieses Bereiches. Faust begegnet dem Mikrokosmos wie dem Makrokosmos, der Idylle wie dem Elementargeschehen. Dem Erdgeist hält er nicht stand, aber in der Waldeinsamkeit fühlt er sich der Natur brüderlich verbunden. Nächtlich-Unheimliches bedrängt beim Brokkenaufstieg wie auf dem Weg zu Gretchens Kerker. Aber Land und Meer werden schließlich zu Bewährungen des Tatgeistes. In der Hochgebirgslandschaft wird der Regenbogen über dem Wasserfall zum Sinnbild des Lebens und die Arkadienwelt spiegelt urbildliche Menschheitssehnsucht. Zentrales Gewicht hat die Sorge, die zu Beginn als bedrückendes Phänomen des allgemeinen Menschenloses reflektiert wird und am Ende als Person erscheint. Faust weiß ihre dämonische Macht zu bestehen und ihr mit seinem letzten Tatentschluß die Kraft des Menschengeistes zu bezeugen. So ist das Strukturganze der Faustdichtung durchwirkt von gegensätzlichen Motiven und weitgespannten Motivkreisen, deren verzweigte Vielheit zuletzt in eine dramatische Einheit integriert ist. — Erschienen in den Sitzungsberichten Bd 116 (1972) H. 3.

Vorgelegt werden Veröffentlichungen von: Kurt Aland, Otto Eißfeldt, Johannes Erben, Vladimir Georgiev, Rudolf Große, Hermann Heimpel, Gotthard Neumann, Friedrich Weller.

Sitzung am 29. März

Vortrag des Herrn Werner Bahner: „Struktur und Erzählperspektive des spanischen Schelmenromans". — Mit der Verflechtung von Autobiographie und Ständespiegel war im „Lazarillo de Tormes" erstmals eine kompositionelle Grundstruktur geschaffen worden, die sich für alle weiteren Schelmenromane als konstitutiv erweisen sollte. Sie gestattete eine Erzählperspektive, die den neuen Bedürfnissen menschlicher Selbstverständigung im 16. Jahrhundert entgegenkam. In der Romanentwicklung manifestierte sich hierbei jener Umbruch, der mit dem Abbau der feudalständischen Ordnung und der Freisetzung der menschlichen Individualität im Zeitalter der Renaissance eng zusammenhing. Mit der nicht mehr ständisch gebundenen Funktion des Schriftstellers stand in Korrelation, daß nunmehr in der Gestaltung der Figuren wie auch im Gesamtaufbau eines literarischen Werkes eine neugewonnene individuelle Ebene bezogen wurde. Die menschliche Individualität enthüllt sich nicht nur zunehmend in ihrer Mannigfaltigkeit und Tiefe, auch die gesellschaftliche Welt selbst erscheint in vielfältiger Spiegelung. Im „Lazarillo de Tormes" bekundet sich dies in eindringlicher Weise durch den Gebrauch der Ich-Form. Zwei erzählperspektivische Momente treten in diesem autobiographisch angelegten Roman erstmals hervor, die für die weitere Entwicklung von bemerkenswerter literarhistorischer Bedeutung sein sollten: 1. Die gesellschaftliche Welt, mit der Lazarillo in Beziehung tritt, wird nur aus seiner Perspektive betrachtet. 2. Der Antiheld erzählt sein bisheriges Leben immer von der Entwicklungsstufe aus, die er am Ende der Gesamthandlung des Romans erreicht. Auf diese Weise kommt es stets zu einer Spannung zwischen dem erzählenden und dem vergangenen Ich, ohne daß Lazarillos Perspektive mit der des Autors gleichzusetzen ist. Mittels verhaltener Ironie bringt der Autor seine Distanz zur naiven Unbekümmertheit des Protagonisten zum Ausdruck. — Erscheint in den Sitzungsberichten.

Vorgelegt werden Veröffentlichungen von: Walter Baetke, Hermann Heimpel, Walter Markov, Friedrich Weller.

Sitzung am 24. Mai

Vortrag der Frau Lieselotte Blumenthal: „Schillers Urteil über ein unbekanntes Theaterstück". — Der bisher unveröffentlichte Text, in dem Schiller über ein nicht genanntes Theaterstück urteilt, bietet der philologischen Forschung und literaturwissenschaftlichen Interpretation beträchtliche Schwierigkeiten. Den einzigen Anhaltspunkt liefert der Name Karls XII., und aus dem Zusammenhang, in dem er erwähnt wird, möchte man annehmen, daß der schwedische König der Held des Schauspiels war. Aber es ließ sich nur auf Umwegen identifizieren, da eine Aufführung mit solchem Titel bis 1800 — für die späteren Jahre bis zu Schillers Tod fehlen alle allgemeinen Theaterzeitschriften — nicht nachgewiesen werden konnte. Durch die Entdeckung eines Druckes von 1800 ergab sich, daß das fünfaktige Schauspiel „Carl XII. bey Bender" von Christian August Vulpius gemeint sein dürfte, das seit 1797 unter dem Namen der Heldin als „Sitah Mani" oft aufgeführt wurde. Da aus einem Brief von Vulpius an Schiller vom 30. Juli 1799 hervorgeht, daß er ihm an diesem Tag das Manuskript seines Dramas „Carl XII." schickte und ihn um seine Meinung bat, ist die vorliegende Handschrift wahrscheinlich die Antwort auf diesen Brief. Schiller meint darin, daß er an der Bühnenwirksamkeit des Stückes nicht zweifle, wenn vorher noch drei Bedingungen erfüllt würden: Das Schauspiel müsse um einige überflüssige Personen vermindert werden; die Hauptbegebenheiten sollten zusammengedrängt werden, und für die historische Exposition sei noch einiges zu tun, damit der Leser oder Zuschauer sich sofort in der Situation zurechtfinde. Vor allem aber dürfe Karl XII. nie unbedeutend sein, da von diesem Charakter die ganze Wirkung abhinge.

Eine Analyse von Vulpius' Schauspiel zeigt, daß Schiller sich nicht begnügt hat, die offensichtlichen Schwächen des Stückes aufzudecken; sie werden vielmehr gar nicht erwähnt. Seine Ratschläge bedeuten eine fundamentale Kritik, die in ihrer Knappheit besagt, daß der Autor die Bedeutung des Skeletts der dramatischen Struktur nicht begriffen hat und dadurch die Proportionen der Ausarbeitung nicht stimmen. In Schillers präzisen Forderungen werden seine Erkenntnisse der jahrelangen Arbeit an der „Wallenstein"-Trilogie sichtbar, und diese Widerspiegelung macht die vorliegende Handschrift zu einem höchst aufschlußreichen Dokument. — Erscheint in den Sitzungsberichten.

Vorgelegt werden Veröffentlichungen von: Walter Horace Bruford, Gerhard Buchda, Hermann Heimpel, Franz Lau, Herbert Peuckert, Claire Préaux, Kurt Tackenberg, Friedrich Weller, Franz Wieacker.

Sitzung am 11. Oktober

Vortrag des Herrn Rudolf Große: „Zur Problematik der Bedeutungserschließung im althochdeutschen Wortschatz". — Die auf lange Sicht angelegte Arbeit am Althochdeutschen Wörterbuch, dem Thesaurus der gesamten deutschsprachigen Überlieferung von ihren Anfängen im 8. Jahrhundert bis in die Mitte des 11. Jahrhunderts, führt zu konzeptionellen Überlegungen, die von der sich entwickelnden Sprachtheorie angeregt werden, die jedoch auch zur weiteren Entwicklung der Sprachwissenschaft beitragen können.

Das erklärende (einsprachige) Wörterbuch geht seiner Anlage nach über die bloße Bezeichnungsfunktion der Wörter hinaus und versucht, aus vielen (im Prinzip allen möglichen) Kontexten die verallgemeinerte Bedeutung zu erfassen. In unreflektierter Verfahrensweise ist damit der gnoseologische Aspekt des sprachlichen Zeichens in das Blickfeld der exikologen getreten, der sich deshalb auf das philosophische Fundament seiner philologischen Tätigkeit besinnen muß.

Die im ideellen Abbild, der begrifflichen Bedeutung des Wortes widergespiegelten Sachen und Sachverhalte der objektiven Wirklichkeit sind bei einem Wortschatz aus vergangener Zeit nicht mehr unmittelbar der Kompetenz des Lexikologen zugänglich; er vermag sie jedoch aus den zeitgenössischen Texten zu schließen, bedarf dazu jedoch der Hilfe des Historikers, nicht selten auch gerade der Fachhistoriker und Folkloristen. Ihnen wiederum kommt die Arbeit der historischen Wortforschung zugute, die Einblicke in Bewußtseinszusammenhänge ermöglicht, die auf anderen Wegen schwerlich zu gewinnen sind.

Die Sprachwissenschaft ist bemüht, auch für die Semantik Methoden zu entwickeln, die eine exakte, nachvollziehbare Beschreibung ermöglichen. Ein im Erscheinen begriffenes Wörterbuch kann zwar kaum in seiner Anlage grundlegend verändert werden; es ist jedoch zu prüfen, ob die neu erkundeten Verfahren in förderlicher Weise angewendet werden können. Unter diesen Gesichtspunkten wird erörtert, wieweit die Distributionsanalyse, die Valenzanalyse, die Semananalyse für den historischen Wortschatz tauglich sind. Ihre Grenzen sind, ähnlich wie in der Gegenwartssprache, markiert bei der Beschreibung stilistischer, konnotativer Bedeutungskomponenten. — Erscheint in den Sitzungsberichten.

Vorgelegt werden Veröffentlichungen von: Albert Egges van Giffen, Jorgu Jordan, Gertrud Schubart-Fikentscher (Vorlagen v. 14. Juni 1971).

Sitzung am 13. Dezember

Vortrag des Herrn Johannes Jahn: „Goethe und Dürer". — Die erste Äußerung Goethes über Dürer steht im Hymnus des 23jährigen auf das Straßburger Münster, das aus „starker, rauher, deutscher Seele" entstanden sei, Eigenschaften, die Goethe auch bei Dürer findet, dessen Holzschnitte er den Erzeugnissen der „geschminkten Puppenmaler" des Rokoko gegenüberstellt. Zum zweiten Male fällt der Name Dürers wenig später in dem Gedicht „Hans Sachsens poetische Sendung", in dem Hans Sachs von der Muse der Dichtkunst aufgefordert wird, die Welt so männlich und kraftvoll zu gestalten, wie Dürer sie gesehen hat. Goethe selbst hat diese Welt eines ungebrochenen deutschen Volkscharakters damals im „Goetz von Berlichingen" geschildert. Steigende Hochachtung für Dürer spricht aus einem Brief an Lavater aus dem Jahre 1780, in dem u. a. von Dürer gesagt wird, daß er „an Wahrheit, Erhabenheit und selbst Grazie nur die ersten Italiener zu seinesgleichen hat". Praktisch äußerte sich diese hohe Schätzung im Sammeln von Dürer-Graphik und Austausch mit Lavater und Merck, auch studierte Goethe Dürers Briefe an Pirckheimer und sein Tagebuch der niederländischen Reise. Gemälde Dürers lernte Goethe erstmals auf dem Wege nach Italien in München kennen. Die „Apostel" erschienen ihm als Werke von „unglaublicher Großheit" wie wenig später auch Michelangelos Malereien an der Sixtinischen Decke.

Auf der Rückreise von Italien 1788 hielt Goethe sich einige Tage in Nürnberg auf. Ein erhaltenes Notizheft gibt Auskunft über das, was er dort alles gesehen hat, enthält aber nur magere Angaben über seine Eindrücke von Dürers Gemälden.

Die Abneigung der Aufklärungszeit gegen das „finstere Mittelalter" ließ Goethe nach der Rückkehr aus Italien die mittelalterliche Komponente im Schaffen Dürers schärfer sehen, der, wie es in den „Venezianischen Epigrammen" von 1790 heißt, „mit apokalyptischen Bildern unser gesundes Gehirn zerrüttet". In den „Maximen und Reflexionen" bescheinigte er ihm zwar ein „höchst inniges realistisches Anschauen", aber zugleich eine „trübe, form- und bodenlose Phantasie".

Dürers jugendliches Selbstbildnis, das Goethe 1805 in einer Kopie der Sammlung Beireis in Helmstedt kennen lernte, machte ihm einen tiefen Eindruck und gab ihm offenbar mehr als das berühmte Selbstbildnis Dürers von 1500, dessen Kopie ihm Bettina zuschickte.

Ein letztes Mal erlebte Goethe Dürer, und zwar von einer ganz neuen, von ihm nicht für möglich gehaltenen Seite, in den Randzeichnungen zum Gebetbuch Kaiser Maximilians, deren lithographische Vervielfältigung 1808 herausgekommen war. Er pries die Fruchtbarkeit der Erfindung, das Freie, Anmutige, Heitere und Humoristische dieser Zeichnungen eines „großen, herrlichen, der deutschen Nation Ehre bringenden Künstlers" und empfahl sie Künstlern seiner Zeit als Vorbild. Als der junge Neureuther ihm 1828 nach jenem Beispiel ausgeführte Randzeichnungen zu Goethes Balladen und Romanzen zuschickte, war er hell begeistert und veranlaßte sogleich ihre Veröffentlichung auf lithographischem Wege. Bis kurz vor seinem Tode hat Goethe Anteil an dieser Veröffentlichung genommen, im übrigen aber war sein Interesse an Dürer und überhaupt der altdeutschen Kunst durch die neue Welt des

„West-östlichen Divans“ in den Hintergrund gedrängt worden, auch durch seine Abneigung gegen die romantische, für das Christlich-Altdeutsche schwärmende Kunstrichtung seiner Zeit.

So stellt sich Goethes Verhältnis zu Dürer nicht als Entwicklung dar, sondern als Folge einzelner Episoden, entsprechend den Stationen des eigenen Lebens. — Erschienen in: Goethe. NF des Jahrbuches der Goethe-Gesellschaft. Bd 33 (1971) S. 75—95 m. 1 Abb.

Vorgelegt werden Veröffentlichungen von: Lieselotte Blumenthal, Gerhard Buchda, Hermann Heimpel, Manfred Mayrhofer, Joachim Müller, Herbert Peuckert, Kurt Tackenberg, Friedrich Weller.

1972

Sitzung am 17. Januar

Vortrag des Herrn Ernst Werner: „Entwicklungstendenzen des osmanischen Feudalismus nach dem Tode Suleiman II. 1566—1699“. — Anhand von zeitgenössischen risāle (Traktaten) sowie Protokoll- und Rechnungsbüchern von Kadiämtern und Zollstellen wird der innere Strukturwandel des Reiches unter folgenden Gesichtspunkten untersucht:

1. Der Verfall des Lehenssystems durch Herausbildung von Großgrundbesitz und Pachtwesen (muqāta ʻa). Die mültezim (Steuerpächter) aus den Reihen der mülk sahibleri (Großgrundbesitzer) bereicherten sich skrupellos und richteten das Land zugrunde. Eine permanente bäuerliche Fluchtbewegung und die abnehmende militärische Schlagkraft der Spahireiterei waren die schwerwiegenden Folgen.

2. Die neue Steuerpoltik durch die ʻavāriz-i dīvāniye und die tekālīf-i örfīye (Gewohnheitssteuern), welche Bauern und Handwerker zugrunde richtete und indirekt zur Herausbildung von feudalherrlichen Eigenwirtschaften, den čiftliks, beitrug. Auf diese Weise sanken die Raya zu Halbpächtern herab und verloren ihr vom Staate garantiertes Besitzrecht an Grund und Boden. Das Handwerk in den Städten stagnierte und die ansehnlichen Gewinne des Fernhandels flossen nicht in die Produktion, sondern versickerten im Agrarsektor oder im Ämterkauf. Zu Beginn des 17. Jh. wurde die Türkei mehr und mehr zu einem Rohstofflieferanten für das christliche Europa.

3. Der Niedergang der Janitscharen und der Aufstieg der Āyānen. Die durch Beuteanteile, lukrative Geschenke und Steuerfreiheit reich gewordene Janitscharentruppe sank zu einem zuchtlosen und käuflichen Haufen herab, der die Sultane tyrannisierte. Das nutzten die Provinznotablen, die Āyānen aus, indem sie sich aus eigener Machtvollkommenheit Verwaltungseinheiten schufen, die Āyānlīks, welche allmählich die richterlichen Bezirke, die Kadiliks, ersetzten. Sie besteuerten die Bevölkerung für ihre eigenen Bedürfnisse mittels der tekālīf-i šāqqa. Sie organisierten seit dem ausgehenden 17. Jh. die Miliz, mobilisierten die Muslime zur Grenz-

verteidigung und befehligten im Kriege Truppenteile. In diesem Prozeß spiegelte sich der Übergang des Osmanenreiches zur feudalen Zersplitterung wider.

4. Historische Einschätzung des Strukturwandels. Es handelte sich nicht um eine Systemkrise und die Auflösung des Feudalismus, sondern um den Übergang zu einer neuen Staatsform. Es kam zu einer Verlagerung des ökonomischen und politischen Schwergewichtes in begrenzte Regionen, in denen Großgrundbesitzer die Staatsfunktionen nach Innen weitgehend übernahmen. Dieser Vorgang darf nicht mit Absolutismus verwechselt werden, denn kapitalistische Elemente und die Abstützung auf eine bürgerliche Klasse fehlten durchaus. Hofadel und Āyānen hielten wohl am Reiche fest, aber nur um äußere Gefahren besser abwehren und ihre Herrschaft im Innern konsolidieren zu können. — Erschienen unter dem Titel: Despotie, Absolutismus oder feudale Zersplitterung? Strukturwandlungen im Osmanenreich zwischen 1566 und 1699, in: Jahrbuch f. Wirtschaftsgeschichte III (1972) S. 107—128.

Vorgelegt werden Veröffentlichungen von: Hermann Heimpel, Joachim Müller, Gertrud Schubart-Fikentscher, Friedrich Weller.

Sitzung am 14. Februar

Vortrag des Herrn Werner Bahner: „Zur Bedeutungs- und Begriffsgeschichte von ‚vulgo' in der spanischen Literatur des 16. und 17. Jahrhunderts". — In dem Vortrag wurde die Bedeutung des Wortes „vulgo" in der spanischen Literatur des 16. und 17. Jahrhunderts in engem Zusammenhang mit dem gesellschaftlichen und geistig-literarischen Entwicklungsprozeß untersucht. Als charakteristische Tendenz zeigte sich, daß unter „vulgo" schon seit dem Ende des 15. Jahrhunderts nicht mehr allein das niedere Volk im ständischen Sinne verstanden wurde. Mit „vulgo" konnten auch Angehörige des Adels oder des Klerus bezeichnet werden. Dieser Bedeutungswandel wurde dadurch ermöglicht, daß das Wissen zum entscheidenden Maßstab erhoben wurde, wenn es galt, zwischen der neuen humanistisch orientierten Bildungsschicht und der großen, nicht mehr allein ständisch gebundenen Masse zu unterscheiden. In der Renaissance-Literatur läßt sich in den verschiedenen Gattungen eine Verachtung der Menge, des „vulgus", durch den Weisen belegen. Hierbei handelte es sich um einen humanistischen Gemeinplatz, der insbesondere von der Stoa übernommen worden war. Bildung und Wissen waren nicht mehr nur Voraussetzung für bestimmte Berufe, sondern sie wurden zur gesellschaftlichen Forderung schlechthin erhoben. Gegen Ende der spanischen Literatur der Blütezeit geriet dann auch die humanistische Buchgelehrsamkeit in Gefahr, mit der abwertenden Bezeichnung „vulgo" bedacht zu werden. Wie aus den Schriften Graciáns ersichtlich wird, konnte nur die Verbindung von humanistischer Weisheit und geschickter Lebensführung die Grundlage dafür bieten, nicht zu der großen Masse des „vulgo" gezählt zu werden.

Eine genaue Bestimmung des semantischen Gehaltes von „vulgo", das eine Art Schlüsselwort bildete, erfordert eine stärkere Berücksichtigung der einzelnen literarischen Bereiche und Gattungen. Dabei kam es manchmal sogar zu einer Aufwertung von „vulgo". Besonders hinsichtlich der Bewertung des Sprichwortwissens erlangte „vulgo“ durchaus positive Züge, wurde es doch zum Träger eines mündlich überlieferten Urwissens. In der Sprachenfrage wurde im Zusammenhang mit der Erhebung der Volkssprache zur Nationalsprache herausgestellt, daß zwar „vulgo“ Träger des Sprachgebrauchs ist, daß aber die neugeformte Nationalsprache nicht mit der Sprache des „vulgo“ identisch sei. Auch hinsichtlich des spanischen Nationaltheaters kam „vulgo“ eine besondere Bedeutung zu. Die Anhänger der aristotelischen Kunstgesinnung, die die Stücke der spanischen Nationalbühne ablehnten, bezeichneten das Theaterpublikum als „vulgo“. In der spanischen Literatur des 16. und 17. Jahrhunderts war es üblich, den einzelnen Büchern Vorworte vorauszuschicken, wobei oftmals eines davon speziell dem „vulgo“ gewidmet war. Die Autoren wollten sich zu dem unbekannten Leser in ein Beziehungsverhältnis setzen. Der Autor versuchte, die Anonymität der Leserwelt auf eine bestimmte Linie zu verpflichten. Er schmähte „vulgo“ als nicht zuständig für die Beurteilung seines Werkes und hoffte auf verständnisvolle Zuneigung des speziell angesprochenen klugen Lesers. Eine zentrale Rolle spielt „vulgo“ ferner im spanischen Nationaltheater im Hinblick auf den Ehrbegriff. Da ja die Ehre vom Ruf abhing und „vulgo“ als Träger der öffentlichen Meinung diesen Ruf bestimmte, entscheidet es auch mit über das Geschick der Helden. In zahlreichen Theaterstücken wird „vulgo“ angeklagt, die Dinge falsch zu sehen und über kein geübtes Urteilsvermögen zu verfügen. Mit „vulgo“ wird die öffentliche Meinung anvisiert, die soziologisch von den verschiedensten Seiten genährt wird und nicht zuletzt durch die Klatschsucht einer neidischen und maliziösen Mitwelt ihre Gefährlichkeit unter Beweis stellt. Die Diskussion über „vulgo“ wurde in der spanischen Literatur des 18. Jahrhunderts weitergeführt, allerdings unter völlig anderen Gesichtspunkten. „Vulgo“ wurde zum Träger der Vorurteile, die es im Sinne der Aufklärung zu entkräften galt. Durch breite Bildung und Nationalerziehung sollte die Zahl derer, die zum „vulgo“ zu rechnen sind, allmählich und systematisch verringert werden. — Erscheint in den Sitzungsberichten.

Vorgelegt werden Veröffentlichungen von: Johannes Jahn, Werner Peek, Kurt Tackenberg.

Sitzung am 6. März

Vortrag des Herrn Walter Markov: „Napoleonisches Illyrien und slowenische Nationwerdung“. — Die kurzlebige napoleonische Kunstschöpfung Illyrien (1809 bis 1813) entstand aus der Absicht, Österreich durch einen Mehrzweckriegel vom französischen Machtbereich in Italien einerseits und der von britischen Segeln beherrschten Adria andererseits zu trennen; dazu spielten der freie Zugang zum türkischen Bosnien und die Sicherung des Landweges für mazedonische Baumwolle unter den Bedingungen der Kontinentalblockade für Frankreich eine gewisse Rolle. Napoleon betrachtete jedoch seine Illyrischen Provinzen als eins unter den vielerlei „Provisorien bis zu einer generellen Friedensregelung“; er zeigte sich sogar bereit, es schon davor gegen Anderes einzutauschen, sofern sich dafür eine vorteilhafte Gelegenheit bot. Das schloß ernsthafte Planung einer südslawischen „Wiedergeburt“ von seiner Seite aus, obwohl Einzelne sowohl in Frankreich als auch in Illyrien solche Überlegungen anstellten.

Die Bevölkerung der Provinzen verhielt sich in der Regel attentistisch. Entfeudalisierungsmaßnahmen wurden von Bürgern und Bauern mehrheitlich begrüßt; die negativen Kehrseiten der Okkupation überwogen indessen: scharfer Rückgang des Handels, erhöhte Steuerlast und Einführung des Militärdienstes, der Konflikt zwischen Kaiser und Papst. Hinzu kam die lähmende Ungewißheit über den Fortgang der Angelegenheit; wer sich ohne Rückversicherung engagierte, lief Gefahr, auf die Karte von schnell Vergänglichem zu setzen.

Dennoch schloß sich in der neuen Hauptstadt Laibach (Ljubljana) um den jansenistischen Geistlichen Valentin Vodnik eine Gruppe von Franzosenfreunden zusammen. Objektiv veranlaßte sie der bürgerliche Aspekt der neuen Ordnung zu der Option: Er verkehrte das Defizit des slowenischen Bauernvolkes an blauem Blut geradezu in staatsbürgerliche Tugend; der soziale Typenwandel schien ihm den Aufstieg zur durchgebildeten bürgerlichen Nation zu erlauben. Mit dem ersten, Napoleon gewidmeten politischen Gedicht der slowenischen Literatur *Ilirija oživljena*, begründete Vodnik eine Fortschrittstradition.

Das sporadische Aufkommen einer überlegenen kapitalistischen Produktionsweise in feudaler Umwelt hatte während des theresianischen Zeitalters die Weichen gestellt. Mit dem originellen Versuch einer freien Übertragung französischer Erfahrungen auf die rückständigeren slowenischen Gesellschaftsverhältnisse schoben die „Illyrier“ die Problematik einer bis dahin im wesentlichen stilbruchlosen Evolution auf das politische Kraftfeld nationaler Bewußtseinsbildung. — Erscheint in den Sitzungsberichten.

Sitzung am 29. Mai

Vortrag des Herrn Joachim Müller: „Verwirrung des Gefühls: Der Begriff des ‚Pathologischen‘ im Drama Goethes und Schillers“. — Goethe kritisiert an der Alkmene-Gestalt in Kleists Amphitryon-Drama „die Verwirrung des Gefühls“. Doch übersah er, daß sich die tragische Gefühlsverwirrung zuletzt in Gefühlsvertrauen umwandelt. Den Dichter Kleist selbst wie einige seiner dramatischen Figuren bezeichnet Goethe als Hypochonder, die von der Krankheit der Unnatur befallen seien. Aber Goethe selbst hat in zahlreichen seiner Dichtungen Gefühlsverwirrungen bis zu extremen Graden dargestellt, so in „Werther“ und „Wahlverwandtschaften“, in Faust und Gretchen, in Orest und Tasso. Damit bezeugt auch er das Recht des Dichters, pathologische Zustände zu gestalten, Krankhaftes zu diagnostizieren und von da aus nach therapeutischen Möglichkeiten zu suchen. Goethe und Schiller haben Ende 1797 in ihrem Briefwechsel die Kategorie des Pathologischen diskutiert und im „pathologischen Interesse“ des Dichters einen notwendigen Aspekt gesehen, der menschliche Leidenszustände, wenn auch in ästhetischer Distanz analysiert. Das Pathologische war für beide Klassiker ein objektives Phänomen, vor dem man sich trotz innerer Abneigung gegen die Endgültigkeit von Gefühlsverwirrungen nicht verschließen kann. Verstrickungen wollen entwirrt, Konflikte gelöst werden. Daraus resultieren Goethes Wille zur Aussöhnung der tragischen Kollision und der Triumph des menschlichen Geistes über den physischen Untergang in Schillers Drama.

An Kleists Penthesilea-Gestalt wird in genauerer Analyse die in der Selbstzerstörung endende radikale Gefühlsverwirrung verfolgt: Die Maßlosigkeit der Liebesleidenschaft, die einem natürlichen Verlangen nach Selbstverwirklichung wie nach ebenbürtiger Partnerschaft entsprang und die Unnatur einseitiger Frauenherrschaft überwinden will, endet nach verwirrenden Mißverständnissen im psychopathischen Zustand eines sexuellen Kannibalismus. Doch hat der in der Selbstvernichtung vollzogene Liebestod tragische Würde. Die den tragischen Untergang auslösende Unnatur wird in der Natur des Todes dramatisch versöhnt. — Erscheint in den Sitzungsberichten.

Sitzung am 19. Juni

Vortrag des Herrn Eberhard Brüning: „Zu einigen Problemen der Auseinandersetzung des afro-amerikanischen Schriftstellers mit der amerikanischen Wirklichkeit". — Als der Friedensnobelpreisträger Dr. *Martin Luther King, Jr.*, 1964 in der Deutschen Demokratischen Republik weilte und in Berlin vor über dreitausend Menschen predigte, sagte er mit großem Nachdruck: „Die Neger sind heute dazu aufgerufen, das Gewissen unserer Nation zu sein!" Es ist nicht zufällig, daß gerade die 60er Jahre unseres Jahrhunderts den Afro-Amerikaner und das gesamte Beziehungsverhältnis von weißer und schwarzer Bevölkerung der Vereinigten Staaten so explosivartig in das Blickfeld allgemeinen Interesses gerückt haben. Martin Luther King hat in seinem Buch mit dem programmatischen Titel „Warum wir nicht warten können" die Zusammenhänge dargelegt und erläutert, weshalb „Freiheit jetzt!" zur neuen Kampflosung werden mußte.

Im gleichen Maße, in dem die politischen und sozialen Aktivitäten der Afro-Amerikaner wuchsen, begannen sich auch neue Vorstellungen von einer afro-amerikanischen Kultur, ein neues Geschichtsbewußtsein und ein neues ästhetisches Wertgefühl zu entwickeln. Hier nun sahen sich die afro-amerikanischen Intellektuellen und Künstler von einer besonderen Aufgabe gefordert: Es galt, sich zunächst selbst aus der Einflußsphäre der weißen herrschenden Kultur, die das eigene intellektuelle und künstlerische Profil nolens volens geprägt hatte, zu lösen bzw. sich überhaupt erst einmal kritisch damit auseinanderzusetzen — ohne Zweifel ein tief in die Persönlichkeitsstruktur eingreifender und nicht selten widerspruchsvoller Prozeß des Sichselbstfindens und des Hinfindens zu allen sozialen Schichten der schwarzen Bevölkerung. Es überrascht deshalb auch keineswegs, daß sich im Verlauf dieses Vorganges eine Reihe extremer Positionen in den Vordergrund zu schieben begann.

Dieser Prozeß der Entstehung eines „schwarzen National- und Kulturbewußtseins" in den USA schloß auch die Erarbeitung neuer Wertmaßstäbe und die Aufstellung eigener ästhetischer Leitbilder an, die sich nunmehr fast ausschließlich auf zwei Traditionslinien orientierten: auf die afro-amerikanische und auf die schwarzafrikanische.

Das Ringen um die menschliche Selbstverwirklichung, die sichtbare Manifestation des neugewonnenen Selbstbewußtseins der Afro-Amerikaner und ihre künstlerische Widerspiegelung konnte und kann niemals ein eindimensionaler, ein nur auf den schwarzen Amerikaner selbst gerichteter Prozeß bleiben. Denn stets wird und muß die Frage mitschwingen nach den Motiven und Verhaltensweisen derjenigen, die diesen Vorgang überhaupt erst notwendig gemacht haben. Sie macht auch erklärlich, warum afroamerikanische Literatur vom Anbeginn ihrer Existenz an fast ausschließlich „Protestliteratur“ ist und ein so sensibler Autor wie *James Baldwin* 1963 in einem Interview sagte: „Diese Leute leben schon so lange in Illusionen, so daß sie tatsächlich der Meinung sind, ich sei kein menschliches Wesen. Ich begründe diese Aussage mit ihrem Verhalten und nicht mit dem, was sie sagen, und das bedeutet eben, daß sie selbst schon zu moralischen Ungeheuern geworden sind. Gewiß ist das eine schreckliche Anklage — aber ich stehe hinter jedem Wort, das ich sage.“

Baldwins Romane, Dramen und Essays sind ein beredter künstlerischer Ausdruck für diese „schreckliche Anklage“. Afroamerikanische Autoren wie *Baldwin* versuchen immer, ihren Lesern und Zuschauern Einblick zu verschaffen in die komplizierten Bewußtseinsvorgänge und psychischen Strukturen, die zu einem solchen Fehlverhalten führen, wobei allerdings niemals die sozialen Bezüge übersehen werden.

Alle Werke Baldwins lassen deutlich die komplizierte Doppelfunktion des schwarzen Schriftstellers erkennen, die ihm im Rahmen seines historischen Auftrages in der amerikanischen Gesellschaft zugefallen ist. Erstens muß der schwarze Schriftsteller versuchen, seine afro-amerikanischen Mitbürger zu erreichen, indem er ihre eigenen Nöte und Sorgen, Schwächen und Stärken gestaltet, damit sie sich selbst in ihrer Menschenwürde erkennen und als literaturwürdigen Gegenstand begreifen sowie die durch die weißen Massenmedien verbreitete Schablone vom „Negertyp“ durchschauen und zurückweisen lernen; zweitens aber muß sich der schwarze Schriftsteller differenziert mit seiner weißen Mit- und Umwelt auseinandersetzen. Das bedeutet vor allem, den rassisch voreingenommenen Weißen in Form eines künstlerischen Abbildes schonungslos mit seinem deformierten Charakter zu konfrontieren, um ihm somit das ganze Ausmaß seines inhumanen Verhaltens im individuellen wie sozialen Bereich zu demonstrieren.

Alle literarischen und kulturellen Äußerungen von afro-amerikanischen Autoren sind eben nicht nur temporäre interessante Dokumente eines literarischen Genres, sondern implizieren zugleich immer ein Stück unbewältigte Vergangenheit des weißen Amerika sowie die Summe der Erfahrungen einer mehr als 350jährigen Geschichte von Menschen, die unfreiwillig zu Amerikanern geworden sind. Ein afro-amerikanischer Autor wird unglaubhaft und würde sich völlig isolieren, falls er versuchte, eine „heile Welt“ zu gestalten. Das Mensch-Umwelt-Verhältnis, die zwischenmenschlichen Beziehungen und ihre künstlerische Reflexion tragen für ihn nach wie vor den Charakter tiefster Entfremdung, die im Marxschen Sinne konkret sozial bedingt und als historische Erscheinung zu fassen ist. — Erscheint in den Sitzungsberichten.

Vorgelegt werden Veröffentlichungen von: Kurt Aland, Karl Bischoff, Vladimir Georgiev, Rudolf Große, Gertrud Schubart-Fikentscher, Friedrich Weller.

Sitzung am 18. Dezember

Vortrag der Frau Gertrud Schubart-Fikentscher: „Zum rechtsgeschichtlichen Gehalt in Goethes Amtlichen Schriften (aus dem Geheimen Consilium)“. — Der Text liegt jetzt in zwei Bänden (1950, 1968, 1970) vollständig vor, dazu ein Erläuterungsband (Weimar 1972). Beide Bände enthalten in 495 Nummern Goethes eigenhändige oder diktierte Äußerungen, von großen Ausarbeitungen an bis zu kleinsten Zetteln, in Zusätzen, Verbesserungen. Die Druckanordnung läßt sofort seinen Anteil am Schriftstück erkennen. Es ist alles aufgenommen worden, was zum inneramtlichen Schriftverkehr gehört, auch „privat“ anmutendes, so daß von hier aus neues Licht auf seinen Amts-Privatstil fällt. Das Ziel der Ausgabe ist, eine bisher unbekannte Seite aus Goethes Leben bekannt zu machen. Die Ausgabe bleibt freilich ein Torso, denn sämtliche Kommissions- und andere Akten des umfangreichen Wirkungskreises sind noch nicht herausgegeben worden. — Das Geheime Consil war die oberste Regierungsbehörde unter Vorsitz des Landesherren, seine Räte bereiteten, ihn beratend, seine Entscheidung vor. Goethe war 1776 als Dritter, mit letzter Stimme berechtigt, berufen worden. Er behielt diese Stellung bis zum Schluß. Es gab keine Fachressorts; jeder der Geheimen Räte konnte mit jeder Arbeit betraut werden. Ständige Fachkommissionen, für Bergwerk usw., standen in Bezug auf laufende Geschäfte außerhalb des Geheimen Consils. Der staatlichen Neuordnung folgend, wurde es 1815 zum Staatsministerium umgewandelt. Goethe, zum Staatsminister ernannt, schied auf eigenen Wunsch aus. — Durch die Ausgabe ist wesentliches festgestellt worden: Goethes Teilnahme an allen Sitzungen neben seiner amtlichen Arbeit außerhalb (bis Februar 1785). Dies dauerte auch nach der italienischen Reise fort, nur hatte sich die Form, wie schon vorher, geändert. Er blieb stimmberechtigtes Mitglied, befreit von Kleinkram der Geschäfte, aber weiter verbunden in umfangreicher Arbeit.

Dem Inhalt nach sieht man das gesamte Rechts-, Wirtschafts-, und kulturelle Leben des Staates an höchster Stelle hier in recht eindrucksvoller Weise eingefangen. Bemerkenswert ist zunächst das Verhältnis zum Reich, dessen letzte Jahre der Auflösung sich deutlich spiegeln. Sie waren bestimmt durch die Versuche, der kleinen, sich immer wieder der großen Reichsstände zu erwehren, andererseits sich ebenso an manchen Stellen davon zu befreien. Die besondere Pflicht am Reichskrieg teilzunehmen — durch Truppenkontigent oder durch die vom Land erwünschteren Surrogatszahlungen — wird ab und an erwähnt, überhaupt viele außenpolitische, oft militärische Schwierigkeiten. Vor allem waren die sich wiederholenden (Zwangs) Werbungen für fremde Landesherren belastend. Zwar mußte der eigene Landesherr dazu einwilligen, wie das aber in Wirklichkeit verlief, sieht man einmal an einem berühmten Fall (1779). Zum Schein des Rechts verlangte Preußen diese Erlaubnis zu werben oder „Naturalstellung“ durch den Staat. Goethes lange Äußerungen dazu gehen sachlich nicht über die der Kollegen hinaus (Hinhaltung, Anfrage bei anderen Höfen). Er ist aber darin besonders klar, dringt auf einen fest einzuhaltenden herzoglichen Plan und findet außerordentlich scharfe Worte über die Abgabe eigener Rekruten im Gegensatz zu den anderen Mitgliedern. — Mit dem Zusammenschluß verschiedener Reichsstände zur gegenseitigen Unterstützung, dem späteren Fürstenbund, hatte Goethe viel zu tun, besonders mit dem führenden Preußen und dessen Entwurf. Weitere Auflösungserscheinungen im Reich und neue Gruppierungen, über den Rheinbund, den Zusammenbruch, unmittelbare Erlebnisse nach der

Schlacht bei Jena und Goethes Sorge um Personen und die Universität spiegeln sich auch in den Amtlichen Schriften. Eindrucksvoll ist sein Entwurf eines langen statistischen Berichts über die Universität für einen Fragebogen der französischen Verwaltung. Auch über alle weiteren Ereignisse, über den Wiener Kongreß und die künftige deutsche Bundesverfassung ist er genau unterrichtet. Am Karlsbader Kongreß hat er, vielleicht sogar im Auftrag Carl Augusts, teilgenommen. — Über die inneren Verhältnisse ist eine Fülle von Einzelheiten zu erfahren: so z. B. über Schutzzölle für heimische Naturalerzeugnisse, über dingliche Lasten wie Weiderechte und ihre Beseitigung, wobei die Zerschlagung der Kammergüter eine Rolle spielte. Goethe war dagegen, untersuchte aber zugleich die gesamte wirtschaftsrechtliche und rechtspolitische Lage. Es gab viele einzelne Fragen hinsichtlich des Handwerks, der Innungen, Fabriken. Auch hierbei sieht man immer wieder wie Goethe grundsätzlich abwägt zwischen dem Recht des Einzelnen auf Arbeit und dem wirtschaftlichen Nutzen für die Gemeinschaft. — Umfangreiches Material liegt für die Finanzen vor; ihnen galt Goethes besonderes Interesse. Von ihm aufgestellte Etats, Bilanzen, Revisionsberichte, dazu Steuerfragen, werden behandelt. Sein Ziel, damit eine feste Grundlage für den Staat zu schaffen, wird überall deutlich, auch ausgesprochen. Er suchte sogar einzelne Einrichtungen aus ihrer Entwicklung zu begründen, wie in dem rechtsgeschichtlichen Abriß über die Generalrevision, oder auf den geistigen Gehalt zurückzuführen, wie für die neue Konkurskonstitution. — Außerordentliche Mühe verwendete Goethe auf die Universität Jena. Ihre Betreuung war schwierig, weil sie den vier ernestinischen „Erhaltern" unterstand, wenn auch praktisch vieles auf Weimar übertragen war. Dauernde Schwierigkeiten mit der akademischen Disziplin, gleichgültig, wodurch verursacht, veranlaßten wiederholte Versuche vom Aufbau der Universitätsverfassung (Prorektorat) her einzuwirken. Sonst standen Disziplinarmittel zur Verfügung; seitens des Landesherrn über die Professoren von einer Verwarnung bis zur Kassation, wofür ein Beispiel im Falle Fichtes vorliegt. Über die Studenten hatte die Universität die Disziplinargewalt von einer Verwarnung bis zur Relegation. Ihr stärkeren Nachdruck zu verleihen, wurde versucht, sich mit anderen Universitäten zu einem Kartell zu verbinden. Das war besonders gegen die mit großem Mißtrauen beobachteten Orden geplant. — Auf strafrechtlichem Gebiet sieht man selbstverständlich wenig, nur einige grundsätzliche Entscheidungen. Eingehend wurde einmal ein Fall von Kindesmord behandelt, der dem Landesherrn zur Bestätigung des Todesurteils vorgelegt worden war. Der Fall ist bisher in der Literatur öfter besprochen worden, eingeengt auf Goethes Verhalten, das in nichts weiter als in dem befürwortenden „auch ich" bestanden haben soll. Das war längst (Flach) berichtigt, aber kaum beachtet worden. Außerdem hat man die höchst interessanten langen Ausführungen seiner Kollegen über die Strafrechtsreform der Zeit, die Abschaffung der Todesstrafe usw. niemals mit herangezogen. Sie befürworteten die Todesstrafe, offenbar gegen den Wunsch Carl Augusts. Goethe schloß sich mit einigen Sätzen an, nachdem er sich eine Überlegungszeit erbeten hatte. Nach zehn Tagen legte er einen „Aufsatz" dazu vor, dieser ist nicht mehr vorhanden. Es ist also müßig, weiter darüber Phantasien auszuspinnen. Beachtlich ist noch ein Versuch gegen das Duellunwesen auf der Universität vorzugehen. Darüber liegt der Entwurf Goethes zu einem Plan vor, der von Studenten angeregt und in den Grundlagen von ihnen mitbearbeitet worden war.

Die Besonderheit Goethes liegt in der sachlich bis ins kleinste, aber immer als wesentlich und ganz Erfaßtes, in allen Folgen Übersehbares, durchgefeilten Arbeit. Ein Grundzug wird dabei immer deutlich: alles ist verbunden durch eine unfehlbare Menschlichkeit (Th. Mann 1949). Das bedeutet weiter: alles organische Wachstum hat sich mit dem notwendigen Fortschritt die Waage zu halten; inhaltlos Gewordenes ist durch Sinnvolleres zu ersetzen. — Die letzte Frage gilt dem inneren Spannungsverhältnis zwischen Staatsmann und Künstler. Das wird hin und wider in der Literatur gestreift, ohne Kenntnis der Amtlichen Schriften. Man sieht Gefährdung der dichterischen Schöpfungskraft einerseits, die sogenannte Untauglichkeit von Versuch und Mitteln am untauglichen Objekt andererseits, oder wie es sonst gesagt wird. Aber die Tatsache seines Verhaltens in einem vierzigjährigen Dienst, wie er es auffaßte, bedarf keiner Rechtfertigung und niemanden kommt es zu, diese überwältigende Erscheinung zerlegen oder gar bewerten zu wollen. Ganz abgesehen von den Ergebnissen für das Land und den Staat, die sich ebenfalls erkennen lassen. Er hat dieses Spannungsverhältnis immer wieder in sich aufgehoben und anders gesehen, wie er gelegentlich einer Berufung zum Mitglied ins Geheime Consil an den Erbetenen schreibt: „Wenn man in einem großen Zirkel weiter wirkt, so wirkt man in einem kleineren sicherer und reiner; der Ausdruck unseres eigenen Geistes kommt uns geschwinder entgegen". — Erscheint in den Sitzungsberichten.

Vorgelegt werden Veröffentlichungen von: Karl Bischoff, Johannes Erben, Johannes Jahn, Rudolf Meyer, Friedrich Weller (Vorlagen v. 9. Oktober 1972), Werner Bahner, Hermann Heimpel, Johannes Jahn, Rudolf Meyer, Herbert Peukert, Kurt Tackenberg, Friedrich Weller, Ernst Werner.

Öffentliche Gesamtsitzungen

17. April 1971

Ansprache des Präsidenten, Herrn Schwabe, Bericht des Vizepräsidenten, Herrn Lehmann, über die Arbeiten beider Klassen, — Vortrag des Herrn Gotthard Neumann: „Die keltischen Kulturen auf dem Boden der DDR".

Die Beschäftigung mit den Kelten in Mitteleuropa pflegt auszugehen von der Mitteilung des Herodotos von Halikarnassos (II, 33 und IV, 49), die Donau entspringe bei den Kelten. Wenn das wörtlich zu nehmen ist, haben im 5. Jh. v. Chr. Kelten nordwestlich der Alpen gesessen oder archäologisch ausgedrückt: die auslaufende Hallstatt- und die einsetzende Latènekultur dieses Gebietes sind keltisch. — Der westliche Späthallstattkreis tritt bis zu einer Linie Salzach-Inn-Moldau recht gleichartig in Erscheinung. Seit Beginn der Latènezeit zeigt sich dann eine Spaltung Süddeutschlands in zwei Fazies, eine westliche und eine östliche. Jene hat ihren Schwerpunkt am Rhein mit seinen Nebenflüssen, diese in Nordostbayern. West- und Ostgruppe entwickeln sich nach W. *Kersten* bis in die Mittellatènezeit unterschiedlich und verschmelzen erst in der Spätlatènezeit gänzlich. — In Thüringen sind neben der Späthallstatt- beide Latènegruppen belegt, und zwar südlich des Thüringer Waldes im Werragebiet und nördlich des Frankenwaldes im Orlagau. Sie erreichen hier die Grenze ihrer Verbreitung und sind offensichtlich nur so weit nach Norden vorgestoßen, um die Bodenschätze dieser Gebiete, Salz und Kupfer, auszubeuten. Die Westgruppe ist hauptsächlich durch Flachgräber im Tale bezeugt. — Der größte Friedhof des Werragebietes liegt nahe der Saline Bad Salzungen bei Leimbach. Er setzt ein mit Körpergräbern am Ende von Latène A und reicht zunächst bis Latène C. Dann folgen Urnengräber. Diese enden in Latène D. Sie alle enthalten die typischen Beigaben, die wir etwa auch in Hessen finden. — Daß die Saline Bad Salzungen den Kelten bekannt war, ist erwiesen, da beim Aufgraben eines Gradierhauses um 1826 in bedeutender Tiefe eine Kette von vier kleinen, offenen keltischen Goldringen zutage kam. Zwei Körperflachgräber wurden in Einhausen, Kr. Meiningen, an einem wichtigen Übergang über die Werra ausgegraben, Überreste weiterer stammen von Deicheroda, Oberkatz und Hildburghausen. Eine offene Siedlung wurde bei Einhausen beobachtet, Burgen fehlen. — Der größte Friedhof des Orlagaues liegt bei Ranis, Kr. Pößneck, im Bereich der Kupfervorkommen. Er hat etwa 140 Flachgräber erbracht, die in Latène B einsetzen und eben noch Latène C erreichen. Latène-B-Körpergräber sind von zahlreichen weiteren Fundorten zwischen Saalfeld und Neustadt bekannt. Brandgräber fehlen. An offenen Siedlungen ist kein Mangel. Mit Sicherheit nach Latène-B-West zu stellen ist eine Gießerei aus dem Untergrund der Stadt Pößneck, da sie eine typische Duxer Fibel enthielt. In ihr wurde nachweislich einheimisches Kupfer verarbeitet. Jüngere Latènefunde sind im Orlagau so spärlich, daß nicht sicher gestellt werden kann, ob sie überhaupt der südlichen Latènekultur zuzurechnen sind. Daher steht fest, daß die Kelten den Orlagau früher geräumt haben als das Werragebiet. — Die Latène-Ostgruppe ist in Südwestthüringen durch Körpergräber unter Hügeln, offene Siedlungen und Burgen bezeugt. Die Gräber liegen auf den Bergen einzeln oder in Gruppen. Die Siedlungen, und zwar offene, wie befestigte, beginnen noch in der Hallstattzeit. Das lehren vor allem die Fibeln. Auf hallstättische Pauken- und Fußzierfibeln folgen Vogelkopffibeln und Drahtfibeln der Frühlatènezeit. Eine Untersuchung der 250 Fibeln vom Kleinen Gleichberg bei Römhild hat ergeben, daß die Frühlatènefibeln eine längere Entwicklung durchlaufen haben, an deren Ende eine Variante der gegossenen Mittellatènefibel steht, die nach Latène B 2 und Latène C gehört. Die Steinsburg auf dem Kleinen Gleichberg ist überhaupt die fundreichste und besterforschte Burg der Ostgruppe in der DDR. Daneben gibt es noch andere, so die Diesburg bei Wohlmuthausen, Kr. Meiningen. — Während sich Ost- und Westgruppe in Südwestthüringen ihrer Verbreitung nach fast völlig ausschließen, liegen die Verhältnisse im Orlagau anders. Auch hier gibt es Grabhügel mit Beigaben der östlichen Fazies. Daneben begegnen Flachgräber mit solchen, und zwar beide Arten nicht selten auf einer Fundstelle mit Gräbern der Westgruppe, vor allem auch in Ranis. Ferner ist mit Burgen zu rechnen. Insbesondere der Burgberg Ranis kommt in Betracht. Gräber und Siedlungen beginnen mit Typen der Späthallstattzeit und enden mit Latène-B-Formen. Doch fällt auf, daß Vogelkopffibeln so gut wie ganz fehlen. Das könnte dafür sprechen, daß sich im Orlagau nordostbayerische Frühlatènetypen noch kaum durchgesetzt hatten, als die Westgruppe einrückte. Offensichtlich sind Ost- und Westgruppe im Orlagau schon früh verschmolzen. — Dieser Prozeß ist in Südwestthüringen später erfolgt. Dort treten auf dem Kleinen Gleichberg seit dem Ende von Latène B Plattenfibeln auf, die an die Münsinger Fibel anknüpfen, d. h. Elemente der Westgruppe aufgenommen haben, und nach Latène C überleiten. Dieser Vorgang könnte sich aus Bevölkerungszugängen erklären, denn er fällt zeitlich mit dem Ausbau der Steinsburg zu einem Oppidum (im Sinne Caesars) zusammen. Das reiche Inventar entspricht im großen und ganzen jener Zivilisation, die während der jüngeren Latènezeit für die keltische Ökumene bezeichnend ist. Einige Abstriche lassen sich aus der Grenzlage erklären. Die Steinsburg führt eiserne Mittel- und Spätlatènefibeln, Bronzefibeln der Variante *J* (nach R. *Beltz*) und einige Nauheimer Fibeln. Daher wird sie bis in die zweite Hälfte des 1. Jh. v. Chr. bestanden haben. Neben ihr gab es noch andere Burgen, so den Öchsen bei Vacha, Kr. Bad Salzungen und den Herrenberg bei Theuern, Kr. Sonneberg. Auch offene Siedlungen der jüngeren Latènezeit sind bekannt, so von Haina, Jüchsen und Sülzdorf, Kr. Meiningen. Gräber dieser Zeit sind noch selten. Handelt es sich doch um sehr unscheinbare Brandgräber mit oder ohne Urne, die leicht übersehen werden. Die einschlägigen Funde des Gräberfeldes von Leimbach haben wir bereits aufgeführt. Andere stammen von Milz, Kr. Meiningen. — Als Ergebnis halten wir fest, daß es auf dem Boden der DDR in Thüringen zwischen dem ausgehenden 6. und dem ausgehenden 1. Jh. v. Chr. Kelten gegeben hat, am längsten in Südwestthüringen. Diese Feststellung besagt, daß wir Anteil an jenen Völkerschaften haben, die als erste in der Zone nordwärts der Alpen die Errungenschaften der klassischen Mittelmeerkulturen aufgenommen und verarbeitet haben. Sie bedeutet ferner, daß gerade Thüringen eine der wichtigen Nahtstellen der keltischen Vermittlerrolle zum germanischen Norden gebildet hat. Die Neuerungen sind für den Archäologen naturgemäß vor allem im Bereich der Ökonomie faßbar und werden etwa durch folgende Stichworte bezeichnet: Drehscheibe, Drehmühle, Metallurgie des Eisens berufsspezifische Werkzeuge, Herstellung von Email und Glas, Münzen. Dahinter stehen wichtige gesellschaftliche Fortschritte, wie Arbeitsteilung und Fernhandel. Auf dem Gebiet der Kunst erfolgt die Einbeziehung des Organischen in die Ornamentik. Bedeutsam ist endlich die Umbildung der Burg zur Stadt. Viel weniger vermögen wir über den Aufbau der keltischen Gesellschaft auszusagen. Nach der antiken Überlieferung wäre in älterer Zeit mit einer monarchischen, in jüngerer mit einer aristokratischen Verfassung zu rechnen. — Wenn wir abschließend noch die Frage nach dem Namen der Kelten in Thüringen aufwerfen, so nennt der Geograph *Claudius Ptolemaios von Alexandria*, ein Zeitgenosse des Kaisers *Hadrianus*, in seiner Erdbeschreibung (II, 11) für unseren Raum die „Teuriochaimai". Ihr Name setzt eine Landschaftsbezeichnung auf *-haimon* voraus, wie sie in Boiohemum = Heimat der Boier = Böhmen steckt und läßt sich nach E. *Schwarz* an idg. *teuro* = „Bergrücken" anknüpfen. Vielleicht ist hier ein verspäteter Hinweis auf unsere Kelten gegeben.

Nach den Vortragsunterlagen zusammengestellt von Dr. Karl Peschel.

15. April 1972

Ansprache des Präsidenten Herrn Schwabe, Bericht des Vizepräsidenten, Herrn Lehmann, über die Arbeiten beider Klassen, — Vortrag des Herrn Peukert: „Probleme der Beziehungen Jacob Grimms zu den Slawen".

Dem in seinen Fakten hinreichend aufgedeckten Verhältnis des bedeutenden deutschen Germanisten Jacob Grimm zu den Slawen wurde bisher vorwiegend auf folkloristischem Gebiet nachgegangen, während der gesamte sprachwissenschaftliche und speziell der sprachtheoretische Problemkomplex wenig Beachtung fand. Grimm, den man mit Recht den „Vater der deutschen Slawistik" nennen könnte, stellt jedoch im frühen und durch Namen wie Leibniz, Herder, Schlözer, Adelung, Vater gekennzeichneten deutschen „slawistischen" Traditionsgefüge den Höhepunkt dar, wobei wirkungsgeschichtlich die Zusammenarbeit mit seinem serbischen Freund Vuk Stefanović Karadžić in den Mittelpunkt rückt. Sie vollzieht sich in den Bereichen der „Naturpoesie" und der Sprache, deren Synthese unter dem zweifellos höheren nationalsprachlichen und damit zugleich nationalpolitischen Aspekt des Sprachforschers Grimm ureigenen und für das Ethos seines wissenschaftlichen Arbeitens charakteristischen demokratischen Konzeptionen entspricht, so daß sie für ihn von grundsätzlicher sprachtheoretischer Relevanz werden muß, zumal beide Männer streitbare politische Wissenschaftler bzw. Wissenschaftspolitiker im besten humanistischen Wortsinn sind. Besonders in seiner fundierten „Vorrede" zur deutschen Übersetzung von Vuk Stef. Karadžićs „Kleiner serbischer Grammatik" (Leipzig und Berlin 1824) werden Grimms Ansichten über die historisch werdende, funktionierende literaturfähige Sprache wirksam. Sie kann hier in einem entscheidenden Stadium ihres Entwicklungsprozesses synchronisch-diachronisch unmittelbar studiert und vom Grammatiker gefördert werden, denn im „serbischen" Raum sind eben zwei folgenschwere und gerade für den Sprachhistoriker Grimm aufschlußreiche geschichtliche Tendenzen angelaufen, nämlich die Trennung der nationalsprachlichen Aspekte von den konfessionellen im Zuge der aufklärerischen Säkularisierungen sowie ihre Loslösung von der Bindung an staatlich-administrative Einheiten im Verein mit den um sich greifenden nationalen Bewegungen. Die Perspektiven, die sich aus dem dialektischen Zusammenspiel von Nationalgeschichte und Nationalsprache an der konkreten historischen Aufgabe unter sehr spezifischen Bedingungen eröffnen, sind aber nicht nur für Vuk, sondern — was meist übersehen wird — auch für Grimm außerordentlich fruchtbar, wie zur weiteren Auswertung anregende Analysen seiner sprachwissenschaftlichen Schriften verraten. Die nichtserbokroatischen Slawinen interessieren Grimm übrigens offenbar auch deshalb in unterschiedlich geringerem Maße, weil bei ihnen die Frage der Nationalsprache entweder bereits geklärt ist oder ohne sonderliche Komplikationen und Eingriffe lösbar scheint. Insgesamt lassen sich in Grimms etwas einseitig zuungunsten der Ost- und Westslawen strukturierten Wechselbeziehungen drei Phasen erkennen: eine relativ kurze rezeptive mit der Aufnahme slawischer und slawistischer Werte und deren erstem Einfließen in das eigene Schaffen, sodann eine ausgeprägt aktive und produktive mit weitgehender südslawischer Orientierung, bewußter Vermittlung an eine deutsche und internationale Fachwissenschaft und Öffentlichkeit sowie bewußtem Einwirken auf slawische Persönlichkeiten und ihre Vorhaben und schließlich eine im großen und ganzen passive Phase ohne systematischere Beschäftigung mit slawischen Problemen, freilich mit nicht völlig erloschener Aufgeschlossenheit für Slavica. Grimms Slawenbeziehungen, deren Ströme in beiden Richtungen während der zweiten Phase (ca. 1815—1845) am dichtesten fließen, demonstrierten über den Einzelfall hinaus in einer profilierten bewegten Umbruchszeit exemplarisch prinzipielle Möglichkeiten und Qualitäten einer positiven Wechselseitigkeit überhaupt mit ihren Dominanzen, Verflechtungen, Überlappungen und Chronologien.

18. November 1972

Ansprache des Präsidenten, Herrn Schwabe. — Vortrag des Herrn Lösche: „Über negative absolute Temperaturen".

Erst in der zweiten Hälfte des 19. Jahrhunderts entwickelte sich die moderne Thermodynamik, aufbauend auf den 3 Hauptsätzen (Energiesatz, Entropiesatz, *Nernst*sches Wärmetheorem). Dabei zeigte sich, daß man mit Hilfe von Kreisprozessen eine von stofflichen Eigenschaften unabhängige, die sogenannte absolute Temperatur definieren kann. Aus den Hauptsätzen folgt, daß man sich dem Nullpunkt dieser absoluten Temperatur (es hat sich heute die *Kelvin*-Skala allgemein durchgesetzt) zwar beliebig nähern, ihn aber nie erreichen kann.

In der statistischen Thermodynamik wird die Temperatur als Verteilungsparameter der Moleküle auf die verschiedenen möglichen Energiestufen eingeführt, während die Entropie als Gewicht, als thermodynamische Wahrscheinlichkeit, einer Verteilung auftritt. Das kann bereits an einfachen Modellen, die der *Boltzmann*-Statistik entsprechen, demonstriert werden. Im klassischen Fall, der durch die Annahme beliebig vieler Energieniveaus charakterisiert ist, sind die höheren Niveaus immer schwächer besetzt als die tieferen, was einer positiven absoluten Temperatur entspricht. Die Temperatur läßt sich auch aus der Zunahme der Entropie mit der Energie ableiten; auch hier führt dieser Fall nur zu positiven Werten.

Das ändert sich, wenn man zu Systemen mit einer endlichen Anzahl von Energieniveaus übergeht, etwa zu Elektronen- oder Kernspins in einem Magnetfeld. Dann sind Verteilungen bzw. Abhängigkeiten der Entropie von der Energie möglich, die durch eine negative absolute Temperatur beschrieben werden müssen, wenn man die ursprüngliche Definition beibehält. Es kann gezeigt werden, daß die Gültigkeit der Hauptsätze durch negative absolute Temperaturen nicht eingeschränkt wird. Auch das *Nernst*sche Theorem von der Unerreichbarkeit des absoluten Nullpunktes wird nicht verletzt, da man in das Gebiet der negativen Temperaturen über die Temperatur „unendlich" kommt. (Bei der Umkehr der Besetzungszahlen wird der Zustand der Gleichverteilung durchlaufen.) Eine Diskrepanz mit den üblichen Temperaturvorstellungen tritt nur auf, wenn man die Begriffe „wärmer" und „kälter" mit den algebraischen Werten der Temperatur verbindet. Leitet man jedoch diese Empfindungen aus der Richtung des Wärmeüberganges ab, wenn zwischen zwei Körpern verschiedener Temperaturen ein Kontakt hergestellt wird (Wärmeenergie geht immer vom wärmeren auf den kälteren über), dann zeigt sich, daß Systeme negativer absoluter Temperatur heißer (energiereicher) als alle mit positiven Temperaturen einschließlich unendlich sind. Diese vom alltäglichen Sprachgebrauch etwas ungewohnte Aussage ließe sich umgehen, wenn man z. B. $-1/T$ als Charakteristikum für den Wärmezustand eines Körpers verwenden würde.

Systeme mit negativen absoluten Temperaturen lassen sich auf verschiedene Weise herstellen, z. B. durch schnelle Umpolung des Magnetfeldes, durch Hochfrequenzimpulse oder durch schnelle, adiabatische Resonanzdurchgänge. Das wird am Beispiel der Fluorkerne in Kalziumfluorid oder der Protonen in Wasser demonstriert. Auch durch Wechselwirkung mit anderen Spin-Systemen (Kernspins mit Elektronenspins) und Einstrahlung von Hochfrequenzfeldern (sogenannte dynamische Polarisation) kann man negative absolute Temperaturen erreichen. Dabei muß man allerdings die Kriterien für die Existenz einer Temperatur überhaupt (nämlich Gleichgewichtszustand und abgeschlossenes System) etwas lockern; das ist in sinnvoller Weise möglich.

Die hier benutzten Systeme spielen in der modernen Quantenelektronik, in *Masern* und *Lasern*, eine große Rolle. Die thermodynamische Behandlung führt zwangsläufig auf negative absolute Temperaturen.

VERÖFFENTLICHUNGEN DER AKADEMIE IN DEN BERICHTSJAHREN

Jahrbuch 1969—1970. 1972. 416 S., 5 Taf., 9 Abb.

Mathematisch-naturwissenschaftliche Klasse

Abhandlungen

Band 50

Heft 4: Günter Sachse: Die Reinigung radioaktiv kontaminierter Abwässer durch Kontaktenthärtung und Ionenaustausch. 1971. 132 S., 91 Abb., davon 55 Abb. auf 18 Kunstdrucktaf. u. 5 Abb. auf 5 Falttaf., 67 Tab.
Titelblatt und Register

Band 51

Heft 1: Beiträge zur Chemie und Technologie der Brennstoffe. Gedenkschrift für Prof. Dr. techn. habil. Anton Lißner. Herausgegeben von Erich Rammler, 1971. 146 S., 1 Titelbild, 57 Abb., davon 6 auf 3 Kunstdrucktaf., 35 Tab.

Heft 2: Günter Herrmann: Beiträge zur Bestimmung von Schwefeldioxid-Luft-Gemischen. 1972. 179 S., 74 Abb., davon 13 auf 10 Kunstdrucktaf., 41 Tab.

Heft 3: Georg Merrem: Die parasagittalen Meningiome. Zum Gedächtnis des Begründers der deutschen Neurochirurgie Professor Fedor Krause 1857 bis 1937. 1971. 38 S., 20 Abb., 1 Tab.

Heft 4: Maximilian Klinkowski: Epidemien und Pandemien pflanzenpathogener Krankheitserreger in ihrer Beziehung zum Menschen. 1971. 53 S., 41 Abb., 4 Tab.

Heft 5: Gustav E. R. Schulze und Peter Paufler: Die plastische Verformung „spröder" intermetallischer Verbindungen und ihre Elementarprozesse. 1972. 24 S., 14 Abb., davon 1 auf 1 Kunstdrucktaf., 11 Tab.
Titelblatt und Register

Band 52

Heft 1: Kurt Mothes: Über sekundäre Pflanzenstoffe. 28 S., 18 Abb.

Sitzungsberichte

Band 109

Heft 4: Rolf Emmrich: Hochdruck und Hyperlipidämie (Hypercholesterinämie) als Risikofaktoren für die Entstehung der Arteriosklerose. 1971. 23 S., 10 Abb., 4 Tab.

Heft 5: Hans Drischel: Biologische Rhythmen. 1972. 57 S., 31 Abb., 1 Tab.

Heft 6: Kurt Schwabe: Konzentrierte Elektrolytlösungen. Thermodynamische und kinetische Eigenschaften. 1972. 49 S., 27 Abb., 1 Tab.

Heft 7: Wolfgang Tutschke: Konstruktion von globalen Lösungen mit vorgeschriebenen Singularitäten bei partiellen komplexen Differentialgleichungssystemen. 1972. 24 S.
Titelblatt und Register

Band 110

Heft 1: Paul Görlich: Über die Laser und ihre Anwendung. 1972. 24 S.

Heft 2: Hasso Eßbach: Zum Problem der Tumoren im Kindesalter. 1972. 24 S., 11 Abb. auf 10 Kunstdrucktaf., 3 Tab.

Philologisch-historische Klasse

Abhandlungen

Band 62

Heft 3: Helga Diersch: Verben der Fortbewegung in der deutschen Sprache der Gegenwart. Eine Untersuchung zu syntagmatischen und paradigmatischen Beziehungen des Wortinhalts. 1972. 221 S.
Titelblatt und Register.

Band 63

Heft 2: Joachim Ebert: Griechische Epigramme auf Sieger an gymnischen und hippischen Agonen. 1972. 280 S., 73 Faksimilia, 32 Abb. auf 14 Kunstdrucktaf.

Heft 3: Karl Deichgräber: Aretaeus von Kappadozien als medizinischer Schriftsteller. Mit Anhang: Der kranke Gelehrte. 1971. 47 S.

Heft 4: Werner Peek: Griechische Versinschriften aus der Cyrenaica, aus Mauretanien und Numidien. 1972. 23 S., 13 Faksimilia.

Heft 5: Werner Peek: Neue Inschriften aus Epidauros. 1972. 63 S., 73 Faksimilia, 65 Abb. auf 26 Kunstdrucktaf.
Titelblatt und Register

Sitzungsberichte

Band 115

Heft 5: Rainer Eckert: Baltistische Studien. Mit einem Geleitwort von Rudolf Fischer und einer Bibliogr. von Rainer Eckert und Frido Mětšk. 1971. 102 S.

Heft 6: Richard Hauschild: Der Missionar P. Heinrich Roth aus Dillingen und die erste europäische Sanskrit-Grammatik. 1972. 23 S., 3 Abb. auf 3 Kunstdrucktaf.
Titelblatt und Register

Band 116

Heft 1: Joachim Müller: Die Gestalt des Kindes und des Jugendlichen in der Deutschen Literatur von Goethe bis Thomas Mann. 1971. 38 S.

Heft 2: Herbert Peukert: Gibt es eine „slawische" Volksdichtung? 1972. 70 S.

Heft 3: Joachim Müller: Zur Motivstruktur von Goethes „Faust". 1972. 42 S.

Mit Unterstützung der Akademie erschienen im Berichtszeitraum:

Thesaurus Linguae Latinae

Vol. IX	Pars 2	Fasc. II *obscenus-obvius* Leipzig 1971. Sp. 161–320
Vol. VII	Pars 2	Fasc. VI *laboro-laqueo* Leipzig 1972. Sp. 801–960

Mittellateinisches Wörterbuch

Bd II	Lfg 4	*cereus-cirrus* Berlin 1971. Sp. 481–640

VERÖFFENTLICHUNGEN VON AKADEMIEMITGLIEDERN IN DEN JAHREN 1971 UND 1972

Mathematisch-naturwissenschaftliche Klasse

Berg, Hermann: Thermodynamische Aspekte organischer Redoxreaktionen von biologischem Interesse. In: Biological Aspects of Electrochemistry. Experientia Suppl. *18* (1971) S. 1—11.

— u. H. Schütz: Polarographic determination of the constants of complexes of antibiotics with DNA. In: Proceedings 2nd Conf. Appl. Physic. Chem. V.: Akadémiai Kiado. Budapest. *1* (Vezprem 1971) S. 479—489.

— u. Mitarbeiter: Studium von Konformationsänderungen und Interaktionen bei DNS mit Hilfe von hydrodynamischen, spektrophotometrischen und elektrochemischen Methoden. In: Symposiumsbd „Moderne Probleme der Biophysik". Moskau 1971. S. 38—54 [russ.].

— u. F. A. Gollmick, H.-E. Jacob, H. Triebel: Sensibilisierte Photooxidation durch Methylenblau, Thiopyronin und Pyronin-II. Physikochemische Grundlagen der Photodynamischen Wirkung von Thiopyronin. In: Photochemistry and Photobiology *16* (1972) S. 125—138.

— F. A. Gollmick, H. Berg: Sensibilisierte Photooxydation durch Methylenblau, Thiopyronin und Pyronin-III. Mitteilung: Über den Mechanismus der photosensibilisierten Oxydation des Guanosins durch Thiopyronin. Ebda S. 447—453.

— u. J. Flemming, E. Palecek, V. Vetterl: Aspects of Polarography in Nucleic Acid Research. In: studia biophysica *33* (1972) S. 81—92.

— u. K. Granath, B. Nygard, J. Straßburger, P. Weist: Elektronenaustausch bei Biopolymeren. 1. Mitteilung. In: J. electroanalyt. Chem. *36* (1972) S. 167—177.

— u. K. Weller: Pulse Polarographic Analysis of Cooperative Interaction of Antibiotics to Biopolymers. In: Abstracts: Iupac International Congress on Analytical Chemistry. Kyoto 1972. S. 303—304.

Brednow, Walter: Zur Problematik der Anorexia senilis. In: actuelle gerontologie *1* (August 1971) H. 8, S. 447—454.

— Die Anorexia des alten Menschen. Tagung d. Evangel. Forschungsakademie in Buckow/Mecklenburg v. 31. 5. 1971. In: Bericht: Umdr. B 57/72.

— Das Humanum — Zeichen und Auftrag in der Gegenwart. Festvortrag auf dem 24. Therapiekongreß in Karlsruhe am 27. Aug. 1972. In: Therapiewoche *22* (1972) H. 41, S. 3469—3476.

— [Nachr.] Julius Grober 27. 11. 1875—10. 4. 1971. In: Verhandlungsbericht d. Deutschen Gesellschaft f. Pathologie *56* (1972) S. 671—675.

— [Nachw.] Wesen und Bedeutung der „Physiognomischen Fragmente" J. C. Lavaters. Leipzig 1970. S. 3—47.

Buchheim, Wolfgang: Zum Problem der Stockwerksgliederung von Dichteanomalien im Erdraum. In: Acta Geodaet., Geophys. et Montanist. Acad. Sci. Hung. *5* (1970) S. 371 bis 382.
— Untersuchungen zur Physik der Thermalwässer. In: Jahrb. Sächs. Akad. Wiss. *1966* bis *1968* (Berlin 1970) S. 143—150 u. *1969—1970* (Berlin 1972) S. 113—116.
— Einige prinzipielle Bemerkungen zur Vereinigung von Kontinuumsmechanik und stochastischer Betrachtungsweise in Richtung auf eine physikalische Theorie des Gebirges. In: Ber. über das 11. Ländertreffen des Internat. Büros f. Gebirgsmechanik. Berlin 1971. S. 47—59.
— Die Korrektur von Erdgezeitenbeobachtungen auf indirekte Effekte als Randwertproblem der Mechanik. In: Observatoire Royale Belgique. Communications, Série A — Nr. 9, 1971. Série Géophysique. Sixième Symposium International sur les Marées Terrestres. S. 137—146.

Drischel, Hans: Biologische Rhythmen. Berlin 1972. 57 S. (= Sitzungsber. Sächs. Akad. Wiss., math.-nat. Kl. Bd 109, H. 5).
— u. Mitarbeiter: Einführung in die Biokybernetik. Berlin 1972. 262 S.
— Zur Bedeutung der Biokybernetik. In: Systemaspekte der Medizinischen Wissenschaft und des Gesundheitswesen. Hrsg. v. K. Winter. Jena 1971. S. 21—28.
— F. Thoß, H. Drischel: Analog models for the approximation of the retina transfer function related to the pupil servomechanism. In: Biokybernetik *III* (Jena 1971) S. 257—260.
— Kybernetik und biologisch-medizinische Forschung. In: Messen, Steuern, Regeln *14* (1971) S. 56—62.
— Kybernetische Betrachtungsweisen — Voraussetzung für informationsaufnehmende und -verarbeitende Systeme. Bericht über das III. Internationale Symposium Biokybernetik 1971 in Leipzig. Ebda *15* (1972) S. 43—44, 84—85.
— Third International Symposium on Biocybernetics (Conference Review). In: Cybernetes *1* (1972) S. 127—130.
— Das neuronale Gedächtnis. In: Biol. Rundschau *10* (1972) S. 137—153 u. in: Informatik. Vorträge anläßlich der Jahresversammlung der Deutschen Akademie der Naturforscher Leopoldina in Halle vom 14.—17. Okt. 1972. Hrsg. v. H. J. Scharf. Leipzig 1972. S. 325—353.
— [Hrsg.] u. N. Tiedt: Biokybernetik. Materialien des II. Internationalen Symposiums Biokybernetik *III* (Jena 1971) 315 S.
— [Hrsg.] u. P. Dettmar: Biocybernetics. Proceedings of the IIIrd International Symposium on Biocybernetics (Satellite-Symposium of the XXV. IUPS-Congress) *IV* (Jena 1972) 320 S.

Eggert, John: Der Werdegang der photographischen Schicht bis zum Beginn des 20. Jahrhunderts. In: Geschichte der Naturwissenschaften und der Technik im 19. Jahrhundert. 7. Gespräch der Georg-Agricola-Gesellschaft vom 26.—28. Febr. 1970. 1971. S. 55—79 m. 20 Abb. (= Technikgeschichte in Einzeldarstellungen, H. 19).
— 50 Jahre Weigert-Effekt. In: Ber. Bunsenges. *75* (1971) S. 725—728.
— Herrn Dr. Hans Arens zur Vollendung seines achtzigsten Lebensjahres (Zum 28. Februar 1970). In: Photogr. Korr. *106* (März 1970) S. 46.
— [Nachr.] Othmar Helwich †. Ebda *107* (Okt. 1971) Nr. 10, 2 S.

Emmrich, Rolf: Periphere Durchblutungsstörungen und Krankheiten der peripheren Gefäße. In: A. Sundermann: Lehrbuch der inneren Medizin. Bd II. 3. Aufl. Jena 1970. S. 421—470.

Emmrich, Rolf u. W. Lembcke: Schock und Schockbehandlung. Nachaufl. Leipzig 1971. 148 S.
— Arbeitsmethoden der Inneren Medizin und ihr verwandter Gebiete. Bd VIII: Therapeutische Verfahren. 1. Lfg: Allgemeine therapeutische Arbeitsmethoden. Jena 1971. 99 S.
— Krankheiten der Nieren und der ableitenden Harnwege (S. 176—195); Rheumatische Erkrankungen (S. 304—312); Stoffwechselkrankheiten (S. 313—328); Endokrines System (S. 329—344). In: Diagnostisch-therapeutisches Vademecum 41. Aufl. Leipzig 1972.
— Hochdruck und Hyperlipidämie (Hypercholesterinämie) als Risikofaktoren für die Entstehung der Arteriosklerose. Berlin 1971. 23 S. (= Sitzungsber. Sächs. Akad. Wiss., math.-nat. Kl. Bd 109, H. 4).
— Zur Methodik der Alternsforschung. In: Z. Alternsforsch. *23* (1970) S. 97—103.
— Kardiosklerose. In: Tagungsber. „Herz und Altern". Dresden 1971. S. 39—50.
— u. H. Koch, H. Marek: Tierexperimentelle Untersuchungen über die Kinetik von tritiummarkiertem Prolin. In: Z. inn. Med. *26* (1971) S. 166—170.
— u. A.-I. Hegedüsch: Hydroxyprolinausscheidung im Harn nach operativer Behandlung und nach Radiojodtherapie von Hyperthyreosen. Ebda S. 241—242.
— Intensivmedizin. Ebda S. 473—475.
— u. M. G. Wähmer, R. v. Baehr, E. Liebaug, J. Wagner: Relation von endogenem Pyrogen zu permeabilitätsverändernden Substanzen in den frühen Stadien des Arthus-Phänomens. Ebda S. 799—802.
— Schock in der inneren Medizin. In: Ber. Ges. inn. Med. *7* (1971) S. 154—159.
— Der Facharzt für innere Medizin — Ausbildung und Weiterbildung [Rundtischgespräch]. Ebda S. 314—315.
— Zur Problematik der akuten Entzündung. In: Deutsches Gesundheitswesen *26* (1971) S. 627—631.
— Klinische Forschung. Ebda S. 2249—2252.
— u. G. Schmidt: Pneumonien im Alter: In: Z. Alternsforsch. *25* (1971) S. 151—161.
— Angeborene und erworbene Bluteiweißstörungen. In: Bericht des 23. Ärztetreffens in Kärnten. Wien 1971. S. 22—34.
— Angeborene und erworbene Bluteiweißstörungen. In: Wien. med. Wschr. *121* (1971) S. 761—765.
— Aktuelle klinische Probleme der akuten Hepatitis. In: Deutsche Z. Verdauungskrankheiten *32* (1972) S. 29—35.
— The activity of arteriosclerosis in old age. 9th Internat. Congress of Gerontology, Kiew 1972, Plenary and Section Sessions. In: Reports — Introductory Lectures — *1* (1972) S. 240—243.
— Leber und Eiweißstoffwechsel. In: Z. inn. Med. *27* (1972) S. 369—374.
— Herzinfarkt und Wiederaufnahme der Arbeit. Ebda S. 548—554.
— u. H. Koch, M. Rödenbeck, H. Marek. A. Ziegler: Mathematische Modellierung des Kollagenstoffwechsels. Tracerkinetische Untersuchungen mit 3 H-Prolin am Organbindegewebe gesunder Ratten. Ebda S. 685—693.
— [Nachr.] Professor Eberhard Perlick †. Ebda *26* (1971) S. 757—758.
— [Nachr.] Ludwig Lendle 6. 2. 1899—19. 8. 1969. In: Jahrb. Sächs. Akad. *1969—1970* (Berlin 1972) S. 264—265 (m. Bildn.).
— [Hrsg.] Arbeitsmethoden der inneren Medizin und ihr verwandter Gebiete. Jena: Bd I: Spezielle physikalische Arbeitsmethoden. 3. Lfg: Lungenfunktionsprüfungen. Jena 1971. 276 S.; Bd VIII: Therapeutische Verfahren. 1. Lfg: Allgemeine therapeutische Arbeits-

methoden der Inneren Medizin. Jena 1971. 99 S., 3. Lfg: Das Nierenzentrum. Jena 1972. 95 S.

Emmrich, Rolf: [Hrsg.] Tagungsbericht der Ges. Inn. Medizin der DDR für 1970. Leipzig 1971. 347 S.
– [Hrsg.] Zeitschrift für die gesamte Innere Medizin Jgg. 26 u. 27 (1971–1972).
– [Redakt.] Deutsche Zeitschrift für Verdauungs- und Stoffwechselkrankheiten. Leipzig 1971 u. 1972.
– [Redakt.] Acta hepato-splenologica. Stuttgart 1971 u. 1972.
– [Redakt.] Zeitschrift für Physiotherapie. Leipzig 1971 u. 1972.

Eßbach, Hasso: Zum Problem der Tumoren im Kindesalter. Berlin 1972. 24 S., 11 Abb. auf 10 Kunstdrucktaf., 3 Tab. (= Sitzungsber. Sächs. Akad. Wiss., math.-nat. Kl. Bd 110 H. 2).

Freimuth, Ulrich: Prof. Dr.-Ing. E. Letzig zum 65 Geburtstag. In: Nahrung *15* (1971 S. 609–610.
– u. M. Buchner, K. Thiele, T. Wendelin: Bestimmung von Plasmaproteinen durch radiale Immundiffusion. In: Z. med. Labor-Techn. *12* (1971) S. 136–142.
– u. E. Ludwig, R. Heinig: Die Wiederfindung der Soja-Lipoxygenase-Aktivität in Weizenmehlextrakten. In: Nahrung *16* (1972) S. 119–120.
– u. E. Ludwig, R. Heinig, E. Gebhardt: Das Verhalten der Lipoxygenase und der Peroxidase in Weizenmehlen und -teigen. Ebda S. 149–156.
– u. E. Ludwig, R. Heinig: Manometrische Aktivitätsbestimmung der Lipoxygenase in Weizenmehlen und -teigen mit der *Warburg*-Methode. Ebda S. 525–531.
– K. Rauscher, R. Engst, U. Freimuth: Untersuchung der Lebensmittel einschließlich Fremdstoffe und Trinkwasser. Leipzig 1972. 982 S., 81 Abb., 57 Tab.
– H. Nötzold, B. Schlegel, I. Tinius, U. Freimuth: Vergleichende amperometrische und polarographische Messungen an alkalibehandeltem β-Lactoglobulin. In: Z. Chem. *12* (1972) S. 24.
– B. Meisegeier, U. Freimuth: Verfahrenschemiker für unsere sozialistische Lebensmittelindustrie. In: Wissenschaft u. Fortschritt *22* (1972) S. 278–280.
– [Bespr.] Progress in the Chemistry of Fats and other Lipide. Ed. by R. T. Homann, vol. XI, part. 1. Oxford, New York [u. a.]: Pergamon Press 1970. VIII, 177 S. m. zahlr. Abb. u. Tab. In: DLZ *92* (1971) Sp. 810–811.

Gersch, Manfred: General aspects of neuroendocrinology in insects. In: Proceedings of XIII International Congress of Entomology Moscow 1968. *1* (1971) S. 87–92.
– New results on neurohormones in insects. Ebda S. 380–381.
– u. G.-A. Böhm: Aktuelle Aspekte und Tendenzen der Hormonforschung bei Insekten. In: Biol. Rdsch. *9* (1971) S. 1–11.
– u. K. Richter, J. Stürzebecher: Weitere experimentelle Untersuchungen zum Wirkungsmechanismus des Neurohormons D von Periplaneta americana (L.) am „Biologischen Modell“ der Harnblase von Bufo bufo (L.): Beeinflussung des Na^{+}-Transportes. In: Gen. Comp. Endocrin. *17* (1971) S. 281–286.
– u. J. Ude: Untersuchungen über die Beeinflussung der Substrukturen neurosekretorischer Zellen von Enchytraeus durch Puromycin. In: Z. Zellforsch. *114* (1971) S. 95 bis 105.

Gersch, Manfred u. J. Stürzebecher: Über eine Synthese von Ecdyson-^{3}H und Ecdysteron-^{3}H aus Cholesterin-^{3}H in geschnürten Abdomina von Mamestra brassicae-Raupen. In: Experientia *27* (1971) S. 1475—1476.

— u. J. Stürzebecher: Further Studies on Chemical Characterisation of Neurohormone D. Insect Endocrines. In: Suplementa Acta entomologica bohemoslovaca *1971*, S. 71—80.

— M. Eckert, M. Gersch, M. Wagner: Immunologische Untersuchungen des neuroendokrinen Systems von Insekten. II. Nachweis von Gewebeantigenen des Gehirns und der Corpora cardiaca von Periplaneta americana mit fluorescein- und peroxydasemarkierten Antikörpern. In: Zool. Jb. Physiol. *76* (1971) S. 29—35.

— Experimentelle Untersuchungen zum Freisetzungsmechanismus von Neurohormonen nach elektrischer Reizung der Corpora cardiaca von Periplaneta americana in vitro. In: J. Insect. Physiol. *19* (1972) S. 2090—2108.

— Chitin-Hypertrophie in den Speicheldrüsengängen von Periplaneta americana nach operativem Eingriff in die Thoraxregion. In: Zool. Anz. *189* (1972) S. 27—30.

— u. H. Birkenbeil: Das Membranpotential der Prothorakaldrüsenzellen von Galeria mellonella in Beziehung zum Entwicklungsstadium und nach Einwirkung von Neurohormonen. In: Zool. Jb. Physiol. *77* (1972) S. 1—23.

— D. v. Knorre, M. Gersch, T. Kusch: Zur Frage der Beeinflussung des „tanning"-Phänomens durch zyklisches 3'5'-AMP. Ebda *76* (1972) S. 434—440.

[Bespr.] E. Thenius: Stammesgeschichte der Säugetiere (einschließlich der Hominiden). Berlin 1969. 722 S., 715 Abb. In: DLZ *92* (1971) Sp. 971—973.

— [Bespr.] Die Evolution der Organismen. Ergebnisse und Probleme der Abstammungslehre. 3., völlig neu bearb. u. erw. Aufl. in 3 Bdn. Bd II, 2: Die Kausalität der Phylogenie (2.) Bearb. v. W. Herre, B. Rensch, M. Roehrer, F. Schwanitz. Hrsg. v. G. Heberer. Stuttgart 1971. VII, 349 S., 111 Abb. Ebda Sp. 1067—1069.

— [Bespr.] Urania Tierreich in sechs Bänden. Bd 1: Protozoa — Echiurida; Bd 2 Annelida — Chaetognatha. Leipzig, Jena, Berlin 1967—1969. 533 S.; 623 S. m. zahlr. Abb. im Text. Ebda *93* (1972) Sp. 808—809.

— [Bespr.] H. Geiler: Ökologie der Land- und Süßwassertiere. Berlin, Braunschweig, Oxford 1971. 190 S., 41 Abb. Ebda Sp. 928—929.

Görlich, Paul: Über Laser und ihre Anwendungen. Berlin 1972. 24 S. (= Sitzungsber. Sächs. Akad. Wiss., math.-nat. Kl. Bd 110, H. 1).

— Wissenschaftlicher Gerätebau und Datenverarbeitung: In: messen — steuern — regeln *14* (1971) S. 171.

— u. E.-A. Soa: Vergleichende Betrachtungen zur Elektronenemission an Festkörperoberflächen. In: Nova Acta Leopoldina NF *36* (1971) S. 131—142 (= Festschrift Horst Hanson); Exp. Techn. Phys. *19* (1971) S. 153—165; Nachrichten Akad. Wiss. UdSSR (Serie Physik) *35* (1971) S. 649—655.

— H. J. Bernhardt, P. Görlich u. G. Kötitz: Foreign Ions with d^1-States in Alkaline Earth Fluoride Crystals. In: phys. stat. sol. (a) *6* (1971) S. 479—486.

— u. P. Ullmann: Ab sorption Investigations on Alkaline Earth Fluoride Mixed Crystals. Ebda (b) *50* (1972) S. 577—584.

— u. G. Kötitz: Mehrphotonen-Absorption in Kristallen und ihre Anwendungen. In: Kristall u. Technik *7* (1972) S. 365—385.

— u. E.-A. Soa: Herbert Kortum 65 Jahre. In: Feingerätetechnik *21* (1972) S. 385—386 (m. Bildn.).

Görlich, Paul u. G. Richter: Gustav Hertz — 85 Jahre alt! In: Exp. Techn. Phys. *20* (1972) S. 377—378 (m. Bildn.).
— u. K. Herda, H. Schöler: Kontrastgesteuerte Kopien mit elektronischen Mitteln. In: Internat. Archiv of Photogrammetry *17* (Lausanne 1969) Part 5, lfd. Nr. 18, 16 S.
— u. E. Schmutzler: Laudatio anläßlich der Verleihung der Ehrenmitgliedschaft der Deutschen Akademie der Naturforscher Leopoldina an Herrn *Petr Leonidovič Kapica*, Moskau. In: Informatik. Nova acta Leopoldina NF *37/1* (1972) Nr. 206, S. 53.

Hanson, Horst: Spurenelemente der Zellen in ihrer Bedeutung für Enzymwirkungen. In: Leopoldina *15* (1969) Reihe 3, S. 165—169.
— U. Kettman, H. Hanson: Zur Bedeutung des Zinks in der Leucinaminopeptidase aus Rinderaugenlinsen. In: FEBS-Letters *10* (1970) Nr. 1, S. 17—20.
— Biochemische Aspkte der Innenohrforschung. In: Wiss. Z. Univ. Halle *XX* (1971) H. 1, S. 3—24.
— u. H.-G. Mannsfeldt: Biochemische Beiträge zur Kenntnis der Serum-Oxytocinase. In: Nova Acta Leopoldina *36* (1971) S. 1—45.
— P. Bohley, H. Kirschke, J. Langner, S. Ansorge, B. Wiederanders, H. Hanson: Intracellular Protein Breakdown. In: Tissue Proteinases *1971*, S. 187—219.
— S. Ansorge, P. Bohley, H. Kirschke, J. Langner, H. Hanson: Metabolism of Insulin and Glucagon Breakdown of Radioiodinated Insulin and Glucagon in Rat Liver Cell Fractions. In: Eur. J. Biochem. *19* (1971) S. 283—288.
— D. Felicetti, C. A. Gründig, H. Hanson: Zum Verhalten von Glyzyl-D-leuzin und Leuzinamid spaltenden Enzymaktivitäten in Rohhomogenaten aus menschlichen Nieren und Rattennieren auf Sephadex G 200. In: Acta biol. med. germ. *26* (1971) S. 475 bis 482.
— J. Langner, S. Ansorge, P. Bohley, H. Kirschke, H. Hanson: Intracellular protein breakdown. I. Activity determinations of endopeptidases using protein substrates. Ebda S. 935—951.
— S. Ansorge, P. Bohley, H. Kirschke, J. Langner, H. Hanson: Intracellular protein breakdown. II. Breakdown of proteins from rat liver cytosol by endopeptidases. Ebda S. 953 bis 962.
— B. Wiederanders, H. Hanson: Enthält die aus Rinderaugenlinsen kristallisierte Leucinaminopeptidase (3. 4. 1.1) Neuraminsäure und alkalische Phosphatase-Aktivität? Ebda S. 1081—1084.
— M. Ludewig, J. Lasch, U. Kettmann, M. Frohne, H. Hanson: The Influence of Anions on Enzymic Activity and Metal Cation Binding of Leucine Aminopeptidase. In: Enzymologia *41* (1971) No. 1, S. 59—67.
— R. Koelsch, H. Hanson: (Leuzin)aminopeptidase aus Micrococcus lysodeikticus: Anreicherung und einige Eigenschaften. In: Acta biol. med. germ. *26* (1971) S. 1117 bis 1129.
— G. Schwartze, H. Hanson: Zur proteolytischen Aktivität in Psoriasisschuppen. In: Derm. Mschr. *157* (1971) S. 315—325.
— P. Bohley, H. Kirschke, J. Langner, S. Ansorge, H. Hanson: Intracellulärer Proteinabbau. III. Intrazelluläre Verteilung des Zytosolproteinabbaues bei neutralem *pH*. In: Acta biol. med. germ. *27* (1971) S. 229—243.
— J. Lasch, M. Iwig, H. Hanson: Method of Visualization of Matrix Bound Proteins. Leucine Aminopeptidase Bound to Sepharose and Sephadex Beads. In: Eur. J. Biochem. *27* (1972) S. 431—435.

Hein, Franz: Chemie der Komplexverbindungen. Bd I: Chemische Koordinationslehre. Leipzig 1971. 602 S., 89 Abb. [= vollständig neubearbeitete Auflage der „Chemischen Koordinationslehre"].

Heisenberg, Werner: Schritte über Grenzen — Gesammelte Reden und Aufsätze. München 1971. 313 S.
— Der Begriff der kleinsten Teilchen in der Entwicklung der Naturwissenschaft. In: Meyers Enzyklopädisches Lexikon. Mannheim, Wien, Zürich 1971. S. 870—879.
— Die Bedeutung des Schönen in der exakten Naturwissenschaft. Vortrag, gehalten vor der Bayer. Akad. d. Schönen Künste. In: Ensemble *2* (München 1971) S. 228—244; Physikal. Blätter *27* (1971) S. 97—107.
— Das Kaiser-Wilhelm-Institut für Physik. Geschichte eines Instituts. In: Jahrb. der Max-Planck-Gesellschaft *1971*. S. 46—89.
— Review of Recent Progress. In: Proceedings of the Symposium on Basic Questions in Elementary Particles Physics. München 1971. S. 1—10.
— Die Aufgabe der Speicherringe. In: Physikal. Blätter *28* (1972) S. 107—111.
— Naturwissenschaft in der heutigen Hochschule. Festrede zur 500-Jahrfeier der Univ. München. Ebda S. 337—343, 391—398; Universitas *27*(1972) S. 909—928; Bayer. Ärzteblatt *27* (1972) S. 742—759.
— u. K. Yamazaki: Magnons in a Model with Antiferromagnetic Properties, Teil II. In: Nuovo Cimento *11B* (1972) S. 125—137.
— Indefinite Metric in State Space. In: Aspects of Quantum Theory. Hrsg. v. A. Salam u. E. P. Wigner. Cambridge University Press *1972*. S. 129—136.

Helferich, Burckhardt u. W. M. Müller: Notiz zur Synthese von α-D-Glucopyranosiden. In: Chem. Ber. *104* (1971) S. 671—673.
— u. K. L. Bettin: Notiz zum Übergang von Kohlenhydraten in Derivate mit stabilem Pyranring. Ebda S. 1701—1702, Berichtigung dazu: ebda S. 3356.
— u. S. H. Doss: Über Sultame XVI. Synthese von Sultamen mit basischen Seitengruppen. In: Lieb. Ann. Chem. *747* (1971) S. 107—110.
— u. S. H. Doss: Über Sultame XVIII. Synthese zweier neuen Sultame. Ebda *756* (1972) S. 170—172.
— I. Zeid, I. Ismail, B. Helferich: Synthese neuer Sultame. Ebda *761* (1972) S. 115—117.
— I. Zeid, I. Ismail, B. Helferich: Synthese von *N*-substituierten Aminosulfonsäuren. Ebda S. 118—120.

Hertwig, Paula: [Hrsg.] u. H. A. Freye: Bruno Straub: Enzyme, Moleküle, Lebenserscheinungen. Leipzig 1972. 125 S., 42 Abb. (= Kleine Naturwissenschaftliche Bibliothek, Reihe Biologie, Bd 5).

Hölder, Ernst: Die dreispitzige Hypozykloide als Einhüllende der in erster kompressibler Näherung berechneten Auftriebskraft auf ein symmetrisches Profil in einer Strömung gegebener Machzahl und variabler Anströmungsrichtung. In: Jahrbuch *1971* der Deutschen Gesellschaft für Luft- und Raumfahrt (DGLR). S. 237—243.
— [Bespr.] L. Lichtenstein: Grundlagen der Hydromechanik (= Grundlehren der math. Wissenschaften, Bd 30) Nachdruck 1968. Berlin, Heidelberg, New York 1929. XVI, 506 S. m. 54 Fig. In: Jahresber. Deutsche Mathematiker-Vereinigung Bd *74* (1971) H. 1/2, S. 32—33.

König, Robert: Der metaphysische Naturalismus. Nürnberg 1971. 728 S.

Kolotyrkin, Jakov Michajlovič u. G. M. Florjanovič, G. S. Raskin, F. M. Micheeva: Vlijanie okislitelej na kinetiku aktivnogo rastvorenija chroma, železa i chromistiych stalej [Der Einfluß von Oxydationsmitteln auf die Kinetik der aktiven Lösung von Chrom, Eisen und von Chromstählen]. In: Tezisy doklada na Vsesojuznoj naučnoj konferencii „Puti razvitija i poslenie dostiženija v oblasti prikladnoj ėlektrochimii" [Thesen eines Vortrages aus der wissenschaftlichen Allunionskonferenz „Entwicklungswege und letzte Erkenntnisse auf dem Gebiet der angewandten Elektrochemie"]. Leningrad 1971, S. 185.

— u. N. Ja. Bunė, Ju. S. Roginskaja: Ėlektrochimiceskoe i korrozionnoe povedenie litirovannych okisno-nikelevych ėlektrodov v ščeločnych rastvorach [Das elektrochemische und Korrosionsverhalten von lithierten Oxid-Nickel-Elektroden in alkalischen Lösungen]. In: Ėlektrochimija *7* (1971) S. 313—318.

— L. I. Frejmann, L. Ja. Charitonova, Ja. M. Kolotyrkin: Stimulirovanie pittingovoj korrozii ul'trafioletovym svetom [Die Stimulierung der Pittingischen Korrosion mit Hilfe ultravioletten Lichtes]. In: Zaščita metallov *7* (1971) Nr. 5, S. 594—597.

— u. G. M. Florianovič: Sovremennoe sostojanie teorii aktivnogo rastvorenija metallov [Der gegenwärtige Stand der Theorie der aktiven Auflösung von Metallen]. In: Tezisy dokladov na soveščanii po novoj technologii gal' vaničesnkich pokrytij [Thesen der Vorträge auf der Beratung über neue Technologie von galvanischen Ummantelungen]. Kirov 1971. 1 S.

— u. V. A. Makarov, V. M. Novakovskij, L. L. Fajngol'd, Ch. L. Cejtlin, V. M. Kornev, R. F. Plachova: Anodnaja zaščita stal'nych chranilišč koncentrirovannoj sernoj kisloty [Anodenschutz bei Stahlbehältern für konzentrierte Schwefelsäure]. — In: Zaščita metallov *7* (1971) S. 722—725.

— A. N. Čemodanov, Ja. M. Kolotyrkin: Ingibirujuščee dejstvie ionov chlora na process rastvorenija platiny pri vysokich anodnych potencialach [Die inhibierende Wirkung von Chlorionen auf den Lösungsprozeß von Platin bei hohen Anodenpotentialen]. In: [Sammelband] Tretij Evropejskij simpozium po ingibirovaniju korrozii [Drittes Europäisches Symposium über Korrosionsschutz]. Ferrara 1971, S. 49—61 [engl.].

— V. M. Knjaževa, Ja. M. Kolotyrkin, N. S. Nejman, V. P. Pančešnaja: Ėlektrochimičeskie svojstva nekotorych karbidnych faz i ich vlijanie na korrozionnuju stojkost' stalej i splavov [Die elektrochemischen Eigenschaften einiger Karbidphasen und ihr Einfluß auf die Korrosionsbeständigkeit der Stähle und Legierungen]. In: Sbornik rasširennych tezisov dokladov na naučno-techničeskoj konferencii SĖV po probleme „Razrabotka mer zaščity metallov ot korrozii" [Sammelband der erweiterten Thesen der Vorträge der wissenschaftlich-technischen Konferenz des RGW zum Problem „Schutzmaßnahmen gegen die Metallkorrosion"]. Moskva 1971, H. 4, S. 122—125.

— u. V. M. Knjaževa: III-j. Evropejskij simposium po ingibitoram korrozii metallov [III. Europäisches Symposium über Inhibitoren der Metallkorrosion]. — In: Zaščita metallov *7* (1971) Nr. 3, S. 363—364.

— u. G. M. Florianovič, G. S. Raskin: Vlijanie sostava rastvora na kinetiku rastvorenija chroma v kislych sredach pri katodnoj poljarizacii [Der Einfluß der Zusammensetzung der Lösung auf die Kinetik der Chromlösung in sauren Medien bei Katodenpolarisierung]. In: Révue Roumaine de Chimie *17* (1972) S. 161—166.

— E. G. Kuznecova, A. A. Sokolov, V. M. Novakovskij, Ja. M. Kolotyrkin: O vlijanii okislitel' no-vosstanovitel' nych sistem na skorost' rastvorenija passivnogo titana [Über den Einfluß der Oxydations- und Reduktionssysteme auf die Geschwindigkeit der Lösung von passivem Titan]. In: Zaščita metallov *8* (1972) Nr. 4, 409—414.

Kolotyrkin, Jakov Michajlovič. — V. P. Pančešnaja, Ja. M. Kolotyrkin, V. M. Knjaževa, Ja. B. Skuratnik: O vzaimodejstvii karbida titana s vodorodom v uslovijach katodnoj poljarizacii [Über die Wechselwirkung von Titankarbid und Wasserstoff unter den Bedingungen der Katodenpolarisierung]. In: „Ėlektronnoe stroenie i fizičeskie svojstva tverdogo tela" [Elektronenstruktur und physikalische Eigenschaften des festen Körpers]. Teil 2: Kiev 1972. S. 98—105.

— u. G. M. Florianovic: Anomal'nye javlenija pri rastvorenii metallov [Anomale Erscheinungen bei der Metallösung]. In: „Itogi nauki", vyp. Ėlektrochimija [Ergebnisse der Wissenschaft, Heft „Elektrochemie"] *7* (1971) S. 5—64.

— G. S. Raskin, G. M. Florianovič, Ja. M. Kolotyrkin, E. M. Medvedev, A. M. Zubko, M. A. Vedeneeva: Rol'ugleroda pri samopassivacii chromistoj stali v kislych rastvorach pri povyšennoj temperature [Die Rolle des Kohlenstoffes bei der Selbstpassivierung des Chromstahls in sauren Lösungen bei erhöhter Temperatur]. In: Zaščita metallov *8* (1972) Nr. 3, S. 259—264.

— u. Ju. A. Popov, Ju. V. Alekseev, G. M. Florianovič, M. D. Kononova, K. A. Mišenina, G. M. Ostrovskij: Kinetika pervičnoj passivacii železa v rastvorach fosfata [Die Kinetik der ursprünglichen Passivierung von Eisen in Phosphatlösungen]. In: Ėlektrochimija *8* (1972) Nr. 1, S. 3—7.

— Ispol'zovanie metodov ėlektrochimii i radioaktivnych indikatorov dlja opredelenija nizkich skorostej korrozii metallov [Die Nutzung von Methoden der Elektrochemie und radioaktiver Indikatoren für die Bestimmung niedriger Korrosionsgeschwindigkeiten der Metalle]. In: Rasširennye tezisy dokladov na 23-m soveščanii Meždunarodnogo ėlektrochimičeskogo obščestva [Erweiterte Thesen der Vorträge auf der 23. Beratung der Internationalen Elektrochemischen Gesellschaft]. Stockholm 1972. S. 79—80.

— V. M. Knjaževa, Ja. M. Kolotyrkin, A. V. Plaskeev, N. N. Rodin, N. S. Nejman, M. A. Dembrovskij: Primenenie metodov gamma-spektrometrii dlja opredelenija nizkich parcial'nych skorostej i mechanizma rastvorenija mnogokomponentnych splavov [Die Anwendung der Methoden der Gammaspektrometrie zur Bestimmung niedriger partialer Geschwindigkeiten und des Mechanismus der Lösung vielkomponenter Legierungen]. In: Tezisy dokladov na VII-j Permskoj konferencii po zaščite metallov ot korrozii [Thesen der Vorträge auf der VII. Permer Konferenz über Korrosionsschutz der Metalle]. 1972. S. 3—4.

— u. V. M. Knjaževa, N. S. Nejman, V. P. Pančešnaja: Ėlektrochimičeskie svojstva nekotorych karbidnych faz i ich vlijanie na korrozionnuju stojkost stalej i metallov [Die elektrochemischen Eigenschaften einiger Karbidphasen und ihr Einfluß auf die Korrosionsbeständigkeit der Stähle und Legierungen]. In: Rasširennye tezisy V-go Meždunarodnogo Kongressa po korrozii metallov [Erweiterte Thesen des V. Internationalen Kongresses zur Metallkorrosion]. Tokio 1972.

Lange, Erich: Empirie und Ermessen in einem Naturgesetz. In: Physik in unserer Zeit *2* (1971) S. 80—85.

— Merkmale und Sachbezug bei Größen, insbesondere bei Verhältnisgrößen. In: Wiss. Nachrichten Sept. *1971*, Nr. 27, S. 13—17.

— Fernsehpropaganda für die Mensur. In: Reformer-Ztg Wien, März *1971*, Nr. 138, S. 3.

— Ein Nomenklaturvorschlag zur galvanischen Zelle. In: Der math. u. naturwiss. Unterricht *24* (1971) S. 276—278.

— Eindeutige und mehrdeutige Aussagenverknüpfungen. In: Physik in unserer Zeit *3* (1972) S. 25.

Lange, Erich. — G. Gottschalk, E. Lange: Die Richtigkeit der Stoffmengeneinheit 1 Äquivalent = 1 val = $\frac{1}{|z|}$ mol. In: Allgem. u. prakt. Chem. *23* (1972) S. 246.
— Praktische Anregungen aus der Wissenstheorie. Vortrag, gehalten vor dem Plenum der Sächsischen Akademie der Wissenschaften am 9. Oktober 1972. 20 S. [maschinenschriftl. vervielfältigt].

Leutwein, Friedrich u. J. Sonet, J.-L. Zimmermann: Dykes basiques du Massif Armoricain septentrional. Contribution à leur étude géochronologique. In: C. R. Acad. Sc. Paris *275* (25 septembre 1972) S. 1327—1330.
— J. Boissonnas, F. Leutwein, J. Sonet: Age du granite hyperalcalin de la Gara Adjemamaye (Ahaggar du Sud-Est, Sahara algérien). In: C. R. Sommaire des Séances de la Société géologique de France *7* (9 novembre 1970) S. 251—252.
— u. J. Sonet, M. D. Max: The age of the carnsore granodiorite. In: Geol. Surv. Ireland Bull. *1* (1972) S. 303—309.
— H. u. G. Termier, F. Leutwein, J. Sonet: Sur l'âge varisque des plutonites du massif du Tichka (Maroc). In: Bull. Soc. fr. Minéral. Cristallogr. *95* (1972) S. 124—127.

Lösche, Artur: Pulsed EPR. In: Ampere Internat. Summer School II. Pulsed Magnetic and Optical Resonance. Basko Polje (Jugoslavien) 1971. S. 131—178.
— Einige Probleme der dynamischen Polarisation. In: Paramagnetische Resonanz 1944 bis 1969. Akad. Wiss. UdSSR. Staatl. Universität zu Kasan „W. I. Uljanov-Lenin", physikalisch chemisches Institut zu Kasan. Moskau 1971. S. 241—245.
— u. S. Grande, W. Windsch: Paramagnetic Resonance in Ferroelectrics. In: Magnetic Resonance and Related Phenomena. Proceedings of the XVIth Congress A.M.P.E.R.E. Bukarest 1971. S. 143—158.
— P. Braun, S. Grande, A. Lösche: NMR Shifts in III-V-Type Semiconductors. Ebda S. 883—886.
— [Bespr.] R. L. Barinski u. W. J. Nefedow: Röntgenspektroskopische Bestimmung der Atomladungen in Molekülen. Übers. aus dem Russ. Leipzig 1969. 273 S. In: DLZ *91* (1970) Sp. 997—998.
— [Bespr.] The Solid State Maser. Ed. by Solid State Physics Division, Mullard Research Physics Division, Mullard Research Laboratories. Oxford, New York 1970. IX, 289 S. Ebda *92* (1971) Sp. 521—522.
— [Bespr.] K. Scheffler, H. B. Stegmann: Elektronenspinresonanz. Grundlagen und Anwendung in der Organischen Chemie. Berlin, Heidelberg, New York 1970. VIII, 506 S. (= Organ. Chemie in Einzeldarstellungen, Bd 12). Ebda *93* (1972) Sp. 168—169.
— [Bespr.] J. Talpe: Theory of Experiments in Paramagnetic Resonance. Oxford, New York 1971. X, 260 S. (= Internat. Series of Monographi in Natural Philosophy, vol. 33). Ebda Sp. 275—276.

Maier, Wilhelm: Aus dem Gebiet der Funktionalgleichungen. Berlin, Heidelberg, New York 1971. 18 S. (= Sitzungsber. Heidelberger Akad. Wiss., math.-nat. Kl. Jg *1971*, 3. Abh.).
— u. H. Kiesewetter: Funktionalgleichungen mit analytischen Lösungen. 1. Aufl. Berlin 1971. 184 S. m. 9 Abb.

Matzen, Peter Friedrich: Erkrankungen der Wirbelsäule. In: H. J. Serfling, K. L. Schober, W. Schmitt: Spezielle Chirurgie. Leipzig 1971. S. 685—714.

Matzen, Peter Friedrich. — F. Loeffler†, P. F. Matzen, E. Knöfler: Orthopädische Operationen. 2 Bde. Berlin 1971. 696 S. m. 538 zum Teil farbigen Abb.
— u. Peter Felix Matzen: Unsere Erfahrungen mit der interthorakoskapularen Amputation. In: Zbl. f. Chir. *96* (1970) 1124—1130.
— u. Peter Felix Matzen: Die Luxationsfraktur der Hüfte. Ebda *97* (1972) S. 78—89.
— u. Peter Felix Matzen, H. Nenning: Zum homologen Gelenkersatz. In: Nova Acta Leopoldina *36* (1971) S. 143—159 (= Festschrift Horst Hanson).
— u. Peter Felix Matzen: Results of Interposition Arthroplasty with autho- an homoplastic Material, Arthrolysis and Cheilotomie. In: Reconstr. Surg. Traumat. *12* (1971) S. 103 bis 118.
— u. Peter Felix Matzen, H. Nenning: Trichterbrust. In: Beitr. z. Orthop. u. Traumat. *19* (1972) S. 644—655.
— Clinical Aspects of Callus Formation. Russ. Ausgabe Moskau 1972 [vgl. auch in: Symp. Biol. Hung. *7* (Budapest 1967) S. 109—131].
— [Nachr.] Georg Merrem †. In: Informatik. Nova acta Leopoldina *37/1* (1972) Nr. 206, S. 30—31.

Mothes, Kurt: Über sekundäre Pflanzenstoffe. Berlin 1972. 28 S. mit 18 Abb. (= Abh. Sächs. Akad. Wiss., math.-nat. Kl. Bd 52).
— Biogenese der Halluzinogene. In: Dtsch. Apotheker Ztg *111* (1971) S. 1121—1126.
— Eine Einführung. 4. Internat. Symposium Biochemie und Physiologie der Alkaloide 1969. Berlin 1972. S. 19—27 (= Abh. Akademie d. Wiss. DDR 1971, Bd *b*).
— u. E. Müller, A. Nelles, D. Neumann: Internat. Symposium Stofftransport und Stoffverteilung in Zellen höherer Pflanzen. Berlin 1970 (= Abh. Akademie d. Wiss. DDR 1970, Bd *b*).
— Einige Bemerkungen über Kinetin. In: Fiziol. rast. *19* (1972) Nr. 5, S. 1011—1022.
— [Anspr.] Eröffnungsansprache. Gedenkfeier Alexander v. Humboldt. In: Acta Historica Leopoldina *1971*, Nr. 6, S. 7—9.
— [Anspr.] Präsidialansprache auf der Jahreshauptversammlung der Leopoldina 1971. In: Informatik. Nova Acta Leopoldina NF *37/1* (1972) S. 23—46.
— [Hrsg.] u. K. Schreiber, H. R. Schütte: 4. Internat. Symposium Biochemie und Physiologie der Alkaloide 1969. Berlin 1972. 550 S. (= Abh. Akademie d. Wiss. DDR 1971, Bd *b*).

Neef, Ernst: Zu einigen Begriffen der Ökologie. In: Archiv für Naturschutz u. Landschaftsforschung *10* (1970) S. 223—240.
— Der Wasserhaushalt des Bodens, seine Besonderheiten und seine Funktion im Haushalt der Landschaft. 1971. 26 S. (= Urania-Schriftenreihe für den Referenten, H. 9).
— Zur Entwicklung der Profillinie „Sozialistische Umweltgestaltung". In: Wiss. Z. TU Dresden *20* (1971) S. 239—241.
— Die Sicherung der Biosphäre und die Aufgabe der Geographie. In: Leopoldina *15* (1969) R. 3 [Halle/S. 1970] S. 119—121.
— Über das Weiterwirken der Ideen Alexander von Humboldts in der Geographie. In: Acta Historica Leopoldina. Leipzig 1971. Nr. 6, S. 17—29.
— Dry periods in the humid regions of the middle latitudes. Unesco Seminar on Natural Hazards. Budapest 1971. 9 S. (= Working Paper No. 13) [Manuskript-Vervielfältigung].
— Diskussionsbeitrag zum Symposium „Methoden der Landschaftsforschung". Moskau 1.—3, Febr. 1968. In: Methoden der Landschaftsforschung. Leningrad 1971. S. 82—87.

Neef, Ernst u. J. Bieler: Zur Frage der landschaftsökologischen Übersichtskarte. Ein Beitrag zum Problem der Komplexkarte. In: Peterm. Geogr. Mitt. *115* (1971) S. 73–77 u. eine mehrfarbige Karte 1:200000.
– Zum XXII. Internationalen Geographischen Kongreß. Ebda *116* (1972) H. 2, 1 S.
– Geographie und Umweltwissenschaft. Ebda S. 81–88 m. einer Tafelbeilage.
– Some Notes on Mapping of Environmental Disturbances. Intern. Geogr. Union, Commission on Man and Environment. Calgary 1972. 11 S. (= Working Paper No. 47) [Manuskript-Vervielfältiging].
– Funktionsüberlagerung im Territorium als Problem und als Aufgabe der Territorialforschung in der sozialistischen Gesellschaft. In: Tagungsmaterialien der Wiss. Tagung der TU Dresden über „Sozialistische Umweltgestaltung". Nov. 1972. 10 S.
– Die Interferenzanalyse als Grundlage territorialer Entscheidungen. In: Wiss. Abh. Geogr. Ges. DDR *9* (1972) S. 171–182.
– Das Problem der zentralen Orte. In: Zentralitätsforschung (= Wege der Forschung, Bd 301). Darmstadt 1972. S. 193–230 [Reprint von 1950].
– [Bespr.] Westermanns Lexikon der Geographie, Bd II u. III. In: DLZ *92* (1971) Sp. 527 bis 529.

Nissen, Rudolf: Ösophagusersatz (bei benignen Stenosen, bei Karzinom). Geschichte des Ösophagusersatzes. In: Zentralblatt f. Chirurgie Suppl. H. 1. 1969. S. 293–295.
– Prof. Alfred Brunner zum 80. Geburtstag. In: Schweiz. med. Wschr. *100* (1970) S. 1497 bis 1498 (m. Bildn.).
– Eingriffe an Magen und Duodenum. In: Intra- und postoperative Zwischenfälle. Ihre Verhütung und Behandlung. Hrsg. v. G. Brandt, H. Kunz u. R. Nissen. Bd II: Abdomen. 2. Aufl. Stuttgart 1971. S. 60–144.
– u. M. Rossetti: Entwicklung der Kriegschirurgie. In: Schweiz. Zschr. Militärmed. *48* (1971) S. 73–83.
– [Nachr.] Egbert Schwarz 22. 6. 1890–23. 12. 1966. In: Jahrb. Sächs. Akad. Wiss. *1966–1968* (Berlin 1970) S. 350–351 (m. Bildn.).
– [Nachr.] Prof. Alfred Brunner †. In: Schweiz. med. Wschr. *102* (1972) S. 1555.

Răduleţ, B. Remus: Metode de prognoză aplicate în energetică [In der Energiewirtschaft benutzte Prognosemethoden], 24 S. In: Metode noi şi probleme de perspectivă ale cercetării ştiinţifice. Akademie der S. R. Rumänien. Bucureşti 1971.
– La causalité, principe directeur de découverte dans les sciences positives. In: Recherches sur la philosophie des sciences. Akademie der S. R. Rumänien. Bucureşti 1971.
– Système des espèces de grandeurs macroscopiques primitives d'état électromagnétique. In: Rev. Roum. Sciences Techn., Sér. Électrotechn. et Énergétique *16* (1971) H. 2.
– Bazele, metodele şi fiabilitatea prognozelor. In: Buletinul Consiliului Naţional al Cercetării Stiinţifice, Supliment *III* (1971) H. 1.
– Structure et fonction dans le développement des sciences. In: Problems of the Science of Science. Warszawa 1971. Sondernr. 2, S. 99–114.
– Das Schiffahrts- und Wasserkraftsystem am Eisernen Tor. In: Energie u. Technik *1971*, H. 10.
– u. A. Ţugulea, Al. Timotin: Teoreme de unicitate pentru regimuri variabile ale câmpului electromagnetic [Eindeutigkeitssätze für elektromagnetische Felder]. In: Studii şi cercetări de energetică si electrotehnică *21* (1971) H. 1.
– u. Al. Timotin, A. Ţugulea: Reponse thermique transitoire d'une paroi plane. In: Rev. Roum. Sciences Techn., Sér. Électrotechn. et Énergétique *16* (1971) H. 3.

Radulet, B. Remus u. I. Ciric: Generalized Functions in the Theory of Fields. Ebda H. 4.
— Structura i funkcja w rozwoju nauki. In: Zagadnienia Naukoznawatwa Kwartalnik *8* (Warszawa 1972) H. 1 (29), S. 27—41.
— u. Al. Timotin, A. Ţugulea: A. Structural Field Theory of a Class of Linear Systems. In: Rev. Roum. Sciences Techn., Sér. Électrotechn. et Énetgétique *17* (1972) H. 2.
— u. Al. Timotin, A. Ţugulea: O teorie de cîmp structurală a unei clase de sisteme lineare. In: Cercetările multidisciplinare şi interdisciplinare; originae şi perspectivele lor. Akademie der S. R. Rumänien. Bucureşti 1972.
— u. C. Mihăileanu, L. Groza: Le développement des rechèrches dans l'énergétique roumaine. In: Energetica *19* (1972) H. 6.

Rammler, Erich: Zur Staubmitführung in den Brüden von Röhrentrocknern und ihre Abhängigkeit vom Unterdruck am Trocknerende. In: Neue Bergbautechnik *1* (1971) S. 368—374.
— u. E. u. W. Naundorf: Mahlversuche an Prallhammermühlen verschiedener Größe. In: Freiberger Forschungshefte A *491* (1971) S. 7—36.
— u. E. u. D. Trommer: Über die Zusammenhänge zwischen Schüttungskenngrößen und Oberflächenwassergehalt von Schüttgut (am Beispiel oberflächenfeuchter Braunkohle). Ebda S. 37—56.
— u. E. Knopfe, K. Budde, P. Dittmann: Untersuchungen über das Brikettierverhalten von Weichbraunkohle aus dem Revier Kostolac (Jugoslawien). Ebda S. 93—120.
— H. Krug, W. Naundorf, E. Rammler: Beitrag zur Analyse des Brikettierungsprozesses mit Hilfe von Regressionsgleichungen. Teil 1: Begründung des allgemeinen Ansatzes für die Regressionsanalyse. In: Neue Bergbautechnik *1* (1971) S. 374—380.
— A. Lissner, E. Rammler, M. Süß, E. Knopfe, L. Gläser: Über eine salzhaltige Braunkohle der Volksrepublik Polen. Berlin 1971. S. 9—42 (= Abh. Sächs. Akad. Wiss. math.-nat. Kl. Bd 51, H. 1).
— A. Lissner, E. Rammler, R. Schmidt, W. Göbel, Ch. Scholl, K.-H. Pissoke: Versuche zur Verbrennung von salzhaltiger Braunkohle in einer Halbgasfeuerung mit Rauchgasrückführung. Ebda S. 43—57.
— u. A. Lissner, E. Knopfe: Untersuchungen an einer schwefelreichen jugoslawischen Kohle (Raša-Kohle), insbesondere hinsichtlich der Brikettierbarkeit. Ebda S. 59—75.
— W. Arnold, G. Bilkenroth, E. Rammler: Über rumänische Braunkohlen, ihre Gewinnung und Verwertung. Ebda S. 77—101.
— u. Kim Kyong Bong: Eigenschaften und Klassifikation von Hartbraunkohlen aus der VDR Korea. Ebda S. 103—128.
— u. E. u. H. Skadow: Beitrag zur Methodik der Plastizitätsmessung von Weichbraunkohlen in Abhängigkeit von der Preßtemperatur. In: Freiberger Forschungshefte A *501* (1971) S. 85—99.
— A. Bahr, G. Grabbert, E. Rammler: Versuchsergebnisse und Berechnungsmöglichkeiten für die Kühlung staubförmiger Güter in Wirbelschichtkühlrinnen mit eingebauten Kühlrohren. In: Chem. Technik *23* (1971) S. 225—231.
— H. Krug, W. Naundorf, E. Rammler: Beitrag zur Analyse des Brikettierprozesses mit Hilfe von Regressionsgleichungen. Teil 2: Diskussion der berechneten Regressionspolynome. In: Neue Bergbautechnik *1* (1971) S. 454—460.
— u. M. Weber: Nomogramm für die Kenngröße „Füllungsgrad" bei Röhrentrocknern. Ebda S. 524—528.
— J. Wilsdorf, E. Rammler (unter Mitwirkung v. K. Jähnig, W. Michaelis, U. Rausch):

Über den Einfluß der Temperatur auf die Sorptionsisothermen von Braunkohle. In: Freiberger Forschungshefte A *478* (1971) S. 7—45.

Rammler, Erich. — B. Wassilewa-Popowa, E. Rammler: Zum Einfluß verschiedener Arten der thermischen Vorbehandlung von Braunkohle auf Wasserbeständigkeit und Festigkeit der Briketts. Dargestellt am Beispiel der Maritza-Ostfeld-Kohle (VR Bulgarien). Ebda S. 89—130.

— u. E. u. A. Bahr: Zur Ermittlung der spezifischen Oberfläche von Korngrößenverteilungen. Teil I: Allgemein anwendbare Verfahren. In: Verfahrenstechnik *5* (1971) H. 12.

— u. A. Bahr: Korngrößenverteilungen. Teil 1: Vergleich von Korngrößenverteilungen. In: Chem. Technik *24* (1972) S. 345—351.

— u. E. u. A. Bahr: Zur Ermittlung der spezifischen Oberfläche von Korngrößenverteilungen. Teil 2: Rechnerische Verfahren für spezielle Korngrößenverteilungen. In: Verfahrenstechnik *6* (1972) S. 312—320.

— Ein Beitrag zur Formkokserzeugung aus einem Gemisch von sulfidischem Erz und Sulfitablauge. In: Freiberger Forschungsberichte A *508* (1972) S. 45—73.

— u. E. u. M. Weber: Zur Entwicklung von Begriffen und Kenngrößen bei Untersuchungen an Trocknerrohren als Modelltrockner und über ihre Übertragbarkeit auf Röhrentrockner der Praxis. Ebda A *518* (1972) S. 45—72.

— u. E. u. H. Skadow: Über Verdichtungs- und Dehnungsgrößen bei der bindemittellosen Brikettierung und ihre Zusammenhänge. Ebda S. 73—90.

— Zur mathematischen Erfassung der Abhängigkeit der Druckfestigkeit von Braunkohlenbriketts von der Brikettdicke. Ebda S. 91—106.

— u. E. u. A. Bahr: Korngrößenverteilungen. Teil 2: Vergleich von Körnungsnetzen. In: Chem. Technik *24* (1972) S. 738—744.

— Unser gemeinsames Wirken brachte mir Erfüllung in meiner wissenschaftlichen Arbeit und war und ist mir innerstes Bedürfnis. In: Die Hochschulstadt *15* (1972) H. 11, S. 3.

— H. Krug, W. Naundorf, E. Rammler: Beitrag zur Modellierung und Optimierung der Trockenbraunkohlenabsiebung durch Siebkettenförderer. Teil I: Modellierung mittels Regressionsgleichungen. In: Neue Bergbautechnik *2* (1972) S. 921—928.

— [Nachr. u. Bibliographie] Anton Lissner 21. 8. 1885—7. 2. 1970. In: Jahrb. Sächs. Akad. Wiss *1969—1970* (Berlin 1972) S. 247—256 m. Bildn. nach S. 272.

— [Anspr.] im Auftrage des Präsidenten der Akademie der Wissenschaften der DDR, Herrn Prof. Dr. Klare. Bericht über das 10. Ländertreffen des Internationalen Büros für Gebirgsmechanik. Rahmenthema: Wissenschaftliche Entwicklung der Gebirgsmechanik in den letzten 10 Jahren. — Leipzig, 27.—31. Oktober 1968. Berlin 1970. S. 13—14.

— [Hrsg.] Beiträge zur Chemie und Technologie der Brennstoffe. Gedenkschrift für Prof. Dr. techn. habil. Anton Lissner. Berlin 1971. 146 S. (= Abh. Sächs. Akad. Wiss., math.-nat. Kl. Bd 51, H. 1).

Runge, Franz, u. E. Laqua, H. Thielemann: Siloxanvernetztes Polyvinylacetat als Adsorbens für Phenole. Teil I. In: J. prakt. Chem. *312* (1970) S. 734—736.

Schmid, Erich: Basic Phenomena of the influence of ultrasound on material Properties. In: Proc. High Power Ultrasonics *1972*, S. 6—10 m. 13 Abb.

— Radiation damage. Internat. Centre for Mechanical Sciences. In: Courses and Lectures *64* (Wien, New York 1972) S. 1—58 m. 30 Abb.

— u. K. Lintner: Behaviour of insonated metals. Internat. Centre for Mechanical Sciences. Ebda S. 60—88, m. 22 Abb.

Schulze, Gustav E. R.: Metallofyzika. Moskva 1971. 502 S. [= Übersetzung der 1. Aufl. „Metallphysik“ der deutschen Ausgabe, Berlin 1967].

— u. P. Paufler: Die plastische Verformung „spröder“ intermetallischer Verbindungen und ihre Elementarprozesse. Berlin 1972. 24 S., 14 Abb. u. 11 Tab. (= Abh. Sächs. Akad. Wiss., math.-nat. Kl. Bd 51, H. 5).

— Einführung in die 7. Metalltagung „Diffusion in Metallen“: Diffusion in metallischen Werkstoffen. Leipzig 1970. S. 11—15, Bildanhang S. I.

— R. Günzel, P. Paufler, G. E. R. Schulze: Zn^{65}-Diffusion in der intermetallischen Verbindung $MgZn_2$. Ebda S. 183—189.

— P. Paufler, K. Eichler, G. E. R. Schulze: Einfluß der Abweichungen von der Stöchiometrie intermetallischer Verbindungen auf deren plastische Verformbarkeit. In: Monatsber. Akad. Wiss. DDR *12* (1970) S. 950—958.

— Neutron-Diffraction of Nearly Perfect Crystals. In: Proceedings of the 11th Science Week. Syrian Arab. Republic Supreme Conncil of Sciences *2* (Damaskus 1971) S. 1—10.

— Plastic Deformation of Intermetallic Compounds. Ebda S. 11—22.

— P. Paufler, G. E. R. Schulze: Über einige physikalische Eigenschaften von Laves-Phasen, insbesondere $MgZn_2$ (Mit einem Anhang: Zur Bezeichnung „Laves-Phasen“). In: Z. Kristallograph. *133* (1971) S. 7—17.

— P. Paufler, J. Marschner, G. E. R. Schulze: The Mobility of Grown-in Dislocations in the Intermetallic Compound $MgZn_2$. II. Stress Dependence of Basal Slip at 390°C. In: phys. stat. sol. (b) *43* (1971) S. 279—282.

— F. Eichhorn, M. Kosmowski, H.-G. Schöpf, G. E. R. Schulze: Experimental and Theoretical Investigations of Dynamical Neutron Diffraction by Using Crystals with a Low Dislocation Density. Ebda (a) *4* (1971) S. 445—457.

— G. Leitner, G. E. R. Schulze: Crystal Chemical Stability Conditions for Intermetallic Compounds (I), Frequency Distributions of Laves-Phases. In: Kristall u. Technik *6* (1971) S. 449—463.

— H.-J. Ullrich, G. E. R. Schulze: Röntgenographische Mikrobeugungsuntersuchungen an kristallinen Festkörpern mittels Gitterquelleninterferenzen (Kossel-Linien) und Weitwinkelinterferenzen (Pseudo-Kossel-Linien). Ebda *7* (1972) S. 207—220.

— Über Homogenitätsbereiche in intermetallischen Verbindungen und ihre Bedeutung für die physikalischen Eigenschaften. In: Reinstoffe in Wissenschaft und Technik. 3. Internat. Symposium 1970 in Dresden. Plenar- und Hauptvorträge. Berlin 1972. S. 641 bis 653.

— Einführung zu „Elektronenstruktur und physikalische Eigenschaften metallischer Werkstoffe“. Leipzig 1972. S. 11—15.

— P. Paufler, K. Eichler, S. Siegel, G. E. R. Schulze: Messungen zur Elektronenstruktur der intermetallischen Verbindung $MgZn_2$. Ebda S. 73—80.

— W. Meyer, G. E. R. Schulze: Messung und Auswertung von langwelligen Röntgenemissionsbanden an FeAl und CoGa. Ebda S. 139—143.

— W. Blau, G. E. R. Schulze: Einfluß von Aluminium auf die d-Bandstruktur in Fe-Al-Legierungen. Ebda S. 249—253.

Schwabe, Kurt: Konzentrierte Elektrolytlösungen. Thermodynamische und kinetische Eigenschaften. Berlin 1972. 49 S., 27 Abb. u. 2 Tab. (= Sitzungsber. Sächs. Akad. Wiss., math.-nat. Kl. Bd 109, H. 6).

— H. Kammer, K. Schwabe: Einführung in die statistische Thermodynamik. Berlin 1971. 151 S., 20 Abb. u. 2 Tab.

Schwabe, Kurt: Die volkswirtschaftliche Bedeutung eines integrierten Systems von Maßnahmen zum Korrosionsschutz. In: die Technik *26* (1971) S. 435—439; IfL-Mitt. *10* (1971) S. 81—90; Zaščita Metallov *7* (1971) S. 227—236.

— Die Kinetik der Korrosionsvorgänge. In: Z. Chem. *11* (1971) S. 245—252.

— Eigenschaften konzentrierter quarternärer Ammoniumsalzlösungen. In: Z. physik. Chem. *247* (1971) S. 113—131.

— [Versuche von Ch. Queck u. K. Mühle] Über Phasengrenzpotentiale in Ketten mit Überführung zwischen Wasser und organischen Lösungsmitteln. In: Nova Acta Leopoldina *36* (1971) S. 103—109 (= Festschrift f. Horst Hanson).

— u. G. Reinhard, M. Fischer, K. Schaarschmidt: Untersuchungen zur Wirksamkeit von Benzyl-n-propylsulfid als Korrosionsinhibitor in sauren Lösungen. In: Werkstoffe u. Korrosion *22* (1971) S. 302—308.

— u. A. Eckardt: Radiochemische Untersuchungen zum Verhalten von Thioharnstoff bei der Elektrolyse in Kupfersulfatbädern. In: Monatshefte f. Chem. *102* (1971) S. 64—72.

— u. C. Voigt: Grundlagen des Korrosionsschutzes. In: Informationen des VEB Metallleichtbaukombinates (Forschungsinstitut) *10* (1971) S. 55—58.

— u. G. Reinhard, M. Fischer, K. Schaarschmidt: Untersuchungen zur Wirksamkeit von Benzyl-n-propylsulfid als Korrosionsinhibitor. In: Wiss. Z. TU Dresden *20* (1971) S. 321—327.

— C.-J. Nötzold, K. Schwabe: Deckschichtenverhältnisse auf Magnesiumelektroden in 6 m Kalilauge. In: Z. physik. Chem. *247* (1971) S. 13—16.

— R. Pimper, K. Schwabe, W. Nowak: Untersuchungen über den zeitlichen Ablauf eines Mischungsvorganges in einem System körniger Substanzen mit Hilfe radioaktiver Nuklide in verschieden großen Mischapparaturen gleichen Typs. In: Wiss. Z. TU Dresden *20* (1971) S. 949—954.

— K. Kermer, G. Reinhard, K. Schwabe: Vergleichende Korrosions- und Adsorptionsuntersuchungen an Bau- und KTS-Stählen mit markierten Sulfationen. In: Werkstoffe u. Korrosion *22* (1971) S. 290—292.

— G. Kreysa, U. Ebersbach, K. Schwabe: Zur Kinetik der anodischen Passivierung von Eisen, Kobalt und Nickel — III. Der Einfluß von Sulfat- und Perchlorationen auf die Passivierungsgeschwindigkeit von Eisen in saurer Lösung. In: Electrochim. Acta *16* (1971) S. 1489—1493.

— u. K. Wiesener: Direktumwandlung chemischer Energie in Elektroenergie. Teil I in: Chem. Techn. *23* (1971) S. 735—738 u. Teil II ebda *24* (1972) S. 155—159.

— u. K. Thiemt: Radiochemische Messungen der Elektronenkonzentration in Halbleitermaterialien. In: Isotopenpraxis *8* (1972) S. 139—143.

— u. K. Spiegel: Ein pH-Bezugspuffersystem mit höherer Ionenstärke. In: Labortechnik *5* (1972) S. 20—26.

— Activity of Ions in and Structure of Concentrated Solutions of Electrolytes. In: Croat. Chem. Acta *44* (1972) S. 127—137.

— u. H.-B. Lück: The anodic bahaviour of Zinc in saturated solution of Zinc sulphate. In: Electrochim. Acta *17* (1972) S. 99—105.

— u. U. Ebersbach, W. Leimbrock: Zur Kinetik der Passivierung von Eisen, Kobalt und Nickel — V. Coulometrische Nickelbestimmung und ihre Anwendung auf Passivierungsuntersuchungen. Ebda S. 957—963.

— U. Ebersbach, G. Kreysa, K. Schwabe: Zur Kinetik der anodischen Passivierung von Eisen, Kobalt und Nickel — IV. Ebda S. 445—450.

— [Bespr.] H. Falkenhagen, unter Mitwirkung v. W. Ebeling: Theorie der Elektrolyte.

Mit einem Anhang über Magnetische Kernresonanzuntersuchungen zur Struktur von Elektrolytlösungen v. H. G. Hertz. Leipzig 1971. 558 S., 142 Abb., 90 Tab. In: DLZ *93* (1972) Sp. 1040–1042.

Schwabe, Kurt: [Hrsg.] A. V. Bjalobzeskij: Korrosion durch radioaktive Strahlung. Berlin 1971. 212 S., 108 Abb. u. 31 Tab.

Śmiałowski, Michał: Effect of Electrolytic Charging Conditions on Hydrogen Penetration and Embrittlement of Various Steels. In: Congrès International sur l'Hydrogène dans les métaux, Paris 29 mai — 2 juin 1972. Science et Industrie *2* (1972) S. 300–305.

Strack, Erich: Carnetinesterwirkung. In: Jahrb. Sächs. Akad. Wiss. *1969–1970* (Berlin 1972) S. 136–140.

— Beziehungen zwischen Carnitin und Herz. In: Herz und Altern. Geriatrische Therapie. Intensivtherapie in Abhängigkeit vom Alter. Dresden 1971. S. 119–126.

— u. D. M. Müller: Zur Bindungsenergie der Estergruppe in O-Acylcarnitinen und in einigen ihrer Carboxylderivate, I. In: Hoppe-Seyler's Z. Physiol. Chem. *352* (1971) S. 1014–1018.

— J. Wolff, D. M. Müller, E. Strack: Die Toxicität von L(—)-Carnitin und einigen O-Acylcarnitinen. In: Acta biol. med. germ. *26* (1971) S. 1237–1242.

— u. D. M. Müller: Verfahren zur Trennung von D,L-Carnitin in seine optischen Isomeren. Patentschrift 93347, DDR (1972).

— D. M. Müller, E. Strack: Racematspaltung von D,L-Carnitin. In: Hoppe-Seyler's Z. Physiol. Chem. *353* (1972) S. 618–622.

— D. M. Müller, E. Strack: Zur Bindungsenergie der Estergruppe in O-Acylcarnitinen und einigen ihrer Carboxylderivate, II. Hydrolysegeschwindigkeiten. Ebda S. 1775–1778.

Stubbe, Hans: Genetische Probleme in der Rehwildforschung. In: Tagungsber. Akademie der Landwirtschaftswiss. Berlin 1971. Nr. 113, S. 271–285.

— Weitere evolutionsgenetische Untersuchungen in der Gattung Lycopersicon. In: Biol. Zbl. *90* (1971) H. 5, S. 557–559.

— Mutanten der Kulturtomate Lycopersicon esculentum Miller VI. In: Die Kulturpflanze *XIX* (1972) S. 185–230.

— Mutanten der Wildtomate Lycopersicon pimpinellifolium (Jusl.) Miller IV. Ebda S. 231 bis 263.

— History of Genetics. From Prehistoric Times to the Rediscovery of Mendel's Laws. Translated by T. R. W. Waters. Cambridge, Mass. [USA] and London 1972.

Treibs, Wilhelm: 1,2-Diazaazulene und 1,2-Diazapentalene, zwei neue Klassen von nichtbenzoiden Heteroaromaten [Vorläufige Mitteilung. Vorgetragen vor der Herbstversammlung der Schweizerischen Chemischen Gesellschaft am 14. Oktober 1972 in Luzern]. In: Chimia *26* (1972) H. 12, S. 627–629.

Uhlmann, Dietrich: Abstufungen der Bioaktivität in hintereinandergeschalteten Gewässermodellen. In: Limnologica *8* (1971) S. 421–452.

— Influence of dilution, sinking and grazing rate on phytoplankton populations of hyperfertilized ponds and micro-ecosystems. In: Mitt. Internat. Verein. Lomnol. *19* (1971) S. 100–124.

— J. Kaeding, D. Uhlmann: Stand und Entwicklungsrichtungen der Wasseranalytik. II. Wirkung von gelösten Inhaltsstoffen auf Wasserorganismen. In: Fortschr. Wasserchemie *11* (1971) S. 11–26.

Uhlmann, Dietrich u. J. Benndorf, W. Albert: Prognose des Stoffhaushaltes von Staugewässern mit Hilfe kontinuierlicher oder semikontinuierlicher biologischer Modelle. In: Int. Rev. ges. Hydrobiol. *56* (1971) S. 513—539.
— Das Staugewässer als offenes System und als Reaktor. In: Verhandl. Internat. Vereinig. Limnol. *18* (1972) S. 761—778.

Van der Waerden, Bartel, L.: The Foundation of Algebraic Geometry from Severi to André Weil. In: Archive for History of Science *7* (1971) S. 171—180.
— Zur algebraischen Geometrie 20. Der Zusammenhangssatz und der Multiplizitätsbegriff. In: Math. Ann. *193* (1971) S. 89—108.
— Synthetische Urteile a priori. In: Quanten und Felder, physikalische und philosophische Betrachtungen zum 70. Geburtstag von Werner Heisenberg. Braunschweig 1971. S. 51 bis 65.
— Ägyptische Planetenrechnung. In: Centaurus *16* (1972) S. 65—91.
— Zum Gedenken an Andreas Speiser. In: Elemente der Math. *26* (1971) S. 98—102.
— Die „Ägypter" und die „Chaldäer". Heidelberg 1972. 26 S. (= Sitzungsber. Heidelberger Akad. Wiss. 1972, 5. Abh., S. 201—227).

Wagner, Carl: Contribution to the Thermodynamics of Interstatical Solid Solutions. In: Acta Metallurgica *19* (1971) S. 843—849.
— The Determination of Small Derivations from the Ideal Stoichiometric Composition of Ionic Crystals and Other Binary Compounds. In: Progress in Solid State Chemistry *6* (1971) S. 1—15.
— The Electrical Conductivity of Semiconductors Involving Inclusions of Another Phase. In: J. Phys. Chem. Solids *33* (1972) S. 1051—1059.
— Thermodynamic Evoluation of the Change of the Curie Temperature in the System Cobalt-Carbon with Carbon Concentration. In: Acta Metallurgica *20* (1972) S. 803—808.
— The Thermoelectric Power of Cells with Ionic Compounds Involving Ionic and Electronic Conduction. In: Progress in Solid State Chemistry *7* (1972) S. 1—77.

Philologisch-historische Klasse

Aland, Kurt: Taufe und Kindertaufe. 40 Sätze zur Aussage des Neuen Testaments und dem historischen Befund, zur modernen Debatte darüber und den Folgerungen daraus für die kirchliche Praxis — zugleich eine Auseinandersetzung mit Karl Barths Lehre von der Taufe. Gütersloh 1971. 87 S.
— Zur Vorgeschichte der christlichen Taufe. In: Festschrift O. Cullmann. Neues Testament und Geschichte. Tübingen u. Zürich 1972. S. 1—14.
— Martin Luther in der modernen Literatur. Ein kritischer Dokumentarbericht. Witten u. Berlin 1972. XVI, 474 S.
— [Hrsg.] Synopsis Quattor Evangeliorum. 7. Aufl. Stuttgart 1971. XXX, 590 S.
— [Hrsg.] Adolf Jülicher, Itala *I*: Matthäusevangelium. 2. verbesserte Aufl. Berlin u. New York 1972. VIII, 214 S.
— [Hrsg.] Synopsis of the Four Gospels. Greek English Edition. London 1972. XXXII, 361 S.
— Quellen zur Geschichte des Papsttum und des römischen Katholizismus. Reihe II: Die Kirche nach dem 2. Vatikanischen Konzil, Bd *1*: Die Jahre 1966 und 1967. Tübingen 1972. LII, 668 S.

Bahner, Werner: La conscience linguistique et nationale chez les écrivains roumains de la première moitié du XIX-e siècle. Sinaia (Rumänien) 1971. 54 S.

— Nicolae Bălcescu und die Entwicklung der rumänischen Sprache und Literatur im 19. Jahrhundert. In: BrP *IX* (1970) S. 62—76.

— Sprache, Bewußtsein, Geschichte bei Hegel. In: Hegel-Jahrbuch *1970*. Meisenheim 1971. S. 152—158.

— War J.-J. Rousseau ein konservativer Denker? Zu einigen Tendenzen in der gegenwärtigen Rousseau-Deutung. In: Beiträge zur französischen Aufklärung und zur spanischen Literatur (= Festgabe für Werner Kraus zum 70. Geburtstag). Berlin 1971. S. 27—44.

— Unele observatii asupra trăsăturilor specifice ale lexicului în prima perioadă a istoriei limbii române. In: Limba Română *20* (1971) S. 141—149.

— Cercetarea vocabularului limbii străromâne din punctul de vedere onomasiologic. In: Actele celui de-al XII-lea congres international de lingvistică şi filologie romanică. Bucureşti 1971. S. 1311—1316.

— Revolution und revolutionäres Bewußtsein in der kubanischen Literatur der Gegenwart. In: Revolution und Literatur. Zum Verhältnis von Erbe, Revolution und Literatur. Leipzig 1971. S. 355—373.

— Nicolae Iorga als Literaturhistoriker. In: Nicolae Iorga (1871—1940). Berlin 1972. S. 11—17 (= Sitzungsber. des Plenums und der problemgebundenen Klassen der Akademie der Wissenschaften der DDR).

— Onomasiologitscheskie ozobennozti rasvitija latinzkich elementov ruminskoj lekziki. In: Obtschee i romanskoe jasikosnanie. Moskva 1972. S. 16—26.

— Methodologische Fragen zur vergleichenden Weltliteraturgeschichtsschreibung. Veranstaltung der Ungarischen Gesellschaft für Vergleichende Literaturgeschichte und der literaturwissenschaftlichen Institute der Ungarischen Akademie der Wissenschaften. Budapest, 17. u. 18. November 1971. In: Referatedienst zur Literaturwissenschaft *4* (1972) H. 1, S. 1—4.

— Wem das Lied ein Bajonett bedeutet. Eugène Pottier — ein Dichter des französischen Proletariats. In: Berliner Ztg Nr. 106 v. 18. Apr. 1971.

— Schatzgräber der rumänischen Volksdichtung. Aus Anlaß des 150. Geburtstages des rumänischen Dichters Vasile Alecsandri. In: Berliner Ztg Nr. 196 v. 18. Juli 1971.

— [Nachw. u. Kommentar] Dante Alighieri: Die Göttliche Komödie. 2. Aufl. Leipzig 1971. S. 399—425, 426—547.

— [Nachw.] Honoré de Balzac: Vater Goriot. 2. Aufl. Leipzig 1971. S. 351—362.

— [Nachw.] Alfred de Musset: Sämtliche Novellen. 2. Aufl. Leipzig 1971. S. 586 bis 608.

— [Bespr.] Gh. Bulgăr: Limba Română. Sintaxă şi stilistică. Bucureşti 1968. 251 S. In: BrP *IX* (1970) S. 311—312.

— [Bespr.] Lombard: Latinets Öden 1 Öster. Avec un résumé en français. Les destinées du latin à l'Est. Kungl. Vitterhets. Historie och Antikvitets Akademien. Filologiskt Arkiv 12, Lund 1967. Ebda S. 312.

— [Bespr.] K. Togeby: Immanence et structure. Revue Romane: Numéro spécial 2. Copenhague 1968. 227 S. Ebda S. 312—316.

— [Bespr.] O. Duchaček: Précis de sémantique française. Brno 1967. 260 S. Ebda S. 158 bis 161.

— [Bespr.] F. Papi: Antropologia e civiltà nel pensiero di Giordano Bruno. Firenze 1968. XII, 362 S. In: DLZ *92* (1971) Sp. 390—392.

Bahner, Werner: [Bespr.] R. Picard: Von La Fontaine bis Rousseau. München 1970. 254 S. Ebda Sp. 666—669.

— [Bespr.] V. Macchi: Wörterbuch der italienischen und deutschen Sprache. Teil 1: Italienisch-Deutsch. Firenze, Roma 1970. 1472 S. Ebda Sp. 1030—1031.

— [Bespr.] G. Carsaniga: Geschichte der italienischen Literatur. Von der Renaissance bis zur Gegenwart. Stuttgart, Berlin, Köln, Mainz 1970. 356 S. In: Referatedienst zur Literaturwissenschaft *3* (1971) H. 3, S. 184—186.

— [Bespr.] D. Wandruszka: Sprachen vergleichbar und unvergleichbar. München 1969. 541 S. In: BrP *X* (1971) S. 184—186.

— [Bespr.] I. Coteanu u. I. Dănăila: Introducere în lingvistica şi filologia românească. Probleme — bibliografie. Bucureşti 1970. 345 S. Ebda S. 382—383.

— [Bespr.] C. Tagliavini: Le origini delle lingue neolatine. Introduzione alla filologia romana. Bologna 1969. 681 S. Ebda S. 383—385.

— [Bespr.] Testi romeni antichi (secoli XVI—XVIII) a cura di Alexandru Niculescu e Florica Dimitrescu con introduzione, studio linguistico e glossario. Padova 1970. 155 S. Ebda S. 385.

— [Bespr.] J. v. Stackelberg: Von Rabelais bis Voltaire. Zur Geschichte des französischen Romans. München 1970. 415 S. In: DLZ *93* (1972) Sp. 119—121.

— [Bespr.] O. Szemerényi: Richtungen der modernen Sprachwissenschaft, Bd I: Von Saussure bis Bloomfield, 1916—1950. Heidelberg 1971. 148 S.; M. Ivić: Wege der Sprachwissenschaft. München 1971. 282 S. Ebda Sp. 830—834.

— [Bespr.] G. Rohlfs: Romanische Sprachgeographie, Geschichte und Grundlagen — Aspekte und Probleme mit dem Versuch eines Sprachatlas der romanischen Sprachen. München 1971. 334 S. Ebda Sp. 988—989.

— [Hrsg.] Beiträge zur französischen Aufklärung und zur spanischen Literatur. Festgabe für Werner Krauss zum 70. Geburtstag. Berlin 1971. 632 S.

— [Hrsg.] Dante Alighieri: Die Göttliche Komödie. 2. Aufl. Leipzig 1971.

Bischoff, Karl: Der Tie. Mainz u. Wiesbaden 1971. 35 S. u. eine Kte (= Abh. Akad. Wiss. u. Lit. Mainz, geistes- u. sozialwiss. Kl. 1971, Nr. 9).

— Der Tie II. Mainz u. Wiesbaden 1972. 42 S. (= Abh. Akad. Wiss. u. Lit. Mainz, geistes- u. sozialwiss. Kl. 1972, Nr. 7).

— Die Sprache des Burger Landrechtes. In: Zeiten und Formen in Sprache und Dichtung (= Festschrift f. Fritz Tschirch). Köln u. Wien 1972. S. 357—375.

— Elbeschifferbriefe aus der Mitte des 19. Jahrhunderts. In: Festschrift Matthias Zender. Studien zur Volkskultur, Sprache und Landesgeschichte. Bonn 1972. S. 669—679.

Blumenthal, Lieselotte: Der erste Empfänger des ersten Horen-Stücks. Zu einem unbekannten Brief Schillers. In: Probleme des Erzählens in der Weltliteratur. Festschrift f. Käte Hamburger zum 75. Geburtstag. Stuttgart 1971. S. 87—100.

— [Mithrsg.] Schillers Werke. Nationalausgabe. Begründet von Julius Petersen, hrsg. im Auftrage der Nationalen Forschungs- und Gedenkstätten der klassischen deutschen Literatur in Weimar (Goethe- und Schiller-Archiv) und des Schiller-Nationalmuseums in Marbach von Lieselotte Blumenthal und Benno von Wiese. Weimar.

Brüning, Eberhard: Probleme der Wechselbeziehungen zwischen der amerikanischen und der deutschen sozialistischen und proletarisch-revolutionären Literatur. In: Literatur der Arbeiterklasse, hrsg. von der Deutschen Akademie der Künste zu Berlin. Berlin und Weimar 1971. S. 420—441.

Brüning, Eberhard: Sämtliche Artikel zur Nordamerikanischen Literatur für Meyers Taschenlexikon „Fremdsprachige Schriftsteller", hrsg. von Gerhard Steiner. Leipzig 1971.
— Sämtliche Artikel zur Nordamerikanischen Literatur für Meyers Neues Lexikon. 2., völlig neu erarbeitete Auflage in 18 Bdn, *1* (Leipzig 1971), *2* und *3* (Leipzig 1972).
— „The Black Liberation Movement" und das amerikanische Drama. In: ZAA *20* (1972) S. 46—58.
— u. A. Neubert: Professor Dr. Walther Martin zum 70. Geburtstag. Ebda S. 117—118.
— [Nachw.] Thomas Wolfe: Hinter jenen Bergen. Leipzig 1971. S. 149—156.
— [Nachw.] Sinclair Lewis: Gideon Planish. Leipzig 1972. S. 387—395.
— [Nachw. u. Hrsg.] Amerikanische Protestdramen. Berlin 1972. S. 423—456.
— [Bespr.] American Civilisation. Edited by A. N. J. den Hollander and Sigmund Skard. London and Harlow 1968. In: ZAA *19* (1971) S. 99—100.
— [Bespr.] American Theatre (Stratford-upon-Avon-Studies, 10). London 1967. Eba. S. 100—104.
— [Bespr.] Amerika. Vision und Wirklichkeit. Beiträge deutscher Forschung zur amerikanischen Literaturgeschichte. Herausgegeben und eingeleitet von Franz H. Link. Frankfurt am Main und Bonn 1968. Ebda S. 207—210.
— [Bespr.] Egil Törnqvist: A Drama of Souls. Studies in O'Neills's Super-naturalistic Technique. (Acta Universitatis Upsaliensis, Historia litterarum 3.). Uppsala 1968. Ebda S. 322—325.
— [Bespr.] Gisela Triesch: Die Motive in „Thirst and Other One-Act Plays" und ihre Verarbeitung in den späteren Werken O'Neills. München 1969. Ebda S. 322—325.
— [Übers.] Lorraine Hansberry: To Be Young, Gifted and Black. In: Amerikanische Protestdramen. Herausgegeben und mit einem Nachwort von E. Brüning. Berlin 1972. S. 350—422.

Buchda, Gerhard: Die Schöffenspruchsammlung der Stadt Pößneck. Teil IV: Wort- und Sachregister. Zugleich ein Beitrag zur Erfassung des frühneuhochdeutschen Wortschatzes und Sprachgebrauches. Weimar 1971. 377 S. (= Thür. Archivstudien, 10).
— Art. Heimbürge. In: Handwörterbuch zur deutschen Rechtsgeschichte. Hrsg. v. A. Erler u. E. Kaufmann, Mitbegründet v. W. Stammler. 9. Lfg. Berlin 1972, Sp. 50—51.
— Art. Hermann von Oesfeld. Ebda Sp. 94—96.
— Bibliographie Erwin Jacobi. Zur fünften Wiederkehr des Todestages von Erwin Jacobi am 5. April 1970. In: Jahrb. Sächs. Akad. Wiss. *1969—1970* (Berlin 1972) S. 393—404.
— [Autorreferat] Menschen und Tiere. Eine rechtsgeschichtliche Untersuchung. Ebda S. 105—106.
— [Ber.] Historische Kommission. Ebda S. 145—146.
— [Bespr.] Festschrift Hans Lentze. Zum 60. Geburtstag dargebracht von Fachgenossen und Freunden. Hrsg. v. N. Graß u. W. Ogris. Innsbruck u. München 1969 (= Forsch. zur Rechts- u. Kulturgeschichte, 4). In: ZSS, Germ. Abt. *88* (1971) S. 212—224.

Coblenz, Werner: Beigabenloser Hügel in der Laußnitzer Heide. In: Arbeits- und Forschungsberichte zur sächsischen Bodendenkmalpflege *19* (1971) S. 17—34, 19 Abb.
— Zum Waffengrab aus der Latènezeit von Groitzsch, Kr. Borna. Ebda S. 69—103, 29 Abb.
— Frühgeschichtliche Wegeführung unter dem Markt in Meißen. In: Ausgrabungen und Funde *16* (1971) S. 92—99, 5 Abb. u. 4 Taf.
— Ein reich ausgestattetes Grab der jüngeren Lausitzer Kultur aus Liegau-Augustusbad, Kr. Dresden-Land. Ebda S. 70—77, 4 Abb.

Coblenz, Werner: Ein älterbronzezeitliches Gefäß von Preuschwitz. Ebda *17* (1972) S. 73—76, 1 Abb u. 1 Taf.
— Mittelalterliche Straße unter dem Meißner Markt. In: Blick ins Museum (= Mitteilungen aus den Staatlichen Wissenschaftlichen Museen Dresden) *6* (1971) S. 18—19, 1 Abb. u. Titelbild.
— Die ältesten Menschendarstellungen auf heimischen Boden. Ebda *7* (1971) S. 20—22, 1 Abb.
— 3000jähriges Bronzegeschirr aus Sachsen. Ebda *8* (1972) S. 9—12, 3 Abb.
— Die Lausitzer Kultur der Bronze- und frühen Eisenzeit Ostmitteleuropas als Forschungsproblem. In: Ethnographisch-Archäologische Zeitschrift *12* (1971) S. 425—438, 4 Beilagen.
— Befestigte slawische Siedlungen und erste deutsche Burgen. Zur Burgenentwicklung im 9. bis 11. Jahrhundert an der sächsischen oberen Elbe. In: Burgen- und Siedlungsarchäologie des Mittelalters. Wien 1971. S. 6—8 (= Veröffentlichungen der Österreichischen Arbeitsgemeinschaft für Ur- und Frühgeschichte 5).
— Bemerkungen zur Chronologie in den slawischen Gauen Daleminzien und Nisan. In: Archeologia Polski *XVI* (1971) S. 401—417, 8 Abb.
— Meißen — Miśnia. In: Zoschłani wieków 1971/4. S. 280—283, 3 Abb.
— [Nachr.] Gotthard Neumann †. In: Ausgrabungen und Funde *17* (1972) S. 97—98.
— [Bespr.] J. Bouzek, D. Koutecký, E. Neustupný: The Knoviz Settlement of North-West Bohemia. Fontes Archaeologici Pragenses 10, 1966. In: Germania *49* (1971) S. 249 bis 252.
— [Tätigkeitsber.] Landesmuseum für Vorgeschichte Dresden für die Jahre 1969 und 1970. In: Ausgrabungen und Funde *16* (1971) S. 57—62.
— [Tätigkeitsber.] Landesmuseum für Vorgeschichte Dresden für das Jahr 1971. Ebda *17* (1972) S. 50—53, 2 Taf.
— [Hrsg.] Arbeits- und Forschungsberichte zur sächsischen Bodendenkmalpflege *19* (Berlin 1971) 422 S., 220 Abb. u. 1 Tab.

Erben, Johannes: Deutsche Grammatik. Ein Abriß. 11., völlig neubearb. Aufl. v. „Abriß der deutschen Grammatik". München 1972.
— u. H. Moser: Das Feld der alters- und geschlechtsdifferenzierenden Personenbezeichnungen im Tirolischen. In: Innsbrucker Beiträge zur Kulturwissenschaft. Bd 16: Studien zur Namenkunde und Sprachgeographie. Innsbruck 1971. S. 241—287 (= Festschrift f. Karl Finsterwalder).
— Zu den Verwandtschaftsbezeichnungen der Luthersprache. Die sprachliche Erfassung der „Vorfahren". In: Zeiten und Formen in Sprache und Dichtung. Köln u. Wien 1972. S. 376—383 (= Festschrift f. Fritz Tschirch).
— „Der sinnesame Tristan". Zur Wortbildung des Adjektivs bei Gottfried von Straßburg. In: Festschrift f. Hans Eggers zum 65. Geburtstag. Tübingen 1972. S. 182—191.
— [Nachr.] Karl Kurt Klein (1897—1971). In: Onoma *16* (1971) H. 1—2, S. 235.
— [Bespr.] B. Stolt: Studien zu Luthers Freiheitstraktat mit besonderer Rücksicht auf das Verhältnis der lateinischen und der deutschen Fassung zu einander und die Stilmittel der Rhetorik. Stockholm 1969 (= Acta Universitatis Stockholmiensis, 6), In: ZfdPh. *91* (1972) S. 472—473.

Gadamer, Hans-Georg: Le problème de la conscience historique. In: Publications Universitaires de Louvain. Louvain 1963. 87 S. [Ital. Übersetzung:] Napoli 1969. 95 S.
— Hegels Dialektik. Fünf hermeneutische Studien. Tübingen 1971. 96 S.

Gadamer, Hans-Georg: Die Begriffsgeschichte und die Sprache der Philosophie. Opladen 1971. 24 S. (= Veröff. der Arbeitsgemeinschaft für Forschung des Landes Nordrhein-Westfalen, 170).
— Kleine Schriften III. Idee und Sprache. Platon, Husserl, Heidegger. Tübingen 1971.
— Wahrheit und Methode. Grundzüge einer philosophischen Hermeneutik. 3. erw. Aufl. Tübingen und Milano 1972.
— Über die Macht der Vernunft. In: Wissenschaft und Weltbild *22* (1969) S. 1—8.
— Hermeneutik (1955—1965). In: Contemporary Philosophy. Firenze 1969. S. 360—372.
— Menschenbild und Lebensgestaltung. In: Hochschulwochen für Staatswissenschaftliche Fortbildung. Bad Homburg v. d. H., Berlin, Zürich 1969. S. 133—149.
— Hölderlin und George. In: Hölderlin-Jahrbuch *15* (Tübingen 1969) S. 75—91; [Neubearbeitung in:] Stefan Geoge Kolloquium. Köln 1971. S. 118—132.
— Schleiermacher als Platoniker. In: Archives de Philosophie *32* (1969) S. 28—39 u. in: Kleine Schriften *III* (Tübingen 1971) S. 141—149.
— Über leere und erfüllte Zeit. In: Die Frage Martin Heideggers. Beiträge zu einem Kolloquium mit Heidegger aus Anlaß seines 80. Geburtstages. Heidelberg 1969. S. 17—35 (= Abh. Heidelberger Akad. Wiss., phil.-hist. Kl. 1969, 4) in: Kleine Schriften *III* (Tübingen 1971) S. 221—236 u. in: Southern Journal.
— Der Denker Martin Heidegger. In: Die Frage Martin Heideggers. Ebda S. 62—68 u. in: Southern Journal.
— Über das Göttliche im frühen Denken der Griechen. In: Das Altertum und jedes neue Gute. Festschrift für Wolfgang Schadewaldt. Stuttgart 1970. S. 397—414 u. in: Kleine Schriften *III* (Tübingen 1971) S. 64—79.
— A propos de l'hermeneutique. In: Archives de Philosophie *33* (1970) S. 19—27.
— Vereinsamung als Symptom der Selbstentfremdung. In: Wissenschaft und Praxis in Kirche und Gesellschaft *59* (1970) S. 85—93.
— Wer bin ich und wer bist Du? Zu einem Gedicht von Paul Celan. In: Die Zeit Jesu. Festschrift für Heinrich Schlier. Freiburg, Basel, Wien 1970. S. 306—312 u. in: Neue Zürcher Ztg Nr. 223 v. 17. Mai 1970.
— Über die Unverständlichkeit der Wissenschaft. In: Bücherei und Bildung 1970. H. 1, S. 21—27.
— Historicité. In: Encyclopaedia Universalis. Paris 1970.
— Begriffsgeschichte als Philosophie. In: Archiv für Begriffsgeschichte *14* (1970) H. 2 u. in: Kleine Schriften *III* (Tübingen 1971) S. 237—250.
— Verstummen die Dichter ? In: Zeitwende / Die neue Furche *41* (1970) S. 349—357.
— Sprache und Verstehen. Ebda S. 364—377.
— Die Idee der Hegelschen Logik. In: H.-G. Gadamer: Hegels Dialektik. Tübingen 1971. S. 49—70.
— Hegel und Heidegger. Ebda S. 84—96.
— Logos und Ergon im Platonischen „Lysis". In: Kleine Schriften *III* (Tübingen 1971) S. 50—63.
— Die phänomenologische Bewegung. Ebda S. 150—189.
— Die Wissenschaft von der Lebenswelt. Ebda S. 190—201.
— Semantik und Hermeneutik. Ebda S. 251—260.
— Sprechenlernen und Verstehen. In: Gesellschaft und Sprache im Umbruch (= Radius-Projekte 47). 1971. S. 19—34 u. S. 50—59.
— Replik. In: Hermeneutik und Ideologiekritik (Theorie, Theorie-Diskussion). Frankfurt/M. 1971. S. 283—317.

Gadamer, Hans-Georg: Hermeneutik als praktische Philosophie. In: Zur Rehabilitierung der praktischen Philosophie. Hrsg. v. M. Riedel. Freiburg i. Br. 1971.
— W. Kramms Kafka-Zyklus. In: Katalog der Gedächtnisausstellung. Heidelberg 1971. S. 25—27.
— Des Dichters wahres Wort. Bemerkungen zu Paul Celan. In: Neue Zürcher Ztg v. 17. Jan. 1971.
— Hilde Domin. Dichterin der Rückkehr. Ebda v. 18. Aug. 1971 u. in: The Denver Quarterly *6* (1972) S. 7—17.
— Wahrheit und Dichtung. In: Zeitwende / Die neue Furche *42* (1971) S. 402—410.
— Die heutige Unfähigkeit zum Gespräch. In: Universitas *26* (1971) S. 1295—1304.
— Über die Naturanlage des Menschen zur Philosophie. Vortrag, gehalten bei der Entgegennahme des Reuchlingpreises der Stadt Pforzheim 1971 am 20. Nov. 1971. Privatdruck 18 S. u. in: Universitas *27* (1972) S. 483—492.
— Welt ohne Geschichte. Eröffnungsansprache bei den Entretiens in Heidelberg des Institut International de Philosophie v. 12.—16. Sept. 1969. 1972. 8 S.
— Hegels Philosophie und ihre Nachwirkungen bis heute. In: Akademiker-Informationen der Vereinigung Vorarlberger Akademiker. In: Bregenz Bulletin *3* (1972) S. 15—21.
— Die Philosophie und die Krise der bürgerlichen Gesellschaft im Zeitalter der Weltkriege. In: Akten der VIII. Internationalen deutsch-italienischer Studien 1972. S. 477—483.
— Témoignage et Affirmation. In: Archivio di Filosofia. Roma 1972. S. 161—165.
— The Science of the Life-World. In: The later Husserl and the Idea of Phenomenology. Papers an Debate of the International Phenomenological Conference, held at the University of Waterloo, Canada, April 9—14, 1969. 1972. S. 173—185.
— The Continuity of History an the Existential Moment. In: Philosophy Today *XVI* (1972) S. 230—240.
— [Anspr.] Ansprache bei der Jahresfeier der Heidelberger Akademie der Wissenschaften am 2. Mai 1970. In: Jahrb. Heidelberger Akad. Wiss. *1970* (1971) S. 41—49.
— [Anspr.] Ansprache bei der Jahresfeier der Heidelberger Akademie der Wissenschaften am 6. Mai 1971. Ebda *1971* (1972).
— [Übers., Einleitung u. Nachw.] Aristoteles: Metaphysik XII. Text griech.-deutsch. Übers. u. Kommentar v. H.-G. Gadamer. Frankfurt/M. 1970. 64 S. (= Quellen der Philosophie, 11).
— [Einleitung] Parmenides. Text griech.-deutsch. Frankfurt/M. 1970 (= Quellen der Philosophie, 12).
— [Vorw.] R. A. Agricola: Werke. Darmstadt 1971. S. 7—8.
— [Nachr.] Karl Jaspers. In: Ruperto-Carola XXI, *46* (1969) S. 50—56.
— [Nachr.] Jan van der Meulen. In: Rhein-Neckar-Ztg. u. Heidelberger Tageblatt v. 13. Dez. 1969.
— [Nachr.] Zwischen den Zeiten. Ein Denker der Marburger Schule. Zum Tode des Philosophen Gerhard Krüger. In: Universitas *27* (1972) S. 1221—1227.
— [Bespr.] L'éthique à Nicomaque, 2e édit. avec une introduction nouvelle. Louvain 1970. In: Phil. Rundschau *17* (1970) S. 299—300.
— [Bespr.] Poesie heute: H. Domin, Poetik und Hermeneutik III. Ebda *18* (1971) S. 54—62.
— [Hrsg.] Neue Anthropologie. Eine Integration der Wissenschaft vom Menschen. Bd 1—3. Stuttgart, München 1972.
— [Hrsg.] Archiv für Begriffsgeschichte.
— [Hrsg.] Hegelstudien.
— [Hrsg.] Heidelberger Forschungen.

Gadamer, Hans-Georg: [Hrsg.] Kantstudien.
— [Hrsg.] Philosophische Rundschau.

Große, Rudolf: Zum Verhältnis von Form und Inhalt bei der Valenz der deutschen Verben. In: Beiträge zur Valenztheorie. Hrsg. v. G. Helbig. Leipzig 1971. S. 123—132.
— Albrecht Dürer. Seine Stellung in der Geschichte der deutschen Sprache. In: Albrecht Dürer — Zeit und Werk. Eine Sammlung von Beiträgen zum 500. Geburtstag von Albrecht Dürer. Hrsg. im Auftrage der KMU Leipzig v. E. Ullmann, G. Grau u. R. Behrends. Leipzig 1971. S. 179—189.
— Entwicklungstendenzen in der deutschen Sprache der Gegenwart. In: Probleme der Sprachwissenschaft. Beiträge zur Linguistik (= Janua Linguarum. Series minor, 118). The Hague, Paris 1971. S. 9—26.
— Kommunikationsgemeinschaft und Sprachgemeinschaft in der „Fränkischen Zeit". In: Z. f. Phonetik, Sprachwissenschaft u. Kommunikationsforschung *24* (1971) S. 241—245.
— Zum Verhältnis von Soziolinguistik und Textlinguistik. In: Textlinguistik *2* (PH Dresden 1971) S. 64—74.
— Sprache und Gesellschaft. In: Sprachpflege *21* (1972) S. 113—117.
— Prof. Dr. phil. habil. Wolfgang Fleischer 50 Jahre. Ebda S. 167.
— Sprachsoziologische Schichtung im Wortschatz. In: Deutsch als Fremdsprache *9* (1972) H. 6.
— [Hrsg.] Althochdeutsches Wörterbuch. Bd *3* (Berlin 1971) Lfg 1.
— [Hrsg.] Mitteldeutsche Studien. Bd *30*: G. Lerchner: Zur II. Lautverschiebung im Rheinisch-Westmitteldeutschen. Halle/S. 1971. 366 S.
— [Hrsg.] Beiträge zur Geschichte der deutschen Sprache und Literatur. Hrsg. v. G. Schieb, W. Fleischer, R. Große u. G. Lerchner. Bd *91/2* u. *92*. Halle/S. 1971.
— [Hrsg.] Deutsch-slawische Forschungen zur Namenkunde und Siedlungsgeschichte. Bd *26*, *30* u. *31*. Berlin 1971 u. 1972.

Heimpel, Hermann: Geschichtsvereine einst und jetzt. In: Geschichtswissenschaft und Vereinswesen im 19. Jahrhundert. Beiträge zur Geschichte historischer Forschung in Deutschland, 20. = Veröff. des Max-Planck-Instituts für Geschichte *1* (1972) S. 45—73.
— [Nachr.] Königtum, Wandel der Welt, Bürgertum. Nachruf auf P. E. Schramm. In: HZ *214* (1972) S. 69—108.
— [Nachr.] Herbert Grundmann 14. 2. 1902—20. 3. 1970. In: Jahrb. Sächs. Akad. Wiss. *1969—1970* (Berlin 1972) S. 377—380; siehe auch in: HZ *211* (1970) S. 781—786.
— [Bespr.] Conrad Kyeser aus Eichstätt, Bellifortis. Hrsg. von der Georg-Agricola-Gesellschaft zur Förderung der Naturwissenschaften und der Technik. Bd [1.2] 1967. 1. Facsimile der Handschrift Phil. 63 der Niedersächsischen Staats- und Universitätsbibliothek Göttingen. 2. Umschrift und Übersetzung von Götz Quarg. In: Göttingsche Gelehrte Anzeigen *223* (1971) S. 115—148.
— [Bespr.] Jacob Burckhardt, Briefe. Vollständige und kritische Ausgabe. Mit Benützung des handschriftlichen Nachlasses bearb. von Max Burckhardt. Bd *7* (1969). Ebda S. 148 bis 149.

Hiebsch, Hans u. M. Vorwerg: Einführung in die marxistische Sozialpsychologie. 5. Aufl. 1971, 6. u. 7. Aufl. Berlin 1972. 252 S. u. russ. Übersetzung: Vveden'ie v marksistskuju social'nuju psichologiu. Moskau 1972.
— Aktuelle Aufgaben der marxistisch-leninistischen Psychologie in der DDR (= Festvortrag zur Konferenz der „Gesellschaft für Psychologie in der DDR" am 2. November

1970 anläßlich des 100. Geburtstages von W. I. Lenin). In: Z. f. Psychologie *179* (1971) S. 135—148.
Hiebsch, Hans: Gründe für die Ausbreitung des Schöpferischen. In: Wir werden es erleben. An der Schwelle zum dritten Jahrtausend. Hrsg. von W. Müller-Claud. Leipzig, Jena, Berlin 1971. S. 109—116.
— u. H. Löffler, H. Bludzuweit: Versuch einer Modellierung von Konfliktsituationen (unter Anwendung spieltheoretischer Vorstellungen). In: Probleme und Ergebnisse der Psychologie *37* (Berlin 1971).
— u. G. Bohring, O. Braun: Kollektiv und Persönlichkeit in sozialistischen Forschungseinrichtungen. In: Deutsche Z. f. Philosophie *20* (1972) H. 3, S. 339—345.

Iordan, Iorgu: Despre echivalentul românesc al engl. *mangement*. In: Forum *XIII* (Bucureşti 1971) Nr. 2, S. 71—72.
— Cicerone Poghirc se ... apără. In: Limba română *XX* (1971) S. 81—85.
— Paralele stilistice diverse. In: Mélanges de philologie romane à la mémoire de Jean Boutière. Liège 1971. S. 783—786.
— Quelques parallèles stylistiques roumaino-catalans. In: Estudis de linguistica i de filologia catalanes dedicats a la memoria de pompeu Fabra en el centenari de la seva naixenca *I* (Barcelona 1963—1968 [erschienen 1971]) S. 311—315.
— G. Ibrăileanu, profesor. In: Viata românească. Mai 1971. S. 49—53.
— Romanskoe Jazîkoznanija. Istoričeskoe razvitie. Tečenija. Metodî. Moskva 1971. 619 S. [russ. Übersetzung von: Lingvistica romanică. Evoluţie. Curente. Metode. Bucureşti 1962].
— Note de lexicologie românească. In: Studii şi cercetări lingvistice *22* (1971) S. 399—412.
— Lingvistica şi filologia. In: Limba română *XX* (1971) S. 321—327.
— Rumänische Bergnamen. In: Disputationes ad montium vocabula aliorumque nominum significationes pertinentes *III*, Suppl. (Wien 1971) S. 269—277.
— Evocări. Universitatea. In: Cronica (Iaşi) vom 8. Mai 1971, S. 3.
— Admiraţie şi stimă. In: Tribuna şcolii vom 25. Juni 1971, S. 1 u. 11.
— Un om există cu adevărat numai în măsura in care munceşte. In: România liberă vom 8. Juli 1971.
— Amintiri despre G. Ibrăileanu. In: Ani de şcoală. Liceul „Garabet Ibrăileanu. Iaşi 1971.S. 6—7.
— Vasile Alecsandri. In: Poetul care cînta a Patriei mărire. Recital omagial Vasile Alecsandri vom 20. Juli 1971, S. 4.
— Cuvînt înainte. In: Maria Manoliu-Manea: Gramatica comparată a limbilor romanice. Bucureşti 1971.
— Responsabilitatea faţă de întreaga societate. In: România liberă vom 10. November 1971.
— O scrisoare a lui Unamuno. In: Manuscriptum *II* (1971) Nr. 4, S. 178.
— Istoricul unei stagiuni. Teatrul National din Iaşi, 1929—1930. In: Teatrul *1971*, Nr. 1.
— Al XIII-lea Congres de lingvistică şi filologie romanică. In: Studii şi cercetări lingvistice *23* (1972) S. 103—104.
— Observaţii asupra articulării substantivelor. In: Limbă şi literatură *I*, 28, (1972) S. 63—65
— Ce este etimologia. In: Limba română *XXI* (1972) S. 175—183.
— Verbe cu semantism curios. In: Limbă şi Literatură *I* (1972) S. 589—590.
— Intîluirile mele cu Eminescu. In: Caietele Mihai Eminescu I (Bucureşti 1972) S. 102—108.
— Am avut impresia că mă aflu la Boston, printe ei. In: Cinema, Februar 1972, S. 10.

Iordan, Iorgu: Destăinuiri. In: Manuscriptum *III* (1972) S. 18—21.
— Cuvîntare. In: Anuarul Liceului Internat «Costache Negruzzi». Iaşi 1972. S. 155—157.
— La cea de-a 75-a aniversare a liceului nostru. Ebda S. 169—170.
— Alexandru Epure. In: „Scoala Nouă“, revista liceului «Roman Voda». Roman 1972. S. 35—36.
— [Nachr.] W. v. Wartburg (1888—1971). In: Studii şi cercetări lingvistice *23* (1972) S. 113 bis 115.
— [Rez.] Al. Graur: Tendinţele actuale ale limbii române. In: Limba română *XX* (1971) S. 311—316.
— [Interv.] Iubiţi filmul, Iorgu Iordan? In: Cinema, Juni 1971, S. 6—7.
— [Interv.] Ce ştiam la 18 ani. In: Scînteia tineretului vom 27. September 1971.
— [Übers.] Manual de lingüística románica [= span. Übersetzung von: Maria Manoliu: Introducere în lingvistica romanică. Bucureşti 1965] 2 Bde, Madrid, Gredos 1972.

Jahn, Johannes: Entwicklungsstufen der Dürerforschung. Berlin 1971. 19 S. (= Sitzungsber. Sächs. Akad. Wiss., phil.-hist. Kl. Bd 115, H. 1).
— Lucas Cranach d. Ä. Das gesamte graphische Werk. Berlin u. München 1972. S. 5—16, ca. 700 Abb.
— Albrecht Dürer. Seine Leistung in Bildnis- und Landschaftsmalerei. In: Albrecht Dürer. Zeit und Werk. Hrsg. v. d. KMU. Leipzig 1971. S. 103—119, 30 Abb.
— Goethe und Dürer. In: Goethe. NF des Jahrb. der Goethe-Gesellschaft *33* (Weimar 1971) S. 75—95, 2 Abb.
— [Ber.] Die 9. Generalkonferenz des ICOM, Paris—Grenoble 29. August bis 10. September 1971. In: Neue Museumskunde *15* (1972) S. 164—167.
— [Nachr.] Walter Hentschel 25. 3. 1899—22. 12. 1970. In: Jahrb. Sächs. Akad. Wiss. *1969—1970* (Berlin 1972) S. 357—360 (m. Bildn.).
— [Bespr.] M. Wundram: Donatello und Nanni di Banco. In: DLZ *92* (1971) Sp. 66—68.
— [Bespr.] H. Kauffmann: Giovanni Lorenzo Bernini. Ebda *93* (1972) Sp. 157—159.
— [Bespr.] H. Klotz: Die Frühwerke Brunelleschis und die mittelalterliche Tradition. Ebda Sp. 410—411.
— [Bespr.] M. Mende: Dürer-Bibliographie. Ebda Sp. 512—513.

Klimaszewski, Mieczysław: The effect of solifluction processes on the formation of mountain slopes in the Beskidy (Flysch Carpathians). In: Folia Quarternaria *38* (Kraków 1971) S. 1—18.
— A contribution to the theory of rockface development. In: Studia Geomorphologica Carpatho Balcanica *V* (Kraków 1971) S. 139—151.
— Sprawozdania z działalności Uniwersytetu Jagiellońskiego w roku akadem. 1967/68. In: Kronika Uniwersytetu Jagiellońskiego za rok *1967—1968* (Kraków 1971) S. 1—25.
— [Hrsg.] u. L. Starkel, K. Klimek, W. Walczak, S. Gilewska, H. Maruszczak: Geomorfologia Polski. Bd 1: Polska Południowa-Góry i Wyżyny. Warszawa 1972. 384 S. [M. Klimaszewski, Verfasser der Abschnitte I u. II, S. 1—52].

Krauss, Werner: Die Literatur der französischen Frühaufklärung. Frankfurt/M. 1971. 230 S. (= Schwerpunkte Romanistik. Hrsg. v. L. Pollmann. Bd 7).
— Werk und Wort. Aufsätze zur Literaturwissenschaft und Wortgeschichte. Berlin u. Weimar 1972. 391 S.
— Literatur der französischen Aufklärung. Darmstadt 1972. 99 S. (= Erträge der Forschung, Bd 9).

Krauss, Werner: Spanien 1900—1965. Beitrag zu einer modernen Ideologiegeschichte. Unter Mitarbeit von K. Barck, C. Rincón u. J. Rodríguez Richart. Berlin 1972. 324 S. (= Sammlung Akademie-Verlag, Bd 17: Literatur).
— [Bespr.] F. Wolfzettel: Michel Butor und der Kollektivroman. Heidelberg 1969. 213 S. In: DLZ *92* (1971) Sp. 117—118.
— [Bespr.] B. Munteano: Constantes dialectiques en littérature et en histoire. Problèmes. Recherches. Perspectives. Paris 1967. 408 S. Ebda Sp. 207—209.
— [Bespr.] H. Bauer: Der Index Pictorius Calderóns. Hamburg 1969. 267 S. Ebda Sp. 421 bis 422.
— [Bespr.] U. Holz: Der hinkende Teufel von Guevara und Lesage. Wuppertal 1970. 172 S. Ebda Sp. 422—424.
— [Bespr.] J. Meslier: Œuvres complètes. Préfaces et Notes par Jean Deprun, Roland Desné, Albert Soboul. I. Paris 1970. 540 S. Ebda Sp. 557—560.
— [Bespr.] D. Rieger: Jacques Cazotte. Heidelberg 1969. 161 S. Ebda Sp. 669—671.
— [Bespr.] T. Kowzan: Littérature et Spectacle dans leurs rapports esthétiques, thématiques et sémiologiques. Varsovie 1970. 194 S. Ebda Sp. 852—854.
— [Bespr.] D. O'Gorman: Diderot the Satirist. Toronto u. Buffalo 1971. X, 264 S. Ebda Sp. 870—872.
— [Bespr.] M. Alvar: El Romancero. Barcelona 1970. 326 S. Ebda Sp. 1012—1013.
— [Bespr.] K. Garscha: Hardy als Barockdramatiker. Frankfurt/M. 1971. 236 S. Ebda *93* (1972) Sp. 32—33.
— [Bespr.] J. Kristeva: Le text du roman. The Hague u. Paris 1970. 209 S. Ebda Sp. 117—118.
— [Bespr.] R. Daus: Der Avantgardismus Ramón Gómez de la Sernas. Frankfurt/M. 1971. 346 S. Ebda Sp. 241—244.
— [Bespr.] Th. W. Adorno: Ästhetische Theorie. Frankfurt/M. 1970. 544 S. Ebda Sp. 298 bis 299.
— [Bespr.] T. D. Stegmann: Cervantes' Musterroman „Persiles". Hamburg 1971. 295 S. Ebda Sp. 332—334.
— [Bespr.] G. Güntert: Das fremde Ich. Berlin u. New York 1971. 223 S. Ebda Sp. 470 bis 472.
— [Bespr.] W. Pabst [Hrsg.]: Das moderne französische Drama. Interpretationen. Berlin 1971. 336 S. Ebda Sp. 605—606.
— [Bespr.] H. Dieckmann: Diderot und die Aufklärung. Stuttgart 1972. VIII, 272 S. Ebda Sp. 730—732.
— [Bespr.] W. Mönch: Frankreichs Kultur — Tradition und Revolte. Von der Klassik bis zum Surrealismus. Berlin u. New York 1972. XVI, 826 S. Ebda Sp. 845—846.
— [Bespr.] Strukturalismus in der Literaturwissenschaft. Hrsg. v. H. Blumensath. Köln 1972. 420 S. Ebda Sp. 981—982.

Lehmann, Edgar: Symbol Systems in Thematic Cartography. In: Internationales Jahrb. f. Kartographie *XII* (1972) S. 28—32.
— Einleitung zum Kolloquium (anläßlich der „Woche der sozialistischen Landeskultur" über den Begriff „Umwelt"]. In: Wissenschaftliche Thesen der AdW *1972*, H. 3, S. 5—6 (NfD).
— Erläuterungen zu den Aufgaben der problemgebundenen Klasse „Optimale Gestaltung der Umweltbedingungen — Mensch und Umwelt". Ebda H. 2, S. 6—8 (NfD).
— Ist der Wert bestimmter Umweltbereiche quantitativ meßbar? In: Die Wirtschaft *27* (1972) Nr. 45, S. 19.

Lehmann, Edgar: Entwicklungstendenzen der Geographie. In: Veröff. des Forschungsbereiches Kosmische Physik der AdW *1972*, H. 2, 18 S.
— [Mithrsg.] Internationales Jahrbuch für Kartographie.
— [Mithrsg.] Zeitschrift Geoforum (Journal of Physical, Human and Regional Geo-Sciences).
— [Mithrsg.] Schriftenreihe „Beiträge zur Alexander-von-Humboldt-Forschung" der AdW.

Lieberwirth, Rolf: Eugen Huber und sein Wirken an der Universität Halle—Wittenberg. In: Die Entwicklung des Zivilrechts in Mitteleuropa (1848—1944). Budapest 1970. S. 77—83.
— Das Römische Recht in den Anfängen der Universität Wittenberg. In: Acta Universitatis Szegedieosis de Attila Jozsef nominatae. Acta Juridica et Politica *17* (Szeged 1970) S. 317—322.
— Hieronymus Grundling. In: Handwörterbuch zur Deutschen Rechtsgeschichte. Berlin 1971. Lfg 8, Sp. 1861—1862.
— Haftstrafe. Ebda Sp. 1899—1901.
— Halsgerichtsordnungen. Ebda Sp. 1914—1915.
— Halslösung. Ebda Sp. 1915.
— Karl Ferdinand Hommel. In: NDB *9* (1972) S. 592.
— [Bespr.] H. Harnisch: Die Herrschaft Boizenburg. Weimar 1968. 281 S., 3 Ktn. In: ZSS, Germ. Abt. *88* (1971) S. 466—467.
— [Bespr.] S. Othaer: Berlin und die Verbreitung des Naturrechts in Europa. Kultur- und sozialgeschichtliche Studien zu Jean Barbeyracs Pufendorf-Übersetzungen und eine Analyse seiner Leserschaft. Mit einem Vorwort von Gerhard Östreich (= Veröff. d. Hist. Komm. zu Berlin beim Friedrich-Meinecke-Institut der Freien Universität Berlin 30). Berlin 1970. XIV, 243 S.; H. Rüping: Die Naturrechtslehre des Christian Thomasius und ihre Fortbildung in der Thomasiusschule (= Bonner Rechtswissenschaftliche Abhandlungen 81). Bonn 1968. 191 S.; S. E. Wunner: Christian Wolff und die Epoche des Naturrechts. Hamburg 1968. 43 S. Ebda *89* (1972) S. 373—377.
— [Bespr.] K. Th. Schäfer: Verfassungsgeschichte der Universität Bonn 1818 bis 1960. 150 Jahre Rheinische Friedrich-Wilhelms-Universität zu Bonn 1818—1968. Bonn 1969. 569 S. Ebda S. 377—379.

Ligeti, Lajos: Fragments mongols de Berlin. In: Acta Orient. Hung. *24* (1971) S. 139—164.
— Histoire secrète des Mongols. Budapest 1971. 256 S. (= Monumenta Linguae Mongolicae, Collecta I).
— Monuments en écriture 'Phags-pa. Pièces de chancellerie en transcription chinoise. Budapest 1971 (= Monumenta Linguae Mongolicae, Collecta II).
— A propos du „Rapport sur les rois demeurant dans le Nord". In: Mélanges Lalou. Paris 1971. S. 166—189.
— Autour du Säkiz yükmäk yaruq. Studia Turcica. Budapest 1971. In: Bibliotheca Orientalis Hungarica *17* (1971) S. 221—319.
— La théorie altaique et la lexico-statisque. In: Voprosy Jazykoznanija. Moskva 1971. Nr. 2, S. 21—33.
— Evlija Cselebi magyar szójegyzéke. In: Magyar Nyelv *67* (1971) S. 394—409.
— Monuments préclassiques 1. XIIIe et XIVe siècles. Budapest 1972. 294 S. (= Monumenta Linguae Mongolicae, Collecta II).
— Monuments en écriture 'phags-pa. Pièces de chancellerie en transcription chinoise. Budapest 1972. 170 S. (= Monumenta Linguae Mongolica, Collecta III).

Ligetti, Lajos: Monuments préclassiques 1.XIIIe et XIVe siècles. Deuxième partie. Indices Verborum Linguae Mongolicae Monumentis Traditorum, III, Budapest 1972. 382 S.
— Les sept monastères nestoriens de Mar Sargis. In: Acta Orient. Hung. *26* (1972) S. 169 bis 178.
— Les noms kalmouks des jours de la semaine. Ebda S. 371—376.
— [Hrsg.] Studia Turcica. Budapest 1971. 498 Seiten (= Bibliotheca Orientalis Hungarica, 17).

Markov, Walter: Abschied von Jacques Roux: In: Beiträge zur französischen Aufklärung. Festgabe für Werner Krauss zum 70. Geburtstag. Berlin 1971. S. 175—183.
— u. E. Hackethal: Die Kommune zwischen 1789 und 1917 — ihre Weiterentwicklung in unserer Gegenwart. In: Wiss. Z. KMU, ges.- u. sprachwiss. R. *20* (1971) H. 1, S. 1—5 (= Zum 100. Jahrestag der Pariser Kommune).
— M. Kossok, W. Markov, H. Piazza: Sektionen und Kommissionen auf dem XIII. Internationalen Historikerkongreß. In: ZfG *19* (1971) S. 242—265.
— u. E. Hackethal: Die Kommune zwischen 1789 und 1917 — ihre Weiterentwicklung in unserer Gegenwart. Berlin: Neue Ges. f. Bildende Kunst. In: Pariser Kommune. Eine Bilddokumentation. 1971. S. 7—8.
— Jacques Roux et Karl Marx (Sur l'entrée des „Enragés" dans la Sainte Famille). In: Recherches Internationales à la Lumière du Marxisme. Paris 1971. Nr. 62 — 1er trimestre. S. 86—99.
— Auf Robinsons Insel. In: Die Weltbühne *66* (1971) S. 174—176.
— Brennpunkte. Ebda S. 360—362.
— Steife Brise am Kap Hoorn. Ebda S. 579—581.
— Religionskriege. Ebda S. 1168—1170.
— Kognak und Königsmörder. Ebda S. 1560—1562.
— Willkommen und Abschied. Ebda S. 1646—1648.
— Die Pariser Kommune. In: Tendenzen. Z. f. engagierte Kunst. München 1971. Nr. 73, S. 6—12.
— Die illyrische Paradoxie. In: Mitteilungen des Österr. Staatsarchivs *25* (Wien 1972) S. 587—594.
— M. Kossok, W. Markov: L'Espagne et son empire d'Amérique. Histoire des structures politiques économiques et sociales 1320—1824. Etude. Traduit de l'allemand par Marcel David et Charles Minguet. Paris 1972. 135 S. (= Ediciones hispano americanas).
— u. W. Bahner, J. Irmscher: Nicolae Iorga (1871—1940). Historiker, Literaturhistoriker, Byzantinist. Berlin 1972. 22 S. (= Sitzungsberichte des Plenums und der problemgebundenen Klassen der Akademie der Wissenschaften der DDR. Jg 1972. Nr. 2, S. 5 bis 10).
— Die Brücke der Aufklärung. In: Revue des Études Sud-Est Européenes *X* (Bucarest 1972) Nr. 2, S. 373—383.
— Entblätterter Napoleon. In: Die Weltbühne *67* (1972) S. 755—757.
— Basil Davidsons Kriegspfade. Ebda S. 1045—1047.
— Der „Figaro" nimmt Notiz. Ebda S. 1615—1617.
— [Bespr.] G. v. Paczensky: Die Weißen kommen. Die wahre Geschichte des Kolonialismus. Ebda *66* (1971) S. 1373.
— [Bespr.] Claude-Frédéric Lévy: Capitalistes et pouvoir au siècle des lumières. Les fondateurs des origines à 1715. In: ZfG *19* (1971) S. 966—967.

Markov, Walter: [Bespr.] A. V. Ado: Krest'janskoe dviženie vo Francii vo vremja velikoj buržuaznoj revoljucii konca XVIII veka. Ebda *20* (1972) S. 755—756.
— [Bespr.] A. Z. Manfred: Napoleon Bonaparte. Moskau 1971. Ebda S. 1307—1309.
— [Bespr.] H. Bergwitz: Die Partisanenrepublik Ossola. Vom 10. September bis zum 23. Oktober 1944. Hannover 1972. In: Beiträge zur Geschichte der Arbeiterbewegung *14* (1972) S. 862—863.
— [Anz]. Dousset-Leenhardt: Colonialisme et contradictions. Étude sur les causes socio-historiques de l'Insurrection de 1878 en Nouvelle-Calédonie. In: ZfG *19* (1971) S. 294.
— [Anz.] A. Daumard: Les bourgeois de Paris au XIXe siècle. Ebda S. 130—131.
— [Anz.] Contributions à l'histoire économique et sociale, Bd V, 1968/69. Ebda S. 1217 bis 1218.
— [Anz.] B. Plongeron: Conscience religieuse en Révolution. Regards sur l'historiographie religieuse de la Révolution française. Ebda S. 1224—1225.
— (Anz.] A. Körner: Andreas Riedel. Ein politisches Schicksal im Zeitalter der französischen Revolution. Ebda S. 1608—1609.
— [Anz.] R. Poidevin: Finances et relations internationales 1887—1914. Doissiers pour l'Histoire contemporaine. Ebda *20* (1972) S. 120—121.
— [Anz.] A. Manfred: Essais d'histoire de France du XVIIIe au XXe siècle. Moskau 1969. — V. M. Dalin: Ljudi i idei. Iz istorii revoljucionnogo i socialističeskogo dviženija vo Francii. Moskau 1970. Ebda S. 240—241.
— [Anz.] W. Grab: Eroberung oder Befreiung? Deutsche Jakobiner und die Franzosenherrschaft im Rheinland 1792—1799. Schriften aus dem Karl-Marx-Haus in Trier, Nr. 4. In: Wiss. Z. KMU, ges.- u. sprachwiss. R. *21* (1972) S. 184—185.
— [Anz.] Istorija Parižskoj Kommuny 1871 goda (Geschichte der Pariser Kommune 1871). Moskau 1971. In: ZfG *20* (1972) S. 373.
— [Anz.] Parižskaja kommuna 1871 g. Vremja-sobytija-ljudi. Moskau 1970. Ebda S. 374.
— [Anz.] Hervé Hasquin: Une mutation: le „Pays de Charleroi" aux XVIIe et XVIIIe siècle. Aux origines de la révolution industrielle en Belgique. Ebda S. 385.
— [Anz.] V. G. Revunenkov: Parižskie sankjuloty epocho Velikoj francuzskoj revoljucii. Leningrad 1971. Ebda S. 631.
— [Anz.] Isser Woloch: Jacobin Legacy. The Democratic Movement under the Directory. Princeton 1970. Ebda S. 631—632.
— [Anz.] R. C. Cobb: The Police an the People. French Popular Protest 1789—1820. Oxford 1970. Ebda S. 775.
— [Anz.] M. Bouloiseau: La République jacobine. 10 août 1792 — 9 thermidor an II. Nouvelle histoire de la France contemporaine. Bd II, Paris 1972. Ebda S. 775—776.
— [Anz.] Philippe Moureaux: Les préoccupations statistiques du gouvernement des Pays-Bas Autrichiens et le dénombrement des industries dressé en 1764. Bruxelles 1971. Ebda S. 905.
— [Anz.] M. Britovšek: Anton Füster in revolucija 1848 v Avstriji. Maribor 1970. Ebda S. 906.
— [Anz.] Alice Gérard: La Révolution française. Mythes et interprétations 1789—1970. Paris 1970. Ebda S. 1047.
— [Anz.] Hans v. Hentig: Terror. Zur Psychologie der Machtergreifung. Robespierre, Saint-Just, Fouché. Frankfurt/M., Berlin, Wien 1970. Ebda S. 1048.
— [Anz.] R. R. Palmer: The World of the French Revolution. London 1971. Ebda S. 1325.
— [Anz.] Jean Massin: Robespierre. Übers. v. O. Tyszko. Berlin 1972. S. 1325.
— [Anz.] L. S. Greenbaum: Talleyrand. Statesman-Priest. The Agent-General of the Clergy

an the Church of France at the End of the Old Regime. Washington 1970. Ebda S. 1325 bis 1326.

Markov, Walter: [Anz.] M. Reinhard: La Révolution 1789—1799. Paris 1971. Ebda S. 1459.
— [Anz.] André Lorant: Le compromis austro-hongrois et l'opinion publique française en 1867. Paris 1971. Ebda S. 1461—1462.
— [Hrsg.] Studien zur Geschichte Asiens, Afrikas und Lateinamerikas. Hrsg. v. Walter Markov. Bd 21: A. Gottberg: Unyamwesi. Quellensammlung und Geschichte. Berlin 1971. 495 S.
— [Hrsg.] Studien zur Geschichte Asiens, Afrikas und Lateinamerikas. Hrsg. v. Walter Markov, in Verbindung mit M. Kossok und L. Rathmann. Bd 23: P. Sebald: Malam Musa — Gottlob Adolf Krause 1850—1938. Forscher — Wissenschaftler — Humanist. Leben und Lebenswerk eines antikolonial gesinnten Afrika-Wissenschaftlers unter den Bedingungen des Kolonialismus. Berlin 1972. 291 S.
— [Hrsg.] Historical Studies of Asia, Africa and Latin America. Hrsg. v. Walter Markov, in Verbindung mit M. Kossok und L. Rathmann. Bd 24: G. Barthel: Industrialization in the Arab Countries of the Middle East. Berlin 1972. 248 S.
— [Hrsg.] Weltgeschichte. Hrsg. v. W. Markov, A. Anderle, E. Werner, H. Wurche. 4. durchgesehene Aufl. Leipzig 1971. 683 S., 20 Farbktn, 64 Fototaf. (= Kleine Enzyklopädie).
— [Vortr.] Aufklärung und Revolution. In: Jahrb. Sächs. Akad. Wiss. *1969—1970* (Berlin 1972) S. 108—109.

Mayrhofer, Manfred: Aus der Namenwelt Alt-Irans. Innsbruck 1971. 24 S., 1 Taf. (= Innsbrucker Beiträge zur Sprachwissenschaft, Vorträge, Nr. 3).
— Germano-Iranica. In: Z. f. vergl. Sprachforschung *84* (1971) S. 224—230.
— Neuere Forschungen zum Altpersischen. In: Festgabe für Anton Scherer. Heidelberg 1971. S. 79—83.
— Zum Namen Sāyaṇa. In: Anzeiger der phil.-hist. Kl. der Österr. Akad. Wiss. *108* (1971) S. 79—83.
— u. E. Edel: Notizen zu Fremdnamen in ägyptischen Quellen. In: Orientalia *40* (1971) S. 1—10.
— A Sanskrit Grammar. Transl. by G. B. Ford. University of Alabama Press 1972.
— Lfg 23 u. 24 (= Bd III, 401—560) des Etymologischen Wörterbuchs des Altindischen. Heidelberg 1972.
— Indogermanische Chronik 17a, 17b, 18a, 18b. In: Die Sprache *17* (1971) S. 74—120, 193—232; *18* (1972) S. 73—116 [zusammen mit W. Dressler], 205—239.
— Zur Problematik der Plansprachen. In: La monda lingvo-problemo *4* (1972) S. 19—27.
— Altpersische Wörter auf einer neugefundenen elamischen Inschrift. In: Die Sprache *18* (1972) S. 53—54.
— Eine neue Tacanach-Tafel und ein indo-arischer Name. In: Anzeiger der phil.-hist. Kl. der Österr. Akad. Wiss. *109* (1972) S. 119—121.

Meyer, Rudolf: Biblia Hebraica Stuttgartensia *4*: Josua et Judices, praeparavit R. Meyer. Stuttgart 1972. 89 S. [Ed. K. Elliger et W. Rudolph].
— Hebräische Grammatik III. Satzlehre. Sammlung Göschen 5765. Berlin 1972. 118 S.
— Hebräische Grammatik IV. Register. Sammlung Göschen 4765. Berlin 1972. 88 S.
— Methodische Erwägungen zur geplanten Neuauflage von Gesenius, Hebräisch-aramäisches Handwörterbuch. In: Supplements to Vetus Testamentum *XXII* (1972) S. 174—184.

Meyer, Rudolf: Otto Eißfeldt zum 1. September 1972. In: OLZ *63* (1972) Sp. 437–438.
– [Bespr.] N. Glatzer: Anfänge des Judentums. Gütersloh 1966. In: OLZ *66* (1971) Sp. 46–47.
– [Bespr.] R. J. Williams: Hebrew Syntax. Toronto 1967. In: Bibliotheca Orientalis *28* (1971) S. 83–85.
– [Bespr.] J. A. Fitzmeyer: The Genesis Apocryphon of Qumran Cave I. Rom 1966 (= Biblia et Orientalia 18). In: ThLZ *97* (1972) Sp. 268–270.
– [Bespr.] K. Beyer: Althebräische Grammatik. Laut- und Formenlehre. Göttingen 1969. Ebda Sp. 738–739.

Michałowski, Kasimierz: Alexandria. Leipzig 1971. 26 S. u. 84 Abb.
– Luxor. Warszawa 1971 u. Leipzig 1972. 24 S. u. 78 Bildtaf.
– Piramidy i mastaby. Warszawa 1972.
– Karnak. 2. Aufl. Warszawa 1972 u. 1. Aufl. Paris 1972. 28 S. u. 90 S. Abb.
– Nicht nur Pyramiden. Die Kunst des alten Ägypten. Berlin 1972. 304 S. m. zahlreichen Karten u. Abb.
– Classification générale des peintures murales de Faras. In: Mélanges Devambez, Revue Archeologique *2* (1972).
– Dzieła sztuki – narkotyki. In: Polityka Nr. 43 v. 1972.

Müller, Joachim: Die Gestalt des Kindes und des Jugendlichen in der deutschen Literatur von Goethe bis Thomas Mann. Berlin 1971. 38 S. (= Sitzungsber. Sächs. Akad. Wiss., phil.-hist. Kl. Bd 116, H. 1).
– Goethes Dramentheorie. In: Deutsche Dramentheorien. Hrsg. v. Reinhold Grimm. Bd *1* (Frankfurt/M. 1971) S. 167–213.
– Figur und Aktion in Grillparzers Sappho-Drama. In: Grillparzer-Forum Forchtenstein. Vorträge. Forschungen. Berichte 1970. Wien 1971. S. 7–43.
– Dialogische Struktur und szenische Gestik in Nestroys Stück „Das Mädl aus der Vorstadt“. In: Peripherie und Zentrum. Studien zur österreichischen Literatur. Festschrift f. Adalbert Schmidt. Hrsg. v. Gerlinde Weiss u. Klaus Zelewitz. Salzburg 1971. S. 195 bis 226.
– Goethes Altersdichtung „Chinesisch-Deutsche Jahres- und Tageszeiten“. In: Marginalien zur poetischen Welt. Festschrift f. Robert Mühlher zum 60. Geburtstag. Hrsg. v. Alois Eder, Hellmuth Himmel, Alfred Kracher. Berlin 1971. S. 53–88.
– Von Schiller bis Heine. Halle/S. 1972. 610 S. (= Gesammelte Studien Bd II).
– Zur Motivstruktur von Goethes „Faust“. Berlin 1972. 42 S. (= Sitzungsber. Sächs. Akad. Wiss., phil.-hist. Kl. Bd 116, H. 3).
– Jahreszeiten im lyrischen Gedicht. Zur Sprachgestalt einiger Gedichte Georg Heyms und Georg Trakls. In: Sprachkunst. Beiträge zur Literaturwissenschaft *III* (1972) H. 1/2, S. 56 bis 74.
– Heines Napoleondichtung. In: Wiss. Z. Univ. Jena, ges.- u. sprachwiss. R. *21* (1972) S. 235–243.
– Zur Figur der Götter in Hölderlins Spätdichtung. Ebda S. 413–420.
– Zum Problem des Tragischen bei Goethe und in der Weltliteratur. In: Tragik und Tragödie. Darmstadt 1971. S. 129–147.
– Romantikforschung IV. In: Der Deutschunterricht *24* (1972) H. 5, Beilage S. 1–16.
– [Bespr.] Walter Muschg: Die dichterische Phantasie. München 1969. In: DLZ *92* (1971) Sp. 22–24.
– [Bespr.] Begine Blass: Die Dichtung Georg Trakls. Berlin 1968. Ebda Sp. 132–133.

Müller, Joachim: [Bespr.] Walter Silz: Hölderlins Hyperion. Philadelphia 1969. Winfried Kudszus: Sprachverlust und Sinnwandel. Zur späten und spätesten Lyrik Hölderlins. Stuttgart 1969. Ebda Sp. 324—328.
— [Bespr.] Christian Hartmut Schädel: Metamorphose und Erscheinungsformen des Menschseins in „Wilhelm Meisters Wanderjahren". Marburg 1969. — Harold Jantz: The Mothers in Faust. Baltimore 1969. — Herman Meyer: Diese sehr ernsten Scherze. Heidelberg 1970. Ebda Sp. 442—448.
— [Bespr.] Gerhard Bauer: Zur Poetik des Dialogs. Darmstadt 1969. Ebda Sp. 856—858.
— [Bespr.] Rudolf Dirk Schier: Die Sprache Georg Trakls. Heidelberg 1970. — Hans-Georg Kemper: Georg Trakls Entwürfe. Ebda Sp. 882—885.
— [Bespr.] Rolf Tarot: Hugo von Hofmannsthal. Daseinsformen und dichterische Struktur. Tübingen 1970. Ebda Sp. 1021—1024.
— [Bespr.] Herbert Seidler: Studien zu Grillparzer und Stifter. Wien 1970. Ebda *93* (1972) Sp. 33—36.
— [Bespr.] H. B. Garland: Schiller. The Dramatic Writer. Oxford 1969. — R. D. Miller: Schiller and the Ideal of Freedom. Oxford 1970. — Fritz Heuer: Darstellung der Freiheit. Schillers transzendentale Frage nach der Kunst. Köln, Wien 1970 — Horst Hartmann: Wallenstein. Geschichte und Dichtung. Berlin 1969. — Schiller — Zeitgenosse aller Epochen. Dokumente zur Wirkungsgeschichte Schillers in Deutschland. Teil I: 1782—1859. Hrsg. v. Norbert Oellers. Frankfurt/M. 1970. — Schillers Werke. Nationalausgabe Bd 17 u. 28. Weimar 1969 u. 1970. Ebda Sp. 342—350.
— [Bespr.] Wolfgang Binder: Hölderlin-Aufsätze. Frankfurt/M. 1970. — Friedbart Aspetsberger: Welteinheit und epische Gestaltung. Studien zur Ich-Form von Hölderlins Roman „Hyperion". München 1971. — Jochen Schmidt: Hölderlins Elegie „Brod und Wein". Berlin 1968. — ders.: Hölderlins letzte Hymnen „Andenken" und „Mnemosyne". Tübingen 1970. — Wilfried Thürmer: Zur poetischen Verfahrensweise in der späteren Lyrik Hölderlins. Marburg 1970. — Hölderlin. Eine Chronik in Text und Bild. Hrsg. v. Adolf Beck u. Paul Raabe. Frankfurt/M. 1970. Ebda Sp. 458—467.
— [Bespr.] Deutsche Dichter der Romantik. Hrsg. v. Benno v. Wiese. Berlin 1971. Ebda Sp. 589—593.
— [Bespr.] Jahrbuch der (West-) Deutschen Schillergesellschaft. Stuttgart 1971. VII, 582 S., 30 Abb. auf Taf. Ebda Sp. 1000—1003.
— [Bespr.] H.-G. Werner: E. T. A. Hoffmann. 2., durchges. Aufl. Berlin, Weimar 1971. 294 S. Ebda Sp. 1006—1008.
Ferner: 28 Kurzreferate in: Germanistik Jgg. 12—13 (1971—1972).

Pée, Willem: Iets over titulatuur. In: Nu Nog *XIX* (jan. 1971) Nr. 1, S. 1—4.
— Iets over brievenschrijven. Ebda *XIX* (maart 1971) Nr. 2, S. 28—30.
— Rudolf Breitscheid (Keulen, 2 nov. 1874 — Buchenwald, 24 aug. 1944). In: Vlaams Marxistisch Tijdschrift *VI* (maart 1971) Nr. 1, S. 17—35.
— Blancquaerts Reeks Nederlandse Dialektatlassen — Een dringende toelichting. In: Taal en Tongval *XXIII* (1971) H. 2—3, S. 131—137.
— Iets over „licentie" en „licentiaat". In: Nu Nog *XIX* (juli—sept. 1971) Nr. 4—5, S. 82 bis 89.
— Herinnering aan Adriaan J. Barnouw. In: Brabant, Tweemaandelijks tijdschrift van de Toeristische Federatie. 1971. Nr. 2, S. 19.
— Meningen over Taaltoestanden. In: Nu Nog *XIX* (juli—sept. 1971) Nr. 4—5, S. 89 u. (nov. 1971) Nr. 6, S. 126—128.

Pée, Wilhelm: De Saksische Akademie der Wetenschappen te Leipzig in feeststemming — 125-'jarig jubileum (1846—1971). In: Vereniging België-Duitse Demokratische Republiek *8* (1972) Nr. 2, S. 15—16 [auch in französ. Sprache].
— Het Nederlands aan de Karl-Marx-Universiteit te Leipzig. Ebda Nr. 3, S. 12—13 [auch in französ. Sprache].
— Antwoord aan een naamloos briefschrijver of anoniem correspondent. In: Nu Nog *XX* (sept. 1972) Nr. 5, S. 98—113.
— Herman Teirlinck als taalkunstenaar. In: Antwerpen, tijdschrift der stad Antwerpen *XVIII* (sept. 1972) Nr. 3, S. 114—120, 5 Abb.
— Omnibussen en woordverklaring. In: Taal en Tongval *XXIV* (1972) S. 113—135.
— [Nachr.] Jozef Goossenaerts (Wuustwezel, 25 februari 1882 — Astene, 6 december 1963). In: Jaarboek van de Maatschappij der Nederlandse Letterkunde te Leiden *1970* bis *1971*. S. 54—64.
— [Nachr.] Hendrik Vangassen (Mariakerke [Oostende], 19 december 1896 — Ninove, 20 maart 1968). Ebda S. 157—164.
— [Nachr.] Gaston Marcel Vande Veegaete (Gent, 30 mei 1896 — Gent, 9 december 1968). Ebda S. 165—173.
— [Nachr.] Dr. René Victor van Sint-Jan. Buizingen, 2—6—1887 — Gent, 26—10—1970. In: Taal en Tongval *XXIV* (1972) S. 161—172.

Peek, Werner: Zu einem griechischen Epigramm aus Ägypten. In: Maia *23* (1971) S. 99 bis 101.
— Weihepigramm von Kos. In: Archaiologika Analekta ex Athenon *4* (1971) S. 412—413.
— Zu einem Inschriftfragment von Marathon. Ebda S. 413.
— Griechische Epigramme aus Pierien. In: Z. f. Papyrologie u. Epigraphik *7* (1971) S. 185—186.
— Milesische Vers-Inschriften. Ebda S. 193—226.
— Zu einer Handwerkerweihung aus Olympia. Ebda S. 227—228.
— Epigramme und andere Inschriften aus Lakonien und Arkadien. Heidelberg 1971. 40 S., 8 Taf. (= Sitzungsber. Heidelberger Akad. Wiss. 1971, H. 2).
— Griechische Vers-Inschriften aus der Cyrenaica, aus Mauretanien und Numidien. Berlin 1972. 23 S. (= Abh. Sächs. Akad. Wiss., phil.-hist. Kl. Bd 63, H. 4).
— Neue Inschriften aus Epidauros. Berlin 1972. 63 S., 26 Taf. (= Abh. Sächs. Akad. Wiss., phil.-hist. Kl. Bd 63, H. 5).
— Ein griechisches Grabgedicht in Verona. In: Maia *24* (1972) S. 3—7.
— Zu einem Epigramm aus Theben. In: Archaiologika Analekta ex Athenon *5* (1972) S. 83.
— Zu den Inschriften von Hosios Lukas. Ebda 83.
— Inschrift einer Sonnenuhr aus Traianopolis. In: Zeitschr. f. Papyrologie u. Epigraphik *8* (1972).
— Zu einem samischen Epigramm. Ebda.
— Athenopolis von Priene. Ebda.
— Zu drei Epigrammen aus Kleinasien. In: Philologus *116* (1972).
— [Bespr.] E. Bernand: Inscriptions métriques de l'Égypte gréco-romaine. Paris 1969. In: DLZ *93* (1972) Sp. 362—365.
— [Bespr.] R. Hutmacher: Das Ehrendekret für den Strategen Kallimachos. Meisenheim/Glan 1965. In: OLZ *67* (1972) Sp. 337—340.
— [Hrsg.] Lexikon zu den Dionysiaka des Nonnos. Zweite Lfg Berlin 1972.
— [Hrsg.] unter Mitarbeit von R. Große: Opuscula, Sammelausgaben seltener und bisher

nicht selbständig erschienener wissenschaftlicher Abhandlungen. Band II 1.2.: Ulrich Wilcken, Berliner Akademieschriften zur Alten Geschichte und Papyruskunde. Leipzig 1971. Band III 1.2: Sprachwissenschaftliche Ergebnisse der deutschen Turfan-Forschung. Berlin 1972. Band V: Franz Bopp, Kleine Schriften zur vergleichenden Sprachwissenschaft. Leipzig 1972.

Peek, Werner: [Hrsg.] Lexikon zu den Dionysiaka des Nonnos. Herausgegeben von einer Arbeitsgruppe der Abteilung Klassische Philologie der Sektion Orient- und Altertumswissenschaft an der Martin-Luther-Universität Halle/Wittenberg unter Leitung von Werner Peek. Berlin 1972. Lfg 2: E—K. Sp. 441—896.

Peukert, Herbert: Gibt es eine „slawische" Volksdichtung? Berlin 1972. 70 S. (= Sitzungsber. Sächs. Akad. Wiss., phil.-hist. Kl. Bd 116, H. 2).
— Die Spezifik der Volksdichtungssprache. In: Pristapni predavanja, prilozi i bibliografija na novite členovi na Makedonskata akademija na naukite i umetnostite. Skopje 1970. S. 107—123.
— Transpozicija rečeničnih oblika u strukturama srpskohrvatskog stiha. In: VI. mezinárodní sjezd slavistů v Praze 1968. Akta sjezdu 2. Praha 1970. S. 447—448.
— 17 Stichwörter „Jugoslawische Literaturen". In: Fremdsprachige Schriftsteller. Leipzig 1971 (= Meyers Taschenlexikon).
— Bemerkungen zu einigen Aspekten der Linguostilistik. In: Beiträge zur Literaturwissenschaft. Wiss. Z. Univ. Jena, ges.- u. sprachwiss. R. *20* (1971) H. 3, S. 527—538.
— Probleme der Boka-Volksliebeslyrik. In: Serta slavica. In memoriam Aloisii Schmaus. München 1971. S. 570—577.
— Kollektivität und Bildgestaltung in der Balkanvolkslyrik. In: Actes du premier congrès international des études balkaniques et sud-est européennes. *VII* (Sofia 1971) S. 715 bis 726.
— [Bespr.] Makedonski folklor. Spisanie na Institutot za folklor. Godina 1, broj 1 i 2. Skopje 1968. In: ZfSl. *16* (Berlin 1971) S. 172—173.
— [Bespr.] Literatura — Komparatystyka — Folklor. Księga poświęcona J. Krzyżanowskiemu. Warszawa 1968. Ebda S. 353—355.
— [Bespr.] J. Matešić: Der Wortakzent in der serbokroatischen Schriftsprache. Heidelberg 1970. Ebda *17* (Berlin 1972) S. 137—139.
— [Bespr.] The Making of Homeric Verse. The Collected Papers of Milman Parry. Oxford 1971. Ebda S. 314—316.
— [Bespr.] J. Teutschmann: Petar Hektorović (1487—1572) und sein ‚Ribanje i ribarsko prigovaranje'. Wien, Köln, Graz 1971. In: DLZ *93* (1972) Sp. 874—876.

Préaux, Claire: Graeco-Roman Egypt. In: The Legacy of Egypt *12* (Oxford 1971) S. 323 bis 354, 24 planches.

Průšek, Jaroslav: Chinese Statelts and the Northern Barbarians 1400—300 B. C. Praha 1971. 312 S.

Růžička, Rudolf: Syntax und Semantik russischer Verben. In: Daum-Schenk: Die russischen Verben. 7., völlig neubearb. Aufl. Leipzig u. München 1971. S. 691—742.
— Betrachtungen zur Lehnsyntax. In: Studia Palaeoslovenica. Josephe Kurz Septuagenario Dedicatum. Prag 1971. S. 303—309.
— Semantik des Verbs und Syntax des Satzes. In: Sesja naukowa miedzynarodowej Komisji budowy grammatycznej jezykow słowianskich u Krakówie w dniach 3—5 grudnia 1969 r. Wrocław, Warszawa, Kraków, Gdansk 1971. S. 51—69.

Růžička, Rudolf: Überlegungen zur marxistisch-leninistischen Sprachtheorie. In: Linguistische Arbeitsberichte der Sektion Theoretische und angewandte Sprachwissenschaft der KMU *4* (1971) S. 3—13.
— Some Remarks on Linguistic Typology. In: Travaux linguistiques de Prague 4, Études de la phonologie, typologie et de la linguistique générale. Prag 1971. S. 89—96.
— Reflexive versus nonreflexive Pronominalization in Modern Russian and other Slavic Languages. A conflict between Domains of Rule Application. In: Generative Grammar in Europe. Dordrecht 1972. 40 S.
— Deutsch-russisches Taschenwörterbuch. 3. Aufl. Leipzig 1972.
— Russisch-deutsches Taschenwörterbuch. 9. Aufl. Leipzig 1971. 323 S.; 10. Aufl. Leipzig 1972. 323 S.
— Über die Einheitlichkeit der Modalität. In: Linguistische Arbeitsberichte der Sektion Theoretische und angewandte Sprachwissenschaft der KMU *5* (1972) 16 S.

Schadewaldt, Wolfgang: Zwei Lebensgedichte Goethes. In: Veröff. des Max-Planck-Instituts für Geschichte *36*/III (Göttingen 1972) S. 708—712 (= Festschrift für Hermann Heimpel. Zum 70. Geburtstag am 19. Sept. 1971, 3. Bd).
— [Übers.] Pindarus: Olympische Oden (Carmina, dt. Auszug), Frankfurt/M. 1972. 127 S. m. Abb.

Schmidt, Eberhard: Strafrecht und Strafprozeßrecht im Berliner Stadtbuch aus dem Ende des 14. Jahrhunderts. In: Z. für die gesamte Strafrechtswissenschaft *84* (1972) S. 287—293.
— Todesstrafe für Luftpiraterie? In: Neue Zürcher Ztg, Mittagsausgabe, Nr. 563 v. 1. Dez. 1972.
— Das Dilemma der Freiheitsstrafe. Überlegungen zum Kommissionsentwurf eines Strafvollzugsgesetzes. In: Rheinischer Merkur v. 10. März 1972.
— [Bespr.] Massenwahn in Geschichte und Gegenwart. Hrsg. v. W. Bitter. Stuttgart 1965. In: Z. für die gesamte Strafrechtswissenschaft *83* (1971) S. 1040—1041.
— [Bespr.] W. Koschorreck: Die Heidelberger Bilderhandschrift des Sachsenspiegels. Teil 1: Faksimile-Wiedergabe. Teil II: Kommentar. Frankfurt/M. 1970. Ebda S. 1037 ff.
— [Bespr.] M. P. Maas: Halsgericht, Kriminalität und Strafjustiz in alter Zeit. Darmstadt 1968. Ebda *84* (1972) S. 142—143.
— [Bespr.] Th. Würtenberger: Albrecht Dürer. Künstler, Recht, Gerechtigkeit. 1971. Ebda S. 735 ff.
— [Bespr.] Allgemeines Landrecht für die Preussischen Staaten von 1734. Textausgabe mit einer Einführung von H. Hattenhauer und einer Bibliographie von Günther Bernert. 1970. S. 739 ff.

Schubart-Fikentscher, Gertrud: Johannes Friedrich Harpprecht (Jurist). In: Handwörterbuch zur Deutschen Rechtsgeschichte. Berlin 1971. Lfg 8, Sp. 2008—2010.
— Ernst Heymann (Jurist). In: NDB *9* (München 1972) S. 88—89.
— Carl Gustav Homeyer. Ebda S. 589—590.
— [Bespr.] G. Kisch: Rechts- und Sozialgeschichte der Juden in Halle, 1686—1730 (= Veröff. d. Hist. Kommission zu Berlin, Friedrich Meinecke-Institut der FU Berlin). Bd *32* (Berlin 1970) 244 S. In: ZSS, Germ. Abt. *88* (1971) S. 336—338.

Tackenberg, Kurt: Die jüngere Bronzezeit in Nordwestdeutschland. Teil 1: Die Bronzen. In: Veröffentlichungen der urgeschichtlichen Sammlungen des Landesmuseums Hannover 19. Hildesheim 1971. 318 S., 45 Ktn u. 40 Taf.

Tackenberg, Kurt: Ein spätlatènezeitlicher Schwertscheidenbeschlag aus Vrhnika (Nauportus) und seine Parallelen. In: Adriatica Praehistorica et Antiqua, Miscellanea Gregorio Novak dicata. Zagreb 1971. S. 251–264, 2 Abb.
– Zu den Wanderungen der Germanen im ersten Jahrhundert vor Chr. Geburt. In: Antike und Universalgeschichte (= Festschrift für H. E. Stier). Münster 1972. S. 234 bis 256, 6 Abb.
– [Bespr.] J. Hoops: Reallexikon der Germanischen Altertumskunde. 2., völlig neubearb. u. stark erweiterte Aufl. unter Mitwirkung zahlreicher Fachgelehrter, hrsg. v. H. Beck, H. Jankuhn, H. Kuhn, K. Ranke, R. Wenskus, Bd 1, Lfg 2. Berlin 1970. In: Westfälische Forschungen *23* (1971) S. 244–245.
– [Bespr.] L. Gabałówna: Ze studiów nad grupą brzeskokujawską kultury lendzielskiej. In: Erasmus *23* (Wiesbaden 1971) S. 940–941.
– [Bespr.] J. Szydłowski: Cmentarzysko z okresu wpływów rzymskich w Choruli. Ebda S. 941–944.
– [Bespr.] Z. Hilczerówna: Dorzecze górnej i środkowej Obry. Ebda S. 996–999.
– [Bespr.] H. Bach, S. Dušek: Slawen in Thüringen. Ebda *24* (Wiesbaden 1972) S. 745–748.
– [Bespr.] H. E. Joachim: Die Hunsrück-Eifel-Kultur am Mittelrhein. Beihefte der Bonner Jahrbücher, 29. In: Germania *50* (Berlin 1972) S. 290–293.
– [Hrsg.] u. K. J. Narr: Münstersche Beiträge zur Vor- und Frühgeschichte. Bd 6: T. Capelle: Studien über elbgermanische Gräberfelder in der ausgehenden Latènezeit und der älteren römischen Kaiserzeit. Hildesheim 1971.
– [Hrsg.] u. A. Alföldi, J. Straub: Antiquitas, Reihe 3, Bd 8: W. v. Sydow: Zur Kunstgeschichte des antiken Porträts im 4. Jahrhundert n. Chr. Bonn 1969; Bd 9: E. Sturms: Die steinzeitlichen Kulturen des Baltikums. Bonn 1970; Bd 10: K. Horedt, C. Seraphin: Die prähistorische Ansiedlung auf dem Wietenberg bei Sighisoara-Schäßburg. Bonn 1971; Bd 11: H. R. Baldus: Uranius Antonius. Münzprägung und Geschichte. Bonn 1971; Bd 12: A. Lippert: Das Gräberfeld von Welzelach (Osttirol). Bonn 1972.

Vossler, Otto: Discorso su Croce. In: Rivista di Studi Crociani *V* (1968) fasc. IV, S. 438 bis 449.
– Il pensiero politico di Mazzini. Firenze 1971. 102 S. (= „La Nuova Italia") [Deutsche Erstausgabe: Mazzinis politisches Denken und Wollen. München 1927].

von Weizsäcker, Carl Friedrich: Die Einheit der Natur. 2. Aufl. München 1971. 492 S.; Studienausgabe München 1972. 492 S.
– Voraussetzungen des naturwissenschaftlichen Denkens. Freiburg i. Br. 1972. 142 S.
– Platonische Naturwissenschaft im Laufe der Geschichte. Göttingen 1971. 26 S. (= Veröffentlichung der Joachim-Jungius-Gesellschaft der Wissenschaften).
– Notizen über die philosophische Bedeutung der Heisenbergschen Physik. In: Quanten und Felder. Heisenberg-Festschrift. Braunschweig 1971. S. 11–26.
– Bedrohungsvorstellungen als Faktor der internationalen Politik. In: Jahrbuch für Friedens- und Konfliktforschung *1* (Düsseldorf 1971).
– Kant and modern science. In: Synthese *23* (1971) S. 75–95.
– Evolution und Entropiewachstum. In: Informatik. Nova Acta Leopoldina NF *37/1* (Leipzig 1972) Nr. 206, S. 515–530.
– Information und Evolution. Ebda S. 531–534.
– Vorbereitete Diskussionsbemerkung [zu den Vorträgen zum Thema „Informatik" anläßlich der Jahreshauptversammlung der Leopoldina vom 14.–17. Oktober 1971 zu Halle (Saale)]. Ebda S. 503–510.

von Weizsäcker, Carl Friedrich: Die philosophische Interpretation der modernen Physik. Ebda *27/2* (Leipzig 1972) Nr. 207, 39 S.
— H. Afheldt, Ch. Potyka, Ph. Sonntag, C. F. von Weizsäcker: Durch Kriegsverhütung zum Krieg? Die politischen Aussagen der Weizsäcker-Studie „Kriegsfolgen und Kriegsverhütung". München 1972. 180 S. (= Reihe Hanser, Bd 79).
— The Copenhagen Interpretation. In: Quantum Theory and Beyond. University Press, Cambridge 1971. S. 25—31.
— The Unity of Physics. Ebda S. 229—262.
— u. D. S. Linney: Phenomena and Sense Data in Quantum Theory. Discussion. Ebda S. 331—334.
— [Vorwort zu:] Ulrich Albrecht: Der Handel mit Waffen. München 1971. 224 S. m. 36 Abb.
— [Vorwort zu:] Landrum R. Bolling: Frieden für Nahost. Studie einer internationalen Arbeitsgruppe der Quäker. München 1972. S. 7—10.
— [Vorwort zu:] Gopi Krishna: Biologische Basis religiöser Erfahrung. Weilheim 1971. S. 7—45.
— [Vorwort zu:] Fançois Jacob: Die Logik des Lebenden. Von der Urzeugung zum genetischen Code. Frankfurt/M. 1972. 350 S., S. 5—7.
— [Hrsg.] Kriegsfolgen und Kriegsverhütung. Mit Beiträgen von H. Afheldt. A. Pfau, U. P. Reich, P. Sonntag, A. Künkel, K. Rajewski, E. Rahner und H. Roth. 3. Aufl. München 1971. 699 S.
— [Hrsg.] Christoph Gögelein: Zu Goethes Begriff von Wissenschaft. Ein Band der Reihe „Schriften am Max-Planck-Institut zur Erforschung der Lebensbedingungen der wissenschaftlich-technischen Welt". München 1972. 208 S.
— [Hrsg.] Wolfgang Krohn: Die formale Logik in Hegels „Wissenschaft der Logik". Untersuchungen zur Schlußlehre. Einzelarbeiten aus dem Max-Planck-Institut zur Erforschung der Lebensbedingungen der wissenschaftlich-technischen Welt. München 1972. 176 S.

Weller, Friedrich: Das Brahmajālasūtra des chinesischen Dīrghāgama, verdeutscht. In: Asiatische Studien, Zeitschrift der Schweizer Gesellschaft für Asienkunde. *25* (Bern 1971) S. 202—264.
— [Bespr.] Edward Conze: Thirty Years of Buddhist Studies. Selected Essays. Oxford [1967]. In: OLZ *66* (1971) Sp. 76—79.
— [Bespr.] Sujitkumār Mukhopādhyāya: The Aśokāvadāna, Sanskrit Text Compared with Chinese Versions. Edited, Annotated and Partly Translated. New Delhi [1963]. Ebda Sp. 74—76.
— [Bespr.] Isshi Yamada: Karuṇāpuṇḍarīka, edited with Introduction and Notes. I and II. London. Ebda Sp. 179—184.
— [Bespr.] Li-Kouang Lin: Dharma-Samuccaya, compendium de la Loi. Recueil de Stances, extraites du Saddharma-smṛty-upasthāna-sūtra par Avalokitasiṃha. Chapitres VI—XII. Texte sanskrit édité avec la version tibétaine et les versions chinoises et traduit en français. Révision de A. Bareau, J. W. de Jong et P. Demiéville. Avec des appendices par J. W. de Jong. Paris 1969. Ebda Sp. 491—501.
— [Bespr.] Tilak Raj Chopra, The Kuśa-Jātaka. A Critical and Comparative Study (= Alt- und Neu-Indische Studien, hrsg. vom Seminar für Kultur und Geschichte Indiens an der Universität Hamburg 13). Hamburg 1966. In: OLZ *67* (1972) Sp. 277—284.
— [Bespr.] Ernst Waldschmidt: Von Ceylon bis Turfan. Schriften zur Geschichte, Lite-

ratur, Religion und Kunst des Indischen Kulturraumes. Festgabe zum 70. Geburtstag am 15. Juni 1967. Ebda Sp. 493–495.

Weller, Friedrich: [Ber.] Oriens Extremus 15 1968. In: OLZ *66* (1971) Sp. 103–105.
– [Ber.] Oriens Extremus 16 1969 Ebda Sp. 315.
– [Ber.] Harvard Journal of Asiatic Studies 29 1969. Ebda Sp. 420–422.
– [Ber.] Indo-Iranian Journal 12 1969/70. In: OLZ *67* (1972) Sp. 94–95.

Werner, Ernst: Die Geburt einer Großmacht – die Osmanen (1300–1481). Ein Beitrag zur Genesis des türkischen Feudalismus. Berlin 1972. 2. verbesserte u. erweiterte Aufl., 397 S. m. 7 Ktn (= Forschungen zur mittelalterlichen Geschichte, Bd 13).
– Bemerkungen zur Wlachenfrage im Osmanenreich. In: Folia diplomatica *I* (Brno 1971) S. 321–325.
– Gesellschaft und Kultur im 14. Jahrhundert: Sozial-ökonomische Fragen. In: XIVᵉ Congrès International des études byzantines. Rapports *I* (Bukarest 1971) S. 31–49.
– Despotie, Absolutismus oder feudale Zersplitterung? Strukturwandlungen im Osmanenreich zwischen 1566 und 1699. In: Jahrbuch für Wirtschaftsgeschichte *III* (Berlin 1972) S. 107–128.
– Wandel im Osten: Das Sultanat Konya im 13. Jahrhundert. In: Byzantinische Forschungen Bd *IV* (Amsterdam 1972) S. 220–230.
– [Bespr.] J. W. Barker: Manuel II Palaeologus 1391–1425. A Study in Late Byzantine Statesmanship. New Brunswick–New Jersey 1969. In: DLZ *92* (1971) Sp. 599–601.
– [Bespr.] M. Mollat u. Ph. Wolff: Ongles bleus, Jacques et Ciompi. Les révolutions populaires en Europe aus XIVᵉ et XVᵉ siècles. Paris 1970. In: Studi medievali *XII* (Spoleto 1971) S. 322–329.
– [Bespr.] P. V. Žogov: Diplomatija Germanii i Avstro-Vengrii i pervaja balkanskaja vojna 1912–1913. gg. Moskva 1969. In: ZfG *20* (1972) S. 229–232.
– [Anz.] Petri Venerabilis Contra Petrobrusianos heretico. Turnhout 1968. Ebda *19* (1971) S. 288–289.
– [Anz.] G. Wild: Bogomilen und Katharer in ihrer Symbolik. Teil I, Wiesbaden 1970. Ebda S. 451–452.
– [Anz.] W. A. Chaney: The Cult of Kingship in Anglo-Saxon England. Manchester 1970. Ebda S. 697–698.
– [Anz.] G. Kisch: The Jews in Medival Germany. New York 1970. Ebda S. 963 bis 964.
– [Anz.] J. Prawer: Histoire du Royaume Latin de Jérusalem. Paris 1969. Ebda S. 964 bis 965.
– [Anz.] The Islamic World an the West. A. D. 622–1492. A. R. Lewis, New York 1970. Ebda S. 1324.
– [Anz.] Church and State in the Middle Ages. B. D. Hill. New York–Toronto 1970. Ebda 1324–1325.
– [Anz.] S. G. Agadžanov: Očerki sitorii oguzov i turkmen Srednej Azii IX–XIII vv. Aščhabad 1969. Ebda S. 1446–1447.
– [Anz.] C. Davies: The Emergence of Western Society. Glasgow 1969. Ebda S. 1605 bis 1606.
– [Anz.] H. Bitsch: Das Erzstift Lyon zwischen Frankreich und dem Reich im hohen Mittelalter. Frankfurt/M.–Zürich 1971. Ebda 20 (1972) S. 116.
– [Anz.] N. D. Ratner: Očerki po istorii pangermanizma vo Avstrii v konce XIX v. Moskva 1970. Ebda S. 121–122.

Werner, Ernst: [Anz.] K. F. Morrison: Tradition and Authority in the Western Church 300—1140. Princeton 1969. Ebda S. 383.
— [Anz.] W. Kölmel: Regimen Christianum. Berlin 1970. Ebda S. 383—384.
— [Anz.] F. G. Weber: Eagles on the Crecent. Germany, Austria and the Diplomacy of the Turkish Alliance 1914—1918. Ithaca—London 1970. Ebda S. 391—392.
— [Anz.] G. Schmitz-Valckenberg: Grundlehren katharischer Sekten im 13. Jahrhundert. Ebda S. 771—772.
— [Anz.] D. M. Buytaert: Petri Abaelardi opera theologica. Teil I u. II. Turnhout 1969. Ebda S. 902—903.
— [Anz.] Der Islam t. II. Die islamischen Reiche nach dem Fall von Konstantinopel. Frankfurt/M. 1971 (= Fischer Weltgeschichte, Bd 15). Ebda S. 1179—1180.
— [Anz.] Turcica. Revue d'études turques t. I, 1969. Ebda S. 1181—1182.

Wieacker, Franz: Zur Effektivität des Gesetzesrechts in der späten Antike. In: Veröff. des Max-Planck-Instituts für Geschichte *36*/III (Göttingen 1972) S. 546—566 (= Festschrift für Hermann Heimpel. Zum 70. Geburtstag am 19. Sept. 1971, 3. Bd).
— [Übers. u. Vorw.] Stig Joergensen: Recht und Gesellschaft (Ret og samfund). In Zusammenarbeit mit dem Verfasser aus dem Dänischen übersetzt. Göttingen 1971. 118 S. (= Kleine Vandenhoeck-Reihe 330).
— [Hrsg.] Festschrift für Karl Michaelis zum 70. Geburtstag am 21. Dez. 1970. In Verbindung mit Freunden und Schülern hrsg. v. Hans-Martin Pawlowski u. Franz Wieacker. Göttingen 1972. 362 S.

NACHRUFE
UND
SCHRIFTENVERZEICHNISSE

Friedrich Baethgen

30. 7. 1890 — 18. 6. 1972

Am 18. Juni 1972 verstarb im 82. Lebensjahr in seiner Münchner Wohnung Prof. Dr. phil., Dr. phil. h. c. Friedrich Baethgen.

Am 30. Juli 1890 in Greifswald als Sohn des gleichnamigen Theologieprofessors geboren, begann er seine Schulzeit in Berlin und legte 1908 sein Abitur in Heidelberg ab. Hier studierte er auch bei Karl Hampe. 1913 promovierte er sich mit dem Thema „Die Regentschaft Papst Innozenz' III. im Königreich Sizilien". Als Buch kam diese gewichtige Dissertation, die neue Kenntnis über die päpstliche Regentschaft in Sizilien vermittelt, 1914 heraus. Diese Studien führte er in seiner Habilitationsschrift „Der Anspruch des Papsttums auf das Reichsvikariat. Untersuchungen zur Theorie und Praxis der Potestas indirecta in temporalibus" fort, die 1920 in der Kanonistischen Abteilung der Zeitschrift der Savigny-Stiftung für Rechtsgeschichte publiziert wurde. Mit dieser Arbeit wandte sich Baethgen bereits den Problemen des Spätmittelalters zu, die ihn bis zu seinem Lebensende bewegen sollten. Im gleichen Jahr, als sich Baethgen als Privatdozent in Heidelberg habilitierte, trat er auch als Mitarbeiter in die Monumenta Germaniae Historica ein. Zusammen mit C. Brun gab er in der Nova Series der Scriptores „Die Chronik Johannes von Winterthur" 1924 heraus. Er wies in dem Sachkommentar nach, daß der franziskanische Chronist die Vorbereitung zur Schlacht am Morgarten 1315 zwar wie ein Augenzeuge schildert, aber doch nur biblische Worte und Wendungen des Buches Judith wiedergibt. In seinen „Franziskanischen Studien" untersuchte er die historiographische Eigenart der Bettelorden im Unterschied zur älteren Annalistik und Chronistik in größeren Zusammenhängen.

Am 1. 10. 1923 war Baethgen aus den Monumenta ausgeschieden, um ein außerplanmäßiges Extraordinariat in Heidelberg zu übernehmen. Dessen ungeachtet bereitete er eine weitere Edition vor und zwar die „Rota Veneris" des Bologneser Magisters Boncompagno, eine kulturgeschichtlich interessante Schrift, die 1927 in Rom erschien. Hier trat er im gleichen Jahre als 2. Sekretär und Professor in das Preußische Historische Institut ein, nachdem er zugleich zum Honorarprofessor der Universität Berlin ernannt worden war. Die römische Zeit benutzte er u. a. zum Studium der Rechnungsbücher aus dem Pontifikat Bonifaz' VIII. im Vatikanischen Archiv. Er gewann dadurch neue Einsichten in die Finanzverwaltung der Kurie, die er in einem Aufsatz in den „Quellen und Forschungen aus italienischen Archiven und Bibliotheken" 1928/1929 darbot. Die Papstgeschichte ließ ihn nicht mehr los. Er widmete sich tiefgründigen Studien über die Idee des Engelpapstes seit Joachim von Fiore bis hin zu Dante. Die Ergebnisse legte er 1934 in der Monographie „Beiträge zur Geschichte Cölestins V." vor, die in erweiterter und ergänzter Form 1943 unter dem Titel „Der Engelpapst – Idee und Erscheinungen" eine Neuauflage erlebten.

1929 nahm Baethgen eine Berufung als ordentlicher Professor für mittelalterliche Geschichte nach Königsberg an, wo er sich Fragen der Ostexpansion und den Anfängen des polnischen Staates zuwandte. Diese Gelegenheitsschriften vermögen uns allerdings heute weder methodisch noch inhaltlich zu befriedigen, auch wenn sie sich von der faschistischen Rassentheorie distanzieren.

Im Frühjahr 1939 folgte Baethgen einem Ruf nach Berlin, wo er die Nachfolge Robert Holtzmanns antrat. Er übernahm für die „Neue Propyläen-Weltgeschichte" den Abschnitt „Europa im Spätmittelalter", der 1941 herauskam und 1951 als Buch erschien. Es ist wohl sein bekanntestes Werk, das auch als Grundlage für das Kapitel „Schisma- und Konzilszeit, Reichsreform und Habsburgs Aufstieg" in Bruno Gebhards „Handbuch der Deutschen Geschichte", diente, das 1954 in 8. Auflage erschien. Es handelt sich um die Darstellung herrschender Ideen und politischer Kräfte, um das Ringen zwischen Zentralgewalt und Landesherren, in das Bauern und Bürger eingeengt und eingezwängt waren. Trotz neuer Details zeichnet Baethgen ein konventionelles Bild vom europäischen und deutschen Spätmittelalter, das noch kaum Notiz nimmt von internationalen Trends der Mediävistik der Nachkriegszeit, wie sie sich in den Diskussionen um eine Krise des Feudalismus im 14. und 15. Jahrhundert in sozialistischen und kapitalistischen Ländern niederschlugen. Daher brauchte F. Graus in seinem Referat: „Das Spätmittelalter als Krisenzeit. Ein Literaturbericht als Zwischenbilanz" 1969 in den „Mediavalia Bohemica" den Namen Baethgen nicht zu erwähnen.

In dieser Beziehung ergaben sich für die marxistische Mediävistik auch kaum Anknüpfungspunkte an sein Schaffen. Dagegen wird sie die entsagungsvolle Editionsarbeit und die aufopferungsvollen Mühen um den Wiederaufbau der Monumenta Germaniae Historica in München dankbar zur Kenntnis nehmen.

Kurz vor Kriegsende war Baethgen zum ordentlichen Mitglied der Preußischen Akademie der Wissenschaften in Berlin gewählt worden. Das legitimierte ihn zusammen mit Walter Goetz als Vertreter der Bayerischen Akademie der Wissenschaften die Zentraldirektion der Monumenta wieder ins Leben zu rufen. 1947 erfolgte die Wahl Baethgens zum Präsidenten der Zentraldirektion, wenig später seine Berufung zum Honorarprofessor der Universität München und die Wahl zum ordentlichen Mitglied der Bayerischen Akademie der Wissenschaften, die er von 1956 bis 1964 als Präsident leitete. In einem Festschriftsbeitrag für E. Wahle zum 60. Geburtstag entwickelte er 1950 seine Ideen und Pläne zur Fortführung der Monumenta. Das späte Mittelalter sollte von nun an stärker in den Blickpunkt gerichtet werden, wobei der Geistes- und Verfassungsgeschichte besonderes Augenmerk zu gelten hatte.

Von 1948 bis 1950 standen naturgemäß organisatorische und administrative Aufgaben im Vordergrund. Dann war es aber so weit, daß zwei neue Reihen zur Geistesgeschichte und Staatsschriften des späten Mittelalters vorgelegt werden konnten. Trotz starker Belastung durch seine Ämter widmete sich F. Baethgen auch nach 1950

FRIEDRICH BAETHGEN
30. 7. 1890 — 18. 6. 1972

eigenen Forschungen. Seine zahlreichen Rezensionen im „Deutschen Archiv", seine Neuausgabe der Römischen Päpste" von L. Ranke 1953 sowie die Übersetzung des Werkes von G. Barraclough „The Origins of Modern Germany" im gleichen Jahre sprechen für seine nimmermüde wissenschaftliche Tätigkeit.

Baethgen empfing vielfältige Ehrungen, die ihm nicht nur auf Grund seiner Stellung, sondern wegen seiner Leistungen als Forscher zuteil wurden.

Das Institut für Österreichische Geschichte ernannte ihn zu ihrem Ehrenmitglied, die Società Romana di Storia Patria und die Mediaeval Academy of America wählten ihn zum korrespondierenden Mitglied, die Facoltà di Lettere e Scienze della Università die Roma verlieh ihm den Doktor honoris causa, die Österreichische und die Sächsische Akademie der Wissenschaften wählten ihn zu ihrem Ehrenmitglied.

Als er 1958 das Amt des Präsidenten der Monumenta aus Altersgründen niederlegte, hinterließ er seinem Nachfolger, Herbert Grundmann, ein gesichertes Erbe. Zwei Jahre später, zu seinem 70. Geburtstag, statteten ihm seine Mitarbeiter und der neue Präsident mit einem zweibändigen Sammelwerk seiner Aufsätze, Nachrufe und Besprechungen Dank ab für die geleistete Arbeit. Er selbst konnte auf ein erfülltes Forscherleben zurückblicken, das reiche Ernte zeitigte. Seine Schüler und Freunde werden sie zu nutzen wissen.

Ernst Werner

Bibliographie Friedrich Baethgen

Selbständig erschienene Werke, Aufsätze und Editionen

1. Mitteilungen aus der Capuaner Briefsammlung IV. Von F. Baethgen und K. Hampe. (Sitzungsberichte der Heidelberger Akademie der Wissenschaften, Phil.-hist. Klasse 1912, 14) Heidelberg 1912.
2. Zu Mainardino von Imola. In: Neues Archiv der Gesellschaft für ältere deutsche Geschichtskunde *38* (1913) 684—687 [wiederabgedruckt in: Mediaevalia S. 311—314].
3. Die Exkommunikation Philipps von Schwaben. In: Mitteilungen des Instituts für österreichische Geschichtsforschung *34* (1913) 209—217 [wiederabgedruckt in: Mediaevalia S. 85—92].
4. Die Anfänge der Regentschaft Papst Innozenz III. im Königreich Sizilien. Phil. Diss. Heidelberg, Teildr. Heidelberg 1913.
5. Die Regentschaft Papst Innozenz III. im Königreich Sizilien. (Heidelberger Abhandlungen zur mittleren und neueren Geschichte 44) Heidelberg 1914.
6. Der Anspruch des Papsttums auf das Reichsvikariat. Untersuchungen zur Theorie und Praxis der potestas indirecta in temporalibus. In: Zeitschrift der Savigny-Stiftung für Rechtsgeschichte, Kanon. Abt. *10* (1920) 168—268 [Phil. Habil.-Schrift Heidelberg 1920, Teildr.; wiederabgedruckt in: Mediaevalia S. 110—185].
7. Päpstliche Theokratie. In: Österreichische Rundschau *19* (1923) 429—439.
8. Katholizismus und Staat. Offener Brief an Herrn Dr. Hermann Hefele. In: Österreichische Rundschau *19* (1923) 1028—1035.

9. Zu Johannes von Winterthurs Bericht über die Schlacht am Morgarten. In: Zeitschrift für schweizerische Geschichte *3* (1923) 106—110 [wiederabgedruckt in: Mediaevalia S. 315—318].
10. Die Chronik Johanns von Winterthur (Chronica Iohannis Vitodurani). In Verbindung mit C. Brun hrsg. von Friedrich Baethgen. (Monumenta Germaniae historica, Scriptores rerum Germanicarum N. S. 3) Berlin 1924 [Nachdruck 1955].
11. Eine neue Rezension der Regensburger Annalen. In: Neues Archiv der Gesellschaft für ältere deutsche Geschichtskunde *45* (1924) 256—269 [wiederabgedruckt in: Mediaevalia S. 299—310].
12. Ein Versuch Rudolfs von Habsburg, die Reichsrechte in Toskana wahrzunehmen (Ende 1275). In: Historische Vierteljahrschrift *22* (1925) 70—75 [wiederabgedruckt in: Mediaevalia S. 186—191].
13. Franziskanische Studien. In: Historische Zeitschrift *131* (1925) 421—471 [wiederabgedruckt in Mediaevalia S. 319—362].
14. Rheinlande und Oberschlesien. In: Zeitwende *2* (1926) 561—574.
15. Magister Boncompagno, Rota Veneris. Ein Liebesbriefsteller des 13. Jahrhunderts. Hrsg. von Friedrich Baethgen. (Texte zur Kulturgeschichte des Mittelalters 2) Rom 1927.
16. Rota Veneris. In: Deutsche Vierteljahrsschrift für Literaturwissenschaft und Geistesgeschichte *5* (1927) 37—64 [wiederabgedruckt in: Mediaevalia S. 363—384].
17. Die Promissio Albrechts I. für Bonifaz VIII. In: Aus Politik und Geschichte. Gedächtnisschrift für Georg von Below. Berlin 1928. 75—90 [wiederabgedruckt in: Mediaevalia S. 202—217].
18. Zur Geschichte des Hauses Gaetani. In: Historische Zeitschrift *138* (1928) 47—58 [wiederabgedruckt in: Mediaevalia S. 218—227].
19. Quellen und Untersuchungen zur Geschichte der päpstlichen Hof- und Finanzverwaltung unter Bonifaz VIII. In: Quellen und Forschungen aus italienischen Archiven und Bibliotheken *20* (1928/29) 114—237 [ohne Beilagen wiederabgedruckt in: Mediaevalia S. 228—295].
20. Annalium Ratisponensium supplementum. Series regum Alsatiensis. Notitia de conventu Hattonis archiepiscopi Moguntini et Herivei archiepiscopi Remensis. Notae Prumienses. Idonis presbyteri historia translationis sancti Liborii. Vita sancti Arialdi auctore Andrea abbate Strumensi. Vitae sancti Iohannis Gualberti. Ed. F. Baethgen. (Monumenta Germaniae historica. Scriptores in Folio 30, 2, Fasc. 1—2) Leipzig 1926—29 [Nachdruck 1964].
21. Der Weg des deutschen Volkes in den Osten. In: Auslandsstudien *7*: Das Auslandsdeutschtum des Ostens (Königsberg 1932) 11—36.
22. Neue Beiträge zur Geschichte des päpstlichen Finanzwesens um die Wende des 13. Jahrhunderts. In: Quellen und Forschungen aus italienischen Archiven und Bibliotheken *24* (1932/33) 124—149.
23. Der Engelpapst. In: Schriften der Königsberger Gelehrten Gesellschaft, Geisteswiss. Klasse *10* (1933/34) 75—119 (Heft 2).
24. Beiträge zur Geschichte Cölestins V. In: Schriften der Königsberger Gelehrten Gesellschaft, Geisteswiss. Klasse *10* (1933/34) 267—317 (Heft 4).
25. Die Front nach Osten. In: Karl der Große oder Charlemagne? Acht Antworten deutscher Geschichtsforscher. Berlin 1935. 66—79.
26. Zur Geschichte der ältesten deutsch-polnischen Beziehungen. In: Altpreußische Forschungen *13* (1936) 1—16.

27. Das Elsaß im mittelalterlichen Reich bis zum Beginn des 16. Jahrhunderts. In: Handwörterbuch des Grenz- und Auslanddeutschtums *2* (Breslau 1936—40) 332—341.
28. Vom Deutschen Reich des Mittelalters. In: Der Kanttag der Albertus-Universität in Königsberg PR (1936) 11—25.
29. Monumenta palaeographica. Denkmäler der Schreibkunst des Mittelalters. Hrsg. von Anton Chroust. Reihe 3, Lfg 21 unter Mitarbeit von F. Baethgen. Leipzig 1940.
30. Europa im Spätmittelalter. In: Die Neue Propyläen-Weltgeschichte *2*: Der Aufstieg des Germanentums und die Welt des Mittelalters. Berlin 1941. 351—460.
31. Zur Tribur-Frage. In: Deutsches Archiv für Geschichte des Mittelalters *4* (1941) 394 bis 411 [wiederabgedruckt in: Mediaevalia S. 71—84].
32. Das Königreich Burgund in der deutschen Kaiserzeit des Mittelalters. In: Jahrbuch der Stadt Freiburg im Breisgau *5*: Burgund, das Land zwischen Rhein und Rhone (1942) 73—98 [wiederabgedruckt in: Mediaevalia S. 25—50].
33. Die Kurie und der Osten im Mittelalter. In: Deutsche Ostforschung. Ergebnisse und Aufgaben seit dem ersten Weltkrieg *1* = Deutschland und der Osten *20* (Leipzig 1942) 310—330 [wiederabgedruckt in: Mediaevalia S. 51—70].
34. Der Engelpapst. Idee und Erscheinung. Leipzig 1943.
35. Das Reich und Italien. In: Veröffentlichungen des Deutschen Auslandswissenschaftlichen Instituts *12*: Deutschland, Italien und das neue Europa (Berlin 1943) 93—122 [wiederabgedruckt in: Mediaevalia S. 3—24].
36. Geschichtsforschung in christlicher Verantwortung. In: Credo. Beiträge aus der christlichen Welt *1* (Berlin 1947) 9—22.
37. Dante und wir. (Abhandlungen und Vorträge. Hrsg. von der Wittheit zu Bremen 18,1) Bremen 1949.
38. Bemerkungen zu der Erstlingsschrift des Pierre Dubois. In: Mitteilungen des Instituts für österreichische Geschichtsforschung *58* (1950) 351—372 [ohne Anhang wiederabgedruckt in: Mediaevalia S. 385—398].
39. Gedanken über die künftige Gestaltung der Monumenta Germaniae Historica. In: Ur- und Frühgeschichte als historische Wissenschaft. Festschrift zum 60. Geburtstag von Ernst Wahle. Heidelberg 1950. 340—350 [wiederabgedruckt in: Mediaevalia S. 399—410].
40. Europa im Spätmittelalter. Grundzüge seiner politischen Entwicklung. Berlin 1951 [Buchausg. von Nr. 30; als Taschenbuch 1968 nachgedruckt].
41. Zur geistigen Entwicklungsgeschichte Rankes in seiner Frühzeit. In: Deutschland und Europa. Historische Dokumente zur Völker- und Staatenordnung des Abendlandes. Festschrift für Hans Rothfels. Düsseldorf 1951. 337—353.
42. Einleitung zu Leopold von Ranke, Die römischen Päpste in den letzten vier Jahrhunderten *1* (Stuttgart 1953) V—XXXIX.
43. Schisma- und Konzilszeit, Reichsreform und Habsburgs Aufstieg. In: Bruno Gebhardt, Handbuch der deutschen Geschichte. 8. Aufl. hrsg. von Herbert Grundmann, *1* (Stuttgart 1954) 505—583; 9. Aufl. *1* (1970) 607—692.
44. Die Edition mittelalterlicher Geschichtsquellen in Deutschland in den letzten 70 Jahren. In: La pubblicazione delle fonti del Medioevo Europeo negli ultimi 70 anni (1883—1953). Relazioni al Convegno di studi delle fonti del Medioevo Europeo in occasione del 70° della fondazione dell'Istituto Storico Italiano, Roma, 14—18 aprile 1953. Rom 1954. 91—111.
45. Dante und Petrus de Vinea. Eine kritische Studie. (Bayerische Akademie der Wissenschaften, Phil.-hist. Klasse, Sitzungsberichte 1955, 3) München 1955 [ohne Anhang wiederabgedruckt in: Mediaevalia S. 413—441].

46. Kaiser Friedrich II. 1194—1250. In: Die Großen Deutschen. Deutsche Biographie *1* (Berlin 1956) 154—170 [wiederabgedruckt in: Mediaevalia S. 93—109].
47. Zur Geschichte der Wahl Adolfs von Nassau. In: Deutsches Archiv für Erforschung des Mittelalters *12* (1956) 536—543 [wiederabgedruckt in: Mediaevalia S. 192 bis 201].
48. Die Jahrbücher der deutschen Geschichte. In: Die Historische Kommission bei der Bayerischen Akademie der Wissenschaften 1858—1958. Göttingen 1958. 70—81.
49. Die Bayerische Akademie der Wissenschaften 1909 bis 1959. Tradition und Auftrag. Festrede zum Zweihundertjährigen Jubiläum. München 1959.
50. Dante und Franz von Mayronis. In: Deutsches Archiv für Erforschung des Mittelalters *15* (1959) 103—119 [wiederabgedruckt in: Mediaevalia S. 442—456].
51. Ein Pamphlet Karls I. von Anjou zur Wahl Nikolaus III. (Bayerische Akademie der Wissenschaften, Phil.-hist. Klasse, Sitzungsberichte 1960, 7) München 1960.
52. Mediaevalia. Aufsätze, Nachrufe, Besprechungen. (Schriften der Monumenta Germaniae historica 17) Stuttgart 1960.
53. Das Gesamtverzeichnis der Mitglieder der Akademie 1759—1959. (Bayerische Akademie der Wissenschaften, Phil.-hist. Klasse, Sitzungsberichte 1963, 3) München 1963.
54. Wissenschaftliche Arbeit in den deutschen Akademien der Gegenwart. In: Der Aquädukt. Ein Jahrbuch. Hrsg. im 200. Jahre der C. H. Beck'schen Verlagsbuchhandlung. München 1963. 31—44.
55. Zur Geschichte der Weltherrschaftsidee im späteren Mittelalter. In: Percy Ernst Schramm zu seinem 70. Geburtstag von Schülern und Freunden zugeeignet. Wiesbaden 1964. Bd 1, 189—203.
56. Die Entstehungszeit von Dantes Monarchia. (Bayerische Akademie der Wissenschaften, Phil.-hist. Klasse, Sitzungsberichte 1966, 5) München 1966.
57. Bemerkungen zu einer neuen Ausgabe der Monarchia Dantes. In: Deutsches Archiv für Erforschung des Mittelalters *22* (1966) 625—634.

Unveröffentlicht

58. Die Lande am Oberrhein in der Kaiserzeit des deutschen Mittelalters. [Bestimmt für: Jahrbuch der Stadt Freiburg im Breisgau *4*: Das Elsaß, des Reiches Tor und Schild, 1940, jedoch darin nicht erschienen.]

Literaturberichte und Besprechungen (Auswahl)

59. Deutsche Geschichte 1254—1347. In: Jahresberichte für deutsche Geschichte *1* (1925; Leipzig 1927) 243—246.
60. Neuerscheinungen zur Kirchengeschichte des Mittelalters und der Neuzeit 1918—1928. In: Archiv für Religionswissenschaft *27* (1929) 145—170.
61. Das hohe Mittelalter. In: Jahresberichte für deutsche Geschichte *14* (1938; Leipzig 1940) 246—254.
62. E. C. Scherer, Die Straßburger Bischöfe im Investiturstreit, Ein Beitrag zur elsässischen Kirchengeschichte, Bonn 1923. In: Zeitschrift der Savigny-Stiftung für Rechtsgeschichte, Kanon. Abt. *13* (1924) 554.
63. Das Frankenreich, Nach zeitgenössischen Quellen von Johannes Bühler, Leipzig 1923. In: Deutsche Literaturzeitung *46* (1925) 471—474.

64. Erich W. Meyer, Staatstheorien Papst Innozenz' III, Bonn 1919. — Paul Schmitthenner, Die Ansprüche des Adels und Volks der Stadt Rom auf Vergebung der Kaiserkrone während des Interregnums, Berlin 1923. In: Deutsche Literaturzeitung *46* (1925) 1373 bis 1380.

65. Hennig Brinkmann, Geschichte der lateinischen Liebesdichtung im Mittelalter, Halle a. d. S. 1925. In: Historische Zeitschrift *133* (1926) 536.

66. S. Steinherz, Ein Fürstenspiegel Karls IV., Prag 1925. In: Historische Zeitschrift *134* (1926) 168—169.

67. Wolfram von den Steinen, Heilige und Helden des Mittelalters, Franziskus und Dominikus, Leben und Schriften, Breslau 1926. — Leonhard Lemmens, Die Franziskaner im hl. Lande, 1. Teil: Die Franziskaner auf dem Sion, 2. verm. Aufl., Münster 1925. In: Historische Zeitschrift *135* (1927) 518—519.

68. Gustav Schnürer, Kirche und Kultur im Mittelalter, Bd 1—2, Paderborn 1924—26. In: Historische Zeitschrift *136* (1927) 315—323 [wiederabgedruckt in: Mediaevalia S. 537 bis 541).

69. Die Hohenstaufen, Nach zeitgenössischen Quellen von Johannes Bühler, Leipzig 1925. — Wolfram von den Steinen, Heilige und Helden des Mittelalters, 1. Band: Dante, Die Monarchie; 2. Band: Bernhard von Clairvaux, Leben und Briefe; 3. Band: Franziskus und Dominikus, Leben und Schriften, Breslau 1926. — In: Deutsche Literaturzeitung *48* (1927) 367—371.

70. Ernst Kantorowicz, Kaiser Friedrich der Zweite, 2. unveränd. Aufl., Berlin 1928. In: Deutsche Literaturzeitung *51* (1930) 75—85 [wiederabgedruckt in: Mediaevalia S. 542 bis 548].

71. The Cambridge Medieval History, Vol. *5*: Contest of Empire and Papacy, Cambridge 1926. In: Deutsche Literaturzeitung *51* (1930) 2139—2144.

72. Aegidius Romanus, De ecclesiastica potestate, Hrsg. von Richard Scholz, Weimar 1929. In: Historische Zeitschrift *143* (1931) 412—413.

73. William of Ockham, De imperatorum et pontificum potestate, Ed. by C. K. Brampton, Oxford 1927. In: Historische Zeitschrift *143* (1931) 415.

74. Gelasio Caetani, Documenti dell'Archivio Caetani, Regesta chartarum, vol. III, Sancasciano Val di Pesa 1928. In: Historische Zeitschrift *143* (1931) 416.

75. Gotthold Hartmann, Der Primat des römischen Bischofs bei Pseudo-Isidor, Stuttgart 1930. In: Zeitschrift der Savigny-Stiftung für Rechtsgeschichte, Kanon. Abt. *21* (1932) 406—408.

76. Carl Erdmann, Das Wappen und die Fahne der römischen Kirche, Rom 1931. In: Zeitschrift der Savigny-Stiftung für Rechtsgeschichte, Kanon. Abt. *21* (1932) 433—435.

77. Gelasio Caetani, Documenti dell'Archivio Caetani, Regesta chartarum, vol. IV—VI, Sancasciano Val di Pesa 1929—32. In: Historische Zeitschrift *148* (1932) 182.

78. Die Annalen des Tholomeus von Lucca, Hrsg. von Bernhard Schmeidler (Monumenta Germaniae historica, Scriptores rerum Germanicarum N. S. 8) Berlin 1930. In: Historische Zeitschrift *148* (1933) 347—349.

79. Roberto Ridolfi, L'Archivio della famiglia Guicciardini, Ed. riveduta ed ampliata, Florenz 1931. In: Deutsche Literaturzeitung *54* (1933) 559—563.

80. Karl Hofmann, Der Dictatus Papae Gregors VII., Eine rechtsgeschichtliche Erklärung, Paderborn 1933. In: Zeitschrift der Savigny-Stiftung für Rechtsgeschichte, Kanon. Abt. *23* (1934) 399—400.

81. Erich Caspar, Geschichte des Papsttums von den Anfängen bis zur Höhe der Welt-

herrschaft, 2. Band: Das Papsttum unter byzantinischer Herrschaft, Tübingen 1933. In: Zeitschrift der Savigny-Stiftung für Rechtsgeschichte, Kanon. Abt. *24* (1935) 344—354.

82. Helene Wieruszowski, Vom Imperium zum nationalen Königtum, Vergleichende Studien über die publizistischen Kämpfe Kaiser Friedrichs II. und König Philipps des Schönen mit der Kurie, München—Berlin 1933. In: Zeitschrift der Savigny-Stiftung für Rechtsgeschichte, Kanon. Abt. *24* (1935) 377—382.

83. Repertorium Germanicum. Verzeichnis der in den päpstlichen Registern und Kameralakten vorkommenden Personen, Kirchen und Orte des Deutschen Reiches, seiner Diözesen und Territorien vom Beginn des Schismas bis zur Reformation, 3. Band: Alexander V., Johann XXIII., Konstanzer Konzil (1409—1417), Bearb. von Ulrich Kühne, Berlin 1935. In: Zeitschrift der Savigny-Stiftung für Rechtsgeschichte, Kanon. Abt. *25* (1936) 491—492.

84. Gerhard Ladner, Theologie und Politik vor dem Investiturstreit, Abendmahlstreit, Kirchenreform, Cluni und Heinrich III., Baden bei Wien 1936. In: Zeitschrift der Savigny-Stiftung für Rechtsgeschichte, Kanon. Abt. *26* (1937) 543—545.

85. Histoire du Moyen Age. 8: La civilisation occidentale au moyen âge du XIe au milieu du XVe siècle, Par Henri Pirenne, Gustave Cohen et Henri Focillon, Paris 1933. In: Vierteljahrschrift für Sozial- und Wirtschaftsgeschichte *30* (1937) 391—394 [wiederabgedruckt in: Mediaevalia S. 548—551].

86. Rudolf Kötzschke und Wolfgang Ebert, Geschichte der ostdeutschen Kolonisation, Leipzig 1937. In: Altpreußische Forschungen *15* (1938) 99—102 [wiederabgedruckt in: Mediaevalia S. 551—553].

87. Hubert Kroppmann, Ehedispensübung und Stauferkampf unter Innozenz IV., Ein Beitrag zur Geschichte des Päpstlichen Ehedispensrechtes, Berlin 1937. In: Zeitschrift der Savigny-Stiftung für Rechtsgeschichte, Kanon. Abt. *28* (1939) 511—514.

88. Repertorium Germanicum, 2. Band: Urban VI., Bonifaz IX., Innocenz VII. und Gregor XII. (1378—1415), Bearb. von Gerd Tellenbach, 1.—3. Lfg Berlin 1933, 4. Lfg, 1938. In: Zeitschrift der Savigny-Stiftung für Rechtsgeschichte, Kanon. Abt. *28* (1939) 543 bis 546.

89. Heinrich Günter, Das deutsche Mittelalter, 2: Das Volk (Spätmittelalter), Freiburg 1939. In: Deutsches Archiv für Geschichte des Mittelalters *5* (1942) 587—588.

90. Karl August Fink, Das Vatikanische Archiv, Einführung in die Bestände und ihre Erforschung unter besonderer Berücksichtigung der deutschen Geschichte, Rom 1943. — Repertorium Germanicum, 4. Band: Martin V. (1417—1431), Bearb. von Karl August Fink, 1.—2. Lfg, Berlin 1941—43. In: Zeitschrift der Savigny-Stiftung für Rechtsgeschichte, Kanon. Abt. *33* (1944) 364—366.

91. Epistolario di Santa Caterina da Siena, Vol. 1, a cura di Eugenio Dupré-Theseider (Fonti per la storia d'Italia) Rom 1940. In: Deutsches Archiv für Geschichte des Mittelalters *7* (1944) 300.

92. Walther Kienast, Deutschland und Frankreich in der Kaiserzeit (900 bis 1270), Leipzig 1943. In: Deutsche Literaturzeitung *66—69* (1947—48) 31—37 [wiederabgedruckt in: Mediaevalia S. 553—557].

93. Die Internationale Bibliographie der Geschichtswissenschaften. In: Forschungen und Fortschritte *26* (1950) 117—119.

94. Hendrik de Man, Jacques Coeur, Der königliche Kaufmann, Bern 1950. In: Deutsche Literaturzeitung *72* (1951) 177—183.

95. The Cambridge History of Poland from the origins to Sobieski, Ed. by W. F. Reddaway, J. M. Penson, O. Halecki and R. Dyboski, Cambridge 1950. In: Deutsches Archiv für

Erforschung des Mittelalters *9* (1952) 240—241 [wiederabgedruckt in: Mediaevalia S. 561—562].

96. Deutsche Geschichte im Überblick, Hrsg. von Peter Rassow, Stuttgart 1953. In: Deutsches Archiv für Erforschung des Mittelalters *11* (1954/55) 271—273 [wiederabgedruckt in: Mediaevalia S. 562—564).
97. G. Bürck, Selbstdarstellung und Personenbildnis bei Enea Silvio Piccolomini, Basel—Stuttgart 1956. In: Deutsches Archiv für Erforschung des Mittelalters *13* (1957) 559 bis 560 [wiederabgedruckt in: Mediaevalia S. 564—565].
98. Geoffrey Barraclough, Geschichte in einer sich wandelnden Welt, Berechtigte, vom Verf. durchges. Übers. aus dem Englischen von M. Bauer, Göttingen 1957. In: Deutsches Archiv für Erforschung des Mittelalters *14* (1958) 542—544 [wiederabgedruckt in: Mediaevalia S. 567—568].
99. Hildburg Brauer-Gramm, Der Landvogt Peter von Hagenbach, Die burgundische Herrschaft am Oberrhein 1469—1474, Göttingen 1957. In: Deutsches Archiv für Erforschung des Mittelalters *14* (1958) 563—565 [wiederabgedruckt in: Mediaevalia S. 565—566].

Außerdem zahlreiche Besprechungen und Anzeigen in: Deutsches Archiv für Erforschung des Mittelalters, Jg *8* (1951)—*16* (1960).

Nachrufe und Würdigungen, Berichte u. a.

100. Harry Bresslau 1848—1926. In: Historische Vierteljahrschrift *24* (1929) 142—144 [wiederabgedruckt in: Mediaevalia S. 471—473].
101. Fedor Schneider 1879—1932. In: Vierteljahrschrift für Sozial- und Wirtschaftsgeschichte *25* (1932) 401—409 [wiederabgedruckt in: Mediaevalia S. 474—479].
102. Karl Hampe 1869—1936. In: Archiv für Kulturgeschichte *27* (1937) 1—22 [wiederabgedruckt in: Mediaevalia S. 480—493].
103. Karl Kasiske zum Gedächtnis. In: Karl Kasiske, Beiträge zur Bevölkerungsgeschichte Pommerellens. Königsberg 1942. I—VII [wiederabgedruckt in: Mediaevalia S. 494 bis 500].
104. Nachruf auf Paul Kehr. In: Jahrbuch der Deutschen Akademie der Wissenschaften zu Berlin (1950—51) 157—160 [wiederabgedruckt in: Mediaevalia S. 501—504].
105. Carl Erdmann, Ein Gedenkwort. In: Carl Erdmann, Forschungen zur politischen Ideenwelt des Frühmittelalters. Berlin 1951. S. VIII—XXI [wiederabgedruckt in: Mediaevalia S. 505—519].
106. Carl Erdmann. In: Deutsches Archiv für Erforschung des Mittelalters *8* (1951) 251 bis 253.
107. Karl Kasiske und Hans Joachim Schoenborn. In: Jahrbuch der Albertus-Universität zu Königsberg/Pr. *1* (1951) 18—25.
108. Albert Brackmann, 24. 6. 1871—17. 3. 1952. In: Bayerische Akademie der Wissenschaften, Jahrbuch (1952) 169—174.
109. Hans Planitz, 4. 5. 1882—16. 1. 1954. In: Bayerischen Akademie der Wissenschaften, Jahrbuch (1955) 163—166.
110. Adolf Hofmeister. In: Deutsches Archiv für Erforschung des Mittelalters *13* (1957) 327—328.
111. Theodor E. Mommsen. In: Deutsches Archiv für Erforschung des Mittelalters *15* (1959) 610—611.

112. Wilhelm Winkler und Walter Götz. In: Deutsches Archiv für Erforschung des Mittelalters *15* (1959) 609—610.
113. Walter Goetz 11. 11. 1867—30. 10. 1958. In: Bayerische Akademie der Wissenschaften, Jahrbuch (1959) 137—145.
114. Geleitwort zu: Urkunden und Aktenstücke zur Geschichte der Juden in Regensburg 1453—1738, Bearb. von Raphael Straus †. Quellen und Erörterungen zur bayerischen Geschichte, NF *18* (München 1960) 5*—10*.
115. Ernst Kantorowicz, 3. 5. 1895—9. 9. 1963. In: Deutsches Archiv für Erforschung des Mittelalters *21* (1965) 1—14.
116. Herbert Grundmann, 14. 2. 1902—20. 3. 1970. In: Bayerische Akademie der Wissenschaften, Jahrbuch (1970) 214—223.
117. Geschichte der Monumenta Germaniae historica, Bearb. von Harry Bresslau. Namenregister und Verzeichnis der im Text besprochenen Bände der Monumenta, von Friedrich Baethgen. In: Neues Archiv der Gesellschaft für ältere deutsche Geschichtskunde *42* (1921) 753—769.
118. Monumenta Germaniae Historica. Berichte über die Jahre 1943—1948 bis 1957/58. In: Deutsches Archiv für Erforschung des Mittelalters *8* (1951) — *15* (1959).
119. Begrüßungsansprache und Berichte des Präsidenten bei der Feierlichen Jahressitzung 1956 bis 1963. In: Bayerische Akademie der Wissenschaften, Jahrbuch (1957—1964).
120. Begrüßungsansprache. In: Die Einweihung der Arbeitsstätte der Kepler-Kommission der Bayerischen Akademie der Wissenschaften im Kepler Hause zu Weil der Stadt am 21. Mai 1960. München 1960. 9—13.
121. Begrüßungsansprache. In: Festschrift zur Hundertjahrfeier der Internationalen Assoziation für Geodäsie am 12. und 13. Oktober 1962 in München. München 1963. 11—20.
122. Belgien II. (Quellensammlung für den geschichtlichen Unterricht an höheren Schulen, Reihe 2, 142) Leipzig—Berlin 1918.
123. Der Bankrott der formalen Demokratie. In: Badische Post, Heidelberg 1920, 1. April.
124. Ludendorff. In: Badische Post, Heidelberg 1920, 10. April.
125. Volk und Menschheit. In: Deutsche Zukunft *1* (Heidelberg 1920) 65—67.
126. Wider den Pazifismus. In: Deutsche Zukunft *4* (1923) 73—74.
127. Karl der Große aus nächster Nähe [zu Rudolf Wahl, Karl der Große, eine Historie]. In: Königsberger Allgemeine Zeitung 1934, 8. und 11. Dezember (3. Beiblatt).
128. Die Kulturleistung des Preußischen Ordensstaates. In: Der deutsche Chemiker, Beilage zu „Angewandte Chemie" (Weinheim 1935) 67—72.
129. Reichspolitik und Ostpolitik im deutschen Mittelalter. In: Der ostpreußische Erzieher. Kulturzeitschrift der deutschen Ostmark, Beilage zu „Der deutsche Erzieher" (Bayreuth 1937) 185—188.
130. Fragt die Geschichte nach unseren Zensuren? In: Der Kurier *2* (Berlin 1946) 18. Januar, S. 3.

Lexikonartikel

131. Die Religion in Geschichte und Gegenwart. 2., völlig neu bearb. Aufl. Tübingen 1927 bis 1931.

Bd 1, 1927: Adeodatus, Papst (Sp. 83—84); Agapet I.—II. (Sp. 144—145); Agatho, Papst (Sp. 145); Albert, Gegenpapst (Sp. 189); Alexander I.—VI. (Sp. 202—204); Anaklet I.—II. (Sp. 317); Anastasius I.—IV. (Sp. 320); Anicet, Papst (Sp. 346); Anteros, Papst (Sp. 360); Benedikt I.—XII. (Sp. 888—891); Bonifatius I.—IX. (Sp. 1184—1186); Caius, Papst (Sp. 1421); Calixt I.—III. (Sp. 1422—1423); Christopherus,

Papst (Sp. 1646); Clemens I.—(VII.), (VIII.) (Sp. 1687—1690); Cölestin I.—V. (Sp. 1703—1704); Cornelius, Papst (Sp. 1728); Damasus I.—II. (Sp. 1776—1777); Deusdedit, Papst (Sp. 1849); Dionysius, Papst (Sp. 1943); Dioskur, Gegenpapst (Sp. 1945); Donus, Papst (Sp. 1979).

Bd *2*, 1928: Eleutherus, Papst (Sp. 103); Euaristus (Sp. 397); Eugen I.—IV. (Sp. 405 bis 406); Eulalius, Gegenpapst (Sp. 409); Eusebius, Papst (Sp. 412); Eutychianus, Papst (Sp. 416—417); Fabian, Papst (Sp. 493); Felix I.—V. (Sp. 537—538); Formosus, Papst (Sp. 640); Gelasius I.—II. (Sp. 968); Gregor I.—XII. (Sp. 1436—1441); Hadrian I.—V. (Sp. 1560—1562); Hilarus, Papst (Sp. 1881); Honorius I.—IV. (Sp. 2009—2011); Hormisdas, Papst (Sp. 2015); Hyginus, Papst (Sp. 2061).

Bd *3*, 1929: Innozenz I.—VIII. (Sp. 280—283); Johanna, Päpstin (Sp. 314—315); Johannes I.—XXIII. (Sp. 319—323): Julius I.—II. (Sp. 566—567); Kletus (Sp. 1087); Konon (Sp. 1216); Konstantin I.—II. (Sp. 1226); Konstantinische Schenkung (Sp. 1227—1228); Lando, Papst (Sp. 1479); Laurentius, Gegenpapst (Sp. 1500); Leo I.—X. (Sp. 1579—1582); Liber censuum (Sp. 1607); Liber diurnus (Sp. 1607—1608); Liber pontificalis (Sp. 1608—1609); Liberius, Papst (Sp. 1629—1630); Linus (Sp. 1663); Lucius I.—III. (Sp. 1736—1737); Marcellinus (Sp. 1990); Marcellus I. (Sp. 1990); Marinus I.—II. (Sp. 2018); Markus, Papst (Sp. 2020); Martin I.—V. (Sp. 2027—2028); Melchiades, Papst (Sp. 2083).

Bd *4*, 1930: Nepotismus (Sp. 491); Nikolaus I.—V. (Sp. 562—563); Papa (Sp. 888); Papstnamen (Sp. 894—896); Papsttum I. und III. (Sp. 896—918 und 935—938); Papstwahlen (Sp. 939—941); Paschalis I.—III. (Sp. 983—984); Paul I.—II. (Sp. 1012); Pelagius I.—II. (Sp. 1061); Philippus, Papst (Sp. 1190); Pius I.—III. (Sp. 1269 bis 1270); Pontianus (Sp. 1343); Romanus, Papst (Sp. 2101).

Bd *5*, 1931: Sabinianus (Sp. 9); Sergius I.—IV. (Sp. 445—446); Severinus, Papst (Sp. 451); Silverius, Papst (Sp. 494); Silvester I.—IV. (Sp. 494—495); Simplicius, Papst (Sp. 500); Siricius, Papst (Sp. 512); Sisinnius, Papst (Sp. 512); Sixtus I.—IV. (Sp. 560—561); Soter (Sp. 615); Stephanus I.—IX. (Sp. 788—790); Symmachus, Papst (Sp. 944—945); Telesphorus (Sp. 1037); Theoderich, Gegenpapst (Sp. 1095); Theodor I.—II. (Sp. 1107); Urban I.—VI. (Sp. 1406—1407); Ursinus, Gegenpapst (Sp. 1418—1419); Valentin, Papst (Sp. 1436); Vigilius, Papst (Sp. 1584); Viktor I. bis IV. (Sp. 1585—1586); Vitalian, Papst (Sp. 1599); Wibert (Sp. 1900); Zacharias, Papst (Sp. 2062); Zephyrin, Papst (Sp. 2107); Zosimus, Papst (Sp. 2137).

312. Religion in Geschichte und Gegenwart. 3., völlig neu bearb. Aufl.
Bd *6*, 1962: Vigilius I. Papst (Sp. 1396 zusammen mit L. Abramowski).

133. Neue Deutsche Biographie.
Bd *4*, Berlin 1959: Dümmler, Ernst Ludwig (S. 161). — Bd *8*, 1969; Hassel, Christian August Ulrich von (S. 44—46).

Herausgeber bzw. Übersetzer

Königsberger historische Forschungen, Bd *1* (1931)—*8* (1935). (Zusammen mit Hans Rothfels).

Neue deutsche Forschungen. Abt.: Mittelalterliche Geschichte, Bd *1* (1935)—*8* (1939).

Deutsches Archiv für Erforschung des Mittelalters. Jg *8* (1951)—*25* (1969). (Jg 8—15 zusammen mit Walther Holtzmann, Jg 16—19 zusammen mit Walther Holtzmann und Herbert Grundmann, Jg 20—25 zusammen mit Herbert Grundmann).

Karl Hampe: Deutsche Kaisergeschichte in der Zeit der Salier und Staufer. 7. neubearb.

Aufl. Leipzig 1937; 8. neubearb. Aufl. Leipzig 1943; 9. Aufl. Leipzig 1945; 10. Aufl. Heidelberg 1949.
Carl Erdmann: Forschungen zur politischen Ideenwelt des Frühmittelalters. Berlin 1951.
Geoffrey Barraclough: Die mittelalterlichen Grundlagen des modernen Deutschland [The origins of modern Germany]. Weimar 1953; 2. durchges. Aufl. Weimar 1955.

Dr. phil. Hilda Lietzmann

Zur Biobibliographie

Schriftenverzeichnisse. H. Lietzmann, siehe vorliegendes Jahrbuch S. 209—218. — Dies., in: Deutsches Archiv f. Erforschung des Mittelalters *29* (1973) S. 18—24. — Jahrbuch Sächs. Akad. Wiss. Leipzig *1957—1959* (Berlin 1961) S. 268—269; *1963—1965* (Berlin 1967) S. 236; *1969—1970* (Berlin 1972) S. 171. — Kürschners Dtsch. Gelehrten Kalender *1—5, 8—10, 11* (Berlin 1970) S. 83.

Festschrift. Zum 70. Geburtstag: Mediaevalia. Aufsätze. Nachrufe. Besprechungen. Stuttgart 1960. Bd *1*: XXXI, 259 S.; Bd *2*: S. 297—592 (= Schriften der Monumenta Germaniae Historica Bd 17, 1.2.).

Würdigungen. Zum 70. Geburtstag: A. v. Bayern u. a., Tabula gratulatoria. In: Mediaevalia. Stuttgart 1960. S. XIX—XXII. — H. Grundmann, ebda S. VII—XVII. — F. Hartung, in: FuF *34* (1960) S. 218—219. — Zum 80. Geburtstag: Jahrbuch Bayer. Akad. Wiss. *1970* (München 1970) S. 184—187. — Zum 50jährigen Doktorjubiläum: Ebda *1964* (München 1964) S. 136—138. — Allgemein: Degeners Wer ist's? *10* (Berlin 1935) S. 52. — Who's who in Germany? Hrsg. v. H. G. Kliemann, S. S. Taylor *1* (München 1956) S. 41; *3* (München 1964) S. 55. — Wer ist wer? Hrsg. v. W. Habel *15* (Berlin 1967) S. 53; *16* (Berlin 1970) S. 36. — Die Mitglieder der Deutschen Akademie der Wissenschaften zu Berlin 1700 bis 1950. Hrsg. v. E. Amburger. Berlin 1950. S. 45, 46, 52. — Das Bertelsmann Lexikon in 7 Bänden *1* (Gütersloh 1966) S. 710. — Der Große Brockhaus. 16. Aufl. in 12 Bänden *1* (Wiesbaden 1953) S. 652. — Das Große Duden-Lexikon in 8 Bänden *1* (Mannheim 1964) S. 429. — Der Große Herder. 5. Aufl. *11* (= Ergänzungsbd I), 2. Aufl. Freiburg/Br. 1964. Sp. 126*.

Nachrufe. H. Fuhrmann, Nachruf der Monumenta Germaniae Historica. München 1972. 1 S. — H. Heimpel, in Jahrbuch Bayer. Akad. Wiss. *1973* (München 1973) S. 198—202 (m. Bildn. nach S. 208). — H. M. Schaller, in: HZ *216* (1973) S. 783—786. — M. Spindler: Friedrich Baethgen als Präsident 1956—1964. In: Jahrbuch Bayer. Akad. Wiss. *1972* (München 1972) S. 59—72 (m. Bildn.). — G. Tellenbach, in: Deutsches Archiv f. Erforschung des Mittelalters *29* (1973) S. 1—17. — E. Werner, siehe vorliegendes Jahrbuch S. 207—209 (m. Bildn.). — J. Werner, in: Jahrbuch Bayer. Akad. Wiss. *1972* (München 1972) S. 72—76.

Viktor Maximowitsch Schirmunski

2. VIII. 1891 — 31. I. 1971

Am 31. Januar 1971 verstarb in Leningrad, wenige Monate vor der Vollendung seines 80. Lebensjahres, unser Ehrenmitglied Viktor Maximowitsch Schirmunski, der Altmeister der Germanistik in der Sowjetunion.

Er wurde 1891 in Petersburg als Sohn eines Arztes geboren und genoß schon vor seiner Immatrikulation an der Historisch-philologischen Fakultät der Petersburger Universität im Jahre 1908 eine hervorragende Ausbildung, während der ihm der Literaturwissenschaftler und Dichter V. V. *Gippius* (1876—1941) mit den Werken literarischen Schaffens vertraut machte. Sein Lehrer an der Fakultät war kein geringerer als der Germanist F. A. *Braun* (1862—1939), der der russischen Schule der Germanistik und Romanistik verpflichtet war, wie sie A. N. *Veselovskij* (1838—1906) begründet hatte und die bei ihren literaturwissenschaftlichen Untersuchungen auch die Fragen der Sprachentwicklung einschloß. Die Grenzen dieser Betrachtungsweise hat Schirmunski in vieler Hinsicht gesprengt und ist über sie hinausgelangt. Bei F. A. *Braun* studierte Sch. deutsche und romanische Philologie und wurde mit Persönlichkeiten bekannt, die später der russischen Literaturwissenschaft in hervorragender Weise dienten. Sein Interesse blieb nicht auf die deutsche und die romanische Literatur beschränkt; er besuchte auch das berühmte Puschkinseminar S. A. *Vengerovs* und erweiterte den Kreis seiner literarhistorischen Interessen um die in seiner Muttersprache geschriebene große Literatur. Nach Beendigung der Studien an der Fakultät verblieb er dort, um sich auf die Universitätslaufbahn vorzubereiten. Während eines anderthalbjährigen Studienaufenthaltes in Deutschland in den Jahren 1912/1913 studierte er an mehreren Universitäten: in Leipzig hörte er bei Eduard *Sievers*, in Berlin bei Erich *Schmidt*, in München bei Hermann *Paul*. Sowohl der Literaturwissenschaft wie der Sprachwissenschaft und Philosophie galten seine Studien während dieses Aufenthaltes.

Im Herbst 1915 wurde Schirmunski Privatdozent an der Petersburger Universität am Lehrstuhl für romanisch-germanische Philologie. Seine erste Vorlesung, die er im Studienjahr 1915/1916 las, war der Dichtkunst Byrons gewidmet, die ihn auch später stark interessierte. Neben die Romantik traten aber auch Studien zur älteren deutschen Sprache. Seine ersten gedruckten Arbeiten sind in den Jahren 1913/1914 erschienen und der deutschen Literatur, vor allem der Romantik, gewidmet. Im Herbst 1917 wurde Sch. zum Professor an der Universität Saratov berufen, wo er den Lehrstuhl für romanisch-germanische Philologie leitete. Während der zweijährigen Tätigkeit in Saratov wandte er sich bereits der vergleichenden Epenforschung zu, die zu einer der Hauptkomponenten seines vielseitigen Schaffens werden sollte. Im Herbst 1919 kehrte er als Professor für germanische Philologie an die Petersburger

Universität zurück und erhielt die verantwortungsvolle Aufgabe, vor allem die englische Philologie zu fördern, hielt aber auch Vorlesungen zur allgemeinen und deutschen Literaturwissenschaft. Die 1924 verteidigte Habilitationsschrift (Doktordissertation zweiten Grades) war dem Verhältnis zwischen Puschkin und Byron gewidmet.

In den 20er Jahren entfaltete Sch. in Leningrad eine vielseitige Tätigkeit als Literaturwissenschaftler und Organisator der philologischen Forschung. Im Institut für Geschichte der Künste brachte er die Literaturwissenschaft stärker zur Geltung; an diesem Institut begannen hervorragende Gelehrte wie B. M. *Ėjchenbaum*, B. V. *Tomaševskij*, G. A. *Gukovskij*, V. V. *Vinogradov*, B. A. *Larin* u. a. ihre Lehrtätigkeit.

Um die Mitte der 20er Jahre tritt neben die literaturwissenschaftliche Komponente seines rastlosen Schaffens die linguistische. Ihn interessieren die deutschen Mundarten in der Sowjetunion, die Mundarten der Nachkommen deutscher Siedler, die in der zweiten Hälfte des 18. Jahrhunderts in das damalige Rußland gekommen waren. Die deutschen Inselmundarten in russischer Umgebung wurden für ihn Gegenstand sowohl umfangreicher Forschungen an Ort und Stelle als auch Grundlage theoretischer Verallgemeinerungen. Um sich mit den neuesten Methoden der Dialektgeographie vertraut zu machen, reiste er nach Bonn, wo er im Institut für geschichtliche Landeskunde der Rheinlande mit Theodor *Frings* zusammentraf; er besuchte das von Ferdinand *Wrede* geleitete Marburger Zentrum deutscher Mundartforschung und andere Brennpunkte der damaligen germanistischen Sprachforschung, hielt aber auch selbst Vorträge, so 1927 in Bonn und 1929 in Berlin. Im Jahre 1928 erschien die erste größere Arbeit über die deutschen Sprachinseln in der Ukraine, die auch die Folklore einbezog. Das Verhältnis zwischen Schriftsprache und Mundarten wurde von ihm neu durchdacht; der Aufsatz „Sprachgeschichte und Siedlungsmundarten“ (1930) machte den Versuch, Entwicklungsgesetzmäßigkeiten der Mundart herauszustellen. Fortgesetzt wurde diese Linie in wertvollen Arbeiten zur Sprachmischung und den Methoden komplexer linguistisch-ethnographischer Untersuchungen. Da der Mundartforschung nicht allein die Schaffenskraft des Gelehrten gehörte, ist es verständlich, daß seine „Deutsche Mundartenkunde“, die Synthese jahrzehntelanger eigener Beschäftigung, erst 1956 erschien (1962 in deutscher Übertragung). Dieses Buch ist weit über die Grenzen seines Landes hinaus bekannt geworden und hat einen außerordentlich großen internationalen Widerhall gefunden.

Seit 1934 arbeitete Sch. auch im Institut für Sprache und Denken, einer Einrichtung der Akademie der Wissenschaften der UdSSR, und betrieb hier Studien zur allgemeinen Sprachwissenschaft und Dialektologie. Das Ergebnis dieser Bemühungen wurde in dem außerhalb der Sowjetunion noch zu wenig bekannten Buch „Nationalsprache und soziale Dialekte“ (1936) niedergelegt. Hier geht Sch. den verwickelten Wechselbeziehungen zwischen sozialer und sprachlicher Differenzierung nach. Ein Jahr vorher war die erste Ausgabe des „Fränkischen Dialektes“ von Friedrich Engels in deutscher und russischer Sprache erschienen, die Sch. selbst mit vorbereitete und deren Bedeutung er klar herausstellte. Im Jahre 1938 brachte Sch. die erste Auflage seines Lehrbuches „Geschichte der deutschen Sprache“ heraus, das inzwischen in vier weiteren Auflagen erschien: eine Frucht jahrelanger eigener Forschungsarbeit zu diesem Thema, verbunden mit der Wertung vorhandener Ergebnisse auf neuer theoretischer Grundlage, aber auch selbst beigebrachten Materials. Auf viele weitere Forschungen zur germanischen und deutschen Sprachgeschichte kann hier nur hingewiesen werden. 1964 erschien die „Einführung in das vergleichend-historische Studium der germanischen Sprachen“; zusammen mit seinen Schülern und Kollegen M. M. Guchman, Ė. A. Makaev und V. N. Jarceva gab er seit 1962 eine vierbändige, viel beachtete „Vergleichende Grammatik der germanischen Sprachen“ heraus, zu der er selbst wesentliche Teile beisteuerte.

Doch ist nochmals zum Beginn der 30er Jahre zurückzugreifen. Der 100. Todestag Goethes regte Sch. zum genauen Studium des Widerhalls der Dichtung Goethes in der russischen Dichtkunst an. Zu diesem Jubiläum bereitete er einen Band der bekannten Reihe „Literarisches Erbe“ vor, 1937 folgte das Buch „Goethe in der russischen Literatur“. Dabei ging es ihm nicht um das Aufzeigen der „Einflüsse“ an sich, sondern um die historisch-typologischen Entsprechungen, die durch gemeinsame sozialhistorische Prozesse verursacht wurden. Hier verhielt er sich gegenüber *Veselovskij* und seinen Schülern sehr kritisch. Eine Synthese bietet die Arbeit „Die vergleichende Literaturwissenschaft und das Problem literarischer Einflüsse“ (1936). Große Beachtung verdient seine Arbeit über Herder, die 1963 in deutscher Übersetzung erschien. Ende der 30er Jahre konnte Sch. schon auf ein reifes Werk zurückblicken, das im In- und Ausland hochgeschätzt war. Seine großen Verdienste um Lehre und Forschung wurden im Jahre 1939 mit der Wahl zum korrespondierenden Mitglied der Akademie der Wissenschaften der UdSSR gewürdigt.

Der imperialistische Krieg brachte die Belagerung Leningrads. Sch. erhielt die Möglichkeit, seine Arbeit in Taschkent fortzusetzen, wo er vom November 1941 bis zum Oktober 1944 wirkte. Hier leistete er als Professor an der Mittelasiatischen Universität und an der Taschkenter Pädagogischen Hochschule wie auch an vielen anderen Stätten eine umfangreiche Arbeit, die für die Gesellschaft und auch ihn selbst viel erbrachte. In der Forschung war es das Heldenepos der turksprachigen Völker Mittelasiens, das ihn fesselte. Als Fünfzigjähriger wandte er sich der Turkologie zu und erlernte die usbekische Sprache. Gut gerüstet begann er die tiefschürfende Erforschung der epischen Überlieferung der Usbeken, Kirgisen, Ogusen und anderer mittelasiatischer Völker, in engem Zusmmenwirken mit hervorragenden Gelehrten in Taschkent, Buchara usw. Aber auch den lebenden Trägern dieser alten Kulturen galt sein Interesse, den Erzählern wie Fazil *Juldašev* und *Islam-šair*. Von dieser Basis aus stieß er zur vergleichenden europäischen Epenforschung vor und bezog auch die Epenüberlieferung der germanischen, slawischen und finnisch-ugrischen Völker mit ein, wie wir aus dem Hauptwerk „Vergleichende Epenforschung“ ersehen, das die typologischen Gemeinsamkeiten im Heldenepos verschiedener Völker herausarbeitete, worüber Sch. auch auf dem IV. Internationalen Slawistenkongreß in Moskau mit großem Erfolg referierte. 1960 legte er auch eine Arbeit über das germanische Heldenepos in den Arbeiten Andreas Heuslers vor. Seine umfangreichen Kenntnisse über das Heldenepos, die er in den Taschkenter Jahren wesentlich vermehren konnte, führten ihn in die vordersten Reihen der Gelehrten auf diesem Fachgebiet.

Im Jahre 1944 nahm Sch. die Arbeit im Institut für Literatur der Akademie der Wissenschaften der UdSSR, wo er seit den 30er Jahren wirkte, wieder auf; seit 1950 arbeitete er, nach der Umbildung des genannten Instituts in das Institut für russische Literatur, im Institut für Sprachwissenschaft der Akademie. 1957 übernahm er die Leitung des Sektors für indoeuropäische Sprachen in diesem Institut und nahm viele Funktionen in Kommissionen und Beiräten zur Förderung der Forschung wahr. Seine Lehrtätigkeit an der Leningrader Universität übte er auch in dieser Zeit weiter aus. In den 50er und 60er Jahren wandte er sich wieder linguistischen Fragen zu, suchte aber mehr als vorher die germanischen Sprachen und weitergehend die indoeuropäischen überhaupt, mit den ihm nunmehr bekannten Turksprachen zu vergleichen und zu brennenden Fragen wie dem Verhältnis zwischen synchronischer und diachronischer Sprachbetrachtung Stellung zu nehmen, bis hin zur Anwendung mathematischer Methoden in der Sprachwissenschaft und der Bedeutung des Marxismus für die Sprachsoziologie. Hier wird zwar eine Schaffenslinie der 30er Jahre fortgesetzt, aber in größerer Breite für die allgemeine Sprachwissenschaft und die germanistische Linguistik. Daneben befaßte er sich auch weiterhin mit Fragen der allgemeinen Literaturwissenschaft und bezog auch Stilistik und Metrik mit ein.

In Schirmunski ist ein Gelehrter von uns gegangen, dem es vergönnt war, in innerer Konsequenz einen Weg zu beschreiten, wie ihn nur wenige zurücklegen konnten. Er vereinte in seltener Weise die Persönlichkeit eines unermüdlichen Forschers hervorragender Erudition und eines Hochschullehrers, der eine ganze Generation sowjetischer Germanisten, eine eigene Schule, heranbildete, die heute schon selbständig vor allem die sprachliche Germanistik mitbestimmt. Die fast 30 Monographien und Hunderte von Aufsätzen, aber auch mit großem Geschick veranstalteten Editionen, gelten einem weitgespannten Wissensgebiet, haben nicht nur die germanische Sprach- und Literaturwissenschaft nachhaltig geprägt, sondern auch der allgemeinen Literaturwissenschaft und allgemeinen Sprachwissenschaft, darüber hinaus der Orientalistik und nicht zuletzt der vergleichenden Epenforschung genützt. Der internationale Widerhall dieses Werkes veranlaßte die Akademien zu Berlin, Kopenhagen, London und München, ihn zu ihrem korrespondierenden Mitglied zu wählen; die Universitäten zu Berlin, Kraków, Oxford und Prag verliehen ihm das Doktorat honoris causa.

Rudolf Große und Dr. phil. habil. Ernst Eichler

Bibliographie Viktor Schirmunski (Žirmunskij)

1913

Sovremennaja literatura o nemeckom romantizme [Moderne Literatur über die deutsche Romantik]. — Russk. mysl' 1913, H. 11, S. 31—38.

Erich Šmidt. (Pis'mo iz Berlina) [Erich Schmidt. (Brief aus Berlin). Nekrolog]. — Russk. molva 1913, 29. IV., Nr. 136.

[Rez.:] Gaman kak religioznyj myslitel' [Hamann als religiöser Denker. Unger, R. Hamann und die Aufklärung. Jena 1911; Hamanns Sprachtheorie im Zusammenhange seines Denkens. München 1905; Sibyllinische Blätter des Magus, ausgewählt u. eingeleitet von Rudolf Unger. Jena 1905]. — Russk. mysl' 1913, H. 6, S. 31—36.

1914

Nemeckij romantizm i sovremennaja mistika [Die deutsche Romantik und die moderne Mystik]. St. Petersburg 1914, 207 S.

Poslednie nemeckie romantiki [Die letzten deutschen Romantiker]. — In: Istorija zapadnoj literatury [Geschichte der westeuropäischen Literatur] (1800—1910), unter Red. von F. D. Batjuškov. Bd. 3. T. 10. Moskva 1914, S. 365—399.

Nemeckij romantizm i nauka [Die deutsche Romantik und die Wissenschaft]. — Ebda S. 478—496. [Mit F. A. Braun].

Gejne i romantizm [Heine und die Romantik]. — Russk. mysl' 1914, H. 5, S. 90—116.

Genrich fon Klejst [Heinrich von Kleist]. — Russk. mysl' 1914, H. 8—9, S. 1—11.

Teatr v Berline. (Pis'mo iz Germanii). [Theater in Berlin. (Brief aus Deutschland). Berliner dramatisches Theater Ende des 19.—Anfang des 20. Jahrh.]. — Sev. zap. 1914, janvar', S. 185—195.

Robert Brouning. (Zametka). [Robert Browning. (Eine Bemerkung)]. — Sev. zap. 1914, mart, S. 34—38.

[Rez.:] Ob Okassene i Nikolet. Srednevekovaja pesnja-skazka. [Über Aucassin und Nicolete. Ein mittelalterliches Lied und Märchen. Übersetzung aus dem Altfranz. v. M. I. Liverovskaja]. — Sev. zap. 1914, aprel', S. 185—188.

[Rez.:] Iz ėpochi romantizma. Ob iskusstve i chudožnikach. Razmyšlenija otšel'nika, ljubitelja izjaščnogo [Aus der Epoche der Romantik. Über Kunst und Künstler. Herzensergießungen eines kunstliebenden Klosterbruders, hrsg. von Ludwig Tieck, Nachwort: P. N. Sakulin]. Moskva 1914. — Russk. mysl' 1914, H. 7, S. 28—34.

1915

Problema ėstetičeskoj kul'tury v proizvedenijach gejdel'bergskich romantikov [Das Problem der ästhetischen Kultur in den Werken der Heidelberger Romantiker]. — Zap. Neofilog. ob-va pri Pg. un-te 1915, H. 8, S. 52—75.

[Rez.:] Roman o golubom cvetke. Novalis. Gejnrich fon Ofterdingen [Der Roman von der Blauen Blume. Novalis. Heinrich von Ofterdingen. Übersetzt von Z. Vengerova u. V. Gippius. Moskva 1914]. — Russk. mysl' 1915, H. 3, S. 94—101.

1916

Novalis. — Nov. ėnc. sl. Brok. Ėfr., Bd *28*, 1916, S. 669—671.

Preodolevšie simvolizm [Überwinder des Symbolismus]. — Russk. mysl' 1916, H. 12, S. 25—56.

Karlo Gocci — politik ili chudožnik? (Po povodu stat'i A. A. Gvozdeva „Obščestvennaja satira Karla Gocci") [Carlo Gozzi. Politiker oder Künstler? Zum Artikel A. A. Gvozdevs „Die gesellschaftliche Satire des Carlo Gozzi"]. — Ljubov' k trem apel'sinam 1916, H. 2—3, S. 119—131.

Anglijskaja narodnaja ballada [Die englische Volksballade]. — Sev. zap. 1916, oktjabr', S. 91—99.

[Rez.:] Gofman, T. A. Princessa Brambilla. (Kapriččio vo vkuse Kallo) [E. Th. A. Hoffmann, Prinzessin Brambilla. (Capriccio in Callot's Manier. Übers. v. V. Ėngel'gard]. Moskva 1915. — Russk. mysl' 1916, H. 2, S. 1—2.

[Rez.:] Vijon, F. Otryvki iz Bol'šogo zaveščanija, ballady i raznye stichotvorenija [Villon, F. Fragmente aus dem Großen Testament, Balladen und verschiedene Gedichte. Übersetzt von I. Ėrenburg]. Moskva 1916. — Russk. mysl' 1916, H. 7, S. 3—4.

[Rez.:] Pis'ma portugal'skoj monachini [Briefe einer portugiesischen Nonne. Übers. u. Vorwort von A. Levinson. Petersburg o. J.]. — Russk. mysl' 1916, H. 8, S. 2—3.

[Rez.:] Pavlova, K. Sobranie sočinenij [Gesammelte Werke. Red.: V. Brjusov. Bd 1—2. Moskva 1915]. — Sev. zap. 1916, janvar', S. 279—280.

[Rez.:] Stichotvorenija Apollona Grigor'eva. Sobral i primečanijami snabdil A. Blok. Moskva, 1916. [Gedichte von Apollon Grigor'ev. Gesammelt u. mit Anm. versehen durch A. Blok]. — Sev. zap. 1916, fevral', S. 224—226.

[Rez.:] Solov'ev, V. Stichotvorenija [Gedichte]. Moskva 1915. — Sev. zap. 1916, aprel' do maja, S. 238—240.

[Rez.:] Komedija čistoj radosti. („Kot v sapogach" Ljudviga Tika. 1797 g.) [Die Kömodie der reinen Freude. („Der gestiefelte Kater" von Ludwig Tieck 1797)]. — Ljubov' k trem apel'sinam 1916, H. 1, S. 85—91.

O novoj poėzii [Über die neue Poesie. Vortrag, gehalten auf der Versammlung der Neophilologischen Gesellschaft am 31. X. 1916. Resümee]. — Birževye vedomosti, utr. vyp., 1916, 3. XI., Nr. 15901, S. 5.

1917

Moskovskij Kamernyj teatr [Das Moskauer Kammertheater]. — Birževye vedomosti, utr. vyp., 1917, 18. II., Nr. 16106, S. 7.

[Rez.:] Anglijskaja kniga o Dostoevskom [Ein englisches Buch über Dostoevskij]. J. Midleton Murry. Fyodor Dostoevsky. A critical study. London, 1916. — Russk. mysl' 1917, H. 5—6, S. 140—146.

[Rez.:] Aksenov, I. A. Elisabetincy [Die Elisabethaner]. Vyp. 1. Moskva, 1916. — Sev. zap. 1917, janvar', S. 270—272.

1918

Religioznoe otrečenie v istorii romantizma. Materialy dlja charakteristiki Klemensa Brentano i gejdel'bergskich romantikov [Die Lossagung von der Religion in der Geschichte der Romantik. Materialien zur Charakteristik von Clemens Brentano und der Heidelberger Romantiker]. — Izv. Sarat. un-ta, Ist.-filol. fak., 1918, vyp. 1, S. 1—204, 1—83.

[Rez.:] „Belaja staja" [Die „Weiße Schar". Über eine Gedichtsammlung A. Achmatovas]. — Naš vek 1918, 30. I., Nr. 21, S. 5.

VIKTOR MAXIMOWITSCH SCHIRMUNSKI
2. 8. 1891 — 31. 1. 1971

1919

Religioznoe otrečenie v istorii romantizma. Materialy dlja charakteristiki Klemensa Brentano i gejdel'bergskich romantikov [Die Lossagung von der Religion in der Geschichte der Romantik. Materialien zur Charakteristik von Clemens Brentano und der Heidelberger Romantiker]. — Moskva 1919, 204, 83 S.

Zadači poètiki [Die Aufgaben der Poetik]. — Žizn' isk. 1919, 9. XII., Nr. 313; 10. XII., Nr. 314; 11. XII., Nr. 315; 12. XII., Nr. 316; 13.—14. XII., Nr. 316—317.

1920

Dva napravlenija sovremennoj liriki [Zwei Richtungen der modernen Lyrik]. — Žizn' isk. 1920, 10.—11. I., Nr. 339—340.

O poèzii klassičeskoj i romantičeskoj [Über klassische und romantische Poesie]. — Žizn' isk. 1920, 10. II., Nr. 367; 11. II., Nr. 368.

Poèzija Kuz'mina [Die Poesie Kuz'mins]. — Žizn' isk. 1920, 7. X. Nr. 576.

Poèzija kak iskusstvo slova [Poesie als Wortkunst. (Zur Eröffnung der Fakultät für Geschichte der literarischen Künste des Russischen Instituts für Kunstgeschichte)]. — Žizn' isk. 1920, 12. XI., Nr. 607.

1921

Kompozicija liričeskich stichotvorenij [Die Komposition lyrischer Gedichte]. Petersburg 1921, 109 S.

Poèzija Aleksandra Bloka [Die Poesie Alexander Bloks]. — In: Ob Aleksandre Bloke [Über Alexander Blok]. Petersburg 1921, S. 65—165.

Zadači poètiki [Die Anfänge der Poetik]. — Načala 1921, Nr. 1, S. 51—81.

Na putjach k klassicizmu (Auf dem Wege zum Klassizismus]. — Vestn. lit. 1921, Nr. 4—5, S. 3—5.

[Rez.:] Jakobson, R. Novejšaja russkaja poèzija. Nabrosok pervyj. Viktor Chlebnikov. [Die neuere russische Poesie. Erster Entwurf. Viktor Chlebnikov]. Praga, 1921. — Načala 1921, Nr. 1, S. 213—215.

[Rez.:] Šklovskij, V. Rozanov. Iz knigi „Sjužet kak javlenie stilja" [Rozanov. Aus dem Buch „Das Sujet als Erscheinung des Stils"]. 1921; Šklovskij, V. Tristram Šendi Sterna i teorija romana. Sborniki po teorii poètičeskogo jazyka [Tristram Shandy von Sterne und die Theorie des Romans. Sammelbände zur Theorie der Sprache der Poesie]. — Ebda S. 216 bis 219.

Kak razbirat' stichotvorenija? [Wie werden Gedichte analysiert?]. — Žizn' isk. 1921, 12.—15. III., Nr. 691—693.

1922

Poèzija Aleksandra Bloka [Die Poesie Alexander Bloks]. Petersburg 1922, 104 S.

Valerij Brjusov i nasledie Puškina. Opyt sravnitel'no-stilističeskogo issledovanija [Valerij Brjusov und das Erbe Puškins. Versuch einer vergleichend-stilistischen Untersuchung]. Peterburg 1922, 104 S.

Bajronizm Puškina kak istoriko-literaturnaja problema [Der Byronismus Puškins als literarhistorisches Problem]. — In: Puškinskij sbornik. Pamjati professora Semena Afanas'eviča Vengerova. Moskva—Peterburg 1922, S. 295—326.

Žizn' i tvorčestvo Bajrona [Leben und Schaffen Byrons]. — In: Bajron, D. G. Dramy. Peterburg—Moskva 1922, S. 7—54.

Problema „Fausta" [Das Faustproblem]. — In: Gete, I. V. [J. W. Goethe Faust. T. 1]. Übers. von N. A. Cholodkovskij, Red.: M. L. Lozinskij, Peterburg—Moskva 1922, S. 7—41.

Melodika sticha. (Po povodu knigi B. M. Ėjchenbauma „Melodika sticha". Peterburg 1922) [Die Melodik des Verses. (Zu V. M. Ėjchenbaums Buch „Melodik des Verses")]. — Mysl' 1922, Nr. 3, S. 109—139.

Kümmermann—Ludwig Tieck. — GRM *10* (1922) S. 375—377.

Predislovie [Vorwort zum Drama „Sardanaopolus"]. — In: Bajron, D. G. [Byron, G. G. N.] Dramy [Dramen]. Peterburg—Moskva 1922, S. 209—211.

[Rez.:] Pamjati Bloka [Blok zum Gedächtnis]. Peterburg 1922. — Zap. peredviž. teatra 1922, Nr. 39, S. 5.

[Red.:] Val'cel', O. Impressionizm i ėkspressionizm v sovremennoj Germanii. (1890 bis 1920) [O. Walzel, Der Impressionismus und Expressionismus im gegenwärtigen Deutschland. Nicht Originaltitel!] Übers. aus dem Deutschen von O. M. Kotel'nikova. Peterburg 1922, 95 S.

Predislovie [Vorwort]. — Ebda S. 3—6.

1923

Rifma, ee istorija i teorija [Der Rhythmus, seine Geschichte und Theorie]. Peterburg 1923, 340 S.

K voprosu o „formal'nom metode" [Zur Frage der „formalen Methode"]. — In: Val'cel', O. Problema formy v poėzii [O. Walzel, Die künstlerische Form des Dichtwerks. Übers. von M. L. Gurfinkel']. Peterburg 1923, S. 5—23.

Vokrug „Kavkazskogo plennika" Puškina [Um den „Gefangenen im Kaukasus" von Puškin. Zum 100jährigen Jubiläum — August 1922]. — In: Literaturnaja mysl'. Al'manach. [Bd] *2*. Peterburg 1923, S. 110—123.

Iz istorii teksta „Stichotvorenij" A. Bloka [Aus der Geschichte des Textes der „Gedichte" A. Bloks]. — Zap. peredviž. teatra 1923, Nr. 45, S. 1—3.

[Red.:] Val'cel', O. Problema formy v poėzii [O. Walzel, Die künstlerische Form des Dichtwerks]. Übers. von M. I. Gurfinkel'. Peterburg 1923.

1924

Bajron i Puškin. Iz istorii romantičeskoj poėmy [Byron und Puškin. Aus der Geschichte des romantischen Poems]. Leningrad 1924, 334 S.

Zadači poėtiki [Die Aufgaben der Poetik]. — In: Zadači i metody izučenija iskusstv. Peterburg 1924, S. 123—167 [Gekürzter Abdruck mit dt. Übersetzung in: Texte der russischen Formalisten. Bd *2*. München 1972. S. 136—161].

Formprobleme in der russischen Literaturwissenschaft. — Zs. f. slav. Philol. *1* (1924) S. 117—152.

1925

Vvedenie v metriku. Teorija sticha [Einführung in die Metrik. Theorie des Verses]. — Leningrad 1925, 286 S.

1926

Puškin und Byron. — Zs. f. slav. Philol. *3* (1926) S. 290—310.

Studien zur Volkskunde der deutschen Kolonien. — Zur neuen Schule 1926, H. 7—8, S. 45—57.

1927

Novejšie tečenija istoriko-literaturnoj mysli v Germanii [Neuere Strömungen des literarhistorischen Gedankens in Deutschland]. — In: Vremennik Otdela slovesnych iskusstv [Gosudarstvennogo instituta istorii iskusstv]. T. 2. Poètika. Sbornik ... Leningrad 1927, S. 5—28.

Problemy nemeckoj dialektografii v svjazi s istoričeskim kraevedeniem [Probleme der deutschen Dialektgeographie in Verbindung mit der historischen Landeskunde]. — Ètnografija 1927, Bd *3*, Nr. 1, S. 139—150.

Ètnografičeskaja rabota v nemeckich kolonijach Ukrainy i Kryma [Ethnographische Arbeit in den deutschen Kolonien der Ukraine und der Krim]. — Ebda S. 231—233.

Zvit pro naukovu komandyrovku do nimec'kych kolonij Ukrajiny v 1926 roci [Bericht über die Forschungsreise zu den deutschen Kolonien der Ukraine 1926]. — Nauka na Ukr. Nr. 2—4, S. 337—342.

Deutsche Mundarten an der Newa. 2. Heimatbestimmung der ältesten deutschen Siedlungsmundarten im Newa-Gebiete. — Teuthonista *3* (1927) S. 153—165.

Puškin und Byron. — Zs. f. slav. Philol. *4* (1927) S. 20—42.

1928

Voprosy teorii literatury. Stat'i 1916—1926. [Fragen der Literaturtheorie. Aufsätze 1916 bis 1926]. Leningrad 1928, 358 S.

Die deutschen Kolonien in der Ukraine. Geschichte. Mundarten. Volkslied. Volkskunde. Charkow 1928, 161 S.

Problemy formy v germanskom èpose [Probleme der Form im deutschen Epos]. — In: Vremennik Otdela slovesnych iskusstv (Gosudarstvennogo instituta istorii iskusstv]. T. 4. Poètika. Sbornik statej. Leningrad 1928, S. 90—113.

Die Ballade vom „König aus Mailand" in den Wolga-Kolonien. — Jb. f. Volksliedforsch. 1 (1928) S. 160—169.

Das kolonistische Lied in Rußland. — Zs. d. Ver. f. Volkskunde 37/38 (1928) S. 182—215.

Die schwäbischen Mundarten in Transkaukasien und Südukraine. — Teuthonista 5 (1928) S. 38—60.

Predislovie [Vorwort] zu: Klejst, G. Michael' Kol'gaas [H. Kleist, Michael Kohlhaas. Übers. von G. Petnikov]. Leningrad 1928, S. 5—13.

[Red.:] Problemy literaturnoj formy. Sbornik statej ... [Probleme der literarischen Form]. Leningrad 1928, XVI, 224 S.

Predislovie [Vorwort] zu: Ebda S. III–XVI.

[Red.:] Šjukking, L. Sociologija literaturnogo vkusa [Schücking, L.: Soziologie des literarischen Geschmacks. Übers. von B. J. Gejman u. N. J. Berkovskij]. Leningrad 1928, 179 S.

Predislovie [Vorwort] zu: Ebda S. 5/11.

1929

Problemy kolonial'noj dialektologii [Probleme der kolonialen Mundartkunde]. – Jaz. i lit. 1929, H. 3, S. 179–220.

Po povodu knigi „Ritm kak dialektika". Otvet Andreju Belomu [Zu dem Buch „Rhythmus als Dialektik". Antwort an Andrej Belyj]. – Zvezda 1929, Nr. 8, S. 203–208.

Volkskundliche Arbeit in den deutschen Kolonien der Ukraine. – Visn. Odes. kom. kraezn. UAN, Bd *4–5*, 1929, sekcija nimec'ka, H. 1, S. 7–14.

Die schwäbischen Mundarten in Transkaukasien und Südukraine. – Teuthonista *5* (1929) H. 7–8, S. 37–42.

Zur Volkskunde der deutschen Siedlungen in der Sowjetunion. – Neues Rußland *6* (1929) H. 7–8, S. 37–42.

1930

Stilizacija [Stilisierung]. – Ènc. sl. Granat, 7. Aufl., Bd *41*, Teil 4, Sp. 577–579.

Stilistika [Stilistik]. – Ebda Sp. 587–599.

Stichosloženie [Versbau]. – Ebda Sp. 603–624.

Šelli, Persi Bis. [Shelley, Percy Bysshe]. – Ebda Bd *49*, Sp. 441–445.

Šiller, Fridrich [Schiller, Friedrich]. – Ebda Sp. 585–594.

Volkskundliche Forschungen in den deutschen Siedlungen der Sowjetunion. – In: Deutsche Volkskunde im außerdeutschen Osten. Berlin–Leipzig 1930, S. 52–81.

Kak ne nado pisat' stichi [Wie man Verse nicht macht]. Otvet načinajuščim poėtam [Antwort an beginnende Dichter]. – Lit. uč. 1930, Nr. 4, S. 96–110.

Das deutsche Volksliedarchiv in Leningrad. – Jb. f. Volksliedforsch. *2* (1930) S. 165 bis 166.

Sprachgeschichte und Siedlungsmundarten. 1–2. – GRM *18* (1930) S. 112–122; 171 bis 188.

„Des Schlächters Töchterlein" in neuen Aufzeichnungen. – Zs. f. Volkskunde NF *2* (1930) S. 136–143.

Zadači social'noj dialektologii [Aufgaben der sozialen Dialektologie]. – Krasnaja gazeta, več. vyp., 1930, 12. IV., Nr. 86.

1931

Volkslieder aus der bayrischen Kolonie Jamburg am Dnjepr. Wien 1931, 72 S.

K voprosu ob ėpitete [Zur Frage des Epithetons]. – In: Pamjati P. N. Sakulina. Sbornik statej. Moskva 1931, S. 75–82.

Processy jazykovogo smešenija v franko-švabskich govorach južnoj Ukrainy [Prozesse der Sprachmischung in den fränkisch-schwäbischen Mundarten der südlichen Ukraine]. — Jaz. i lit. Bd *7* (1931) S. 93—109.

Novyj archivnyj fond z istoriji čužozemnoji kolonizaciji v Čornomors'komu kraju [Ein neuer Archivbestand zur Geschichte der Fremdkolonisation im Schwarzmeergebiet]. — Radjans'kyj archiv 1931, Bd *2*, S. 16—17.

Alte und neue Volkslieder aus der bayrischen Kolonie Jamburg am Dnjepr. — Dtsch. Volkslied *33* (1931) S. 1—22; 35—47.

Die nordbayrische Mundart von Jamburg am Dnjepr (Ukraine). — PBB *55* (1931) S. 243—282.

Volkskundliche Studienreisen in den deutschen Siedlungen der Sowjetunion. — Neues Rußland *8* (1931) H. 4—5, S. 26—29.

1932

Šlegel', Avgust Vil'gel'm [August Wilhelm Schlegel]. — Ènc. sl. Granat. 7. Aufl., Bd 50, Sp. 219—224.

Šlegel', Fridrich [Schlegel, Friedrich]. — Ebda Sp. 225—229.

Šmidt, Erich [Schmidt, Erich]. — Ebda Sp. 314—315.

Špitcer, Leo [Spitzer, Leo]. — Ebda Sp. 390.

Gete v russkoj poèzii [Goethe in der russischen Poesie]. — In: Literaturnoe nasledstvo Bd *4—6*, Moskva 1932, S. 505—650.

A. Ch. Vostokov (1781—1864). Moja boginja [Meine Göttin. Eine unveröffentlichte Übersetzung eines Goethegedichtes]. — Ebda S. 651—652.

A. Ch. Vostokov. Ifigenija v Tavride. Perevod dvuch javlenij iz getevskoj Ifigenii razmerom podlinnika. [Publikacija] [Iphigenie auf Tauris. Übersetzung zweier Auftritte aus Goethes Iphigenie nach dem Original]. — Ebda S. 652—659.

V. K. Kjuchel'beker (1797—1846) [V. K. Küchelbecker. Nizza. Ein unveröffentlichtes Gedicht. Veröffentlichung und Einleitung]. — Ebda Sp. 660—662.

Kratkij konspekt „Zametok i statej dlja lučšego ponimanija Zapadno-Vostočnogo divana" [V. K. Küchelbecker. Kurze Übersicht der „Bemerkungen und Artikel zum besseren Verständnis des West-Östlichen Divans"]. — Ebda S. 663—665.

Metodika social'noj geografii. Dialektologija i fol'klor v svete geografičeskogo issledovanija [Die Methodik der sozialen Geographie. Dialektologie und Folklore im Lichte der geographischen Forschung]. — Jaz. i lit. 1932, H. 8, S. 83—119.

1933

Richter, Žan Pol' Fridrich [Richter, Jean Paul Friedrich]. — Ènc. sl. Granat, 7. Aufl. Bd *36*, Teil 2, Sp. 617—620.

Itogi i zadači dialektologičeskogo i ètnografičeskogo izučenija nemeckich poselenij SSSR [Ergebnisse und Aufgaben der mundart- und volkskundlichen Untersuchung der deutschen Siedlungen in der UdSSR]. — Sov. ètnogr. 1933, Nr. 2, S. 84—112.

P. N. Sakulin [Nekrolog]. — Revue des études slaves *3* (1933) S. 186—190.

Nemeckie narodnye pesni [Deutsche Volkslieder]. — Lit. gaz. 1933, 11. XII., Nr. 57.

1934

Wstęp do poetyki [Einführung in die Poetik]. Vorwort von J. Ujejski. Übers. von J. Kulczycki, F. Siedlecki. Warszawa 1934, 87 S.

Romantizm [Die Romantik]. — Ėnc. sl. Granat, 7. Aufl., Bd *36*, Teil 3, Sp. 265—275.

Nibelungi [Die Nibelungen]. — Lit. ėnc., Bd *8*, Sp. 32—38.

Problema fol'klora [Das Problem der Folklore]. — In: Sergeju Fedoroviču Ol'denburgu k 50-letiju naučnoobščestvennoj dejatel'nosti. 1882—1932. Leningrad 1934, S. 195—213.

Rossijskij Verter. Povest' M. V. Suškova. [Der Russische Werther. Eine Erzählung M. V. Suškovs]. — In: Sbornik statej k sorokaletiju učenoj dejatel'nosti akademika A. S. Orlova. Leningrad 1934, S. 547—556.

1935

Ot flektivnogo stroja k analitičeskomu [Vom flektiven Bau zum analytischen]. — In: Voprosy nemeckoj grammatiki v istoričeskom osveščenii. Sbornik statej ... Moskva—Leningrad 1935, S. 171—178.

Istoričeskaja spravka po istorii nemeckogo jazyka. [Eine historische Notiz zur Geschichte der deutschen Sprache]. — Ebda S. 179—181.

Razvitie stroja nemeckogo jazyka [Die Entwicklung des Baus der deutschen Sprache]. — Izv. AN SSSR, OON, 1935, Nr. 4, S. 345—402.

Anri Barbjus [Henri Barbusse]. (1874—1935). [Nekrolog]. — Izv. AN SSSR, OON 1935, Nr. 8, S. 705—708.

K voprosu o stranstvujuščich sjužetach. Literaturnye otnošenija Francii i Germanii v oblasti pesennogo fol'klora [Zur Frage der wandernden Sujets. Literarische Beziehungen zwischen Frankreich und Deutschland im Bereich der Liedfolklore]. — Izv. AN SSSR, OON 1935, Nr. 9, S. 775—811.

[Rez.:] Ėngel's, Frankskij dialekt [F. Engels, Der fränkische Dialekt]. — Moskva 1935, Len. pravda 1935, 12. XII., Nr. 286.

[Red.:] Voprosy nemeckoj grammatiki v istoričeskom osveščenii [Fragen der deutschen Grammatik in historischer Betrachtung]. Sbornik statej. Moskva—Leningrad 1935, 181 S.

Ot redaktora [Vom Herausgeber]. — Ebda S. 2.

[Red.:] Gete, I. V. Sobranie sočinenij. Jubilejnoe izdanie. T. 9. Iz moej žizni. Poėzija i pravda [J. W. Goethe, Gesammelte Werke. Jubiläumsausgabe. Bd 9. Aus meinem Leben. Dichtung und Wahrheit]. Teil 1—2. Moskva 1935, 491 S.

Predislovie [Vorwort]. — Ebda S. 5—18.

Primečanija [Anmerkungen]. — Ebda S. 467—491.

[Red.:] Gete, I. V. Sobranie sočinenij. Jubilejnoe izdanie. T. 11. Putešestvie v Italiju [J. W. Goethe, Gesammelte Werke. Jubiläumsausgabe. Bd 11. Italienische Reise]. Moskva 1935, 621 S.

Predislovie [Vorwort]. — Ebda S. 5—16.

Primečanija [Anmerkungen]. — Ebda S. 589—620.

[Red.:] Ėngel's. F. Frankskij dialekt [F. Engels: Der fränkische Dialekt]. Moskva 1935, 142 S.

1936

Nacional'nyj jazyk i social'nye dialekty [Nationalsprache und soziale Dialekte]. Leningrad 1936, 298 S.

Razvitie stroja nemeckogo jazyka [Die Entwicklung des Baus der deutschen Sprache]. Moskva–Leningrad 1936, 82 S.

K voprosu o klassovom samoopredelenii Gete. Avtobiografija Gete v istoričeskom osveščenii [Zur Frage der klassenmäßigen Selbstbestimmung Goethes. Goethes Autobiographie in historischer Betrachtung]. – In: Rannij buržuaznyj realizm. Leningrad 1936, S. 497–541.

Sravnitel'noe literaturovedenie i problema literaturnych vlijanij [Vergleichende Literaturwissenschaft und das Problem der literarischen Einflüsse]. – Izv. AN SSSR, OON 1936, Nr. 3, S. 283–403.

„Frankskij dialekt" Fr. Ėngel'sa [Der „Fränkische Dialekt" von Fr. Engels]. – Izv. AN SSSR, OON 1936, Nr. 4, S. 3–19.

Vostočnosrednenemeckie govory i problema smešenija dialektov [Die ostmitteldeutschen Dialekte und das Problem der Dialektmischung]. – Jaz. i myšl. 1936, Bd *6–7*, S. 133–159.

Žizn' i tvorčestvo Gete [Leben und Schaffen Goethes]. – Lit. uč. 1936, Nr. 1, S. 38 bis 70.

[Red.:] Kacnel'son, S. D. K genezisu nominativnogo predloženija [Zur Genesis des nominativischen Satzes]. – Moskva–Leningrad 1936, 112 S. [Mit I. I. Meščaninov].

Red.:] Jur'ev, G. Gejne i Berne [H. Heine und Börne]. Moskva–Leningrad 1936, 216 S.

1937

Gete v russkoj literature [Goethe in der russischen Literatur]. Leningrad 1937, 674 S.

Puškin i zapadnye literatury [Puškin und die westlichen Literaturen]. – In: Puškin. Vremennik Puškinskoj komissii. Bd 3. Moskva–Leningrad 1937, S. 66–103.

Akademik M. N. Rozanov [Akad. M. N. Rozanov. 1858–1936. Nekrolog]. – Izv. AN SSSR, OON 1937, Nr. 4, S. 969–973.

Itogi izučenija romanskich i germanskich jazykov v SSSR za dvadcat' let [Ergebnisse der Erforschung der romanischen und germanischen Sprachen in der UdSSR in 20 Jahren]. – Izv. AN SSSR, OON 1937, Nr. 5, S. 1233–1243.

K problému „formy" a „obsahu" [Zum Problem von „Form" und „Inhalt"]. – Slov. směry *4* (1936–1937) S. 221–223.

[Red.:] Alekseev, M. P. Očerki iz istorii anglo-russkich literaturnych otnošenij (XI–XVII vv.) (Tezisy dissertacii na stepen' doktora filologičeskich nauk) [Skizzen zur Geschichte der englisch-russischen Literaturbeziehungen (11.–17. Jh.). Thesen einer Doktordiss.]. Leningrad 1937, 6 S.

[Red.:] Gete, I. V. Sobranie sočinenij. Jubilejnoe izdanie. T. 10. Iz moej žizni. Poėzija i pravda [J. W. Goethe. Gesammelte Werke. Jubiläumsausgabe. Aus meinem Leben. Dichtung und Wahrheit]. Teil 3–4. Übers. von I. A. Cholodkovskij. Moskva 1937, S. 5–346.

Primečanija [Anmerkungen]. – Ebda S. 729–755.

[Red.:] Desnickaja, A. V. Čeredovanie glasnych v germanskich jazykach. (Ablaut) [Der Ablaut in den germanischen Sprachen]. – Moskva–Leningrad 1937, 148 S.

(Red.:] Zapadnyj sbornik [Westlicher Sammelband]. T. 1. Moskva—Leningrad 1937, 324 S.

Predislovie [Vorwort]. — Ebda S. 5—6.

1938

Istorija nemeckogo jazyka [Geschichte der deutschen Sprache]. Leningrad 1938, 280 S.
Puškin i zapadnye literatury [Puškin und die westlichen Literaturen]. — In: Sto let so dnja smerti A. S. Puškina. Trudy Puškinskoj sessii Akademii nauk SSSR. 1837—1937. Moskva 1938, S. 141—174.

Istoričeskaja poètika A. N. Veselovskogo [Die historische Poetik A. N. Veselovskijs]. — Izv. AN SSSR, OON 1938, Nr. 4, S. 43—65.

Literaturnoe nasledstvo Ispanii i zadači ego izučenija [Das literarische Erbe Spaniens und die Aufgaben seiner Erforschung]. Kratkoe izloženie doklada. — Vestn. AN SSSR 1938, Nr. 9—10, S. 100.

Cikl romano-germanskich jazykov filfaka [Vorlesungszyklus über die romanischen und germanischen Sprachen an der Philologischen Fakultät]. — Len. un-t 1938, 12. V., Nr. 22. [Mit V. F. Šišmarev].

[Red.:] Veselovskij, A. N. Sobranie sočinenij. T. 16. Stat'i o skazke [Gesammelte Werke. Aufsätze über das Märchen]. 1868—1890. Moskva—Leningrad 1938, 368 S.

[Red.:] Plan istorii zapadnych literatur. T. 1—3; Francija, Germanija, Ispanija. [Plan der Geschichte westlicher Literaturen. Bd 1—3: Frankreich, Deutschland, Spanien]. Moskva—Leningrad 1938, 108 S.

1939

Istorija nemeckogo jazyka [Geschichte der deutschen Sprache]. 2. Aufl., Leningrad 1939, 272 S.

A. N. Veselovskij. (1838—1906). — In: Veselovskij, A. N. Izbrannye stat'i [Ausgewählte Aufsätze]. Kommentare: M. P. Alekseev. Leningrad 1939, S. V—XXIV.

Istoričeskaja poètika A. N. Veselovskogo i ee istočniki [Die historische Poetik A. N. Veselovskijs und ihre Quellen]. — Uč. zap. LGU 1939, Nr. 46, Serija filol. nauk, H. 3, S. 3—19.

Pushkin and western literature. — In: Pushkin. A collection of articles and essays on the great russian poet A. S. Pushkin. Moskva 1939, S. 155—170.

Puschkin und die Literatur des Westens. In: Puschkin. Eine Sammlung von Aufsätzen dem großen russischen Dichter Puschkin gewidmet. Moskva 1939, S. 181—196.

Pouchkine et la littérature de l'occident. — In: Pouchkine. Recueil d'articles consacrés au grand poète russe Alexandre Pouchkine. Moskva 1939, S. 149—162.

Razvitie filologičeskich nauk v LGU [Die Entwicklung der philologischen Wissenschaften an der Leningrader Universität]. — Len. un-t 1939, 13. IV., Nr. 16.

[Red.:] Učenye zapiski Leningradskogo gosudarstvennogo universiteta [Wissenschaftliche Zeitschrift der Leningrader Universität]. Nr. 46. Serija filologičeskich nauk. H. 3. Leningrad 1939, 359 S.

1940

Istoričeskaja poėtika A. N. Veselovskogo [Die historische Poetik A. N. Veselovskijs]. — In: Veselovskij, A. N. Istoričeskaja poėtika. Leningrad 1940, S. 3—37.

Primečanija [Anmerkungen]. — Ebda S. 617—647.

Literaturnoe nasledie Ispanii i zadači ego izučenija [Das literarische Erbe Spaniens und die Aufgaben seiner Erforschung]. — In: Kul'tura Ispanii. Sbornik. Moskva 1940, S. 69—76.

Sravnitel'naja grammatika i novoe učenie o jazyke [Die vergleichende Grammatik und die neue Lehre von der Sprache]. — Izv. AN SSSR, OLJa *3* (1940) S. 28—61.

O nekotorych voprosach evrejskoj dialektografii. (Po povodu „Evrejskogo dialektologičeskogo atlasa" Belorusskoj akademii nauk) [Über einige Fragen der jiddischen Dialektgeographie. (Zum „Jiddischen Mundartatlas" der Belorussischen Akad. d. Wiss.)]. — Jaz. i mysl. 1940, Bd *9*, S. 135—145.

[Rez.:] Atlas der Deutschen Volkskunde. Hrsg. von Heinrich Harmjanz und Erich Röhr. Bd 1—3. Leipzig 1937—1939. — Izv. AN SSSR, OLJa *2* (1940) S. 138—140.

[Rez.:] Kulturräume und Kulturströmungen im mitteldeutschen Osten. Von W. Ebert, Th. Frings, K. Gleißner, R. Kötzschke, G. Streitberg. 2 Bde. Halle 1936; Frings, Th. Sprache und Siedlung im mitteldeutschen Osten. Berichte über die Verhandl. d. Sächs. Akad. d. Wiss. zu Leipzig. Philol.-histor. Kl., Bd 84, H. 6, Leipzig 1932; Frings, Th., Die Grundlagen des Meissnischen Deutsch. Ein Beitrag zur Entstehungsgeschichte der deutschen Hochsprache. Halle 1936. — Ebda S. 140—142.

[Rez.:] Il'is, B. A. Istorija anglijskogo jazyka [Geschichte der englischen Sprache]. 3. Aufl. 1939, 276 S. — Izv. AN SSSR, OLJa *3* (1940) S. 127—129.

[Red.:] Veselovskij, A. N. Istoričeskaja poėtika [Historische Poetik]. Leningrad 1940, 648 S.

[Red.:] Guchman, M. M. Proischoždenie stroja gotskogo glagola [Die Herkunft des Baus des gotischen Verbums]. Moskva—Leningrad 1940, 154 S.

[Red.:] Kul'tura Ispanii. Sbornik [Die Kultur Spaniens. Sammelband]. Moskva 1940, 498 S. [Mit anderen].

[Red.:] Plan istorii zapadnych literatur. Ital'janskaja literatura [Plan der Geschichte der westlichen Literaturen. Die italienische Literatur]. Moskva—Leningrad 1940, 52 S.

1941

„Istoričeskaja poėtika" Veselovskogo i ee istočniki [Die „Historische Poetik" Veselovskijs und ihre Quellen. Thesen eines Vortrages]. — In: Sovetskij fol'klor. Sbornik statej i materialov, Bd *7*, Moskva 1941, S. 245—246.

Úlohy poetiky [Aufgaben der Poetik]. — In: Téoria literatúry. Výbor z „formálnej metody". Zusammengestellt u. übersetzt von M. Bakoš. Trnava 1941, S. 74—100.

Principy i plan postroenija istorii zapadnych literatur [Prinzipien und Plan eines Aufbaus der Geschichte der westlichen Literaturen]. — Izv. AN SSSR, OLJa, 1941, Nr. 1, S. 160 bis 165.

A. Meje o germanskich jazykach [A. Meillet über die germanischen Sprachen. Über das Buch des französischen Linguisten „Caractères généraux des langues germaniques". Paris 1930]. — Uč. zap. LGU, 1941, Nr. 58, Serija filol. nauk, H. 5, S. 246—254.

Kafedry romano-germanskoj filologii i zapadnoevropejskich literatur Leningradskogo gosudarstvennogo universiteta [Die Institute für romanisch-germanische Philologie und westeuropäische Literaturen der Staatlichen Leningrader Universität. Historische Übersicht seit 1863]. — Ebda S. 367—375. [Mit V. F. Šišmarev].

Bajron i sovremennost' [Byron und die Gegenwart]. — Uč. zap. LGU, 1941, Nr. 64, Serija filol. nauk, H. 8, S. 284—291.

[Rez.:] Deutsche Volkslieder mit ihren Melodien. Hrsg. vom Deutschen Volksliedarchiv. Balladen hrsg. von John Meier. Bd *1* (1—2), *2* [1—2), *3* (1). Berlin—Leipzig 1925 bis 1939; Das deutsche Volkslied. Hrsg. von John Meier, 5 Bde. Leipzig 1935. — Izv. AN SSSR, OLJa, 1941, Nr. 1, S. 148—149.

[Rez.:] Timofeev, L. Teorija sticha [Theorie des Verses]. Moskva 1939. — Zvezda 1941, Nr. 3, S. 189—192.

Vypolnim ljuboe zadanie [Wir werden jede Aufgabe erfüllen. Antwort auf den Überfall der Faschisten auf unsere Heimat]. — Len. un-t, 1941, 25. VI., Nr. 24. [Mit anderen].

[Red.:] Učenye zapiski Leningradskogo gosudarstvennogo universiteta [Wissenschaftliche Zeitschrift der Leningrader Universität]. Nr. 58. Serija filologičeskich nauk. H. 5. 1941, 376 S. [Mit V. F. Šišmarev].

Predislovie [Vorwort]. — Ebda S. 3.

[Red.:] Učenye zapiski Leningradskogo gosudarstvennogo universiteta [Wissenschaftliche Zeitschrift der Leningrader Universität]. Nr. 64. Serija filologičeskich nauk. H. 8. 1941, 349 S.

1942

The jiddish language atlas of the Soviet Union. — Jivo Bleter 1942, *19.* Jg., No. 2, S. 243 bis 248.

1943

Alpamyš. — In: Alpamyš. Glavy iz poėmy [Alpamyš. Kapitel aus dem Poem]. — Taškent 1943, S. 3—23.

Uzbekskij narodnyj geroičeskij ėpos [Das usbekische heroische Volksepos. Literaturkritische Übersicht]. — Novyj mir 1943, Nr. 12., S. 127—133.

[Rez.:] Alimdžan, Ch. Zejnab i Aman. Poėma [Zejnab und Aman. Poem]. Übers. von S. Somova. Vorwort: K. Zelinskij. Taškent 1943. — Pravda Vostoka 1943, 10. VIII, Nr. 166.

[Red.:] Mukanna [Mukanna. Historisches Drama des Chamid Alimdžan. Premiere im Usbekischen Akademischen Theater]. — Pravda Vostoka 1943, 12. IX, Nr. 190.

[Rez.:] Lirika Gafura Guljama [Die Lyrik Gafur Guljams]. Übers. u. Vorwort: K. Zelinskij. Taškent 1943. — Pravda Vostoka 1943, 26. IX., Nr. 200.

[Rez.:] Navoi, A. Farchad i Širin. Poėma [Farchad und Širin. Poem]. Red. u. Vorwort: E. E. Bertel's. Taškent 1943. — Pravda Vostoka 1943, 31. X, Nr. 225.

[Rez.:] Social'nyj roman Ajbeka [Der soziale Roman Ajbeks. Das geheiligte Blut]. Taškent 1943. — Pravda Vostoka 1943, 4. XI, Nr. 228.

[Red.:] Istorija anglijskoj literatury [Geschichte der englischen Literatur]. Bd 1. Teil 1. Moskva—Leningrad 1943, 383 S. [Mit anderen].

1944

Literaturnye otnošenija Vostoka i Zapada kak problema sravnitel'nogo literaturovedenija [Die Literaturbeziehungen zwischen Ost und West als Problem der vergleichenden Literaturwissenschaft. Thesen]. Leningrad 1944, 2 S.

Alpamyš. — In: Fazyl Juldaš. Alpamyš [Usbekisches Heldenepos]. Übers.: V. Deržavin, A. Kočetkov i L. Pen'kovskij. Red.: V. M. Žirmunskij. Taškent 1944, S. 5—26.

Chamid Alimdžan (1909—1944). — In: Alimdžan, Ch. Izbrannoe [Auswahl aus seinem Werk]. Taškent 1944, S. 5—12.

[Red.:] Alimdžan, Ch. Izbrannoe [Auswahl aus seinem Werk]. Taškent 1944, 203 S.

[Red.:] Fazyl Juldaš. Alpamyš. Uzbekskij narodnyj ėpos [Alpamyš. Usbekisches Volksepos]. Übers.: V. Deržavin, A. Kočetkov i L. Pen'kovskij. Taškent 1944, 127 S.

1945

Problemy sravnitel'nogo izučenija narodnogo geroičeskogo ėposa [Probleme der vergleichenden Erforschung des heroischen Volksepos. Thesen]. Leningrad 1945, 1 S.

Sentimental'naja poėzija [XVIII v. v Anglii] [Die sentimentale Dichtung des 18. Jahrhunderts in England]. — In: Istorija anglijskoj literatury. Bd *1*. Teil 2. Moskva—Leningrad 1945, S. 541—563.

Predromantizm [Die Frühromantik]. — Ebda S. 564—588.

Ėngel's kak jazykoved [Engels als Sprachwissenschaftler]. — In: Naučnaja sessija Leningradskogo gosudarstvennogo univ. 1945 g. Leningrad 1945, S. 55.

Genezis kategorii prilagatel'nych v indoevropejskich jazykach [Die Genezis der Adjektivkategorie in den indoeuropäischen Sprachen]. — In: Marrovskie čtenija. 20.—21. dekabrja 1945 g. Tesisy dokladov. Moskva 1945, S. 9—11.

Razvitie kategorij častej reči v tjurkskich jazykach po sravneniju s indoevropejskimi jazykami [Die Entwicklung der Kategorien der Wortarten in den Turksprachen im Vergleich mit den indoeuropäischen Sprachen]. — Izv. AN SSSR, OLJa 4 (1945) Nr. 3—4, S. 111—127.

Ėntuziast nauki [Ein Enthusiast der Wissenschaft: A. P. Riftin. Nekrolog]. — Len. un-t, 1945, 14. II, Nr. 6.

[Red.:] Istorija anglijskoj literatury [Geschichte der englischen Literatur]. Bd *1*. Teil 2. Moskva—Leningrad 1945, 655 S.

1946

Literaturnye otnošenija Vostoka i Zapada kak problema sravnitel'nogo literaturovedenija [Die Literaturbeziehungen zwischen Ost und West als Problem der vergleichenden Literaturwissenschaft]. — In: Trudy Jubilejnoj naučnoj sessii Leningradskogo gosudarstvennogo universiteta. 1819—1944. Sekcija filologičeskich nauk. Red.: S. D. Baluchatyj i P. N. Berkov. Leningrad 1946, S. 152—178.

Antičnye sjužety v tjurkskom ėpose [Antike Stoffe im türkischen Epos]. — In: Naučnaja sessija Leningradskogo gosudarstvennogo universiteta. 1946 g. Tezisy dokladov po sekcii filologičeskich nauk. 1946, S. 19—20.

Proischoždenie kategorii prilagatel'nych v indoevropejskich jazykach v sravnitel'nogrammatičeskom osveščenii [Die Herkunft der Adjektivkategorie in den indoeuropäischen Sprachen in vergleichend-historischer Sicht]. — Izv. AN SSSR, OLJa *5* (1946) Nr. 3, S. 183 bis 203.

Genezis kategorii prilagatel'nych v indoevropejskich jazykach [Die Genesis der Adjektivkategorie in den indoeuropäischen Sprachen. Resümee]. — Vestn. AN SSSR 1946, Nr. 2, S. 96.

A. P. Riftin. (1900—1945). [Nekrolog]. — Uč. zap. LGU 1946, Nr. 69, Serija filol. nauk, H. 10, S. 8—11.

35 let naučnoj dejatel'nosti professora A. A. Smirnova [Zum 35. Jubiläum der wissenschaftlichen Tätigkeit Prof. A. A. Smirnovs]. — Vestn. LGU 1946, Nr. 2, S. 123—125. [Mit M. L. Tronskaja].

Akademik V. F. Šišmarev [Akad. V. F. Šišmarev. Zu seiner Wahl zum Akademiemitglied]. — Vestn. LGU 1946, Nr. 4—5, S. 206. [Mit R. A. Budagov].

[Rez.:] Ajbek, M. T. Navoi. Red. P. Sletov. Moskva 1946. — Zvezda 1946, Nr. 7—8, S. 223—225.

Auezov, M. Abaj. Roman. Übers. von A. Nikol'skaja u. T. Nurtazin, Red.: L. Sobolev. Moskva 1945. — Zvezda 1946, Nr. 9, S. 195—197.

1947

Uzbekskij narodnyj geroičeskij ėpos [Das usbekische Heldenepos]. Moskva 1947, 520 S. [Mit Ch. T. Zarifov].

Istorija zapadnoevropejskoj literatury. T. 1. Rannee srednevekov'e i Vozroždenie [Geschichte der westeuropäischen Literatur. Bd 1. Frühes Mittelalter und Renaissance]. Red.: V. M. Žirmunskij. Moskva 1947, 616 S. [Mit M. P. Alekseev, S. S. Mokul'skij u. A. A. Smirnov].

[Enthält folgende Beiträge V. M. Žirmunskijs: Vvedenie [Einleitung], S. 5—9. [Mit A. A. Smirnov]; Germanskij ėpos, ego otraženija v drevnenemeckoj literature [Das germanische Epos und sein Nachhall in der altdeutschen Literatur], S. 26—35; Drevneskandinavskaja literatura [Die altskandinavische Literatur], S. 35—55; Nemeckij geroičeskij ėpos [Das deutsche Heldenepos], S. 109—123; Minnezang [Der Minnesang], S. 153—163; Nemeckij rycarskij roman [Der deutsche Ritterroman], S. 183—188; Gorodskaja narodnaja literatura XII—XV vekov [Die städtische Volksliteratur vom 12.—15. Jahrh.], S. 189—228 [Mit A. A. Smirnov i M. P. Alekseev]; Obščaja charakteristika XVI veka v Germanii. Gumanizm [Allgemeine Charakteristik des 16. Jahrhunderts in Deutschland. Der Humanismus], S. 364—375; Literatura reformacii [Die Literatur der Reformation], S. 375—382; Bjurgerskaja i narodnaja literatura [Bürger- und Volksliteratur], S. 382—393; Gumanizm v Niderlandach [Der Humanismus in den Niederlanden], S. 394—399.]

Sredneaziatskie narodnye skaziteli [Volkserzähler in Mittelasien]. — Izv. VGO 1947, H. 4, S. 407—416.

L. P. Jakubinskij. Predislovie k stat'e Jakubinskogo „Obrazovanie narodnostej i ich jazykov" [Vorwort zu Jakubinskijs Artikel „Die Bildung der Nationalitäten und ihrer Sprache"]. — Vestn. LGU 1947, Nr. 1, S. 139.

K voprosu o literaturnych otnošenijach Vostoka i Zapada [Zur Frage der Literaturbeziehungen zwischen Ost und West]. — Vestn. LGU 1947, Nr. 4, S. 100—119.

W sprawie metody formalnej [Zur Frage der formalen Methode]. — Życie Lit. 1947, H. 3—4, S. 67.

[Rez.:] Propp, V. Ja. Istoričeskie korni volšebnoj skazki [Die historischen Wurzeln des Zaubermärchens]. Leningrad 1946. — Sov. kn. 1947, Nr. 5, S. 97—103.

[Red.:] Istorija amerikanskoj literatury [Geschichte der amerikanischen Literatur]. Bd 1, Moskva 1947, 343 S. [Mit anderen].

1948

Istorija nemeckogo jazyka [Geschichte der deutschen Sprache]. 3. Aufl., Moskva 1948, 300 S.

Vvedenie v izučenie „Manasa" [Einführung in das Studium des „Manas"]. Frunze 1948, 111 S.

Neizvestnye stranicy Belinskogo. Sočinenija Gete [Unbekanntes von Belinskij. Die Werke Goethes]. Edition und Anmerkungen. — In: Literaturnoe nasledstvo. Bd *55*. V. G. Belinskij. 1. Moskva 1948, S. 342—350.

[Eine unveröffentlichte Rezension. V. G. Belinskijs über das Poem J. W. Goethes „Hermann und Dorothea". Edition und Anmerkungen]. — Ebda S. 361—363.

K voprosu o narodnom tvorčestve [Zur Frage des Volksschaffens]. — Uč. zap. len. gos. ped. in-ta, 1948, Bd *67*, S. 23—31.

O sostojanii i zadačach sovetskogo literaturovedenija [Über Stand und Aufgaben der sowjetischen Literaturwissenschaft. Diskussionsbeitrag]. — Len. un-t 1948, 21. I., Nr. 3.

[Diskussionsbeitrag auf einer Sitzung der Akademie der Wissenschaften der Usbekischen SSR, gewidmet dem Navoi-Jubiläum. Resümee]. — Pravda Vostoka 1948, 19. V., Nr. 99.

1949

Primečanija [Anmerkungen zu:] Alpamyš. Uzbekskij narodnyj ėpos. Po variantu Fazila Juldaša [Alpamyš. Ein usbekisches Volksepos. Nach der Fassung von Fazil Juldaš]. — Moskva 1949, S. 170—172.

Slovar' [Wörterverzeichnis]. — Ebda S. 173—175.

Žemčužina narodnoj poėzii [Eine Perle der Volkspoesie. Zum 100. Jubiläum der Dichtung „Kalevala"]. — Mol. bol'š. 1949, 25. II. Nr. 20.

[Red.:] Alpamyš. Uzbekskij narodnyj ėpos. Po variantu Fazila Juldaša (Alpamyš. Ein usbekisches Volksepos. Nach der Fassung von Fazil Juldaš. Übers. von L. Pen'kovskij]. Moskva 1949, 176 S.

1950

[Geschichte der westeuropäischen Literatur. Lehrbuch für Universitäten und Pädagogische Hochschulen. Teil 1. Frühes Mittelalter. Red.: N. M. Žirmunskij]. Erevan 1950. 383 S. [Mit M. P. Alekseev, S. S. Mokul'skij u. A. A. Smirnov]. [In armenischer Sprache].

„Kalevala" i finskaja buržuaznaja fol'kloristika [„Kalevala" und die finnische bürgerliche Folkloristik]. — In: Trudy Jubilejnoj naučnoj sessii, posvjaščennoj 100-letiju polnogo izdanija „Kalevaly". Petrozavodsk 1950, S. 90—98.

1951

Sledy oguzov v nizov'jach Syr-Dar'i [Spuren der Ogusen am Unterlauf des Syr-Dar'ja]. — In: Tjurkologičeskij sbornik. 1. Moskva—Leningrad 1951, S. 93—102.

F. Šiller. Pis'ma i stichotvorenija [F. Schiller. Briefe und Gedichte. Edition und Kommentare]. — In: Literaturnyj archiv. Materialy po istorii literatury i obščestvennogo dviženija Bd *3*. Moskva—Leningrad 1951, S. 345—354.

1952

Žargon [Der Jargon]. — BSĖ, 2. Aufl., Bd *15*, 1952, S. 591—592. [Ohne Verfasserangabe].

Lingvističeskaja paleontologija N. Ja. Marra i istorija jazyka [Die linguistische Paläontologie N. J. Marrs und die Sprachgeschichte]. — In: Protiv vul'garizacii i izvraščenija marksizma v jazykoznanii. Sbornik statej. Teil 2. Moskva 1952, S. 172—208.

K voprosu o vnutrennich zakonach razvitija jazyka [Zur Frage der inneren Gesetze der Sprachentwicklung]. — Vestn. AN SSSR 1952, Nr. 4, S. 107—108.

[Red. der Übers.:] Gete, I. V. Rodstvennye natury [Verwandte und Bekannte von J. W. Goethe]. Roman. Übers. von A. V. Fedorov. Moskva—Leningrad 1952, 260 S.

[Red. d. Übers.:] Keller, G. Novelly [Novellen von G. Keller]. Moskva—Leningrad 1952, 420 S.

[Red. der Übers.:] Meje, A. Osnovye osobennosti germanskoj gruppy jazykov [Meillet, A. Die wichtigsten Besonderheiten der germanischen Sprachgruppe. Übers. von N. A. Sigal]. Moskva 1952, 168 S.

Predislovie [Vorwort]. — Ebda S. 3—16.

Primečanija [Anmerkungen]. — Ebda S. 159—165.

1953

K voprosu o vnutrennich zakonach razvitija nemeckogo jazyka [Zur Frage der inneren Entwicklungsgesetze der deutschen Sprache]. — Dokl. i soobšč. In-ta jazykozn. AN SSSR 1953, Nr. 5, S. 79—106.

Neizdannaja kniga akad. F. F. Fortunatova. „Ob udarenii i dolgote v baltijskich jazykach" [Ein unveröffentlichtes Buch von Akad. F. F. Fortunatov. „Über Betonung und Länge in den baltischen Sprachen"]. — Vopr. jazykozn. 1953, Nr. 1, S. 157—158.

1954

Lingvističeskaja geografija [Sprachgeographie]. — BSĖ, 2. Aufl., Bd *25*, 1954, S. 141 bis 142. [Mit R. I. Avanesov].

Nemeckij jazyk [Die deutsche Sprache]. — Ebda S. 404—406.

Vnutrennie zakony razvitija jazyka i problema grammatičeskoj analogii [Die inneren Gesetze der Sprachentwicklung und das Problem der grammatischen Analogie]. — Tr. In-ta jazykozn. AN SSSR, 1954, Bd *4*, S. 74—110.

O nekotorych problemach lingvističeskoj geografii [Über einige Probleme der Sprachgeographie]. — Vopr. jazykozn. 1954, Nr. 4, S. 3—25.

„Frankskij dialekt" Éngel'sa i problema nemeckoj dialektologii [Der „Fränkische Dialekt" von Engels und das Problem der deutschen Dialektologie]. — Inostr. jaz. v. škole 1954, Nr. 5, S. 7—27.

[Rez.:] Voprosy grammatičeskogo stroja i slovarnogo sostava jazyka [Fragen des grammatischen Baus und des Wortschatzes der Sprache. Sammelband.]. 1—2. Leningrad 1952, 363, 240 S. (Uč. zap. LGU Nr. 156, 161. Serija filol. nauk, Nr. 15. 18). — Vopr. jazykozn. 1954, Nr. 1, S. 162—170.

1955

[Diskussionsbeiträge auf der Jahresversammlung der Abteilung Literatur und Sprache der Akademie der Wissenschaften der UdSSR. Resümee]. — Izv. AN SSSR, OLJa *14* (1955) H. 2, S. 203, 206.

Iz opyta tekstologičeskogo izučenija srednevekovoj nemeckoj literatury [Erfahrungen der textologischen Untersuchung der mittelalterlichen deutschen Literatur. Resümee]. — Izv. AN SSSR, OLJa *14* (1955) H. 5, S. 481.

Dejatel'nost' Instituta nemeckogo jazyka i literatury Germanskoj akademii nauk [Die Tätigkeit des Instituts für Deutsche Sprache und Literatur der Deutschen Akademie der Wissenschaften. Zum Erscheinen des Sammelbandes: Das Institut für deutsche Sprache und Literatur. Vorträge gehalten auf der Eröffnungstagung. (Dt. Akad. d. Wiss. zu Berlin. Veröff. d. Inst. f. deutsche Sprache u. Lit. 1.) Berlin 1954]. — Vopr. jazykozn. 1955, Nr. 3, S. 149—155.

[Rez.:] Steinitz, W. Deutsche Volkslieder demokratischen Charakters aus sechs Jahrhunderten. Bd 1. Berlin 1954. (Deutsche Akad. d. Wiss. zu Berlin. Veröff. d. Inst. f. deutsche Volkskunde. Bd 4, 1.) — Izv. AN SSSR, OLJa *14* (1955), H. 2, S. 186—190.

[Rez.:] Deutsche Stilistik. Zu dem Buch der sowjetischen Wissenschaftlerin Prof. Dr. Elisa Riesel [Riesel, E. Abriß der deutschen Stilistik. Moskau 1954]. — Tägl. Rundschau 1955, 6. V., Nr. 105.

Fridrich Šiller [Friedrich Schiller. Zum 150. Geburtstag]. — Kommuna (Voronež), 1955, 6. V., Nr. 106; Tagil. rabočij, 1955, 6. V., Nr. 89; Poljarn. pravda, 1955, 7. V., Nr. 107; Ul'janov. pravda, 1955, 7. V., Nr. 90; Kaliningr. pravda, 1955, 7. V., Nr. 90; Vost.-sib. pravda, 1955, 8. V., Nr. 108; Kommunist (Erevan), 1955, 8. V., Nr. 108; Komm. Tadž., 1955, 8. V., Nr. 108; Pravda Vostoka, 1955, 8. V., Nr. 108; Sov. Éstonija, 1955, 8. V., Nr. 108; Krym. pravda, 1955, 8. V., Nr. 91; Dnepr. pravda, 1955, 8. V., Nr. 91; Vorošilovgr. pravda, 1955, 8. V., Nr. 92; Rad. Žytomyrščyna, 1955, 8. V., Nr. 91; Rad sl., 1955, 8. V., Nr. 91; Vil'na Ukr., 1955, 8. V., Nr. 108; Kyjiv. pravda, 1955, 8. V., Nr. 91; Zorja Poltavščyny, 1955, 8. V., Nr. 92; Soc. Donbass, 1955, 9. V., Nr. 109; Orlov. pravda, 1955, 10. V., Nr. 91; Sov. Moldavija, 1955, 10. V., Nr. 109; Len. znamja (Petrozavodsk), 1955, 10. V., Nr. 109.

[Red. d. Übers.:] Nemeckaja dialektografija [Deutsche Mundartkunde]. Sammelband. Übers. von N. A. Sigal. Moskva 1955, 245 S.

Predislovie [Vorwort]. — Ebda S. 3—22.

Primečanie redaktora [Anmerkung des Herausgebers]. — Ebda S. 224—242.

Nemeckaja dialektologija [Deutsche Mundartenkunde]. Moskva—Leningrad 1956, 636 S.

Istorija nemeckogo jazyka [Geschichte der deutschen Sprache]. Moskva 1956, 387 S. 4. überarb. u. erg. Aufl.

Istorija zapadno-evropskich književnosti [Geschichte der westeuropäischen Literatur]. Beograd 1956, 484 S. [Mit M. P. Alekseev, S. S. Mokul'skij u. A. A. Smirnov].

[Schubart. Einführung]. — In: Nemeckie demokraty XVIII veka. Šubart, Forster, Zejme [Deutsche Demokraten des 18. Jahrhunderts. Schubart. Forster. Seume] Moskva 1956, S. 19—29.

[Forster, Einführung]. —Ebda S. 145—171.

[Seume. Einführung]. — Ebda S. 463—473.

Umlaut v nemeckich dialektach s točki zrenija istoričeskoj fonologii [Der Umlaut in deutschen Mundarten vom Standpunkt der historischen Phonologie]. — In: Akademiku Viktoru Vladimirovču Vinogradovu k ego šestidesjatiletiju. Sbornik statej. Moskva 1956, S. 137—146.

Sravnitel'no-istoričeskaja grammatika i dialektologija [Die historisch-vergleichende Grammatik und die Mundartenkunde]. — In: Naučnaja sessija po voprosam germanskogo jazykoznanija 27—30 nojabrja 1956 g. Tezisy dokladov, Moskva 1956, S. 3—4.

Voprosy genezisa i istorii ėposa „Alpamyš" [Fragen der Genesis und der Geschichte des Epos „Alpamyš"]. — In: Tezisy dokladov i soobščenij regional'nogo soveščanija po ėposu „Alpamyš". Taškent 1956, S. 15—16.

Schwachbetonte Wortformen in den deutschen Mundarten. — In: Fragen und Forschungen im Bereich und Umkreis der germanischen Philologie. Festgabe für Theodor Frings zum 70. Geburtstag 23. Juli 1956. Berlin 1956, S. 204—220.

Teodor Frings kak germanist [Theodor Frings als Germanist]. — Izv. AN SSSR, OLJa *15* (1956), H. 4, S. 365—373.

Otčet o naučnoj komandirovke v Germanskuju Demokratičeskuju Respubliku [Bericht über eine Studienreise in die Deutsche Demokratische Republik]. — Ebda H. 6, S. 556 bis 564.

Meždunarodnaja naučnaja konferencija po germanistike [Internationale wissenschaftliche Konferenz zur Germanistik]. — Vestn. AN SSSR 1956, Nr. 11, S. 91—92.

[Teorija substrata. Vystuplenie na zasedanii Učenogo soveta Instituta jazykoznanija Akademii nauk SSSR] [Substrattheorie. Diskussionsbeitrag auf der Sitzung des Wissenschaftlichen Rates des Instituts für Sprachwissenschaften der Akad. d. Wiss. der UdSSR]. — Dokl. i soobšč. In-ta jazykozn. AN SSSR, 1956, Nr. 9, S. 93—99.

[Rez.:] Althochdeutsches Wörterbuch. Auf Grund der von Elias v. Steinmeyer hinterlassenen Sammlungen im Auftrag der Sächs. Akad. d. Wiss. zu Leipzig. Bearb. u. hrsg. von E. Karg-Gasterstädt und Th. Frings. Lief. 1—2, 3, 4—5, 6. Berlin 1952—1956. — Vopr. jazykozn. 1956, Nr. 5, S. 145—148.

[Rez.:] Steinitz, W. Deutsche Volkslieder demokratischen Charakters aus sechs Jahrhunderten. Bd 1. Berlin 1954. — Dt. Jb. f. Volkskunde *2* (1956), S. 415—421.

Velikij nemeckij poėt [Ein großer deutscher Dichter. Zum 100. Todestag Heinrich Heines]. — Izvestija 1956, 17. II., Nr. 41.

[Red.:] Nemeckie demokraty XVIII veka [Deutsche Demokraten des 18. Jahrhunderts. Schubart, Forster, Seume]. Moskva 1956, 662 S.

Predislovie [Vorwort]. — Ebda S. 3—15.

Primečanija [Anmerkungen]. — Ebda S. 609—660.

[Red.:] Sravnitel'naja grammatika germanskich jazykov [Vergleichende Grammatik der germanischen Sprachen]. Prospekt. Moskva 1956, 46 S. [Mit V. N. Jarceva].

1957

Vzaimosvjazi i vzaimodejstvie nacional'nych literatur [Die gegenseitigen Beziehungen und Wirkungen der Nationalliteratur]. — Moskva 1957, 18 S. [Mit anderen].

Itogi i zadači izučenija ėpičeskogo tvorčestva narodov Srednej Azii [Ergebnisse und Aufgaben der Erforschung des epischen Schaffens der Völker Mittelasiens]. — In: Pervaja Vsesojuznaja konferencija vostokovedov. Tezisy dokladov i soobščenij. Taškent 1957, S. 243—245.

Ėpičeskoe skazanie ob Alpamyše i „Odisseja" Gomera [Die epische Erzählung über Alpamyš und die „Odyssee" Homers]. — Izv. AN SSSR, OLJa *16* (1957) H. 2, S. 97—113.

Voprosy genezisa i istorii ėposa „Alpamyš" [Fragen der Entstehung und Geschichte des Epos „Alpamyš". Resümee eines Vortrages]. — Ebda S. 182.

[Diskussionsbeitrag auf der Jahresversammlung des Instituts für Sprache und Literatur der Akademie der Wissenschaften der UdSSR, 15.—17. I. 1957. Resümee]. — Ebda S. 278 bis 279.

[Die historisch-vergleichende Grammatik und die Mundartenkunde. Vortrag auf der Allunionskonferenz der Germanisten im Institut für Sprachwissenschaft der Akademie der Wissenschaften der UdSSR, 27.—30. XI. 1956. Resümee]. — Ebda S. 291.

[Diskussionsbeitrag über die Beziehung zwischen synchronischer Analyse und historischer Sprachforschung, 12.—16. III. 1957. Resümee]. — Izv. AN SSSR, OLJa *16* (1957) H. 6, S. 560—561.

[Diskussionsbeitrag über den Realismus in der Weltliteratur im Institut für Weltliteratur „Maxim Gorki" der Akademie der Wissenschaften der UdSSR, April 1957]. — Vopr. lit. 1957, Nr. 6, S. 52—55.

Probleme der vergleichenden Grammatik der deutschen Mundarten. — PBB *79* (1957), Sonderband, S. 351—387.

Der „russische Werther". — Weimarer Beitr. 1957, H. 1, S. 47—57.

1958

Ėpičeskoe tvorčestvo slavjanskich narodov i problemy sravnitel'nogo izučenija ėposa [Das epische Schaffen der slawischen Völker und die Probleme der vergleichenden Epenforschung]. Moskva 1958, 145 S.

Itogi i zadači izučenija ėpičeskogo tvorčestva narodov Srednej Azii [Ergebnisse und Aufgaben der Erforschung des epischen Schaffens der Völker Mittelasiens]. — In: Materialy Pervoj Vsesojuznoj naučnoj konferencii vostokovedov v g. Taškente. 4—11 ijunja 1957 g. Taškent 1958, S. 1042—1058.

Istorija legendy o Fauste [Die Geschichte der Faustlegende]. — In: Legenda o doktore Fauste. Hrsg. von V. M. Žirmunskij. Moskva—Leningrad 1958, S. 357—505.

Primečanija [Anmerkungen]. — Ebda S. 506—553, 570—571.

M. K. Azadovskij. Biografičeskij očerk [Biographische Skizze]. — In: Azadovskij, M. K. Istorija russkoj fol'kloristiki. Moskva 1958, S. 3—18.

Nekotorye itogi izučenija geroičeskogo ėposa narodov Srednej Azii [Einige Ergebnisse der Erforschung des Heldenepos der Völker Mittelasiens]. — In: Voprosy izučenija ėposa narodov SSSR. Moskva 1958, S. 24—65.

Sravnitel'no-istoričeskoe izučenie fol'klora [Die historisch-vergleichende Erforschung der Folklore]. — In: Problemy sovremennoj fol'kloristiki. (Avtoreferaty dokladov). Leningrad 1958, S. 27—34.

Čto možet dat' kartografirovanie fol'klora slavjanskich narodov dlja vyjasnenija voprosa o vozniknovenii, istorii i sovremennom bytovanii proizvedenij narodnogo tvorčestva? [Was bringt die Kartographierung der Folklore der slawischen Völker für die Klärung der Frage der Entstehung, Geschichte und des gegenwärtigen Vorkommens der Werke des Volksschaffens?]. — In: Sbornik otvetov na voprosy po literaturovedeniju. Moskva 1958, S. 278—281.

Akademik Vladimir Fedorovič Šišmarev. [Nekrolog]. — Izv. AN SSSR, OLJa *17* (1958) H. 1, S. 98—104.

[Diskussionsbeitrag zum Vortrag D. D. Blagojs „Über die Entwicklungsgesetzmäßigkeiten der neuen russischen Literatur" auf der Allgemeinen Versammlung der Abteilung für Literatur und Sprache 24. — 25. III. 1958. Resümee]. — Ebda H. 4, S. 387.

„Kitabi Korkut" i oguzskaja ėpičeskaja tradicija [„Kitabi Korkut" und die ogusische epische Tradition]. — Sov. vostokoved. 1958, Nr. 4, S. 90—101.

Ėpičeskoe tvorčestvo slavjanskich narodov i problemy sravnitel'nogo izučenija ėposa [Das epische Schaffen der slawischen Völker und die Probleme der vergleichenden Epenforschung]. — Vopr. lit. 1958, Nr. 6, S. 117—144.

O sinchronii i diachronii v jazykoznanii [Über Synchronie und Diachronie in der Sprachwissenschaft]. — Vopr. jazykozn. 1958, Nr. 5, S. 43—52.

Potencirovannye formy v nemeckich dialektach [Potenzierte Formen in den deutschen Mundarten]. — Vopr. jazykozn. 1958, Nr. 6, S. 44—54.

[Red.:] Alpamyš. Uzbekskij narodnyj ėpos. Po variantu Fazila Juldaša [Alpamyš. Usbekisches Heldenepos. Nach der Fassung von Fazil Juldaš]. Übers. von L. Pen'kovskij. Moskva 1958, 356 S.

Predislovie [Vorwort]. — Ebda S. 5—16.

Primečanija i slovar' [Anmerkungen und Wörterverzeichnis]. — Ebda S. 345—354.

[Red.:] Legenda o doktore Fauste [Die Legende vom Doktor Faust]. Moskva—Leningrad 1958, 574 S.

Predislovie redaktora [Vorwort des Herausgebers]. — Ebda S. 5—18.

[Red.:] Meletinskij, E. M. Geroj volšebnoj skazki. Proischoždenie obraza [Der Held des Zaubermärchens. Die Herkunft des Bildes]. Moskva 1958, 264 S.

Istorija zarubežnoj literatury [Geschichte der ausländischen Literatur]. Bd 1.: Rannee srednevekov'e i Vozroždenie [Frühes Mittelalter und Renaissance]. Red.: V. M. Žirmunskij. [2., überarb. Aufl.]. Moskva 1959, 560 S. [Mit M. P. Alekseev, S. S. Mokul'skij u. A. A. Smirnov].

Stanovlenie realizma v mirovoj literature i klassičeskij realizm XIX veka [Die Entstehung des Realismus in der Weltliteratur und der klassische Realismus des 19. Jahrhunderts]. — In: Problemy realizma. [Materialy diskussii o realizme v mirovoj literature 12—18 aprelja 1957). Moskva 1959, S. 447—452.

Voprosy genezisa i istorii ėpičeskogo skazanija ob Alpamyše [Fragen der Genesis und Geschichte der epischen Erzählung über Alpamyš]. — In: Ob ėpose „Alpamyš". Materialy po obsuždeniju ėposa „Alpamyš". Taškent 1959, S. 26—60.

Sravnitel'no-istoričeskaja grammatika i dialektologija [Vergleichende historische Grammatik und Dialektologie]. — In: Materialy Pervoj naučnoj sessii po voprosam germanskogo jazykoznanija. Moskva 1959, S. 5—35.

Žizn' i tvorčestvo Gerdera [Leben und Schaffen Herders]. — In: Gerder, I. G. Izbrannye sočinenija [Ausgewählte Werke. Zusammengestellt von V. M. Žirmunskij]. Moskva 1959, S. V—LIX.

Kommentarii [Kommentare]. — Ebda S. 333—364.

Plemennye dialekty drevnich germancev (severnaja i južnaja gruppy) [Die Stammesdialekte der alten Germanen (nördliche und südliche Gruppe)]. — In: Vtoraja naučnaja sessija po voprosam germanskogo jazykoznanija. Tezisy dokladov. Moskva 1959, S. 3—4.

Slabye i sil'nye formy slova i osobennosti ich fonetičeskogo razvitija (na materiale nemeckich dialektov) [Schwache und starke Wortformen und die Besonderheiten ihrer phonetischen Entwicklung (am Material der deutschen Mundarten)]. — Tr. In-ta jazykozn. AN SSSR *9* (1959) S. 161—184.

Gotskie *ai*, *au* s točki zrenija sravnitel'noj grammatiki i fonologii [Gotisch *ai*, *au* vom Standpunkt der vergleichenden Grammatik und Phonologie]. — Vopr. jazykozn. 1959, Nr. 4, S. 67—78.

Neizdannaja glava iz „Istoričeskoj poėtiki" A. Veselovskogo [Ein unveröffentlichtes Kapitel aus der „Historischen Poetik" A. Veselovskijs. Veröffentlichung, einleitender Artikel und Anmerkungen]. — Rus. lit. 1959, Nr. 2, S. 175—190; Nr. 3, S. 89—123.

Verstärkte Wortformen in den deutschen Mundarten. — Zs. f. Mundartforsch. *26* (1959) S. 225—238.

[Über die Erforschung des usbekischen Heldenepos auf der Grundlage allgemeintheoretischer Probleme]. — Uzb. tili v adabiëti masalalari, 1959, Nr. 4, S. 3—10. [In usbekischer Sprache].

[Red.:] Voprosy germanistiki [Fragen der Germanistik. Sammelband]. — Moskva 1959, 427 S. [Mit V. N. Jarceva].

[Red. d. Übers.:] Gerder, I. G. Izbrannye sočinenija [J. G. Herder, Ausgewählte Werke]. Zusammengestellt von V. M. Žirmunskij. Moskva—Leningrad 1959, 392 S. [Mit N. A. Sigal].

Skazanie ob Alpamyše i bogatyrskaja skazka [Die Erzählung von Alpamyš und das Heldenmärchen]. Red.: I. S. Braginskij. Moskva 1960, 335 S.

Izučenie narodno-poėtičeskogo tvorčestva [Die Erforschung des Schaffens der Volksdichtung]. Moskva 1960, 26 S. [Mit anderen].

Problemy sravnitel'nogo izučenija literatur. Tezisy [Probleme der vergleichenden Literaturforschung. Thesen]. — Moskva 1960, 5 S.

Sravnitel'noe izučenie geroičeskogo ėposa narodov Srednej Azii [Die vergleichende Erforschung des Heldenepos der Völker Mittelasiens]. Moskva 1960, 12 S.

On the comparative study of the heroic epic of the peoples of Central Asia. Moscow 1960, 12 S. (XXV International congress of orientalists. Papers presented by the USSR delegation).

Legenda o prizvanii pevca [Die Legende von der Berufung des Sängers]. — In: Issledovanija po istorii kul'tury narodov Vostoka. Sbornik v čest' akademika I. A. Orbeli. Moskva—Leningrad 1960, S. 185—195.

Germanskij geroičeskij ėpos v trudach Andreasa Chojslera [Das germanische Heldenepos in den Arbeiten Andreas Heuslers]. — In: Chojsler, A. [Heusler, A.] Germanskij geroičeskij ėpos i skazanie o Nibelungach. Übers. von D. E. Bertel's. Moskva 1960, S. 5—47.

Bibliografija [Bibliographie]. — Ebda S. 441—445.

Istočniki skazanija o Nibelungach [Die Quellen des Nibelungenliedes. Beilage 1]. — Ebda S. 380—386.

Akademik I. I. Meščaninov [Akad. I. I. Meščaninov]. — In: Voprosy grammatiki. Sbornik statej k 75-letiju akademika I. I. Meščaninova. Moskva—Leningrad 1960, S. 3—11. [Mit V. A. Avrorin].

Umlaut v anglijskom jazyke po sravneniju s nemeckim [Der Umlaut im Englischen im Vergleich zum Deutschen]. — Ebda S. 310—330.

Ėpičeskoe tvorčestvo slavjanskich narodov i problemy sravnitel'nogo izučenija ėposa [Das epische Schaffen der slawischen Völker und die Probleme der vergleichenden Epenforschung]. — In: Issledovanija po slavjanskomu literaturovedeniju i fol'kloristike. Moskva 1960, S. 252—283.

[Diskussionsbeitrag zu den Vorträgen über das Verhältnis zwischen synchronischer Analyse und historischer Sprachforschung, März 1957]. — In: O sootnošenii sinchronnogo analiza i istoričeskogo izučenija jazykov. Moskva 1960, S. 64—70.

[Diskussionsbeitrag zu Fragen der Homonymie in der Leningrader Abteilung des Instituts für Sprachwissenschaft der Akademie der Wissenschaften der UdSSR, 13. XII. 1957]. — In: Leksikografičeskij sbornik. H. 4 (1960) S. 65—68.

O granicach slova [Über die Grenzen des Wortes]. — In: Tezisy dokladov na rasširennom zasedanii Učenogo soveta Instituta jazykoznanija AN SSSR, posvjaščennom diskussii o morfologičeskoj strukture slova v jazykach različnych tipov. Leningrad 1960, S. 3—6.

Novye materialy o kirgizskom ėpose „Manas" [Neue Materialien zum kirgisischen Epos „Manas"]. — Izv. AN SSSR, OLJa *19* (1960) H. 2, S. 152—155.

Problemy sravnitel'no-istoričeskogo izučenija literatur [Probleme der vergleichend-historischen Literaturforschung]. — Ebda H. 3, S. 177—186.

Das vergleichend-historische Studium der Folklore. — Lětopis Instituta za serbski ludospyt, Rjad C, Nr. 4 (1959—1960) S. 50—57.

Historyczno-porównawcze badanie folkloru [Die historisch-vergleichende Erforschung der Folklore]. — Sprawozdania z prac nauk. wydziału nauk społecznych (PAN). 1960, rok *3*, H. 1 (13) S. 73—78.

Metryka porównawcza [Vergleichende Metrik]. — Ebda S. 79—81.

[Red.:] Voprosy grammatiki [Fragen der Grammatik]. Sbornik statej k 75-letiju akademika I. I. Meščaninova. Moskva—Leningrad 1960, 471 S.

[Red. d. Übers.:] Chojsler, A. Germanskij geroičeskij ėpos i skazanie o Nibelungach [Heusler, A. Das deutsche Heldenepos und das Nibelungenlied]. Übers. von D. E. Bertel's. Moskva 1960, 446 S. [Mit N. A. Sigal].

Primečanija redaktora [Anmerkungen des Herausgebers]. — Ebda S. 403—440.

1961

Vergleichende Epenforschung. Bd 1. Übers. von Ch. Wendt, redigiert von H. Raab. Berlin 1961, 119 S. (Deutsche Akad. d. Wiss. zu Berlin. Veröff. d. Inst. f. deutsche Volkskunde. Bd 24).

Vvedenie v izučenie ėposa „Manas" [Einführung in das Studium des Epos „Manas"]. — In: Kirgizskij geroičeskij ėpos „Manas". Moskva 1961, S. 85—196.

O plemennych dialektach drevnich germancev [Über die Stammesdialekte der alten Germanen]. — In: Voprosy germanskogo jazykoznanija. Materialy Vtoroj naučnoj sessii po voprosam germanskogo jazykoznanija. Moskva—Leningrad 1961, S. 7—43.

Problemy sravnitel'no-istoričeskogo izučenija literatur [Probleme der historisch-vergleichenden Literaturforschung]. — In: Vzaimosvjazi i vzaimodejstvie nacional'nych literatur. Materialy diskussii 11—15 janvarja 1960 g. Moskva 1961, S. 52—66.

Razvitie grammatičeskogo ablauta v germanskich jazykach [Die Entwicklung des grammatischen Ablauts in den germanischen Sprachen]. — In: Tret'ja naučnaja sessija po voprosam germanskogo jazykoznanija. Tezisy dokladov. Moskva 1961, S. 12—13.

Gedichte Goethes und Byrons. („Kennst du das Land? ..."). Opyt sravnitel'nostilističeskogo analiza [Versuch einer vergleichenden Stilanalyse]. — In: Tezisy dokladov mežvuzovskoj konferencii po stilistike chudožestvennoj literatury. Moskva 1961, S. 29—31.

Vstupitel'noe slovo [Geleitwort zu]: Osnovnye problemy izučenija poėtičeskogo tvorčestva narodov Sibiri i Dal'nego Vostoka. Doklady, soobščenija i vystuplenija učastnikov konferencii 14—19 dek. 1959 g. Ulan-Udė, Sib. otd. AN SSSR, 1961, S. 6—9.

Ališer Navoi i problema Renessansa v vostočnych literaturach [Ališer Navoi und das Problem der Renaissance in den östlichen Literaturen]. — Uč. zap. LGU, 1961, Nr. 299, Serija filol. nauk, H. 59, S. 86—97.

O granicach slova [Über die Grenzen des Wortes]. — Vopr. jazykozn. 1961, Nr. 3, S. 3 bis 21.

[Über die Arbeit Žirmunskijs]. — Vopr. lit. 1961, Nr. 12, S. 243.

Zur vergleichenden Formenlehre der deutschen Mundarten. (Gesetzmäßigkeiten der Formenentwicklung). — PBB *82* (1961) Sonderband, S. 297—311.

Der Umlaut im Englischen und Deutschen. Ein historisch-grammatischer Vergleich. — Zs. f. Angl. u. Amer. *9* (1961) S. 139—153.

Sirderya boyunda Oğuzlara dair izler. Sledy oguzov v nizov'jach Syr-Dar'i [Spuren der Ogusen am Oberlauf des Syr-Dar'ja]. Çeviren: Ismail Kaynak. — Türk. Tar. kurumu. Belleten, 1961, Cilt. 25, Nr. 99, S. 471—483.

„Kitabi Karkud" i oguzskaja ėpičeskaja tradicija [„Kitabi Karkud" und die ogusische epische Tradition]. Çeviren: Ismail Kaynak. — Türk. Tar. kurumu. Belleten, 1961, Cilt. 25, Nr. 100, S. 609—629.

1962

Narodnyj geroičeskij ėpos. Sravnitel'no-istoričeskie očerki [Das heroische Volksepos. Vergleichend-historische Studien]. Moskva 1962, 435 S.

Voprosy teorii literatury. Stat'i 1916—1926 [Fragen der Literaturtheorie. Aufsätze 1916 bis 1926]. 's-Gravenhage 1962, 358 S. [Photomechanischer Neudruck].

Deutsche Mundartkunde. Vergleichende Laut- und Formenlehre der deutschen Mundarten. Übers. von W. Fleischer. Berlin 1962, XV, 662 S.

Ėpičeskoe tvorčestvo slavjanskich narodov i problemy sravnitel'nogo izučenija ėposa [Das epische Schaffen der slawischen Völker und die Probleme der vergleichenden Epenforschung. Resümee eines Vortrages]. — In: IV Meždunarodnyj s'ezd slavistov. Materialy diskussii. Bd 1. Problemy slavjanskogo literaturovedenija, fol'kloristiki i stilistiki. Moskva 1962, S. 27.

[Diskussionsbeitrag zu dem Vortrag von M. Braun: „Das südslawische Epos und die historische Wirklichkeit" auf der Sitzung der Subsektion „Das slawische Volksschaffen". 3. IX. 1958]. — Ebda S. 484—485.

Zaključitel'naja reč' na zasedanii podsekcii „Slavjanskoe narodnoe tvorčestvo" [Schlußwort auf der Sitzung der Subsektion „Das slawische Volksschaffen", 9. IX. 1958]. — Ebda S. 533 bis 534.

Oguzskij geroičeskij ėpos i „Kniga Korkuta" [Das ogusische Heldenepos und das Werk „Kniga Korkuta"]. — In: Kniga moego deda Korkuta. Oguzskij geroičeskij ėpos. [Hrsg. von V. M. Žirmunskij u. A. N. Kononov]. Moskva—Leningrad 1962, S. 131—258.

Ot sostavitelej [Vorwort der Herausgeber]. — Ebda S. 5—8. [Mit A. N. Kononov].

Istoričeskie istočniki skazanija o razgrablenii doma Salor-Kazana [Die historischen Quellen der Erzählung von der Plünderung des Hauses Salor-Kazans]. — In: Drevnij mir. Sbornik statej. Moskva 1962, S. 377—385.

Plemennye dialekty drevnich germancev [Die Stammesdialekte der alten Germanen]. — In: Sravnitel'naja grammatika germanskich jazykov. Bd 1. Germanskie jazyki i voprosy indoevropejskoj areal'noj lingvistiki. Moskva 1962, S. 125—161.

Stichotvorenija Gete i Bajrona „Ty znaeš' kraj?" („Kennst du das Land?" — Know ye the land? ..."). Opyt sravnitel'no-stilističeskogo issledovanija [Die Gedichte Goethes und Byrons „Kennst du das Land?" — „Know ye the land?..." Versuch einer vergleichenden Stilanalyse]. — In: Problemy meždunarodnych literaturnych svjazej. Leningrad 1962, S. 48—68.

Die Entstehung des Realismus in der Weltliteratur und der klassische Realismus des 19. Jahrhunderts. — In: Probleme des Realismus in der Weltliteratur. Berlin 1962, S. 403—409.

Nekotorye itogi diskussii ob armjanskom konsonantizme [Einige Ergebnisse der Diskussion über den armenischen Konsonantismus]. — Vopr. jazykozn. 1962, Nr. 5, S. 32—46.

Les problèmes de la stylistique comparée. — Acta Ling. Acad. Sc. Hung. *5* (1962) S. 77—82.

[Diskussionsbeitrag zu Fragen der vergleichenden Literaturwissenschaft]. — Ebda S. 40—43.

[Diskussionsbeitrag zu Fragen der Bildung und der Veränderung literarischer Themen]. — Ebda S. 89—99. [In deutscher und russ. Sprache].

[Diskussionsbeitrag zu Fragen der vergleichenden Erforschung der osteuropäischen Literaturen]. — Ebda S. 135—136.

[Red.:] Sravnitel'naja grammatika germanskich jazykov [Vergleichende Grammatik der germanischen Sprachen]. Bd 1, 2. Moskva 1962, 204, 402 S. [Mit anderen].

Conceptul de literatura universală. Din problemele studiului istorico-comparativ al literaturilor. — Secolul *20* (1962) Nr. 7, S. 105—114.

[Red.:] Kniga moego deda Korkuta. Oguzskij geroičeskij ėpos. [Das Buch meines Großvaters Korkut. Ogusisches Heldenepos]. Moskva—Leningrad 1962, 299 S. [Mit A. N. Kononov].

[Red.:] Tronskij, I. M. Drevnegrečeskoe udarenie [Die Betonung im Altgriechischen]. — Moskva—Leningrad 1962, 148 S.

1963

Johann Gottfried Herder. Hauptlinien seines Schaffens. Berlin 1963, 158 S.

O granicach slova [Über die Grenzen des Wortes]. — In: Morfologičeskaja struktura slova v jazykach različnych tipov. Moskva—Leningrad 1963, S. 6—33.

Analitičeskie konstrukcii [Analytische Konstruktionen]. — In: Analitičeskie konstrukcii v jazykach različnych tipov. Tezisy dokladov na otkrytom rasširennom zasedanii Učenogo soveta Instituta jazykoznanija AN SSSR. Leningrad 1963, S. 3—4.

On the comparative study of the heroic epic of the peoples of Central Asia. — In: Trudy XXV Meždunarodnogo kongressa vostokovedov. Moskva 9—16 avgusta 1960. Bd *3*: Zasedanija sekcij X, XI, XIII. Moskva 1963, S. 244—252.

Pamjati A. A. Smirnova (1883—1962) [A. A. Smirnov zum Gedenken]. — Izv. AN SSSR, OLJa *22* (1963) H. 1, S. 78—81.

Teoretičeskie problemy sovetskogo jazykoznanija [Theoretische Probleme der sowjetischen Sprachwissenschaft]. — Vestn. AN SSSR 1963, Nr. 7, S. 44—53.

O dialektologičeskom atlase tjurkskich jazykov Sovetskogo Sojuza [Über den Dialektatlas der Turksprachen in der Sowjetunion]. — Vopr. jazykozn. 1963, Nr. 6, S. 3—19.

Die Gedichte Goethes und Byrons („Kennst du das Land ..." — „Know ye the land ..."). Versuch einer vergleichenden Stilanalyse. — Weimarer Beitr. 1963, H. 1, S. 58—75.

„Ismered a hout" — Goethe és Byron költeméngei. Osszehasoulitó stilisztikai vizsgálat. — Különlenyomat a „Filol. közlönyböl" (Budapest) 1963, H. 1—2, S. 1—15.

Metafora w twórczości Błoka [Die Metapher im Schaffen Bloks]. — Przegląd humanistyczny 1963, Nr. 4, S. 83—93.

Predislovie [Vorwort zu:] Chamraev, M. K. Osnovy tjurkskogo stichosloženija. (Na materiale ujgurskoj klassičeskoj i sovremennoj poėzii) [Grundlagen der türkischen Versdichtung. (Am Material der ujgurischen klassischen und modernen Poesie)]. Alma-Ata 1963, S. 3—4.

Problemy sravnitel'noj stilistiki [Probleme der vergleichenden Stilistik. Resümee eines Vortrages]. — Vestn. AN SSSR 1963, Nr. 5, S. 92—93; Vopr. lit. 1963, Nr. 3, S. 97.

Social'nye dialekty. Kratkoe izloženie doklada [Soziale Dialekte. Resümee eines Vortrages]. — Vopr. jazykozn. 1963, Nr. 5, S. 150.

[Red.:] Bajron. Dnevniki. Pis'ma [Byron. Tagebücher. Briefe. Hrsg. von Z. E. Aleksandrova, A. A. Elistratova, A. N. Nikoljukin]. Moskva 1963, 440 S.

[Red.:] Meletinskij, E. M. Proischoždenie geroičeskogo ėposa. Rannie formy i archaičeskie pamjatniki [Die Herkunft des Heldenepos. Frühe Formen und archaische Denkmäler]. Moskva 1963, 462 S.

[Red.:] Meščaninov, I. I. Struktura predloženija [Die Struktur des Satzes]. Moskva–Leningrad 1963, 104 S. [Mit M. M. Guchman u. S. D. Kacnel'son].

Ot redakcii [Vorwort des Herausgebers]. — Ebda S. 3.

[Red.:] Morfologičeskaja struktura slova v jazykach različnych tipov [Die morphologische Struktur des Wortes in Sprachen verschiedenen Typs]. Moskva–Leningrad 1963, 291 S. [Mit O. P. Sunik].

Predislovie [Vorwort]. — Ebda S. 3–4. [Mit O. P. Sunik].

[Red.:] Panfilov, V. Z. Grammatika i logika. (Grammatičeskoe i logiko-grammatičeskoe členenie prostogo predloženija) [Grammatik und Logik. (Grammatische und logisch-grammatische Gliederung des einfachen Satzes)]. Moskva–Leningrad 1963, 79 S.

[Red.:] Staršaja Ėdda. Drevneislandskie pesni o bogach i gerojach. Perevod A. I. Korsuna [Die ältere Edda. Altisländische Lieder über Götter und Helden. Übers. von A. I. Korsun]. Moskva 1963, 259 S.

[Red.:] Sravnitel'naja grammatika germanskich jazykov [Vergleichende Grammatik der germanischen Sprachen]. Bd *3*. Moskva 1963, 455 S. [Mit anderen].

1964

Vvedenie v sravnitel'no-istoričeskoe izučenie germanskich jazykov [Einführung in das historisch-vergleichende Studium der germanischen Sprachen]. Moskva–Leningrad 1964, 316 S.

Drama Aleksandra Bloka „Roza i Krest". Literaturnye istočniki [Das Drama Alexander Bloks „Rose und Kreuz". Literarische Quellen]. Leningrad 1964, 105 S.

Sredneaziatskie narodnye skaziteli. (Tradicii i tvorčeskaja improvizacija) [Mittelasiatische Volkserzähler. (Traditionen und schöpferische Improvisation)]. Moskva 1964, 13 S. (VII Meždunarodnyj kongress antropologičeskich i ėtnografičeskich nauk. Moskva, avgust 1964g.).

The epic folk-singers in Central Asia. (Tradition and artistic improvisation). Moscow 1964, 18 S. (VII International congress of antropological and ethnological science. Moscow, August 1964).

Vzaimodejstvie frankskich i galloromanskich dialektov v gosudarstve Merovingov i Karolingov [Die gegenseitige Einwirkung fränkischer und galloromanischer Mundarten im Staat der Merowinger und Karolinger]. — In: Koordinacionnoe soveščanie po sravnitel'nomu i tipologičeskomu izučeniju romanskich jazykov. Tezisy dokladov i soobščenij. 23–27 ijunja [1964 g.]. Leningrad 1964, S. 81–82.

[Beitrag auf der Plenarsitzung]. — In: Voprosy razvitija literaturnych jazykov narodov SSSR v sovetskuju ėpochu. Materialy Vsesojuznoj konferencii. Alma-Ata, 20–24 nojabrja 1962 goda. Alma-Ata 1964, S. 76–78.

K stoletiju so dnja smerti Jakova Grimma [Zum 100. Todestag Jacob Grimms]. — Izv. AN SSSR, Serija lit. i jaz. *23* (1964) H. 1, S. 79–81.

Problemy social'noj dialektologii [Probleme der sozialen Dialektologie]. — Ebda H. 2, S. 99–112.

Ritmiko-sintaksičeskij parallelizm kak osnova drevnetjurkskogo narodnogo ėpičeskogo sticha [Der rhythmisch-syntaktische Parallelismus als Grundlage des Verses im alttürkischen Volksepos. — Vopr. jazykozn. 1964, Nr. 4, S. 3—24.

Stichosloženie Majakovskogo [Der Versbau Majakovskijs]. — Russk. lit. 1964, Nr. 4, S. 3—26.

K problemu „formalne metode" [Zum Problem der „formalen Methode"]. — Riječka revija 13 (1964), S. 990—998. [Übersetzung des Aufsatzes „K voprosu o formal'nom metode", in: Voprosy teorii literatury, Leningrad 1928, ins Serbokroatische].

M. I. Steblin-Kamenskij. (K 60-letiju so dnja roždenija) [Zum 60. Geburtstag]. — Vestn. LGU 1964, Nr. 14, Serija ist., jaz. i lit., H. 3, S. 157—159. [Mit I. P. Ivanova].

Predislovie [Vorwort]. — In: Ėrgativnaja konstrukcija predloženija v jazykach različnych tipov. Tezisy dokladov na otkrytom rasširennom zasedanii Učenogo soveta In-ta jazykoznanija AN SSSR [Die ergative Konstruktion des Satzes in Sprachen verschiedenen Typs. Thesen der Vorträge auf der öffentlichen erweiterten Sitzung des Wissenschaftlichen Rates des Instituts für Sprachwissenschaft der Akademie der Wissenschaften der UdSSR]. Leningrad 1964, S. 3—4.

Naučnaja konferencija po voprosam teorii sticha i slavjanskoj metriki [Wissenschaftliche Konferenz zu Fragen der Theorie des Verses und der slawischen Metrik. Warschau, 24.—29. August 1964]. — Vestn. AN SSSR 1964, Nr. 11, S. 102—103.

[Red.:] Admoni, V. G. Osnovy teorii grammatiki [Grundlagen der Theorie der Grammatik]. Moskva—Leningrad 1964, 105 S.

[Red.:] Voprosy obščego jazykoznanija [Fragen der allgemeinen Sprachwissenschaft]. Moskva 1964, 118 S.

Ot redakcii [Vorwort des Herausgebers]. — Ebda S. 3—4.

1965

Istorija nemeckogo jazyka [Geschichte der deutschen Sprache. 5., durchgesehene u. verb. Aufl.]. Moskva 1965, 408 S. Karten.

Russkij narodnyj stich v „Skazke o rybake i rybke" [Der Vers der russischen Volksdichtung im „Märchen vom Fischer und dem Fischlein"]. — In: Problemy sovremennoj filologii. Sbornik statej k 70-letiju akad. V. V. Vinogradova. Moskva 1965, S. 129 bis 135.

Syntaktischer Parallelismus und rhythmische Bindung im alttürkischen epischen Vers. — In: Beitr. zur Sprachwissenschaft, Volkskunde und Literaturforschung. Wolfgang Steinitz zum 60. Geburtstag am 28. Februar 1965 dargebracht. Berlin 1965, S. 387—401.

„Pir Atreja" i rodstvennye ėtnografičeskie sjužety v fol'klore i literature [„Das Mahl des Atreus" und verwandte ethnographische Sujets in der Volksdichtung und Literatur]. — Sov. ėtnografija 1965, Nr. 6, S. 3—22.

L'evoluzione del verso russo da Puškin a Majakowskij. — Annali (Istituto universitario orientale), Sezione slava (Napoli 1965), Nr. 8, S. 1—19.

Vil'jam Blejk (1757—1827). — In: Blejk, V. Izbrannoe. V perevodach S. Maršaka [Blake, William: Ausgewählte Werke. In Übersetzungen S. Maršaks]. Moskva 1965, S. 5—34.

Uil'jam Blejk v perevodach S. Maršaka [William Blake in den Übersetzungen S. Maršaks. Vorrede zur Übersetzung]. — Novyj mir 1965, H. 6, S. 157—159.

O celesoobraznosti primenenija v jazykoznanii matematičeskich metodov [Über die Zweckmäßigkeit der Anwendung mathematischer Methoden in der Sprachwissenschaft]. — In: Lingvističeskaja tipologija i vostočnye jazyki. Materialy soveščanija. Moskva 1965, S. 108—113.

O prirode častej reči i ich klassifikacii [Über den Charakter der Wortarten und ihre Klassifikation]. — In: Voprosy teorii častej reči na materiale jazykov različnych tipov. Tezisy dokladov ... Leningrad 1965, S. 4—5.

Ob analitičeskich konstrukcijach [Über analytische Konstruktionen]. — In: Analitičeskie konstrukcii v jazykach različnych tipov. Moskva—Leningrad 1965, S. 5—57.

Obščie tendencii fonetičeskogo razvitija germanskich jazykov [Allgemeine Entwicklungstendenzen der Phonetik der germanischen Sprachen]. — Vopr. jazykozn. 1965, Nr. 1, S. 3—21.

K voprosu o russkoj orfografii [Zur Frage der russischen Orthographie]. — Izv. AN SSSR, OLJa 24 (1965) H. 1, S. 29—33.

Über die altgermanischen Stammesdialekte. — Acta Ling. Acad. Hung. 15 (1965) S. 1 bis 36. [Aus der „Vergleichenden Grammatik der germanischen Sprachen". Bd *1*. Moskva 1962].

Der grammatische Ablaut im Germanischen. — In: Symbolae linguisticae in honorem Georgii Kuryłowicz. Wrocław—Warszawa-Kraków 1965, S. 383—392.

A. A. Smirnov (1883—1962). — In: Smirnov, A. A. Iz istorii zapadnoevropejskoj literatury. Moskva—Leningrad 1965, S. 3—8.

Akademik V. F. Šišmarev (1874—1957). — In: Šišmarev, V. F. Izbrannye stat'i. Moskva—Leningrad 1965, S. 3—13.

Konferencija po teorii sticha v Varšave. Nauč. konferencija po voprosam teorii sticha i slavjanskoj metriki [Konferenz zur Theorie des Verses in Warschau. Wissenschaftliche Konferenz zu Fragen der Theorie des Verses und der slawischen Metrik]. Aug. 1964. — Izv. AN SSSR, OLJa *24* (1965) H. 2, S. 177—180.

[Red.:] Analitičeskie konstrukcii v jazykach različnych tipov [Analytische Konstruktionen in Sprachen verschiedenen Typs]. Moskva 1965, 343 S. [Mit O. P. Sunik].

[Red.:] Budagov, R. A. Problemy razvitija jazyka [Probleme der Sprachentwicklung]. Moskva—Leningrad 1965, 73 S.

[Red.:] Kacnel'son, S. D. Soderžanie slova, značenie i oboznačenie [Wortinhalt, Bedeutung und Bezeichnung]. Moskva—Leningrad 1965, 110 S.

[Red.:] Šišmarev, V. F. Izbrannye stat'i [Ausgewählte Aufsätze]. Moskva—Leningrad 1965.

1966

Introduction to metrics. The theory of verse. Translated from the Russian by C. F. Brown. Ed. with an introd. by E. Stankiewicz and W. N. Vickery. The Hague 1966, 245 S. [Slavistic printings and reprintings. 58.) [Übers. von: „Vvedenie v metriku. Teorija sticha". Leningrad 1925].

The versification of Majakowski. — In: Poetics. Poetyka. Poetika. Vol. 2. The Hague — Warszawa 1966, p. 211—242 [Übers. von: „Stichosloženie Majakovskogo"].

Stich i perevod. (Iz istorii romantičeskoj poėmy). [Vers und Übersetzung. (Aus der Geschichte des romantischen Poems)]. — In: Russko-evropejskie literaturnye svjazi. Sbornik statej k 70-letiju so dnja roždenija akad. M. P. Alekseeva. Moskva—Leningrad 1966, S. 423 bis 433.

O ritmičeskoj proze [Über rhythmische Prosa]. — Rus. lit. 1966, Nr. 4, S. 103—114.

O russkoj rifme XVIII v. [Über den russischen Rhythmus des 18. Jahrhunderts]. — In: Rol' i značenie literatury XVIII veka v istorii russkoj kultury. K 70-letiju so dnja roždenija člena-korrespondenta AN SSSR P. N. Berkova. Moskva—Leningrad 1966, S. 419—427.

K voprosu ob ustnoj tradicii ėposa [Zur Frage der mündlichen Tradition des Epos. Vorrede zur Übers. von R. Menendez Pidals Aufsatz „Jugoslawische epische Sänger und mündliches Epos in Westeuropa"]. — Izv. AN SSSR, OLJa, *25* (1966) H. 2, S. 100—102.

The Epic of „Alpamysh" and the Return of Odysseus. — In: Proceedings of the British Academy 52 (1966) S. 266—286.

Kategorija imeni prilagatel'nogo v drevnich germanskich jazykach [Die Kategorie des Adjektivs in den altgermanischen Sprachen]. — In: Sravnitel'naja grammatika germanskich jazykov. Bd 4: Morfologija (Prodolženie). Moskva 1966, S. 8—78.

The word and its boundaries. — Linguistics. An intern. review, 1966, Nr. 27, S. 65—91.

O nekotorych voprosach lingvističeskoj geografii tjurkskich dialektov [Über einige Fragen der Sprachgeographie türkischer Dialekte]. — In: Turkologičeskij sbornik. K 60-letiju A. N. Kononova. Moskva 1966, S. 54—63.

Die gemeinsamen Tendenzen in der Lautentwicklung der germanischen Sprachen. — Zs. f. Angl. u. Amer. *14* (1966) S. 5—29.

[Diskussion über V. V. Ivanovs Vortrag „Über das Verhältnis der historisch-vergleichenden Sprachforschung zur strukturellen Beschreibung der Sprachen" am 25. Januar 1966. Resümee]. — Izv. AN SSSR, OLJa *25* (1966) H. 3, S. 275.

[Über den Aufsatz N. Ja. Marrs, gewidmet den letzten Zeilen des Poems „Der Recke im Tigerfell"]. — Kommunisti 1966, 30 sent. [In grusinischer Sprache].

[Red.:] Borodina, M. A. Problemy lingvističeskoj geografii. (Na materiale dialektov francuzskogo jazyka) [Probleme der Sprachgeographie. (Am Material der Mundarten der französischen Sprache)]. Moskva—Leningrad 1966, 219 S. [Vorrede des Hrsg. S. 3—4].

[Red.:] Russko-evropejskie literaturnye svjazi. Sbornik statej 70-letiju so dnja roždenija akademika M. P. Alekseev [Russisch-europäische Literaturbeziehungen. Sammelband zum 70. Geburtstag von Akad. M. P. Alekseev]. Moskva—Leningrad 166.

[Red.:] Sravnitel'naja grammatika germanskich jazykov [Vergleichende Grammatik der germanischen Sprachen]. Bd *4*. Moskva 1966, 496 S. [Mit anderen].

[Red.:] Sunik, O. P. Obščaja teorija častej reči [Allgemeine Theorie der Wortarten]. Moskva—Leningrad 1966, 131 S.

1967

[Geschichte der ausländischen Literatur. Frühes Mittelalter und Renaissance]. Tallin 1967, 478 S. [In estnischer Sprache].

Literaturnye tečenija kak javlenie meždunarodnoe [Literarische Strömungen als internationale Erscheinung]. Leningrad 1967, 21 S. (V kongress Meždunarodnoj associacii sravnitel'nogo literaturovedenija. Belgrad 1967. Doklady Sovetskoj delegacii). In ungarischer Übers. in: Helikon, Budapest 1968, Nr. 2, S. 183—201.

Les courants litteraires en tant que phénomènes internationaux. — In: Actes du V-e Congrès de L'Association Internationale de Littérature Comparée. Belgrade 1967. Belgrade 1969, S. 436—445.

On the Study of Comparative Literature. — Oxford Slavonic Papers *13* (1967) S. 1—13.

K voprosu o meždunarodnych skazočnych sjužetach [Zur Frage der internationalen Märchenstoffe]. — In: Istoriko-filologičeskie issledovanija. Sbornik statej k 75-letiju akademika N.I. Konrada. Moskva 1967, S. 283—289. Gekürzt in: Minc, S. I. u. Pomeranceva, E.V. Russkaja folkloristika [Russische Volkskunde]. 2. Aufl. Moskva 1971, S. 309—315.

On rhythmic prose. — In: To honor Roman Jakobson, vol. 3. The Hague — Paris 1967, S. 2376—2388.

U istokov evropejskogo romantizma [Die Anfänge der europäischen Romantik]. [Nachwort zu:] Volpol, G., Kazot, Z., Bekford, U.: Fantastičeskie povesti [Walpole, H., Cazotte, J., Beckford, W.: Phantastische Erzählungen]. Leningrad 1967, S. 249—284.

O teorii sovetskogo jazykoznanija [Über die Theorie der sowjetischen Sprachwissenschaft]. — Izv. AN SSSR, OLJa *26* (1967) H. 1, S. 13—27.

Pamjati akademika I. I. Meščaninova [Akad. I. I. Meščaninov zum Gedenken]. — Vopr. jazykozn. 1967, Nr. 3, S. 18—27.

[Diskussionsbeitrag auf der Jahresversammlung der Akademie der Wissenschaften der UdSSR zum Rechenschaftsbericht Ja. V. Pejves „Die wichtigsten Ergebnisse im Bereich der Natur- und Gesellschaftswissenschaften im Jahre 1966]. — Vestn. AN SSSR 1967, Nr. 3, S. 193.

[Red.:] Leont'ev, A. A. Psicholingvistika [Psycholinguistik]. Leningrad 1967, 118 S.

[Red.:] Mironov, S. A. Morfologija imeni v niderlandskom jazyke [Die Morphologie des Nomens im Niederländischen]. Moskva 1967, 280 S.

[Red.:] Tronskij, I. M. Obščeevropejskoe jazykovoe sostojanie (Voprosy rekonstrukcii) [Der gemeineuropäische Sprachzustand. (Fragen der Rekonstruktion)]. Leningrad 1967, 103 S.

[Red.:] Ėrgativnaja konstrukcija predloženija v jazykach različnych tipov [Die ergative Satzkonstruktion in Sprachen verschiedenen Typs]. Leningrad 1967, 312 S.

[Vorwort]. — Ebda S. 3—5.

1968

[Geschichte der ausländischen Literatur. Frühes Mittelalter und Renaissance]. Riga 1968, 518 S. [In lettischer Sprache].

O nekotorych problemach teorii tjurkskogo narodnogo sticha [Über einige Probleme der Theorie des Verses in der türkischen Volksdichtung]. — Vopr. jazykozn. 1968, Nr. 1, S. 23—42.

O nacional'nych formach jambičeskogo sticha [Über die nationalen Formen des jambischen Verses]. — In: Teorija sticha. Leningrad 1968, S. 7—23.

Orchonskie nadpisi — stichi ili proza? O razvitii drevnetjurkskogo narodnogo ėpičeskogo sticha [Die Orchon-Inschriften — Verse oder Prosa? Über die Entwicklung des alttürkischen Verses im Volkespos]. — Narody Azii i Afriki 1968, Nr. 2, S. 74—82.

Methodologische Probleme der marxistischen historisch-vergleichenden Literaturforschung. — In: Aktuelle Probleme der vergleichenden Literaturforschung. Berlin 1968, S. 1—16.

V Meždunarodnyj kongress po sravnitel'nomu literaturovedeniju [V. Internationaler Kongreß zur vergleichenden Literaturwissenschaft. Belgrad 1967]. — Izv. AN SSSR, OLJa *27* (1968) H. 1, S. 89—93.

Problema social'noj differenciacii jazykov [Das Problem der sozialen Differenzierung der Sprachen]. — In: Jazyk i obščestvo. Moskva 1968, S. 22—38.

[Der Marxismus und die Probleme der sozialen Linguistik. Vortrag auf der Jubiläumssitzung des ... Sektors für Literatur und Sprache der Akademie der Wissenschaften der UdSSR, gewidmet dem 50. Jahrestag der Großen Sozialistischen Oktoberrevolution, 19.—20. Oktober 1967. Resümee]. — Izv. AN SSSR, OLJa *27* (1968) Nr. 1, S. 83.

O dialektologičeskom atlase tjurkskich jazykov Sovetskogo Sojuza [Über den Dialektologischen Atlas der Turksprachen der Sowjetunion). — In: Voprosy dialektologii tjurkskich jazykov. Materialy IV regional'nogo soveščanija po dialektologii tjurkskich jazykov 27—30 maja 1963 v Frunze. Frunze 1968, S. 6—23; auch in: Vopr. jazykozn. 1963, Nr. 6.

[Schlußwort]: Materialy ..., S. 182—184.

Pamjati Teodora Fringsa [Theodor Frings zum Gedenken]. — Izv. AN SSSR, OLJa *27* (1968) H. 6, S. 567—570.

[Rez.:] Vasil'ev, G. M. Jakutskoe stichosloženie [Jakutische Verskunst]. Jakutsk 1965. — Izv. AN SSSR, OLJa *27* (1968) H. 4, S. 354—355 und in: Voprosy filologii. Jakutsk 1970, S. 160—162.

[Red.:] Maršak, S. J. Sobranie sočinenij. V 8 tomach [Gesammelte Werke in 8 Bänden]. Hrsg. von V. M. Žirmunskij u. a. Moskva 1968—71.

[Red.:] Teorija sticha [Verstheorie]. Leningrad 1968, 316 S.

[Red.:] Voprosy teorii častej reči [Fragen der Theorie der Wortarten]. Leningrad 1968, 342 S. [Mit O. P. Sunik].

1969

Oral Epics of Central Asia. London, Cambridge Univ. Press, 1969, VII, 366 S. [Mit N. K. Chadwick].

Problémy poetiky [Probleme der Poetik]. Bratislava 1969, 242 (3) S. [Übers. von: „Voprosy teorii literatury“ [Fragen der Literaturtheorie].

Anna Achmatova. Iz literaturnogo nasledija [Aus dem literarischen Nachlaß]. Neopubl. stichi raznych let [Unveröffentlichte Verse aus verschiedenen Jahren]. Einleitung von V. Žirmunskij. — Junost' 1969, Nr. 6, S. 163—164.

Iz neizdannogo Anny Achmatovoj. Stichi [Aus dem unveröffentlichten Werk Anna Achmatovas. Verse]. Vorwort: V. Žirmunskij. — Zvezda 1969, Nr. 8, S. 163—164.

Anna Achmatova. Stichi raznych let [Verse aus verschiedenen Jahren]. — Novyj mir 1969, Nr. 5. S. 53—58.

O tvorčestve Anny Achmatovoj. K 80-letiju so dnja roždenija [Über das Schaffen Anna Achmatovas. Zu ihrem 80. Geburtstag]. — Novyj mir 1969, Nr. 6, S. 240—251.

Der russische und der deutsche Jambus (Lomonosov und Günther). — In: Slawisch-deutsche Wechselbeziehungen in Sprache, Literatur und Kultur. Berlin 1969, S. 436—445.

The epic folk-singers in Central Asia. (Tradition and artistic improvisation). — In: VII Meždunarodnyj kongress antropologičeskich i ètnografičeskich nauk. Moskva, 3—10 avgusta 1964. Bd. 6. Moskva 1969, S. 234—241.

[Diskussion.] — Ebda S. 241—245.

Novoe o Ker-ogly [Neues über Ker-ogly]. — Izv. AN SSSR, OLJa *28* (1969) H. 2, S. 108—119.

Opyt stilističeskoj interpretacii stichotvorenij Gete [Versuch einer stilistischen Interpretation der Gedichte Goethes]. — Vopr. germ. filologii (Leningr. un-t), 1969, H. 2, S. 39—62.

Marksizm i social'naja lingvistika [Marxismus und Soziolinguistik]. — In: Voprosy social'noj lingvistiki. Leningrad 1969, S. 5—25.

K voprosu o tak nazyvaemoj „kategorii sostojanija" [Zur Frage der sogenannten „Zustandskategorie"]. — In: Vost. filologija. Institut vostokovedenija AN SSSR 1969, H. 1, S. 102—108.

[Über das sogenannte „Zustandspassiv"]. — In: Philologia orientalis. [Festschrift zum 80. Geburtstag von Prof. A. G. Schanidze u. Prof. G. S. Achvlediani]. Tbilisi 1969, S. 102 bis 108.

Pamjati I. N. Goleniščeva-Kutuzova [I. N. Goleniščev-Kutuzov zum Gedenken. Literaturwissenschaftler u. Übersetzer]. — Izv. AN SSSR, OLJa *28* (1969) H. 5, S. 475—479. Dasselbe als Nachwort zu: Goleniščev-Kutuzov, I. N.: Tvorčestvo Dante i mirovaja literatura [Das Schaffen Dantes und die Weltliteratur]. Moskva 1971, S. 517—524.

[Eröffnungsansprache auf der Sitzung des ostslawischen Sektors der Leningrader Abteilung des Instituts für Ethnographie der Akademie der Wissenschaften der UdSSR, gewidmet dem 80. Geburtstag M. K. Azadovskijs, 24. Dezember 1968. Resümee]. — Sov. ètnografija 1969, H. 5, S. 139—140.

[Red.:] Smirnov, A. A. Srednevekovaja literatura Ispanii [Die spanische Literatur des Mittelalters]. Leningrad 1969, 211 S.

[Red.:] Torsuev, G. P. Problemy teoretičeskoj fonetiki i fonologii [Probleme der theoretischen Phonetik und Phonologie]. Leningrad 1969, 100 S.

[Red.:] Voprosy social'noj lingvistiki [Fragen der Soziolinguistik]. Leningrad 1969, 418 S. [Mit anderen].

1970

Der Reim. Seine Geschichte und Theorie. Nachdr. d. Ausg. Petersburg 1923 mit einer neuen deutschen Vorrede des Verfassers. München 1970, IX, 2, 339 S. (Slavische Propyläen. Bd *71*).

Bajron i Puškin [Byron und Puškin]. Puškin i zapadnye literatury [Puškin und die Literaturen des Westens]. Nachdr. d. Ausg. Leningrad 1924 u. Moskva—Leningrad 1937 mit e. neuen Vorw. d. Verfassers. München 1970, IX, 332 S., S. 67—103. (Slavische Propyläen. Bd *72*).

Kompozicija liričeskich stichotvorenij [Die Komposition lyrischer Gedichte]. Nachdr. d. Ausg. Petersburg 1921 mit e. Vorw. von K. Eimermacher. München 1970, VIII, 107 S. (Slavische Propyläen. Bd *73*).

Novejšie tečenija istoriko-literaturnoj mysli v Germanii [Neuere Strömungen des literarhistorischen Gedankens in Deutschland]. — In: Poetika. I.—V. Nachdr. d. Ausg. Leningrad 1926—1929 mit e. Gesamtinhaltsverzeichnis. München 1970. (Slavische Propyläen. Bd *104*).

O nekotorych problemach teorii tjurkskogo narodnogo sticha [Über einige Fragen der Theorie des türkischen Verses in der Volksdichtung]. — In: Tjurkologičeskij sbornik. Moskva 1970, S. 29—68.

La littérature de Moyen-Age comme problème de littérature comparée. — In: VI Kongress Meždunarodnoj associacii po sravnitel'nomu literaturovedeniju [Bordeaux 1970. Resümees der Vorträge der sowjetischen Delegation]. Leningrad 1970, S. 3—5.

Zadači poetike [Aufgaben der Poetik]. — In: Poetika ruskog formalizma. Beograd 1970, S. 313—363 [Serbokroatische Übers. von „Aufgaben der Poetik", Petersburg 1924].

Anna Achmatova i Aleksandr Blok [Anna Achmatova und Alexander Blok]. — Rus. lit. 1970 Nr. 3, S. 57—82.

Metafora w twórczości Bloka [Die Metapher im Schaffen Bloks]. — In: Rosyjska szkoła stylistyki. Warszawa 1970 S. 315—334. (Poln. Übers. des 4. Abschnitts aus: Poèzija Aleksandra Bloka, Petersburg 1922).

[Puškin und Goethe. Rede auf der XX. Puškin-Konferenz zum Thema „Puškin und die Weltliteratur". Leningrad 1969]. — Izv. AN SSSR, OLJa *29* (1970) H. 5, S. 465.

Zum Problem „Puškin und Goethe". — Ebda S. 468.

[Eröffnungsrede der XX. Puškin-Konferenz zum Thema „Puškin und die Weltliteratur". Leningrad 4.—6. Juni 1969. Kurze Darlegung]. — Izv. AN SSSR, OLJa *29* (1970) H. 5, S. 465.

V. Sezemanui atminti [V. Sezeman zum Gedenken]. — In: Sezemanas, V. Estetika. Vilnius 1970, S. 3—6. [In litauischer Sprache].

[Red.:] Desnickaja, A. V. Naddialektnye formy ustnoj reči i ich rol' v istorii jazyka [Überdialektale Formen der mündlichen Sprache und ihre Rolle in der Sprachgeschichte]. Leningrad 1970, 99 S.

[Red.:] Morfologičeskaja struktura slova v indoevropejskich jazykach [Die morphologische Struktur des Wortes in den indogermanischen Sprachen]. Moskva 1970, 386 S. [Mit N. D. Arutjunova].

1971

Einführung in die Metrik. Nachdr. von der Ausg. 1925. München 1971, 284 S. (Slavische Propyläen. Bd *110*).

Methodologische Probleme der marxistischen und historisch-vergleichenden Literaturforschung. — In: Probleme der vergleichenden Literaturforschung. 1971, S. 1—16.

Anna Achmatova [Unveröffentlichte Gedichte] — In: Den' poèzii 1971. Moskva 1971, S. 155—156.

Voprosy poètiki i teorii romana v rabotach M. M. Bachtina [Fragen der Dichtkunst und der Romantheorie in den Arbeiten M. M. Bachtins]. — Izv. AN SSSR, OLJa *30* (1971) H. 1, S. 53—61. [Mit G. M. Fridlender u. B. S. Mejlach].

Srednevekovye literatury kak predmet sravnitel'nogo literaturovedenija [Mittelalterliche Literaturen als Gegenstand der vergleichenden Literaturwissenschaft]. — Izv. AN SSSR, OLJa *30* (1971) H. 3, S. 185—197.

Suščestvoval li „protogermanskij" jazyk? [Gab es eine protogermanische Sprache?]. — Vopr. jazykozn. 1971, Nr. 3, S. 3—6.

Zametki o podgotovke „Dialektologičeskogo atlasa tjurkskich jazykov SSSR" [Bemerkungen zur Vorbereitung des „Dialektologischen Atlasses der Turksprachen in der UdSSR]. — Vopr. jazykozn. 1971, Nr. 4, S. 15—16.

[Erinnerungen an V. A. Desnickij]. — In: V. A. Desnickij — učenyj i pedagog. Leningrad 1971, S. 101—103.

[Red.:] Bondarko, A. V. Grammatičeskaja kategorija i kontekst [Grammatische Kategorie und Kontext]. Leningrad 1971, 115 S.

[Red.:] Goleniščev-Kutuzov, I. N. Tvorčestvo Dante i mirovaja kultura [Das Schaffen Dantes und die Weltkultur]. Moskva 1971, 551 S.

[Red.:] Klimov, G. A. Voprosy metodiki sravnitel'no-genetičeskich issledovanij [Fragen der Methodik vergleichend-genetischer Untersuchungen]. Leningrad 1971, 87 S.

1972

Očerki po istorii klassičeskoj nemeckoj literatury [Skizzen zur Geschichte der klassischen deutschen Literatur. Vorrede von M. Tronskaja]. Leningrad 1972, 495 S.

[Geschichte der ausländischen Literatur. Frühes Mittelalter und Renaissance]. Vilnius 1972, 431 S. [In litauischer Sprache].

Sravnitel'no-istoričeskij metod v literaturovedenii ili sravnitel'noe literaturovedenie [Die vergleichend-historische Methode in der Literaturwissenschaft oder vergleichende Literaturwissenschaft]. — Kratkaja lit. ènciklopedija, Bd 7, Moskva 1972, Sp. 126—130.

Esiste una „protolingua" germanica? — In: Le lingue dell'Europa. Atti del V Convegno internazionale di linguisti tenuto a Milano nei giorni 1—5 settembre 1969. Brescia 1972, S. 167—173. [In deutscher Sprache].

Texte der russischen Formalisten [Dt. u. russ.]. Bd 2. München 1972. Theorie und Geschichte der Literatur und der schönen Künste. Bd *6*, 2. 2: Texte zur Theorie des Verses und der poetischen Sprache. Eingel. u. hrsg. v. Wolf-Dieter Stempel. Anmerkungen u. Redaktion: Inge Paulmann. V. M. Žirmunskij: Zadači poetiki [Die Aufgaben der Poetik]. S. 136—161 [Ungekürzter Erstabdruck in: Zadači metody izučenija iskusstv. Peterburg 1924, S. 123—167].

[Red.:] Členy predloženija v jazykach različnych tipov [Die Satzglieder in Sprachen verschiedenen Typs]. — In: „Meščaninovskie čtenija". Leningrad 1972, 129 S.

[Red.:] Pesn' o Nibelungach [Das Nibelungenlied]. Leningrad 1972, 343 S. [Mit V. G. Admoni u. a.].

[Red.:] Rozencvejg, V. Ju. Jazykovye kontakty. Lingvističeskaja problematika [Sprachkontakte. Die linguistische Problematik]. Leningrad 1972, 80 S. [Mit M. M. Guchman und S. D. Kacnel'son].

[Red.:] Žitomirskaja, Z. V. Iogann Volfgang Gete [Johann Wolfgang Goethe. Bibliographischer Anzeiger russischer Übersetzungen und Kritiken. 1780—1971. Einleitung von L. E. Genin]. Moskva 1972, 615 S.

1973

Tvorčestvo Anny Achmatovoj [Das Schaffen Anna Achmatovas]. Moskva 1973, 184 S.

Zur Biobibliographie

Festschriften, Schriftenverzeichnisse, Würdigungen und Nekrologe

Problemy sravnitel'noj filologii. Sbornik statej k 70-letiju člena-korrespondenta AN SSSR V. M. Žirmunskogo [Probleme der vergleichenden Philologie. Festschrift zum 70. Geburtstag von Akad. V. M. Žirmunskij]. Moskva—Leningrad 1964, 496 S.

Issledovanija po nemeckoj filologii. Pamjati akademika V. M. Žirmunskij (1891—1971) [Untersuchungen zur deutschen Philologie. Dem Gedenken Akad. V. M. Žirmunskijs (1891—1971)]. Učenye zapiski fakul'teta inostrannych jazykov Tul'skogo gos. ped. instituta im. L. N. Tolstogo, vyp. *7*). Tula 1972, 306 S.

Philologica. Issledovanija po jazyku i literature. Pamjati akademika Viktora Maksimoviča Žirmunskogo [Untersuchungen zur Sprache und Literatur. Dem Gedenken Akad. V. M. Žirmunskijs]. Leningrad 1973, 436 S.

Kuz'menko, R. I. [Bibliographie der Veröffentlichungen V. M. Žirmunskijs 1913 bis 1964]. — In: V. M. Žirmunskij AN SSSR. Materialy k bibliografii učenych SSSR. Serija literatury i jazyka, vyp. *5*. Moskva 1965, S. 28—66.

Kuz'menko, R. I. [Literatur über das Leben und die Arbeiten V. M. Žirmunskijs]. — Ebda S. 26—27.

Genin, L. E.: Materialy k bibliografii Viktora Maksimoviča Žirmunskogo [Materialien zur Bibliographie V. M. Žirmunskijs]. — In: Philologica ... 1973, S. 36—37 [Enthält Bibliographie der Jahre 1964—1972, Verzeichnis der Literatur über Žirmunskij und der Nekrologe].

Admoni, V.: Der hervorragende Philologe Viktor Shirmunski. — Sowjetliteratur 1965, H. 5, S. 180—183.

Berkov, P. N.: Kratkij očerk naučno-issledovatel'skoj, pedagogičeskoj i obščestvennoj dejatel'nosti [Kurzer Abriß der wissenschaftlichen, pädagogischen und gesellschaftlichen Tätigkeit V. M. Žirmunskijs]. — In: Viktor Maksimovič Žirmunskij. Moskva 1965, S. 7 bis 25.

Borodina, M. A.: Lingvističeskaja geografija [Sprachgeographie]. — In: Teoretičeskie problemy sovetskogo jazykoznanija. Moskva 1968, S. 120—121.

Cvenhroš, H. H.: V. M. Žyrmunśkyj jak teoretik porivnjal'noho literaturoznavstva [V. M. Žirmunskij als Theoretiker der vergleichenden Literaturwissenschaft]. — Inozemna filolohija 26 (L'viv 1971), S. 140—145 [Mit französischem Resümee].

Čemodanov, N. S.: Germanskie jazyki [Germanische Sprachen]. — In: Sovetskoe jazykoznanie za 50 let. Moskva 1967, S. 113—114, 116—117, 121—123.

Čižkova, M.: V. M. Žirmunskij jako teoretik romantismu [V. M. Žirmunskij als Theoretiker der Romantik]. — Československá rusistika 1967, H. 1, S. 8—11.

van der Eng, J.: Žirmunskij contra Žirmunskij. — Forum der Letteren (Leyden 1964), H. 5, S. 105—132.

Ėtkind, E. G.: Put' V. M. Žirmunskogo — issledovatelja literatury [Der Weg V. M. Žirmunskijs als Forscher auf dem Gebiet der Literatur]. — Izv. AN SSSR, OLJa *30* (1971), H. 4, S. 289—297.

Fleischer, W., Eichler, E.: Bibliographie der germanistischen Sprachwissenschaft in der Sowjetunion. 1950—1960. Leipziger Linguistenkreis. Leipzig 1963 [Verzeichnet Arbeiten V. M. Žirmunskijs].

Fleischer, W.: Die germanistische Sprachwissenschaft in der Sowjetunion. — Deutsch als Fremdsprache *4* (1967), S. 392—402 [Über Žirmunskij S. 394—395].

Gol'berg, M.: Ja. Put' učenogo [Der Weg eines Gelehrten]. — Voprosy literatury 1966, H. 1, S. 239—241.

Gol'berg, M. Ja.: V. M. Žyrmunśkyj jak literaturoznavec' i fol'klorist. Do 75-riččja z dnja narodžennja [V. M. Žirmunskij als Literaturwissenschaftler und Volkskundler. Zu seinem 75. Geburtstag. — Inozemna filolohija *7* (L'viv 1966), S. 188—193.

Guchman, M. M. Viktor Maksimovič Žirmunskij (K 75-letiju so dnja roždenija) [Viktor Maksimovič Žirmunskij (Zum 75. Geburtstag)]. — Izv. AN SSSR, OLJa *25* (1966), H. 4, S. 360—362.

Guchman, M. M.: U istokov sovetskoj social'noj lingvistiki [An den Quellen der sowjetischen Soziolinguistik]. — Inostr. jaz. v škole 1972, H. 4, S. 2—10.

Guchman, M. M.: Meletinskij, E. M. Ėtkind, E. G., Jarceva, V. N. Viktor Maksimovič Žirmunskij (1891—1971). — In: Philologica. Issledovanija po jazyku i literature. Pamjati akademika Viktora Maksimoviča Žirmunskogo. Leningrad 1973, S. 3—35.

Hehn, P.: Die Epik der Türkvölker Mittelasiens. — Ural-altaische Jahrbücher *139* (1967), S. 294—303 [Übersicht über die Arbeiten Žirmunskijs zum türkischen Epos].

Kononov, A. N.: Viktor Maksimovič Žirmunskij kak tjurkolog [Viktor Maksimovič Žirmunskij als Turkologe]. — Sov. tjurkologija, Baku 1971, H. 2, S. 102—107.

Kravec', Ja. I.: Pam'jati akademika V. M. Žyrmunśkoho (Dem Gedenken von Akad. V. M. Žirmunskij]. — Inozemna filolohija *27* (L'viv 1972), S. 159—160.

Levin, Ju., Ėtkind, E.: Viktor Maksimovič Žirmunskij — teoretik i istorik literatury (k semidesjatipjatiletiju so dnja roždenija) [Viktor Maksimovič Žirmunskij — Literaturtheoretiker und -historiker (zum 75. Geburtstag)]. — Russkaja literatura 1966, H. 4, S. 239 bis 247. — In ungarischer Sprache in: Helikon 1967, H. 3—4, S. 503—509.

Loja, Ja. V.: Istorija lingvističeskich učenij [Materialy k kursu lekcij). [Geschichte der linguistischen Lehren. (Materialien zu einer Vorlesungsreihe)]. Moskva 1968, S. 257—258 [Über V. M. Žirmunskij].

Lukić, S.: Neugašena svetlost ducha. Iz susreta sa Viktorom Žirmunskim (1891—1971) [Aus der Begegnung mit Viktor Žirmunskij]. — Politika, Beograd 17. Juli 1971, S. 20.

Medvedeva, L. Ja.: Čtenija pamjati V. M. Žirmunskogo [Vortragsreihe zum Gedenken V. M. Žirmunskijs]. — Sov. tjurkologija, Baku 1972, H. 3, S. 129. [Leningrad, 15. Februar 1972].

Meletinskij, E. M.: Žirmunskij Viktor Maksimovič. — In: Kratkaja lit. ènciklopedija, Bd 2, Moskva 1964, Sp. 942—943.

Mironov, S. A.: V. M. Žirmunskij i istorija izučenija nemeckich dialektov v SSSR [V. M. Žirmunskij und die Geschichte der Erforschung der deutschen Mundarten in der UdSSR]. — Izv. AN SSSR, OLJa *30* (1971), H. 4, S. 298—305.

Moskal'skaja, O. I.: Sovetskaja germanistika za 50 let (nemeckij jazyk) [Die sowjetische Germanistik in 50 Jahren (Deutsche Sprache)]. — Inostr. jaz. v škole 1967, H. 5, S. 29 bis 46.

Pisani, V.: Viktor Maksimovic Zirmunskij (1891—1971). — Studi germanici, Rom 1971, H. 3, S. 439—446.

Schubert, A.: Sowjetische Germanistik bibliographisch kurz skizziert. — Zs. f. dt. Philologie *88* (1969), S. 78—93 [S. 81—82 über Žirmunskij].

Sokolov, A. I.: Problema romantizma v sovetskom literaturovedenii [Das Problem der Romantik in der sowjetischen Literaturwissenschaft]. — In: Sovetskoe literaturovedenie za pjat'desjat let. Sbornik statej pod red. V. I. Kulešova. Moskva 1967, S. 304—340 [Über Žirmunskij S. 306—308].

Šaparova, L. V., Lopašov, Ju. A. [Vorlesungsreihe zum Gedenken V. M. Žirmunskijs, Leningrad, 15. Februar 1972]. — In: Vopr. jaz. 1972, H. 3, S. 154—155.

Ščur, G. S.: Žirmunskij Viktor Maksimovič. — In: BSĖ, 3. Aufl., Bd 9, 1972, S. 221.

Tagliavini, C.: Panorama di storia della filologia germanica. Bologna 1968 [S. 168 bis 171 über Žirmunskij].

Zadorožnyj, B. M.: V. M. Žyrmunśkyj jak movoznavec'-germanist. Do 75-riččja z dnja narodžennja [V. M. Žirmunskij als Linguist und Germanist. Zum 75. Geburtstag]. — Inozemna filolohija *7* (L'viv 1966), S. 194—199.

Zinder, L. R. u. T. V. Stroeva.: V. M. Žirmunskj kak učitel' [V. M. Žirmunskij als Lehrer]. — In: Problemy sravnitel'noj filologii. Sbornik statej k 70-letiju... V. M. Žirmunskogo. Moskva—Leningrad 1964, S. 11—16.

Akademik V. M. Žirmunskij kak jazykoved [Akad. V. M. Žirmunskij als Sprachwissenschaftler. Artikel der Redaktion]. — Vopr. jazykozn. 1971, H. 4, S. 3—14.

Žirmunskij Viktor Maksimovič. — In: Ežegodnik Bol'šoj sovetskoj ėnciklopedii 1967, S. 606.

Żyrmunski Wiktor M. — In: Wielka encyklopedia powszechna PAWN, Bd. 12. Warszawa 1969, S. 879.

Žirmunskij Viktor Maximovič. — In: Příruční slovník naučný. 4. díl. Praha 1967, S. 891.

Žirmunski Viktor Maksimovič. — In: Kratka bulgarska enciklopedija. Bd 2. Sofia 1964, S. 368.

[Schirmunski Viktor Maksimovič]. — In: Bayerische Akademie der Wissenschaften. Jahrbuch 1970. München 1970, S. 83—84 [Würdigung der neuen Mitglieder].

Zhirmunsky Victor Maksimovich. — In: The International Who's Who. 33 ed. 1969 bis 1970. London 1969, S. 1646.

Budagov, R.: Pamjati akademika V. M. Žirmunskogo (1891—1971) [Dem Andenken V. M. Žirmunskijs]. — Naučnye doklady vysšej školy. Filologičeskie nauki 1971, Nr. 3, S. 127.

Desnickaja, A. V., Lichačev, D. S.: Viktor Maksimovič Žirmunskij. Filolog. 1891 bis 1971. [Nekrolog]. — Rus. lit. 1971, Nr. 1, S. 233—237.

Fleischer, W.: Viktor Maksimovič Žirmunskij 2. 8. 1891—31. 1. 1971 [Nekrolog]. — Beitr. *93* (Halle/S. 1972) S. 1—7.

Große, R., u. Eichler, E.: V. M. Schirmunski 2. 8. 1891—31. 1. 1971 [Nekrolog], siehe vorliegendes Jahrbuch S. 219—222.

Jakubowski, W.: Wiktor Maksimowicz Żyrmunski. — Slavia orientalis *20* (Warszawa 1971) Nr. 3, S. 347—349.

Jarceva, V. N., Guchman, M. M., Mironov, S. A.: Akademik V. M. Žirmunskij [Nekrolog]. — Vopr. jazykozn. 1971, Nr. 2, S. 166—167.

Koschmieder, E.: V. M. Schirmunski 2. 8. 1891—31. 1. 1971. — In: Jahrbuch Bayerische Akademie der Wissenschaften 1972. München 1972. S. 241—244.

Meletinskij, E. M.: Viktor Maksimovič Žirmunskij. (K 70-letiju so dnja roždenija).

[V. M. Žirmunskij. (Zum 70. Geburtstag)]. — In: Problemy sravnitel'noj filologii. Sbornik statej k 70-letiju ... V. M. Žirmunskogo. Moskva—Leningrad 1964, S. 7—10.

Meletinskij, E. M.: Pamjati Viktora Maksimoviča Žirmunskogo [Zum Gedenken V. M. Žirmunskijs]. — Narody Azii i Afriki 1971, Nr. 4, S. 251—254.

Meletinskij, E. M.: Viktor Maksimovič Žirmunskij. [Nekrolog]. — Sov. ėtnografija 1971, Nr. 3, S. 160—163.

Tronskaja, M. L.: Pamjati V. M. Žirmunskogo [Dem Gedenken V. M. Žirmunskijs]. — Vest. LGU 1972, Nr. 2, Serija ist., jaz. i lit. H. 1, S. 163.

Wiemers, G.: In memoriam Prof. V. M. Schirmunski. — Mitteldt. Neueste Nachrichten 1971, *XX*, 31, S. 5.

Akademik V. M. Žirmunskij [Nekrolog]. — Inostr. jaz. v škole 1971, Nr. 4, S. 91.

V. M. Žirmunskij [Nekrolog]. — Izvestija 1971, Nr. 30, S. 3.

V. M. Žirmunskij [Nekrolog]. — Len. Pravda 1971, Nr. 27, S. 3.

Pamjati akademika V. M. Žirmunskogo [Zum Gedenken Akad. V. M. Žirmunskijs]. — Len. un-t 1971, Nr. 10, S. 3.

V. M. Žirmunskij [Nekrolog]. — Lit. gaz. 1971, Nr. 6.

Viktor Maksimovič Žirmunskij [Nekrolog]. — Rus. jaz. v škole 1971, Nr. 2, S. 126.

Akademik V. M. Žirmunskij [Nekrolog]. — Vestn. AN SSSR 1971, Nr. 4, S. 77—78.

Akademik V. M. Žirmunskij kak jazykoved [Akad. V. M. Žirmunskij als Sprachwissenschaftler]. — Vopr. jazykozn. 1971, Nr. 4, S. 3—14.

*

Die Bibliographie bis 1964 incl. stützt sich auf die Zusammenstellung R. I. Kuz'menkos in: V. M. Žirmunskij, Materialy k bibliografii učenych SSSR. Moskva 1965. Die Bibliographie ab 1965 und der Teil „Zur Biobibliographie" wurde nach den uns zugänglichen bibliographischen Hilfsmitteln erarbeitet und nach der während der Drucklegung erschienenen Bibliographie (1965ff.) L. E. Genins in: Philologica. Issledovanija po jazyku i literature. Leningrad 1973, überprüft und ergänzt. Der Gattin des Verstorbenen, Frau Nina Žirmunskaja (Leningrad), danken die Bearbeiter für ihre Hinweise.

Doz. Dr. phil. habil. Ernst Eichler
Eva Olaru, Bibliothekarin

Abkürzungen in der Bibliographie V. M. Schirmunski (Žirmunskij)

*Sowjetische Periodika:**

Atenej	Atenej. Leningrad
Bibliogr. listy	Bibliografičeskie listy Russkogo bibliologičeskogo obščestva. S.-Peterburg
Birž. ved.	Birževye vedomosti. S.-Peterburg
BSĖ	Bol'šaja sovetskaja ėnciklopedija. Moskva
Vestn. AN KazachSSR	Vestnik Akademii nauk Kazachskoj SSR. Alma-Ata

* Die Reihenfolge der Abkürzungen folgt hier dem russischen Alphabet.

Vestn. AN SSSR	Vestnik Akademii nauk SSSR. Moskva
Vestn. LGU, Serija ist., jaz. i lit.	Vestnik Leningradskogo universiteta. Serija istorii, jazyka i literatury
Vestn. lit.	Vestnik literatury. Petrograd
Vestn. Otd. obščestv. nauk AN GruzSSSR	Vestnik Otdelenija obščestvennych nauk Akademii nauk Gruzinskoj SSSR. Tbilisi
Več. Leningrad	Večernij Leningrad
Več. Tbilisi	Večernij Tbilisi
Vil'na Ukr.	Vil'na Ukrajina. L'viv
Visn. Odes. kom. Kraezn. UAN	Visnyk Odes'koji komisiji kraeznavstva pri Ukrajins'koji akademiji nauk
Vopr. lit.	Voprosy literatury. Moskva
Vopr. filos.	Voprosy filosofii. Moskva
Vopr. germ. filologii	Voprosy germanskoj filologii. Leningrad
Vopr. jazykozn.	Voprosy jazykoznanija. Moskva
Vorošilovgr. pravda	Vorošilovgradskaja pravda
Vost.-Sib. pravda	Vostočno-Sibirskaja pravda. Irkutsk
Golos min.	Golos minuvšego. Moskva
Gong	Gong. Samara
Den'	Den'. S.-Peterburg
Dnepr. pravda	Dneprovskaja pravda. Dnepropetrovsk
Dokl. i soobšč. In-ta jazykozn. AN SSSR	Doklady i soobščenija Instituta jazykoznanija Akademii nauk SSSR. Moskva
Družba nar.	Družba narodov. Moskva
Ezik i lit.	Ezik i literatura. Sofija
Žizn'	Žizn'. Moskva
Žizn' isk.	Žizn' iskusstva. Moskva
Za bol'š. nauku	Za bol'ševistskuju nauku. Leningrad
Zavety	Zavety. S.-Peterburg
Zap. Neofilol. ob-va pri Pg. un-te	Zapiski Neofilologičeskogo obščestva pri Petrogradskom universitete
Zap. peredviž. teatra	Zapiski peredvižnogo teatra. Petrograd
Zvezda	Zvezda. Leningrad
Zorja Poltavščini	Zorja Poltavščini. Poltava
Izv. AN AzerbSSR, Serija obščestv. nauk	Izvestija Akademii nauk Azerbajdžanskoj SSR. Serija obščestvennych nauk. Baku
Izv. AN SSSR, OLJa	Izvestija Akademii nauk SSSR. Otdelenie literatury i jazyka. Moskva
Izv. AN SSSR, OON	Izvestija Akademii nauk SSSR. Otdelenie obščestvennych nauk. Moskva—Leningrad
Izv. AN SSSR, Serija lit. i jaz.	Izvestija Akademii nauk SSSR. Serija literatury i jazyka. Moskva
Izv. VGO	Izvestija Vsesojuznogo geografičeskogo obščestva. Moskva—Leningrad
Izv. Sarat. un-ta, Ist.-filol. fak.	Izvestija Saratovskogo universiteta, Istoriko-filologičeskij fakul'tet
Izvestija	Izvestija Sovetov deputatov trudjaščichsja SSSR. Moskva

Inostr. jaz. v škole	Inostrannye jazyki v škole. Moskva
Iskusstvo	Iskusstvo. Moskva
Ist. vestn.	Istoričeskij vestnik. S.-Peterburg
Kazak ėdebieti	Kazak ėdebieti. Alma-Ata
Kazan. bibliofil	Kazanskij bibliofil
Kaliningr. pravda	Kaliningradskaja pravda
Kyjiv. pravda	Kyjivs'ka pravda
Kn. i rev.	Kniga i revoljucija. Moskva
Kn. ugol	Knižnyj ugol. Petrograd
Knigonoša	Knigonoša. Moskva
Komm. Tadž.	Kommunist Tadžikistana. Dušanbe
Kommuna (Voronež)	Kommuna. Voronež
Kommunist (Erevan)	Kommunist. Erevan
Kommunisti (Tbilisi)	Kommunisti. Tbilisi
Kr. gaz., več. vyp.	Kranaja gazeta, večernij vypusk. Leningrad
Kr. nov'.	Krasnaja nov'. Moskva
Kratkaja lit. ėnciklopedija	Kratkaja literaturnaja ėnciklopedija. Moskva
Kritika	Kritika. Char'kov
Krym. pravda	Krymskaja pravda. Simferopol'
Kul't. i žizn'	Kul'tura i žizn'. Moskva
Len. znamja (Petrozavodsk)	Leninskoe znamja. Petrozavodsk
Len. pravda	Leningradskaja pravda
Len. un-t	Leningradskij universitet
Lef	Lef. Žurnal levogo fronta iskusstv. Moskva—Leningrad
Lit. gaz.	Literaturnaja gazeta. Moskva
Lit. ežened.	Literaturnyj eženedel'nik. Petrograd
Lit. i žizn'	Literatura i žizn'. Moskva
Lit. uč.	Literaturnaja učeba. Moskva
Lit. ėnc.	Literaturnaja ėnciklopedija. Moskva
Ljubov' k trem apel'sinam	Ljubov' k trem apel'sinam. S.-Peterburg
Mol. bol'š.	Molodoj bol'ševik. Petrozavodsk
MSĖ	Malaja sovetskaja ėnciklopedija. Moskva
Mysl'	Mysl'. Moskva
Na lit. postu	Na literaturnom postu. Moskva
Nar. prosv.	Narodnoe prosveščenie. Kursk
Narody Azii i Afriki	Narody Azii i Afriki. Moskva
Nauka na Ukr.	Nauka Ukrajini. Charkiv
Naučn. izv. Akad. centra NKProsa	Naučnye izvestija Akademičeskogo centra Narkomprosa. Moskva
Načala	Načala. Petrograd
Naš vek	Naš vek. S.-Peterburg
Nov. vremja	Novoe vremja. Petrograd
Nov. lit.	Novosti literatury. S.-Peterburg
Novyj mir	Novyj mir. Moskva
Nov. ėnc. sl. Brok. Ėfr.	Novyj ėnciklopedičeskij slovar'. Brokgauz i Ėfron. S.-Peterburg

Oktjabr'	Oktjabr'. Moskva
Orlov. pravda	Orlovskaja pravda
Pb. gaz.	Peterburgskaja gazeta
Peč. i rev.	Pečat' i revoljucija. Moskva
Poljarn. pravda	Poljarnaja pravda. Murmansk
Pravda	Pravda. Organ CK KPSS. Moskva
Pravda Vostoka	Pravda Vostoka. Taškent
Pravit. vestn.	Pravitel'stvennyj vestnik. S. Peterburg, Petrograd
Prilozi za književnost, jezik, ist. i foklor	Prilozi za književnost, jezik, istorij i folklor. Beograd
Probl. vostokoved.	Problemy vostokovedenija. Moskva
Put' prosv.	Put' prosveščenija. Char'kov
Rad. arch.	Radjanśkij archiv. Charkiv
Rad. Žitomirščina	Radjanśka Žitomirščina. Žitomir
Rad. sl.	Radjans'ke slovo. Drohobič
Reč'	Reč'. S.-Peterburg
Rodn. jaz. v šk.	Rodnoj jazyk v škole. Moskva
Russk. ved.	Russkie vedomosti. Moskva
Rus. lit.	Russkaja literatura. Leningrad
Russk. molva	Russkaja molva. Peterburg
Russk. mysl'	Russkaja mysl'. Petrograd
Russk. sovr.	Russkij sovremennik. Moskva—Leningrad
Russk. filol vestn.	Russkij filologičeskij vestnik. Moskva
Russk. fol'klor	Russkij fol'klor. Moskva
Rus. jaz. v škole	Russkij jazyk v škole. Moskva
Sev. zap.	Severnye zapiski. Petrograd
Sov. vostokoved.	Sovetskoe vostokovedenie. Moskva—Leningrad
Sov. Kirgizija	Sovetskaja Kirgizija. Frunze
Sov. kn.	Sovetskaja kniga. Moskva
Sov. Moldavija	Sovetskaja Moldavija. Kišinev
Sov. tjurkologija	Sovetskaja tjurkologija. Baku
Sov. Ėstonija	Sovetskaja Ėstonija. Tallin
Sov. ėtnogr.	Sovetskaja ėtnografija. Moskva—Leningrad
Sovr. mir	Sovremennyj mir. S.-Peterburg
Soc. Donbass	Socialističeskij Donbass. Doneck
Tagil. rabočij	Tagil'skij rabočij. Nižnij Tagil
Tr. In-ta jazykozn. AN SSSR	Trudy Instituta jazykoznanija Akademii nauk SSSR. Moskva.
Uzb. tili va adabiëti masalalari	Uzbek tili va adabiëti masalalari. Taškent
Ukr. rad. enc.	Ukrajins'ka radjans'ka encyklopedija. Kyjiv
Ul'janov. pravda	Ul'janovskaja pravda
Uč. zap. LGU, Serija filol. nauk	Učenye zapiski Leningradskogo gosudarstvennogo universiteta. Serija filologičeskich nauk
Uč. zap. Len. gos. ped. in-ta	Učenye zapiski Leningradskogo pedagogičeskogo instituta im. A. I. Gercena
Šipovnik	Šipovnik. Moskva
Šljachi mistectva	Šljachi mistectva. Charkiv

Ėkran	Ėkran. Moskva
Ėnc. sl. Granat	Ėnciklopedičeskij slovar' Russkogo bibliografičeskogo instituta Granat. Moskva
Ėtnografija	Ėtnografija. Moskva—Leningrad
Junost'	Junost'. Moskva
Jaz. i lit.	Jazyk i literatura. Leningrad
Jaz. i myšl.	Jazyk i. myšlenie. Leningrad

Andere Periodika:

Acta Ling. Acad. Sc. Hung.	Acta Linguistica Academiae scientiarum Hungaricae. Budapest
Auslanddeutsche	Der Auslanddeutsche. Stuttgart
Beitr.	Beiträge zur Geschichte der deutschen Sprache und Literatur. Halle/S.
Bull. Soc. ling.	Bulletin de la société de linguistique. Paris
Čas. moderní filol.	Časopis pro moderní filologii. Praha
Demos	Demos. Berlin
Dtsch. Jb. f. Volkskunde	Deutsches Jahrbuch für Volkskunde. Berlin
Dtsch. Volkslied	Das deutsche Volkslied. Wien
Étud. Germaniques	Études Germaniques. Paris
Germanistik	Germanistik. Tübingen
Germanoslavica	Germanoslavica. Brünn, Prag, Leipzig, Wien
GRM	Germanisch-Romanische Monatsschrift. Heidelberg
Hess. Blätter f. Volkskunde	Hessische Blätter für Volkskunde. Gießen
Jb. f. Volksliedforsch.	Jahrbuch für Volksliedforschung. Berlin—Leipzig
Jivo Bleter	Jivo Bleter. New York
Különlenyomat a „Filol. közlönyböl“	Különlenyomat a „Filologiai közlönyböl“. Budapest
Language	Language. Baltimore
Lětopis Instituta za serbski ludospyt	Lětopis Instituta za serbski ludospyt. Budyšin
Literaturblatt f. germ. u. rom. Philol.	Literaturblatt für germanische und romanische Philologie. Leipzig
Mitteldt. Neueste Nachrichten	Mitteldeutsche Neueste Nachrichten. Leipzig
Neue Zeit	Neue Zeit. Berlin
Neues Rußland	Das neue Rußland. Berlin
Niederdt. Mitt.	Niederdeutsche Mitteilungen. Kopenhagen
Niederdt. Wort	Niederdeutsche Wort. Münster
Paideia (Genova)	Paideia. Genova
Pressekorrespondenz der CDU-Presse	Pressekorrespondenz der CDU Presse. Berlin
Przeglad humanist.	Przeglad humanistyczny. Warszawa
Rev. Étud. slaves	Revue des études slaves. Paris
Rev. lit. comparée	Revue de litterature comparée. Paris
Romance Philol.	Romance Philology. Berkeley, Los-Angelos
Secolul 20	Secolul 20. Bucuresti
Slav. Rev.	The Slavonic Review. London

Slav. Rundschau	Slavische Rundschau. Prag
Slavia	Slavia. Praha
Slavia orientalis	Slavia orientalis. Warszawa
Slavica Slovaca	Slavica Slovaca. Bratislava
Slov. lit.	Slovenská literatúra. Bratislava
Sov. jazykověda	Sovětská jazykověda. Praha
Spektrum	Spektrum. Mitteilungsblatt für die Mitarbeiter der Deutschen Akademie der Wissenschaften zu Berlin
Spraw. z prac nauk. wydziału nauk społecznych	Sprawozdania z prac naukowych wydziału nauk społecznych Warszawa
Sudetendtsch. Zs. f. Volkskunde	Sudetendeutsche Zeitschrift für Volkskunde. Prag
Tägl. Rundschau	Tägliche Rundschau. Berlin
Teuthonista	Teuthonista. Bonn
Türk.Tar. kurumu. Belleten	Türk Tarih kurumu. Belleten. Ankara
Világirodalmi Figyelö	Világirodalmi Figyelö. Budapest
Zs. d. Ver. f. Volkskunde	Zeitschrift des Vereins für Volkskunde. Berlin
Zs. f. Angl. u. Amerik.	Zeitschrift für Anglistik und Amerikanistik, Berlin
Zs. f. Mundartforsch.	Zeitschrift für Mundartforschung. Wiesbaden
Zs. f. slav. Philol.	Zeitschrift für slavische Philologie. Leipzig
Zs. f. Slaw.	Zeitschrift für Slawistik. Berlin
Zs. f. Volkskunde	Zeitschrift für Volkskunde. Stuttgart
Zs. Ges. f. Erdk. Berlin	Zeitschrift der Gesellschaft für Erdkunde zu Berlin
Zur neuen Schule	Zur neuen Schule. Deutsche Lehrerzeitschrift. Moskau
Życie Lit.	Życie Literackie. Kraków

Nachtrag

P. M. Melioranskij i izučenie ėposa 'Ėdigej' [P. M. Melioranskij und die Erforschung des Epos 'Ėdigej']. — In: Tjurkologičeskij sbornik 1972. Moskva 1973, S. 141—185.

Maximilian Klinkowski

24. 5. 1904 — 22. 6. 1971

Maximilian Klinkowski, eine der profiliertesten Persönlichkeiten der Phytopathologie und ein warmherziger Mensch, weilt nicht mehr unter uns!

Er, der geborene Berliner, der Schulzeit, Studium und das erste Jahrzehnt seiner wissenschaftlichen Laufbahn, eines zielstrebigen, mit außergewöhnlichem Fleiß und bewundernswerter Gründlichkeit betriebenen Forscherlebens, in Berlin absolviert hat und der seiner Vaterstadt herzlich verbunden war, beendete sein Leben auch in ihren Mauern in der Wachstation des Berliner Krankenhauses. Er, der selbst eine pflanzliche Konstitutionslehre mit seinem Lehrer und Doktorvater Friedrich *Merkenschlager*, mit dem ihn bis zu dessen Tode im heimatlichen Hauslacher Bauernhof enge geistige Beziehungen verbanden, erarbeitet hatte, hatte seine eigene Konstitution überschätzt. Rastlos und mit sich selbst unnachsichtig, im Eifer nach immer neuen Erkenntnissen, der auch nach der Emeritierung und nach der Entpflichtung von der Leitung des Instituts für Phytopathologie Aschersleben zu Beginn des vergangenen Jahres in ihm weiter brannte, hat er sich im Dienste einer geliebten Wissenschaft verzehrt. Wo immer er weilte, selbst im Urlaub und während der für ihn so notwendig gewesenen Kuren, war sein Geist mit den Problemen seiner Fachgebiete verbunden, hat er systematische Literaturstudien betrieben und Manuskripte für Vorträge und Publikationen erarbeitet. Die wenigen Stunden der Entspannung, die er sich gönnte, waren nicht ausreichend und so betrauern wir an der Forschungsstätte, die durch seine und die durch ihn inspirierte Arbeit seiner Mitarbeiter und Schüler weltbekannt wurde, der er Form und Inhalt, Wesen und Wirkung verliehen hat, die Unerbittlichkeit des Todes und den unersetzlichen Verlust. — Die Würde, die von seiner Persönlichkeit ausging, konnte mitunter einen ferner Stehenden eine gewisse Unnahbarkeit empfinden lassen. Nur wenigen hat er Einblick in die Welt seiner Gefühle gegeben und auch das nur in seltenen Stunden. Wer ihn so erlebt hat, begegnete einem warmherzigen und hilfsbereiten, persönlich äußerst bescheidenen Menschen von hoher Kultur, der der Natur in allen ihren Sphären auf das Engste verbunden war und eine tiefe humanistische Verpflichtung empfand. Sicher hat er bei allen Erfolgen, die ihm beschieden waren, und bei allen Ehrungen, die ihm zuteil wurden, das Erlebnis der Erfüllung gehabt. Ob er das empfunden hat, was man gemeinhin Glück nennt, vermag kaum jemand zu sagen. Seine stille, ernste, zurückhaltende, nicht emotionelle Art gehört zum Charakterbild eines Mannes, der bei allem Optimismus, der ihm eigen war, auch Hemmungen und Schwierigkeiten in sich zu überwinden hatte, die nur selbstkritische Menschen in sich fühlen. Die Disziplin und Ordnungsliebe seines Wesens, die Gewissenhaftigkeit und Tiefgründigkeit seines Arbeitsstils prägten sein Bild im Kreis seiner Pflichten ebenso wie im Leben der Familie. Den Anforderungen, die er an sich stellte, entsprachen auch die Forderungen an seine Mitarbeiter und Schüler. Wer diesen Ansprüchen gerecht wurde, konnte aber auch sicher sein, in jeder Weise gefördert zu werden. Die Arbeit an den wissenschaftlichen Aufgaben, von denen er die wesentlichen stets klar erkannt hat, bedeutete ihm alles. Ihr gab er sich mit allen seinen Kräften hin. Wie konnten da Erfolge ausbleiben?

Schon in den Dahlemer Jahren, die bei Emil *Werth*, Friedrich *Merkenschlager* und Karl Otto *Müller* der Sammlung, Formung und Reifung dienten, half er in vielen Untersuchungen Neuland in physiologischer, ökologischer und pathologischer Richtung zu erschließen. Sie dienten gleichermaßen in der geistigen Auseinandersetzung mit dem unheilvollen Irrlehren des Nationalsozialismus, dem alle seine Lehrer mit offener Kritik begegnet waren, der Festigung seines Weltbildes und seiner gesellschaftlichen Urteilskraft. Die Dahlemer Zeit schloß ab mit der Ernennung zum Regierungsrat und dem Ausbruch des 2. Weltkrieges, der ihn zunächst an der Front, später auf seinem Fachgebiet in der Kriegsverwaltung der besetzten Gebiete in Anspruch nahm. Nach der Niederwerfung des Hitlerregimes trat er von seinem letzten Refugium bei einer wissenschaftlichen Arbeitsgruppe in Stecklenberg aus mit K. O. *Müller*, dessen Dienststelle für angewandte Vererbungsforschung und Pflanzenzüchtung nach Aschersleben verlagert worden war, wieder in Verbindung und wurde am 1. 8. 1945 vom damaligen Präsidenten der neugegründeten Biologischen Zentralanstalt in Berlin-Dahlem, Otto *Schlumberger*, mit der kommissarischen Leitung der verwaisten Zweigstelle in Aschersleben betraut. Damit begann die zweite Phase dieses außerordentlich erfolgreichen Forscherlebens, die Phase der gehobenen Verantwortung und selbständigen Entscheidung. Sie hat ihm und der Aschersleben Einrichtung nach ihrer Aufnahme als selbständiges Institut in die Deutsche Akademie der Landwirtschaftswissenschaften zu Berlin im Jahre 1951 das endgültige Profil gegeben. Im gleichen Jahr erfolgte auch, nach früher erteiltem Lehrauftrag, die Berufung als Professor mit Lehrstuhl an die Landwirtschaftliche Fakultät der Martin-Luther-Universität Halle—Wittenberg in der Nachfolge K. O. *Müllers* auf den Lehrstuhl Julius *Kühns* und die Ernennung zum Direktor des dortigen Phytopathologischen Instituts, Ämter, von denen er nach äußerst fruchtbarer Lehr- und Forschungstätigkeit 1964 schweren Herzens Abschied nahm, um sich ganz der Leitung des Akademieinstituts in Aschersleben zu widmen. In Koordinierung mit dem Hallenser Kollektiv hat er hier frühzeitig eine planmäßige Konzentration der Forschungsarbeiten auf wenige schwerpunktmäßig betriebene Gebiete veranlaßt, in denen die Forschung an pflanzenpathogenen Viren und Virosen im Mittelpunkt stand. Sie kann als Musterbeispiel für die Effektivität von Konzentrationsmaßnahmen innerhalb einer konstruktiven Wissenschaftsorganisation gelten und hat inzwischen ihre Früchte getragen. Selten ist von einem Institutskollektiv in relativ kurzer Zeit eine solche Fülle neuer Erkenntnisse erbracht worden, die gleichermaßen den schöpferischen Grundlagen des Forschungsgebietes als auch der Praxis für Maßnahmen zur Abwehr oder Bekämpfung wichtiger Pflanzenkrankheiten zugute gekommen ist. So genießt durch die Initiative Maximilian Klinkowskis das Institut für Phytopathologie in Aschersleben in der Praxis des Pflanzenschutzes und in den sozialistischen Betrieben und Kooperationsgemeinschaften der Landwirtschaft der DDR ein ähnliches Ansehen wie in der internationalen Forschung, die es zu den führenden Instituten auf dem Gebiet der Virologie rechnet. Ebenso wie sein Institut sich an fast jeder Aktion mit Hingabe beteiligt hat, wenn es galt, gefährliche Epidemien und Kalamitäten von Schaderregern schnell unter Kontrolle zu bringen, hat es viele Probleme der Praxis auch zum Ausgangspunkt gezielter Arbeiten gemacht und ist damit zu einem erstrangigen schöpferischen Faktor für die Sicherung der Pflanzenproduktion vor wirtschaftlich wichtigen Schaderregern geworden. Weit gespannte Auslandskontakte trugen auf ihre Weise dazu bei, fachliche Anliegen auf Studienreisen, in der Delegationsarbeit auf internationalen Kongressen und auf Sitzungen von Arbeitsgruppen des RGW sowie bei der Entwicklung der Arbeitsteilung mit befreundeten Instituten in der SU und anderen Bruderstaaten in fruchtbarer Weise und zum Nutzen für die DDR zu gestalten. Allen diesen Aufgaben hat M. Klinkowski stets seine besondere Aufmerksamkeit gewidmet und dafür Sorge getragen, daß das Institut nicht nur seinen fachlichen Aufgaben, sondern auch seinen gesellschaftlichen Pflichten in zunehmender Weise und mit sichtbarem und abrechenbarem Erfolg gerecht wurde. Es ist bewundernswert, zu wieviel konstruktiver Mitarbeit in wissenschaftlichen Gesellschaften, redaktioneller Mitarbeit in wissenschaftlichen Fachzeitschriften, zu wieviel wissenschaftlichen Publikationen neben allen Aufgaben, die von ihm zu erfüllen waren, er außerdem noch Zeit fand. Veröffentlichungen, von denen die von ihm herausgegebenen Kollektiveditionen in Buchform und eigene große Beiträge in Handbüchern den Wert von Standardwerken besitzen und seinen Namen würdig an große Namen der Vorgänger anreihen. — Die Ehrungen, die dem Forscher und Menschen M. Klinkowski zuteil wurden, beginnen auf Grund der eindeutigen Gutachten international anerkannter Fachgelehrter mit seiner Wahl zum o. Mitglied der Deutschen Akademie der Landwirtschaftswissenschaften zu Berlin im Jahre 1952, in der er von 1963 bis 1969 der Sektion Acker- und Pflanzenbau sowie Pflanzenschutz als Sekretär vorstand. Es folgen als Glieder einer Kette von Auszeichnungen die Mitgliedschaften in der Sektion Biologie der Deutschen Akademie der Wissenschaften (1955), in der Deutschen Akademie der Naturforscher (Leopoldina) zu Halle (1958), im Zentralen Arbeitskreis für Forschung und Technik Mikrobiologie (1958), in der Deutschen Akademie der Wissenschaften zu Berlin (1965), die Ehrendoktorwürde der Landwirtschaftlichen Hochschule zu Hohenheim (1965) und die auswärtige Mitgliedschaft der Polska Akademia Nauk (1967). Auf Vorschlag hervorragender Gelehrter seines Faches, so Johannes *Buder* und Kurt *Mothes*, war M. Klinkowski am 5. Dezember 1960 durch das Plenum der Sächsischen Akademie der Wissenschaften zum ordentlichen Mitglied der mathematisch-naturwissenschaftlichen Klasse gewählt worden.

Alle diese Ehrungen wurden ergänzt durch hohe staatliche und andere Auszeichnungen, die 1960 mit der Verleihung des Deutschen Nationalpreises begannen und über die Verdienstmedaille der DDR (1964), die Erinnerungsmedaille zum 20. Jahrestag der Demokratischen Bodenreform (1965) bis zur Verleihung der Erwin-Baur-Medaille der Deutschen Akademie der Landwirtschaftswissenschaften (1969) führten. In der Urkunde zu dieser letzten hohen Auszeichnung ist vermerkt, daß sie dem Forscher gilt, der durch seine grundlegenden Arbeiten die Kenntnisse über pflanzliche Viren bedeutend vermehrt hat, dessen Forschungen weit über die Grenzen unseres Staates hinaus hohe Anerkennung fanden und zur Erhöhung des internationalen Ansehens der Agrarwissenschaft der DDR beitrugen sowie dem Hochschullehrer, dem die Heranbildung eines hochqualifizierten Nachwuchses stets ein besonderes Anliegen war. — In diesen Worten, wie auch in denen, die mit den anderen Berufungen und Auszeichnungen verbunden waren, prägt sich das Bild des viel zu früh von uns gegangenen Freundes und Kollegen, sein Leben und Streben wie aus Steinen eines Mosaiks. Er hat sich um die Phytopathologie, die Agrarwissenschaft und um das Ansehen unserer Republik verdient gemacht. Wir gedenken seiner und seines Lebenswerkes in tiefer Dankbarkeit.

Prof. Dr. agr. Alfred Hey

Bibliographie Maximilian Klinkowski

I. Bücher

1. Merkenschlager, F., u. Klinkowski, M., Pflanzliche Konstitutionslehre. Dargestellt an Kulturpflanzen. Paul Parey Berlin 1933. 74 Seiten.
2. Klinkowski, M., u. Lehmann, H., Kranke Luzerne. — Neumann Neudamm 1932. 132 Seiten.
3. Klinkowski, M., Schädlinge und Krankheiten an Gemüse und Obst. Berlin-Lichterfelde-West 1947. 8 gef. Blätter.
4. Klinkowski, M., Bäuerlicher Pflanzenschutz. Tabellar. Zella/Rhön u. Hünefeld 1949.
5. Klinkowski, M., Krankheiten und Schädlinge an Gemüse und Obst. Berlin-Lichterfelde-West 1949.
6. Klinkowski, M., u. Eichler, Wd., Leitfaden der Pflanzenschutzmittel und zeitgemäßer Pflanzenschutzmethoden. Erfurt 1949, 69 Seiten.
7. Behr, L., Klinkowski, M., u. Nolte, H.-W., Der Pflanzenschutz im Gemüsebau. — Schriftenreihe der Akademie der Landwirtschafswissenschaften der DDR für die Landw. Produktionsgenossenschaften, Heft 27. Berlin 1953.
8. Klinkowski, M., u. Nolte, H.-W., Obstbau. Bäuerlich-gärtnerischer Pflanzenschutz. — Zella/Rhön u. Hünefeld 1951. Nr. 6 u. 7, je 16 S.
9. Köhler, E., u. Klinkowski, M., Die Viruskrankheiten, in Sorauer, Handbuch der Pflanzenkrankheiten. Bd II, Lieferung 1, Berlin u. Hamburg 1954.
10. Klinkowski, M., u. Mitarbeiter, Pflanzliche Virologie. 2 Bände, Akademie-Verlag Berlin 1958.
11. Schick, R., u. Klinkowski, M., Die Kartoffel. 2 Bände, VEB Dt. Landwirtschaftsverlag Berlin 1961/62.
12. Klinkowski, M., Choroby wirusowe roślin [Pflanzliche Virologie] Państwowe Wydawnictwo Rolnice i Lesne Warszawa 1964, 695 Seiten.
13. Klinkowski, M., Mühle, E., u. Reinmuth, E., Phytopathologie und Pflanzenschutz, Bd I. Grundlagen und allgemeine Probleme der Phytopathologie und des Pflanzenschutzes. Akademie-Verlag Berlin 1965.

14. Klinkowski, M., Mühle, E., u. Reinmuth, E., Phytopathologie und Pflanzenschutz, Bd II. Krankheiten und Schädlinge landwirtschaftlicher Kulturpflanzen. Akademie-Verlag Berlin 1966.
15. Klinkowski, M., Pflanzliche Virologie. Bd 1. Einführung in die allgemeinen Probleme. Akademie-Verlag Berlin 1967, 388 Seiten, 2. Auflage.
16. Klinkowski, M., Pflanzliche Virologie, Bd II (Teil 1 und 2) Die Virosen des europäischen Raumes. Akademie-Verlag Berlin 1968, 457 u. 460 Seiten, 2. Auflage.
17. Klinkowski, M., Mühle, E., u. Reinmuth, E., Phytopathologie und Pflanzenschutz. Bd III. Krankheiten und Schädlinge gärtnerischer Kulturpflanzen. Akademie-Verlag Berlin 1968, 865 Seiten.
18. Klinkowski, M., Epidemien und Pandemien pflanzenpathogener Krankheitserreger in ihrer Beziehung zum Menschen. Akademie-Verlag Berlin 1971, 53 S., 41 Abb., 4 Tab. (= Abh. Sächs. Akad. Wiss., math.-nat. Kl. Bd 51, H. 4).
19. Klinkowski, M. [Hrsg.], Schmelzer, K., u. Wolf, P., Wirtspflanzen der Viren und Virosen Europas. Johann Ambrosius Barth-Verlag Leipzig 1971, 275 S. (= Nova Acta Leopoldina NF *36* [1971] Suppl. Nr. 2).

II. Aufsätze

1. Merkenschlager, F., u. Klinkowski, M. (1927): Zur vergleichenden Physiologie pflanzlicher Rassen (Fichtelgebirgshafer und v. Lochnows Gelbhafer). — Ernähr. d. Pflanze *23*, 369—371.
2. Merkenschlager, F., u. Klinkowski, M. (1927): Versuche und Versuchsergebnisse von Fichtelgebirgshafer und v. Lochnows Gelbhafer. Vergleichende Physiologie pflanzlicher Rassen. — Tafel z. vergl. Physiol. u. Pathol. d. Kulturpflanzen. O. Schlegel, Berlin, Tafel 7.
3. Klinkowski, M. (1928): Zur Saugkraft des Hafers. — Fortschr. Landwirtsch. *3*, 837—838.
4. Merkenschlager, F., u. Klinkowski, M. (1928): Sind Weißährigkeit und Dörrfleckenkrankheit des Hafers als verschiedene Krankheitsformen einer gleichen physiologischen Störungsgruppe aufzufassen? — Nachrichtenbl. Dt. Pflanzenschutzdienst. *8*, 104—105.
5. Klinkowski, M. (1929): Fichtelgebirgshafer und v. Lochows Gelbhafer. Ein physiologischer Vergleich. — Angew. Bot. *11*, 127—190.
6. Merkenschlager, F., unter Mitwirkung von Klinkowski, M. (1929): Zur Biologie der Kartoffel. II. Mitteilung. Zur Pathologie der Blattrollkrankheit. — Arb. d. BRA *17*, 345—376.
7. Merkenschlager, F., unter Mitwirkung von Klinkowski, M. (1929): Zur Biologie der Kartoffel. IV. Mitteilung. Zur Pathologie des Abbaues. — Arb. d. BRA *17*, 435—458.
8. Klinkowski, M. (1930): Die Wirkung des Eosins auf das Wurzelwachstum der Pflanze. — Angew. Bot. *12*, 224—227.
9. Klinkowski, M. (1930): Das biologische Artbild der Luzerne. — Ernähr. d. Pflanze *26*, 394—399.
10. Merkenschlager, F., u. Klinkowski, M. (1931): Zur Biologie der Kartoffel. VII. Mitteilung. Der Rückzug der Kartoffelsorte Magnum bonum nach Skandinavien im Lichte der ökologischen Abbautheorie. — Arb. d. BRA *18*, 431—463.
11. Klinkowski, M. (1931): Beiträge zur Biologie der Luzerne. — Arch. Pflanzenbau *6*, 142—164.

12. Klinkowski, M. (1931): Ein Beitrag zur Geographie der Luzerne. — Feddes rep. spec. nov. regn. veget., Beih. *62*, 82—88.
13. Schwarz, O., u. Klinkowski, M. (1931): Zur Biologie der Kartoffel. IX. Mitteilung, Kartoffel und Luzerne. Ein Vergleich zweier pflanzlicher Gegenbilder. — Arb. d. BRA *19*, 155—198.
14. Merkenschlager, F., Scheer, W., u. Klinkowski, M. (1931): Zur Biologie der Kartoffel. X. Mitteilung. Der Dahlemer Abbauboden. — Arb. d. BRA *19*, 199—210.
15. Klinkowski, M. (1931): Die Weißtüpflichkeit der Luzerne. — Mitt. Dt. Landwirtsch. Ges. *46*, 637—638.
16. Klinkowski, M. (1931): Saaz-Spalt-Hallertau. Ein Beitrag zur Ökologie des Hopfens. — Allg. Hopfen- u. Brauerztg *71*, 951—952 u. 957.
17. Marx, T., u. Merkenschlager, F., unter Mitwirkung von Schwarz, O., Hey, A., u. Klinkowski, M. (1932) Zur Biologie der Kartoffel. XII. Mitteilung. Beobachtungen und Untersuchungen über den Verlauf des Kartoffelabbaues. — Arb. d. BRA *19*, 413—492.
18. Klinkowski, M. (1932): Pflanz- und Wurzelprossenluzerne. — Züchter, *4*, 35—39.
19. Klinkowski, M. (1932): Das Areal der Luzerne in Österreich. — Fortschr. Landwirtsch. *7*, 320—322.
20. Klinkowski, M. (1932): Zur Biologie der Kartoffel. XV. Mitteilung. Beiträge zur Kenntnis der Kartoffelknollenkatalase. — Arb. d. BRA *20*, 91—99.
21. Klinkowski, M. (1932) Die biologische Stellung der Luzerne im Spiegel der Weltwirtschaft. — Arch. Pflanzenbau *9*, 234—292.
22. Klinkowski, M. (1933): Die Züchtungsforschung in der Sowjetunion. — Z. Pflanzenzücht. *18*, 419—429.
23. Klinkowski, M. (1933): Die Kartoffelknolle als Objekt der Abbauforschung. — Pflanzenbau *9*, 419—429.
24. Klinkowski, M. (1933): Die Chlorophylldefekte der Luzerne als Ausdrucksform verschiedener physiologischer Störungen. — Phytopath. Z. *6*, 531—537.
25. Klinkowski, M. (1933): Lucerne: its ecological position and distribution in the world. — Herbage publ. ser., Aberystwyth, Bull. *12*, 62 S.
26. Schwarz, O., u. Klinkowski, M. (1933): Medioago falcata L. spp. Uromovii Degen em Schw. et Klink., eine in Deutschland unbeachtet gebliebene Unterart der Sichelluzerne. — Verhandl. Bot. Mark Brandenburg *74*, 180—184.
27. Klinkowski, M., u. Richter, H. (1934): Der Stengelbrenner (Anthraknose) der Luzerne, verursacht durch den Pilz Colletotrichum trifolii. — Nachrichtenbl. Dt. Pflanzenschutzdienst *14*, 1—3.
28. Klinkowski, M. (1934): Die Eifelluzerne. Ein Beitrag zur Kenntnis der deutschen Bastardluzernen. — Pflanzenbau *11*, 172—179.
29. Klinkowski, M. (1935): Beiträge zur Kenntnis und Diagnostik nichtparasitärer Krankheitsformen der Kulturpflanzen unter besonderer Berücksichtigung der Kalimangelschäden. — Ernähr. d. Pflanze *31*, 21—29.
30. Wartenberg, I., Klinkowski, M., u. Hey, A. (1935): Der Tagessparzellenversuch. Beiträge zur Methodik der Kartoffelabbauforschung. — Angew. Bot. *17*, 74—94.
31. Klinkowski, M. (1935): Die Bechholdsche Kupferprobe als diagnostisches Hilfsmittel zur Beurteilung des Gesundheitszustandes von Kartoffelknollen. — Phytopath. Z. *8*, 421—455.
32. Klinkowski, M. (1935): Beobachtungen über „Kälteschäden" bei verschiedenen Luzerneherkünften. — Züchter *7*, 260—263.

MAXIMILIAN KLINKOWSKI

24. 5. 1904 — 22. 6. 1971

HELMUTH KULENKAMPFF

5. 12. 1895 – 12. 6. 1971

GEORG MERREM

21. 9. 1908 – 8. 7. 1971

33. Klinkowski, M. (1936): Schädlinge und Krankheitserscheinungen der Serradella. — Mitt. Landwirtsch. *51*, 12—13.
34. Klinkowski, M. (1936): Die Luzerne als Objekt der Pflanzenpathologie. — Forschungsdienst *2*, 457—474.
35. Klinkowski, M., u. Richter, H. (1937): Ein Beitrag zur Ernährungsphysiologie der gelben und der blauen Lupine. — Ernähr. d. Pflanze *33*, 81—84.
36. Hey, A., Klinkowski, M., u. Richter, H. (1937): Der Stengelbrenner der Serradella (Anthraknose). — Nachrichtenbl. Dt. Pflanzenschutzdienst *17*, 23—24.
37. Wartenberg, H., u. Klinkowski, M. (1937): Eine „Jodprobe" zur Pflanzengutbestimmung der Kartoffel. Phytopath. Z. *10*, 107—109.
38. Klinkowski, M. (1937): Ein Beitrag zur Biologie der Serradella. — Pflanzenbau *13*, 334—362.
39. Klinkowski, M. (1937): Die Konstitution der Erbse. — Ernähr. d. Pflanze *33*, 285—289.
40. Klinkowski, M. (1937): Schädigungen der Luzerne. — (1938). Pilzkrankheiten und nichtparasitäre. — Die kranke Pflanze *14*, 201—205 u. *15*, 6—9.
41. Klinkowski, M., u. Pfeil, E. (1938): Die Veränderlichkeit der chemischen Zusammensetzung unter besonderer Berücksichtigung des Alkaloidgehaltes der Lupine. — Arb. d. BRA *22*, 249—257.
42. Klinkowski, M., u. Schwarz, O. (1938): Arealbildung und systematische Stellung der Kultur- und Wildserradella. — Züchter *10*, 43—51.
43. Klinkowski, M. (1938): Das iberisch-nordafrikanische Heimatgebiet von Lupinus luteus L., Lupinus angustifoilus L., Lupinus hirsutus L., Lupinus hispanicus Boiss. et Reut. und Lupinus Rothmaleri Klink. — Züchter *10*, 113—126.
44. Richter, H., u. Klinkowski, M. (1938): Wirtelpilz-Welkekrankheit an Luzerne und Esparsette. — Nachrichtenbl. Dt. Pflanzenschutzdienst *18*, 57—58.
45. Klinkowski, M. (1938): Pflanzenzüchterische Fragen auf dem IV. Internationalen Grünlandkongreß. — Pflanzenbau *15*, 223—233.
46. Klinkowski, M., (1939): Die Bedeutung der Iberischen Halbinsel für die deutsche Pflanzenzüchtung. — Ernähr. d. Pflanze *35*, 11—15.
47. Klinkowski, M. (1939): Mehltauresistente Lupinen. — Züchter *11*, 36—37.
48. Klinkowski, M. (1939): Beobachtungen über Krankheiten und Schädlinge iberischer Wildformen von Serradella und Lupine. — Z. Pflanzenkrankh. *49*, 305—321.
49. Klinkowski, M. (1939): Laria tristiculata Fabr. an Samen der Blauen Lupine. — Nachrichtenbl. Dt. Pflanzenschutzdienst *19*, 44.
50. Griesinger, R., u. Klinkowski, M. (1939): Geographie und Cytologie des europäischen Formenkreises der Gattung Ornithopus. — Züchter *11*, 147—161.
51. Müller, K. O., Meyer, G., u. Klinkowski, M. (1939): Physiologisch-genetische Untersuchungen über die Resistenz der Kartoffel gegenüber Phytophthora infestans. — Naturwissenschaften *27*, 765—768.
52. Klinkowski, M., u. Griesinger, R. (1939): Versuche zur Erzeugung polyploider Rassen bei der Gattung Ornithopus. — Züchter *11*, 313—317.
53. Klinkowski, M. (1941): Oscar Loew 1844—1941. — Ber. Dt. chem. Ges. *74*, 115 bis 136.
54. Klinkowski, M., u. Hackbarth, J. (1941): Zur Kenntnis der züchterischen Bedeutung iberischer Wildformen von Lupinus luteus L. und L. angustifolius L. — Z. Pflanzenzücht. *23*, 579—610.
55. Lehmann, H., u. Klinkowski, M. (1942): Zur Pathologie der Luzerne. 1. Die schädlichen Rüsselkäfer (Curculionidae). — Entomol. Beihefte *9*, 1—78.

56. Klinkowski, M. (1942): Zur Frage der Fremdbefruchtung der Serradella. — Züchter *14*, 240—243.
57. Klinkowski, M. (1946): Das Kulturareal des Teestrauches. — Züchter *17/18*, 80 bis 89.
58. Klinkowski, M. (1946): Geh. Rat Prof. Dr. Dr. h. c. Otto Appel zu seinem 80. Geburtstag am 19. Mai 1947. — Züchter *17/18*, 65—67.
59. Klinkowski, M., u. Richter, H. (1947): Untersuchungen über den Wirtspflanzenkreis von Colletotrichum trifolii Bain et Essary. — Appel-Festschr. 56—58.
60. Klinkowski, M., u. Nolte, H.-W. (1947): Stärkeres Auftreten des Kartoffelerdflohes, Phylloides affinis Payk. in Mitteldeutschland. — Nachrichtenbl. Dt. Pflanzenschutzdienst NF *1*, 105—109.
61. Klinkowski, M. (1947): Die Wanderungswege des Kaffeebaumes. — Züchtung *17/18*, 246—255.
62. Klinkowski, M., u. Eichler, Wd. (1948): Starkes Auftreten des roten Weizenblasenfußes (Haplothrips tritici) in Mitteldeutschland und seine Beziehung zur Spitzentaubheit des Weizens. — Nachrichtenbl. Dt. Pflanzenschutzdienst NF *2*, 43—46.
63. Klinkowski, M. (1948): Penicillin und Streptomycin in der Pflanzentherapie. — Nachrichtenbl. Dt. Pflanzenschutzdienst NF *2*, 114—117.
64. Klinkowski, M. (1949): Der Luzernesamenbau als phytopathologisches Problem. — Anz. Schädlingskde. *22*, 17—24.
65. Klinkowski, M. (1949): Das Phytophthoraproblem. 50 Jahre deutsche Pflanzenschutzforschung. — Festschrift d. BZA, 159—164.
66. Klinkowski, M., u. Eichler, Wd. (1949): Das Auftreten der „Bohnenfliege", Hylamia platura Meigen (= oilucrura Rond.) in Mitteldeutschland im Jahre 1949. — Nachrichtenbl. Dt. Pflanzenschutzdienst NF *3*, 81—88.
67. Klinkowski, M. (1949): Die Bekämpfung der Kohlfliege mit Hexamitteln. — Nachrichtenbl. Dt. Pflanzenschutzdienst NF *3*, 130—137.
68. Klinkowski, M. (1950): Verfahren der Kartoffellagerung im baltischen Raum. — Z. Acker- u. Pflanzenbau *92*, 56—70.
69. Klinkowski, M. (1950): Versuche zur Bekämpfung der Luzerneblattgallmücke. — Nachrichtenbl. Dt. Pflanzenschutzdienst NF *4*, 55—58.
70. Nolte, H.-W., u. Klinkowski, M. (1950): Die Bekämpfung der Rübenfliege mit Ester-Präparaten. — Nachrichtenbl. Dt. Pflanzenschutzdienst NF *4*, 227—230.
71. Klinkowski, M., u. Schmelzer, K. (1951): Das Gelbnetz-Virus der Betarübe, eine bisher in Deutschland noch nicht beobachtete Viruskrankheit. — Nachrichtenbl. Dt. Pflanzenschutzdienst NF *5*, 21—24.
72. Klinkowski, M. (1951): Ein Beitrag zur Frage der Infektionsmöglichkeit des X-Virus der Kartoffel bei Wurzelkontakt. — Z. Pflanzenkrankh. *58*, 3—6.
73. Klinkowski, M. (1951): Die Wirkung des X-Virus auf den Ertrag der Kartoffelsorten Ackersegen und Voran. — Z. Pflanzenkrankh. *58*, 241—245.
74. Klinkowski, M. (1951) Theodor Roemer 1883—1951. — Nachrichtenbl. Dt. Pflanzenschutzdienst NF *5*, 181—183.
75. Klinkowski, M. (1951): Zur Frage der Ertragsbeeinflussung und der Möglichkeit der „Bodeninfektion" des X-Virus der Kartoffel. — Mitt. BZA H. 70, 59—61.
76. Klinkowski, M., u. Baumann, G. (1951): Die Nomenklatur pflanzlicher Virosen. — Nachrichtenbl. Dt. Pflanzenschutzdienst NF *5*, 121—128.
77. Stoll, K., u. Klinkowski, M. (1951): Zur Frühdiagnose der Austriebsneigung lagernder Küchenzwiebeln (Allium cepa). — Züchter *21*, 256—275.

78. Klinkowski, M., u. Nolte, H.-W. (1951): Knospenwickler als Schädlinge der Eberesche. — Nachrichtenbl. Dt. Pflanzenschutzdienst NF *5*, 212—213.
79. Klinkowski, M., u. Nolte, H.-W. (1952): Obstbau-Spritz-Kalender für Kern-, Stein- und Beerenobst. — Zella/Rhön und Hünfeld-Hessen.
80. Klinkowski, M. (1952): Möglichkeiten der Entseuchung fettfleckenkranken Bohnensaatgutes durch Antibiotika. — Mitt. BZA H. 74, 19—22.
81. Klinkowski, M., u. Hoffmann, G. M. (1952): Eine Methode zur Schorfresistenzprüfung der Kartoffel. — Züchter *22*, 92—94.
82. Klinkowski, M., u. Uschdraweit, H. A. (1952): Die Bronzefleckenkrankheit der Tomate, eine bisher in Deutschland noch nicht beobachtete Viruskrankheit. — Phytopath. Z. *19*, 269—283.
83. Klinkowski, M., u. Sedlag, U. (1953): Ein Beitrag zur Epidemiologie und Prophylaxe der Vergilbungskrankheit der Betarüben (Corium betae Homes). — Nachrichtenbl. Dt. Pflanzenschutzdienst NF *7*, 7—12.
84. Klinkowski, M. (1953): Otto Appel. — Z. Pflanzenzücht. *32*, 1—6.
85. Klinkowski, M. (1953): Das Blumenkohlmosaik. — Z. Pflanzenkrankh. *60*, 260 bis 264.
86. Klinkowski, M. (1953): Die Antibiotika und ihre Bedeutung als Beizmittel. — Mitt. BZA H. 75, 152—155.
87. Klinkowski, M., u. Behr, L. (1953): Die „Schwarzbeinigkeit" der Phaseolus-Arten. — Phytopath. Z. *20*, 405—420.
88. Klinkowski, M. (1953): Die Viruskrankheiten der Lilien. — Pflanzenschutz *5*, 104 bis 108.
89. Klinkowski, M. (1953): Entwicklung und Problematik der pflanzlichen Virusforschung. — Sitzungsber. DAL Berlin *2*, Heft 3.
90. Klinkowski, M. (1953): Alte und neue Möglichkeiten der Bekämpfung von Pflanzenkrankheiten und Pflanzenschädlingen. — Kühn-Arch. *67*, 33—49.
91. Klinkowski, M. (1954): Der Apfelmehltau und seine Bekämpfung durch Antibiotika. — Mitt. BZA H. 80, 95—98.
92. Klinkowski, M., Hey, A., u. Nolte, H.-W. (1954): Der praktische Pflanzenschutz in der Volksrepublik Bulgarien. — Wiss. Z. Martin-Luther-Univ. Halle—Wittenberg, math.-nat. Reihe *4*, 49—78.
93. Klinkowski, M. (1954): Die Inaktivierung des Tabakmosaikvirus durch pilzliche Stoffwechselprodukte. — Mitt. BZA H. 80, 162—168.
94. Klinkowski, M. (1954): Die Antibiotika und ihre Bedeutung in der Phytopathologie. — Sitzungsber. DAL Berlin *3*, H. 17.
95. Klinkowski, M., Köhler, H., u. Schrödter, H. (1955): Möglichkeiten der Desinfektion fettfleckenkranken Bohnensaatgutes durch Antibiotika unter Berücksichtigung des Einflusses meteorologischer Faktoren. — Phytopath. Z. *23*, 345—380.
96. Baumann, G., u. Klinkowski, M. (1955): Ein Beitrag zur Analyse der Obstvirosen des mitteldeutschen Raumes. — Phytopath. Z. *25*, 55—71.
97. Klinkowski, M. (1956): Chlorophylldefekte des Luzerneblattes unter besonderer Berücksichtigung des Luzernemosaikvirus (Marmor medicaginis Holmes). — Phytopath. Z. *26*, 377—400.
98. Klinkowski, M. (1956): Beiträge zur Kenntnis der Virosen der Gladiole in Mitteldeutschland. — Mitt. BBA H. 85, 139—150.
99. Klinkowski, M. (1956): Die Viruskrankheiten der Gladiole. — Gartenbauwirtsch. (Wien), Folge 6, 84—87.

100. Klinkowski, M. (1956): Wirkungsspektra und Wirkungsmechanismen der Antibiotika. — Pflanzenschutz-Kongreß Berlin, 223—240.
101. Klinkowski, M. (1956): Beiträge zur Kenntnis der Viruskrankheiten der Kartoffel, der Obstbäume und der Gladiole. — 3. Fachtagung d. Fachschule f. Pflanzenschutz Halle, 1955, 56—79.
102. Klinkowski, M. (1956): Probleme der Kartoffelpathologie. — Sitzungsber. Dt. Akad. Landwirtsch. Wiss. Berlin, *5*, H. 15.
103. Klinkowski, M., u. Köhler, H. (1956): Perspektiven der Anwendung der Antibiotika im praktischen Pflanzenschutz. — Z. Biol. *17*, 169—184 [russ.].
104. Klinkowski, M., u. Schmelzer, K. (1957): Beiträge zur Kenntnis des Virus der Tabak-Rippenbräune. — Phytopath. Z. *28*, 285—306.
105. Klinkowski, M. (1957): Ein Beitrag zur Symptomatologie und Problematik der Zierpflanzenvirosen. — Anz. Schädlingskde. *30*, 33—37.
106. Klinkowski, M., u. Opel, H. (1957): Die Gurke (Cucumis sativus L.) als Wirtspflanze des Rhabarber-Mosaik-Virus. — Z. Pflanzenkrankh. *64*, 445—451.
107. Klinkowski, M. (1957): Entwicklung und wirtschaftliche Bedeutung der pflanzlichen Virologie. — Wiss. Annal. *6*, Beihefte 46—62.
108. Klinkowski, M. (1958): Beiträge zur Kenntnis des Stolburvirus der Solanaceen. — Proc. third Conf. Potato Virus Dis. Lisse-Wageningen, 1957, 264—277.
109. Schmelzer, K., u. Klinkowski, M. (1958): Ein neuer Stamm des Tabakrippenbräune-Virus in Mitteldeutschland. — Naturwissenschaften *45*, 52.
110. Klinkowski, M. (1958): Prof. Dr. Gäumann zum 65. Geburtstag. — Dt. Landwirtsch. *9*, 552.
111. Klinkowski, M., u. Kreutzberg, Gisela (1958): Vorkommen und Verbreitung von Gramineevirosen in Europa. — Phytopath. Z. *32*, 1—24.
112. Klinkowski, M. (1959): Virosen und Pflanzenquarantäne. — Nachrichtenbl. Dt. Pflanzenschutzdienst NF *13*, 41—46.
113. Klinkowski, M. (1959): Das Rhabarbermosaik-Virus. — Verhandl. IV. Int. Pflanzenschutz-Kongr. Hamburg, 1957, *1*, 367—370.
114. Klinkowski, M. (1959): Untersuchungen über Blattfleckenkrankheiten des Usambaraveilchens. — Omagiu lui Traian Savulescu cu prilejul implinirii a 70 de ani, 355 bis 366.
115. Schmelzer, K., u. Klinkowski, M. (1959): Die Reaktion einiger Tabaksorten und Differentialwirte gegenüber den Viren der Tabakätzmosaik-Gruppe. — Züchter *29*, 229—237.
116. Klinkowski, M. (1959): Aktuelle Probleme der pflanzlichen Virusforschung. — Mitt. BBA Berlin—Dahlem, H. 97, 10—36.
117. Klinkowski, M. (1959): A necrotic type of potato virus Y. — Amer. Potato J. *36*, 297—298.
118. Klinkowski, M., u. Schmiedeknecht, M. (1960): Der falsche Mehltau des Tabaks, Peronospora tabacina Adam, eine für Deutschland bisher unbekannte Tabakkrankheit. — Nachrichtenbl. Dt. Pflanzenschutzdienst NF *14*, 61—74.
119. Klinkowski, M. (1960): Neue Erfahrungen in der Bekämpfung von Viruskrankheiten. — Förderungsdienst *8*, 199—203.
120. Klinkowski, M., u. Schmelzer, K. (1960): A necrotic type of potato virus Y. — Amer. Potato J. *37*, 221—228.
121. Klinkowski, M. (1960): Gustav-Adolf Kausche (1901—1960). — Nachrichtenbl. Dt. Pflanzenschutzdienst NF *14*, 196—199.

122. Klinkowski, M. (1960): Der Phytopathologe Julius Kühn. — Kühn-Archiv *74*, 13 bis 18.
123. Richter, J., u. Klinkowski, M. (1960): Das Tabakmosaikvirus (TMV) — Modellobjekt der pflanzlichen Virusforschung. — Zbl. Bakt. Abt. II *113*, 700—765.
124. Klinkowski, M. (1960): Die wirtschaftliche Bedeutung pflanzlicher Virosen. — Angew. Bot. *34*, 175—178.
125. Schmelzer, K., Bartels, R., u. Klinkowski, M. (1960): Interferenzen zwischen den Viren der Tabakätzmosaik-Gruppe. — Phytopath. Z. *40*, 52—74.
126. Klinkowski, M. (1960): Chroroby wirusowe roślin uprawnych. — Biul. inst. ochrony roślin Poznań *8*, 27—54, 1960.
127. Klinkowski, M. (1960): Wiruslogia roślinna. Problemy badań podstawowych i ochrony roślin. — Prace. nauk. inst. ochrony roślin Poznań *2*, 15—34.
128. Klinkowski, M. (1961): Der Blauschimmel des Tabaks (Peronospora tabacina Adam). — Dt. Landwirtsch. *12*, 229—232 u. 237—239.
129. Klinkowski, M. (1961): Tjeng Hiang Thung (1897—1960). — Nachrichtenbl. Dt. Pflanzenschutzdienst NF *15*, 73—75.
130. Klinkowski, M. (1961): Die Virussituation bei Gramineen in Europa. — Z. Pflanzenkrankh. *68*, 467—478.
131. Klinkowski, M. (1961): 40 Jahre phytopathologische Forschung in Aschersleben. — Tagungsber. DAL zu Berlin *33*, 5—16.
132. Klinkowski, M. (1961): Möglichkeiten der Inaktivierung des Tabakmosaikvirus durch chemische Agentien. — Z. Pflanzenkrankh. *68*, 553—560.
133. Hein, Alice, u. Klinkowski, M. (1961): Untersuchungen über einen Virushemmstoff aus Saccharomyces cerevisiae. — Conf. sci. problems plant protection — Budapest 1960, *1*, 145—155.
134. Klinkowski, M. (1961): Fungistatic antibiotics, especially polyenes, and plant protection. — Recent Advanc. Botany, Sec. 5, Lectures 393—396.
135. Klinkowski, M. (1962): Die europäische Pandemie von Peronospora tabacina Adam, dem Erreger des Blauschimmels des Tabaks. — Biol. Zbl. *81*, 75—89.
136. Klinkowski, M., u. Kegler, H. (1962): Viruskrankheiten der Kartoffel. — In: Schick, R., u. Klinkowski, M.: Die Kartoffel, Bd 2, 1025—1138.
137. Klinkowski, M. (1962): Die Virussituation bei Gramineen in Europa. — Schriftenreihe Karl-Marx-Univ. Leipzig zu Fragen d. soz. Landwirtsch., H. 8 „Krankheiten und Schädlinge an Futtergräsern“, S. 111—125.
138. Klinkowski, M. (1962): Virusnomenklatur und die Möglichkeiten einer internationalen Vereinbarung. — Thaer-Archiv *6*, 610—622.
139. Benndorf, E., Klinkowski, M., Schimanski, H. H., u. Wagner, S. (1962): Ein Beitrag zur Frage des Verhaltens tierpathogener Viren auf Pflanzen. — Arch. exp. Vet.-Med. *16*, 919—927.
140. Klinkowski, M. (1963): Entsprechen die phytopathologische Forschung und der praktische Pflanzenschutz in der DDR dem möglichen Höchststand? — Dt. Landwirtsch. *14*, 30—32.
141. Klinkowski, M., u. Kegler, H. (1963): Analyse der Virosen des Kern- und Steinobstes. — Forschungen u. Fortschritte *37*, 1—5.
142. Klinkowski, M. (1963): Analyse der Virosen des Kern- und Steinobstes. — Abh. Sächs. Akad. Wiss. Leipzig, Math.-Nat. Klasse *47*, H. 6, 37 S.
143. Schmidt, H. B., Richter J., Hertzsch, W., u. Klinkowski, M. (1963): Untersuchungen über eine virusbedingte Nekrose an Futtergräsern. — Phytopath. Z. *47*, 66—72.

144. Nover, Ilse, Klinkowski, M., u. Siman, Irmgard (1963): Ergebnisse der in Halle seit dem Jahre 1945 durchgeführten Forschungsarbeiten über Gelbrost (Puccinia striiformis West. = P. glumarum [Schm]. Erikss. et Henn.). — In: 100 Jahre Landw. Institute d. Univ. Halle. S. 247—263.
145. Klinkowski, M. (1963): Ernst Brandenburg (1901—1962). — Nachrichtenbl. Dt. Pflanzenschutzdienst NF *17*, 96—97.
146. Klinkowski, M., u. Kegler, H. (1963): Analyse der Viruskrankheiten von Kern- und Steinobstbäumen. — Z. allg. Biologie *24*, 313—319 [russ.].
147. Klinkowski, M. (1963): Prof. Traian Savulescu verstorben. — Dt. Landwirtsch. *14*, 410.
148. Klinkowski, M., Richter, H., u. Rabien, H. (1963): Ernst Gäumann zum 70. Geburtstag. — Phytopath. Z. *48*, 205—207.
149. Klinkowski, M. (1963): Analyse der Virosen des Kern- und Steinobstes in der DDR. — Wiss. Z. Martin-Luther-Univ. Halle, Math.-Nat. Reihe *12*, 568—569.
150. Nover, Ilse, Klinkowski, M., u. Simon, Irmgard (1964): Ergebnisse der in Halle seit 1945 durchgeführten Arbeiten über den Weizenbraunrost (Puccinia triticina Erikss. = P. recondita Rob. ex Desm.). — Z. Pflanzenkrankh. *71*, 74—89.
151. Klinkowski, M. (1964): Ernst Gäumann 1893—1963. — Dt. Landwirtsch. *15*, 153.
152. Klinkowski, M. (1964): Ernst Gäumann 1893—1963. — Nachrichtenbl. Dt. Pflanzenschutzdienst NF *18*, 79—80.
153. Klinkowski, M. (1964): Recent results of investigations of the gramineous virus diseases on the territory of the German Democratic Republic. — Plant Virology, Proc. 5th Conf. Czechoslovak Plant Virologists, Prague 1962, 312—319.
154. Klinkowski, M. (1964): Progressive Tendenzen in der Phytopathologie. — Leopoldina *6/7* (1960/1961) H. 3, 157—164.
155. Klinkowski, M. (1964): Johannes Buder zum 80. Geburtstag. — Forschungen u. Fortschritte *38*, 349—350.
156. Klinkowski, M. (1964): Die Ausarbeitung von Viruskrankheiten unserer Nutzpflanzen im europäischen Maßstab. — Sitzungsber. DAL Berlin *13*, H. 7, 5—25.
157. Klinkowski, M. (1965): Die Viren als Erreger von Pflanzenkrankheiten. In: Klinkowski — Mühle — Reinmuth: Phytopathologie und Pflanzenschutz, Bd 1, 255—283.
158. Schmidt, H. E., u. Klinkowski, M. (1965): Virosen des Hopfens (Humulus lupulus L.) in Europa. — Phytopath. Z. *54*, 122—146.
159. Klinkowski, M. (1965): In Rademacher, B.: Die Produktion pflanzlicher Naturstoffe. Stand der Forschung und Ausblicke. — Nova Acta Leopoldina NF *30*, Nr. 173, 189 bis 198.
160. Klinkowski, M. (1966): Alfred Hey — 60 Jahre. — Nachrichtenbl. Dt. Pflanzenschutzdienst NF *20*, 35—36.
161. Klinkowski, M. (1966): Prof. Dr. Ernst Reinmuth 65 Jahre. — Nachrichtenbl. Dt. Pflanzenschutzdienst (Braunschweig) *18*, 47.
162. Klinkowski, M. (1966): Die Phytoalexin-Theorie von K. O. Müller. — Abh. Sächs. Akad. Wiss. Leipzig, Math.-Nat. Klasse *49*, H. 3, 23 S.
163. Klinkowski, M. (1966): Phytoalexine: Begriffe und methodische Fragen. — Forschungen u. Fortschritte *40*, 321—327.
164. Klinkowski, M. (1966): Forschungsergebnisse und Probleme der Phytopathologie. — Sitzungsber. DAL Berlin *15*, H. 9, 48 S.
165. Kegler, H., u. Klinkowski, M. (1967): Untersuchungen zum Nachweis des virösen Birnenverfalls (pear decline). — Phytopath. Z. *58*, 293—297.

166. Klinkowski, M. (1967): Geschichtliche Entwicklung — Wirtschaftliche Bedeutung — Definition des Virusbegriffes. In: Pflanzliche Virologie (Hrsg. M. Klinkowski), Bd I: Einführung in die allgemeinen Probleme. — Akademie-Verlag Berlin, 2. Aufl., S. 1 bis 18.
167. Klinkowski, M. (1967): Bekämpfung pflanzenpathogener Viren. In: Pflanzliche Virologie (Hrsg. M. Klinkowski), Bd I: Einführung in die allgemeinen Probleme. — Akademie-Verlag Berlin, 2. Aufl., S. 266—285.
168. Klinkowski, M. (1967): Hans Sachtleben 1893—1967. — Nachrichtenbl. Dt. Pflanzenschutzdienst NF *21*, 135—136.
169. Klinkowski, M. (1967): Probleme der Kartoffelpathologie. — Leopoldina *11*, H. 3, 157—165 (1965).
170. Klinkowski, M. (1967): Viren und Bakterien als Krankheitserreger der Kulturpflanzen. — Dt. Pflanzenschutzkalender 1968, 21—30.
171. Klinkowski, M. (1967): Die Gelbverzwergung der Gerste und die Blattröte des Hafers. — Dt. Pflanzenschutzkalender 1968, 45—46.
172. Klinkowski, M. (1967): Die Buntblättrigkeit der Abutilon. — Dt. Pflanzenschutzkalender 1968, 89—90.
173. Klinkowski, M., u. Wolffgang, H. (1967): Struktur und Natur pflanzenpathogener Viren. — In: Gersch, M.: Gesammelte Vorträge über moderne Probleme der Abstammungslehre, Bd *2*, 87—109.
174. Klinkowski, M. (1967): Wyniki i problematyka badań nad fitopatogenisznymi wirusami w NRD. (Research results and problems of phytopathogenic viruses in German Democratic Republic.) — Biul. inst. ochrony roślin — Poznań, H. 37, 29—36.
175. Klinkowski, M. (1968): Untersuchungen der Viruskrankheiten der Pflanzen in der DDR und die Anwendung der Ergebnisse in der Praxis. [bulgar.]. — Min. Landw. Akad. Landw. Wiss. — Zentrum wiss. Inform. Land- u. Forstwirtsch. — Sofia, 31 S.
176. Eisenbrandt, K., Müller, H. J., u. Klinkowski, M. (1968): Eigenschaften des Hexaenantibiotikums Hexamycin. — Z. Allgem. Mikrobiol. *8*, 175—185.
177. Klinkowski, M. (1968): Eröffnung des Symposiums. — Tagungsber. DAL zu Berlin, Nr. 97, 11—18.
178. Klinkowski, M. (1969): Virus research in ornamental cultures. Problems and perspectives. — Plant Virology, Proc. 6th Conf. Czechoslovak Plant Virologists, Olomouc 1967, 179—183.
179. Klinkowski, M. (1969): Große Aufgaben in der Agrarwissenschaft. — Feldwirtschaft *10*, 452.
180. Klinkowski, M. (1969): Bericht über den I. Internationalen Kongreß für Pflanzenpathologie, London 14. bis 28. 7. 1968. — Nachrichtenbl. Dt. Pflanzenschutzdienst NF *23*, 207—215.
181. Schimanski, H.-H. u. Klinkowski, M. (1969): Hemmstoffe bodenbewohnender Actinomyceten gegen das Tabakmosaikvirus. — Zbl. Bakteriol. II. Abt. *123*, 473—500.
182. Klinkowski, M. (1970): Catastrophic plant diseases. — Annu. Rev. Phytopath. *8*, 37—60.

Zur Biobibliographie

Schriftenverzeichnisse. Siehe vorliegendes Jahrbuch, S. 270—279. — R. Bercks, in: Z. Pflanzenkrankh. u. Pflanzenschutz *79* (1972) H. 3, S. 131—135. — H. Richter, in: Phytopath. Z. *72* (1971) H. 1, S. 4—10. — Kürschners Dtsch.-Gelehrten-Kalender *8—10* u. *11* (Berlin

1970) S. 1476. — Jahrb. Sächs. Akad. Wiss. Leipzig *1957—1959* (Berlin 1961) Beilage S. 8; *1963—1965* (Berlin 1967) S. 211; *1966—1968* (Berlin 1970) S. 214—215; *1969—1970* (Berlin 1972) S. 160.

Würdigungen. Zum 60. Geburtstag: A. Hey, in: Nachrichtenblatt f. d. Pflanzenschutzdienst d. DDR NF 18 (1964) H. 2, S. 52. — W. Eichler, in: Anzeiger f. Schädlingskunde u. Pflanzenschutz *37* (1964) H. 9, S. 138—139. — O. V., Glückwunsch des ZK d. SED. In: ND *19* (1964) Nr. 141 v. 24. Mai, S. 2. — Zum 65. Geburtstag: o. V., Glückwunsch des ZK d. SED. In: ND *24* (1969) Nr. 142 v. 24. Mai, S. 2. — Allgemein: Who's who in Germany? Hrsg. v. H. G. Kliemann, S. S. Taylor *1* (München 1956) S. 626; *3* (München 1964) S. 886. — Meyers Neues Lexikon in 8 Bänden *4* (Leipzig 1962) S. 859. — Wer ist wer? Hrsg. v. W. Habel *14* (Berlin 1965) Bd II, S. 164.

Nachrufe. R. Bercks, in: Z. Pflanzenkrankh. u. Pflanzenschutz *79* (1972) H. 3, S. 129—130 (m. Bildn.). — Ders., in: Anzeiger f. Schädlingskunde u. Pflanzenschutz *44* (1971) H. 11, S. 175 (m. Bildn.). — A. Hey, siehe vorliegendes Jahrbuch S. 267—270 (m. Bildn.). — Ders., in: Nachrichtenblatt f. d. Pflanzenschutzdienst d. DDR NF *25* (1971) H. 8, S. 149 bis 152 (m. Bildn.). — H. Richter, in: Phytopath. Z. *72* (1971) H. 1, S. 1—4 (m. Bildn.). — E. Rübensam: Nachruf d. Akad. Landwirtschaftswiss. DDR. Berlin 1971. 1 S. — K. M. Silberschmidt, in: Ciência e Cultura *24* (São Paulo 1972) S. 166—167. — D. Spaar, in: Feldwirtschaft *12* (Sept. 1971) Nr. 9, S. 819 — Ders., in: Mikologija i fitopatologija *6* (1972) S. 103—104 [russ.]. — O. V., in: ND *26* (1971) Nr. 174 v. 26. Juni, S. 8.

Georg Merrem

21. 9. 1908 — 8. 7. 1971

Am 8. Juli 1971 starb das ordentliche Mitglied der Sächsischen Akademie der Wissenschaften Georg Merrem kurz vor Vollendung des 63. Lebensjahres. Als Sproß einer Familie von Naturwissenschaftlern wurde er als Sohn des Chirurgen Kurt Merrem in Königsberg geboren. Einer seiner Vorfahren, Blasius Merrem, wirkte in Duisburg und später Marburg als ordentl. Professor für Physik und Mathematik bzw. seit 1794 für Kameralwissenschaften (1785—1804) und führte 1809 die erste Magenresektion am Hund erfolgreich durch. Die Notzeit in und nach dem 1. Weltkrieg formte seine Kindheitseindrücke. 1920 übersiedelte seine Familie nach Berlin, wo er das humanistische Gymnasium besuchte und auch das Abitur ablegte. Er ist zeitlebens dem Bildungsanliegen des humanistischen Gymnasiums treugeblieben, ohne Reformnotwendigkeiten und -möglichkeiten zu verkennen. Nach Medizinstudium in Tübingen und Berlin promovierte er mit einer Arbeit über die Behandlung der multiplen Sklerose zum Dr. med. und zeigte damit sein früh ausgeprägtes neurologisches Interesse. Nach dem Staatsexamen wurde er 1932 Assistent bei Fedor Krause im Augusta-Hospital in Berlin. Diesem Lehrer hat er zeitlebens neben Heymann und Behrend ein dankbares und ehrendes Andenken bewahrt. Die Verleihung der Fedor-Krause-Medaille im Jahre 1969 betrachtete er als die höchste der ihm zuteil gewordenen Ehrungen und als Bestätigung seiner beruflichen Leistung und seiner wissenschaftlichen Arbeit durch die Fachwelt. Sie nicht persönlich entgegennehmen zu dürfen, war für den damals schon Kranken eine schwere Enttäuschung. In H. Oppenheim, dem damals führenden Neurologen und langjährigen Freund F. Krauses, fand er auf dem neurologischen Sektor seines späteren Faches Neurochirurgie einen ausgezeichneten Lehrer. Dem Einfluß Oppenheims ist es sicherlich zuzuschreiben, daß er von seinen Mitarbeitern grundsätzlich eine fundierte neurologische Ausbildung neben der operativ-chirurgischen Schulung verlangte. 1939 rückt er mit einer Kriegslazarettabteilung ins Feld und stand 6 Jahre einer Hirnchirurgentruppe vor. Die damals in der Hirn- und Nerventraumatologie gewonnenen Eindrücke und Erfahrungen kamen später seiner Tätigkeit in der Neurochirurgischen Klinik Leipzig bei der Versorgung von traumatologischen Hirn- und Nervenschäden zugute. 1949 wurde er auf Vorschlag Pfeifers nach Leipzig berufen, um eine neurochirurgische Abteilung in der Universitätsnervenklinik aufzubauen. Diese Abteilung wurde 1954 zur selbständigen Universitätsklinik. In seiner Habilitationsschrift befaßte sich Merrem mit der Chirurgie des Ventrikelsystems, spätere Arbeiten hatten die frontopolare Lobotomie, die Operabilität des multiformen Glioblastoms, das subdurale Hämatom, die operative Behandlung des Hydrocephalus, die Verletzungen des Schädels und des Gehirns, Armplexusverletzungen usw. zum Inhalt und zeugen von der weiten Steuerung seiner fachlichen Interessen. Sein Lehrbuch der Neurochirurgie ist 1968 bereits in der 3. Auflage erschienen. Besonders zu erwähnen ist auch seine neurochirurgische Operationslehre, die er zusammen mit seinem Schwiegersohn W. E. Goldhahn herausgegeben hat. Allen Mitgliedern unserer Akademie ist sein Vortrag zum Gedenken an Fedor Krause „Die parasagittalen Meningiome“ unvergeßlich, der 1971 im Akademie-Verlag Berlin erschienen nun auch gedruckt vorliegt. Die Veröffentlichungen Georg Merrems zeichnen sich durch ihre Klarheit sowie durch die kritische Einstellung auch dem eigenen Handeln gegenüber besonders aus.

In seiner verehrten Gattin Anni Merrem geb. Magedorn fand er eine verständnisvolle Helferin. Daß seine 3 Kinder sich ebenfalls der Neurochirurgie zugewandt haben, war ihm Freude und Anerkennung des eigenen Wirkens zugleich. Er war Mitherausgeber zahlreicher wissenschaftlicher Zeitschriften, Ehrenmitglied und zeitweise Vorsitzender zahlreicher medizinischer Gesellschaften und Arbeitskreise. 1960 wurde er zum Mitglied der Sektion Chirurgie der Gruppe Medizin der Deutschen Akademie der Wissenschaften ernannt. Seit Dezember 1960 ist er Mitglied der Sächsischen Akademie, seit 1963 gehört er der Akademie der Naturforscher Leopoldina an. Von 1959 bis 1961 war er Dekan der Medizinischen Fakultät der Universität Leipzig.

Bei Studenten und Fakultätskollegen genoß er wegen der Lauterkeit seiner Gesinnung und der Unbestechlichkeit seines Urteils hohes Ansehen. Er war kein Mann großer Worte und vertrat die Meinung, daß sich der Arzt in seinem Handeln zu bewähren habe. Den beruflichen Moralisten und Weltverbesserern mißtraute er. Die Schwere seiner Erkrankung blieb ihm nicht verborgen, wenngleich er, wie jeder Mensch, gehofft haben mag, daß die Götter die Dinge doch noch zum besseren wenden möchten. Er hat in den ihm gesetzten äußeren Grenzen sein Fach Neurochirurgie an der Karl-Marx-Universität zu internationaler Geltung gebracht. Eine große Zahl dankbarer Schüler verdanken ihm nicht nur eine erfolgreiche Ausbildung in der Neurochirurgie, sondern ein ärztliches Vorbild. Er hat sein Leben unbestechlich und mutig zu Ende gelebt und gelitten.

Peter Friedrich Matzen

Bibliographie Georg Merrem

1. Über die Behandlung der Multiplen Sklerose mit Germanin (Bayer 205). Inaug. Diss. Berlin v. 20. 12. 1932. 49 S.
2. Klinische Erfahrungen mit „Ponopasin". Med. Welt, *9* (Berlin 21. Dez. 1935) Nr. 51, S. 1848.
3. Über aseptische postoperative Meningitis bei cystischen und zerfallenden Blastomen. Dtsch. Zschr. Chir., *247*, 105—112, 1936.
4. Klinische Erfahrungen mit Läsiolanwundsalbe. Med. Welt *10* (Berlin 8. Febr. 1936) Nr. 6, S. 200.
5. Steckschußoperationen unter dem Boloskop. Chirurg. *14*, 689—695, 1942.
6. Die frontopolare Lobotomie in der Praxis. — Psych. Leipzig *2*, 257—263, 1950.
7. Die Chirurgie des Ventrikelsystems als Ergebnis histopathologischer Beobachtungen und neurochirurgischer Erfahrungen. — Habilitationsschrift Leipzig 1950. IV, 86 S., 19 Abb. und 27 Röntgenbilder.
8. Die Operabilität des multiformen Glioblastoms. — Psych. Leipzig *3*, 361—363, 1951.
9. Die Hirnkammeröffnung bei Epilepsieoperationen (Ventrikelapertur). — Psych. Leipzig *5*, 39—42, 1953.
10. u. H. G. Niebeling: Ergebnisse der Hirngewebswiderstandsmessung. — Zbl. Neurochir. *13*, 193—206, 1953.
11. Chronische und subdurale Hämatome im Jugendalter nach Kopfballspiel beim Fußballsport. — Zbl. Chir. *79*, 1029—1034, 1954.
12. Die Stellung der Neurochirurgie in der Chirurgie und in der Neurologie. — Dtsch. Ges. Wesen *9*, 109—111, 1954.
13. Zur Beurteilung von Hirndruckzuständen. — Dtsch. Ges. Wesen *10*, 1075—1080, 1955.
14. Indikationsstellung zur Encephalographie, Ventrikulographie und Angiographie. — Psych. Leipzig *7*, 230—233, 1955.
15. Chirurgie der Geschwülste des Gehirns, heutiger Stand und weitere Entwicklung. — Dtsch. Ges. Wesen *11*, 1097—1102, 1956.
16. Hirnkammerdrainage nach Torkildsen. — Zbl. Chir., *81*, 1499—1502, 1956.
17. Die Versorgung der Trepanationslücke mit Fremdknochen. — Acta neurochir., Suppl. *III*, 31—35, 1955.
18. Die Verletzung des Schädels und des Gehirns, in: Die Chirurgie des Traumas, Bd *II*, 1—67, Berlin 1956.
19. Symtomatologie der peripheren Nervenverletzungen, in: Die Chirurgie des Traumas, Bd *II*, 913—937, Berlin 1956.
20. Die Behandlung des Hirndrucks in der neurochirurgischen Praxis. — Wiss. Zschr. d. Universität Leipzig *7*, 59—62, 1957.
21. Aus der Neurochirurgie des Kindesalters. — Kinderärztl. Praxis, Sonderband. Düsseldorf, Leipzig, Heidelberg 1957, S. 146—148.

22. Das Schädel-Hirn-Trauma in der Wiederherstellungschirurgie, in: Die Chirurgie des Traumas, Bd *III*/I, 1—52, Berlin 1958.
23. Die Nervenschädigungen in der Wiederherstellungschirurgie in: Die Chirurgie des Traumas, Bd *III*/2, 967—990, Berlin 1958.
24. Die Behandlung von Hirndruckzuständen. — Moderne neurologisch-psychiatrische Therapie. Berlin 1959, 50—61.
25. Amaurose bei Stauungspapille. — Zschr. ärztl. Fortbild. 1959.
26. Fortschritte in der Gehirnchirurgie. — Jahreskongreß 1959 f. ärztl. Fortbildung, 277 bis 279, Berlin 1960.
27. Querschnittslähmungen bei Tumoren und Pseudotumoren des Spinalkanals. — Wiss. Zschr. d. Universität Leipzig, math.-nat. R. *9*, 523—528, 1959—1960.
28. Lehrbuch der Neurochirurgie. — 1. Aufl. Berlin 1960, XI, 401 S.; 2. verb. u. erw. Aufl. Berlin 1964. 463 S.; 3. Aufl. Berlin 1970, 485 S., 412 Abb.
29. Die klinisch-biologische Wertigkeit der Hirngeschwülste. — Berlin 1962, Ber. Sächs. Akad. Wiss., math.-nat. Kl. Bd 105, H. 2, 23 S.
30. Zur Diagnose seltener Krankheitsprozesse im Sellabereich. — Klin. Mbl. Augenheilk. *141*, 379—388, 1962.
31. Die Tracheotomie in der Neurochirurgie. — Zbl. Chir. *88*, 1963.
32. Einteilung der Schädel — Hirn — Verletzungen. — Berlin: Medizin und Sport. 1963.
33. 70 Jahre anteganglionäre Trigeminusdurchtrennung nach *Krause-Hartley*. — Zbl. Chir. *88*, 1963.
34. Zur Behandlung offener Hirnverletzungen. — Zbl. Chir. *88*, 1—8, 7 Abb., 1963.
35. Wundheilungsstörungen bei Schädeltrepanationen. — Zbl. Chir. *89*, 1750—1752, 1964.
36. u. H. Fried: Die Neurochirurgische Klinik der Karl-Marx-Universität Leipzig. Aufbau u. Ergebnisse von 1949—1964. — Leipzig 1964. 116 S.
37. Ein Trepanationsinstrument aus dem Jahre 1810. — Zbl. Neurochir. *26*, 147—152, 1965.
38. u. H. G. Niebeling: Fernableitung menschlicher Hirnströme. Erfahrungen und weitere Entwicklung in der Hirnchirurgie. — Forschungen und Fortschritte *39*, 321—325, 1965.
39. Neurochirurgische Klinik, in: Wiss. Z. Karl-Marx-Universität Leipzig, math.-nat. R. *14*, 155—156, 1965.
40. u. W.-F. Goldhahn: Neurochirurgische Operationen. — Leipzig 1966. XII, 330 S. m. 149 ganzseitigen Tafeln m. 455 Einzeldarstellungen.
41. Die Mitarbeit des Ophthalmologen und Otologen in der Neurochirurgie. — Dtsch. Ges. Wesen *21*, 1373—1376, 1966 u. in: Chirurgie der Infektionen. Leipzig 1968. S. 197 bis 223.
42. Erblindung bei Schädel-Hirn-Traumen. — Klin. Mbl. Augenheilk. *148*, 382—383, 1966.
43. Die eitrigen Erkrankungen im Bereich des Zentralnervensystems und seiner Hüllen. — Z. f. Ärztliche Fortbildung *61*, 1122—1126, 1966.
44. Mit Präzision und Können. — Deine Gesundheit *9*, 266—269, 1967.
45. Chirurgie des zentralen Nervensystems. — Deine Gesundheit *9*, H. 4, 1967.
46. Seltene neurochirurgische Krankheitsbilder im Kindes- und im jugendlichen Alter. — Wiss. Z. d. Karl-Marx-Universität Leipzig, math.-nat. R. *16*, 67—68, 1967.
47. Leningrader Impressionen. Zum Allunionskongreß für Neurochirurgie in Leningrad Nov. 1968. — Humanitas *8*, H. 26 v. 21. Dez., S. 8, 1968.
48. Spätergebnisse nach Feilegung von Armplexusverletzungen. — Zbl. f. Neurochir., *29*, 85—89, 1968.

49. Die parasagittalen Meningiome. Zum Gedächtnis des Begründers der Deutschen Neurochirurgie Professor Fedor Krause 1957—1937. — Acta Neurochirurgica *23*, 203—216, m. 11 Abb., 1970.
50. [Hrsg.] Chemische, physikalische und radiologische Probleme in der Neurochirurgie. Tagung der Neurochirurgen in der DDR 1965. Leipzig 1966. X, 255 S., 174 Abb. (= Beiträge zur Neurochirurgie, H. 13).

Dr. med. Bernd Merrem

Zur Biobibliographie

Schriftenverzeichnisse. B. Merrem, siehe vorliegendes Jahrbuch S. 282—284. — Chirurgenverzeichnis. Hrsg. v. A. Hübner. 4. Aufl. Berlin 1958. S. 558. — Jahrbuch Sächs. Akad. Wiss. *1957—1959* (Berlin 1961) Beilage S. 9; *1960—1962* (Berlin 1964) S. 283; *1966—1968* (Berlin 1970) S. 217; *1969—1970* (Berlin 1972) S. 162. — Kürschners Dtsch. Gelehrten-Kalender *10* (Berlin 1966) S. 1582—1583; *11* (Berlin 1970) S. 1942.

Würdigungen. Zum 60. Geburtstag: D. Müller-Hegemann, in: Psychatrie, Neurologie u. med. Psychologie *20* (Leipzig 1968) H. 9, S. 321. — O. V., in: Sächs. Tageblatt *23* (Leipzig 1968) Nr 222 v. 21. Sept. — Zur Verleihung der Fedor-Krause-Medaille am 5. Juli 1969: H. W. Pia, in: Acta Neurochirurgica *23* (1970) S. 199—201. — Allgemein: G. Strauß: Bei Prof. Dr. Merrem zu Besuch. In: Universitäts-Ztg KMU Leipzig *2* (1958) 3. Okt., S. 3. — Ww.: Gedanken um das Medizinstudium. In: Leipziger Volks-Ztg *16* (1961) 18. Mai, S. 7 (m. Bildn.). — O. V.: Prof. Dr. Merrem schrieb nach Mainz. Ebda v. 23. Febr. — O. V.: Stets vor Augen. Ebda v. 21. Sept. — O. V.: Hirnchirurgen tagten. In: ND *18* (1963) 6. Juli. — Chirurgenverzeichnis. Hrsg. v. A. Hübner. 4. Aufl. Berlin 1958. S. 557 bis 558.

Nachrufe. P. F. Matzen, siehe vorliegendes Jahrbuch S. 280—282 (m. Bildnis). — Ders., in: Informatik. Nova acta Leopoldina *37/1* (1972) Nr. 206, S. 30—31. — H. W. Pia, in: Acta Neurochirurgica *25* (1971) S. 123—124 (m. Bildn.). — W. Usbeck, in: Zbl. Neurochir. *32* (1971) H. 5/6, S. 297 (m. Bildn.). — G. Wiemers, in: Mitteldeutsche Neueste Nachrichten *20* (Leipzig 1971) Nr. 163 v. 13. Juli, S. 6. — K. J. Zülch, in: Zbl. Neurochir. *32* (1971) H. 5/6, S. 299.

Helmuth Kulenkampff

5. 12. 1895 — 12. 6. 1971

Am 12. Juni 1971 verstarb im 76. Lebensjahr das auswärtige, früher ordentliche Mitglied der mathematisch-naturwissenschaftlichen Klasse, Dr. phil. Helmuth Kulenkampff, em. o. Professor der Physik an der Julius-Maximilians-Universität Würzburg, Träger der Röntgenplakette (1965), Mitglied der Bayerischen Akademie der Wissenschaften in München.

Am 5. 12. 1895 in Bremen geboren, legte er am dortigen Neuen Gymnasium 1914 seine Reifeprüfung ab. Im nächsten Jahr nahm er das Studium der Physik an der eben gegründeten Universität Frankfurt a. Main auf und setzte es nach Unterbrechung durch Kriegsdienst von 1916—1919 an der Universität München fort. Schon 1922 promovierte er dort bei E. Wagner, der damals die Vertretung des Röntgenschen Lehrstuhls innehatte, mit einer Dissertation über das kontinuierliche Röntgenspektrum, ein Thema, das ihn zeit seines Lebens gefesselt hat.

Es folgten Assistentenjahre an der Technischen Hochschule München bei Jonathan Zenneck und 1926 die Habilitation für das Fach Physik mit einer Untersuchung über die Energieabgabe von Elektronen beim Durchgang durch Materie, in der u. a. die Energie der Ionenpaarbildung für mittelschnelle Elektronen (35 eV) mitgeteilt wurde, eine für die Röntgendosimetrie bis heute wichtige Größe.

Im Jahre 1932 wurde Kulenkampff zum außerordentlichen Professor ernannt und 1936 erhielt er einen Ruf als Ordinarius an die Universität Jena auf den Lehrstuhl von Max Wien, den er schon ein Jahr lang kommissarisch geleitet hatte und bis zur Verlagerung des ganzen Instituts durch die abziehende amerikanische Besatzung (1945) nach Heidenheim (Württemberg) innehatte. Während der Jenaer Jahre wurde er (19. 6. 1943) zum ordentlichen Mitglied der Sächsischen Akademie der Wissenschaften zu Leipzig gewählt. Bereits 1946 erging an Kulenkampff der Ruf an die Universität Würzburg auf den ehemals Röntgen'schen Lehrstuhl.

Die Situation, die Kulenkampff hier vorfand, war schwierig, obwohl das Physikalische Institut von der Zerstörung, die die Stadt in so starkem Maße betroffen hatte, verschont geblieben war. Aber es war im wesentlichen noch das Institut, das Kohlrausch 70 Jahre zuvor gebaut hatte, konnte also in keiner Weise modernen Ansprüchen genügen. Jedoch gelang Kulenkampff durch seine Beharrlichkeit und sein wissenschaftliches Ansehen trotz der überall vorhandenen Notlage der Ausbau des Institutes zu einer leistungsfähigen Lehr- und Forschungsstätte, die z. B. zwei Elektronenbeschleuniger (30 MeV-Betatron und Bandgeneratur) zur Untersuchung der Röntgenbremsstrahlung im Bereich höherer Energie besaß. In diesem Wirkungskreis verblieb er bis zu seiner Emiritierung 1964 unter Ablehnung eines Rufes nach Darmstadt.

Wie schon erwähnt, war einer der Schwerpunkte der Forschungsarbeit von Kulenkampff die Aufklärung des Elementarprozesses der Röntgenbremsstrahlung. Die hierbei erzielten Erfolge in der immer genaueren Bestimmung der Energie- und Winkelverteilung sowie der Polarisation sind nicht nur dem Einsatz immer neuer experimenteller Hilfsmittel und genauerer Meßmethoden zu verdanken, sondern namentlich in den Münchner Jahren einer beispielhaften Zusammenarbeit zwischen Experimentatoren und Theoretikern, wobei der damalige Mitarbeiter des Experimentalphysikers Zenneck die Schüler des Theoretikers Sommerfeld durch neue Messungen anregte und seinerseits die daraufhin entwickelten Vorstellungen experimentell prüfen konnte. Denjenigen, die diese Phase der Münchner Physik miterlebt haben, steht sie noch heute als selten erreichtes Ideal in Erinnerung.

Einen anderen Schwerpunkt der Untersuchungen bilden seit etwa 1930 die Arbeiten über die kosmische Strahlung. Hier gelang Kulenkampff vor allem die Deutung des zunächst schwerverständlichen Absorptionsverhaltens der harten Komponente als relativistische Zeitdilatation beim Zerfall der Müonen. Dieser Effekt gilt heute als besonders einfache Bestätigung der aus der Lorentz-Transformation folgenden Zeitdilatation.

Kulenkampff, der nicht verheiratet war und bis kurz vor der Emeritierung in seinem Institut wohnte, ging ganz in der Physik und seinen Aufgaben als Hochschullehrer auf. Für diese Belange trat er kompromißlos und uneigennützig ein. Dabei war er von außerordentlicher Gewissenhaftigkeit, die nur völlig ausgereifte Arbeiten zur Veröffentlichung zuließ, gepaart mit großer Bescheidenheit und ungewöhnlicher Abneigung gegen Publizität, die dazu führte, daß es kein reproduktionsfähiges Bild von ihm gibt.*) Um so höher muß man bewerten, daß er in den schweren Jahren des Aufbaus das Amt des Dekanes übernahm.

G. E. R. Schulze

*) Nach einer freundlichen Mitteilung seines Nachfolgers, Herrn Prof. Dr. M. M. Scheer, der mir auch das Schriftenverzeichnis und weitere Unterlagen in liebenswürdiger Weise zur Verfügung gestellt hat.

Bibliographie Helmuth Kulenkampff

E. Wagner u. H. Kulenkampff: Die Intensität der Reflexion von Röntgenstrahlen verschiedener Wellenlängen an Kalkspat und Steinsalz. — Ann. d. Phys. *68* (1922) 369—413.

H. Kulenkampff: Über das kontinuierliche Röntgenspektrum [Gek. Dissertation]. — Ann. d. Physik *69* (1922) 548—596.

H. Kulenkampff: Die Wellenlänge gestreuter Röntgenstrahlen. — Z. Physik *19* (1923) 17—19.

H. Kulenkampff: Bemerkungen über die Reflexion von Röntgenstrahlen an Bromkaliumkristallen. — Phys. Zeitschrift *26* (1925) 657—658.

H. Kulenkampff: Vergleichende Untersuchungen über die Energie und die luft-ionisierende Wirkung von Röntgenstrahlen verschiedener Wellenlänge. — Ann. d. Physik *79* (1926) 97—142.

H. Kulenkampff: Über die Ionisierung von Luft durch Röntgen- und Kathodenstrahlen. — Ann. d. Physik *80* (1926) 261—278.

H. Kulenkampff: Untersuchungen der kontinuierlichen Röntgenstrahlung dünner Aluminiumfolien. — Ann. d. Physik *87* (1928) 597—637.

H. Kulenkampff: Bemerkung zum Diamagnetismus der edelgasartigen Ionen. — Ann. d. Physik *1* (1929) 192—194.

H. Kulenkampff: Untersuchungen über die kontinuierliche Röntgenstrahlung. Physik. Zeitschrift *30* (1929) 513—515.

H. Kulenkampff u. B. Woernle: Ein Ionisationsspektrometer für langwellige Röntgenstrahlen. — Physik. Zeitschrift *30* (1929) 551—554.

H. Kulenkampff: Bemerkungen zum Absorptionsgesetz der durchdringenden Höhenstrahlung. — Physik. Zeitschrift *30* (1929) 561—567.

H. Kulenkampff: Bemerkungen zur Ionisierungswirkung schneller Elektronen (Vortrag zur Deutschen Physikertagung in Prag). — Physik. Zeitschrift *30* (1929) 777—780.

H. Kulenkampff: Bemerkungen zum Intensitätsverlauf der Ultrastrahlung in großen Höhen. — Die Naturwissenschaften *21* (1933) 25—26.

H. Kulenkampff: Untersuchungen an Ultrastrahlungskorpuskeln. — Zeitschrift f. techn. Physik *15* (1934) 572—573.

H. Kulenkampff: Ein einfaches registrierendes Mikrophotometer. — Physik. Zeitschrift *36* (1935) 56—59.
H. Kulenkampff: Beobachtungen über den Durchgang der Ultrastrahlung durch Materie. — Zeitschr. f. techn. Physik *16* (1935) 391—393.
H. Kulenkampff: Betrachtungen zur Röntgen-Bremsstrahlung. — Ann. d. Physik *33* (1938) 600—606.
H. Kulenkampff: Betrachtungen über die harte Komponente der kosmischen Strahlung. — Z. Physik *120* (1943) 561—579.
H. Kulenkampff: FIAT Rev. German Sci. (1939—46). — „Physics of the electron shells III" *95—130* (1948) X-Rays.
H. Kulenkampff u. L. Schmidt: Die Energieverteilung im Spektrum der Röntgenbremsstrahlung. — Ann. d. Physik *43* (1943) 494—512.
H. Kulenkampff: Zur Summationswirkung bei der Röntgenbremsstrahlung vieler gleichartiger Schichten. — Z. angew. Physik *3* (1951) 118—122.
H. Kulenkampff, M. Scheer, R. Schittenhelm: Untersuchung der räumlichen Verteilung der Röntgen-Bremsstrahlung einer 5 MeV-Elektronenschleuder. — Z. Physik *129* (1951) 202—218.
H. Kulenkampff u. W. Spyra: Energieverteilungen rückdiffundierter Elektronen. — Z. Physik *137* (1954) 416—425.
H. Kulenkampff u. K. Rüttiger: Energie- und Winkelverteilung rückdiffundierter Elektronen. — Z. Physik *137* (1954) 426—434.
H. Kulenkampff, S. Leisegang, M. Scheer: Polarisation der Röntgen-Bremsstrahlung einer dünnen Antikathode. Z. Physik *137* (1954) 435—444.
R. Fuchs u. H. Kulenkampff: Zur Energieverteilung im Spektrum der Röntgen-Bremsstrahlung. — Z. Physik *137* (1954) 583—587.
R. Decher u. H. Kulenkampff: Untersuchung zur Ionisierungswirkung schneller Elektronen. — Z. Physik *137* (1954) 638—648.
H. Amrehn u. H. Kulenkampff: Energieverteilung im Spektrum der Röntgen-Bremsstrahlung dünner Antikathoden in Abhängigkeit von Ordnungszahl und Spannung. — Z. Physik *140* (1955) 452—464.
R. Kerscher u. H. Kulenkampff: Spektrum und Richtungsverteilung der Röntgen-Bremsstrahlung einer dünnen Antikathode. — Z. Physik *140* (1955) 632—641.
H. Doffin u. H. Kulenkampff: Untersuchungen zur Richtungsverteilung der Röntgen-Bremsstrahlung. — Z. Physik *148* (1957) 496—503.
H. Kulenkampff u. K. Rüttiger: Untersuchung der Energieverteilung rückdiffundierter Elektronen an dünnen Metallschichten. — Z. Physik *152* (1958) 249—260.
G. Harigel, H. Kulenkampff, M. Scheer, J. Seyerlein: Zur Erzeugung von Röntgen-Bremsstrahlung aus der Innenantikathode eines Betrons. — Naturwissenschaften *45* (1958) 508—509.
H. Kulenkampff, M. Scheer, E. Schrufer, J. Seyerlein: Energieverteilung im Spektrum der Röntgen-Bremsstrahlung eines 35 MeV-Betatrons. — Naturwissenschaften *45* (1958) 509.
H. Kulenkampff, M. Scheer, E. Zeitler: Ergänzung zur Sommerfeldschen Theorie der Röntgen-Bremsstrahlung. — Z. Physik *157* (1959) 275—282.
H. Kulenkampff: Eine einfache Ableitung für die Voreilung des Intensitäts-Maximums bei der Röntgen-Bremsstrahlung. — Z. Physik *157* (1959) 282—285.
H. Kulenkampff u. D. Röss: Verbesserte Messung des Spektrums der Röntgenbremsstrahlung dünner Antikathoden bei 34 keV. — Z. Physik *161* (1961) 424—427.

H. Kulenkampff u. W. Zinn: Polarisation der Röntgen-Bremsstrahlung dünner Antikathoden bei 35 und 45 keV. — Z. Physik *161* (1961) 428—438.
K. Felbinger, H. Kulenkampff, M. Scheer, E. Schrüfer: Ein magnetisches Compton-Spektrometer zur Untersuchung hochenergetischer Röntgen-Bremsstrahlung. — Nucl. Instr. Meth. *10* (1961) 295—300.
H. Kulenkampff: Das kontinuierliche Röntgenspektrum. In: Handbuch der Physik. Hrsg. v. H. Geiger u. K. Scheel *23* (Berlin 1933) 2. Teil, S. 142—206.

Dr. Achim Brix
Prof. Dr. Max Martin Scheer

Zur Biobibliographie

Schriftenverzeichnisse. A. Brix, M. M. Scheer, siehe vorliegendes Jahrbuch S. 286—288. — Kürschners Dtsch. Gelehrten-Kalender *11* (Berlin 1970) S. 1646. — Poggendorffs Handwörterbuch VI_2 (Berlin 1937) S. 1430; $VII_a{}^2$ (Berlin 1958) S. 965—966.

Würdigungen. Zum 65. Geburtstag: H. Raether, in: Physikal. Blätter *16* (1960) S. 644—645. — Allgemein: Wer ist wer? Hrsg. v. W. Habel *14* (Berlin 1962) S. 849; *15* (Berlin 1967) S. 1080; *16* (Berlin 1970) S. 714.

Nachrufe. W. Rollwagen, in: Jahrbuch Bayer. Akad. Wiss. *1972.* München 1972. S. 280 bis 282 (m. Bildn.). — M. M. Scheer, in: Physikal. Blätter *27* (1971) S. 424—425. — G. E. R. Schulze, siehe vorliegendes Jahrbuch S. 284—286 (m. Bildn.). — W. Uhlmann: Nachruf der Bayerischen Julius-Maximilians-Universität Würzburg. Würzburg 1971. 2 S.

Philologisch-historische Klasse

Rudolf Fischer

18. 12. 1910 — 2. 8. 1971

Am 2. August 1971 verstarb in Erfurt das ordentliche Mitglied der Sächsischen Akademie der Wissenschaften Rudolf Fischer, em. Professor mit Lehrstuhl der Slawistik an der Karl-Marx-Universität Leipzig.

Wir trauern um einen angesehenen Gelehrten und Hochschullehrer, dessen zu früh vollendetes und doch so erfülltes Leben von beeindruckender Kontinuität und Geschlossenheit geprägt ist. Der in der Nähe der damaligen deutsch-tschechischen Sprachgrenze in Westböhmen aufwachsende und sodann an der Deutschen Universität zu Prag von 1929 bis 1935 studierende Rudolf Fischer wurde von jung auf mit den Problemen einer damals spannunggeladenen Nachbarschaft zweier Völker vertraut und in deren latente Auseinandersetzungen einbezogen. Er war noch in der Habsburgermonarchie geboren worden und hatte als Achtjähriger die Errichtung der ersten Tschechoslowakischen Republik miterlebt, der nun auch seine Heimat angehörte, deren historisch ungewöhnlich stark belastete komplizierte Situation nach echter Vermittlung und aufrichtigen Vermittlern verlangte, um das Zusammenleben der beiden Nationen zu erleichtern. Unter diesem Aspekt erwies sich die Wahl seiner Studienfächer als eine fast logisch zu nennende Konsequenz, die auch den in Prag solide ausgebildeten und an deutschen höheren Schulen der Republik die tschechische Staatssprache, seine deutsche Muttersprache und Geschichte lehrenden jungen Professor auszeichnete.

Der gleichen völkerverbindenden Aufgabe, „Vorurteile abzubauen und Verständigung zu fördern", diente von Anfang an ebenso die Beschäftigung mit seinem wissenschaftlichen Spezialgebiet, der Ortsnamenforschung, in der sich die wissenschaftliche und wissenschaftspolitische Verpflichtung seines Lebens schließlich am deutlichsten und bleibendsten manifestieren sollte. Sie hatte in Prag eine gute Tradition. Seine Lehrer, vor allem der Slawist Ferdinand Liewehr und der Germanist Erich Gierach, waren anregende Onomastiker, die Studenten in ihre Forschungen planmäßig einbezogen und eine Reihe von Kreisen der deutschbesiedelten Gebiete der Tschechoslowakei namenkundlich systematisch aufbereiten ließen. Fischers Staatsexamensarbeit und Dissertation zählten mit ihren gründlichen philologischen und bereits die Siedlungsgeschichte nicht vernachlässigenden Untersuchungen der Ortsnamen des Kreises Falkenau und — ausgeweitet und prinzipieller — der Landschaft des Egerlandes zu den besten, die aus der Prager Schule hervorgingen und deshalb gedruckt wurden, und zwar in den „Germanoslavica" (1936f.) und in den Reihen „Sudetendeutsches Ortsnamenbuch" (1938) und „Forschungen zur sudetendeutschen Heimatkunde" (1940). Die „Namenkunde des Egerlandes" erschien freilich erst, als der „Anschluß" des „Sudetenlandes" vollzogen und Werke des Ausgleichs zwischen Deutschen und Tschechen nicht mehr erwünscht waren.

In der langen Liste seiner Veröffentlichungen entdeckt man unschwer auch dann noch die Dominanz der „böhmischen" Thematik, als Fischer in Thüringen und Sachsen Fuß gefaßt hatte. Die Orts- und Familiennamen vor allem Westböhmens greift er immer wieder auf, und die deutsch-slawischen Beziehungen demonstriert er nach wie vor gern an solchem böhmischen Material. Andererseits erkennt er früh die Möglichkeiten und Notwendigkeiten einer systematischen Erforschung des Namengutes in den deutsch-slawischen Kontaktzonen überhaupt und in breiteren historischen und geographischen Zusammenhängen. Dafür bieten sich ihm jetzt die ehemals slawisch besiedelten Gebiete der DDR und namentlich die ergiebigen, aber in der Vergangenheit onomastisch unzulänglich beachteten Einzugsbezirke der Sächsischen Akademie der Wissenschaften an. Und in ihrem Präsidenten Theodor Frings, der übrigens ebenfalls aus einem — obwohl historisch anders strukturierten, germanoromanischen — Sprachgrenzgebiet stammte und sich in Leipzig nunmehr mit einer für ihn sprachgeschichtlich interessanten „slawischen" Vergangenheit konfrontiert sah, findet er den kompetenten germanistischen Partner und Förderer. Mit ihm zusammen übernimmt er bereits 1954, kurz nach seiner Berufung an die Karl-Marx-Universität Leipzig und „dem Jahre eines festen Bundes der Slawistik mit der Germanistik", die Leitung des staatlichen Forschungsauftrags „Deutsch-slawische Forschungen zur Namenkunde und Siedlungsgeschichte", der gleichzeitig in der wissenschaftlichen Verantwortung der Historischen Kommission der Sächsischen Akademie verankert ist.

Damit wird Rudolf Fischer mit dieser Akademie eng verbunden, schon bevor er

1955 zu deren ordentlichem Mitglied gewählt wird. In Leipzig kann Fischer nun all das, was ihm in jungen Jahren als erstrebenswert vorgeschwebt haben mag, großzügig verwirklichen. Und diese Realisationen wahrhaft beispielhaften Gehalts und Umfangs verdienen in der Tat höchste Anerkennung und sichern Fischer einen vorderen Platz nicht nur in den Annalen der Sächsischen Akademie der Wissenschaften, sondern ebenso in der Geschichte der deutschen und internationalen Onomastik und Slawistik.

Fischer hat mit einem relativ kleinen Stab hauptamtlich tätiger junger Slawisten, Germanisten und Historiker und unter Einbeziehung externer Mitarbeiter, vieler Lehrerstudenten und Diplomanden, Doktoranden und mehrerer Habilitanden zugleich eine umfangreiche und vorbildliche wissenschaftsorganisatorische Arbeit entfaltet. Der Erfolg dieser zielstrebigen Bemühungen ist aus der die namenkundlich bearbeiteten Kreise markierenden Karte der DDR (vgl. Namenforschung heute. Ihre Aufgaben und Ergebnisse in der Deutschen Demokratischen Republik. Berlin 1971, hinter S. 116) leicht ablesbar: Die Kreise im „Süden der DDR (der früheren sächsischen, thüringischen und anhaltischen Gebiete)", die arbeitsteilig in der Leipziger Zuständigkeit liegen, sind in ihrer weit überwiegenden Mehrzahl — bis 1969 waren es sechzig — monographisch behandelt worden, während umgekehrt in den mittleren und nördlichen Gebieten der DDR, für die Reinhold Trautmann Pionierdienste geleistet hatte, die untersuchten Kreise noch die Ausnahme bilden. Fischer selbst steuerte zu der von ihm mit Theodor Frings ins Leben gerufenen, im Auftrag der Historischen Kommission der Sächsischen Akademie der Wissenschaften zu Leipzig herausgegebenen und inzwischen (1971) auf 26 Bände angewachsenen Schriftenreihe „Deutsch-slawische Forschungen zur Namenkunde und Siedlungsgeschichte" den Band Nr. 1, „Ortsnamen der Kreise Arnstadt und Ilmenau" (1956), sowie, zusammen mit K. Elbracht, den Band Nr. 10, „Die Ortsnamen des Kreises Rudolstadt" (1959), bei und lieferte damit seinen Schülern Musterbeispiele für ihre Untersuchungen, die in zunehmendem Maße — ganz im Sinne Fischers — von der sich konsolidierenden Zusammenarbeit verschiedener Disziplinen, unter anderen der Linguistik, der Geschichtswissenschaft, der Namengeographie und der Soziologie, profitierten, damit stets aussagekräftiger wurden und bereits zu von Fischer selbst und vornehmlich von seinen Schülern vollzogenen sehr relevanten Synthesen in verschiedenen Teilbereichen führten. Erwähnt seien einerseits nur z. B. die Analysen der aus den Namen zu ermittelnden slawisch-deutschen Lautsubstitutionsverhältnisse mit überzeugenden weitgehenden Folgerungen aus dieser Lautersatzlehre etwa für die Rekonstruktion des nicht unproblematischen Altsorbischen sowie für die deutsche und sorbische Mundarten- und Hochsprachengeschichte und -geographie und andererseits die beachtlichen siedlungs- und territorialgeschichtlichen Erträge für das gesamte namenkundlich erschlossene Gebiet und darüber hinaus.

Fischers den eigentlichen Neubeginn signalisierende Jenaer Habilitationsschrift „Probleme der Namenforschung an Orts- und Flurnamen im westlichen Böhmen und in seiner Nachbarschaft" (gedruckt 1952) ist zwar im wesentlichen noch eine Nachlese früherer Forschungen aus dem Kreis Elbogen, will aber nun neuen Betrachtungen dienen und einer fortschreitenden Wissenschaft nutzbar gemacht werden, wie es im Vorwort heißt. Und „was an den böhmischen Beispielen dargetan wurde, ist für die Ortsnamen aller anderen Länder, auf die sich die mittelalterliche deutsche Kolonisation erstreckte, von Belang. In manchen Namen, die bisher fragwürdig waren oder auch deutsch erklärt wurden, kann noch altes slawisches Sprachgut erschlossen werden, wenn die im Volke überlieferten Namensformen unter Auswertung der slawisch-deutschen Lautbeziehungen gründlicher als bisher studiert werden und wenn die Mundart als sichere Hilfe in vollem Maße genützt wird: nicht dogmatisch, sondern unter Berücksichtigung aller möglichen Veränderungen im Bewußtsein des Volkes." Arnstadt und Ilmenau manifestieren dann den Schritt zu den Gegebenheiten und Forderungen des Raumes, in den sich der stets aufgeschlossene Gelehrte mit seinem soliden wissenschaftlichen und methodologischen Fundus gestellt sah und den systematisch zu erschließen er mit frischem Wagemut begann.

Abgesehen von den laufenden Informationen in den Sitzungen der philologisch-historischen Klasse berichtet er übrigens mit Vorliebe auch dem Plenum der Akademie über sein zentrales Anliegen: 1958 äußert er sich in einer beeindruckenden Zusammenschau zu den „Erkenntnissen und Aufgaben der slawischen Namenforschung", der es nicht um bloße Namen gehe, sondern um die Verpflichtung, die Geschichte des Landes in einem entscheidenden Abschnitt aufzuhellen und die Beziehungen des deutschen Volkes zu seinem Nachbarn tiefer zu ergründen, um die Klärung des Verhältnisses von Deutschen und Slawen, um die Betrachtung der mittelalterlichen „Kolonisation" unter gesellschaftlichem Aspekt und um die Würdigung des gemeinsamen Werkes slawischer und deutscher Bauern in den Gebieten östlich der Saale. „Die slawistische Namenforschung muß über die philologische Kleinarbeit hinaus immer mehr eine Wissenschaft gesellschaftlicher Zusammenhänge und historischer Schicksalsfragen werden", „in Abkehr von der nationalistischen Alternative auch die große Kolonisation des Mittelalters als eine gemeinsame Leistung slawischer und deutscher Bauern" werten und „auch die historischen Beziehungen zwischen Slawen und Deutschen in ihrem Klassencharakter erkennen". Diese grundsätzlich neue Sicht auf eine in der Vergangenheit häufig mißbrauchte, irregeführte und irreführende Spezialdisziplin, die schon J. Grimm als das vielleicht Allerschwerste in der Sprachforschung, immer aber anziehend und auch verführerisch bezeichnet hatte, erscheint Fischer überhaupt erst möglich, nachdem „die Umgestaltung der Wissenschaft und Forschung in der DDR, die Veränderung im Denken und das von Grund auf neue Verhältnis zu den slawischen Völkern die Voraussetzungen für eine unbefangene und großzügige Sichtung sowohl des slawischen wie das deutschen Namengutes" schufen. Und nach dem interessanten Exkurs 1966 über den Namen Leibniz und damit in die Familiennamenforschung, die gründlicher zu betreiben er wiederholt forderte, ergriff er am 14. 10. 1968 noch einmal die Gelegenheit, über sein liebstes Kind, die „deutsch-slawischen Forschungen", rückblickend und mit berechtigtem Stolz zu sprechen. Dieser warmherzige Nachruf auf Theodor Frings sollte freilich zugleich Fischers Abschiedsrede sein. Sie schloß mit den Worten: „Der Wunsch, daß deutsche und slawische Philologie einander ergänzen und die Völker in wachsender Solidarität das Gemeinsame hüten und pflegen mögen, war der Wunsch auch von Theodor Frings. Und mit diesem Wunsche seien die Forschungen weitergeführt." Er gilt in vollem verpflichtendem Maß nunmehr auch für Rudolf Fischers Nachfolge, die von ihm sorgsam und weitblickend dazu erzogen worden ist, sein Werk ohne Bruch weiterzuführen.

Diese fruchtbare Konzentration auf die Namenforschung schloß kontinuierliche Informationen über die laufenden Vorhaben des Arbeitskreises und über onomastische und siedlungsgeschichtliche Ereignisse, ausführliche Bibliographien, regelmäßige Arbeitstagungen mit internationaler Beteiligung ebenso ein wie die immer intensiver werdende Kooperation vor allem mit polnischen, tschechischen und slowakischen Onomastikern, eine umfängliche Herausgebertätigkeit (vgl. das 1965 begründete Gemeinschaftswerk von Wissenschaftlern der DDR und der VR Polen „Onomastica Slavogermanica" mit bisher 6 Bänden, davon der 5. Band als Festgabe zu Fischers 60. Geburtstag) und die engagierte Präsenz des Leiters, der 1961 Mitglied des Comité International des Sciences Onomastiques (CISO) mit Sitz in Leuven (Belgien) wurde, und einzelner seiner Mitarbeiter auf verschiedenen Fachveranstaltungen ein. Es wäre aber zweifellos unbillig, zu vergessen, daß Fischer auch manchen anderen slawistischen Problemen nachging, die sich vor allem aus seinem stets wachen Bewußtsein der Mittlerfunktion des deutschen Slawisten ergaben und die er einmal, 1965, im Titel eines Aufsatzes auf die einfache Formel brachte: „Tschechische Germanistik und deutsche Bohemistik — Wissenschaften des Zueinander", wobei man statt „Bohemistik" auch für Fischer „Slawistik" zu setzen berechtigt wäre, obwohl ihm, dem unentwegten Bohemisten aus innerer Berufung, auch hier die deutsch-tschechischen und die böhmischen Belange im Vordergrund standen. So lieferte er zwar aufschlußreiche literaturgeschichtliche Beiträge etwa zum Komplex Schiller und Puschkin sowie überhaupt zu Schillers Widerhall in der russischen Literatur, worüber er im Plenum und in der öffentlichen Sitzung der Akademie 1957 referierte, verfolgte jedoch bald und wiederholt die bisher unbefriedigend geklärten Spuren Schillers in Böhmen und seine Gestaltung böhmischer Geschichte, behandelte verständnisvoll Persönlichkeit und Vermittlerfunktion Louis Fürnbergs, war Mitarbeiter in bohemicis bei Meyers Neuem Lexikon und verfaßte, was dem erfahrenen Pädagogen und ehemaligen Tschechisch-, Russisch- und Deutschlehrer nicht schwerfiel, für Deutsche eine gute gestraffte tschechische Elementargrammatik (1954, 2. Aufl. 1970) sowie ein klug zusammengestelltes tschechisches Lesebuch (1954) als Band 1 und 2 der von ihm mitbegründeten „Slawistischen Bibliothek", das „Taschenbuch" „Wir lernen tschechisch sprechen" (1963, 5. Aufl. 1968) sowie ein handliches tschechisch-deutsches Wörterbuch (1963, 4. Aufl. 1968). Mit B. Havránek gab er 1965—1968 die Reihe „Deutsch-tschechische Beziehungen im Bereich der Sprache und Kultur" heraus. Aus seiner Feder stammen nicht zuletzt und keineswegs überraschend ferner nützliche Abhandlungen verschiedenen Umfangs und Notizen über deutsche und mit der deutschen Slawistik verbundene nichtdeutsche Slawisten in Vergangenheit und Gegenwart, namentlich über den „Vater der deutschen Slawistik" August Schleicher und dessen Wirken in Prag und Jena, über Vorgänger Fischers auf dem Leipziger slawistischen Lehrstuhl, August Leskien, Matthias Murko und Reinhold Trautmann, über den bulgarischen Leskien-Schüler Stojan Romanski, mit spürbarer Liebe und Anteilnahme über seinen

Prager Lehrer, den Bohemisten und Politiker des Ausgleichs Franz Spina, „der die Notwendigkeit der Erforschung der deutsch-slawischen und insbesondere der deutsch-tschechischen Kulturbeziehungen früh erkannte und gewillt war, ein Werk der Völkerverständigung bis zum letzten zu verteidigen". Diese und viele andere „kleine" Gelegenheitspublikationen, in die nicht selten eigene Erinnerungen einfließen, werden zu willkommenen Bausteinen für die wechselvolle Geschichte der deutschsprachigen Slawistik, der Rudolf Fischer an die vier Jahrzehnte in Forschung und Lehre treu und unermüdlich gedient hat und die er in der Deutschen Demokratischen Republik als Hochschullehrer in Jena und Leipzig, als langjähriger Direktor des Slawischen Instituts der Karl-Marx-Universität Leipzig, seit ihrer Gründung (1956) als Mitherausgeber der „Zeitschrift für Slawistik" und als Mitglied zentraler Gremien maßgeblich mitgestaltet hat.

Rudolf Fischer, Träger des Vaterländischen Verdienstordens (1961), gebührt die vorbehaltlose Anerkennung für sein imponierendes Lebenswerk, das in seinen entscheidenden und reifsten Phasen innig mit der Sächsischen Akademie der Wissenschaften zu Leipzig verknüpft war, der er sich herzlich verpflichtet fühlte. Sie bot ihm die voller Dankbarkeit und Initiative überreich genutzte Chance, ein gut Teil seiner weitgreifenden Pläne optimal zu verwirklichen und auf dem schwierigen Gebiet der Namenforschung breit ausstrahlende Pionierarbeit zu leisten. Er hat damit auch das nationale und internationale Ansehen seiner Akademie gemehrt. Sie wird ihm immer ein ehrendes Angedenken bewahren.

Herbert Peukert

Bibliographie Rudolf Fischer

1936

Slavische Ortsnamen des Egerlandes. — Germanoslavica *4* (1936) S. 43—78; *5* (1937) S. 52—70.

1937

Sigenot-Bruchstücke von Maria-Kulm. — Zs. f. deutsches Altertum u. deutsche Literatur Bd *74* (1937) H. 4, S. 271—274.

1938

Die Ortsnamen des Bezirkes Falkenau. — In: Sudetendeutsches Ortsnamen-Buch, hrsg. von Erich Gierach u. Ernst Schwarz. H. 4. Reichenberg 1938. 75 S.

1940

Zur Namenkunde des Egerlandes. Die slawischen Ortsnamen des Egerlandes und ihre Auswertung für die Lautlehre und Siedlungsgeschichte. Reichenberg—Leipzig 1940. 80 S. (Forschungen zur Sudetendeutschen Heimatkunde. Allg. Reihe 9.).

1951

Namen aus Böhmen: Die Ortsnamen des Bezirkes Elbogen. — BNF *3* (1951/52) S. 310—321; *4* (1953) S. 69—78.

Zur Frühgeschichte Böhmens. Wo lag die Canburg des Jahres 805? — WZ Jena *1* (1951/52), S. 67—68.

1952

Ein Beitrag zur Geschichte der ČSR. Bergbau und Besiedlung im westlichen Böhmen. — WZ Jena *4* (1952/53) S. 107—111.

Friedrich Engels und die Namenforschung. — WZ Jena *4* (1952/53) S. 25/26.

Ortsnamen an der Gera. Charakteristische Namen Thüringens. — WZ Jena *3* (1952/53) S. 163—165.

Ortsnamen in Thüringen. Zur „Deutschen Namenforschung" von Ernst Schwarz. — WZ Jena *2* (1952/53) S. 165—166.

Probleme der Namenforschung an Orts- und Flurnamen im westlichen Böhmen und in seiner Nachbarschaft. — Leipzig o. J. [1952] 59 S. [Jenaer Habilitationsschrift 1950, angenommen 1951].

Um die Hedanstraße! — Das Volk (Arnstadt) 7. 2. 1952, Nr. 32.

Zur Geschichte der tschechischen Sprache. — WZ Jena *1* (1952/53) S. 107—109; RU *6* (1953) S. 52—56.

Zur „Deutschen Namenforschung" von Ernst Schwarz. — WZ Jena *2* (1952/53) S. 165—166.

[Rez.:] H. H. Bielfeldt: Die Quellen der alttschechischen Alexandreis. Berlin 1951. — DLZ *73* (1952) Sp. 150—152.

[Rez.:] Antonín Profous: Místní jména v Čechách. Jejich vznik, původní význam a změny. Bd 1.2. Praha 1947/49. — DLZ *73* (1952), S. 437—439.

1953

Jena und Leipzig in der Slawistik. — WZ Leipzig *3* (1953/54) S. 153—156.

Der Name Jena. — BNF *4* (1953) S. 176—179.

Ortsnamen in Thüringen. — Natur und Heimat *4* (1953) S. 106—107.

Slawisches Sprachgut westlich der Saale. Der Name Längwitz. — Wiss. Annalen *2* (1953) S. 99—105; Rozhlad *3* (1953) S. 69—70.

1954

Aus dem Nachlaß August Schleichers: Tschechische Familiennamen. — BNF *5* (1954) S. 51—60.

Namen der Regio Egrana vel Hebana. — PBB *76* (1954) S. 180—198.

Die slawischen Sprachdenkmäler Deutschlands. — Lětopis A/*2* (1954) S. 3—17.

Tschechische Grammatik. Leitf. zur Einf. in die tschech. Sprache. Halle (Saale) 1954. VI, 86 S. (Slawistische Bibliothek. Nr. 1.); 2., neubearb. Aufl. unt. Mitw. von Adolf Kařízek. 1970. 104 S.; 3., durchges. Aufl. 1972. 106 S.

Tschechisches Lesebuch. Auswahl aus einem Jahrtausend tschechischen Schrifttums. Halle (Saale) 1954. 158 S. (Slawistische Bibliothek. Nr. 2.).

[Rez.:] Feste und Volksbräuche der Sorben. — Natur u. Heimat *7* (1954) S. 225.

1955

Die älteste Besiedlung des Kreises Arnstadt nach dem Zeugnis seiner Namen. — Arnstädter Kulturbote (Juni 1955) S. 4—6.

Slawisch-deutsches Zusammenleben im Lichte der Ortsnamen. — BNF *6* (1955) S. 26—35.

Zur Erforschung des westlichen Slawentums. — FuF *29* (1955) S. 17—19.

Zur Geschichte des Arnstädter Kreisgebietes. — Arnstädter Kulturbote (Dezember 1955) S. 6—8.

1956

Die Auswertung der slawischen Ortsnamen in Deutschland. Vorträge auf der Berliner Slawistentagung (1954). — Veröff. d. Inst. f. Slawistik an der Dt. Akad. d. Wiss. zu Berlin, hrsg. von H. H. Bielfeldt, *8* (Berlin 1956) S. 218—232.

Ein „Leipziganin". — Freie Welt *17* (1956) S. 19.

Erlebnisse August Schleichers in der Bach'schen Ära. Dem Wegbereiter der deutschen Slawistik zum Gedenken. — ZfSl Bd *1* (1956) H. 1, S. 101—107.

Familiennamen des westlichen Böhmens. — BNF *7* (1956) S. 62—67.

K referátu o příručce „Tschechische Grammatik" [Teilwiedergabe einer Berichtigung]. — Slovo a slovesnost *17* (1956) H. 2, S. 125.

Orte der Kreise Arnstadt und Ilmenau in erster urkundlicher Erwähnung. — Kulturspiegel Arnstadt (April 1956) S. 13—14.

Ortsnamen der Kreise Arnstadt und Ilmenau. DS *1* (Halle [Saale] 1956), 121 S.

Tschechische Germanistik und deutsche Bohemistik — Wissenschaften des Zueinanders. — Wiss. Annalen *5* (1956) S. 266—274.

[Rez.:] Adolf Bach: Deutsche Namenkunde. Bd *1. 2.* Heidelberg 1952—1954. — ZfSl *1* (1956) H. 2, 139—142.

[Rez.:] Hans Bahlow: Schlesisches Namenbuch. Kitzingen/M. 1953. — ZfSl *1* (1956) H. 3, S. 120—121.

[Rez.:] Jan Bělič: Dolská nářeči na Moravě. Praha 1954. — DLZ *77* (1956) Sp. 425—426.

[Rez.:] Václav Machek: Česká a slovenská jména rostlin. Praha 1954. — ZfSl Bd *1* (1956) H. 3, S. 118—120.

[Rez.:] Onomastica Nr. 1. Wrocław 1955. — DLZ *77* (1956) Sp. 269—270.

[Rez.:] Helmut Preidel: Die Anfänge der slawischen Besiedlung Böhmens und Mährens. I (Gräfelfing b. München 1954). — ZfSl *1* (1956) H. 2, S. 146—149.

[Rez.:] Emanuel Šimek: Chebsko — dnešní nejzápadnější slovenské území — v staré době. Brno 1955. — ZfSl Bd *1* (1956) H. 3, S. 122—126.

[Rez.:] Ján Stanislav: Slovenský juh v stredoveku. Bd 1—2. Turčiansky Sv. Martin 1943. — ZfSl *1* (1956) H. 2, S. 149—150.

Ferdinand Liewehr zum 60. Geburtstag. — ZfSl Bd *1* (1956) H. 4, S. 3—8.

1957

Alte Ortsnamen der oberen Saalegegend. — BNF 8 (1957), S. 174—179.

Namen des Bezirkes Marienbad. — PBB *79* (1957) Sp. 330—348. [Sonderband].

Slawische Namen an der Ilm. — ZfSl *2* (1957) S. 386—390.

Slawistische Publikationen aus der Tschechoslowakei. — ZfSl *2* (1957) S. 253—254.

Stojan Romanski — Schüler Leskiens. — ZfSl *2* (1957) S. 3—4.

Zur Erklärung fraglicher Bestimmungswörter in Ortsnamen [des Kreises Rudolstadt]. — — BNF *8* (1957) S. 296—301.

[Rez.:] Adolf Bach: Deutsche Namenkunde. Bd 3. Heidelberg 1956. — ZfSl *2* (1957) S. 629.

[Rez.:] Hans Bahlow: Namenforschung als Wissenschaft. Neumünster 1955. — ZfSl *2* (1957) S. 273—274.

[Rez.:] France Bezlaj: Slovenska vodna imena. Bd 1: A—L. Ljubljana 1956. — ZfSl *2* (1957) S. 628.

[Rez.:] Rudolf Große: Die meißnische Sprachlandschaft. Halle (Saale) 1955. — ZfSl *2* (1957) S. 271—272.

[Rez.:] Antonín Profous und Jan Svoboda: Místní jména v Čechách. Bd 4. Praha 1957. – ZfSl *2* (1957) S. 622–626.

[Rez.:] Heinrich Schuberth: Das Slawenproblem für das nördliche Oberfranken. Hof (Saale) 1956. – Die Welt der Slaven *2* (1957) S. 219–220.

[Rez.:] F. P. Šiller: Friedrich Schiller. Žizn' i tvorčestvo. Moskva 1955. – ZfSl *2* (1957) S. 151–152.

[Rez.:] St. Stančev [u. a.]: Nadpisŭt na čŭrgubilja Nostič. Sofija 1955. – ZfSl 2 (1957), S. 272–273.

1958

[Vorw.] Fahrten nach Weimar. Slawische Gäste bei Goethe. Auswahl aus Briefen, Berichten und Aufzeichnungen. Mit einem Vorwort von R. Fischer u. mit Anm. von P. Kirchner u. R. Ziemann. Weimar 1958. 170 S.

Schillers Widerhall in der russischen Literatur. Berlin 1958. – (Ber. über die Verhandlungen d. SAW zu Leipzig. Phil.-hist. Kl. Bd 103, H. 5.) 26 S.; [Kurzreferat in:] DLZ *78* (1957) H. 5, Sp. 465–466.

Stand und Kritik der slawischen Onomastik in Deutschland. – Slavjanskaja filologija. Sbornik statej. Bd *2* (Moskva 1958) S. 200–216.

[Rez.:] Walther Haupt u. Joachim Huth: Das Zinsregister des Klosters Marienstern. Bautzen 1957. – ZfSl *3* (1958) S. 150–153.

[Rez.:] Onomastica. [Bd I, II/1, Wrocław 1955/56]. – ZfSl *2* (1957) S. 629–630.

[Rez.:] Ernst Schwarz: Sudetendeutsche Familiennamen aus vorhussitischer Zeit. Köln–Graz 1957. – BNF *9* (1958) S. 316–318.

1959

Deutsch-russische Beziehungen im Bereich der Literatur. Schiller und Puschkin. – WZ Leipzig *9* (1959/60) S. 73–76; Weimarer Beitr. *3* (1960) S. 603–611.

Erkenntnisse und Aufgaben der slawistischen Namenforschung. Mit e. Bibliographie d. LNA. Berlin 1959. – (Ber. über die Verhandlungen der SAW zu Leipzig. Phil.-hist. Kl. Bd 105, H. 1) 34 S.

Familiennamen der Lausitz: – ZfSl *4* (1959) S. 596–603; Studia Onomastica Monacensia Bd III (VI. Internationaler Kongreß für Namenforschung, München, 24.–28. August 1958), Kongreßbericht Bd II. München 1961, S. 274–283; Resümee in: Programm des VI. Internationalen Kongresses für Namenforschung in München, 1958, S. 63.

Freundschaft Leipzig–Sofia. Zur Erinnerung an Stojan Romanski. – WZ Leipzig *9* (1959/60) S. 749–750.

Germanoslawistische Namenforschung. (Leistungen der Leipziger Slawistik der Gegenwart. Bibliographie [Stand vom 13. 10. 1959]). – WZ Leipzig *9* (1959/60) S. 80–82.

Leipzig – Stätte der Vermittlung. – Börsenblatt f. d. dt. Buchhandel Nr. 126 (1959), S. 355 bis 356.

Leistungen der Leipziger Slawistik der Gegenwart. Bibliographie. – WZ Leipzig *9* (1959/60) S. 77–82. [Gemeinsam mit E. Eichler].

Die Ortsnamen des Kreises Rudolstadt. – DS *10* (Halle 1959) 131 S. [Gemeinsam mit Karl Elbracht].

Schiller und Böhmen. Berlin 1959. (Ber. über d. Verhandlungen d. SAW zu Leipzig. Phil.-hist. Kl. Bd 105, H. 3.) 27 S.

Schillers Aufenthalt in Böhmen. Zum Schillerjahr 1959. – FuF *33* (1959) S. 210–214; WZ Leipzig *8* (1958/59) S. 459–463.

Slavjanskaja filologija v Lejpcige v 1957/1958 g. — VJa *1* (1959) S. 143—144.

Das Slawische Institut der Karl-Marx-Universität Leipzig. — In: Festschr. zur 550-Jahrfeier d. Karl-Marx-Universität Leipzig 1959. S. 84—86.

Slawische Wissenschaft in Deutschland. Matthias Murkos Leipziger Berufung. — In: Karl-Marx-Universität 1409—1959. Beitr. z. Universitätsgeschichte. Bd *2* (Leipzig 1959) S. 49—56.

Slawisches Sprachgut in schlesischen Familiennamen. — WZ Leipzig *9* (1959/60) S. 223 bis 225; I Międzynarodowa Slawistyczna Konferencja Onomastyczna w Krakowie w dniach 22—24 października 1959. Księga referatów. Wrocław—Warszawa—Kraków 1961, S. 29—35.

Zur Geschichte slawischer Stämme und Stammesnamen. — ZfSl *4* (1959) S. 424—427.

Zur Schillerfeier in Prag 1859. — WZ Leipzig *9* (1959/60) S. 583—585; Weimarer Beitr. *2* (1960) S. 278—283.

Zur Toponomastik in der Sowjetunion. — ZfSl *4* (1959) S. 286—287.

Bibliographie der Leipziger namenkundlichen Arbeitsgruppe (bis zum 31. 12. 1958). In: R. Fischer, Erkenntnisse und Aufgaben der slawistischen Namenforschung (1959) S. 25 bis 34.

[Rez.:] Bohuslav Havránek [u. a.]: Výbor z české literatury od počátků po dobu Husovu. Praha 1957. — ZfSl *4* (1959) S. 766—768.

[Rez.:] Václav Machek: Etymologický slovník jazyka českého a slovenského. Praha 1957. — Lětopis A/*6* (1959) S. 227—229.

[Rez.:] Pravidla českého pravopisu. Praha 1957. — ZfSl *4* (1959) S. 129—131.

1960

Deutsch-polnische Verbindung im Zeichen Weimars. F. Th. Bratraneks Begleitbrief zu seiner Besprechung der „Ahnenfeier“ von Mieckiewicz für Ottilie Goethe. — FuF *34* (1960) S. 209—210.

Nicht nur Bewährungsprobe für den Nachwuchs. [Slawistische und germanoslawistische Dissertationen]. — UZ Leipzig *4* (1960) Nr. 49, S. 3.

Schillers Gestaltung böhmischer Geschichte. — Weimarer Beitr. Sonderheft (1960) S. 196 bis 205.

Stojan Romanskis Leipziger Promotion zum 50jährigen Doktorjubiläum am 28. März 1958. — In: Ezikovedskoetnografski izsledvanija v pamet na akad. St. Romanski (Sofija 1960) S. 13—14.

Bericht über die II. Arbeitskonferenz der Internationalen Onomastischen Kommission beim Internationalen Slawistenkomitee in Berlin vom 17.—19. 10. 1961. — Onoma *9* (1960/61) S. 333; BNF *13* (1962) S. 206.

Bericht über die 6. und 7. Jahrestagung der Leipziger namenkundlichen Arbeitsgruppe. — Onoma *9* (1960/61) S. 334—337. [Gemeinsam mit W. Fleischer].

Lektorenkonferenz „Wege zur Verbesserung des Russischunterrichts“. — UZ Leipzig *4* (1960) Nr. 44, S. 2.

Bibliographia Onomastica 1960. — Onoma *10* (1962/63) S. 34—52. [Gemeinsam mit anderen].

[Rez.:] E. Kranzmayer: Ortsnamenbuch von Kärnten. Bd 1. 2. Klagenfurt 1956—1958. — ZfSl *5* (1960) S. 129—133.

[Rez.:] F. Mětšk: Serbsko-pólska rěčna hranica w 16. a 17. lětstotku. Budyšin 1958. — ZfSl *5* (1960) S. 576—577.

[Rez.:] E. Petrů: Z rukopisných sbírek Universitní knihovny v Olomouci. Praha 1959. — ZfSl *5* (1960) S. 631—632.

[Rez.:] Zpravodaj Místopisné komise ČSAV. Praha 1960ff. — ZfSl *5* (1960) S. 577—578.

Walther Freymann [Nekrolog]. — ZfSl *5* (1960) S. 481.

Eugen Häusler 65 Jahre. — ZfSl *5* (1960) S. 1—2.

1961

Bilanz zum Tag der Karl-Marx-Universität. Zahlreicher wissenschaftlicher Nachwuchs in der Slawistik. — UZ Leipzig *5* (1961) Nr. 49, S. 2.

Brücken der Völkerfreundschaft. Zur wissenschaftlichen Konferenz „Moderne Wege der Darstellung der russischen Grammatik". — UZ Leipzig *5* (1961) Nr. 38.

Burgennamen Deutschlands: Die Drei Gleichen. — LNB S. 7—17; WZ Leipzig *10* (1961) S. 441—445; Atti del VII Congresso ... Onomastiche, S. 517—525; Kurzfassung in: Mitt. Florenz. S. 54—58.

Familiennamen — Herkunftsnamen. — PBB *82*, Sonderband E. Karg-Gasterstädt zum 75. Geburtstag gewidmet (1961), S. 353—362.

Mahnende Tradition. Zur Ehrung Matthias Murkos. — UZ Leipzig *5* (1961) Nr. 21, S. 2.

Schwierige Ortsnamen Thüringens. — ZfSl *6* (1961) S. 635—640; Leipz. Abh. I, S. 279—282.

Tschechische und slowakische Literatur [Stichwortliste und Artikel]. — In: Meyers Neues Lexikon. Bd *1* ff. (Leipzig 1961 ff.) [Gemeinsam mit anderen].

Zu den Anfängen der slawistischen Namenforschung. Die Versuche Rat Grüners auf Anregung Goethes. — Slawische Namenforschung. Vorträge auf der II. Arbeitskonferenz der Onomastischen Kommission beim Internationalen Slawistenkomitee in Berlin vom 17.—20. 10. 1961. [Red.:] T. Witkowski. Veröff. d. Inst. f. Slawistik der Dt. Akad. d. Wiss. zu Berlin, Nr. 29, Berlin 1963, S. 71—79. Kurzfassung in: Resümee der Vorträge von Teilnehmern aus der Deutschen Demokratischen Republik, Berlin 1961, S. 7—8.

Zu einem Buch der Erinnerung an Mickiewicz. F. Th. Bratraneks Brief um Dedikationserlaubnis an Ottilie Goethe. — WZ Leipzig *10* (1961) S. 105—107; ZfSl *6* (1961) S. 105 bis 108.

Zum Charakterbilde Augusts Schleichers. Ein Sprachgelehrter als Kritiker seiner Wirklichkeit. — FuF *35* (1961) S. 115—118.

Zum Fragenkreis um Schillers Aufenthalt in Böhmen. Schiller in der Wallensteinstadt Eger. — ZfSl *6* (1961) S. 101—104.

Zum Leben und Schicksal August Schleichers. — ZfSl *5* (1961) S. 449—451.

Zur Namenforschung im sorbischen Raum. — Lětopis A/*8* (1961) S. 127—128 [Diskussionsbeitrag auf der Sorabistischen Konferenz vom 20.—21. Oktober 1960 in Bautzen].

Bibliographie der Leipziger namenkundlichen Arbeitsgruppe. 2. Folge. Veröffentlichungen 1959—1960. — In: R. Fischer, E. Eichler, H. Naumann, H. Walther, Leipziger namenkundliche Beiträge, Berlin 1961, S. 113—118.

[Rez.:] F. Roubík: Soupis a mapa zaniklých osad v Čechách Praha 1959. — ZfSl *6* (1961) S. 156—157.

[Rez.:] V. Šmilauer: Osídlení Čech ve světle místních jmen. Praha 1960. — ZfSl *6* (1961) S. 153—156.

[Rez.:] J. Svoboda, V. Šmilauer: Místní jmena v Čechách. Bd 5. Praha 1960. — ZfSl 6 (1961), S. 292—294.

August Schleicher. 19. 2. 1821—6. 12. 1868. Zum Jahre seines 140. Geburtstages. — WZ Leipzig *10* (1961) S. 811—815.

1962

August Schleicher und das Prager Deutsch. — FuF *36* (1962) S. 87—90.
August Schleicher zur Erinnerung. Mit einem Diskussionsbeitrag von J. Müller und einer Bibliographie von J. Dietze. Berlin 1962. 52 S., 1 Tafel. (Sitzungsber. der SAW zu Leipzig. Phil.-hist. Kl. Bd 107, H. 5.)
Erfahrungen und Beispiele aus dem Bereich der germanoslawistischen Namenforschung. — In: Wegweiser zur Namenforschung von Friedrich Engels bis in die Gegenwart. Halle (Saale). S. 7—29.
Slawistische Habilitationen an der Karl-Marx-Universität. — Das Hochschulwesen *10* (1962) S. 358—359.
Sostojanie i kritika slavjanskoj onomastiki v Germanii (Resümee). — Akademija nauk SSSR. IV Meždunarodnyj s'ezd slavistov. Materialy i diskussii II. Moskva 1962. S. 474—475.
Sowjetische Goethe-Ehrung [vor 30 Jahren]. — ND Nr. 234, vom 26. Aug. 1962, S. 4; UZ Leipzig *6* (1962) Nr. 35, S. 6.
Reinhold Trautmann in der deutschen Slawistik. — WZ *11* (1962) S. 511—515; Beitr. zur Geschichte der Slawistik. Veröff. des Inst. f. Slawistik der Dt. Akad. d. Wiss. zu Berlin, Nr. 30. Berlin 1964, S. 171—182.
Widerhall aus der Sowjetunion. — UZ Leipzig *6* (1962) Nr. 41, S. 2.
Zum Dokument der Nationalen Front. — UZ Leipzig *6* (1962) Nr. 14, S. 1; LVZ, vom 7. 4. 1966, S. 7.
Bericht über die 8. Jahrestagung der Leipziger namenkundlichen Arbeitsgruppe. — BNF *13* (1962) S. 310; Das Hochschulwesen *10* (1962) S. 897—898.
Bericht über die 9. und 10. Jahrestagung der Leipziger namenkundlichen Arbeitsgruppe. — Onoma *10* (1962/63) S. 273—274.
Nationales Dokument und Bohemistik. Aus dem ersten Sprachlager der Slawisten. — UZ Leipzig *6* (1962) Nr. 37, S. 2.
Slawisten der DDR auf dem VII. Internationalen Kongreß für Namenforschung in Florenz. — ZfSl *7* (1962) S. 325.
Sorabistische Arbeiten. — UZ Leipzig *6* (1962) Nr. 51/52, S. 2; Nowa doba *1962*, Nr. 288, S. 3.
10 Jahre Leipziger namenkundliche Arbeitsgruppe. — Onoma *10* (1962/63) S. 275—276; Leipz. Abh. *II* (1964) S. 345; Inform. Nr. 1 (1964) S. 2—4; BNF *15* (1964) S. 2—4; WZ Leipzig *13* (1964) S. 345.
Zum Slawischen Onomastischen Atlas. — Onoma *10* (1962/63) S. 269—272.
Zur neuen Dolmetscherausbildung. — UZ Leipzig *6* (1962) Nr. 25, S. 4.
Raboty Lejpcigskoj gruppy toponimistov. — VJa *1* (1962) S. 149—150.
[Rez.:] Dějiny české literatury. Bd 1—3. Praha 1959—1961. — DLZ *83* (1962) Sp. 803—807.
[Rez.:] H. Hausenblas: Výroj předmětového genetivu v čestině. Praha 1958. — ZfSl *7* (1962) S. 637—638.
[Rez.:] E. Schwarz: Sprache und Siedlung in Nordostbayern. Nürnberg 1960. — ZfSl *7* (1962) S. 646—648.
Zur Ehrung Matthias Murkos. — ZfSl *7* (1962) S. 150.
Zum 80. Geburtstag Friedrich Slottys. — ZfSl *7* (1962) S. 601.

1963

Beiträge zum Slawischen Onomastischen Atlas aus der DDR. [Kollektivreferat]. A. Süden (Autoren: R. Fischer, E. Eichler, H. Naumann, H. Walther). — ZfSl *7* (1963) S. 807—820;

Bŭlgarska Akademija na naukite, Slavjanska filologija III. Sofija 1963, S. 213—229; Slavjanska filologila VII. Sofija 1965. S. 288—290 (Resümee).

Deutsch-tschechische Beziehungen an Anthroponymen. — OSG I. Berlin 1965. S. 7—12; Resümee in: Programm VIIIth International Congress of Onomastic Sciences, Amsterdam 1963. S. 43; Proceedings of the Eighth Inter... The Hague, Paris 1966, S. 178—185.

Ein Slawist als Politiker. Das Schicksal Franz Spinas. — WZ Leipzig *12* (1963) S. 607—610.

Eine Prophetie für Leipzig und die deutsche Slawistik. Ein bisher unveröffentlichter Brief Schleichers an Leskien. — In: Wissenschaft aus nationaler Verantwortung. Leipzig 1963. S. 259—263.

Nach dem Kongreß der Slawisten. — UZ Leipzig *7* (1963) Nr. 43, S. 2.

Namen deutscher Städte. Wissenschaftliche Taschenbücher. Bd *10*. Reihe Sprachwissenschaft. — Berlin 1963. 139 S., 1 Karte [Gemeinsam mit E. Eichler, H. Naumann, H. Walther].

Slavisten bereiten sich auf den 5. Internationalen Slavistenkongreß vor. — UZ Leipzig *7* (1963) Nr. 33/34, S. 2.

Slawistische Forschungsergebnisse. — UZ Leipzig 7 (1963) Nr. 51/52, S. 2.

Sorabistische Arbeiten an der Karl-Marx-Universität. — Das Hochschulwesen *11* (1963) S. 246—247; Nowa doba Nr. 288 (1962), S. 3.

Tschechisch-deutsches Wörterbuch. Leipzig 1963. XVIII, 194 S. [Gemeinsam mit E. Becher, J. Kraus u. L. P. Rudel]. 2., unveränd. Aufl. 1966; 3., unveränd. Aufl. 1967; 4., unveränd. Aufl. 1968.

Tschechische Literatur in der DDR. — Die Presse der Sowjetunion Nr. 130, Berlin vom 8. 11. 1963, S. 2855; LVZ, vom 3. 11. 1963, S. 10.

Wir lernen tschechisch sprechen. Ein Taschenbuch. Halle (Saale) 1963. 111 S., Kassette mit 3 Langspielplatten. (Sprachen für jedermann); 4.—8. Tsd. 1964; 2., bearb. Aufl. 1965. 115 S., 3., unveränd. Aufl. 1966; 4., unveränd. Aufl. 1967; 5., unveränd. Aufl. 1968.

Wissenschaft im Hinterland. Eine Bilanz zehnjährigen Schaffens am Slawischen Institut der Karl-Marx-Universität Leipzig. — ND, vom 11. 5. 1963, Beil. Nr. 19, S. 5.

Zur Erforschung der Sprache der Elbslawen. Ein bisher unveröffentlichter Brief Schleichers an einen tschechischen Freund. — FuF *37* (1963) S. 187—189.

Bericht über die 9. Jahrestagung der Leipziger namenkundlichen Arbeitsgruppe. — BNF *14* (1963) S. 314; Das Hochschulwesen *11* (1963) S. 689.

Bibliographie der Namenforschung in der DDR. Zum Kongreßjahr 1963. Leipzig 1963. 116 S.

Publikationen der Arbeitsgruppe West- und Südslawisch an der Karl-Marx-Universität Leipzig. Stand vom 31. 12. 1962. — WZ Leipzig *12* (1963) S. 611—617. [Gemeinsam mit E. Eichler].

Raboty po serbo-lužickoj filologii v Lejpcige. — VJa *12* (1963) S. 147.

Zusammenarbeit DDR—ČSSR. 9. Jahrestagung der Leipziger namenkundlichen Arbeitsgruppe. — Das Hochschulwesen *11* (1963) S. 689.

[Rez.:] J. Beneš: O českých příjmeních. Praha 1962. — DLZ *84* (1963) Sp. 917—919.

Bohuslav Havránek zum 70. Geburtstag. — Das Hochschulwesen *11* (1963) S. 86—87.

Dem Repräsentanten der Slawistik der ČSSR Bohuslav Havránek zum 70. Geburtstag. Mit e. Auswahlbibliographie v. Z. Tyl u. M. Tylová. — WZ Leipzig *12* (1963) S. 139—145; UZ Leipzig *7* (1963) Nr. 4, S. 2.

Dem Slawisten Franz Spina zum Gedenken. — UZ Leipzig *7* (1963) Nr. 37, S. 2.

Zur Erinnerung an den Slawisten Franz Spina anläßlich seines 25. Todestages. — FuF *37* (1963) S. 284—285.

1964

Dzěła slawistiskeho dorosta University Karla Marxa. — Nowa doba, 13. 2. 1964, S. 4.

Johannes de Sitbor, ein Böhme. — FuF *38* (1964) S. 372—374.

Konzentration, Kooperation und Gemeinschaftsarbeit. Erfahrungen u. Vorhaben d. Fachrichtung Slawistik. — UZ Leipzig *8* (1964) Nr. 46, S. 3.

Tschechischer Sprachwissenschaftler als Gast [Jaromír Bělič]. — UZ Leipzig *8* (1964) Nr. 20, S. 2.

Von Franz Spinas Prager Slawistik. — ZfSl *9* (1964) S. 312—315.

Was erforschen unsere jungen Slawisten? Leipziger Nachwuchsförderung an der Spitze aller deutschen Universitäten. — Nationalzeitung, Berlin vom 23. 1. 1964, S. 7.

Bericht über die 10. Jahrestagung der Leipziger namenkundlichen Arbeitsgruppe. — BNF *15* (1964) S. 243.

Berichte über die 11. und 12. Jahrestagung der Leipziger namenkundlichen Arbeitsgruppe. — Onoma *11* (1964/65) [1966] S. 265—268.

Leistungen und Aufgaben der Slawistik. — UZ Leipzig *8* (1964) Nr. 42, S. 4.

Slawistische Vorträge zum 10. Jahrestag der Namensgebung der Karl-Marx-Universität Leipzig. — ZfSl *9* (1964) S. 125.

Bibliographie Onomastica 1961. — Onoma *11* (1964/65) S. 33—55. [Gemeinsam mit anderen].

Slawistische Dissertationen. — Das Hochschulwesen *12* (1964) S. 149—150.

[Rez.:] Československo-bulharské vztahy v zrcadle staletí. Praha 1963. — DLZ *85* (1964) Sp. 906—908.

[Rez.:] B. Havránek [u. a.]: Výbor z české literatury doby husiské. Bd *1*. Praha 1963. — ZfSl *9* (1964) S. 775—778.

[Rez.:] Slovník spisovného jazyka českého. Praha 1960 ff. — Fremdsprachen (1964) S. 218.

[Rez.:] V. Šmilauer: Úvod do toponomastiky. Praha 1963. — ZfSl *9* (1964) S. 291.

[Rez.:] Z. Tyl: Bibliografie české lingvistiky 1956—1960. Praha 1963. — ZfSl *9* (1964) S. 740—741.

Karl Elbracht [Nekrolog]. — ZfSl *9* (1964) S. 450.

Max Vasmer 28. 2. 1886—30. 11. 1962 [Nachruf]. — Jahrbuch 1960—1962 der SAW zu Leipzig. Berlin 1964, S. 414—416.

1965

Das älteste tschechische Lied und der Prager Leis. — FuF *39* (1965) S. 81—82.

Probleme tschechisch-deutscher Übersetzung. — In: R. Fischer, Studien zur tschechischen Literatur. Berlin 1965. S. 26—36. (Sitzungsber. d. SAW zu Leipzig. Phil.-hist. Kl. Bd 110, H. 5.).

Studien zur tschechischen Literatur. Mit e. Bibliographie tschechischer literarischer Werke in deutschen Übersetzungen 1945—1964 v. W. Preuß. Berlin 1965. 70 S. (Sitzungsber. d. SAW zu Leipzig. Phil.-hist. Kl. Bd 110, H. 5.).

Tschechisch-deutsche Literaturbeziehungen im Mittelalter. — In: R. Fischer, Studien zur tschechischen Literatur. Berlin 1965, S. 7—25. (Sitzungsber. d. SAW zu Leipzig. Phil.-hist. Kl. Bd 110, H. 5.).

Zu Fragen der germanoslawistischen Namenforschung. — Leipz. Abh. *III* (1965) S. 103 bis 104.

Zum Ringen um die tschechische Sprache. Franz Spina — ein deutscher Bohemist. — In: Deutsch-tschechische Beziehungen im Bereich der Sprache u. Kultur (Berlin 1965) S. 7—13.

Zur bohemistischen Namenforschung: Der Name Wogastisburg. — In: Namenforschung. Festschrift für Adolf Bach zum 75. Geburtstag am 31. 1. 1965. Hrsg. v. R. Schützeichel u. M. Zender. Heidelberg 1965. S. 359—364; gekürzte Fassung: Inform. Nr. 2 (1965) S. 5—7.

Bericht über die 11. Jahrestagung der Leipziger namenkundlichen Arbeitsgruppe. — BNF *16* (1965) S. 326.

Bohemistische Arbeiten in der DDR. — In: Materialien, Berichte u. Mitteilungen aus den sozialistischen Ländern über den Kampf gegen die imperialistische Ostforschung *3* (1965) Nr. 2, S. 30—35; WZ Leipzig *16* (1967) S. 143—144. [Gemeinsam mit E. Eichler].

Deset let Lipské onomastické pracovní skupiny. — Slavia *34* (1965) S. 165—166.

Internationales Scholochow-Symposium. — Das Hochschulwesen *13* (1965) S. 431—432.

Bibliographie. Publikationen zur russischen und sowjetischen Literatur von Angehörigen der Karl-Marx-Universität Leipzig. [Stand vom 31. 12. 1963]. — WZ Leipzig *14* (1965) S. 185—187. [Gemeinsam mit W. Staerkenberg].

Sprachwissenschaftliche Arbeiten Leipziger Slawisten. — WZ Leipzig *14* (1965) S. 49—51.

[Rez.:] E. Dickenmann: Altrussische Urkunden. Wiesbaden 1963. — WZ Leipzig *14* (1965) S. 188.

[Rez.:] F. Görner: Die Bildung der Ethnika von Ortsnamen im serbokroatischen Sprachraum. Wiesbaden 1963. — ZfSl *10* (1965) S. 326—327.

[Rez.:] J. Svoboda: Staročeská osobní jména a naše příjmení. Praha 1964. — DLZ *86* (1965) Sp. 117—118.

[Rez.:] R. Turek: Čechy na úsvitě dějin. Praha 1963. — ZfSl *10* (1965) S. 332—333.

Hans Krahe [Nekrolog]. — ZfSl *10* (1965) S. 797.

Hans Krahe zum Gedenken. — Inform. Nr. 3 (1965) S. 1—2.

August Leskien (1840—1916). — In: Bedeutende Gelehrte in Leipzig. Zur 800-Jahr-Feier der Stadt Leipzig im Auftrag von Rektor und Senat der Karl-Marx-Universität hrsg. v. M. Steinmetz. Bd *1*. Leipzig 1965. S. 57—62.

1966

Erinnerungen zur Geschichte unserer Namenforschung. — Inform. Nr. 6 (1966) S. 4—6.

Kloben, ein umstrittener Ortsname Böhmens. — In: Studia językoznawsze poświęcone Stanisławowi Rospondowi. Wrocław 1966, S. 315—318.

Regionales zum „Ackermann". — FuF *40* (1966) S. 253—254.

Slawische Ortsnamen am Böhmischen Mittelgebirge. Namen der Gegend um Lobositz (Lovosice). — OSG *2* (1966) S. 7—16. [Gemeinsam mit E. Eichler].

Slawisch erklärbare Familiennamen Westböhmens. — Slavica Pragensia *8* (1966) S. 201 bis 206. [Festschrift V. Šmilauer zum 70. Geburtstag].

Streben und Wagnis eines deutsch-slawischen Vermittlers. Das Ende Franz Spinas. Mit authentischen Bericht. — In: Ost und West in der Geschichte des Denkens und der kulturellen Beziehungen. Berlin 1966. S. 774—779.

Zur Chronologisierung der Ortsnamen Böhmens (Resümee). — In: Ninth International Congress of Onomastic Sciences. — Sumaries of papers. London 1966. S. 39.

Zur Interpretation der „Mischnamen". — In: Studia Slavica Academiae Scientiarum Hungaricae *XII* (1966) S. 125—130. [Opera in hoc volumine collecta manibus Stephani Kniezsa sunt sacra].

20 Jahre SED. — UZ Leipzig *10* (1966) Nr. 17, S. 5.

Bericht über die 12. Jahrestagung der Leipziger namenkundlichen Arbeitsgruppe. — BNF NF *1* (1966) S. 221; Das Hochschulwesen *14* (1966) S. 632—633.

Bericht über die 2. Leipziger Bohemistentagung. — Das Hochschulwesen *14* (1966) S. 544.

[Rez.:] Namenforschung. Festschrift für A. Bach zum 75. Geburtstag am 31. Jan. 1965. Heidelberg 1965. — ZfSl *11* (1966) S. 479.

[Rez.:] Německo-český slovník. Za vedení a redakce H. Siebenscheina. Bd *1*: A—L, Bd *2*: M—Z. Praha 1964. — DLZ *87* (1966) Sp. 425—426.

[Rez.:] Výbor z české literatury doby husitské. Bd. *2*. Praha 1964. — ZfSl *11* (1966) S. 279 bis 281.

[Geleitwort u. Hrsg.] Bibliographie der Namenforschung in der Deutschen Demokratischen Republik. II. Teil (1963—1965). Leipzig 1966. 104 S.

[Zum Geleit] Michail Scholochow, Werk und Wirkung. Materialien des Internationalen Symposiums „Scholochow und wir" Leipzig, 18.—19. März 1965. Leipzig 1966. S. 5—6.

Theodor Frings zum 80. Geburtstag. — Inform. Nr. 5 (1966) S. 1—2.

Vladimír Šmilauer zum 70. Geburtstag. — Inform. Nr. 4 (1966) S. 5.

1967

Die Bedeutung der Chronologisierung für den Slawischen Onomastischen Atlas. — In: Třetí zasedání Mezinárodní komise pro slovanskou onomastiku ... v Liblicích u Prahy 14.—17. 9. 1966. Sborník referátů a příspěvků. Praha 1967, S. 68—75.

Deutsch-tschechische Beziehungen in Literatur und Geschichte. Beitr. anläßlich der 1. Bohemistischen Arbeitstagung Leipzig 1965. — WZ Leipzig *16* (1967) S. 109—147. [Redigiert gemeinsam mit E. Eichler u. a.].

Fragen der tschechisch-deutschen Literaturbeziehungen. — WZ Leipzig *16* (1967) S. 125 bis 131. (14.—16. Jh.)

[Eine Leistung der sowjetischen Literaturwissenschaft zum] Goethe-Jahr 1932. — LVZ vom 14. 1. 1967, Beil. S. 5.

Mittler tschechischer Lyrik. — UZ Leipzig *11* (1967) Nr. 36, S. 6.

Der Name Leibniz. — FuF *41* (1967) S. 83—85.

Resultate germanoslawistischer Namenforschung. — OSG *III* (1967) S. 7—11.

Zur Methode der Erforschung der ältesten slawischen Ortsnamen: Namen mit dem Suffix -jь in Westböhmen. — ZfSl *12* (1967) S. 664—669.

Bericht über die 13. Jahrestagung der Leipziger namenkundlichen Arbeitsgruppe. — Movoznavstvo *1* (1967) H. 6, S. 93.

Bibliographia Onomastica 1962. — Onoma *12* (1966/67) [1967] S. 31—50. [Gemeinsam mit anderen].

Gemeinschaftswerk Leipziger Germanisten und Slawisten. — UZ Leipzig *11* (1967) Nr. 15, S. 2.

20 Bände „Deutsch-Slawische Forschungen zur Namenkunde und Siedlungsgeschichte". — Inform. Nr. 8 (1967) S. 1—2.

Anton Blaschka 75 Jahre. — Inform. Nr. 9 (1967) S. 9—10.

Ernst Dickenmann 65 Jahre. — Inform. Nr. 9 (1967) S. 8—9.

Ferdinand Liewehr 70 Jahre. — Inform. Nr. 7 (1967) S. 8.

Dr. Peter Rankoff [Nekrolog]. — UZ Leipzig *11* (1967) Nr. 7, S. 2.

1968

K metodu issledovanija drevnejších slavjanskich toponimov: imena s suffiksom -jb v zapadnoj Čechii (Resümee). — In: VI Mezinárodní sjezd slavistů v Praze 1968. Resumé přednášek příspěvků a sdělení. Praha 1968, S. 154.

Der Name Leibniz. Ergänzung: Littmitz. — LNB *II* (Berlin 1968) S. 7—18.

Slawische Ortsnamen am Böhmischen Mittelgebirge II. Namen der Gegend um Litoměřice (Leitmeritz). — OSG *IV* (1968) S. 7—23. [Gemeinsam mit E. Eichler].

Bericht über die 13. und 14. Jahrestagung der Leipziger namenkundlichen Arbeitsgruppe. — Onoma *12* (1966/67) [1968] S. 238—240.

Bibliographia Onomastica 1963. — Onoma *13* (1968) S. 30—46. [Gemeinsam mit E. Eichler, H. Walther u. a.].

Julius Forssman. — Inform. Nr. 10 (1968) S. 7—8.

Theodor Frings in memoriam. — Inform. Nr. 12 (1968) S. 1.

Erhard Müller zum 60. Geburtstag. — Inform. Nr. 11 (1968) S. 6—7.

Pavel Trost 60 Jahre. — Inform. Nr. 11 (1968) S. 6.

1969

Zur Genesis der slawistischen Namenforschung in der DDR. Authentisches aus Jena und Leipzig zu den Jahren 1949 bis 1954. — In: Slawisch-deutsche Wechselbeziehungen in Sprache, Literatur und Kultur Berlin 1969, S. 512—517.

Zur Chronologisierung der Ortsnamen Böhmens/ČSSR. — In: Proceedings of the Ninth International Congress of Onomastic Sciences. London 1966. (Louvain 1969) S. 211—216.

Namenkundliche Habilitationsschriften an der Karl-Marx-Universität. — Nkdl. Inform. Nr. 15 (1969) S. 40—42.

Bibliographia Onomastica 1964—1965. German Democratic Republic. — Onoma *14* (1969) S. 342—353. [Gemeinsam mit E. Eichler, H. Walther, J. Schultheis].

1970

Theodor Frings und die Deutsch-Slawischen Forschungen. — In: Beitr. zum Slawischen Onomastischen Atlas Berlin 1970, S. 9—10.

Bericht über die 15. Jahrestagung der Leipziger namenkundlichen Arbeitsgruppe. — Onoma *15* (1970) S. 129—131.

1971

[Geleitwort zu:] Rainer Eckert: Baltistische Studien. Berlin 1971. S. 8. (Sitzungsber. d. SAW zu Leipzig. Phil.-hist. Kl. Bd 115, H. 5).

[Vorwort:] „Namenforschung heute". Ihre Aufgaben und Ergebnisse in der Deutschen Demokratischen Republik. Berlin 1971. S. 3—4. [Gemeinsam mit E. Eichler und W. Fleischer.].

Herausgeber- und Redaktionstätigkeit

1954

Slawistische Bibliothek. Hrsg. von H. H. Bielfeldt, R. Fischer, E. Häusler u. E. Schneeweis. Nr. 1—10. Halle (Saale) 1954—1961.

1956

Zeitschrift für Slawistik. Hrsg. im Auftr. d. Dt. Akad. d. Wiss. zu Berlin von H. H. Bielfeldt, R. Fischer, F. Liewehr, E. Winter. Bd 1—16. Berlin 1956—1971.

RICHARD HAUSCHILD
2. 12. 1901 — 15. 2. 1972

RUDOLF FISCHER

18. 12. 1910 — 2. 8. 1971

GOTTHARD NEUMANN

8. 6. 1902 — 29. 4. 1972

Deutsch-Slawische Forschungen zur Namenkunde und Siedlungsgeschichte. Im Auftrag der Historischen Kommission bei der SAW zu Leipzig hrsg. von Th. Frings u. R. Fischer. Halle (Saale) 1956—1960; Berlin 1961 ff. Von 1966—1970 erschienen Bd 18; 20—25. (Bd 25/26: Begründet von Th. Frings u. R. Fischer, Hrsg. von R. Fischer u. R. Große.)

1957

Leipziger Studien, Theodor Frings zum 70. Geburtstag. [Redigiert von R. Fischer unt. Mitw. von E. Eichler, H. Naumann, H. Walther]. — DS *5* (Halle 1957) 141 S.

1961

Leipziger namenkundliche Beiträge [I]. Mit einer Bibliographie der Leipziger namenkundlichen Arbeitsgruppe (2. Folge), Berlin 1961. 127 S. (Ber. über die Verhandlungen der SAW zu Leipzig. Phil.-hist. Kl. 106, H. 5.) [Gemeinsam mit anderen].

1962

Leipziger Abhandlungen zur Namenforschung und Siedlungsgeschichte. [I]. Beiträge anläßlich der 7. Jahrestagung der Leipziger namenkundlichen Arbeitsgruppe. Theodor Frings zugeeignet. Sonderbroschur der WZ Leipzig *11* (1962) S. 273—405.

Wegweiser zur Namenforschung von Friedrich Engels bis in die Gegenwart. Halle (Saale) 1962. 113 S. [Gemeinsam mit E. Eichler, H. Naumann, H. Walther].

1963

Leipzig—Sofia. Beiträge der Arbeitsgruppe West- und Südslawisch der Karl-Marx-Universität. Leipzig anläßlich des 5. Internationalen Slawistenkongresses. — WZ Leipzig *12* (1963) S. 607—660 [Gemeinsam mit E. Eichler].

1964

Informationen der Leipziger namenkundlichen Arbeitsgruppe an der Karl-Marx-Universität. Herausgeber: Leipziger namenkundliche Arbeitsgruppe an der Karl-Marx-Universität. Leiter: Prof. Dr. R. Fischer; Verantwortliche Redakteure: E. Eichler, H. Walther, J. Schultheis. Heft 1—14.

Leipziger Abhandlungen zur Namenforschung und Siedlungsgeschichte. II. Beiträge anläßlich der 10. Jahrestagung der Leipziger namenkundlichen Arbeitsgruppe. Sonderbroschur der WZ Leipzig *13* (1964) S. 345—409.

Materialien zum Slawischen Onomastischen Atlas. Eingeleitet und redigiert von R. Fischer. Bearb. von E. Eichler, H. Naumann, H. Walther. Berlin 1964. 141 S. (Sitzungsber. der SAW zu Leipzig. Phil.-hist. Kl. Bd 108, H. 6.).

1965

Deutsch-tschechische Beziehungen im Bereich der Sprache und Kultur. Aufsätze und Studien. Hrsg. von B. Havránek u. R. Fischer. Red.: E. Eichler [u. a.] Berlin 1965. 219 S. (Abh. der SAW zu Leipzig. Phil.-hist. Kl. Bd 57, H. 7.).

Leipziger Abhandlungen zur Namenforschung und Siedlungsgeschichte. III. Beiträge anläßlich der 11. Jahrestagung der Leipziger namenkundlichen Arbeitsgruppe. Vladimír Šmilauer zugeeignet. Sonderbroschur der WZ Leipzig *14* (1965) S. 103—165.

Onomastica Slavogermanica I, Herausgeber: R. Fischer, Red.: E. Eichler. Berlin 1965. 126 S. (Abh. der SAW zu Leipzig. Phil.-hist. Kl. Bd 58, H. 1.).

1967

Onomastica Slavogermanica III. Herausgeber: R. Fischer. Red.: E. Eichler, J. Schultheis, H. Walther. Berlin 1967. 248 S. (Abh. der SAW zu Leipzig. Phil.-hist. Kl. Bd 58, H. 4.).

1969

Namenkundliche Informationen. Hrsg. im Auftrag der Sektion Theoretische und angewandte Sprachwissenschaft und der Sektion Kulturwissenschaften und Germanistik an der Karl-Marx-Universität Leipzig von J. Brankatschk, E. Eichler, R. Fischer, W. Fleischer, J. Schultheis, H. Walther. [Von 1969—1970 erschienen Nr. 15—17].

1970

Beiträge zum Slawischen Onomastischen Atlas. Theodor Frings zum Gedächtnis. Hrsg. von R. Fischer und E. Eichler. Berlin 1970. 198 S. (Abh. der SAW zu Leipzig. Phil.-hist. Kl. Bd 61, H. 2.).

Eva Olaru, Bibliothekarin

Zur Biobibliographie

Schriftenverzeichnisse. E. Eichler, W. Sperber: Namenkundliche Arbeiten in der DDR. Onomastica *III* (1955) S. III, z. 1.2. Wrocław 1955. — E. Eichler: Publikationen von R. Fischer 1951—1960. In: [Sonderdruck] Lětopisa Instituta za serbski ludospyt A/7 (Bautzen) Budyšin 1960. — Derselbe: Ein Beitrag zur germanoslawistischen Bibliographie der DDR. Publikationen von R. Fischer 1951—1960. In: WZ Jena *11* (1962) H. 1, S. 131 bis 133. — Derselbe: Bohemistische Arbeiten an der KMU 1963—1965. In: WZ Leipzig *16* (1967) S. 145—147. — R. Fischer, E. Eichler: Leistungen der Leipziger Slawistik der Gegenwart. Bibliographie. In: WZ Leipzig *9* (1959) S. 77—82. — E. Olaru, siehe vorliegendes Jahrbuch S. 293—306. — Dieselbe, in: Onomastica Slavogermanica *VII* (Berlin 1973) S. 8—10. — J. Schultheis: Arbeiten zur germanoslawistischen Namenforschung von R. Fischer 1950—1965. In: Onomastica Slavogermanica *III* (Berlin 1967) S. 227—231. — Bibliographie slawistischer Publikationen aus der DDR 1946—1967. Zusammengestellt u. bearb. v. H. Pohrt. Berlin 1968. — o. V., in: Wiss. Annalen *2* (1953) S. 140. — Kürschners Dtsch. Gelehrten-Kal. *8—10* u. *11* (Berlin 1970) S. 672. — Jahrb. Sächs. Akad. Wiss. Leipzig *1954—1956* (Berlin 1958) S. 198; *1957—1959* (Berlin 1961) S. 272 bis 273; *1960—1962* (Berlin 1964) S. 306—309; *1963—1965* (Berlin 1967) S. 241—243; *1966* bis *1968* (Berlin 1970) S. 244—246; *1969—1970* (Berlin 1972) S. 177—178.

Würdigungen. Zum 50. Geburtstag: Glückwünsche des ZK der SED, in: UZ Leipzig *5* (1971) Nr. 1. — o. V., in: UZ Leipzig *4* (1960) Nr. 51/52. — Zum 60. Geburtstag: E. Eichler, H. Walther, in: Onoma *15* (1970) S. 42—44. — E. Eichler, in: ZfSl *16* (1971) S. 1—2. — R. Große, in: Nkdl. Inform. *1970*, Nr. 17, S. 2—4. — E. Müller, in: Eichsfelder Heimathefte *10* (1970) S. 377. — J. Skutil: Univ. Prof. Ph. Dr. Rudolf Fischer šedesátiletý. In: Vlastivědná ročenka okresního archívu v Blansku *1971*, S. 72—73.

Nachrufe. H. H. Bielfeldt, in: ZfSl *17* (1972) S. 1—2. — H. Draye, in: Onoma *16* (1971) S. 217. — R. Peukert, siehe vorliegendes Jahrbuch S. 288—293 (m. Bildn.). — V. Šmilauer: Rudolf Fischer zemřel. In: Zpravodaj *12* (1971) S. 461—462. — o. V., in: Rudolstädter Heimathefte *17* (1971) 3. Umschlagseite. — o. V., in: UZ Leipzig *15* (1971) Nr. 32 v. 2. Sept., S. 2. — E. Eichler, H. Walther, in: Onomastica *18* (1973) S. 353 bis 355; Nkdl. Inform. *1971*, Nr. 19, S. 1—3. — St. Rospond, in: Onomastica Slavogermanica *VIII* (Wrocław 1973) S. 5—6.

Richard Hauschild

2. 12. 1901—15. 2. 1972

Eine traurige Fügung will es, daß die erste Aufgabe, die mir nach der ehrenvollen Wahl in die Sächsische Akademie der Wissenschaften zugeteilt wurde, der Nachruf auf jenes Mitglied sein muß, das mir fachlich und menschlich am nächsten gestanden hat. Unsere wissenschaftlichen Interessen waren so verwandt, daß Richard Hauschild und ich einige Hunderte von Briefen in mehr als zwei Jahrzehnten gewechselt haben; in dieser reichen Korrespondenz wurde nicht nur der feine und wissensreiche Gelehrte, sondern auch der vornehme, zutiefst anständige Mensch zu einer unvergeßbaren Erfahrung. Unsere persönlichen Begegnungen waren hingegen nur wenige — ein Besuch, zwei oder drei Kongresse; und so war mein Wissen von Leben und Herkunft des verewigten Freundes gering. Daß ich dennoch auch darüber einiges sagen kann, verdanke ich einem schönen Bericht, den mir Frau Margot Hauschild zusammen mit einigen Erinnerungen naher Freunde zur Verfügung gestellt hat.

Was aus den Briefen und Begegnungen, was durch das Erscheinungsbild, die Sprache, die Herzlichkeit und Geradheit seines Wesens schon Gewißheit war, bestätigen diese Berichte: Richard Hauschilds Herkunft aus dem Bauerntum. Am 2. Dezember 1901 im heutigen Gera-Roschütz als Sohn eines Gast- und Landwirtes geboren, begann Hauschilds bewußte Jugend im nahegelegenen Roben bei Kösteritz, wohin die Eltern mit dem Vierjährigen verzogen waren, um den Bauernhof des Großvaters zu übernehmen. Dieser Großvater — ein für jene Zeit weitgereister Mann, der auch Bürgermeister des Ortes war — erkannte den Wissensdrang und die Begabung seines ältesten Enkels und schickte ihn nach den Dorfschuljahren auf das Gymnasium in Gera; für die Übernahme des Hofes wurde der jüngere Bruder bestimmt.

Hauschilds gründliche humanistische Bildung ist schwer erkauft worden. Zwar verstummten anfängliche Hänseleien der Mitschüler über den dörflichen Neuling recht bald, angesichts seiner Intelligenz und seiner guten Leistungen; aber der tägliche Fußmarsch am frühesten Morgen, auf schlechten Wegen, bei Hitze, Regen, Schneegestöber oder Dunkelheit, oft auf die Bahnstrecke ausgedehnt, wenn in den Kriegsjahren die Züge ausfielen — das alles konnte selbst einer so wenig zimperlichen Natur wie Richard Hauschild das Geständnis entlocken, er sei selig gewesen, als er mit dem Abitur in der Tasche das letzte Mal den Heimweg zurückgelegt habe. Freilich bedeutete dieser Gymnasialbesuch mehr als nur die Vorbereitung für ein Studium; vielmehr wurde in der Geraer Schule die lebensbestimmende Anregung gegeben, durch den Lehrer in den klassischen Sprachen, Oberstudienrat Dr. Rudolf Rau, — den Vater des Marburger Indologen — der im Unterricht von altindischer Sprache und Kultur berichtete und damit Hauschilds Neigung auf das Gebiet lenkte, dem seine wichtigsten Arbeiten zugehören sollten.

In Tübingen, Leipzig, zuletzt in Jena studierte Hauschild klassische, germanische und orientalische Philologie; 1926 wurden in Jena die Doktorprüfung, 1927 die Staatsexamina aus Griechisch, Latein und Englisch und 1929 das Assessorenexamen für das Lehramt an höheren Schulen bestanden. Die darauffolgenden Jahre sehen Hauschild im Schuldienst, doch wird daneben seit 1938 die Beziehung zur Jenaer Universität wieder hergestellt: zunächst durch die Übernahme eines Lektorates für Griechisch, später für Griechisch und Latein, seit 1943 auch für Altindisch; 1948 durch die Habilitation, nach der er den Schuldienst verließ und nur noch an der Universität tätig war. Dazwischen liegen schwere Kriegsjahre: Waffendienst von 1939 bis 1941 und von 1944 bis 1945; 1945 schwere Verwundung; danach eine kurze Zeit in amerikanischer Kriegsgefangenschaft.

Die wichtigsten Anregungen scheint der Student Hauschild — wenn wir aus seinen späteren Schriften schließen dürfen — von zweien seiner akademischen Lehrer empfangen zu haben: Albert Debrunner und Johannes Hertel. Dem erstgenannten verdankt er die solide sprachvergleichende Methode, die Hauschilds Textinterpretationen und seine sprachwissenschaftliche Darstellung so wertvoll machen; zwiespältiger muß der Einfluß des genial-vielseitigen, aber in späteren Jahren auf bestimmte monomanische Deutungen fixierten Hertel bewertet werden, dem eine redliche und dankbare Natur wie Hauschild zeitlebens in einem Widerstreit zwischen gesunder Kritik und einem Rest von Faszination gegenüberstand. Daß noch in die so sorgfältig erwogenen etymologischen Bemerkungen des Glossars zum „Thumb-Hauschild" die „Feuerlehre" nachwirkte, haben viele Kritiker getadelt — und angesichts des didaktischen Zweckes dieses Glossars gewiß zu Recht. Auch in seiner Deutung von Yašt V 50[1]), worin heißumstrittene Fragen der awestischen Texttradition und Metrik neu aufgeworfen werden, finden wir Hauschild teils in treffender Kritik an Hertel, teils in dessen Nachfolge; aber anders als in der erwähnten didaktischen Darstellung wirkt bei dieser Problemdiskussion Hauschilds Bemühen, eine vernünftige Mitte zwischen den vorgetragenen Standpunkten zu finden, ausschließlich fruchtbar und anregend.

Die erste wissenschaftliche Publikation Hauschilds ist seine 1927 erschienene Dissertation „Die Śvetāśvatara-Upaniṣad. Eine kritische Ausgabe mit einer Übersicht über ihre Lehren" — die Behandlung eines besonders schwierigen Textes, die wohl keinem durchschnittlichen Dissertanten anvertraut worden wäre. Trotz dieser beachtlichen indologischen Erstleistung sollte sich Hauschild erst 25 Jahre später wieder Problemen der indischen Philologie und Sprachwissenschaft zuwenden; der Beruf als Lehrer der klassischen Sprachen rückte Lateinisches und Griechisches in den Vordergrund, so das 1935 erschienene Buch über „Vier lateinische Hausinschriften aus Calbe-Saale" und die schulpraktische Schrift „Zur Frage der Prosalektüre im griechischen Unterricht in der Obersekunda der Gymnasien" (1929). Ganz abseits von Hauschilds Hauptgebieten liegend, doch kennzeichnend für die Vielseitigkeit seiner Interessen und Kenntnisse, ist die reizvolle Untersuchung über Herkunft und Textgestaltung der hebräischen Inschrift in Droste-Hülshoffs ‚Judenbuche'[2]).

[1]) Die Tirade von der Wagenwettfahrt des Königs Haosravah und des Junkers Nərəmanah (Yašt 5, 50). Neuer Versuch einer Deutung. Mitteilungen des Instituts f. Orientforschung der Deutschen Akademie der Wissenschaften *7* (1959) 1—78.

[2]) Euphorion *46* (1952) 85—99.

Mit den Fünfzigerjahren — 1951 war Hauschild an der Universität Jena zum Professor mit vollem Lehrauftrag ernannt worden — setzen Hauschilds indologische, iranistische und indogermanistische Arbeiten ein. Nach der gründlichen Untersuchung einer Pāli-Handschrift im Besitz der Jenaer Universitätsbibliothek[3]) und einer anziehend geschriebenen, gut dokumentierten Würdigung des Kaisers Aśoka[4]) zeigte seine Interpretation von Ṛgveda 10,119[5]) die Meisterschaft und Umsicht des Textinterpreten, der — um in der Sprache des von Hauschild untersuchten Hymnus zu bleiben — das Problem hin und her wendet, „wie der Flechter beim Flechten den Wagenkorb": Philologie, Sprachwissenschaft, Religionsgeschichte und die Interpretation von Bilddenkmälern werden gleichermaßen herangezogen, um ein Ergebnis zu erzielen, das die volle Anerkennung der Vedaforschung gefunden hat; auf eine Untersuchung von ähnlicher Gründlichkeit zu einem awestischen Problem (Yašt V 50) wurde oben schon hingewiesen. Hauschilds lebenslange Neigung für Fragen der Wissenschaftsgeschichte dokumentierte sich ein Jahr darauf in der Studie über die erste Publikation der indischen Nāgarī-Schriftzeichen in Europa durch Athanasius Kircher und Heinrich Roth[6]); in späteren Arbeiten ist er auf verwandte Fragen zurückgekommen.[7])

Inzwischen war der erste Teil des dreiteiligen (zweibändigen) Werkes erschienen, das seinen Namen zu einem Begriff in der Indogermanistik machen sollte — obgleich er lediglich als Hinterglied eines Namenpaares erscheint, da der selbstlose, nur der Sache dienende Gelehrte eine durchaus eigenständige Leistung bescheiden als Bearbeitung eines älteren Werkes deklarierte: des „Thumb-Hauschild". 1905 hatte Albert Thumb die für die historische Linguistik zentrale Aufgabe erfüllt, eine sprachwissenschaftliche Einführung in eine der Schlüsselsprachen der Indogermanistik, das Altindische, zu schreiben; dieses „Handbuch des Sanskrit" hat als didaktisch geschickte Einführung gute Dienste geleistet, obwohl philologische Mängel dem Werk — besonders dem Lektüre-Band — Abbruch taten; nach einem halben Jahrhundert war das Buch zudem in vielem überholt. Hauschild legte zuerst (1953) den zweiten Band, „Texte und Glossar", vor, in welchem die Thumbsche Leistung am sichtbarsten von ihm übertroffen wird: an die Stelle eines knappen Lesebüchleins trat hier eine stattliche Sanskrit-Chrestomathie von mehr als 350 Seiten, mit einem philologisch makellosen Glossar, dem reichhaltige etymologische Noten beigeschlossen waren; die Textauswahl zeigt den vielbelesenen Kenner der altindischen Literatur, der auch ungehobene Schätze wie die Aṣṭāvakra-Gītā ans Licht

---

[3]) Wissenschaftliche Zeitschrift der Friedrich-Schiller-Universität Jena, Gesellschafts- und Sprachwissenschaftliche Reihe [= WZUJ] 1952, 3, 155—162.

[4]) WZUJ 1954/55, 3—4, 281—303.

[5]) Das Selbstlob (*Ātmastuti*) des somaberauschten Gottes Agni (Ṛgveda X, 119). Asiatica [Festschrift Friedrich Weller, 1954] 247—288.

[6]) WZUJ 1955/56, 5, 499—520.

[7]) Vgl. Zeitschrift für Missionswissenschaft und Religionswissenschaft *53* (1969) 195ff., und zuletzt den Sitzungsbericht der phil.-hist. Klasse der Sächsischen Akademie der Wissenschaften *115*/6 (1972), „Der Missionar P. Heinrich Roth aus Dillingen und die erste europäische Sanskrit-Grammatik".

zu ziehen vermochte, der er später in den Schriften dieser Akademie eine Monographie widmen sollte.[8]) Die mit Spannung erwartete Grammatik erschien 1958 und 1959; sie beeindruckte besonders durch die Fülle der ausgebreiteten Kenntnisse, nicht nur zu den sprachlichen Erscheinungen, zu denen alle erreichbare Sekundärliteratur gewürdigt wurde, auch zu den historischen und literaturgeschichtlichen Voraussetzungen der Erscheinung ‚Sanskrit'. Eine volle Kenntnis der außerdeutschen Sekundärliteratur war in den Nachkriegsjahren, in denen der „Thumb-Hauschild" entstand, nicht zu erreichen, und seine teilweise Erneuerungsbedürftigkeit rührt daher. Wo es Hauschild gelingen konnte, zu einer modernen Fragestellung die volle Information zu erhalten, da hat er sie begeistert genützt — wie bei der ganz jungen Problematik dravidischer und mundider Einflüsse im Altindischen. In der Frage der indoarischen Elemente im Alten Orient hat er sich hier wie später[9]) noch nicht von dem zu optimistischen Bild vorangegangener Jahrzehnte lösen können, und im Falle der ‚Laryngal-Theorie' beharrt er weitgehend auf der unter deutschen Gelehrten damals noch einhelligen Meinung, sie sei für eine einführende Darstellung nicht verwertbar; heute wissen wir, daß viele Phänomene des Altindischen (Indo-Iranischen) — mehr als aller anderen indogermanischen Sprachen — ohne ein Eingehen auf diese Theorie nicht behandelt werden können.

So wären, in einer Neubearbeitung, einige zeitbedingte Mängel eines in seiner Anlage sehr schönen Buches zu beheben. Wieviel an neuen Gedanken im „Thumb-Hauschild", namentlich in seinen Etymologien, steckt, können nur wenige Spezialisten ermessen; der somit unberechtigte Vorwurf, das Buch sei „vorwiegend Darstellung", wäre allerdings von Hauschild nicht als Vorwurf empfunden worden. Er, der ein begeisterter und begeisternder Lehrer war, — ich kenne die Urteile vieler einstiger Schüler — liebte die klare Darlegung, die eingehende, im Ton immer noble Argumentation und Polemik, die Reduktion einer komplizierten Problemlage auf das zu Sichernde; er hat auch in den Sitzungen und Schriften dieser Akademie zweimal versucht, auf jungen umstrittenen Forschungsbereichen faßliche Zwischenbilanz zu ziehen.[10])

Am 1. September 1967 wurde Hauschild, seit 1954 Professor mit Lehrstuhl, emeritiert. Einige wertvolle Studien sind in den Jahren seither erschienen[11]); es stand zu erwarten, daß er einen von Berufspflichten freien Lebensabend für weitere

---

8) Die Aṣṭāvakra-Gītā. Abh. der phil.-hist. Kl. der Sächsischen Akademie der Wissenschaften *58*/2, 1967. 128 Seiten und 4 Tafeln.

9) Über die frühesten Arier im Alten Orient. Sitzungsber. der Sächs. Akademie der Wissenschaften, phil.-hist. Kl., *106*/6, 1962, 59 Seiten.

10) Vgl. das in der vorangehenden Anmerkung genannte Schriftchen sowie „Die indogermanischen Völker und Sprachen Kleinasiens" (Sitzungsber. der Sächs. Akademie der Wissenschaften, phil.-hist. Kl., *109*/1, 1964, 119 Seiten).

11) Neben schon genannten Arbeiten des Emeritus sind anzuführen: Yašt 5, 87 — eine Neuinterpretation (Mitteilungen des Instituts f. Orientforschung ... *11* [1966] 463—512); Die *Saṃvarga-Vidyā* (*Chānd. Up.* 4, 1—3). Ergänzende sachliche und grammatische Bemerkungen (Mélanges d'Indianisme à la mémoire de Louis Renou, Paris 1968, 337—365); Die awestische Zahlenkette in Yt. 5, 54 usw. (Orbis *18* [1969] 562—572).

minutiöse Untersuchungen, für neuerliche didaktische Meisterleistungen nützen werde. Doch das Schicksal hat es anders gewollt. Wenige Jahre nach dem Ende der Lehrtätigkeit erkrankte Hauschild an Hypertonie; der so Widerstandsfähige, seit früher Kindheit an Strapazen Gewöhnte wurde plötzlich von wenigen Schritten erschöpft; der begeisterte Naturfreund, der die Tierwelt beobachtete und Pflanzen sammelte, mußte bei dem letzten Sommerurlaub, zwei Jahre vor dem Ende, bereits auf den kleinsten Spaziergang verzichten. Die ärztliche Pflege und viele Medikamente konnten die allmähliche Entkräftung seiner Organe, zum bitteren Leid der ihm Nächsten, nicht aufhalten. Er starb, nach zweitägigem Krankenlager, am 15. Februar 1972.

Die Resultate seiner eingehenden Untersuchungen, die Klarheit seiner didaktischen Arbeiten sichern ihm das ehrenvolle Gedenken der Fachwelt. Was aber mehr wiegt, ist die Erinnerung derer, die ihn näher kannten; denn ihm, dem vom Leben nicht Verwöhnten, waren Neid, Mißgunst, Schmähsucht vom Wesen her fremd. Die Worte, die dem Namenspaten seiner geliebten Jenaer Universität galten, sind auf wenige Menschen ohne falsches Pathos anwendbar; für ihn gelten sie ohne Minderung: daß hinter ihm lag, was uns alle bändigt, das Gemeine.

Manfred Mayrhofer

Bibliographie Richard Hauschild

Das Schriftenverzeichnis Richard Hauschilds umfaßt insgesamt 65 Titel: 11 selbständig publizierte Arbeiten, 17 Zeitschriftenaufsätze, 2 Nachrufe und 35 Rezensionen. Sie werden hier zunächst nach den Erscheinungsjahren aufgeführt. Anschließend ordnet ein Sachregister die Arbeiten nach inhaltlichen Gesichtspunkten. Rezensionen werden dabei in Klammern gesetzt.

1927

1. Die Śvetāśvatara-Upaniṣad, Eine kritische Ausgabe mit einer Übersetzung und mit einer Übersicht über ihre Lehren, Diss. Jena vom 2. 3. 1926, Leipig 1927 (= Abh. f. d. Kde. d. Morgenlandes Bd 17, 3); auch Teildruck: Leipzig 1927, VI, 39 S.

1929

2. Zur Frage der Prosalektüre im griechischen Unterricht in der Obersekunda der Gymnasien; in: Lehrproben und Lehrgänge, Jg 1929, S. 228—229 (= Heft 178, S. 42—53).

1935

3. Vier lateinische Hausinschriften aus Calbe/Saale (gelesen, übersetzt und erklärt), Calbe/Saale 1935.

1952

4. Die Herkunft und Textgestaltung der hebräischen Inschrift in der „Judenbuche“ der Anette von Droste-Hülshoff; in: Euphorion *46* (1952) S. 85—99.
5. [Bespr.] — Manfred Mayrhofer, Handbuch des Pāli. Eine Einführung in das sprachwissenschaftliche Studium des Mittelindischen, I. Teil: Grammatik, II. Teil: Texte u. Glossar. Heidelberg 1951. In: DLZ *73* (1952) Sp. 257—260.

1953

6. [Bearb.] — Albert Thumb, Handbuch des Sanskrit, Teil II: Texte und Glossar, 2. erweiterte und völlig neu bearbeitete Aufl.Heidelberg 1953. XII, 356 S.
7. Über eine Pāli-Handschrift im Besitz der Universitätsbibliothek Jena. In: Wiss. Zs. d. Friedrich-Schiller-Universität Jena Jg *2* (1952/53), Gesellschafts- und Sprachwiss. Reihe, H. 3, S. 155—162 (mit Faksimiles des Schlußblattes der Hs. als Anhang).

1954

8. Das Selbstlob (ātmastuti) des somaberauschten Gottes Agni. In: Asiatica, Festschrift Friedrich Weller. Leipzig 1954. S. 247—288 (u. 4 Kunstdrucktafeln mit 11 Abb.).
9. [Bespr.] — Manfred Mayrhofer, Sanskrit-Grammatik. Berlin 1953 (= Sammlung Göschen Bd 1158). In: DLZ *75* (1954) Sp. 131—132.
10. [Bespr.] — Louis Renou: Grammaire de la langue védique. Lyon 1952. In: OLZ *49* (1954) Sp. 442—446.

1955

11. Kaiser Aschoka von Indien — ein Buddhist und fortschrittlicher Mensch auf dem Throne (= erweiterte Form der Antrittsvorlesung vom 14. 12. 1954). In: Wiss. Zs. d. Friedrich-Schiller-Universität Jena Jg *4* (1954/55), Gesellschafts- u. sprachwiss. Reihe, H. 3/4, S. 281—303.
12. [Bespr.] — Münchener Studien zur Sprachwissenschaft. München 1954. H. 4. In: DLZ *76* (1955) Sp. 807—908.

1956

13. Die erste Publikation der indischen Nāgarī-Schriftzeichen in Europa durch Athanasius Kircher und Heinrich Roth. In: Wiss. Zs. d. Friedrich-Schiller-Universität Jena, Jg *5* (1955/56), Gesellschafts- u. sprachwiss. Reihe, H. 4/5, S. 499—520.
14. [Bespr.] — Vittore Pisani, Storia delle letterature antiche dell'India. Milano 1954. In: DLZ *77* (1956) Sp. 730—734.

1957

15. [Bespr.] — Ludwig Alsdorf, Vorderindien, Bharat — Pakistan — Ceylon. Braunschweig 1955. In: DLZ *78* (1957) Sp. 149—150.
16. [Bespr.] — Fritz Kern, Aśoka — Kaiser und Missionar. Bern 1956. In: DLZ *78* (1957) Sp. 391—395.
17. [Bespr.] — Arno Lehmann, Es begann in Tranquebar. Die Geschichte der ersten evangelischen Kirche in Indien. Berlin 1955; [und die gekürzte englische Übersetzung:] It began at Tranquebar ... Madras 1956. In: DLZ *78* (1957) Sp. 871—877.

1958

18. [Bearb.] — Albert Thumb, Handbuch des Sanskrit. Eine Einführung in das Sprachwissenschaftliche Studium des Altindischen, I. Teil: Grammatik, 1. Einleitung und Lautlehre. Dritte, stark umgearbeitete Auflage. Heidelberg 1958. XVI, 347 S.

1959

19. [Bearb.] — Albert Thumb, Handbuch des Sanskrit. Eine Einführung in das sprachwissenschaftliche Studium des Altindischen, II. Teil (d. h. I, 2!): Formenlehre. Dritte stark umgearbeitete Auflage. Heidelberg 1959. XII, 492 S.
20. Die Tirade von der Wagenwettfahrt des Königs Haosravah und des Junkers Nərəmanah (Yašt 5,50). In: MIO *7* (1959) S. 1—78.

21. [Bespr.] — Th. Simenschy, Antologia sanscrită a lui Coşbuc, S.-A. a. 'Analele Ştiinţifice ale Universităţii „Al. I. Cuza" din Iaşi' (Serie Nouă), Sectiunea III (Ştiinte Sociale) Tomul II, annul 1956, fasc. 1—2, S. 67—140. In: OLZ *54* (1959) Sp. 521—523.

1961

22. Über altbekannte und neuentdeckte metrische Stücke in der Chāndogya-Upaniṣad. In: Die Sprache *7* (1961) S. 32—63.
23. Über die frühesten Arier im Alten Orient. In: FuF *35* (1961), S. 243—246.
24. [Bespr.] — Jan Gonda, Four Studies in the Language of the Veda. 's-Gravenhage 1959 (= Disputationes Rheno-Trajectinae III). In: Kratylos *VI* (1961) S. 162—165.
25. [Bespr.] — Jan Gonda, Stylistic Repetition in the Veda. Amsterdam 1959 (= Verhandelingen der koninklijke Nederlandse Akademie van Wetenschappen, Afd. Letterkunde, N. R. LXV). In: OLZ *56* (1961) Sp. 625—628.

1962

26. Über die frühesten Arier im Alten Orient (= Ber. ü. d. Verh. d. SAW zu Leipzig, Phil.-hist. Kl. Bd 106, H. 6). Berlin 1962. 59 S. und eine Karte.
27. [Bespr.] — Helmut Humbach, Die Gathas des Zarathustra I, I: Heidelberg 1959. In: DLZ *83* (1962) Sp. 207—211.
28. [Bespr.] — Jean Varenne, La Mahā Nārāyaṇa Upaniṣad, Édition critique, avec une traduction française, une étude, des notes et, en annexe, La Prāṇāgnihotra Upaniṣad, I: Texte, Traduction, Notes, II: Étude, Tables, Index et Appendices. Paris 1960 (= Publications de l'Institut de Civilisation Indienne, Fasc. 11 u. 13). In: OLZ *57* (1962) Sp. 300—305.

1963

29. Mistra — Die Faustburg Goethes, Erinnerungen an eine Griechenlandfahrt (= Abh. d. SAW zu Leipzig, Phil.-hist. Kl. Bd 54, H. 4). Berlin 1963, 26 S. u. 8 Kunstdrucktafeln.
30. Ashoka von Indien — eine der größten Persönlichkeiten der Weltgeschichte (Résumé eines Vortrags auf der Tagung für Allgem. Religionsgeschichte in Jena 1963). In: Wiss. Zs. d. Friedrich-Schiller-Universität Jena, Sonderheft 1963, S. 37.
31. [Bespr.] — R. N. Dandekar, Vedic Bibliography. Second Volume, Poona 1961. In: OLZ *58* (1963) Sp. 596.
32. [Bespr.] — H. Goetz, Geschichte Indiens (Stuttgart 1962 (= Urban-Bücher 59). In: HZ *198* (1963) S. 457—458.
33. [Bespr.] — Jan Gonda, Epithets in the Ṛgveda. 's-Gravenhage 1959 (= Disputationes Rheno-Trajectinae IV). In: OLZ *58* (1963) Sp. 387—389.
34. [Bespr.] — Jan Gonda, Die Religionen Indiens, I: Veda und älterer Hinduismus. Stuttgart 1960 (= Die Religionen der Menschheit, Bd 11). In: DLZ *84* (1963) Sp. 988 bis 989.
35. [Bespr.] — Annelies Kammenhuber, Hippologia hethitica. Wiesbaden 1961. In: DLZ *84* (1963) Sp. 17—20.
36. [Bespr.] — L. Renou, Grammaire Sanscrite, T. I et II réunis, Phonétique, composition, dérivation, le nom, le verbe, la phrase. 2. éd. rev. corr. et augm. Paris 1961. In: DLZ *84* (1963) Sp. 990—992.

1964

37. Die indogermanischen Völker und Sprachen Kleinasiens (= Sitzungsber. d. SAW zu Leipzig, Phil.-hist. Kl. Bd 109, H 1). Berlin 1964, 119 S.

38. Register zur Altindischen Grammatik von J. Wackernagel und A. Debrunner (Bd I bis III). Göttingen 1964, 264 S.
39. Nachruf auf Ferdinand Sommer. In: Jahrb. d. SAW zu Leipzig *1960–62*. Berlin 1964. S. 405–410.
40. Nachruf auf Friedrich Slotty. In: FuF *38* (1964) S. 190–191.
41. [Bespr.] – W. Sidney Allen, Sandhi, The Theoretical, Phonetic and Historical Bases of Word-Junction in Sanskrit. Den Haag 1962 (= Janua Linguarum Nr. XVII). In: OLZ *59* (1964) Sp. 495–497.
42. [Bespr.] – H. v. Glasenapp, Die Literaturen Indiens von ihren Anfängen bis zur Gegenwart. Stuttgart 1961 (= Handbuch der Literaturgeschichte in Einzeldarstellungen – Kröners Taschenausgabe Bd 318). In: DLZ *85* (1964) Sp. 628–629.
43. [Bespr.] – B. Schlerath, Das Königtum im Rig- und Atharvaveda, Ein Beitrag zur idg. Kulturgeschichte. Mainz 1960 (= Abh. f. d. Kde. d. Morgenlandes XXXIII, 3). In: OLZ *59* (1964) Sp. 72–74.
44. [Bespr.] – R. L. Turner, A comparative dictionary of the Indo-Aryan Languages, Fasc. I bis III. London 1962–63. In: BO *21* (1964) Sp. 354, 2–355, 2.

1965

45. Der Mantel der Anāhita (Yt. 5,129) – abermaliger Versuch einer Interpretation. In: MIO *11* (1965) S. 27–54.
46. [Bespr.] – M. B. Emeneau, Kālidāsa's Abhijñāna-Śakuntalā, Translated from the Bengali recension. Berkeley – Los Angeles 1962. In: OLZ *60* (1965) Sp. 77–78.
47. [Bespr.] – J. Gonda, Die Religionen Indiens, Bd 2: Stuttgart 1963 (= Die Religionen der Menschheit Bd. 12). In: DLZ *86* (1965) Sp. 391–393.

1966

48. Die Aṣṭāvakra-Gītā (= Kurzfassung eines Vortrags vor der SAW zu Leipzig vom 9. 2. 1965). In: FuF *40* (1966) S. 19–21.
49. Yašt 5,87 – eine Neuinterpretation. In: MIO *11* (1966) S. 463–512.
50. [Bespr.] – Theodor Aufrecht, Catalogus Catalogorum, An Alphabetical Register of Sanskrit Works and Authors, Part I–III. Unveränderter Nachdruck Wiesbaden 1962. In: OLZ *61* (1966) Sp. 176–177.
51. [Bespr.] R. L. Turner, A Comparative Dictionary of Indo-Aryan Languages, Fasc. IV–VI London 1964–65. In: BO *23* (1966) Sp. 83,2–85,1.

1967

52. Die Aṣṭāvakra-Gītā (= Abh. d. SAW zu Leipzig, Phil.-hist. Kl. Bd 58, H. 2). Berlin 1967. 128 S. und 4 Tafeln.
53. Das Verhältnis des Russischen zu den klassischen Sprachen. In: Helikon *VII* (Roma 1967) S. 101–124.
54. [Bespr.] – Maurice Bloomfield, A Vedic Concordance. 2nd ed. Delhi 1964. In: OLZ *62* (1967) Sp. 66–67.
55. [Bespr.] – Bhogilal Jayachandbhai Saudesara and R. N. Mehta, Mallapurāṇa. Baroda 1964 (= Gaekwad's Oriental Series No 144). In: OLZ *62* (1967) Sp. 190–192.
56. [Bespr.] – R. L. Turner, A Comparative Dictionary of Indo-Aryan Languages, Fasc. VII–XI London 1965–66. In: BO *24* (1967) Sp. 221,2–222,2.

1968

57. Die Saṃvarga-Vidyā (Chānd. Up. 4, 1–3). Ergänzende sachliche und grammatische Bemerkungen. In: Mélanges d'Indianisme à la mémoire de Louis Renou. Paris 1968. S. 337–365.
58. [Bespr.] — André Bareau, Walter Schubring, Christoph von Fürer-Haimendorf, Die Religionen Indiens III: Buddhismus — Jinismus — Primitivvölker. Stuttgart 1964 (= Die Religionen der Völker 13). In: DLZ *89* (1968) Sp. 112–116.
59. [Bespr.] — Jerzy Kurylowicz, The Inflectional Categories of Indo-European. Heidelberg 1964. In: OLZ 63 (1968) Sp. 68–69.
60. [Bespr.] — Johanna Narten, Die sigmatischen Aoriste im Veda. Wiesbaden 1964. In: OLZ *63* (1968) Sp. 70–71.

1969

61. Die awestische Zahlenkette in Yt. 5,54 usw. In: Orbis *XVIII* (1969) S. 562–572.
62. Zum Inhalt der drei Handschriften Roths, I. Sanskrit-Grammatik (= Mss. Orientali 171), II. Mss. Orientali 172: Erster Teil, III. Mss. Orientali 172: Zweiter Teil. In: ZMR *53* (1969) S. 195–202.

1970

63. [Bespr.] — C. G. Hartmanns, Emphasizing and Connecting Particles in the Thirteen Principal Upanishads. Helsinki 1966 (= Annales Academiae Scientiarum Fennicae, Serie B, Tom 143,2). In: OLZ *65* (1970) Sp. 290–291.

1972

64. Der Missionar P. Heinrich Roth aus Dillingen und die erste europäische Sanskrit-Grammatik (= Sitzungsber. der SAW zu Leipzig, Phil.-hist. Kl. Bd 115, H. 6). Berlin 1972. 23 S. u. 3 Kunstdrucktafeln.
65. [Bespr.] — Henrik Birnbaum and Jaan Puhvel, Ancient Indo-European Dialects, Proceedings of the Conference on Indo-European Linguistics, Held at the University of California, April 25–27, 1963. Berkeley — Los Angeles 1966. In: OLZ *67* (1972) Sp. 173–176.

Sachregister

1. Wissenschaftsgeschichte:
   Indologie: 13, 62, 64; (17)
   Indoeuropäistik: 38, 39
2. Indoeuropäistik: 37, 53; (12, 35, 59, 65)
3. Awestisch:
   Textinterpretationen: 20, 45, 49, 61; (27)
4. Altindisch:
   Grammatik: 18, 19, 38, (19, 10, 24, 25, 36, 41, 60, 63)
   Textausgaben und Interpretationen:
   Vedische Texte: 1, 8, 22, 57 (28, 33, 54)
   Sanskrit-Texte: 6, 52; (21, 46, 55)
   Bibliographie: (31, 50)
5. Mittelindisch: 7; (5)
6. Neuindisch: (44, 51, 56)
7. Kulturgeschichte: 11, 23, 26, 30, 48; (14, 15, 16, 32, 34, 42, 43, 47, 58)
8. Verschiedenes: 2, 3, 4, 29.

Prof. Dr. Wolfgang Morgenroth

Zur Biobibliographie

Schriftenverzeichnisse. W. Morgenroth, siehe vorliegendes Jahrbuch S. 311–316. – Kürschners Dtsch. Gelehrten-Kalender *6*, 1–10, *11* (Berlin 1970) S. 1027. – Jahrbuch Sächs. Akad. Wiss. Leipzig *1957–1959* (Berlin 1961) S. 275–276; *1960–1962* (Berlin 1964) S. 311; *1963–1965* (Berlin 1967) S. 247; *1966–1968* (Berlin 1970) S. 250; *1969* bis *1970* (Berlin 1972) S. 178.

Würdigungen. Zum 65. Geburtstag: Hochschulwesen *14* (1966) Nr. 10, S. 723. – FuF *40* (1966) S. 352. – Allgemein: Das Große Duden-Lexikon in 8 Bdn. *4* (Mannheim 1966) S. 102.

Nachrufe. M. Mayrhofer, siehe vorliegendes Jahrbuch S. 307–311. (m. Bildn.). – W. Morgenroth, in: Z. f. Phon. Sprachw. u. Komm. *26* (1973) H. 6. – Ha.: Sein Werk bleibt wertvoll. In: Thür. Landesztg *28* (Jena 1972) Nr. 48 v. 25. Febr.

Gotthard Neumann

8. 6. 1902–29. 4. 1972

Am 29. April 1972 verschied in Jena das ordentliche Mitglied der Sächsischen Akademie der Wissenschaften und ihrer Historischen Kommission, der emeritierte Professor für Ur- und Frühgeschichte und Direktor des Vorgeschichtlichen Museums der Friedrich-Schiller-Universität Jena Gotthard Neumann an den Folgen eines zweiten Herzinfarktes. Mit ihm verlor die Ur- und Frühgeschichtsforschung unserer Republik einen der profiliertesten Fachvertreter; Schüler, Freunde und Kollegen aber darüber hinaus ein für die Erkenntnis wissenschaftlicher Wahrheit strebendes Vorbild, stets hilfsbereit und aufgeschlossen. Für alle erscheint sein Weg als Wissenschaftler und als Mensch zu früh abgebrochen. Ausgereiftes stand noch zuviel auf dem Halm und Werdendes bedurfte noch dringend seines väterlichen Rates und kritischer Wertung.

G. Neumann hat sich seine umfassenden Kenntnisse mit eisernem Fleiß erworben, begünstigt durch eine außerordentlich gute und schnelle Auffassungsgabe und die Fähigkeit, angeschnittene Probleme richtig einzuschätzen, um dann aktiv an deren Lösung mitzuarbeiten. Seine Materialstudien als Quellengrundlage aller historischen Deutungen betrieb er auf zahlreichen Museumsreisen und durch intensive Literaturstudien. Er schaffte sich eine umfassende Kenntnis beweglicher und ortsfester Altertümer, studierte viele Denkmäler im Gelände und grub sie vorbildlich aus. Die Ergebnisse liegen in außerordentlich umfangreichen Materialsammlungen und universal ausgerichteten, tiefschürfenden Abhandlungen vor.

Gotthard Neumann wurde am 8. Juni 1902 als Sohn des Pfarrers und späteren Realgymnasialdirektors Arno Neumann in Schwabsdorf im Kreise Weimar geboren und kam schon während der Vorschulausbildung nach Jena, das zu seiner eigentlichen Vaterstadt wurde. Hier besuchte er auch das humanistische Gymnasium. Seine Studien führten ihn zwischen 1921 und 1926 nach Jena, München und Marburg. Dabei belegte er in erster Linie Vorgeschichte, Geschichte und Deutsch, daneben auch klassische Archäologie, Kunstwissenschaften, Religionsgeschichte und Geologie. Schon die Auswahl der Fächer zeigt, daß er sich von vornherein gegen jegliche Fachisolierung sichern wollte. Deshalb auch legte er bei der historischen Disziplin besonderen Wert auf die Pflege der Nachbarwissenschaften.

Neumann studierte zu einer Zeit, als die methodischen Grundlagen für die Ur- und Frühgeschichtsforschung erst geschaffen und allmählich gesichert worden waren und als das Fach an den meisten deutschen Hochschulen noch keine Bedeutung erlangt hatte. Die Verbindung mit der Urgeschichte geht bis in seine Schulzeit zurück. Neumann nahm schon damals an Ausgrabungen teil, ebenso an der Konservierung von Fundmaterial im Städtischen Museum Weimar. Die Problematik größerer Grabungen vermittelte ihm zunächst Dörpfeld bei der Darstellung der Untersuchungen von Troja, die Bearbeitung von Fundmaterialien Eichhorn, beide in Jena. Die anschließenden Studien in München und Marburg waren für den bevorzugten Forschungsgegenstand der Zukunft entscheidend. Seine thüringische Heimat, der er sich nach Herkunft und Neigung stets verbunden fühlte, lag am Schnittpunkt der meisten Kulturen des südlichen Mitteleuropas mit denen des Nordens. Hier konnte die Chronologie gut abgesichert werden und hier lag auch durch den Charakter des Landes und die Berührung mit vielen ethnischen Einheiten der Schlüssel zur Lösung so mancher historischen Frage. Schon als Student war er unter W. Bremer in der hessischen Bodendenkmalpflege mit tätig und lernte dann bei der Mustergrabung G. Bersus auf dem Goldberg bei Nördlingen die Untersuchung großer Siedlungsflächen. Für seine spätere Arbeit war ebenso wichtig, daß er beim Historiker E. Stengel in die Problematik landesgeschichtlicher Forschung eingeführt worden war. Hier wurde das Fundament für Neumanns spätere außerordentlich fruchtbaren Publikationen über das frühe und hohe Mittelalter gelegt und hier bot sich auch die Epoche an, in der sich archäologische Forschungsergebnisse mit den Mitteln des Historikers überprüfen ließen, d. h. mit historischen Vorgängen parallelisiert werden konnten. Zum Abschluß seines Studiums widmete sich Neumann dem Endneolithikum und der beginnenden Bronzezeit. Die Dissertation von 1926 über „Die Aunjetitzer Kultur in Mitteldeutschland" ist bis heute grundlegend geblieben. Obwohl er infolge der teilweise lückenhaften Quellenbasis in erster Linie die stilkritische Methode anwenden mußte, sind auf Grund seines sicheren Blickes für das historisch Mögliche beachtliche Ergebnisse erzielt worden. Hier schon bewies sich sein Fleiß, seine Umsicht und Gründlichkeit bei der Arbeit an den Originalquellen bis ins kleinste Detail, das deutliche Überschreiten enger provinzieller Einschränkung, dafür aber der Einbau aller Ergebnisse in die Universalgeschichte. Neben seiner umfassenden Allgemeinbildung kam ihm bei einer treffsicheren Quellenkritik der Blick aufs Wesentliche und Bleibende bei aller Verantwortlichkeit im Kleinen außerordentlich zugute. Auch bei allen folgenden Arbeiten hat er einer neutralen beschreibenden Terminologie den Vorzug gegeben, die keinerlei Deutungen vorwegnehmen sollte. Das gilt für alle folgenden Arbeiten, angefangen mit der Vorlage der Glockenbecherkultur.

Die allseitige volle Anerkennung seiner bereits in beträchtlichem Umfang abgeleisteten Berufspraxis, seiner Studienerfolge und der Dissertation brachten es mit sich, daß er, im Gegensatz zu vielen Gleichaltrigen, sofort nach der Promotion volle Anstellung im Fach fand. So war er vom Januar 1927 bis Oktober 1930 als junger Wissenschaftler am Staatlichen Museum für Mineralogie, Geologie und Vorgeschichte in Dresden beschäftigt und konnte am damit verbundenen Archiv urgeschichtlicher Funde aus Sachsen erfolgreich wirken. Bedeutende Ausgrabungen führte er u. a. auf Siedlungen und Gräberfeldern in Gaunitz, Kr. Oschatz und auf dem Hügel- und Flachgräberfeld Gävernitz zwischen Meißen und Dresden durch, woselbst er durch die Rekonstruktion der größeren Hügelgräber eine Art Freilichtmuseum schuf, mit dem auch ein kleines Museumsgebäude verbunden war, die Rekonstruktion eines urgeschichtlichen Hauses von Gaunitz darstellend. Aufsehenerregend war die mit damals modernsten Mitteln und Methoden durchgeführte Ausgrabung des Burgwalles Köllmichen, Kr. Grimma, im Kontaktgebiet von Altslawen und frühen Deutschen. Gerade die dort aufgeworfene Fragestellung sollte bis in die letzten Jahre seiner Tätigkeit einer seiner Forschungsschwerpunkte bleiben, wie u. a. auch die Untersuchungen auf dem Johannisberge bei Jena-Lobeda zeigen.

Zum 1. November 1930 wurde Gotthard Neumann als Vorstand des Germanischen Museums der Universität nach Jena berufen und setzte hier seine Vorlesungstätigkeit fort, die er bereits im Sommer 1929 an der Technischen Hochschule Dresden aufgenommen hatte. Auf Grund seiner Erfolge konnte er 1934 zum a. o. Professor für Vorgeschichte ernannt werden, nachdem im Juli 1932 ehrenamtlich die staatliche Fundpflege im Lande Thüringen übernommen worden war. Voraussetzung für diese Arbeit bildeten die zwei thüringischen Ausgrabungsgesetze, an deren Zustandekommen er maßgeblich beteiligt war. Die Aufbauarbeit des Jenenser Instituts war außerordentlich schwierig. Es bestanden damals nur minimale Aussichten auf Förderung wissenschaftlicher Arbeiten durch den Staat, das Land Thüringen konnte ausreichende Mittel nicht nur Verfügung stellen und G. Neumann lehnte es grundsätzlich ab — besonders nach 1933 — mit Subventionen zu arbeiten, die „unsachliche Auflagen nach sich hätten ziehen können“, wie er selbst bekannte. Bei der Feldforschung und der späteren wissenschaftlichen Auswertung hat er alle Tätigkeiten von der Pike an selbst durchführen müssen. Ebenso erging es ihm in Jena mit dem Aufbau des Instituts und des Museums, die den steigenden Anforderungen von Forschung und Lehre gemäß vollkommen umgestaltet und erweitert werden mußten. Diese Arbeiten kamen erst mit dem Umzug in ein eigenes Gebäude zu einem zeitweisen Abschluß. Auch nach dem Kriege fielen ihm bei der Reorganisierung des Institutes ähnliche Aufgaben zu. Inzwischen war er von Anfang 1941 an durch die Einberufung zum Militär vom Institut getrennt worden und konnte erst zum 1. Juli 1947 den Dienst am Vorgeschichtlichen Museum, zunächst als technischer Mitarbeiter, dann als wissenschaftlicher Assistent und Oberassistent wieder aufnehmen. Zum 1. November 1953 ernannte ihn die Regierung der Deutschen Demokratischen Republik zum Professor mit vollem Lehrauftrag für Ur- und Frühgeschichte und Direktor des Vorgeschichtlichen Museums der Friedrich-Schiller-Universität Jena, Institut für prähistorische Archäologie, am 1. Oktober 1956 zum Professor mit Lehrstuhl. Bis zu seiner Emeritierung im Jahre 1967 hat er dieses Amt mustergültig versehen und seine Schüler danken ihm nicht nur für das pädagogisch geschickt vermittelte Wissen, sondern auch für seinen starken erzieherischen Einfluß. Er versuchte seine Liebe zu Beruf und Land auch auf die Jüngeren zu übertragen und hat stets gelehrt, daß die persönliche Durchdringung des Stoffes bei jeder Wissenschaft notwendig ist und durch keine Maschine ersetzt werden kann. Der ständige Aufruf zu Gründlichkeit und wissenschaftlicher Sauberkeit erging an alle, so bei der praktischen Tätigkeit im Gelände oder im Museum, aber ebenso bei der wissenschaftlichen Analyse des Quellenmaterials und der historischen Auswertung. Besonders warnte er stets vor zu weitreichenden Schlüssen, da mit solchen den Nachfolgenden nur zu oft zeitweise die Sicht auf das Mögliche verbaut wurde. Im Vordergrund stand bei Neumann die Schaffung einer tragfähigen Quellenbasis und die Herausbildung gesicherter Ableitungen. Dagegen lehnte er zu großzügige Theorien ab und hielt sich selbst vor übereilten historischen Schlußfolgerungen wohl in jedem Falle zurück. Zu seiner sauberen Arbeit und steten Forderung nach Klarheit kam auch der gepflegte und sichere Ausdruck, der stets eine volle Verantwortlichkeit gegenüber der deutschen Sprache verriet. Engsten wissenschaftlichen und persönlichen Kontakt pflegte er mit seinen Schülern und Kollegen vor allem auf Exkursionen und bei Übungen. Er verstand es auf alle Fragen interessiert einzugehen, beim lebensvollen Gedankenaustausch viele Anregungen zu geben und auch Forschungsergebnisse zu vermitteln, die literarisch noch nicht verarbeitet waren. So brachten seine Vorlesungen in den meisten Fällen wissenschaftliches Neuland und wurden durch die Fähigkeit des berufenen Lehrers, sich einprägsam und verständlich mitzuteilen, zu echten Quellen der Wissensbereicherung. Alle seine Exkursionen führten zu einer intensiven Auseinandersetzung nicht nur mit der Landesgeschichte, sondern auch mit den geologischen Problemen und der Bedeutung der Landschaft als Siedlungsraum. Daß Neumann auch nach seiner Emeritierung und trotz schwerster gesundheitlicher Schädigungen sowie anderer widriger Umstände, die seine Arbeitsfähigkeit einschränkten, stets den Kollegen und Schülern mit Rat und Tat zur Verfügung stand, spricht für seine innere Haltung und seine unbegrenzte Dienstbereitschaft für die Wissenschaft. Bis zuletzt blieb ihm die Freude an der Arbeit und auch an den außerordentlichen Leistungen vieler seiner Schüler. Ein verbliebenes Arbeitszimmer im aufgegebenen Institut sah ihn des öfteren bei Abschlußarbeiten für die Keltenforschung, für die bronzezeitliche Besiedlung Thüringens und bei der Schaffung eines Überblicks der frühgeschichtlichen Burgengrabungen in Köllmichen.

Die große wissenschaftliche Ernte Gotthard Neumanns mit über 200 Titeln wäre noch weit reicher geworden, wenn er nicht die meiste Zeit dafür hätte verwenden müssen, die Voraussetzungen für eine erfolgreiche wissenschaftliche Arbeit seiner Schüler und Kollegen, damit aber auch für sich selbst erst zu schaffen, ein Institut und ein Museum vollständig aufzubauen und dann auch beide den erhöhten Anforderungen entsprechend zu reorganisieren.

Im Vordergrund stand bei aller wissenschaftlichen Arbeit in Jena die thüringische Ur- und Frühgeschichte. Den Problemen der Jungsteinzeit widmete er sich ebenso weiter wie denen der Bronzezeit, wobei die Ergebnisse eigener Ausgrabungen nach wie vor den Mittelpunkt bildeten. Sein archäologischer Ordnungssinn, seine chronologische Sicherheit, ein ausgezeichnetes historisches Rüstzeug und das dazugehörige

Einfühlungsvermögen in den Geschichtsablauf ließen Studien entstehen, die zu den besten Grundlagen unserer Forschung zählen. Grabungen an Hallstatt- und Latènehügeln festigten deren Chronologie und stellten die entsprechenden Materialien in den richtigen kulturellen Zusammenhang, gaben aber auch wichtigste Hinweise auf Kulturströme vom Süden, Westen und Norden. Als Landesgeschichtler hatte sich der Verstorbene besonders dem Mittelalter verschrieben. Hier brachte er durch die Verquickung archäologischer und historischer Quellenmaterialien und Arbeitsmethoden unzweifelhafte Höchstleistungen zustande, wie etwa in der Arbeit „curtis und castellum Saalfeld", in den verschiedenen Abhandlungen über die Kyffhäuserburgen, den bäuerlichen Herrensitz Oberlöbnitz, die Burg Camburg und einige Wüstungen (Möbis, Hummelstedt, Wüste Mark Niederleutra).

Gotthard Neumann war aber nicht nur Verfasser ausgereifter wissenschaftlicher Werke, sondern darüber hinaus auch als Herausgeber seriöser Publikationsreihen außerordentlich intensiv tätig. Als solcher und in seiner Funktion als akademischer Lehrer regte er zu fruchtbaren Themen an, bot selbst in reichem Ausmaß Material dazu und trug durch schonende Kritik sowie ermutigendes Lob nicht wenig zu den abgerundeten Arbeiten seiner Schüler und Kollegen bei.

Im Rahmen der Akademie-Arbeit stand die leider von ihm nicht zum Druck gegebene Gliederung der Bronzezeit in Thüringen (Vortragsreferat in: Jahrbuch der Sächsischen Akademie der Wissenschaften zu Leipzig 1966—1968, S. 124—125), ein seit Jahrzehnten wohldurchgearbeitetes, regional und historisch neu gegliedertes, reiches Quellenmaterial bietend und deutend und die wichtige Stellung der thüringischen Landschaft auch für die europäische Bronzezeit klar beweisend, vor allem aber sein letzter großer Aufsatz über die Fibeln vom Kleinen Gleichberg bei Römhild (Abhandlungen der Sächsischen Akademie der Wissenschaften zu Leipzig 1973). Hierin krönt er seine bisherigen Ergebnisse zur Keltenforschung und arbeitet die hohe Bedeutung des wichtigsten thüringischen Geländedenkmals noch einmal klar heraus. Damit hinterläßt er eine Studie, die nicht nur methodisch wegweisend ist, sondern vor allem auch im Rahmen der Forschungen über die keltischen oppida derzeit wohl den höchsten Stand anzeigt.

Alle von Gotthard Neumann vollbrachten Leistungen zeugen von einer kraftvollen Persönlichkeit, die auf die Umgebung ausstrahlte und sie oft mitriß, Schwache und Unlautere aber bisweilen zur Selbsterkenntnis zwang. In Liebe und Verehrung hingen Schüler, Freunde und Kollegen, darüber hinaus aber auch Menschen aller geistigen und sozialen Schichten an ihm, weil sie seinen zutiefst humanistischen Auftrag erfaßten, seine vornehme Bescheidenheit, eine außerordentliche Liebenswürdigkeit sowie den echten, feinen und stets optimistischen Humor wohltuend empfanden. Gotthard Neumann zeichnete eine tiefe Achtung vor den Menschen, ja vor allem Leben aus. Stets war er ein verständnisvoller Berater, Helfer in Not und Sorge und Tröster im Leid. Seine Feinfühligkeit bewahrte die Partner vor Kränkungen, führte aber zu keiner persönlichen Überempfindlichkeit. In seinem nachahmenswerten Pflichtgefühl hat er der Sache und den Menschen stets die Treue gehalten und als unbestechlicher Charakter niemals Vorteile auf Kosten der Lauterkeit gesucht. Saubere Arbeit als begeisternder Dienst an seiner thüringischen Heimat sowie für seine historischen Forschungen und ein makelloses Auftreten gingen ihm über alles, über sein Privatleben, einen gesunden wissenschaftlichen Ehrgeiz und seine Karriere. So nimmt es nicht wunder, daß er Ehrungen und Auszeichnungen stets als Wissenschaftler und Mensch zugleich erhielt und wohl niemals nur von Amts wegen. Werk und Persönlichkeit Gotthard Neumanns, beides zu früh geendet, wirken als Vorbild weit in die Zukunft, den Gebliebenen und den Kommenden als Verpflichtung.

Werner Coblenz

Bibliographie Gotthard Neumann

nach Unterlagen von Dr. phil. Karl Peschel

Selbständige Veröffentlichungen und Zeitschriftenbeiträge

1. Bronzezeitliche Grabhügel auf dem Mittelberge bei Heddersdorf, Kr. Hersfeld (Mein Heimatland, Zeitschr. f. Geschichts-, Volks- u. Heimatkunde *6*, 1923, Beilage z. Hersfelder Zeitung, Nr. 6, S. 23f.).
2. Die Aunjetitzer Kultur in Mitteldeutschland (ungedruckte phil. Diss.), Marburg 1926.
3. Gedanken über den seelischen Wert der Heimatpflege (Thüringer Heimatkundliche Blätter 1926, 1. Halbjahr, Beilage d. Allgemeinen Thüringischen Landeszeitung Deutschland), Weimar.
4. (mit Stoll, W.) Ein Wolfenbüttel (— Helmstedter) Bruchstück vom zweiten Buche des Passionals (Beiträge z. Geschichte d. deutschen Sprache u. Literatur *50*, 1926, 2. H., S. 302—305), Halle.
5. Die Glockenbecherkultur im Freistaate Sachsen (Tagungsberichte d. Deutschen Anthropologischen Gesellschaft. Bericht über d. 49. Versammlung in Köln v. 11.—17. 9. 1927, S. 101—104), Leipzig 1928.
6. Die Spuren einer slawisch-frühdeutschen Siedlung in Leuben (Dresden — Pirnaer Tageblatt u. Heidenauer Tageblatt, Nr. 57 v. 9. 3. 1927, S. 3).
7. Neue vorgeschichtliche Funde aus der Umgebung von Dresden (Wiss. Beilage d. Dresdner Anzeigers, *4.* Jg Nr. 37 v. 13. 9. 1927, S. 146—148).
8. Mittelalterliche Gefäßfunde in der Gartenstraße zu Dippoldiswalde (Aus der Heimat, Halbmonatsbeilage zur Weißeritz-Zeitung, Nr. 227 v. 28. 9. 1927, S. 125 bis 129, 2 Abb.).
9. Die Rudelsburg bei Rußdorf (Heimatblätter, Zwanglose Blätter f. Heimatkunde u. Volkstum, Sonderbeilage d. Crimmitzschauer Anzeigers u. Tageblattes, *7.* Jg. 1927, Nr. 7, S. 2—3, 1 Abb.).
10. Die triangulären Dolche der ältesten Bronzezeit im Freistaat Sachsen (Mannus, *6.* Erg.-Bd, 1928, S. 102—108, 3 Abb.).
11. Neue vorgeschichtliche Funde in der Flur Dresden-Leuben (Dresdner Anzeiger, *198* Jg, Nr. 92 v. 23. 2. 1928, S. 3; Dresdner Neueste Nachrichten, *36.* Jg, Nr. 47 v. 24. 2. 1928, S. 4).
12. Vorgesschichtliche Funde in der Flur Weinböhla-Lauben (Weinböhlaer Zeitung, *32.* Jg. Nr. 51 v. 29. 2. 1928, S. 4).
13. Neu entdeckter Urnenfriedhof — Petzschwitz (Dresdner Nachrichten, *73.* Jg, Nr. 594 v. 18. 12. 1928, S. 6).

14. Die Gliederung der Glockenbecherkultur in Mitteldeutschland (Prähist. Zeitschr. *20*, 1929, S. 3—69, 8 Abb., 3 Karten).
15. Die Entwicklung der Aunjetitzer Keramik in Mitteldeutschland (Prähist. Zeitschr. *20*, 1929, S. 70—144, 13 Taf., 2 Abb.).
16. Spitzhauen vom Vogtländischen Typus. Ein Beitrag zur Ermittlung des mesolithischen Formenbestandes in Mittel- und Norddeutschland (Sitzungsberichte u. Abhandl. d. Naturwiss. Ges. Isis in Dresden 1929 = Deichmüller-Festschrift, S. 101—115, 6 Abb., 3 Taf.), Dresden 1930.
17. Urnengräberfund bei Schwepnitz (Dresdner Nachrichten, *74.* Jg, Nr. 425 v. 10. 9. 1929, S. 4).
18. Urnengräber bei Schwepnitz (Dresdner Volkszeitung, *40.* Jg, Nr. 211 v. 10. 9. 1929, S. 5).
19. Ein unbekanntes Urnengräberfeld in Flur Schwepnitz bei Kamenz (Dresdner Anzeiger, *200.* Jg, Nr. 427 v. 11. 9. 1929, S. 3).
20. Noch ein Urnenfeld der Bronzezeit (Meißen—Spaargebirge) (Dresdner Anzeiger, *200.* Jg, Nr. 431 v. 13. 9. 1929, S. 2 u. Dresdner Nachrichten, *74.* Jg, Nr. 433 v. 14. 9. 1929, S. 4).
21. Die Aunjetitzer Kultur in Mitteldeutschland. Teildruck: Die Entwicklung der Aunjetitzer Keramik in Mitteldeutschland (aus Prähist. Zeitschr. *20*, 1929, zugeich phil. Diss. Marburg v. 18. 6. 1930, 76 S.), Berlin.
22. Grabhügel der jüngeren Bronzezeit in der Flur Gävernitz (Nachrichtenblatt f. deutsche Vorzeit *6*, 1930, H. 1, S. 14).
23. Das große Grab von Gävernitz, Amtshauptmannschaft Großenhain, Sachsen (Mitt. aus d. Museum f. Mineralogie, Geologie u. Vorgeschichte zu Dresden, Vorgeschichtliche Reihe, Nr. 13, 1930, 39 S., 31 Abb.), Dresden.
24. Über die Ergebnisse der neuesten Grabung des Archivs urgeschichtlicher Funde aus Sachsen (Sitz Dresden) auf dem Sandberge in der Flur Gaunitz (Prähist. Zeitschr. *21*, 1930, S. 319).
25. Die Ausgrabungen auf dem Sandberge bei Gaunitz (Das Oschatzer Land, Monatsbeilage des Oschatzer Tageblattes, Nr. 117, Juni 1930, S. 481—482; Nr. 118, Juli 1930, S. 485—487).
26. Ein prähistorischer Urnenfriedhof entdeckt. Funde aus der ältesten Eisenzeit in Flur Pratzschwitz (Dresdner Nachrichten, *75.* Jg, Nr. 427 v. 11. 9. 1930, S. 5, 1 Abb. u. Dresdner Neueste Nachrichten, Nr. 213 v. 12. 9. 1930).
27. Das neue thüringische Ausgrabungsgesetz (Nachrichtenblatt f. deutsche Vorzeit *8*, 1932, H. 12, S. 193—198).
28. Tätigkeitsbericht des Germanischen Museums der Universität Jena (Anstalt für Urgeschichte) über die Zeit vom 1. XI. 1930 bis zum 31. III. 1932 (Nachrichtenblatt f. deutsche Vorzeit *8*, 1932, H. 12, S. 208—212).
29. Ausgrabungen in der Flur Großromstedt (Landkreis Weimar) (91.—102. Jahresbericht d. Vogtländ. Geschichts- u. Altertumsforsch. Vereins zu Hohenleuben, S. 79—86, 4 Abb., 1 Taf.). Dass. (8 S., 4 Abb., 1 Taf.), Zeulenroda o. J. (1932).
30. Ein bemerkenswerter Reitersporn vom Festenberg bei Baderitz (Mitt. d. Landesvereins Sächsischer Heimatschutz *21*, 1932, S. 129—136, 2 Abb.).
31. Ein schnurkeramisches Brandgrab in der Flur Stobra, Landkreis Weimar (Das Thüringer Fähnlein, Monatshefte f. d. mitteldeutsche Heimat *1*, 1932, H. 1, S. 62—63).
32. Eine Freilandsiedlung des Hochmagdalénien (Beiträge z. Geologie v. Thüringen *3*, 1933, S. 362—364, 1 Abb.).

33. Eine germanische Latènesiedlung im Stadtgebiet Jena (Thür. Fähnlein *2*, 1933, H. 2, S. 68—71, 4 Abb.).
34. Leben und Treiben in Thüringen vor 20000 Jahren (Thür. Fähnlein *2*, 1933, H. 6, S. 321—331, 4 Abb.).
35. Unsere Ausgrabungen in der Wasserburg Kapellendorf (Thür. Fähnlein *2*, 1933, H. 12, S. 705—712, 1 Abb., 2 Taf.).
36. Weimar in vor- und frühgeschichtlicher Zeit (Thür. Fähnlein *3*, 1934, H. 2, S. 76—95, 9 Abb., 2 Taf.).
37. Frühgeschichtliche Grabfunde in der Flur Wichmar, Kreisabteilung Camburg (Thür. Fähnlein *3*, 1934, H. 3, S. 213—214).
38. Vielkantige Meißel der Saaleschnurkeramik (Thür. Fähnlein *3*, 1934, H. 4, S. 235—237, 1 Abb.).
39. Ein „Schwurring" von Öchsen im Eisenacher Oberland (Thür. Fähnlein *3*, 1934, H. 4, 241—245, 1 Abb., 1 Taf.).
40. Germanische Bodenfunde aus dem Saaletal bei Jena (Der Thüringer Erzieher *2*, 1934, H. 15/16, S. 456—464, 6 Abb.).
41. Thüringen als Germanenland (Die Fundpflege, Mitt. z. Vorzeit Sachsens u. d. Nachbargebiete *2*, 1934, H. 1, S. 3—4).
42. Thüringen als Germanenland (Thür. Bauernspiegel *11*, 1934, Nr. 1, S. 6—9, 1 Abb. u. Verkehrsblätter f. d. Land Thüringen, Nr. 10, 1934.
43. Ein bäuerlicher Herrensitz der ostdeutschen Kolonisationszeit (Thür. Fähnlein *4*, 1935, H. 3, S. 140—150, 1 Abb.).
44. Die Gemarkung Allstedt in vorgeschichtlicher Zeit (Thür. Fähnlein *4*, 1935, H. 7, S. 389 bis 399, 55 Abb.).
45. Die Kelten in Thüringen (Der Thüringer Erzieher *3*, 1935, H. 5, S. 143—154, 4 Abb.).
46. Die vor- und frühgeschichtlichen Bodenaltertümer des Thüringer Waldes (Thür. Fähnlein *5*, 1936, H. 1, S. 11—23, 3 Abb.).
47. Ein Mammutstoßzahn von Wichmar, Kreisabteilung Camburg (Spatenforscher *1*, 1936, Folge 1, S. 2—4, 2 Abb.).
48. Eine Paukenfibel vom Gleitsch bei Fischersdorf, Landkreis Saalfeld (Spatenforscher *1*, 1936, Folge 1, S. 6—7).
49. Ein hermundurisches Brandgrab der Zeit um Christi Geburt von Kahla, Ldkr. Stadtroda (Spatenforscher *1*, 1936, Folge 3, S. 20—22, 1 Abb.).
50. Bericht über die Neuaufstellung der vorgeschichtlichen Sammlungsbestände von Gotha (Spatenforscher *1*, 1936, Folge 4, S. 36).
51. Vier slawische Körpergräber mit Tongefäßen aus Ostthüringen (Spatenforscher *1*, 1936, Folge 5, S. 37—40, 1 Abb.).
52. Doppelgrab der Glockenzonenbecherkultur von Steudnitz, Lkr. Stadtroda (um 2000 v. Chr.) (Spatenforscher *1*, 1936, Folge 5, S. 40—42, 4 Abb.).
53. Das Germanische Museum zieht um (Spatenforscher *1*, 1936, Folge 5, S. 43—44).
54. Bericht über die archäologische Untersuchung des Baugrundes der Jugendburg Camburg (Jugendburg Camburg, S. 15—20, 3 Taf.), Weimar o. J. (1936).
55. Drei illyrische Weihefunde der Jüngeren Bronzezeit vom Jenzig (Jenaische Zeitung, Nr. 102, v. 2. 5. 1936, S. 6, 4 Abb.).
56. (mit Möller, A.) Ein Hockergrab der Glockenzonenbecherkultur (2500—2000 v. Chr.) von Lützendorf, Stadtkreis Weimar, vom 1. März 1935 (Spatenforscher *1*, 1936, Folge 1, S. 4—5).

57. (mit Möller, A.) Illyrische (?) Skelettgräber der Walterslebener Kultur (1400—800 v. Chr.) in Weimar vom 28. und 30. September 1935 (Spatenforscher *1*, 1936, Folge 1, S. 5—6).
58. (mit Möller A., und Seyfarth, E.) Ein keltisches Skelettgrab der Frühlatènezeit (4. Jh. v. Chr.) mit Nachbestattung von Stobra, Ldkr. Weimar (Spatenforscher *1*, 1936, Folge 2, S. 13—15, 1 Abb.).
59. Vor- und Frühgeschichte der Ortsflur Dornburg, Ldkr. Stadtroda (Thür. Fähnlein *6*, 1937, H. 7, S. 370—385, 4 Abb., 4 Taf.). Dass., mit Fundkatalog (47 S., 4 Abb., 4 Taf., 1 Karte), Jena.
60. Die Epochen der deutschen Vorgeschichte im Raume Thüringen (Thür. Fähnlein *6*, 1937, H. 9, S. 457—462 u. Verhandl. u. wiss. Abhandl. d. 26. Deutschen Geographentages zu Jena 9.—12. Okt. 1936, S. 224ff., Breslau). (1937).
61. Neue bronzezeitliche Hortfunde aus Thüringen (Spatenforscher *2*, 1937, Folge 1, S. 1 bis 15, 6 Abb.).
62. Ein Aunjetitzer Familiengrab der ältesten Bronzezeit (um 2000 v. Chr.) von Arnstadt (Spatenforscher *2*, 1937, Folge 2, S. 17—19, 2 Abb.).
63. Ein westgermanisches Urnengrab der Frühlatènezeit (5. Jh. v. Chr.) von Kasekirchen, Kreisabt. Camburg (Spatenforscher *2*, 1937, Folge 2, S. 21—23, 1 Abb.).
64. Eine germanische Abfallgrube der vorchristlichen Eisenzeit von Lachstedt (Kreisabt. Camburg) (Spatenforscher *2*, 1937, Folge 3, S. 26—29, 1 Taf.).
65. Ein mittelalterliches Bauernhaus in der wüsten Mark Niederleutra, Lkr. Stadtroda (Spatenforscher *2*, 1937, Folge 4, S. 33—42, 2 Abb., 2 Taf.).
66. Eine „neue" Geröllhaue aus Mitteldeutschland (Spatenforscher *2*, 1937, Folge 4, S. 42, 1 Abb.).
67. Gußform für eine bronzezeitliche Radnadel von Großschwabhausen, Lkr. Stadtroda? (Spatenforscher *2*, 1937, Folge 5, S. 45—46, 1 Abb.).
68. Die Reichsveste Kiffhausen, ein wiedergewonnenes Nationaldenkmal (Der Thüringer Erzieher *5*, 1937, H. 17, S. 489—491, Abb.).
69. (mit Seyfarth, E.) Ein keltisches Skelettgrab der ausgehenden Hallstattzeit (6./5. Jh. v. Chr.) von Stobra, Lkr. Weimar (Spatenforscher *2*, 1937, Folge 2, S. 19—20, 1 Abb.).
70. Die Vor- und Frühgeschichte Mitteldeutschlands (Thür. Fähnlein *7*, 1938, H. 11, S. 362 bis 369).
71. Neue bronzezeitliche Siedlungsfunde der Kreisabteilung Camburg (Spatenforscher *3*, 1938, Folge 1, S. 2—8, 1 Abb.; Folge 2, S. 9—16, 3 Abb.; Folge 4/5, S. 25—36, 5 Abb. Dass., erweitert: Jena o. J. (1938), S. 3—29, 9 Abb.).
72. Eine Gliederung der thüringischen Vor- und Frühgeschichte nach neuen Gesichtspunkten (Thür. Fähnlein *8*, 1939, H. 4, S. 134—137).
73. Ein neues Muschelschmuckstück von Bliederstedt im Landkreise Sondershausen (Spatenforscher *4*, 1939, Folge 1, S. 6—9, 2 Abb.).
74. Grabfunde der Glockenbecherkultur von Rudisleben (Landkreis Arnstadt) (Spatenforscher *4*, 1939, Folge 1, S. 16, 1 Abb.).
75. Ein Hockergrab mit Knochengerät von Rudisleben im Landkreise Arnstadt (Spatenforscher *4*, 1939, Folge 3, S. 33—35, 2 Abb.).
76. Ein bemerkenswerter Bronzefund von Arnstadt (Spatenforscher *4*, 1939, Folge 3, S. 36 bis 38, 1 Abb.).
77. Ein Urnengrab der Karolingerzeit von Cauerwitz im Landkreise Stadtroda (Spatenforscher *4*, 1939, Folge 3, S. 38—41, 1 Abb.).
78. Die Ausgrabung der Reichsburgen auf dem Kyffhäuser (Das Bild, Monatsschrift f. d.

deutsche Kunstschaffen in Vergangenheit und Gegenwart, H. 7, 1939, S. 193—195, 4 Abb.), Karlsruhe.
79. Illyrischer Urnenfriedhof in Jena-Löbstedt (Jenaische Zeitung v. 7. 10. 1939).
80. Vorgeschichtliche Gußformen aus Thüringen im Germanischen Museum Jena (Mannus *32*, 1940, S. 143—152, 4 Abb.).
81. Ein verschütteter Grabhügel der jüngeren Bronzezeit von Reschwitz (Lkr. Saalfeld) (Spatenforscher *5*, 1940, Folge 1, S. 1—8, 4 Abb., 1 Taf.).
82. Mittelalterliche Gräber an der Kirche in Hoheneiche (Landkreis Saalfeld) (Spatenforscher *5*, 1940, Folgen 5, 6, S. 44—48).
83. (mit Kurt, G., u. Schirmer, E.) Kyffhäuserstudien I. Die vorgeschichtliche Besiedlung des Baugrundes der Reichsburg Kyffhausen (Unter- und Oberburg) (Zeitschr. d. Ver. f. Thür. Geschichte und Altertumskde., NF *34*, 1940, S. 318—371, 6 Taf.).
84. (mit Wiegand, F.) Ein bandkeramisches Gräberfeld von Arnstadt (Spatenforscher *5*, 1940, Folgen 2, 3, 4, S. 9—32, 10 Abb.).
85. Siedlung und Gräberfeld der jüngsten Bronzezeit an der Winkelölmühle in Otterstedt, Lkr. Sondershausen (Spatenforscher *6*, 1941, Folgen 1, 2, S. 1—5, 2 Abb.).
86. Vorgeschichtliche Beobachtungen in der Ukraine (Spatenforscher *6*, 1941, Folgen 5, 6, S. 35—39, 1 Abb.).
87. Vorzeitgräber am Schornrain bei Willmanns, Landkreis Eisenach (Werra-Stimmen, Beilage z. Rhönzeitung, Vacha, Jg *22*, 1941, Nr. 1, S. 1—2, 4 Abb.).
88. Vorgeschichtliche Studien in ukrainischen Museen (Spatenforscher *7*, 1942, Folgen 3, 4, S. 17—32, 28 Abb.).
89. Eine Siedlung des nordeurasischen Kulturkreises in Marki, Gemeinde Runowstschina, Rayon und Oblast Poltawa, Ukraine (Spatenforscher *8*, 1943, Folgen 1, 2, S. 9—10, 3 Abb.).
90. Warum in die Ferne schweifen? (Spatenforscher *8*, 1943, Folgen 1, 2, S. 16—17, 1 Abb.).
91. Ein neolithischer Siedlungsfund von Schmiedehausen/Thüringen als Schlüssel zum Verständnis der Rössener Kultur (Prähist. Zeitschr. *34/35*, 2. Hälfte [1953], S. 159—171, 3 Abb.).
92. Übersicht über die vor- und frühgeschichtliche Besiedelung der Gleichberge bei Römhild/Thür. 1. Aufl., Römhild 1951; 2. Aufl., Römhild 1956, 4 S.
93. Die Verkehrslage des alten Jena (Thüringische Landeszeitung, Jena, *7*. Jg, 1951, Nr. 15 v. 3. 2. 1951).
94. Goethes Sammlung vor- und frühgeschichtlicher Altertümer (Jahresschrift f. mitteldeutsche Vorgeschichte *36*, 1952, S. 184—242, 8 Abb.).
95. Ausgrabungen im Lande Sachsen (Arbeits- und Forschungsberichte z. sächsischen Bodendenkmalpflege *4* [1954], S. 163—266, 75 Abb.).
96. Eine eigentümliche frühgermanische Christusdarstellung von Jena-Löbnitz, Lkr. Jena (Manuskript z. Heussi-Festschrift).
97. Die Steinsburg auf dem Kleinen Gleichberge bei Römhild in Thüringen (Wiss. Annalen *2*, 1953, H. 11. S. 697—712, 16 Abb.).
98. Gleichbergstudien I. Von den Bandkeramikern bis zu den Urnenfelderleuten (ca. 3000—750 v. Chr.) (Mons Steinberg, S. 20—67, 91 Abb.), Römhild.
99. Sieben Gleichbergburgen nach dem Forschungsstande von 1952 (Frühe Burgen und Städte — Unverzagt-Festschrift = Schriften d. Sektion f. Vor- und Frühgeschichte *2*, 1954, S. 7—16, 5 Abb., 4 Taf.), Berlin.
100. Der Stein von Hainichen bei Dornburg a. d. S., eine bedeutsame religionsgeschichtliche Urkunde (Alt-Thüringen *1*, 1955, S. 304—327, 7 Abb., 1 Taf.).

101. Alte und neue frühkeltische Funde von Einhausen, Landkreis Meiningen, Bezirk Suhl, Thüringen (Wiss. Zeitschr. d. Friedrich-Schiller-Univ. Jena *5*, 1955, Ges. u. Sprachwiss. Reihe, H. 4/5, S. 525—546, 13 Abb.).
102. Frühgeschichtliche Ausgrabung in Harras, Landkreis Hildburghausen (Monatsheft, Kulturbund Hildburghausen Okt. 1955, 2 S.).
103. (mit Volland, A.) Der Urnenfriedhof auf der Finkenliede bei Dankmarshausen, Ldkr. Eisenach (Alt-Thüringen *1*, 1955, S. 223—254, 16 Abb.).
104. Abriß der Vor- und Frühgeschichte des Coburger Landes (Coburg mitten im Reich, Festgabe 900 Jahre Coburg, Bd *1*, 1956, S. 1—36, mit Abb.), Kallmünz/Opf.
105. Zum Runensteinchen von Coburg (Coburg mitten im Reich, Festgabe 900 Jahre Coburg, Bd *1*, 1956, S. 76—81, 24 Abb.), Kallmünz/Opf.
106. Bericht über die Fortschritte der Gleichbergforschung in den Jahren 1954 und 1955 (Ausgrabungen und Funde *1*, 1956, S. 280—281).
107. Vorbericht über die Ausgrabung eisenzeitlicher Grabhügel am Ahlstadter Wege in Flur Harras, Lkr. Hildburghausen (Ausgrabungen und Funde *1*, 1956, S. 282 bis 824, 1 Taf.).
108. Vorläufiger Bericht über die Stadtkernforschung in Jena von 1953 bis 1956 (Ausgrabungen und Funde *1*, 1956, S. 289—294, 2 Taf.).
109. Neue Ausgrabungen in Harras (Landkreis Hildburghausen) (Monatsheft, Kulturbund Hildburghausen, Sept. 1956, S. 3—5, 2 Abb.).
110. Wegweiser durch die Schausammlung des Steinsburgmuseums der Stadt Römhild, Römhild o. J. (1957), 8 S., 1 Abb.
111. Zur Frage der Bronzefibeln mit Bügelplatte (Germania *35*, 1957, S. 28—32, 2 Abb.).
112. Neue Funde der Jungsteinzeit, Bronzezeit und Urnenfelderzeit von den Gleichbergen bei Römhild in Thüringen (Ausgrabungen und Funde *2*, 1957, S. 112—116, 1 Abb.).
113. Volkskunde und Steinsburgmuseum (Ausgrabungen und Funde *2*, 1957, S. 145—148, 1 Abb.).
114. Der germanische Kultfund von Greußen, Kr. Sondershausen (Jahresschrift f. Mitteldeutsche Vorgeschichte *41/42*, 1958, S. 486—496, 3 Abb.).
115. Magdalénien in Ostthüringen (Ausgrabungen und Funde *3*, 1958, S. 159—161, 2 Abb.).
116. Glockenbecherkultur (Ausgrabungen und Funde *3*, 1958, S. 199—201, 1 Karte).
117. Aunjetitzer Kultur (Ausgrabungen und Funde *3*, 1958, S. 203—208, 3 Abb., 1 Karte).
118. Vollbronzezeit in Thüringen (Ausgrabungen und Funde *3*, 1958, S. 238—239).
119. Frühe Eisenzeit in Thüringen (Ausgrabungen und Funde *3*, 1958, S. 245—246).
120. Die Kelten (Ausgrabungen und Funde *3*, 1958, S. 254—256, 1 Abb.).
121. Vorgeschichtliches Museum der Friedrich-Schiller-Universität zu Jena (Ausgrabungen und Funde *3*, 1958, S. 348).
122. Geröllgeräte mit Schaftloch (Ausgrabungen und Funde *3*, 1958, S. 389—392, 1 Abb., 1 Taf.).
123. Neuaufstellung der Schausammlung des Vorgeschichtlichen Museums der Universität Jena (Ausgrabungen und Funde *4*, 1959, S. 216—217).
124. Der Burgwall auf dem Johannisberge bei Jena-Lobeda. Kurzbericht über die Ausgrabung des Vorgeschichtlichen Museums der Universität Jena 1957 (Ausgrabungen und Funde *4*, 1959, S. 246—251, 3 Abb., 2 Taf.).
125. Eine hochmittelalterliche Waage von Beutnitz, Kr. Jena (Ausgrabungen und Funde *4*, 1959, S. 255—258, 1 Abb.).
126. Aus der Vergangenheit des Dorfes Kunitz (Du mein Jena. Ein Heimatalmanach aus dem mittleren Saaletal, S. 66—68, 2 Abb.), Jena o. J. (1959).

127. (mit Volland, A.) Eine Gußform der mittleren Bronzezeit von Dippach, Kr. Eisenach (Ausgrabungen und Funde *4*, S. 238—240, 1 Taf.).
128. Die Deutung der Steinsburg bei Römhild im Wandel der Zeiten (Jahrbuch d. Coburger Landesstiftung *1960*, S. 155—192, 3 Abb.).
129. Ein altthüringisches Mannesgrab von Beutnitz, Kr. Jena-Land (Ausgrabungen und Funde *5*, 1960, S. 235—237, 1 Abb.).
130. Der Burgwall auf dem Johannisberge bei Jena-Lobeda. Kurzbericht über die Ausgrabung des Vorgeschichtlichen Museums der Universität Jena 1959 (Ausgrabungen und Funde *5*, 1960, S. 237—244, 2 Abb.).
131. Mittelalterliche Gefäße von Jena-Lobeda (Ausgrabungen und Funde *5*, 1960, S. 252 bis 255, 1 Abb., 1 Taf.).
132. Die Reichsburg Kyffhausen (Pfalzenexkursion des Institutes f. Vor- u. Frühgeschichte d. Dt. Akad. d. Wiss. z. Berlin v. 10.—14. Okt. 1960, S. 70—74, 1 Abb.).
133. Zwei uralte Burgen auf dem Johannisberge bei Jena-Lobeda (Altes und Neues aus Jena. Ein Heimatalmanach aus dem mittleren Saaletal, S. 74—77, 2 Abb.), Jena o. J. (1960).
134. Archivfunde zur Coburger Vorgeschichtsforschung (Coburg mitten im Reich, Bd *2*, 1961, S. 82—85, 1 Abb.), Kallmünz/Opf.
135. Die Kelten in Thüringen (Bericht üb. d. V. Internationalen Kongreß f. Vor- u. Frühgeschichte Hamburg v. 24.—30. August 1958, S. 608—610), Berlin 1961.
136. Ein Grabenschnitt im Schlosse zu Gerstungen (Ausgrabungen und Funde 6, 1961, S. 242 bis 253, 4 Abb.).
137. Die Vorgeschichte des Alten Gleisberges (Heimatkundlicher Naturlehrpfad „Alter Gleisberg", hrsg. v. d. Station Junge Touristen in Taupadel (Kreis Eisenberg) 1961, S. 12, 15f.).
138. Hügelgräber der Hallstatt- und Latènekultur an der thüringisch-bayerischen Grenze (Aus Bayerns Frühzeit. Friedrich Wagner zum 75. Geburtstag, München 1962, S. 67 bis 99, 20 Abb., 3 Taf.).
139. Zu dem dreieckigen Bronzeanhänger aus Nienburg/Weser (Prähistorische Zeitschrift *40*, 1962, S. 254—258, 4 Abb.).
140. Zum Stande der Erforschung keltischer Burgwälle in der DDR (Arbeitstagung „Aufnahme und Erforschung vor- und frühgeschichtlicher Burgen" des Institutes für Vor- und Frühgeschichte der Deutschen Akademie der Wissenschaften zu Berlin vom 1. bis 6. Oktober 1962 [Manuskriptdruck, Berlin 1962], S. 35—37).
141. Alte Straßen in und um Jena (Forschungen und Fortschritte *37*, 1963, S. 106—111, 7 Abb.).
142. Vor- und Frühgeschichte (Das Gleichberggebiet. Ergebnisse der heimatkundlichen Bestandsaufnahme im Gebiet von Haina und Römhild/Thüringen [= Werte der deutschen Heimat *6*], Berlin 1963, S. 14—57, 33 Abb., S. 185—226).
143. Hundert Jahre Vorgeschichtliches Museum der Friedrich-Schiller-Universität Jena, Institut für Prähistorische Archäologie (Ausgrabungen und Funde *8*, 1963, S. 223—231, 1 Taf.).
144. Vorgeschichtliches Museum, Institut für Prähistorische Archäologie. Jahresbericht 1962/63 (Wissenschaftliche Zeitschrift der Friedrich-Schiller-Universität Jena *12*, 1963, H. 7/8, S. 333—334, 1 Abb.).
145. Christianisierung Thüringens (Arianisches Christentum, Athanasianisches Christentum, Benediktinisches Christentum, Katholisches Christentum) (Glaube und Heimat. Evangelisches Sonntagsblatt für Thüringen, Jg *18*, 1963, Nr. 48 vom 1. 12., Nr. 50 vom 15. 12., Nr. 51 vom 22. 12.; Jg *19*, 1964, Nr. 1 vom 5. 1.).

146. Zwei frühgeschichtliche Funde aus Thüringen und ihre östlichen Parallelen (Varia Archaeologica. Wilhelm Unverzagt zum 70. Geburtstag dargebracht (= Schriften der Sektion für Vor- und Frühgeschichte *16*), Berlin 1964, S. 228—236, 4 Abb.).
147. Nur ein alter Fundbericht (Jahrbuch des Römisch-Germanischen Zentralmuseums Mainz *11*, 1964 (= Festschrift E. Wahle), S. 126—130, 1 Abb., 9 Taf.).
148. Gräber der dritten Urnenfelderstufe von Jena-Löbstedt in Thüringen (Studien aus Alteuropa II [= Festschrift K. Tackenberg], Köln und Graz 1965, S. 11—24, 4 Abb.).
149. Curtis und castellum Saalfeld im Lichte der Spatenforschung (Ausgrabungen und Funde *10*, 1965, S. 244—254, 3 Abb., 2 Taf.).
150. Die Ausgrabungen des Vorgeschichtlichen Museums der Universität Jena auf dem Petersberge in Saalfeld vom 1. bis 9. Juli 1964 (= Saalfelder Museumsreihe *1*). Saalfeld 1966, 40 S., 11 Taf., 1 Plan.
151. Germanische Ackerbaugeräte des 4.—5. Jh. von Jena-Lobeda (Ausgrabungen und Funde *11*, 1966, S. 260—267, 3 Taf.).
152. Berge und Burgen an der Saale bei Jena (Jahrbuch der Coburger Landesstiftung *1966*, S. 225—248, 10 Abb.).
153. Die Wüste Möbis bei Jena historisch und archäologisch (Weite Welt und breites Leben [= Festschrift Karl Bulling], Leipzig 1966, S. 213—220, 4 Abb.).
154. Vorgeschichtliches Museum, Institut für Prähistorische Archäologie (Jahresbericht 1964/65 der Friedrich-Schiller-Universität Jena [= Wissenschaftliche Zeitschrift der Friedrich-Schiller-Universität Jena, Gesellschafts- und Sprachwissenschaftliche Reihe *15*, 1966, H. 4/5, Jena 1966, S. 312—313, 1 Abb.)].
155. (mit Kellner, H.-J.) Die keltischen Münzfunde in Mitteldeutschland (Ausgrabungen und Funde *11*, 1966, S. 253—260, 1 Abb., 1 Taf.).
156. Ur- und Frühgeschichte (Brockhaus-Reisehandbuch: Thüringer Wald, Leipzig 1967, S. 43—48).
157. Ur- und Frühgeschichte (Wissenschaftliche Zeitschrift der Friedrich-Schiller-Universität Jena, Gesellschafts- und Sprachwissenschaftliche Reihe *16*, 1967, H. 2/3, S. 185).
158. Ein Grabhügel der Hallstattkultur von Dingsleben, Kr. Hildburghausen, Tännig (Ausgrabungen und Funde *13*, 1968, S. 247—263, 10 Abb., 2 Taf.).
159. Die Wüstung Hummelstedt bei Porstendorf, Kr. Jena, archäologisch und historisch (Studien zur europäischen Vor- und Frühgeschichte [= Festschrift H. Jankuhn], Neumünster 1968, S. 235—240, 2 Abb.).
160. Die Gliederung der Bronzezeit in Thüringen und dem Osterlande [Vortragsresumé] (Deutsche Literaturzeitung *89*, 1968, Sp. 463—466). Dgl. (Jahrb. Sächs. Akademie d. Wissenschaften zu Leipzig *1966—1968*, Berlin 1970, S. 124—125).
161. Die Glockenbecherkultur im Spiegel einiger thüringischer Siedlungsplätze (Die neolithischen Becherkulturen im Gebiet der DDR und ihre europäischen Beziehungen [= Veröffentlichungen des Landesmuseums für Vorgeschichte in Halle *24*], Berlin 1969, S. 131—142, 5 Abb.).
162. Burg Camburg an der Saale historisch und archäologisch (Siedlung, Burg und Stadt. Studien zu ihren Anfängen = Schriften der Sektion für Vor- und Frühgeschichte *25* [Festschrift P. Grimm], Berlin 1969, S. 404—418, 7 Abb., 2 Taf.).
163. Ur- und Frühgeschichte (Heinrich W., u. Lepper L., Jena, Landschaft, Natur und Geschichte. Heimatkundlicher Lehrpfad, Jena [1970], S. 26—29, 6 Abb., 1 Taf.).
164. Archäologische Untersuchungen in der Stadtkirche St. Michaelis zu Jena (Aus zwölf Jahrhunderten [= Thüringer kirchliche Studien 2], Berlin o. J. [1971], S. 59—64, 7 Abb.).

165. Curtis und castellum Saalfeld an der Saale (Actes du VIIe Congrès International des Sciences Préhistoriques et Protohistoriques, Prague, 21.—27. 8. 1966, *2*, Prague 1971, S. 1154).
166. Die keltischen Kulturen auf dem Boden der DDR [Vortragsresumé] (Jahrb. Sächs. Akademie d. Wissenschaften zu Leipzig *1971—1972*, Berlin 1974, S. 155—157, zusammengestellt v. Dr. Karl Peschel).

Würdigungen und Nachrufe

167. Walther Stoll als Mensch und Thüringer (Pflüger, Thüringer Heimatblätter *5*, 1928, H. 3, S. 136—139).
168. 70. Geburtstag eines sächsischen Gelehrten. — G. Wilke (Dresdner Anzeiger, *199.* Jg, Nr. 45 v. 27. 1. 1929, S. 3).
169. Dr. med. Gustav Eichhorn† (Nachrichtenblatt f. deutsche Vorzeit *5*, 1929, H. 11, S. 175 bis 176 mit Schriftenverzeichnis).
170. Max Ebert † (Ethnologischer Anzeiger *2*, 1930, H. 3, S. 151—152 mit Schriftenverzeichnis).
171. Dr. Friedrich Klopfleisch, Professor der Kunstgeschichte an der Universität Jena, Begründer der thüringischen Urgeschichtsforschung (Mannus *24*, 1932, S. 134—146, 1 Abb.).
172. Alfred Götze — 70 Jahre alt (Thür. Fähnlein *4*, H. 8, S. 513—514 u. Jenaische Zeitung Nr. 129 v. 5. 6. 1935, S. 7).
173. Alfred Auerbach als Vorgeschichtler (Spatenforscher *3*, 1938, Folge 3, S. 17—20 mit Schriftenverzeichnis).
174. Alfred Auerbach† (Nachrichtenblatt f. Deutsche Vorzeit *14*, 1938, H. 4, S. 97—100, mit Schriftenverzeichnis, 1 Abb.).
175. Georg Florschütz 80 Jahre (Spatenforscher *4*, 1939, Folge 1, S. 1—2, 1 Abb.).
176. Armin Möller † (Spatenforscher *4*, 1939, Folge 1, S. 2—5, mit Schriftenverzeichnis).
177. Alfred Götze 75 Jahre (Thür. Fähnlein *9*, 1940, H. 8, S. 183—187, 1 Abb.).
178. Ein thüringischer Vorgeschichtsforscher. Zum 75. Geburtstag von Museumsdirektor Prof. Dr. Alfred Götze, Römhild (Thür. Gauzeitung v. 31. 5. 1940).
179. Werner Schnellenkamp † (Mannus *32*, 1940, S. 512—515, mit Schriftenverzeichnis, 1 Abb.).
180. Werner Schnellenkampf † (Zeitschr. d. Ver. f. Thür. Geschichte u. Altertumskde., NF *35*, 1941, S. 1—3).
181. Alfred Götze. Eine Würdigung seiner wissenschaftlichen Persönlichkeit (Jahresschrift f. mitteldeutsche Vorgeschichte *34*, 1950, S. 185—187, 1 Taf.).
182. Paul Lorenz Bernhard Kupka † (Jahresschrift f. mitteldeutsche Vorgeschichte *34*, 1950, S. 191—203, mit Schriftenverzeichnis, 1 Taf.).
183. Der Mediziner August Friedrich Siebert als Prähistoriker (Wiss. Zeitschr. d. Friedrich-Schiller-Univ. Jena *4*, 1954, Ges.- u. Sprachwiss. Reihe, H. 5/6, S. 449—469, 9 Abb.).
184. (mit Bach, H.) Prof. Dr. Bernhard Struck zum 70. Geburtstag am 28. August 1958 (Wiss. Zeitschr. d. Friedrich Schiller-Univ. Jena *7*, 1958, Math.-Nat. Reihe, H. 4/5, S. 383—386, 1 Abb.).
185. Paul Reinecke † (Ausgrabungen und Funde *3*, 1958, S. 365—367).
186. Hugo Kretzsch — 80 Jahre (Zwischen Saale und Elster, Kulturspiegel Eisenberg/Thür., Nov. 1961, 3 S.).
187. Friedrich Behn 14. 2. 1883—15. 8. 1970 (Jahrb. Sächs. Akademie d. Wissenschaften zu Leipzig *1969—1970*, Berlin 1972, S. 368—369).

188. Schuchardt, C.: Vorgeschichte von Deutschland, München u. Berlin 1928 (Neues Archiv f. Sächsische Geschichte u. Altertumskunde *50*, 1929, S. 248—250).
189. Jahresschrift f. d. Vorgeschichte d. Sächs.-Thür. Länder, Bd 16 u. 17, Halle 1928 u. 1929 (Zeitschr. d. Ver. f. Thür. Geschichte u. Altertumskde., NF *29*, 1930, S. 246 bis 251).
190. Radig, W.: Der Burgberg Meißen und der Slawengau Daleminzien, Augsburg 1929 (Zeitschrift d. Ver. f. Thür. Geschichte u. Altertumskde., NF *29*, 1930, S. 251 bis 255).
191. Auerbach, A.: Die vor- und frühgeschichtlichen Altertümer Ost-Thüringens, Jena 1930 (Zeitschrift d. Ver. f. Thür. Geschichte u. Altertumskde., NF *29*, 1930, S. 255 bis 257).
192. Caemmerer, E.: Vor- und Frühgeschichte der Stadt Arnstadt und ihrer Umgebung bis zur ersten urkundlichen Erwähnung, Arnstadt 1930 (Zeitschr. d. Ver. f. Thür. Geschichte u. Altertumskde., NF *30*, 1932, S. 318—320).
193. Auerbach, A.: Übersicht über die Vor- und Frühgeschichte Ostthüringens, Zeulenroda 1932 (Die Fundpflege, Mitt. z. Vorzeit Sachsens u. d. Nachbargebiete *1*, 1933, H. 1, S. 7—8).
194. Lehmann, E.: Kulturgeschichtliche Bilder, III. Abteilung: Ur- und Vorgeschichte Leipzig 1933 (Die Fundpflege, Mitt. z. Vorzeit Sachsens u. d. Nachbargebiete *1*, 1933, H. 3, S. 31—32).
195. Lehmann, E.: Erfurt in der Vorgeschichte, Erfurt 1935 (Spatenforscher *1*, Folge 1, 1936, S. 7—8).
196. Agde, H.: Landschaft der Steinzeit in Mitteldeutschland, Halle 1935 (Spatenforscher *1*, 1936, Folge 2, S. 15—16).
197. Lechler, J.: 5000 Jahre Deutschland, Leipzig 1936 (Spatenforscher *1*, 1936, Folge 3, S. 22 bis 24).
198. Karcher, R.: Unsere Heimat in vor- und frühgeschichtlicher Zeit, Kaltennordheim 1936 (Spatenforscher 1, 1936, Folge 3, S. 24).
199. Müller, J.: Das Eichsfeld in vorgeschichtlicher Zeit, Heiligenstadt 1936 (Spatenforscher *2*, 1937, Folge 1, S. 15—16).
200. Jankuhn, H.: Haithabu, eine germanische Stadt der Frühzeit, Neumünster 1937 (Spatenforscher *2*, 1937, Folge 2, S. 23—24).
201. Schulz, W.: Vor- und Frühgeschichte Mitteldeutschlands, Halle 1939 (Zeitschr. d. Ver. f. Thür. Geschichte u. Altertumskde., NF *33*, 1939, S. 504—506).
202. Ziegel, K.: Die Thüringe der späten Völkerwanderungszeit im Gebiet östlich der Saale, Halle 1939 (= Jahresschrift f. d. Vorgeschichte d. sächs.-thür. Länder, Bd 31) (Zeitschrift d. Ver. f. Thür. Geschichte u. Altertumskde., NF *34*, 1940, S. 454—456).
203. Brunn, W. A. v.: Die Kultur der Hausurnengräberfelder in Mitteldeutschland zur frühen Eisenzeit, Halle 1939 (= Jahresschrift f. d. Vorgeschichte d. sächs.-thür. Länder, Bd 30) (Zeitschr. d. Ver. f. Thür. Geschichte u. Altertumskde., NF *34*, 1940, S. 476 bis 477).
204. Thaerigen, G.: Die Nordharzgruppe der Elbgermanen bis zur sächsischen Überlagerung, Berlin 1939 (Deutsches Archiv f. Geschichte d. Mittelalters *4*, 1941, S. 588).
205. Hülle, W.: Westausbreitung und Wehranlagen der Slawen in Mitteldeutschland, Leipzig 1940 (Deutsches Archiv f. Geschichte d. Mittelalters *5*, 1942, S. 259—260).
206. Schrifttum zur Vor- und Frühgeschichte Thüringens ... in den Jahren 1941 und 1942 (Zeitschr. d. Ver. f. Thür. Geschichte u. Altertumskde., NF *37*, 1943, S. 394—402).

207. Behn, F.: Vorgeschichte Europas, Berlin 1949 (Petermanns Geographische Mitteilungen *95*, 1951, H. 1, S. 53).
208. Hachmann, R.: Die Gliederung des Gräberfeldes von Großromstedt und Studien zur Geschichte Mitteldeutschlands während der älteren Latènezeit, Archaeologia Geographica *1*, 1950 (Germania *29*, 1951, S. 266—271).
209. Fischer, U.: Die Gräber der Steinzeit im Saalegebiet, Berlin 1956 (Deutsche Literaturzeitung *81*, 1960, Sp. 1097—1102).
210. Brunn, W. A. v.: Bronzezeitliche Hortfunde. Teil 1: Die Hortfunde der frühen Bronzezeit aus Sachsen-Anhalt, Sachsen und Thüringen, Berlin 1959 (Deutsche Literaturzeitung *82*, 1961, Sp. 1011—1016).
211. Filip, J.: Die keltische Zivilisation und ihr Erbe, Prag 1961 (Ethnographisch-Archäologische Zeitschrift *5*, 1964, S. 88—90).

Im Druck befindliche Arbeit

212. Die Fibeln vom Kleinen Gleichberge bei Römhild. In: Abhandlungen der Sächsischen Akademie der Wissenschaften zu Leipzig, Philologisch-historische Klasse Bd *64* (1973) H. 3.

Herausgegebene Reihen

213. Der Spatenforscher. Vorgeschichtliche Beilage zum „Thüringer Fähnlein, Monatshefte für die mitteldeutsche Heimat" (seit 1939 im Untertitel: „Vorgeschichtliche Nachrichten aus Thüringen"). Jena, Jg *1*, 1936 — Jg *8*, 1943.
214. Irmin. Vorgeschichtliches Jahrbuch des Germanischen Museums der Friedrich-Schiller-Universität Jena. Jena, Bd *I*, 1939; Bd *II/III*, 1940/41.
215. Veröffentlichungen des Vorgeschichtl. Museums der Friedrich-Schiller-Universität Jena. Jena Bd *1*, 1962. (Peschel, K. Die vorgeschichtliche Keramik der Gleichberge bei Römhild in Thüringen).

Zur Biobibliographie

Schriftenverzeichnisse. W. Coblenz, siehe vorliegendes Jahrbuch S. 321—332. — K. Peschel: Bibliographie G. Neumann 1923—1961. In: Alt-Thüringen. Jahresschrift des Museums f. Ur- u. Frühgeschichte Thüringens. *6* (1962/63) S. 661—673 (siehe Festschrift). — Jahrb. Sächs. Akad. Wiss. Leipzig *1963—1965* (Berlin 1967) S. 260; *1966—1968* (Berlin 1970) S. 265; *1969—1970* (Berlin 1972) S. 188. — Kürschners Dtsch. Gelehrten-Kalender *9—10, 11* (Berlin 1970) S. 2108.

Festschrift. Gotthard Neumann zum 60. Geburtstag. Hrsg. v. G. Behm-Blancke. Weimar 1963. XI, 673 S., 1 Abb. (= Alt-Thüringen. Jahresschrift d. Museums f. Ur- u. Frühgeschichte Thüringens, Bd *6*, 1962/1963).

Würdigungen. Zum 60. Geburtstag: O. V. [H. v. Hintzenstern], in: Glaube und Heimat. Weimar 1962. Nr. 25 v. 24. Juni. — Zum 65. Geburtstag u. zur Emeritierung: -a-: In Forschung und Lehre gleich bedeutend. Der Archäologe Professor Dr. Gotthard Neumann vollendete sein 65. Lebensjahr. In: Thür. Tageblatt. Weimar 1967. Nr. 137 v. 15. Juni, Beilage Nr. 23. — Fr. Schilling: Ausklang der Amtszeit-Wandlung der Aufgabe. Universitätsprofessor Dr. Gotthard Neumann, Jena, beendet seine akademische Tätigkeit. In: Coburger Tageblatt v. 25. Aug. 1967. — G. Zollmann: Der Ruhestand. Ein freundliches Angebot Gottes. In: Glaube und Heimat. Weimar 1967. Nr. 24 v. 11. Juni.

Nachrufe. W. Coblenz, siehe vorliegendes Jahrb. S. 316—321 (m. Bildn.). — Ders., in: Ausgrabungen und Funde *17* (1972) S. 97—98. — Ha. [L. Hartmann]: In Gedenken an Prof. Neumann. Abschied von einem großen Forscher und Menschen. In: Thür. Landesztg. Jena 1972. Nr. 113 v. 12. Mai. — O. V. [H. v. Hintzenstern]: Abschied von Prof. Dr. Gotthard Neumann. In: Glaube und Heimat. Weimar 1972. Nr. 20 v. 14. Mai (m. Bildn.). — K. Peschel, in: Z. f. Archäologie *6* (1972) S. 266—267 (m. Bildn.). — -rt-: Vorgeschichtsforscher und Heimatfreund. Zum Tode von Prof. Dr. Gotthard Neumann, Jena. In: Thür. Tageblatt. Weimar 1972. Nr. 118 v. 18. Mai. — Fr. Schilling: Abschied von einem Freund· In: Coburger Tageblatt 1972. Nr. 130 v. 8. Juni. — G. Wiemers: Kenner der Thüringer Vorgeschichte. Er begründete die Jenaer Prähistorikerschule: Prof. Gotthard Neumann. In: Thür. Landesztg. Weimar 1972. Nr. 110 v. 9. Mai.

Werner Coblenz

Johannes Friedrich

27. 8. 1893—12. 8. 1972

Die Sächsische Akademie der Wissenschaften zu Leipzig beklagt den Tod ihres auswärtigen Mitgliedes der philologisch-historischen Klasse, des emeritierten ordentlichen Professors für altorientalische Sprachen an der Freien Universität Berlin, Johannes Friedrich.

Johannes Friedrich wurde am 27. August 1893 als Sohn des Kartographen Paul Friedrich in Leipzig-Schönefeld geboren. Er besuchte die Nikolaischule zu Leipzig und legte dort im Jahre 1913 das Abitur ab in der Absicht, an der Universität Leipzig neben einem „Brotstudium", der klassischen Philologie, auch orientalische Sprachen zu studieren. Im Jahre 1916 promovierte er mit der Dissertation „Deminutivbildungen mit nicht deminutiver Bedeutung, besonders im Griechischen und Lateinischen", bestand 1917 die Staatsprüfung für das Lehramt an höheren Schulen und erhielt die Lehrbefähigung für Lateinisch, Griechisch und Geschichte. Nach kurzer Militärzeit und nach einem Probejahr am König-Albert-Gymnasium zu Leipzig wurde er 1918 an das Staatsrealgymnasium zu Borna versetzt, wo er als Studienassessor tätig war.

Mit der Arbeit „Staatsverträge des Hatti-Reiches in hethitischer Sprache" habilitierte er sich 1924 für altorientalische Philologie bei den Professoren H. Zimmern, A. Fischer und W. Streitberg.

Seit 1928 Assistent am Semitischen Institut der Universität Leipzig, wurde er 1929 zum nichtplanmäßigen a. o. Professor für altorientalische Philologie ernannt. Die Berufung zum ordentlichen Professor erfolgte 1935. Friedrich hatte den Lehrstuhl für orientalische Philologie an der Universität Leipzig bis 1950 inne. Danach setzte er die Lehrtätigkeit an der Freien Universität zu Berlin bis in sein hohes Alter fort. Johannes Friedrich verstarb am 12. August 1972, kurz vor Vollendung seines 79. Lebensjahres, in Berlin.

Friedrichs Verdienste um die Wissenschaft fanden durch seine Berufung in hohe akademische Ehrenämter und wissenschaftliche Akademien eine äußere Anerkennung.

Er war in den Jahren 1947/48 Prodekan der philologisch-historischen Abteilung der Philosophischen Fakultät und 1948/49 Rektor der Universität Leipzig. Die Sächsische Akademie der Wissenschaften zu Leipzig berief ihn 1940 zu ihrem ordentlichen Mitglied. Die Linguistic Society of America übertrug ihm die Ehrenmitgliedschaft. Friedrich war korrespondierendes Mitglied der Vooraziatisch-Egyptisch-Gezelschap „Ex Oriente Lux" (Leiden) und der Societas Orientalis Fennica (Helsinki).

Zu seinem 65. Geburtstag am 27. August 1958 widmeten ihm Kollegen, Schüler und Freunde eine Festschrift, deren Inhalt die „Fachgebiete indogermanische und semitische Philologie und Sprachwissenschaft, alter und moderner Orient von den erstüberlieferten Sprachen Kleinasiens bis zu den heutigen aramäischen Dialekten umreißt, auf denen Johannes Friedrich als Forscher und Wegbereiter, als Lehrer und Meister gewirkt hat".

Johannes Friedrich zeigte schon während seiner Schulzeit ein lebhaftes Interesse für die Kulturen und Sprachen des alten Orients. Die aufsehenerregende Entdeckung des Staatsarchivs in Bogazkoy durch Hugo Winckler im Jahre 1906 und die damit verbundene Möglichkeit einer Wiedererschließung der hethitischen Sprache hatten die Aufmerksamkeit des linguistisch und historisch außerordentlich begabten Schülers nur verstärken können. So war sein Entschluß, orientalische Sprachen zu studieren, eine konsequente Verfolgung seiner Ambitionen.

Friedrich wurde jedoch während seiner Studienzeit zunächst in etwas andere Bahnen gelenkt. Die indogermanische Sprachwissenschaft, in Leipzig hervorragend vertreten, hatte ihn in ihren Bann gezogen. Unter Zurückstellung seiner Beschäftigung mit dem vorderen Orient trieb er damals bei E. Windisch mit besonderem Eifer Sanskrit, dessen Kenntnis als Voraussetzung für das Studium der komparativen Grammatik galt. Vor allem aber besuchte er die Vorlesungen und Seminare Karl Brugmanns. Bei dem Altmeister der Junggrammatischen Schule erlernte er die bis dahin exakteste sprachwissenschaftliche Methode an dem bisher am gründlichsten durchforschten Material, den indogermanischen Sprachen. Seine Dissertation, unter Brugmanns Ägide verfaßt und von diesem mit dem Prädikat „ad modum laudabilis" beurteilt, stand ganz im Zeichen der Indogermanistik und behandelt ein Grenzgebiet der vergleichenden Sprachwissenschaft und klassischen Philologie.

Seinen orientalischen Studien hatte sich Friedrich während des Krieges, bedingt durch seine Vorbereitung auf das Schulamt und durch die unsicheren Aussichten für die Zukunft, nur wenig widmen können. Nach Kriegsende nahm er jedoch neben seinem Beruf das Studium wieder auf und widmete sich hauptsächlich der Keilschriftforschung und dem Nordsemitischen bei H. Zimmern. In zweiter Linie trieb er Arabisch bei Fischer und Ägyptisch bei Steindorff. Auch nahm er wieder an sprachwissenschaftlichen Übungen bei Streitberg teil.

Nunmehr konzentrierte sich sein Hauptinteresse einerseits auf die Sprachen der nordsemitischen Inschriften, andererseits aber auf die Erforschung des keilschriftlichen Hethitisch. Die hethitischen Forschungen traten dann aber bald so sehr in den Vordergrund, daß sie zu seinem Hauptarbeitsgebiet wurden.

Zu den Voraussetzungen für eine philologische Erforschung der vorderasiatischen Sprachen, die Friedrich durch seine natürliche Begabung und seine gründliche philologische Ausbildung auf indogermanischer und semitischer Seite besaß, war der Glücksumstand hinzugetreten, daß während seiner Studienzeit das keilschriftliche Hethitische entziffert und identifiziert wurde.

Im Jahre 1917 hatte Friedrich Hrozný in seiner Publikation „Die Sprache der Hethiter" den indogermanischen Charakter des Hethitischen einwandfrei dargelegt. Johannes Friedrich widmete sich sogleich den sich gegenseitig bedingenden Teilgebieten der Hethitologie, der Grammatik, der Lexik und der Textinterpretation, in gleichem Maße und Umfang. Durch intensive Durchdringung aller bisher veröffentlichten Originalurkunden und durch deren Aufarbeitung nach der grammatischen und lexikalischen Seite hin hatte er es sehr bald zu einer solchen Beherrschung der neuen Dokumente gebracht, daß er in gleicher Linie zu stehen kam mit den anderen Forschern auf diesem Gebiete, dem Indogermanisten Sommer und den Semitisten Hrozný, Zimmern, Ungnad und Forrer. Friedrich hatte zudem seinen Kollegen für eine fruchtbringende Bearbeitung der neuerschlossenen Quellen wesentlich voraus, daß er einerseits mit voller indogermanistisch-sprachwissenschaftlicher Ausrüstung an das Material herantreten konnte und andererseits sich auch weitgehend in das keilschriftliche Akkadische und Sumerische eingearbeitet hatte. Durch diese doppelseitige Kenntnis verfügte er als einziger unter den Pionieren der Hethitologie über das volle Rüstzeug, das zur erschöpfenden Arbeit auf diesem Gebiet notwendig war. Denn weder der Indogermanist noch der semitische Keilschriftforscher als solcher war in der Lage, all das zu überblicken und heranzuziehen, was zu einem vollen Verständnis des mit sumerischen Ideogrammen und akkadischen phonetischen Wortschreibungen auf Schritt und Tritt durchsetzten indogermanischen Hethitischen notwendig war. Bereits die erste selbständige Arbeit Friedrichs auf dem Gebiet der Hethitologie, „Die Hethitische Sprache" in ZDMG 76, 1922, offenbarte eine seinen idealen Voraussetzungen entsprechende Arbeitsweise.

Während er überzeugend die „Haupttatsachen der hethitischen Formenlehre in ihrem indogermanischen Charakter" beschreibt, mahnt er bereits hier zur äußersten Vorsicht bei der Etymologisierung des hethitischen Wortschatzes, der „in weitestem Umfang mit nichtindogermanischen Bestandteilen durchsetzt" ist. In diesem Punkt setzt seine Kritik an B. Hrozný ein, der in einigen Publikationen „für seine Wortbedeutungen dauernd ... nach indogermanischen Etymologien" sucht. Die einzige Methode, die nach seiner Meinung zum Eindringen in das Verständnis der in sumerisch-akkadischem Schriftsystem überlieferten hethitischen Texte geeignet sein konnte, war die kombinatorische. Bereits die Babylonier und Assyrer hatten ja ihre Sprache teils phonetisch, teils mit phonetischen Ideogrammen, teils auch gemischt, den Wortstamm ideographisch und die Endungen phonetisch, geschrieben. Diese Gewohnheit hatten die Hethiter übernommen und dazu noch die Eigentümlichkeit hinzugefügt, auch phonetisch geschriebene akkadische Wörter und ganze Wortverbindungen in den hethitischen Text einzustreuen. Ob diese auch akkadisch oder vielmehr hethitisch gesprochen wurden, war eine offene Frage. Die Wortbedeutungen und die wichtigsten grammatischen Funktionen konnten daher nur durch logische Schlußfolgerungen, aus ihrer Verbindung im Satzzusammenhang, also kombinatorisch erschlossen werden. Bei der mehr als unsicheren Kenntnis des hethitischen

Lautsystems und unter Berücksichtigung des methodisch wichtigen junggrammatischen Satzes von der Ausnahmslosigkeit der Lautgesetze lehnte Friedrich zusammen mit Sommer die Anwendung der etymologisierenden Methode entschieden ab. Er gestand der etymologisierenden Methode übrigens auch bei nahe verwandten Sprachen eine Berechtigung nur unter der Bedingung zu, daß sie mit sachlichen Erwägungen Hand in Hand ging.

Die strenge Befolgung der kombinatorischen Methode bei der Enträtselung des Hethitischen gehört zu Friedrichs ganz großen Verdiensten. Ihrer Durchsetzung durch ihn ist es großenteils zu verdanken, daß in der Hethitologie die Irrwege vermieden wurden, die beispielsweise die Ägyptologie und Assyriologie zurücklegen mußten, bevor sie ihren gesicherten Wissensstand erreichten.

Von den zahlreichen Publikationen auf dem Gebiete der Hethitologie, die von seiner sich selbst auferlegten und ihn stets verpflichtenden Strenge und Akribie wissenschaftlicher Methodik Zeugnis ablegen, seien stellvertretend das „Hethitische Elementarbuch" für die Grammatik, das „Hethitische Wörterbuch" für die Lexik und die „Hethitischen Gesetze" für die Textinterpretation hervorgehoben.

Nach dem kurzen Abriß der hethitischen Sprache in der ZDMG 76 legte Johannes Friedrich 1940 als ersten Teil eines Hethitischen Elementarbuches eine kurzgefaßte Grammatik vor, die in zweiter Auflage im Jahre 1960 zusammen mit einem zweiteiligen „Hethitischen Keilschrift-Lesebuch" erschien.

In dem Kapitel „Schrift und Lautlehre" bucht Friedrich die Wörter und Formen des Hethitischen so, wie die Keilschrift sie darbietet und begründet dies damit, daß „unsere Aussprache der hethitischen phonetischen Zeichen im allgemeinen der der akkadischen Keilschrift folgt und auf eventuelle Abweichungen der hethitischen Aussprache keine Rücksicht nimmt". Für ihn ist nach wie vor die durch die Keilschrift gegebene Schreibweise bei aller Unvollkommenheit das einzig Sichere, woran wir uns halten können. Weil er die Schwierigkeiten, die in dem Verhältnis von Sprache und Schrift im allgemeinen und von Schrift und sog. toten Sprachen im besonderen bestehen, sehr wohl kannte, konnten nach seinem Dafürhalten die Versuche, durch das Gewand der Keilschrift, das wie ein Schleier über den eigentlichen Formen der Sprache liegt, zu den lautlichen Verhältnissen selbst vorzudringen, nur Verwirrung hervorrufen. Die Anstrengungen, die E. Forrer und vor allem E. H. Sturtevant in dieser Richtung unternahmen, hielt er daher für spekulativ und verfehlt und beschränkte sich lediglich darauf, auf das hinzuweisen, was mit einiger Sicherheit gesagt werden kann. Dies betrifft den Vokalwechsel, die Ablauterscheinungen und die Schreibung von Konsonantengruppen. Von besonderer Bedeutung ist in diesem Buche die Behandlung der Syntax, von der es bisher keine zusammenhängende Darstellung gab.

In dem 1952 ff. erschienenen „Hethitischen Wörterbuch" legte Friedrich die Ergebnisse einer jahrzehntelangen, mühseligen lexikalischen Arbeit vor. Bereits während seiner Studienzeit hatte er damit begonnen, eine Zettelsammlung des gesamten Wortschatzes der bekannten hethitischen Texte anzulegen, die schon in den Jahren 1923/24 Anspruch auf Vollständigkeit erheben konnte.

Mit der Herausgabe des Wörterbuches erfüllte Johannes Friedrich eines der dringendsten Desiderata der Hethitologie. Die vorgelegte kritische Sammlung der sicher oder zumindest mit Wahrscheinlichkeit gedeuteten keilschriftlichen hethitischen Wörter war ihm in Vollkommenheit gelungen. Größte Sorgfalt und Vorsicht zeichnen das gesamte Werk aus. Zahlreiche Stellenangaben bei Wörtern unsicherer Semantik gestatten in den Fällen, wo Friedrich zu einem neuen Interpretationsvorschlag gelangt, eine mühelose Nachprüfung. Alle nur auf etymologischen Spekulationen beruhenden Wortdeutungen, von denen sich eine große Anzahl in dem bisherigen hethitischen Wörterverzeichnis, dem „Hittite Glossary" H. Sturtervants finden, wurden ausgemerzt. Friedrich wurde in seinem Wörterbuch auch insoweit einer Sondersituation der hethitischen Philologie in hervorragender Weise gerecht, als er die bezeugten akkadischen und sumerischen Äquivalente zu hethitischen Vokabeln sofort nach der Übersetzung anführte und dabei nach Entsprechungen aus Bilinguen, duplikaten Kontexten und Vokabularen suchte. Unter den Vokabularen verwertete er nur einwandfreie Gleichungen oder solche, an denen sich die Art des Schreiberirrtums leicht nachweisen läßt. Das Wörterbuch reicht über den Wert einer rein hethitologischen Materialsammlung insofern noch hinaus, als es auch den Ansprüchen des Sprachwissenschaftlers gerecht wird. Der heterogenen Herkunft des hethitischen Wortschatzes entsprechend werden am Ende der einzelnen Artikel die bisher ermittelten Etymologien in kritischer Auswahl mitgeteilt bzw. auf Herkunft aus dem Protohattischen oder Churritischen, Verwandtes aus den „Kappadokischen Tafeln" (sc. Einheimisch-Anatolisches), Lehnübersetzungen aus dem Ägyptischen usw. hingewiesen. Ein besonderes Novum des Wörterbuches besteht darin, daß erstmalig in größerem Umfang hieroglyphenhethitische und luwische Entsprechungen zum Keilschrifthethitischen mitgeteilt sind.

Das „Hethitische Wörterbuch" war und ist ohne Zweifel die erste und einzige wissenschaftlich einwandfreie Darstellung des Wortschatzes des Hethitischen und seiner Nachfolgesprachen.

Neben Grammatik und Lexik schenkte Johannes Friedrich seit Beginn seiner hethitischen Studien den Urkunden, die für die Rechtsgeschichte Kleinasiens bedeutungsvoll sind, eine rege Aufmerksamkeit. Zeit seines wissenschaftlichen Lebens hat er an der Interpretation der hethitischen Gesetze gearbeitet.

Nachdem im Jahre 1921 die Autographien der Tafeln und der Tafelbruchstücke von B. Hrozný veröffentlicht worden waren, legten im darauffolgenden Jahr H. Zimmern und J. Friedrich deren erste Übersetzung ins Deutsche zeitgleich mit der französischen Übersetzung von B. Hrozný vor. Die Übersetzungen nahmen mit Recht eine hervorragende Stellung ein, enthielten sie doch eine wichtige Grundlage zur Erforschung der Sozial- und Rechtsverhältnisse sowie der juristischen Anschauungen im hethitischen Reich. Sie waren nicht nur für den Keilschriftforscher, sondern auch für den Historiker von besonderer Bedeutung.

Bis zu Friedrichs Veröffentlichung der „Hethitischen Gesetze", Transkription, Übersetzung, sprachliche Erläuterungen und vollständiges Wörterverzeichnis, Leiden 1959, waren die hethitischen Gesetze in Umschrift und mit kritischem Apparat versehen zum ersten und letzten Male von B. Hrozný in den Anfängen der hethitologischen Forschungen 1921 veröffentlicht worden. Der wissenschaftliche Fortschritt, besonders in der Semantik, sowie in der Auffindung neuer Fragmente, die die bekannten Texte wesentlich ergänzten, hatte Hroznýs Textbearbeitung im Laufe der Zeit veralten lassen. So war eine neue kritische Ausgabe dringend notwendig geworden.

Friedrichs Vorarbeiten zu seinem neuen Werk lagen mehr als 25 Jahre zurück. Eine große Anzahl spezieller Studien zu Problemen der Interpretation war dem Werk vorausgegangen. Die veröffentlichten hethitischen Gesetze gehören ohne Zweifel zu den schwierigsten der in den Archiven von Bogazkoy gefundenen Texte. Die Schwierigkeiten der Interpretation beruhen nicht nur auf der knappen Ausdrucksweise einzelner Vorschriften, sondern auch auf der Tatsache, daß eine ganze Anzahl hethitischer Wörter, die in den Texten vorkommen, und von denen die Bedeutung mancher Vorschriften abhängig ist, hapax legomena sind. Im Verhältnis zu anderen Keilschriftdisziplinen ist hier auch der Rechtshistoriker insofern im Nachteil, als die juristische Terminologie in der Hauptsache auf die hethitischen Gesetze und einige wenige offizielle Dokumente beschränkt ist, während Privaturkunden so gut wie überhaupt fehlen.

Allen diesen Schwierigkeiten zum Trotz löste Friedrich die Aufgabe der Bearbeitung der hethitischen Gesetze in glänzender Weise, indem er sie in genauer Umschrift und Übersetzung vorlegte und sie darüberhinaus ausführlich kommentierte.

Um die im Mittelpunkt stehenden hethitologischen Studien gruppierten sich Arbeiten auf mehreren anderen Forschungsfeldern. Seine äußerst fruchtbare Publikationstätigkeit, die sich in weit mehr als zweihundert Titeln manifestierte, erfaßte zahlreiche sprachwissenschaftliche und philologische Disziplinen, zu denen die Klassische Philologie, die nordsemitischen Inschriften, die Kaukasussprachen, wie das Lykische, das Georgische und das Protoarmenische, sowie die Schriftgeschichte gehören. Vor allem aber müssen in diesem Zusammenhang die außerordentlich wertvollen Erkenntnisse, die ihm durch die Erforschung der sonstigen Sprachen des vorgriechischen Kleinasiens zu verdanken sind, hervorgehoben werden. Wie heterogen diese Arbeiten auf den ersten Blick auch erscheinen mögen, so stellen sie doch eine innere Einheit der Forschung dar. Sie sind Versuche, auf den verschiedensten Wegen zur Geschichte des alten Kleinasien vorzudringen. Als Zentrum standen dem Forscher dabei immer wieder Kultur und Sprache der Hethiter vor Augen.

In allen diesen Forschungsrichtungen schlugen die Erfahrungen zu Buche, die Friedrich bei der Erschließung des Hethitischen gewonnen hatte. Unter ihnen nahm die kombinatorische Deutungsmethode, die er mit Erfolg auch bei der Entzifferung neu entdeckter unbekannter Sprachen und Schriften anwandte, einen hervorragenden Platz ein. Bei diesen Pionierarbeiten vernachlässigte er niemals die Erkenntnis, daß das Geschriebene nicht die Sprache selbst ist und daß die in Schrift umgesetzte Sprache immer erst einer Rückumsetzung bedarf. Daß diese Rückumsetzung nur in unvollkommener Weise möglich ist, hat er stets betont. Soweit aber die Kunst der Rückumsetzung am jeweiligen Objekt überhaupt möglich war, beherrschte er sie in hervorragendem Maße. Sein Bekenntnis zur wissenschaftlichen Wahrheit verbot es ihm daher, sein Ohr dem verführerischen Gleichklang von Lauten und Worten zu leihen, um auf diese Weise unbekannte Sprachen etymologisch zu deuten. Er zog es vor, in diesen Fällen ein mutiges „Ignoramus" zu sprechen.

Die an einen relativ kleinen Kreis von Kollegen gerichteten fachwissenschaftlichen Arbeiten fanden ihre Ergänzung durch eine Anzahl allgemeinverständlicher und populärwissenschaftlicher Schriften, die im gleichen Maße Zusammenfassung von Einzelresultaten, kritischer Rückblick auf die Forschungsgeschichte und stimulierender Ausblick auf weitere Arbeiten sind. In dem kleinen Büchlein „Entzifferung verschollener Schriften und Sprachen" lieferte Friedrich eine Synthese seiner Kenntnisse auf dem Gebiet der vorderasiatischen Sprachen und der Schriftgeschichte. Der Zweck des Buches war kein eigentlich wissenschaftlicher. Friedrich verfolgte vielmehr das Ziel, die ungeheuren geistigen Leistungen, die Schriftentzifferung und Spracherschließung fordern, einem breiten Kreis sichtbar werden zu lassen.

Diktion und Anlage seiner Abhandlungen, sowohl der fachwissenschaftlichen als auch der allgemeinverständlichen, verraten eine ausgesprochen pädagogische Begabung, die den Gelehrten auch in seinem akademischen Unterricht auszeichnete und zu einer echten Verbundenheit mit seinen Schülern führte. Die weltweite Wirkung J. Friedrichs beruhte nicht zuletzt auf seinem methodisch-didaktischen Können.

Friedrichs Untersuchungen, die von indogermanischer, klassischer und semitischer Philologie und Sprachwissenschaft bis hin zur Amerikanistik und Schriftgeschichte reichten und Altertum und Neuzeit umspannten, hinterließen auf jedem Gebiet bemerkenswerte Akzente. Auf seinem besonderen Forschungsgebiet aber, der Hethitologie und der kleinasiatischen Sprachen, wirkte er führend und trug wesentlich zur wissenschaftlichen Erkenntnis dieser Sprachen und zur Erweiterung unseres Geschichtsbildes bei. Die unbestrittene Geltung, die diesem Zweig der Wissenschaft heute zukommt, ist ihm im besonderen Maße zu danken. Friedrichs Leben und Werk bleiben uns Vorbild und Verpflichtung.

Dr. phil. habil. Johannes Mehlig

Bibliographie Johannes Friedrich

A. Bücher

1. Deminutivbildungen mit nicht deminutiver Bedeutung besonders im Griechischen und Lateinischen (Abhandlung zur Erlangung der philosophischen Doktorwürde an der Universität Leipzig). Leipzig, Breitkopf und Härtel 1916. 82 S.
2. Hethitische Gesetze aus dem Staatsarchiv von Boghazköi (um 1300 v. Chr.). Unter Mitwirkung von Johannes Friedrich übersetzt von H. Zimmern (Der Alte Orient 23, Heft 2). Leipzig, Hinrichs 1922. 32 S. — Dazu Joh. Friedrich, Nachträge zu Zimmern-Friedrich, Hethitische Gesetze aus dem Staatsarchiv von Boghazköi. 6 S.
3. Hethitische Studien (S. A. von Nr. 34 und 36 nebst Nachträgen und Verbesserungen S. 47—50). Berlin, de Gruyter 1924. 50 S.
4. Aus dem hethitischen Schrifttum. 1. Heft: Historische Texte, Staatsverträge, Königliche Erlasse, Briefe, Gesetze, wirtschaftliche Texte (Der Alte Orient 24,3). Leipzig, Hinrichs 1925. 32 S.

5. Aus dem hethitischen Schrifttum. 2. Heft: Religiöse Texte (Der Alte Orient 25,2). Leipzig, Hinrichs 1925.
6. Staatsverträge des Ḫatti-Reiches in hethitischer Sprache. 1. Teil: Die Verträge Muršiliš' II. mit Duppi-Tešup von Amurru, Targašnalliš von Ḫapalla und Kupanta-KAL von Mirā und Kuwalija (MVAeG 31,1 = Hethitische Texte, Heft 2). Leipzig, Hinrichs 1926. VI, 181 S.
7. Staatsverträge des Ḫatti-Reiches in hethitischer Sprache. 2. Teil: Die Verträge Muršiliš' II. mit Manapa-Dattaš vom Lande des Flusses Šeḫa, des Muwattalliš mit Alakšanduš von Wilušа und des Šuppiluliumaš mit Ḫukkanāš und den Leuten von Ḫajaša (mit Indices zum 1. und 2. Teil) (MVAeG 34, Heft 1 = Heth. Texte, Heft 4). Leipzig, Hinrichs 1930. 228 S.
8. Hethitisch und „kleinasiatische" Sprachen (Grundriß der indogermanischen Sprach- und Altertumskunde; Geschichte der indogermanischen Sprachwissenschaft. Zweiter Teil, 5. Band, Lfg 1). Berlin, de Gruyter 1931. 78 S.
9. Kleinasiatische Sprachdenkmäler (Kleine Texte für Vorlesungen und Übungen 163). Berlin, de Gruyter 1932, VIII, 157 S.
10. Einführung ins Urartäische. Grammatischer Abriß und ausgewählte Texte mit sprachlichen Erläuterungen (MVAeG 37, Heft 3). Leipzig, Hinrichs 1933, IV, 71 S.
11. Ras Schamra. Ein Überblick über Funde und Forschungen (Der Alte Orient 33, Heft 1/2). Leipzig, Hinrichs 1933. 38 S., 8 Taf.
12. Kleine Beiträge zur churritischen Grammatik (MVAeG 42,2). Leipzig, Hinrichs 1939. 67 S.
13. Entzifferungsgeschichte der hethitischen Hieroglyphenschrift (Die Welt als Geschichte, Sonderheft 3). Stuttgart, Kohlhammer 1939. 52 S. (einschl. 11 Tafelseiten mit 9 Abb.).
14. Hethitisches Elementarbuch. 1. Teil: Kurzgefaßte Grammatik (Indogermanische Bibliothek, I. Abt., 1. Reihe: Grammatiken, Bd 23[1]). Heidelberg, Winter 1940. XIII, 108 S.
15. Hethitisches Elementarbuch. 2. Teil: Lesestücke in Transkription mit Erläuterungen und Wörterverzeichnissen (Indogermanische Bibliothek, I. Abt., 1. Reihe: Grammatiken, Bd 23[2]). Heidelberg, Winter 1946. VIII, 131 S.
16. Phönizisch-punische Grammatik (= Analecta Orientalia 32). Rom, Päpstliches Bibelinstitut 1951. XXIII, 181 S., 1 Schrifttafel; 2., völlig neu bearb. Aufl. m. W. Röllig (= Analecta Orientalia 46), Rom 1970. XXIII, 188 S.
17. Hethitisches Wörterbuch. Kurzgefaßte kritische Sammlung der Deutungen hethitischer Wörter (Indogermanische Bibliothek, I. Abt., 2. Reihe: Wörterbücher). Heidelberg, Winter 1952. 344 S.
18. Entzifferung verschollener Schriften und Sprachen (Verständliche Wissenschaft, Bd 51). Berlin—Göttingen—Heidelberg, Springer-Verlag 1954. 146 S., 73 Abb. und 1 Karte.
19. Kurze Grammatik der alten Quiché-Sprache im Popol Vuh (Akademie der Wissenschaften und der Literatur, Mainz; Abhandlungen der Geistes- und Sozialwissenschaftl. Klasse, Jg. 1955, Nr. 4). Wiesbaden, in Kommission bei Fr. Steiner 1955. 143 S.
20. Hethitisches Wörterbuch, 1. Ergänzungsheft (Indogermanische Bibliothek, I. Abt., 2. Reihe: Wörterbücher). Heidelberg, Winter 1957. 42 S.
20a. Die hethitischen Gesetze. Leiden, E. J. Brill 1959.
20b. Zwei russische Novellen in neusyrischer Übersetzung und Lateinschrift (Abhandlungen für die Kunde des Morgenlandes 33,4) Wiesbaden, Franz Steiner 1960.
20c. Hethitisches Keilschrift-Lesebuch, Heidelberg, Winter 1960.
20d. Hethitisches Wörterbuch, 2. Erg. Heft. Heidelberg, Winter 1961.
20e. Hethitisches Wörterbuch, 3. Erg. Heft. Heidelberg, Winter 1966.

20f. Geschichte der Schrift unter besonderer Berücksichtigung ihrer geistigen Entwicklung. Heidelberg, Winter 1966.
20g. Entzifferung verschollener Schriften und Sprachen. 2. Aufl. (Verständliche Wissenschaft, 51. Band). Berlin—Heidelberg—New York, Springer-Verlag 1966.
20h. Hethitisches Elementarbuch II. Lesebuch in Transkription. 2. Aufl. Heidelberg, Winter 1967.

B. Aufsätze

21. Altitalisches (1. Oskisch íív. 2. Ein faliskischer Saturnier). IF *37* (1916) S. 141—144.
22. Das Attische im Munde von Ausländern bei Aristophanes. Philologus *75* (1920) S. 274 bis 303.
23. Die altpersische Stelle in Aristophanes' „Acharnern" (V. 100). IF *39* (1921) S. 93—102; Nachtrag S. 231.
24. *Καρκηδών* und Carthago. IF *39* (1921) S. 102—104; Nachtrag S. 231.
25. Der Schwund kurzer Endvokale im Nordwestsemitischen. ZS *1* (1922) S. 3—14.
26. Die hethitische Sprache (H. Zimmern zum 60. Geburtstag gewidmet). ZDMG *76* (1922) = NF 1. S. 153—173.
27. Hethitische Wortbedeutungen (1. ḫanneššar „Recht, Gericht". 2. ḫui-(ḫuiš-) „leben". 3. ḫamešḫanda „Stroh"). OLZ *26* (1923) Sp. 45—50.
28. Grammatische und lexikalische Bemerkungen zum Hethitischen (1. Die Deklination des hethitischen Infinitivs. 2. Hethitische Kausativa. 3. Wortbedeutungen). ZA NF *1* (1923) S. 9—21.
29. Der Briefwechsel zwischen Šubbiluliumaš und der Witwe des Bib/pḫururiaš (d. i. Amenophis IV.?) von H. Zimmern unter Mitwirkung von J. Friedrich. ZA NF *1* (1923) S. 37—42; S. 41—42 Sprachliche Bemerkungen von J. Friedrich.
30. Einige hethitische Etymologien (1. u̯ek- „fordern, bitten". 2. aššuš „gut". 3. Einige hethitische Namen von Körperteilen). IF *41* (1923) S. 369—376.
31. Zum Phönizisch-Punischen (1. Zu Larnax Lapithu 2, Zeile 2. 2. Zur Entwicklung der dentalen Spiranten p̄, đ und þ im Phönizischen und zum Verwandtschaftsverhältnis des Phönizischen und Hebräischen. 3. Das punische Pronominalsuffix der 3. Pers. Sing. Mask. und Fem. am Nomen). ZS *2* (1923) S. 1—10.
32. Hethitisch ištarna. ZA NF *1* (1924) S. 140—144.
33. Die bisherigen Ergebnisse der hethitischen Sprachforschung. Stand und Aufgaben der Sprachwissenschaft. Festschrift für W. Streitberg. Heidelberg 1924. S. 126—142.
34. Der hethitische Soldateneid. ZA NF *1* (1924) S. 161—191.
35. Altkleinasiatische Sprachen. RLV *I* (1924) S. 126—142.
36. Sprachliches zu den hethitischen Gesetzen. ZA NF *1* (1924) S. 41—54.
37. Zu den keilschriftlichen ägyptischen Wörtern aus Boghazköi. OLZ *27* (1924) Sp. 704 bis 707.
38. Sprachwissenschaftliche Artikel in Meyers Lexikon, 7. Auflage, 1924—1933.
39. Zu den medialen Personalendungen des Hethitischen. ZA NF *2* (1925) S. 163—164.
40. Die Hethiter und das klassische Altertum. Das human. Gymnasium *1925*, S. 57—68.
41. Die 1. Person Sing. des hethitischen Imperativs. IF *43* (1925) S. 257—258.
42. Zu AO 24,3 (Aus dem hethitischen Schrifttum, 1. Heft). ZA NF *2* (1925) S. 273—285.
43. Zwei neue hethitische Pronominalformen (1. aši. 2. Der neutrische Plural zu -aš „er", -at „es"). ZA NF *2* (1925) S. 286—296.
44. Ein Bruchstück des Vertrages Mattiwaza-Šuppiluliuma in hethitischer Sprache? AfO *2* (1925) S. 119—124.

45. Zu AO 25,2 (Aus dem hethitischen Schrifttum, 2. Heft). ZA NF *3* (1926) S. 177—204.
46. Hethitisch GIŠ$_{AB}$ = GIŠ lutti- „Fenster“. ZA NF *3* (1926) S. 297—299.
47. Werden in den hethitischen Keilschrifttexten die Griechen erwähnt? (Vortrag auf dem Deutschen Orientalistentag Hamburg 1926). Kleinas. Forschgn. *1* (1927) S. 87—107.
48. Der Ausdruck der Komparation beim hethitischen Adjektiv. AfO *3* (1926) S. 185—186.
49. Metrische Form der altpersischen Keilschrifttexte. OLZ *31* (1928) Sp. 238—245.
50. Reinheitsvorschriften für den hethitischen König. MAOG *4* (1928) S. 46—58 (= Meißner-Festschrift).
51. Tenner, E. Tages- und Nachtsonne bei den Hethitern. ZA NF *4* (1928) S. 186—190. (Darin S. 187 Anm. 3 über ḫuk- „besprechen“ von Joh. Friedrich).
52. Hethiter. Die Religion in Geschichte und Gegenwart *II* (1928) S. 1864—1868.
53. Arier in Syrien und Mesopotamien. RLA *I* (1929) S. 144—148.
54. Artatâma. RLA *I* (1929) S. 159.
55. Zum hethitischen Irrealismus und Potentialis. Kleinas. Forschgn. *1* (1929) S. 286—296.
56. Die hethitischen Bruchstücke des Gilgamesch-Epos. ZA NF *5* (1929) S. 1—82.
57. Zu den kleinasiatischen Personennamen mit dem Element muwa (Vortrag auf dem Deutschen Philologentag Salzburg 1929). Kleinas. Forschgn. *1* (1930) S. 359—378.
58a. Beiträge zur Grammatik und Lexikon des Chaldischen (1. Zum Ausdruck unseres Subjekts und Akkusativobjekts im Chaldischen. 2. Die Personalendungen am Präteritum des chaldischen Verbums. 3. a-li, a-li-e und ein Stilgesetz der chaldischen Königsinschriften. 4. šeri. 5. manu). Caucasica *7* (1930) S. 53—86.
58b. Dasselbe, 2. Teil (6. Der Genetiv und Dativ des Nomens. 7. Adjektiva der Zugehörigkeit auf -ḫini- und -(i)-ni-. 8. Zum Pronomen der dritten Person Singularis. 9. Zur 2. Pers. Sing. des Imperativs. 10. buraštubi und suluštibi). Caucasica *8* (1931) S. 114—150.
59. Aziru. RLA I (1931) S. 325—326.
60. Die Inschrift des urartäischen Königs Rusa I. aus Nor-Bajazet. Archiv Orientální *3* (1931) S. 257—271.
61. Zur urartäischen Nominalflexion. ZA NF *6* (1931) S. 264—288.
62. Zum urartäischen Lexikon (1. aše, 2. uštu- und šidištu-. 3. Akkadisch kiuru, urartäisch kiri und hebräisch כיור). Archiv Orientální *4* (1932) S. 55—70.
63. Zu den drei Aleph-Zeichen des Ras-Schamra-Alphabets. ZA NF *7* (1933) S. 305—313.
64. Joh. Friedrich und B. Landsberger. Zu der altaramäischen Stele von Sudschin. ZA NF *7* (1933) S. 313—318.
65. Alte und neue hethitische Wörter (1. šalikuu̯ar. 2. šaknuu̯anza. 3. nuntarnumar und nuntaraš. 4. u̯ak-). Archiv Orientální *6* (1934) S. 358—376.
66. Aus der Entstehungszeit der Buchstabenschrift. Geistige Arbeit 1934, Nr. 17 (5. Sept.) S. 5—6.
67. Kleine Bemerkungen zu Texten aus Ras Schamra und zu phönizischen Inschriften. AfO *10* (1934) S. 80—83.
68. Angebliche moderne Reste altkleinasiatischer Sprachen. ZDMG NF *13* (1934) S. 289 bis 301.
69. Die Indogermanen und das älteste Kleinasien. Geistige Arbeit *1935*, Nr. 9 (5. Mai) S. 5—6.
70. Einige Kapitel aus der inneren Geschichte der Schrift. Archiv für Schreib- und Buchwesen NF *2* (1935) S. 8—18.
71. Eine phönizische Inschrift späterer Zeit aus Byblos. OLZ *38* (1935) Sp. 348—350.
72. Zwei kleinasiatische Lallwörter. Glotta *23* (1935) S. 207—213.
73. Zum Subaräischen und Urartäischen (1. Das Zugehörigkeitssuffix -ḫi im Subaräischen

und Urartäischen. 2. Das Subaräische von Ras Schamra in alphabetischer Keilschrift als Mittel zur Erforschung der subaräischen Lautlehre. 3. Das subaräische Wort für „ich“). Analecta Orientalia *12* (1935) Deimel-Festschrift. S. 122—135.

74. Die mykenischen Griechen und das alte Vorderasien; ein Überblick über die Forschungen der letzten Jahre. Das humanistische Gymnasium *1935*. S. 177—189.
75. Hethitisch ta „und“ mit enklitischen Pronomina. Revue Hittite et Asianique, *6*. année, fasc. 21 (1935) S. 157—162.
76. Das erste Auftreten der Indogermanen in Kleinasien. Germanen und Indogermanen. Festschrift für H. Hirt. 2. Band, Heidelberg 1936. S. 215—224.
77. Himmelszeichen in ägyptischen und hethitischen Kriegsberichten. OLZ *39* (1936) Sp. 135—139.
78. Zur Glaubwürdigkeit Herodots. Das angebliche Reiterdenkmal des Dareios und seine urartäische Parallele (F. H. Weißbach zum 70. Geburtstag gewidmet). Die Welt als Geschichte *2* (1936) S. 107—116.
79. Kein König פלמה in der Stele von Sudschin. ZA NF *9* (1936) S. 327—328.
80. Chalder oder Urartäer? ZDMG NF *15* = Bd 90 (1936) S. 60—82.
81. Die Erforschung der kleineren Sprachen des alten Kleinasien. Die Welt als Geschichte *3* (1937) S. 58—68.
82. Die urartäische Inschrift von Kolagran. Mélanges linguistiques offerts à M. Holger Pedersen (= Acta Jutlandica IX, 1) 1937. S. 518—536.
83. Verschollene Sprachen des Altertums und ihre Wiedererschließung. Neue Jahrbücher für deutsche Wissenschaft *13* (1937) S. 354—369. 438—453.
84. Das Siegel des hethitischen Königs Ḫattušili III. nach der ägyptischen Fassung seines Vertrages mit Ramses II. Artibus Asiae *6* (1937) S. 177—190. Nachtrag S. 315.
85. Schriftgeschichtliche Betrachtungen. ZDMG *91* (1937) S. 319—342.
86. Zum angeblichen Fortleben der urartäischen Sprache. Polski Biuletin Orientalistyczny (= The Polish Bulletin of Oriental Studies) 1 (1937) S. 1—7.
87. Ras Schamra. Überblick über Funde und Forschungen. Jaarbericht Nr. 5 van het Vooraziatisch-Egyptisch Gezelschap „Ex Oriente Lux“ (1937/38). S. 340—348 und Tafeln XXXIII und XXXIV.
88. Das hethitische Felsrelief vom Karabel bei Smyrna und seine Erwähnung bei Herodot II 106. Annuaire de l’Institut de Philologie et d’Histoire Orientales et Slaves 5 (= Mélanges Émile Boisacq, 1937). S. 383—390 und Tafel IX.
89. Zu einigen Schrifterfindungen der neuesten Zeit (1. Das Somali-Alphabet des ‘Ismān Yūsuf. 2. Die Silbenschrift des Mende-Negers Kisimi Kamala. 3. Die Wortschrift des Tschuktschen Tenevil’). ZDMG *92* (1938) S. 183—218.
90. Zu einigen hethitischen Wörtern nichtindogermanischer Herkunft. Revue des Études Indoeuropéenes *1* (1938) S. 178—183.
91. Zu einigen umstrittenen Paragraphen der hethitischen Gesetze. Symbolae Paulo Koschaker dedicatae. Leiden 1939. S. 1—10.
92. Der gegenwärtige Stand unseres Wissens von der churritischen Sprache (Vortrag auf dem 20. Internationalen Orientalistenkongreß Brüssel 1938). Jaarbericht van het Vooraziatisch-Egyptisch Gezelschap „Ex Oriente Lux“ Nr. 6 (1939) S. 90—96.
93. Zur Einleitungsformel der ältesten phönizischen Inschriften aus Byblos. Mélanges Syriens offerts à M. R. Dussaud (1939) S. 39—47.
94. Ein hethitischer Brief aus Tell Atchana. Orientalia NS *8* (1939) S. 310—316.
95. Zwei churritische Pronomina (1. ḫeiarunna „alle“. 2. anti „dieser, der“). Revue Hittite et Asianique, fasc. *35* (1939) S. 93—102.

96. Borks neue Forschungen zum Mitannibrief. WZKM *46* (1939) S. 195–204.
97. Aus verschiedenen Keilschriftsprachen (1. Hethitisch arḫai̯a(n). 2. Die Namen des urartäischen Sonnen- und Mondgottes. 3. Zu den churritischen Zahlwörtern. 4. Zur Erwähnung der hethitischen Hauptstadt in den Mari-Texten). Orientalia NS *9* (1940) S. 205–218, 348–361.
98. Denkmäler mit westsemitischer Buchstabenschrift. Die Inschriften vom Tell Halaf. AfO, Beih. *6* (1940) S. 69–78 und Taf. 29–32.
99. Urartäisches (1. gi-e-i „Quelle, Brunnen“. 2. Zum Mediopassivum. 3. Zu alē „er spricht“). ZWKM *47* (1940) S. 187–201.
100. Zur Sprache von Quatna. WZKM *47* (1940) S. 202–214.
101. Urartäische Inschriften im Museum von Tiflis. AfO *13* (1940) S. 237–239.
102. Phrygia (Sprache). Pauly-Wissowa-Kroll, Realenzyklopädie des klassischen Altertums *20* (1941) Sp. 868–882.
103. Phrygia (Geschichte). Pauly-Wissowa-Kroll, Realenzyklopädie des klassischen Altertums *20* (1941) Sp. 882–891.
104. Zu mus = terra. Glotta *29* (1941) S. 61.
105. Noch eine moderne Parallele zu den alten Schrifterfindungen. Eine Schrifterfindung bei den Alaska-Eskimos. ZDMG *95* (1941) S. 374–414.
106. Keilschriftlich-Aegyptisches aus der Amarna- und Hethiterzeit (1. Re in Keilschrifttexten. 2. Die ägyptische Stadt Iḫibe). Orientalia NS *11* (1942) S. 109–118.
107. Hethitisch-Ugaritisches (1. Šuppiluliuma von Ḫatti und Nqmd von Ugarit. 2. Kleinasiatisches im ugaritischen Wortschatz). ZDMG *96* (1942). S. 471–494.
108. Churritische Adjektiva auf -uzzi. Orientalia NS *11* (1942). S. 350–352.
109. Kleinigkeiten zur ugaritischen Grammatik (1. Zur Lesung und Deutung. 2. Zur Schrift- und Lautlehre; A. Zu den Zischlauten; B. Zu den drei Vokalzeichen). Orientalia NS *12* (1943) S. 1–22.
110. Die Partikeln der zitierten Rede im Achämenidisch-Elamischen. Orientalia NS *12* (1943) S. 23–30.
111. Zum Namen von Karthago. Revue des Études Indo-Européenes *3* (1943) S. 20–29.
112. Hethitisch ZU = GÍN „Sekel“. WZKM *49* (1943) S. 172–179.
113. Die erste Gesamtdarstellung der churritischen Grammatik. Orientalia NS *12* (1943) S. 199–225.
114. Zur Zweizahl im Churritischen und Hethitischen. WZKM *50* (1943) S. 51–64.
115. Churritisch-Ugaritisches und Churritisch-Luwisches (Albrecht Alt zum 60. Geburtstag am 20. Sept. 1943 freundschaftlich gewidmet), (1. Churritisch kišḫi und ugaritisch kḫs „Stuhl“. 2. Churritische Wörter in luwischer Flexion). AfO *14* (1944) S. 329–333.
116. Deutschlands Anteil an der Erschließung der Keilschriftsprachen. Der Orient in deutscher Forschung. Leipzig, Harrassowitz 1944. S. 57–66.
117. Mitraššil Uruu̯anaššel. Orientalia NS *12* (1943) S. 311–317.
118. Wirkliche und angebliche Formen des Kohortativs beim hethitischen Verbum. Orientalia NS *13* (1944) S. 205–213.
119. Griechisches und Römisches in phönizischem und punischem Gewande. Festschrift Otto Eißfeldt. Halle, Niemeyer 1947. S. 109–124.
120. Zum hethitischen Lexikon. Journal of Cuneiform Studies *1* (1947) S. 275–306.
121. Eine altphönizische Inschrift aus Kilikien. Forschungen und Fortschritte *24* (1948) S. 76–79.
122. Verschiedene Kleinigkeiten aus verschiedenen Sprachen. Revue des Études Indo-Européennes (1948) [Band- und Seitenzahl nicht zu bestimmen].

123. Fremde Flexionsformen in hethitischen Texten. Revue Hittite et Asianique *8*, fasc. 47 (1947/48) S. 3—18.
124. Altpersisches und Elamisches. Orientalia NS *18* (1949) S. 1—29.
125. Der churritische Mythus vom Schlangendämon Ḫedammu in hethitischer Sprache. Archiv Orientální *17* (1949) (= Symbolae Hrozný I) S. 230—254.
126. Kanaanäisch und Westsemitisch. Scientia *43* (1949) S. 220—225.
127. Churritische Märchen und Sagen in hethitischer Sprache. ZA NF *15* (1950) S. 213 bis 255.
128. Zufällige Ähnlichkeiten auf verschiedenen Sprach- und Kulturgebieten. Zeitschrift f. Indogermanische Forschung *60* (1950) S. 156—170.
129. Ἀσσύρια γράμματα. Aus Antike und Orient, Festschrift Wilhelm Schubart zum 75. Geburtstag, hrsg. von S. Morenz (Leipzig 1950) S. 48—53.
130. Zu einigen altkleinasiatischen Gottheiten. Jahrbuch für kleinasiatische Forschung *2* (1952) S. 144—153.
131. Karer in Numidien? Orientalia NS *21* (1952) S. 231—233.
132. Das hieroglyphen-hethitische Wort für „Kopf". Revue Hittite et Asianique *11*, fasc. 53 (1951) S. 31—34.
133. Schriftsysteme und Schrifterfindungen im alten Orient und bei modernen Naturvölkern. Archiv Orientální *19* (1951) S. 245—259 u. Taf. XI bis XIX.
134. Ein churritisches Wort. AfO *16* (1952) S. 66.
135. Poeni. Römisches in punischen Inschriften. Pauly-Kroll-Ziegler, Realenzyklop. der klass. Altertumswiss. *XXI* (1951) Sp. 1152—1155.
136. Semitisch und Hamitisch. Bibliotheca Orientalis *9* (1952) S. 154—157.
137. Das Glossenkeilwort < limma im Hethitischen. Orientalia NS *22* (1953) S. 210—211.
138. Artikel zum alten Kleinasien in der 16. Auflage des „Großen Brockhaus" (1953ff.).
139. Zur Lesung der hethitischen Bilderschrift. Archiv Orientální *21* (1953) S. 114—139.
140. Vulgärpunisch und Vulgärlatein in den neupunischen Inschriften. Cahiers de Byrsa *3* (1953) S. 99—111.
141. Zu angeblichem giri- „Pfeil" in den Boğazköy-Texten. AfO *16* (1953) S. 286.
142. Phönizische Namen in kyprischer Silbenschrift. WZKM *52* (1953) S. 90—92.
143. Göttersprache und Menschensprache im hethitischen Schrifttum. In: Sprachgeschichte und Wortbedeutung, Festschrift Albert Debrunner (A. Francke, Bern 1954). S. 135 bis 139.
144. Eine hethitische Keilschrifttafel mit minoischen Linearzeichen. Minos *3* (1954) S. 5 bis 7 m. 1 Tafelabb.
145. Alaska-Schrift und Bamum-Schrift. ZDMG *104* (1954) S. 317—329 u. 4 Textabb.
146. Das Luwische und die anderen indogermanischen Sprachen des alten Kleinasien (Eine Skizze). In: Atti del Il Convegno Internazionale di Linguisti (Milano 9—12 settembre 1953). Sodalizio Glottologico Milanese 1956. S. 25—34.
147. Römische Beamtenbezeichnungen in punischen Inschriften Tripolitaniens. Orientalia NS *24* (1955) S. 156—158.
148. Luwische Kleinigkeiten. In: Corolla linguistica, Festschrift F. Sommer. Wiesbaden, Harrassowitz 1955. S. 43—47.
149. Zur Etymologie des bildhetitischen Pronomens ī- „dieser". ZA NF *17* (1955) S. 255 bis 256.
150. Kritische Bemerkungen zum Bildhethitischen. Revue Hittite et Asianique, tome *XIII*, fasc. 56 (1955) S. 21—33.
151. Neue urartäische Inschriften. ZDMG *105* (1955) S. 53—73.

152. Zu der hethitischen Militärinstruktion KUB XIII 20. AfO *17* (1954/55) S. 55.
153. Hethitisch pul und Ableitungen. AfO *17* (1954/55) S. 92.
154. Zu hethitisch ḫeššalla- (ḫiššalla-). AfO *17* (1954/55) S. 99.
155. „Angst" und „Schrecken" als niedere Gottheiten bei Griechen und Hethitern. AfO *17* (1954/55) S. 148.
156. Luwisch ḫaltatti. AfO *17* (1954/55) S. 148.
157. Zu einigen luwischen Wörtern. Lingua Posnaniensis *5* (1955) S. 1—5.
158. Zur schriftgeschichtlichen Wertung der kretischen Linearschrift B. Minos *4* (1956) S. 6—10.
159. Hellenistischer Einfluß in der phönizisch-punischen Zählweise? Studi Orientalistici in onore di Giorgio Levi Della Vida. Roma, Istituto per l'Oriente 1956, Vol. *I*, S. 309 bis 313.
160. Ein Reimwortpaar hethitischer Gottheitsnamen. AfO *17* (1956) S. 365—366.
161. Urartäisch urišḫi- und (É)urišḫusi-. AfO *17* (1956) S. 367—368.
162. Zu den churritischen Zahlwörtern. AfO *17* (1956) S. 368—369.
163. Zu scheinbar minoischen Schriftzeichen auf hethitischen Keilschrifttafeln: Minos *4* (1956) S. 117—119.
164. Zur iberischen Schrift. Minos *4* (1956) S. 172—175.
165. Zum Verwandtschaftsverhältnis von Keilhethitisch, Luwisch, Paläisch und Bildhethitisch. MNHMHE XAPIN Bd *I* (Wien 1956) S. 107—113.
166. Zur Bezeichnung des langen ā in den Schreibweisen des Aramäischen. Orientalia NS *26* (1957) S. 37—42.
167. Zur Frage punischer Lehnwörter im Sardischen. Die Sprache *3* (1956) S. 221—224.
168. Punische Studien. ZDMG 107 = NF *32* (1957) S. 282—298.
169. Ein kilikischer Mannesname. AfO *18* (1957) S. 61.
170. Eine aramäische und eine punische Datierung. AfO *18* (1957) S. 108.
171. Zur passivischen Ausdrucksweise im Aramäischen. AfO *18* (1957) S. 124—125.
172. Ein Sonderfall partitiver Apposition beim hethitischen Personalpronomen. AfO *18* (1957) S. 127.
173. Kleinigkeiten aus IBoT III 148. AfO *18* (1957) S. 127—128.
174. Das bildhethitische Siegel des Bar-Rkb von Sam'al. Orientalia NS *26* (1957) S. 345 bis 347 mit 1 Abb. Nachtrag Orientalia NS *27* (1958) S. 111.
175. Ein hethitisches Gebet an die Sonnengöttin der Erde. Scritti in onore di Giuseppe Furlani. Rom 1957 = Rivista degli Studi Orientali *32*. S. 217—224.
176. Hochsprache und Umgangssprache im Bildhethitischen? Sybaris. Festschrift Hans Krahe. Wiesbaden, Otto Harrassowitz 1958. S. 45—48.
177. Eine neue urartäische Inschrift mit einem neuen Gottheitsnamen. AfO *18* (1958). S. 341.
178. Neusyrisches in Lateinschrift aus der Sowjetunion. ZDMG *109* (1959) S. 50—81.
179. Die Parallel-Entwicklung der drei alten Schrift-Urschöpfungen. Studia Biblica et Orientalia III: Oriens Antiquus. Rom (1959) S. 95—101.
180. Urartäische Kleinigkeiten AfO *19* (1959/60) S. 32.
181. Ein luwische Glosse. AfO *19* (1959/60) S. 94.
182. Ein kilikischer Ortsname. AfO *19* (1959/60) S. 151.
183. Zur Einordnung hethitischer Gilgamesch-Fragmente. Orientalia NS *30* (1961) S. 90 bis 91.
184. Zum letzten Satze der zweiten Tafel der hethitischen Gesetze. Revue Hittite et Asianique *18* (1960) S. 33—35.

185. Zur Interpretation von Satz XVI der phönizisch-hethitischen Bilinguis von Karatepe. Orientalia NS *31* (1962) S. 223—224.
186. [H. Hoffmann und] J. Friedrich, Der urartäische Kandelaber in Hamburg und seine Keilinschrift. ZDMG III (1962). S. 283—287, mit 3 Tafeln, darin J. Friedrich, Die Keilinschriften des urartäischen Kandelabers, S. 285—287, mit Abb. 1 und 2 auf Tafel III.
187. Hethitische Wörter für „Wolle". Zeitschrift für vergleichende Sprachforschg. NF *17* (1961) S. 257.
188. Onkel Šälu und Qämbär. Eine neusyrische Verserzählung von D. Iljan, ZDMG *112* (1962) S. 6—49.
189. Das Neusyrische als Typus einer entarteten semitischen Sprache. Istituto Orientale di Napoli, Annali, Sezione linguistica, *4* (1962) S. 95—106.
190. Zu den orientalischen Reimwortbildungen mit m-Anlaut. AfO *20* (1963) S. 102.
191. Bruchstück einer bildhethitischen Inschrift aus Hamā. Revue Hittite et Asianique *20* (1962) S. 63—67, mit 5 Abb.
192. Aus einer neusyrischen Fibel. RSO *38* (1963) S. 9—21.
193. „Neun" und „zehn" im Neusyrischen. Zeitschrift für vergleichende Sprachforschg. NF *78* (1963) S. 55.
194. Der Werdegang der Schrift. Saeculum *14* (1963) S. 123—140, mit 24 Abb.
195. Die phonetische Schreibung des hethitischen Gottheits-Ideogramms ^{d}MAḪ^{MEŠ}. Orientalia NS *33* (1964) S. 88.
196. Unsere Generation öffnete ein Tor zur weiteren Erschließung verschollener Schriften und Sprachen. Neue Ruhr-Zeitung am Sonntag, Nr. 19 (3. Mai 1964). S. 17, mit 5 Abb.
197. Ferdinand Sommer (1875—1962). Nachruf. ZDMG *114* (1964) S. 13—15.
198. Kleinigkeiten zum Phönizischen, Punischen und Numidischen. ZDMG *114* (1964) S. 225—231, mit 1 Tafel.
199. Ein wohl kleinasiatisches Tontäfelchen mit unbekannter Schrift. Kadmos *3* (1965) S. 156—169, mit 2 Tafeln.
200. Zur Stellung des Jaudischen in der nordwestsemitischen Sprachgeschichte. Studies in Honor of Benno Landsberger. The Oriental Institute of Chicago, Assyriological Studies Nr. 16 (1965). S. 425—429.
201. Ein phrygisches Siegel und ein phrygisches Tontäfelchen. Kadmos *4* (1965) S. 154 bis 156, mit 2 Abb.
202. Zu der altaramäischen Stele des ZKR von Hamāt. AfO *21* (1966) S. 83.
203. Bildhethitische Kleinigkeiten. AfO *21* (1966) S. 83—84.
204. Zu einigen seltsamen hethitischen Pronominalformen. Festschrift für W. Eilers. Wiesbaden (1967). S. 72—73.
205. Zwei Berichtigungen zum Urartäischen. Orientalia NS *37* (1968) S. 346.
206. Zufällige Ähnlichkeiten in aller Welt. Gedenkschrift für W. Brandenstein (= Innsbrucker Beiträge zur Kulturwissenschaft, Bd *14*, 1968). S. 303—305.
207. Die Unechtheit der phönizischen Inschrift aus Parahyba. Orientalia NS *37* (1968) S. 421—424.
208. Churritisch (Handbuch der Orientalistik 1 II 1/2, Leiden, Brill 1969). S. 1—30.
209. Urartäisch. (ebda) S. 31—53.
210. Zu einigen hethitischen Wortbedeutungen. Essays in Memory of E. A. Speiser (= JAOS *88*, 1968). S. 37—39.
211. Keilhethitisches und Hieroglyphenhethitisches. JCS *21* (1967) S. 49—51.

212. Nochmals die phönizische Inschrift von Pyrgi (= Beiträge zur Alten Geschichte [Festschrift für F. Altheim] Berlin, W. de Gruyter 1969). S. 205—209.
213. Die verschiedenen Elemente der Sprache in ihrer Empfänglichkeit für Sprachmischung (= Studi linguistici in onore di Vittore Pisani, Paideia Editrice, Brescia 1969). S. 367 bis 376.
214. Eine neue Art hethitischer Zahlwörter? (= Studia classica et orientalia, A. Pagliaro oblata, Roma 1969, Vol. *II*). S. 139—140.
215. Urartäische Inschriften aus Iran (= Archäologische Mitteilungen aus Iran NF *2*, 1969). S. 121—122.
216. Zu den hethitischen Wörtern für „Stern" und „Hand". Studi in onore Piero Meriggi (= Athenaeum NS *47*, 1969). S. 116—118.
217. Der Wert semitischer Versionen in Entzifferungs-Bilinguen (= Ugaritica *VI*, Paris, Geuthner 1969). S. 229—234.

Übersicht nach Fachgebieten

Walter Zaumseil

Schriftenverzeichnisse. W. Zaumseil, in: Festschrift Johannes Friedrich zum 65. Geburtstag. Heidelberg 1959. S. 487—505. — Derselbe (Fortsetzung), in: Tabula gratulatoria. Johannes Friedrich zum 75. Geburtstag [S. 3—4]. — Ders, siehe vorliegendes Jahrbuch S. 338—347. — Kürschners Dtsch. Gelehrten-Kal. Ausgaben *3—10* u. *11* (Berlin 1970) S. 740. — Jahrbuch Sächs. Akad. Wiss. Leipzig *1954—1956* (Berlin 1958) S. 199—200; *1960—1962* (Berlin 1964) S. 309; *1966—1968* (Berlin 1970) S. 246—247.

Festschriften. Johannes Friedrich zum 65. Geburtstag gewidmet. Hrsg. R. v. Kienle u. a. Heidelberg 1959. VIII, 505 S. (m. Bildn.). — Johannes Friedrich zum 75. Geburtstag: Tabula gratulatoria. [5 S.]. Berlin, Orient-Institut 1968.

Würdigungen. E. v. Schuler, Vorwort zur Festschrift Johannes Friedrich zum 65. Geburtstag. Heidelberg 1959. S. V. — o. V., in: Handbuch für die Freie Universität Berlin. Berlin 1961. S. 48—52 [mit Schriftenverzeichnis]. — Kürschners Dtsch. Gelehrten-Kal. *11* (Berlin 1970) S. 740. — Degeners Wer ist's? *10* (Berlin 1935) S. 450. — Wer ist wer? *14* (Berlin 1962) S. 383; *15* (Berlin 1967) S. 322 [mit Bibliographie]; *16* (Berlin 1970) S. 493. — Who's who in Germany? *3* (München 1964) S. 478. — Allgemein: FuF *32* (1958) S. 224. — FuF *37* (1963) S. 224. — Der Große Brockhaus *4* (Wiesbaden 1954) S. 304. — Das Große Duden-Lexikon *3* (Mannheim 1965) S. 308. — Das Bertelsmann Lexikon *2* (Gütersloh 1966) S. 1418.

Nachrufe. J. Mehlig, siehe vorliegendes Jahrbuch S. 332—338 (m. Bildn.). — H. Otten, in: Z. f. Assyrologie *62*, II. Halbbd (1972) S. 161—162. — W. Röllig, in: ZDMG *123* (1973) H. 1, S. 1—5 (m. Bildn.). — E. v. Schuler, in: AfO *24* (1973) S. 241—243 (m. Bildn.). — o. V., in: Tagesspiegel (Westberlin) Nr. 8186 v. 18. August 1972.

Philipp Lersch

4. 4. 1898—15. 3. 1972

Kurz vor Vollendung seines 74. Lebensjahres, am 15. März 1972, verstarb in München der em. o. Professor für Psychologie und Philosophie an der Universität München, Philipp Lersch. Seit 1942 Mitglied der Sächsischen Akademie der Wissenschaften zu Leipzig, war er außerdem Mitglied der Deutschen Akademie der Naturforscher Leopoldina in Halle und o. Mitglied der Bayerischen Akademie der Wissenschaften in München.

Philipp Lersch war eine der eindruckvollsten und bedeutendsten Persönlichkeiten in der jüngeren Geschichte der Psychologie in Deutschland, die mit ihrem Wirken und ihrer Denkweise den Charakter einer ganzen Epoche dieser Wissenschaft mitprägte. Es war das jene von Julius Bahnsen und Ludwig Klages einerseits und von William Stern andererseits inaugurierte Epoche der Persönlichkeitspsychologie und Charakterologie, die Lersch — vor allem mit seinem Werk „Aufbau der Person" — zu einem besonderen Höhepunkt führte. Wenn auch — vom Standpunkt des Heute gesehen — dieser Epoche mit der ihr eigenen Denkweise vor allem wegen ihrer idealistisch-philosophischen Grundlegung jene Nachwirkung versagt bleiben mußte, die sie selbst vielleicht von sich erwartete, so bleiben doch genügend und heutzutage oft vergessene Anregungen für die künftige Entwicklung der Wissenschaft bestehen, die ihren Wert in sich selbst tragen.

Das gilt besonders für das Wirken des Verstorbenen, der in einmaliger und nicht wiederholbarer Weise auf nahezu allen theoretischen Grundlagengebieten der Psychologie zu arbeiten vermochte und auch, und zwar nicht nur wegen der ihm oft nachgerühmten sprachlichen Meisterschaft, gehört wurde.

Zu gedenken ist des weiteren auch seines Wirkens für die psychologische Praxis, in der sich eine andere Seite seines Wesens kundtat. So gab im wesentlichen er — in Deutschland — die Impulse für ein praxisgerichtetes Wirken des Psychologen; er prägte damit sehr nachhaltig das Berufsbild des unmittelbar — nämlich diagnostisch und therapeutisch — am leidenden Menschen arbeitenden Psychologen. Im Einklang damit ist ihm ein maßgeblicher Anteil an der ersten Diplomprüfungsordnung für Psychologen zuzuschreiben, deren Grundanliegen in den heute bestehenden Prüfungsordnungen immer noch erhalten geblieben ist, nämlich: eine solide theoretische Fundierung des Psychologiestudiums mit den Anforderungen der psychologischen Praxis sinnvoll zu verbinden. Auch in anderer Form trat die aufs Praktische gewendete Seite des Verstorbenen in Erscheinung: Neben seiner reichen eigenen wissenschaftlichen Tätigkeit, die sich in einer großen Anzahl von Veröffentlichungen niederschlug, war er ein großer Anreger und Förderer der psychologischen Literatur, und zwar als Herausgeber bzw. Mitherausgeber einer Reihe von Fachzeitschriften und vor allem des großen zwölfbändigen „Handbuches der Psychologie", des umfangreichsten Unternehmens dieser Art, das bisher in deutscher Sprache unternommen wurde.

Philipp Lersch, der während seiner nur wenige Jahre währenden Leipziger Lehrtätigkeit in unsere Akademie aufgenommen worden war, blieb ihr in dem Vierteljahrhundert seines Wirkens in München immer herzlich verbunden.

Die Sächsische Akademie der Wissenschaften wird seiner stets in Ehren gedenken.

Hans Hiebsch

Bibliographie Philipp Lersch

I. Selbständige Veröffentlichungen

1. Der Traum in der deutschen Romantik. München, Max Hueber, 1923. 70 S. (= Phil. Diss.).
2. Gesicht und Seele. Grundlinien einer mimischen Diagnostik. München, Ernst Reinhardt, 1932. 168 S., mit 191 photogr. Aufnahmen auf 10 Tafeln und 8 Abb. (= Habilitationsschrift). ²1943; 3. Aufl. München, Basel 1951; ⁴1955; ⁵1961; ⁶1966; ⁷1971.
   — El rostro y el alma. Lineas fundamentales para un diagnóstico mímico. Trad. José Rey Aneiros. Madrid, Edit. Oriens, 1970. 154 S. (El hombre y su psique, v. 1.).
3. Lebensphilosophie der Gegenwart. Berlin, Junker und Dünnhaupt, 1932. 98 S. (= Philosophische Forschungsberichte, 14).
4. Der Aufbau des Charakters. Leipzig, J. A. Barth, 1938. XII. 272 S.
   — Il carattere: i sentimenti, le tendenze, la volantà. Padova, CEDAM (Casa editr. Dott. A. Milani), 1942. II, 234 S.

5. Seele und Welt. Zur Frage nach der Eigenart des Seelischen. Leipzig, J. A. Barth, 1941. 56 S.; ^{2}1943.

6. Das Problem der Vererbung des Seelischen. Leipzig, J. A. Barth, 1942. 44 S. (Leipziger Universitätsreden, H. 9).

6a. Der Aufbau des Charakters. Zweite, umgearb. und erweit. Aufl. Leipzig, J. A. Barth, 1942. XII, 339 S.; 3. durchges. Aufl. 1948. VIII, 270 S.
— La struttura del carattere. Trad. della seconda ediz. tedesca a cura di Carlo Berlucchi. Padova, CEDAM (Casa editr. Dott. A. Milani), 1950. XII, 315 S.

7. Der Mensch in der Gegenwart. München, Erasmus (Ernst Reinhardt-Bücherreihe), 1947. 174 S.; 2. Aufl. München, Basel: Ernst Reinhardt, 1955; ^{3}1964.
— El hombre en la actualidad. Version de José Perez Riesco. Madrid, Gredos, 1958. 190 S.; ^{2}1967 (Biblioteca Hispanica de Filosofía, v. 16).

8. Vom Wesen der Geschlechter. München, Erasmus (Ernst Reinhardt-Bücherreihe), 1947. 123 S.; 2. Aufl. München, Basel: Ernst Reinhardt, 1950. 127 S.; ^{3}1959; ^{4}1968.
— Sobre la esencia de los sexos. Trad. José Rey Aneiros. Madrid, Edit. Oriens, 1968. 130 S. (El hombre y su psique, v. 2).

9. Sprache als Freiheit und Verhängnis. München, Drei Fichten (Rudolf Vonficht), 1947. 26 S. (Geistiges München. Kulturelle und akademische Schriften, H. 7). (Wiederabgedr. in: Sprache in unserer Zeit [Mosaik. Texte zum Verständnis unserer Zeit, ihrer Gestalten und Probleme, H. 20]. Frankfurt, Berlin, Bonn 1961. S. 6—17 und [leicht gekürzt] in: Welt und Wort *2* [1947] S. 65—70).
Siehe auch I 13

10. Aufbau der Person. Vierte, völlig umgearb. und erweit. Aufl. von „Der Aufbau des Charakters". München, J. A. Barth, 1951. XII, 565 S.; ^{5}1952.

11. Kindheit und Jugend als Stadien der menschlichen Entwicklung. München 1951. 24 S. (Druckschriften des Päd.-Psych. Instituts des Münchner Lehrervereins); ^{2}1967. Siehe auch I 13.

11a. Aufbau der Person. Sechste, erweit. und verbesserte Aufl. München, J. A. Barth, 1954. XI, 591 S.; 7. durchges. Aufl. 1956.
— La estructura de la personalidad. Trad. de la 7ª ed. A. Serrate Torrente, colabor. J. M. Aragó Mitjans, S. J. Revisión y Estudios Preliminares por Ramón Sarró. Barcelona, Edit. Scientia, 1958.; 2ª ed. revisada y ampliada 1962. XLV, 620 S.; ^{4}1966; ^{5}1967.
— Algemene Psychologie. Vert. M. Tijdens-Plet. Voorw. J. Nuttin. Utrecht, Het Spectrum und Antwerpen, N. V. Standaard, 1960. 560 S. (Universitaire bibliotheek voor psychologie, onder red. van A. Michotte en J. Nuttin).; 2. Aufl. 1966. 703 S. (Aulaboeken. Het wetenschappelijke Pocketboek. Onder hofred. van F. J. J. Buytendijk, 256); ^{3}1968; ^{4}1970; ^{5}1971.
— E Prosopikotes. Metaphr. Nikolaus P. Mpochlogyros. Athen, Ellenikou Psychologikou Institoutou, 1957. 120 S. [Teildruck].

11b. Aufbau der Person. 8. überarb. Aufl. München, J. A. Barth, 1962. 664 S.; ^{9}1964; ^{10}1966; ^{11}1970.

12. Der Mensch als soziales Wesen. Eine Einführung in die Sozialpsychologie. München, J. A. Barth, 1964. 255 S.; ^{2}1965.
— Psicologia social (El hombre como ser social). Trad. A. Serrate Torrente. Barcelona, Edit. Scientia, 1967. XIV, 236 S.

13. Der Mensch als Schnittpunkt. Fragen der Psychologie und Anthropologie der Gegenwart. München, C. H. Beck, 1959. 176 S. (Beck'sche Schwarze Reihe, Bd 62). — Darin I 9; I 11; II 14; II 39; II 40; II 56; II 74; II 78; II 87.

14. Zur Psychologie der Indoktrination. München, Bayer. Akademie der Wissenschaften (in Kommission bei C. H. Beck, München). 1969. 29 S. (Bayer. Akad. der Wiss. Sitzungsber. Phil.-hist. Klasse, Jg. 1968, H. 3).
15. Charakterologie. Zur Psychologie der individuellen Eigenart. Aus dem Nachlaß hrsg. von A. Mayer und E. Zellinger Stuttgart, Kohlhammer, 1974.

Als Skripten des Studentenwerks München liegen vor:

— Grundtatsachen des Seelenlebens (Teil I u. II). München, Schreibbüro Uni., o. J.
— Charakterologie. Nach Prof. Dr. Philipp Lersch bearb. von Dr. I. Pichottka. München, Uni-Druck, 1947. 105 S.; 3. erw. Aufl. 1950.
— Ausdruckspsychologie. Nach der Vorlesung von Prof. Dr. Philipp Lersch bearb. von Dipl.-Psych. K. Fink und Dr. I. Pichottka. München, Uni-Druck, 1950. 53 S.
— Entwicklungspsychologie. Nach Prof. Dr. Philipp Lersch bearb. von Dipl.-Psych. K. Fink und Dipl.-Psych. S. Langhans. München, Uni-Druck, 1951. 56 S.; 2. neu bearb. Aufl. 1953. 62 S.; 4. neu bearb. Aufl. 1961.
— Philosophische Anthropologie. Nach Prof. Dr. Philipp Lersch bearb. von Dipl.-Psych. K. Fink und Dipl.-Psych. S. Langhans, München, Uni-Druck, 1952. 70 S.; 3. durchges. Aufl. 1958.
— Einführung in die Psychodiagnostik unter besonderer Berücksichtigung der Ausdruckspsychologie. 2. neu bearb. Aufl. der Ausdruckspsychologie. Nach Prof. Dr. Philipp Lersch bearb. von Dipl.-Psych. K. Fink und Dipl.-Psych. S. Langhans. München, Uni-Druck, 1952. 73 S.
— Einführung in die Charakterkunde. 4. völlig neu bearb. Aufl. der Charakterologie. Bearb. von K. Fink und S. Langhans. München, Uni-Druck, 1953. 102 S.; 9. durchges. Aufl. 1962.

II. Aufsätze, Rezensionen

1. Der IX. Kongreß für experimentelle Psychologie (München 21. bis 25. 4. 1925). In: Kantstudien *30* (1925) S. 586—598.
2. Die Bedeutung der mimischen Ausdruckserscheinungen für die Beurteilung der Persönlichkeit. In: Industrielle Psychotechnik *5* (1928) S. 178—183.
3. Über das Ich-Erlebnis. Eine experimentelle Untersuchung. In: Archiv für die gesamte Psychologie *71* (1929) S. 67—126.
4. Eine Philosophie des Lebens. (Zu Ludwig Klages „Der Geist als Widersacher der Seele". I. und II. Bd, Leipzig 1929). In: Blätter für Dt. Philosophie *5* (1931/32) S. 92—109.
5. Die Bedeutung der mimischen Ausdruckserscheinungen für die Beurteilung der Persönlichkeit. In: Die Biologie der Person. Ein Handbuch der allgemeinen und speziellen Konstitutionslehre. Hrsg. Th. Brugsch u. F. H. Lewy. Bd II: Allgemeine somatische und psychophysische Konstitution. Berlin, Wien 1931, S. 1028—1043.
6. Gesicht und Seele. In: Z. f. angewandte Psychologie *42* (1932) S. 549—550.
7. Ludwig Klages. In: Blätter für Deutsche Philosophie *6* (1932/33) S. 479—480.
8. Rezension von: J. B. Porta, Die Physiognomie des Menschen (Der Körper als Ausdruck. Schriftenreihe zur Gestaltkunde. Hrsg. Th. Lessing u. W. Rink, Bd I). Radebeul, Dresden 1930. In: Z. f. Psychologie *129* (1933) S. 183.
9. Grundriß einer Charakterologie des Selbstes. In: Z. f. angewandte Psychologie *46* (1934) S. 129—169.

10. Probleme und Ergebnisse der charakterologischen Typologie. In: Bericht über den XIII. Kongreß der Deutschen Gesellschaft für Psychologie in Leipzig vom 16.—19. Oktober 1933. Hrsg. Otto Klemm. Jena 1934, S. 76—97.
11. Die praktische Bedeutung der Charakterkunde. In: Süddeutsche Monatshefte *31* (1934) S. 236—240.
12. Das Problem charakterologischer Auslese für das Höhere Lehramt. In: Die Höhere Schule 12 (1934) S. 298—305.
13. Warum treiben wir Charakterkunde? In: Münchner Neueste Nachrichten v. 31. Okt. 1934, S. 3f.
14. Das Problem der Echtheit. In: Z. f. angewandte Psychologie und Charakterkunde *48* (1935) S. 145—184.
Siehe auch I 13.
15. Grundformen mitmenschlicher Einstellung. In: Psychologie des Gemeinschaftslebens. Bericht über den XIV. Kongreß der Deutschen Gesellschaft für Psychologie in Tübingen vom 22.—26. Mai 1934. Hrsg. Otto Klemm. Jena 1935. S. 119—122.
16. Praktische Wege einer charakterologischen Auslese für das Höhere Lehramt. In: Die Höhere Schule *12/13* (1935) S. 18—24 u. 40—46.
17. Der Aufbau des Charakters. Ebda *13* (1935) S. 326—339.
18. Rezension von: Kurt Schneider, Die psychopathischen Persönlichkeiten. Leipzig, Wien 1934. In: Z. f. angewandte Psychologie und Charakterkunde *48* (1935) S. 254.
19. Rezension von: Kurt Schneider, Psychiatrische Vorlesungen für Ärzte. Leipzig 1934. Ebda *48* (1935) S. 254—255.
20. Rezension von: R. G. Hoskins, Die Hormone im Leben des Körpers. Leipzig 1934. Ebda *48* (1935) S. 266.
21. Grundsätzliches zur Lebensphilosophie. In: Blätter für Deutsche Philosophie *10* (1936) S. 22—55.
22. Psychologie und Medizin. In: Medizinische Klinik *32* (1936) S. 1279—1282.
23. Der Aufbau des Charakters. In: Archiv f. Rechtspflege in Sachsen, Thüringen und Anhalt *13* (1936) S. 220—221.
24. Die Probleme der Charakterkunde. In: The American Journal of Psychology *50* (1937) S. 166—180.
25. Rezension von: Die Vorsokratiker, übers. und eingel. v. W. Capelle. Leipzig 1935. In: Z. f. angewandte Psychologie und Charakterkunde *52* (1937) S. 128.
26. Rezension von: Johannes Lange, Kurzgefaßtes Lehrbuch der Psychiatrie. 2. Aufl. Leipzig 1936. Ebda *54* (1938) S. 267.
27. Rezension von: Ludwig von Bertalanffy. Das Gefüge des Lebens. Leipzig 1937. Ebda 54 (1938) S. 268—269.
28. Rezension von: William Mc Dougall, Aufbaukräfte der Seele. Dt. Fassung hrsg. v. E. Rothacker. Leipzig 1937. Ebda *55* (1938) S. 385—388.
29. Nachruf für Otto Klemm. Ebda *56* (1939) S. I—II.
30. Rezension von: Ernst Speer, Die Liebesfähigkeit. 2. Aufl. München 1937. Ebda *57* (1939) S. 128.
31. Rezension von: Fritz Lange, Die Sprache des menschlichen Antlitzes. München 1937. Ebda *57* (1939) S. 227.
32. Rezension von: Friedrich Reinöhl, Die Vererbung der geistigen Begabung. München 1937. Ebda *57* (1939) S. 228.
33. Rezension von: Ernst Zimmer, Umsturz im Weltbild der Physik. München 1938. Ebda *58* (1939) S. 192.

JOHANNES FRIEDRICH

27. 8. 1893 – 12. 8. 1972

PHILIPP LERSCH

4. 4. 1898 – 15. 3. 1972

HUGO SIEBENSCHEIN

6. 4. 1889 – 12. 12. 1971

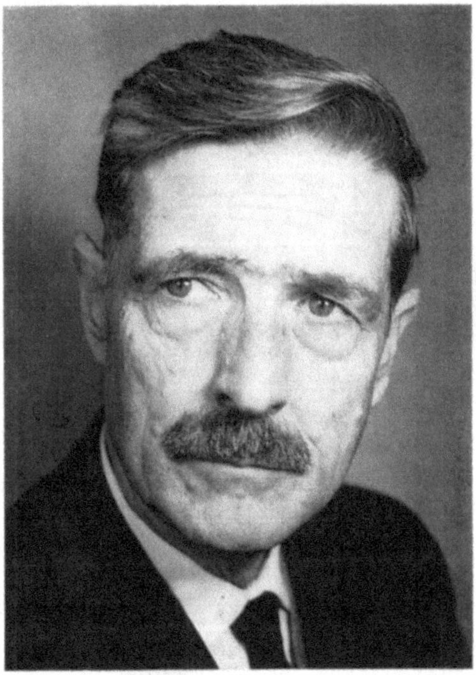

WALTHER VON WARTBURG

18. 5. 1888 – 15. 8. 1971

34. Rezension von: Victor A. Reko, Magische Gifte. 2. umgearb. und erw. Aufl. Stuttgart 1938. Ebda *59* (1940) S. 373.
35. Das Studium der Psychologie. In: Feldpostbrief der Philosophischen Fakultät der Universität München. Folge 4. München o. J. [ca. 1943], S. 4—17.
36. Die praktischen Einsatzgebiete der Psychologie. In: Deutschlands Erneuerung *27* (1943) S. 54—67.
37. Vom Sinn der Geisteswissenschaften. Vortrag vor der Münchner Studentenschaft im Januar 1946. In: Peter Scherer, Bernhard Sengfelder, Philipp Lersch: Wiedergeburt der Menschlichkeit. (Europäische Dokumente. Hrsg. R. Schneider-Schelde, H. 4) München 1946. S. 89—114.
38. Der Mensch in der Gegenwart. In: Geistige Welt *1* (1946) S. 2—22.
39. Die Philosophie des Humors. In: Die Neue Zeitung v. 11. Nov. 1946.
Siehe auch I 13
40. Über den Nihilismus. Ebda v. 10. Okt. 1947.
Siehe auch I 13
41. Sprache und Volkscharakter. In: Welt und Wort *3* (1948) S. 325—328.
42. Das Problem der Vermassung. In: Denkendes Volk *2* (1948) S. 36—41.
43. Das Bewußtsein der Krise. In: Geistiges Leben. Beilage der Kölnischen Rundschau. N. 7 vom 13. 2. 1948, S. 5.
44. Die Strebungen des Menschen. Vortrag gehalten auf dem Psychologenkongreß in Göttingen im September 1948. In: Z. f. philosophische Forschung *4* (1949) S. 204—224.
45. Die Probleme der Charakterkunde. In: Psycholog. Rundschau *1* (1949/50) S. 17—25.
46. Neuorientierung der Seelenkunde. Bericht über den Psychologenkongreß in Göttingen. In: Philosophisches Jahrbuch *59* (1949) S. 112—114.
47. Über die Berechtigung von Eignungsprüfungen. In: Münchner Merkur v. 19. Aug. 1949.
48. Zur Frage der Reife des Jugendlichen. In: Unsere Jugend *1* (1949) H. 4, S. 28—30.
49. Neue Wesenslehre vom Menschen. Zu August Vetters Buch „Natur und Person" (Stuttgart 1949). In: Die Neue Zeitung v. 21. Juni 1950.
50. Die Beziehungen zwischen den politischen Wissenschaften und der Psychologie. In: Politische Wissenschaften. Referate. Diskussionsbeiträge und Vorträge der 1. Tagung der Hochschule für Politische Wissenschaften München vom 10.—12. Juli 1952. München 1952. S. 37—41.
51. Das Problem des Aspektes in der Psychologie. In: Proceedings and Papers of the 13th International Congress of Psychology at Stockholm (16.—21. 7. 1951). Stockholm 1952. S. 170.
52. Das Weltgefühl des Humors. In: Pädagogische Welt *6* (1952) S. 54—55.
53. Das Problem des Aspektes in der Psychologie. In: Jahrbuch für Psychologie und Psychotherapie *1* (1953) S. 385—393.
54. Schichten der Seele. In: Universitas *8* (1953) S. 241—250. (Gekürzt wiederabgedr. als „The Levels of the Mind" in: Perspectives in Personality Theory. Ed. Henry P. David und H. v. Bracken. New York 1957. S. 212—217. — Ungekürzt unter dem Originaltitel in: Bracken und David [Hrsg.], Perspektiven der Persönlichkeitstheorie. Bern, Stuttgart 1959. S. 173—179).
55. Das Wesen des Traumes und seine Bedeutung für die menschliche Persönlichkeit. In: Universitas *8* (1953) S. 913—922.
56. Kunsterziehung als Aufgabe unserer Zeit. In: Probleme und Aufgaben der Kunsterziehung. Vorträge und Arbeitsergebnisse der 1. Süddeutschen Tagung des Bundes

Deutscher Kunsterzieher München [3.—6. Oktober] 1952. Ratingen 1953. S. 7—15. Siehe auch I 13
57. Gustav Kafka (23. 7. 1883—12. 2. 1953). In: Jahrbuch Bayer. Akad. Wiss. *1953*. München 1954. S. 162—165.
58. Gustav Kafka zum Gedächtnis. In: Jahrbuch f. Psychologie und Psychotherapie *1* (1953) S. 375—376.
59. Die wissenschaftliche Bestimmung des Charakters durch die moderne Psychologie. In: Universitas *9* (1954) S. 29—38.
60. Die seelische Eigenart der Geschlechter. In: Familie in Not. Sexualpädagogische Vortragsreihe, hrsg. von der Stadtverwaltung Bad Godesberg (Schriftl. J. Rosendahl). Bad Godesberg o. J. [1954] S. 37—54.
61. David Katz (1. 10. 1884—2. 2. 1953). In: Jahrbuch Bayer. Akad. Wiss. *1954*. München 1954. S. 164—166.
62. Schule und Psychologie (mit F. Blättner und A. Busemann). In: Schule und Psychologie *1* (1954) S. 1—3.
63. Psychologie. In: Das Bertelsmann-Bildungsbuch. Hrsg. Bertelsmann-Lexikon-Redaktion unter Mitarbeit zahlreicher Wissenschaftler. Gütersloh 1956. Sp. 827—862; 2. Aufl. 1969. Sp. 803—834.
64. Geza Révész (9. 12. 1878—19. 8. 1955). In: Jahrbuch Bayer. Akad. Wiss. *1956*. München 1956. S. 170—172.
65. Oswald Kroh (15. 12. 1887—1. 9. 1955). Ebda S. 175—177.
66. Nachruf auf Oswald Kroh. In: Psychologische Rundschau *7* (1956) S. 55—57.
67. Der Aufbau der Person. In: Pädagogische Arbeitsblätter *8* (1956) S. 387—403.
68. Zur Theorie des mimischen Ausdrucks. In: Zeitschrift für experimentelle und angewandte Psychologie *4* (1957) S. 409—419.
69. Die anthropologische Wende in der Psychologie. In: Jahrbuch f. Psychologie und Psychotherapie *5* (1957) S. 5—9.
70. Probleme und Ergebnisse der Sozialpsychologie. In: Schweizerische Z. f. Psychologie und ihre Anwendungen *17* (1958) S. 1—21.
71. Philosophische und psychologische Anthropologie. In: Bericht über den 21. Kongreß d. Deutschen Gesellschaft f. Psychologie, Bonn 1957. Göttingen 1958. S. 13—23.
72. Möglichkeiten und Grenzen der Testdiagnostik. In: Internat. Z. f. Erziehungswissenschaft *4* (1958) S. 306—312.
73. Das Bild des Menschen in der Sicht der Gegenwart. In: Universitas *13* (1958) S. 1—10. (Wiederabgedr. in: John Michalski [Ed.]: Deutsche Dichter und Denker. A Blaisdell Book on the Modern Languages. Waltham/Mass., Toronto, London 1967. S. 188—194 und in: Lutz Besch [Hrsg.]: Menschenbild und Lebensführung. München 1963. S. 11—25).
74. Der Mensch als Schnittpunkt von Kraftfeldern. In: Ist der Mensch meßbar? Darmstädter Gespräch vom 22.—24. März 1958. (Hrsg. E. Franzen). Darmstadt 1959. S. 198 bis 210 und passim.
Siehe auch I 13
75. Schicht- und Nachtarbeit in psychologischer Sicht (mit Eberhard Ulich). In: The American Journal of Psychology *71* (1958) S. 123—135.
76. Zur Frage nach dem Wesen des Menschen. In: Pensamiento. Revista de investigacion e informacion filosofica *15* (1959) S. 177—189.
77. Psychologie und Anthropologie der Geschlechter. In: Mitteilungshefte der Landesarbeitsgemeinschaft zur Bekämpfung der Geschlechtskrankheiten und für Geschlechtserziehung Nordrhein-Westfalen (LAGG) *9* (1959) H. 29, S. 7—17.

78. Der Sport als Aufgabe unserer Zeit. [Vortrag vor dem Bundestag des Deutschen Sportbundes]. In: Jahrbuch des Sports *1959/60.* Hrsg. Deutscher Sportbund. Frankfurt/M. 1959. S. 7—22. (Wiederabgedr. in: Frankfurter Allgemeine Ztg v. 21. Nov. 1958 und in: Schule und Leben *11* [1959/60] S. 7—22 [leicht geändert]).
Siehe auch I 13
79. Psychologische Wirkungen des Kinos. In: R. Demoll (Hrsg.): Im Schatten der Technik. Beiträge zur Situation des Menschen in der modernen Zeit. München, Esslingen 1960. S. 96—105.
80. Marché commun — institution commune considérés sous l'angle psycologique. In: Marché commun. Institutions communes. Deuxième Congrès de l'Association des Universitaires d'Europe [avril 1958, Bruxelles]. Avant-propos V. Arangio-Ruiz. Paris 1960. S. 198—199.
81. Vorwort (mit Hans Thomae). In: Ph. Lersch und H. Thomae (Hrsg.): Persönlichkeitsforschung und Persönlichkeitstheorie (Handbuch der Psychologie, Bd 4). Göttingen 1960, S. V—VI.
82. Nachruf für Ludwig Zeise. In: Psychologische Rundschau *12* (1961) S. 296—297.
83. In der Sicht der Psychologie. In: Günter Schmölders: Volkswirtschaftslehre und Psychologie. Mit einer Aussprache führender Wissenschaftler. (Schriften der Adolf Weber-Stiftung. Hrsg. R. Grunzert, 1). Berlin 1962. S. 49—58.
84. Autobiographisches. In: Revue de Psychologie appliquée *12* (1962) S. 215—216.
85. Ernst Kretschmer (8. 10. 1888—8. 2. 1964). In: Jahrb. Bayer. Akad. Wiss. *1964.* München 1964. S. 186—189.
86. Johannes Rudert zum 70. Geburtstag. In: Psychologische Rundschau *15* (1964) S. 228 bis 229.
87. Zum Personverständnis in der Psychologie. In: Das Personenverständnis in der Pädagogik und ihren Nachbarwissenschaften. I. Teil eines Kongreßberichtes. Im Auftrage des Deutschen Instituts für Wissenschaftliche Pädagogik Münster hrsg. von Josef Speck. Münster 1966, S. 125—141 u. passim.
Siehe auch I 13
88. Albert Edouard Michotte van den Berck (13. 10. 1881—2. 6. 1965). In: Jahrb. Bayer. Akad. Wiss. *1966.* München 1966. S. 179—183.
89. Wesen und Bedeutung der Antriebserlebnisse. In: Die Motivation menschlichen Handelns. Hrsg. Hans Thomae. (Neue wiss. Bibliothek, Psychologie) Köln 1966. S. 59—60. (Wiederabdruck aus I 11b, S. 123—124).
90. Das Problem der Spezifizierung und Gliederung. Ebda S. 169—174. (Wiederabdruck aus I 11b, S. 125—131).
91. Antriebserlebnisse und Gefühlsregungen. Ebda S. 128—130. (Wiederabdruck aus I 11b, S. 215—218.)
92. Autobiographisches. In: W. Ernst Böhm in Zusammenarbeit mit Gerda Pahlke (Hrsg.): Forscher und Gelehrte. Stuttgart 1966. S. 95—96 (m. Bildnis).
93. Das Verhältnis von Grund und Oberbau. In: Nikolaus Petrilowitsch (Hrsg.): Zur Psychologie der Persönlichkeit. (Wege der Forschung, Bd 75). Darmstadt 1967. S. 7—57. (Wiederabdruck aus I 6a, S. 222—257).
94. Ist das Kind ein kleiner Erwachsener? In: Unsere Jugend *19* (1967) S. 242—245.
95. Homo faber — homo religiosus. In: Johannes Tenzler (Hrsg.): Wirklichkeit der Mitte. Beiträge zu einer Strukturanthropologie. Festgabe f. August Vetter zum 80. Geburtstag. Freiburg/Br., München 1968. S. 148—162.

96. Zur Psychologie der Indoktrination. In: Sitzungsberichte Bayer. Akad. Wiss., phil.-hist. Kl. Jg. 1968, H. 7, S. 8—9.
97. Nachruf für Walter Blumenfeld. In: Psychologische Rundschau *19* (1968) S. 141.
98. Die Persönlichkeit im Lichte der modernen Psychologie. In: Anton Neuhäusler, G. Ebel u. a. (Hrsg.): Achtzehn Philosophen sehen unsere Welt. Für Aloys Wenzl. Meisenheim am Glan 1973. S. 178—194.

III. Herausgebertätigkeit (Auswahl)

1. Zeitschrift für angewandte Psychologie und Charakterkunde. Bde *44—66* (1933—1944).
2. Beihefte der Zeitschrift für angewandte Psychologie und Charakterkunde. 70—93, 1933—1948.
3. Zeitschrift für experimentelle und angewandte Psychologie (Mitherausgeber). Bde *1—19* (1953—1971).
4. Schule und Psychologie (Mitherausgeber). Jahrgang *1—18* (1954—1971).
5. Psychologische Rundschau. Bde *12—22* (1961—1971).
6. Handbuch der Psychologie in 12 Bänden (Mitherausgeber). Göttingen, Hogrefe, 1959ff.

Zur Biobibliographie

Schriftenverzeichnisse. A. Däumling, in: Seelenleben und Menschenbild. Festschrift zum 60. Geburtstag von Philipp Lersch. München 1958. S. 248—249. — G. Wiemers u. Th. Lersch, siehe vorliegendes Jahrbuch S. 349—357. — Kürschners Dtsch. Gelehrten-Kal. Ausgaben *5—11* (Berlin 1970) Bd I, S. 1739. — Jahrbuch Sächs. Akad. Wiss. Leipzig *1957* bis *1959* (Berlin 1961) S. 279; *1960—1962* (Berlin 1964) S. 316; *1963—1965* (Berlin 1967) S. 252; *1966—1968* (Berlin 1970) S. 254; *1969—1970* (Berlin 1972) S. 182. — Jahrbuch Bayer. Akad. Wiss. *1950* (München 1950) S. 209; *1951* (München 1952) S. 198; *1953* (München 1954) S. 204; *1954* (München 1954) S. 219; *1955* (München 1955) S. 204; *1956* (München 1956) S. 259; *1957* (München 1957) S. 193; *1958* (München 1958) S. 207; *1959* (München 1959) S. 198; *1960* (München 1960) S. 195; *1961* (München 1961) S. 207; *1962* (München 1962) S. 224; *1963* (München 1963) S. 244; *1964* (München 1964) S. 216; *1965* (München 1965) S. 225; *1966* (München 1966) S. 220; *1967* (München 1967) S. 245; *1968* (München 1968) S. 234; *1969* (München 1969) S. 279; *1970* (München 1970) S. 251; *1971* (München 1971) S. 251.

Festschriften. Festgabe für Philipp Lersch zum 50. Geburtstag, überreicht von Freunden, Mitarbeitern und Schülern. München, 4. April 1948. 151 S. (Masch.-Bayer. Staatsbibl. München. Nachlaß Ph. L.). — Seelenleben und Menschenbild. Festschrift zum 60. Geburtstag von Philipp Lersch. Hrsg. A. Däumling. München 1958. 249 S. (m. Bildn.).

Würdigungen. Allgemein: Brockhaus Enzyklopädie in 20 Bänden *11* (Wiesbaden 1970) S. 367. — Das Bertelsmann Lexikon in 7 Bänden *4* (Gütersloh 1966) S. 914 (m. Bildn.). — Das Große Duden Lexikon in 8 Bänden *5* (Mannheim 1966) S. 107. — Der Große Herder 5. Aufl. *5* (Freiburg/Br. 1957) Sp. 1229. — Das Kluge Alphabet in 3 Bänden *2* (Berlin 1958) S. 589. — Meyers Großes Personenlexikon. Mannheim, Zürich 1968. S. 798. — Wer ist wer? Hrsg. W. Habel. *11.* Ausg. (Berlin 1951) S. 376; *16.* Ausg. (Berlin 1970) S. 755. — Who is who in Europe? Ed. *2* (Bruxelles 1967) S. 1628—1629. — Who is who in Germany? Hrsg. H. G. Kliemann, St. S. Taylor *1.* Ausg. (München 1956) S. 715; 4th edit. (Ottobrunn 1972), Bd I, S. 890. — Enciclopedia filosofica. Sec. ediz. interamente rielaborata. *3* (Firenze 1968) Sp. 1485—1486 (W. Schleicher). — Wilhelm Hehlmann: Wörterbuch der Psychologie. Stuttgart 1959. S. 268—269; ebda 3. Aufl. Stuttgart o. J., S. 311—312. —

Internat. Personalbibliographie. Begr. von M. Arnim, fortgef. von G. Bock und F. Hodes. *3* (1944—1959). Stuttgart 1963. S. 367. — Lexikon der Pädagogik. Neue Ausg. *3* (Freiburg, Basel, Wien 1971) S. 99 (G. Heinelt). — Philosophisches Wörterbuch. Hrsg. G. Schischkoff. 16. Aufl. (Stuttgart 1961) S. 340. — W. Ziegenfuß u. G. Jung: Philosophen-Lexikon *2* (Berlin 1950) S. 52. — G. A. Zischka: Allgemeines Gelehrtenlexikon. Biographisches Handwörterbuch zur Geschichte der Wissenschaften. Stuttgart 1961. S. 381. — Spezielle Literatur (Auswahl): K. Bühler: Ausdruckstheorie. Das System an der Geschichte aufgezeigt. Jena 1933. S. 204—214 und passim. — L. Herland: Gesicht und Charakter. Zürich, Leipzig 1938. S. 54ff. — H. R. Lückert: Der Charakteraufbau nach Lersch. In: Blätter für Lehrerfortbildung *3* (1950/51) S. 201—203. — G. Anschütz: Psychologie. Ergebnisse und Probleme der Forschung. Hamburg 1953. S. 52ff., S. 391ff. und passim. — J. Rudert: Das Ich und die Emotionalität. Betrachtungen über die Schichtlehren von E. Rothacker und Ph. Lersch. In: Psychologische Beiträge *2* (1955/1956) S. 501—525. — A. Vetter: Die psychologische Situation im Werk von Philipp Lersch. In: Seelenleben und Menschenbild. Festschrift zum 60. Geburtstag von Philipp Lersch. München 1958. S. 1—9. — W. J. Revers: Philipp Lerschs Lehre vom Aufbau der Person. In: Ph. Lersch und H. Thomae (Hrsg.): Persönlichkeitsforschung und Persönlichkeitstheorie. Göttingen 1960. S. 418—421. (Handbuch der Psychologie, Bd 4). — F. J. Mathey: Schichtenlehre und Erlebnisanalyse. Der Beitrag von Lersch. Ebda S. 458—460. — G. Zunini: Les tendences psychologiques. In: M. F. Sciacca (Hrsg.): Les grands courants de lā pensée mondiale contemporaine. II (Les tendences principales), vol. *1* (Mailand 1961) S. 1190f, 1217f. R. Sarró: El puesto de la obra de Ph. Lersch en la psicología contemporanea. In: Ph. L.: La estructura de la personalidad. Madrid [4]1966. S. XVII—XXVII. — W. Arnold: Person, Charakter, Persönlichkeit. 2. erw. Aufl. Göttingen 1962. S. 152—154 und passim. — W. Hehlmann: Geschichte der Psychologie. Stuttgart 1963. S. 374—377 und passim. — L. J. Pongratz: Problemgeschichte der Psychologie. Bern, München 1967. Passim. — Barahona Fernandes: A psicologia e a antropologia de Lersch. A Pessoa e o Homem-Ser social na perspectiva da psiquiatria. In: Revista portuguesa de psicologia *4—5* (dez. 1968/junho 1969) S. 5—26. — Zum 60. Geburtstag: A. Däumling: Vorwort zur Festschrift ... München 1958. S. III. — E. Eggert: Philipp Lersch 60 Jahre alt. In: Bremer Lehrerztg *8* (1958) S. 126—127. — Zum 70. Geburtstag: Barahona Fernandes: Psychologie und Psychiatrie. Zum 70. Geburtstag von Philipp Lersch 4. 4. 1968. In: Jahrb. f. Psychologie, Psychotherapie und medizin. Anthropologie *17* (1969) S. 270—280. — H. S[chiefele]: Philipp Lersch zum 70. Geburtstag. In: Süddeutsche Ztg vom 4. April 1968. — Zum goldenen Doktorjubiläum. In: Jahrb. Bayer. Akad. Wiss. *1972*. München 1972. S. 205—206.

Nachrufe. A. M. Däumling: Nachruf für Philipp Lersch. In: Psychologische Rundschau *23* (1972) S. 218—219. — A. Dempf: Philipp Lersch (4. 4. 1898—15. 3. 1972). In: Jahrb. Bayer. Akad. Wiss. *1972*. München 1972. S. 270—274 (m. Bildn.). — H. Hiebsch, siehe vorliegendes Jahrb. S. 348—349 (m. Bildn.). — K. Lukasczyk: Einblicke in den Aufbau der Person. In: Münchner Merkur vom 22. März 1972. — A. Mayer: Der Mensch als Person. Zum Tode des Psychologen Philipp Lersch. In: Süddeutsche Ztg Stuttgart vom 21. März 1972. — K. Ude, in: Münchner Stadtanzeiger vom 24. März 1972. — A. Vetter: Das menschliche Selbstverständnis bei Philipp Lersch. In: Z. f. klinische Psychologie und Psychotherapie *20* (1972) S. 195—198. — E. Zellinger: Das Bleibende im Werk von Philipp Lersch und die Wandlungen in den Grundlagen der neueren Psychologie. In: Theologie und Philosophie *47* (1972) S. 528—554. — Allgemein: Frankfurter Allgemeine Ztg vom 22. März 1972. — Bayerische Staatsztg vom 24. März 1972. — Die Welt vom 22. März 1972.

Dipl. phil. Gerald Wiemers und Dr. Thomas Lersch

Hugo Siebenschein

6. 4. 1889—12. 12. 1971

Hugo Siebenschein, in seinen Anfängen dem deutschen Positivismus verpflichtet, wirkte von früh an als Vermittler zwischen tschechischer und deutscher Kultur. Gründlicher Kenner der tschechischen wie der deutschen Literatur, als Komparatist, Kultur- und Literaturhistoriker gleichermaßen ausgewiesen wie als Sprachwissenschaftler und Lexikograph, erfahrener Pädagoge, glänzender Didaktiker und geschickter Organisator, seit 1945 als Ordinarius der deutschen Literaturgeschichte an der Karlsuniversität Prag auch in ausgebreiteter akademischer Tätigkeit, arbeitete er ebenso erfolgreich über Themen aus der deutschen Literatur wie als Verfasser grundlegender Wörterbücher. Er schrieb eine normative Grammatik der deutschen Sprache, ein Wörterbuch der deutschen Aussprache und Rechtschreibung und ein methodisch neuartiges Buch „Deutsches Leben in Gesprächen". Diese Seite seiner Tätigkeit wurde gekrönt von dem vierbändigen Deutsch-Tschechischen Handwörterbuch von 1948 und dem unter seiner Leitung in den 60er Jahren entstandenen umfangreichen lexikographischen Werk „Tschechisch-deutsches" und „Deutsch-tschechisches Wörterbuch" in vier stattlichen Bänden. Als seine beiden Hauptwerke, die Weite seines wissenschaftlichen Horizonts demonstrierend, dürfen gelten: einmal die „Abhandlungen zur Wirtschaftsgermanistik" (1936), die völlig neue Wege gingen, indem sie die Literaturbewegungen im Zusammenhang mit ökonomischen Prozessen betrachteten, zum andern das Buch „Deutscher Humor in der Aufklärung" (1939), das Siebenscheins Vertrautheit mit der klassischen Humanitätsidee erwies.

Der Mittler deutscher und tschechischer Kultur, der vor allem versuchte, die deutsche Literatur für die Tschechen zu erschließen — ein deutliches Zeugnis ist die von ihm redigierte, kommentierte und mit seinen Einleitungen versehene mehrbändige Ausgabe der Werke Heinrich Heines in tschechischer Übersetzung —, beschränkte sich nicht auf Übersetzungen, Editionen und die Herausgabe von Sammelschriften, sondern steuerte selbst viele Studien, auch über Heinrich Heine bei. Von kleineren Schriften und Abhandlungen seien genannt: Gerhart Hauptmann, Versuch einer psychologischen Analyse (1913), Studien über Hans Sachs und die Entstehung des Meistersangs aus den Bedingungen des Frühkapitalismus (1911).

Allen literarischen Interessen voran steht aber die Reihe von Arbeiten über Goethes Beziehungen zu Böhmen; eine besonders wertvolle Studie befaßte sich mit den Beziehungen Goethes zur Kaiserin Maria Ludovia (1958), für die H. Siebenschein neue Quellen erschloß. Mit großer Intensität verfolgte er das Zusammenspiel deutscher und tschechischer Literatur, gespiegelt in der geistigen Wirksamkeit vieler Persönlichkeiten des 18. und 19. Jahrhunderts, aber auch großer Dichter des 20. Jahrhunderts wie Franz Kafka, und brachte dem tschechischen Leser Gipfelpunkte des deutschen literarischen Schaffens, so etwa Thomas Manns „Zauberberg", in wissenschaftlichen wie populären Beiträgen — auch in zahlreichen Rezensionen, Zeitungsartikeln und Rundfunkvorträgen — nahe, stets auf eine weite Wirksamkeit bedacht. Nach dem Ende des letzten Krieges setzte er sich aktiv für gute Beziehungen zwischen der tschechischen Germanistik und der Germanistik der DDR ein. Seine umfangreiche Tätigkeit im tschechischen öffentlichen Leben hat reiche Früchte getragen.

Die Vielfalt und Intensität seiner Lebensleistung wird in den künftigen Beziehungen zwischen der Kultur beider Länder noch lange fortwirken.

Joachim Müller

Bibliographie Hugo Siebenschein

1. Bücher, Lehrbücher usw.

1912

Německá frazeologie. Praha, Spolek absolventů Československé obchodní akademie [Deutsche Phraseologie. Prag, Verein der Absolventen der Tschechisch-Slawischen Handelsakademie], 84 S.

1913

Gerhart Hauptmann. (Pokus o rozbor psychologický). [Gerhart Hauptmann. (Versuch einer psychologischen Analyse)], Prag, A. Wiesner, 50 S.

1920

Dělník a poesie. Roudnice n. L., Liter. kroužek Otakar Březina [Der Arbeiter und die Poesie. Raudnitz a. Elbe, Literarischer Zirkel „Otakar Březina“], 24 S.

1921

Základy české kultury. Praha, Sokolský věstník [Grundlagen der tschechischen Kultur. Prag, Sokolanzeiger, Sonderabdruck], 16 S.

1922

Naše Husova lidová škola. Roudnice n. L., Husova lidová škola [Unsere Hus-Volksschule. Raudnitz a. Elbe, Hus-Volksschule], 16 S.

1931

Maturitätstexte. Prag (Deutsche Lektüre Bd 12). 155 S.

1932

Rozhlasové texty kursu německého jazyka pro české posluchače. Praha, Státní nakladatelství. [Rundfunktexte des Deutschkurses für tschechische Hörer. Prag, Staatsverlag], Jiskry sv. 9 [Funken Bd 9], 159 S.

1933

Deutsches Leben in Gesprächen. Der Alltag. Praha, Státní nakladatelství [Prag, Staatsverlag] (Deutsche Lektüre Bd 26). 203 S.

Deutsches Leben in Gesprächen. Zeitspiegel Prag (Deutsche Lektüre Bd 35), 159 S.

1934

Německy sluchem a studiem. Praha, Státní nakladatelství [Prag, Staatsverlag], 262 S. 2. Ausgabe 1935, 3. und 4. Ausgabe 1936, 5. Ausgabe 1938, 6. Ausgabe 1939.

Čechisch durch Gehör und Studium (mit E. Smetánka, J. Haller und A. Novák). Praha, Státní nakladatelství [Prag, Staatsverlag], 314 S. X. Ausgabe 1938.

1935

Kratochvilné překládání. (Na okraj Fischerova zčeštění V. Busche). Praha, Fr. Borový (Úvahy a přednášky 1) [Kurzweiliges Übersetzen. (Am Rande von Fischers Übersetzung aus W. Busch ins Tschechische). Prag, Fr. Borový (Betrachtungen und Vorlesungen 1)], 30 S.

1936

Abhandlungen zur Wirtschaftsgermanistik, Prag, Orbis, 254 S.

1937

Normative Grammatik der deutschen Sprache (mit O. Lederer). Praha, Státní nakladatelství [Prag, Staatsverlag], 279 S.

1938

Čech mezi Němci. Německy. Praha, Orbis (Malá brána jazyků — Rychlé kursy jazyků, sv. 10) [Der Tscheche unter Deutschen. Deutsch. Prag, Orbis (Kleines Tor zu den Sprachen — Schnelle Sprachkurse Bd 10), 210 S. 2. Ausgabe 1939.

T. G. Masaryk. Der Mensch. Prag, Orbis, 64 S.

T. G. Masaryk. L'homme. Prag, Orbis, 54 S.

1939

Deutscher Humor in der Aufklärung, Prag, Orbis, 166 S.

Německy od A do Z. Praha, Orbis (Velká brána jazyků sv. 3) [Deutsch von A bis Z. Prag, Orbis (Großes Tor zu den Sprachen Bd 3)], 444 S. [Unter dem Namen R. H. Knops].

1943

Regeln und Wörterbuch der deutschen Aussprache und Rechtschreibung. — Pravidla a slovník německé výslovnosti a německého pravopisu. Praha, Školní nakladatelství [Prag, Schulverlag], 251 S. [Ohne Angabe des Namens; mit einem Vorwort von Josef Janko].

1946

Masaryk a Goethe. Práce z vědeckých ústavů filosofické fakulty univ. Karlovy. Praha, Filos. fakulta [Masaryk und Goethe. Arbeiten aus den wissenschaftlichen Instituten der Philosophischen Fakultät der Karlsuniversität.], Prag, Philosophische Fakultät, 58 S.

Kdo jsou. Praha, Práce, [enthält literarische Porträts, Prag, Verlag Arbeit], 158 S., 2. Ausgabe 1948, 118 S.

1948

Goethe und Masaryk. Bern, A. Francke A. G., 56 S.

2. Aufsätze, Übersetzungen usw.

1910

Osobnosti berlínské university [Persönlichkeiten der Berliner Universität]. — Novina *III*, 731—735, 764—767.

Friedrich Nietzsche, O umění [Über die Kunst. Übersetzung]. — Volné směry *XIV*, 266—269, 299—300, 357—358, 392—396.

Arne Novák, Jan Neruda. — Čechische Revue *V*, 84—85.

1911

Hans Sachs. (Dva příspěvky k dějinám jeho vývoje: 1. Škola, 2. Básnické prvotiny) [Hans Sachs. (Zwei Beiträge zu seiner Entwicklungsgeschichte: 1. Die Schule, 2. Dichterische Anfänge)]. — ČMF *I*, 126—131, 227—231, 317—321.

Židovský prvek v moderní literatuře německé [Das jüdische Element in der modernen deutschen Literatur]. — Novina IV, 104—108, 145—147, 209—212, 274—277, 303—305, 371—373, 402—406, 436—440.

Bang a Brahm o Jos. Kainzovi [Bang und Brahm über Jos. Kainz.] — Novina *IV*, 219—221.

O studiu na filosofické fakultě [Über das Studium an der Philosophischen Fakultät]. — Studentská revue IV, 168—170.

1912

Heinereliquien. — ČMF *I*, 376—377.

Uhle, Schiller im Urteil Goethes. — ČMF *II*, 84.

Dva dopisy Wielandovy [Zwei Wielandbriefe]. — ČMF *II*, 249—251, 347—350.

Úvod k vydání Kleistova Homburga v Šolcově školní knihovně 25 [Einleitung zur Herausgabe von Kleists „Homburg" in Šolc' Schulbücherei 25]. — 5—24.

Zur čechischen Literatur. — Unsere Sehnsucht. — Čechische Revue *V*, 27—30.

Několik slov o způsobu, kterak Mácha psal Máj [Einige Worte über die Art, in der Mácha seinen „Máj" schrieb]. — LF *XXXIX*, 43—48.

Poznámky o aktivním a pasivním poměru k dílu uměleckému. [Bemerkungen zum aktiven und passiven Verhältnis zu einem künstlerischen Werk]. — Novina *V*, 120—123.

Richard Dehmel a jeho nová kniha [Richard Dehmel und sein neues Buch]. — Novina *V*, 136—139.

Poslední Hauptmann [Der letzte Hauptmann]. — Novina *V*, 155—156.

Hofmannsthal, Gedichte und kleine Dramen. Jedermann. — Novina *V*, 189—191.

[Theaterchronik in der Zeitschrift Novina Bd *V*:]

- Vrchlický, Hippodamie. — 184.
- Shakespeare, Večer tříkrálový [Der Dreikönigsabend].
- Ibsen, Divoká kachna [Die Wildente]. — 186.
- Bahr, H., Zuzanka, J. J. Kolar, Magelona, Louijs-Frondaie, Žena a tatrman [Die Frau und der Gaukler]. — 222.
- A. Schnitzler, Das weite Land. — 223.
- Shaw, Muž osudu [Der Mann des Schicksals]. — 280.
- F. V. Krejčí, Redakce [Die Redaktion], Molière, Misanthrop, de Flers R. — Caillavet G. A., Papá, Ibsen, Stavitel Solness [Baumeister Solness]. — 281—284.
- Guinon A., Štěstí [Das Glück], Mrštík V., Maryša. — 317.
- Hauptmann, Červený kohout [Der rote Hahn], in: Divadlo umění [Theater der Kunst]. — 318.
- Zeyer, Neklan. — 349.
- Fulda L., Pán a sluha [Herr und Diener], Panu Arnoštu Procházkovi ... [An Herrn Ernst Procházka ...]. — 350.

1913

Fischerův Kleist [Fischers Kleist]. — Snaha *I* (II) Nr. 7, 7—9.

1914

Z lidopisných studií lužických prof. Maxe Roedigra [Aus den Lausitzer Volksliedstudien Prof. Max Roedigers]. — Český svět *X*, 14—16.

1923

O jeviště XVI. století [Über die Bühne des 16. Jahrhunderts]. — Čs. divadlo *I* (VI), 167—169, 178—179, 211—212, 227—228, 259—260, 304—305.

Jan Blahoslav. (K 400. výročí jeho narozenin) [Jan Blahoslav. (Zu seinem 400. Geburtstag)]. — Věstník sokolské župy Podřipské *IV*, 54—56.

Státníci (K 28. březnu 1923) [Staatsmänner. (Zum 28. März 1923)]. — Věstník sokolské župy Podřipské *IV*, 88—89.

1926

Ervín Špindler. (Pokus o podobiznu básníka a buditele) [Ervín Špindler. (Versuch eines Dichter- und Erweckerporträts)]. — Vlastivědný sborník Podřipska *III*, 99—102, 115 bis 117, 136—138, 148—151.

Ervín Špindler. — ČR *XIX*, 20—24.

Aktovka v Špindlerově pozůstalosti [Ein Theaterstück in Špindlers Nachlaß]. — Čs. divadlo *IV* (IX), 235—236.

O Boha [Um Gott]. — Kritika *III*, 208—209 [Chiffre H. S.].

1927

Špindler a Pařík [Špindler und Pařík]. — ČR *XX*, 9—12.

Dvě knihovny. (Nová životopisná data o E. Špindlerovi). Seznam knih Špindlerovy knihovny v Roudnici n. L. [Zwei Bibliotheken (Neue biographische Daten E. Špindlers) Bücherverzeichnis der Špindlerschen Bibliothek in Raudnitz a. Elbe], 5—7 und ČR *XX*, 93—95.

Fričova Obrana [Die Verteidigung Fričs]. — ČR *XX*, 325—331.

Ervín Špindler. Proslov. [Ervín Špindler. Prolog]. — Lit. rozhledy *XII*, 74—79.

Náš ústav v několika Špindlerových listech. Památník k 50. výročí reál. gymnasia v Roudnici n. L. [Unsere Schule in einigen Briefen Špindlers. Gedenkschrift zum 50. Gründungstag des Realgymnasiums in Raudnitz a. Elbe], 64—65.

1928

Neznámý dopis Smetanův [Ein unbekannter Brief Smetanas]. — ČR *XXI*, 11—17.

A. Kraus, Die sogenannte tschechische Renaissance und die Heimatdeutschen. — ČR *XXI*, 248—251.

Pocty básníkům (Ještě poznámka k 75. výročí narozenin J. Vrchlického, k 25. výročí smrti Svat. Čecha a k 10. výročí smrti E. Špindlera) [Dichterehrungen (Noch eine Bemerkung zum 75. Geburtstag J. Vrchlickýs, zum 25. Todestag Svatopluk Čechs und zum 10. Todestag E. Špindlers)]. — ČR *XXI*, 331—334.

Matce. (Ke korespondenci E. Špindlera). [An die Mutter. (Zur Korrespondenz E. Špindlers)]. — Vlastivědný sborník Podřipska *V*, 82—85.

1929

Hebblovo politické intermezzo. Sborník přednášek pronesených na prvém sjezdu čs. profesorů filosofie, filologie a historie v dubnu 1929 [Hebbels politisches Intermezzo. Sammelband der Vorlesungen auf dem ersten Kongreß der tschechoslowakischen Professoren der Philosophie, Philologie und Geschichte im April 1929], 154—156.

Ein unbekannter Goetheübersetzer. Xenia Pragensia 272—279.

Raudnitzer Funde. Xenia Pragensia 29—33.

1931

Úvod ke sborníčku Do života (s. P. Sulou) [Einleitung zum Bändchen „Ins Leben“ (mit P. Sula)]. — Kytice Bd *3*, S. 5—7.

Ještě jednou Goethe a Špindler [Noch einmal Goethe und Špindler]. — ČMF *XVII*, 202—207.

Počátky [Anfänge]. — SŠ *XI*, 131—132.

Germanoslavica. — SŠ *XI*, 72.

Fischerovo vydání Goethových spisů u Borového [Fischers Ausgabe der Schriften Goethes bei Borový]. — SŠ *XII*, 65—68.

Před padesáti lety. (Za Antalem Staškem). [Vor fünfzig Jahren. (Auf Antal Stašek).]. — Literární noviny *V*, Nr. 20, 2 (November).

1932

Originalita a velikost [Originalität und Größe]. — Goethův sborník 234—241.

Goethe a Černín [Goethe und Černín]. — Goethův sborník 299—301.

Poučení mládeži z Goetha [Belehrungen an die Jugend aus Goethe]. — Přítomnost *IX*, 634—636; 647—649.

Goethe a Tomášek. (Jubilejní poznámky, s. V. Blažkem). [Goethe und Tomášek. (Bemerkungen zu einem Jubiläum, mit V. Blažek).] — ČMF *XVIII*, 289—291.

Maler aus Goethes Umgebung und deren Bilder in der Prager Staatsgalerie. — Germanoslavica *II*, 107—108.

Písemné úkoly z jazyka mateřského na středních školách v Německu [Schriftliche Aufgaben aus der deutschen Sprache in den Mittelschulen Deutschlands]. — SŠ *XII*, 118—120.

J. Götzová, Profily českých herců [J. Götz, Profile tschechischer Schauspieler]. — SŠ *XII*, 138—139. Germanoslavica. — SŠ *XII*, 141—142.

Neue Wege des Sprachunterrichtes und Volksannäherung. — Radiowelt Wien *IX*, Nr. 17.

Unser Deutschunterricht. — Prager Rundschau *II*, 425—433.

1933

Einleitung zur Ausgabe von Kleists Erzählungen „Die Verlobung im St. Domingo“ und „Die heilige Cäcilia“. — Deutsche Lektüre Bd *17*, 3—13.

Der Eintritt der Slawen in den europäischen Kulturkreis. — Slawische Rundschau *V*, 410 bis 412.

Ferd. Bruckner, Markýza z O. [Die Marquise von O.]. — ČMF *XIX*, 352—353.

Deutsche Lektüre. — Prager Rundschau *III*, 77—80.

Macht und Geist. — Die Welt im Wort *I* Nr. 13, 1 (28. 12.).

Hranice překladatelství [Grenzen des Übersetzens]. — Panorama *XI*, 16—17, 29—30.

Otokar Fischer. (K jeho padesátce [Zu seinem 50. Geburtstag]). — Panorama *XI*, 69—70.

1934

Einleitungen und Nachwort zum Buch O. Donaths, Die Zeitung im Querschnitt. — Deutsche Lektüre Bd *24*.

Emigrant Heine [Der Emigrant Heine]. — Přítomnost *XI*, 124—126, 137—139, 171—173, 251—253.

Jakob Wassermann a Československo [Jakob Wassermann und die Tschechoslowakei]. — Čin *VI*, 26—30.

Jakob Wassermann; Vnější a vnitřní krajina. — Magazin Družstevní práce *I*, 259—265.

1935

Třetí existence Josefa Kerkhovena [Die dritte Existenz Josef Kerkhovens]. — ČMF *XXI*, 172—181, 282—285.

Prof. H. Cysarz o německém písemnictví v ČSR [Prof. H. Cysarz über das deutsche Schrifttum in der ČSR]. — ČMF *XXII*, 104.

Dvě generace českých židů [Zwei Generationen tschechischer Juden]. — Přítomnost *XII*, 501—504.

Tragedie malého národa. Valdštejn [Die Tragödie einer kleinen Nation. Wallenstein]. — Národnostní obzor *V*, 202—205.

V. V. Štech, Prager Barockbildhauer (Übersetzung). Praha, St. grafická škola [Prag, Staatl. Graphische Schule], 28—56.

1936

Cl. Mágrová o Rilkově poměru ku Praze a k Čechům. [Cl. Magr über Rilkes Verhältnis zu Prag und zu Böhmen]. — ČMF *XXII*, 217.

Mann o Wassermannovi [Mann über Wassermann]. — ČMF *XII*, 218.

1937

Theorie a praxe německé konversace na české střední škole [Theorie und Praxis der deutschen Konversation an der tschech. Mittelschule]. — ČMF *XXIII*, 249—252, 388—390.

Německá literatura XX. století [Die deutsche Literatur des 20. Jahrhunderts]. Sammelband Poznání, Prag. E. Beaufort.

Dva konstruktivní prvky Hebbelovy dramatické tvorby. (K 125. výročí básníkova narození). [Zwei konstruktive Elemente im dramatischen Schaffen Hebbels. Zum 125. Geburtstag des Dichters)]. — ČMF *XXIV*, 398—405.

1938

Ernst Levy, Der deutsche Wortschatz im Spiegel der starken und unregelmäßigen Zeitwörter. — ČMF *XXV*, 80—81.

1940

Dvě Jobsiady [Zwei Jobsiaden]. — ČMF *XXVI*, 539—543.

Deutsche Lyrik des XIX. Jahrhunderts [Sonderabdruck aus der Einleitung zum 13. Bd ‚Deutsche Lektüre', der während der Okkupation nicht erschienen ist].

Německá lyrika přítomnosti [Die deutsche Lyrik der Gegenwart]. — Literární noviny *XIII*, 134—135.

1946—1948

K půdorysu humora v německém písemnictví XIX. století [Zum Grundriß des Humors in der deutschen Literatur des 19. Jahrhunderts] (I. Kleist, II. Jean Paul, III. E. T. A. Hoffmann, IV. Heine, V. G. Keller, VI. Reuter, VII. Fontane, VIII. Raabe, IX. Busch). — ČMF *XXIX*, 38—46, 222—228; *XXX*, 16—25, 106—110, 177—183; *XXXI*, 24—28, 91—94, 169—177.

1946

V. Lesný, Básnický zápas Otakara Březiny [V. Lesný, Das dichterische Ringen Otakar Březinas]. — ČMF *XXIX*, Phil. 1—2.

1947

Habent sua fata libelli. — ČMF *XXX*, 169.

Richard Messer, Hudební lyrika a lyrická hudebnost [Richard Messer, Musikalisches Lyrik und lyrische Musikalität]. — NV *XXV*, 157—158.

Člověk Janko [Der Mensch Janko]. — ČMF *XXXI*, 1—10. Prostředí a čas. Poznámky k osobnosti a dílu Franze Kafky. Franz Kafka a Praha [Raum und Zeit. Bemerkungen zur Persönlichkeit und zum Werk Franz Kafkas. Sammelband Franz Kafka und Prag], Prag, V. Žikeš, 7—24.

1948

Politický úkol české germanistiky [Die politische Aufgabe der tschechischen Germanistik]. — ČMF *XXXI*, 153—154.

Franz Kafka a člověk [Franz Kafka und der Mensch]. — Slovesná věda *I*, 202—213.

Arnošt Kraus. — NV *XXVI*, 64—66.

Tragický pohádkář. Protiexistencialistická poznámka k dílu Franze Kafky [Ein tragischer Märchenerzähler. Eine antiexistenzialistische Bemerkung zum Werk Franz Kafkas]. — ČMF *XXXII*, 75—79.

Max Brod, Franz Kafkas Glauben und Lehre. Kafka und Tolstoi. — ČMF *XXXII*, Phil. 30—31.

1949

Goethova pravda. Jubilejní poznámky [Goethes Wahrheit. Jubiläumsbemerkungen]. — ČMF *XXXIII*, 1—6.

Goethe in der Tschechoslowakei. — Forum *III*, Nr. 10.

Aus der neuen Goetheliteratur. — Phil. *V*, 11—14.

Pionýr marxistické estetiky [Ein Pionier der marxistischen Ästhetik]: G. Lukács, Goethe und seine Zeit. — ČMF *XXXII* 116—119.

Goethe a světová literatura: Fritz Strich, Goethe und die Weltliteratur. — ČMF *XXXII*, 119—121.

Otakar Fischer. — NV *XXVI*, 277—278.

1950

Arnošt Kraus. — ČMF *XXXIII*, 54—58.

Tout est dit. (Slovanští hosté u Goethe ve Výmaru [Slawische Gäste bei Goethe in Weimar]). — ČMF *XXXIII*, 103—109. Román románu [Der Roman eines Romans]. — Ebda 151 bis 154. Umění a lidstvo [Kunst und Menschheit]. — Ebda 154—156. Vojtěch Jirát. — NV *XXVII*, 192—194.

Objevy v třech nedávných knihách o Tomáši Mannovi [Entdeckungen in drei kürzlich erschienenen Büchern über Thomas Mann]. — SaS *XII*, 41—45.

Albert Fuchs, Goethe un homme face a la vie. — Phil. V, 26—28. Karel Svoboda, Dítě [Das Kind]. — ČMF *XXXIII*, 187—188.

1951

Goethe a Heine, dva básníci Fausta [Goethe und Heine, zwei Faustdichter]. — ČMF *XXXIV*, 49—58, 97—102.

Bert Brecht. — Ebda 108—116.

Ossip Kalenter, Die Abetiner. Glück und Glanz einer kleinen Mittelmeerstadt. — Phil. *VI*, 14—15.

W. Muschg, Tragische Literaturgeschichte. — ČMF *XXXIV*, 16—19.

Hans Christoph Kaergel, Schlesische Dichtung der Gegenwart. — Slezský sborník, 560 bis 562.

Viktor Mann, Wir waren fünf. — Phil. *VI*, 13—14.

1952

Nemčina, učebnica pre I. a II. triedu gymnázií [Deutsch. Lehrbuch für die I. und II. Gymnasialklasse]. Bratislava, 193 S. [Mit einem Kollektiv].

Nemčina, učebnica pre III. a IV. triedu gymnazií [Deutsch. Lehrbuch für die III. und IV. Gymnasialklasse]. Bratislava, 175 S.

1953

Heinrich Heine. Německo — Zimní pohádka. Atta Troll. Almansor [Deutschland — ein Wintermärchen. Atta Troll. Almansor]. [Bd 5 der Edition der Schriften Heines. Redaktion, Vorwort, Kommentar]. Praha, 289 S.

Německá literární čítanka [Lesebuch der deutschen Literatur]. Praha, 222 S. [Mit einem Kollektiv].

Z Leninové německé četby [Aus Lenins deutscher Lektüre]. — ČMF *XXXV*, S. 25—27.

O věnci. Doslov. (K 10. výročí smrti profesora Arnošta Krause.) [Über den Kranz. Nachwort. (Zum 10. Todestag von Arnošt Kraus)]. — ČMF *XXXV*, 157—166.

Schillerovy Úklady a láska v divadle S. K. Neumanna [Schillers Kabale und Liebe im Theater S. K. Neumanns]. — Divadelní list, Nr. 8.

Pražský zlomek starosaského Helianda [Ein Prager Fragment des altsächsischen Heliand]. — ČMF *XXXV*, 27—29.

1954

Heinrich Heine. Obrazy z cest I [Reisebilder I. Bd 1 der Edition der Schriften Heines. Redaktion, Vorwort, Kommentar]. Praha, 308 S.

Heinrich Heine. Obrazy cest II [Reisebilder II. Bd 2 der Edition der Schriften Heines. Redaktion, Vorwort, Kommentar]. Praha, 280 S.

Trojdílná učebnice němčiny pro jedenáctiletka [Dreiteiliges Lehrbuch des Deutschen für die elfklassige Schule]. Praha, 134, 127, 143 S.

Ke Quisovu překladu II. dílu Fausta [Zur Übersetzung von Quis des II. Teiles des „Faust"]. — ČMF *XXXVI*, 199—208 [Mit K. Hyršlová].

1955

Deutsch. I. Lehr- und Lesebuch für deutsche Kinder des 3. und 4. Jahrgangs an den allgemeinbildenden tschechoslowakischen Schulen. Praha, 182 S. [Mit einem Kollektiv].

Deutsch II. Lehr- und Lesebuch für deutsche Kinder des 5. und 6. Jahrgangs an den allgemeinbildenden tschechoslowakischen Schulen. Praha 198 S. [Mit einem Kollektiv].

Thomas Mann zum 80. Geburtstag. — Sinn und Form *VII*, 358—368.

Setkání s Thomasem Mannem [Begegnung mit Thomas Mann]. — Světová literatura *I*, Nr. 2, 175—176, 189.

Kritický realismus v posledních dílech Berta Brechta [Der kritische Realismus in den letzten Werken Bert Brechts]. — ČMV *XXXVII*, 241—246.

Nad rakví doc. Josefa Šedivého [Am Sarge von Doz. Josef Šedivý]. — ČMF *XXXVII*, 181—182.

1956

Heinrich Heine. Rabbi z Bacherachu. Spisy polemické. Paměti [Bd 6 der Edition der Schriften Heines. Der Rabbi von Bacherach. Polemische Schriften. Memoiren. Redaktion, Vorwort, Kommentar]. Praha, 385 S.

Základní mluvnice němčiny [Grammatik des Deutschen]. Praha, 182 S. [Mit einem Kollektiv].

Heinrich Heine. — ČMF *XXXVIII*, 193—199.

Heinrich Heine. — Literární noviny, 18. 2.

Básník a novinář Heinrich Heine [Der Dichter und Journalist Heinrich Heine]. — Československý novinář, Nr. 3, 90—91.

Goethe in Böhmen. — Sinn und Form *VIII*, 601—626.

Böhmen als Goethes politisches Informatorium. — Weimarer Beiträge *2*, 285—314.

Z výročního zasedání Německé akademie věd v Berlíně [Von der Jubiläumssitzung der Deutschen Akademie der Wissenschaften in Berlin]. — ČMF *XXXVIII*, 50—53.

[Rez.:] Rudolf Fischer, Tschechisches Lesebuch. — Zs. f. Slawistik *I*, Nr. 3, 128—130.

1957

Němčina pro 9. ročník. I. část. II. část [Deutsch für den 9. Jahrgang. I. und II. Teil]. Praha, 49 + 85 S. [Mit einem Kollektiv].

Aus Lenins deutscher Lektüre. — Zs. f. Slawistik *II*, 61—66.

Franz Kafka und sein Werk. — Wiss. Annalen *6*, 793—811 und Beiheft 1957, 2—20.

K novému vydání Fischerova překladu Goethova Fausta. [Zur neuen Ausgabe der Übersetzung Fischers von Goethes Faust]. — Krásná literatura, Nr. 5—6.

Der Doppelbegriff Heinrich und Thomas Mann. — Phil. IX, 47—48.

1958

Heinrich Heine. Básně. [Gedichte. Bd 4 der Edition der Schriften. Redaktion, Vorwort und Kommentar]. Praha, 368 S.

Stručné dějiny německé literatury do roku 1250 [Kurzgefaßte Geschichte der deutschen Literatur bis 1250. Skripte]. Praha, Philosophische Fakultät der Karlsuniversität, 261 S. [Mit L. Zatočil].

Deutsch III. Lehr- und Lesebuch für deutsche Kinder des 7. und 8. Jahrgangs an den allgemeinbildenden tschechoslowakischen Schulen. Praha, 247 S. [Mit einem Kollektiv].

Němčina pro 10. ročník. [Deutsch für den 10. Jahrgang]. Praha, 155 S. [Mit einem Kollektiv].

Metodický průvodce k učebnici Deutsch III. pro 7. a 8. ročník všeobecně vzdělávacích škol [Methodischer Leitfaden zum Lehrbuch III für den 7. und 8. Jahrgang der allgemeinbildenden Schulen]. Praha 47 S. [Mit einem Kollektiv].

Franz Kafka und sein Werk. Randbemerkungen aus der Sicht eines Prager Germanisten. — Sonderdruck, 38 S.

Goethe und Maria Ludovica. — Wiss. Zs. d. Friedrich-Schiller-Universität Jena, Gesellschafts- und Sprachwiss. Reihe *7* (1957/58) 363—375.

Humor bei Goethe und Thomas Mann. — [Festschrift der Ungarischen Akademie der Wissenschaften zur Ehrung von Prof. Turóczi Trostler], 677—683.

Kouzelný vrch [Der Zauberberg]. — ČMF *XL*, 129—135.

Mannův Kouzelný vrch [Thomas Manns Zauberberg. Nachwort zu diesem Werk], 442 bis 450.

Christian Morgenstern a jeho dílo [Christian Morgenstern und sein Werk. Nachwort zur Herausgabe der Übersetzung Hiršals der „Galgenlieder"]. — Světová četba Nr. 162, Praha, 7—32.

Básníkovi na uvítanou [Dem Dichter als Willkommengruß]. Morgenstern. — Krásná literatura, Nr. 1—2.

Příspěvek k anketě o Světové literature [Ein Beitrag zum Fragebogen über die Zeitschrift Světová literatura]. — Světová literatura *III*, Nr. 6.

1959

Böhmen und Böhmische Studien. — In: Goethe-Handbuch, Stuttgart, Sp. 1301—1323.
Chotek, Johann Nepomuk Rudolf und Carl. — Ebda Sp. 1639—1640.
Clary and Aldringen. — Ebda Sp. 1654—1655.
Czernin von und zu Chudenitz, Johann Rudolf und Carl Eugen. — Ebda Sp. 1727—1728.
[Rez.:] Wilhelm Emrich, Franz Kafka. — DLZ *53*, Sp. 646—649.

1960

Němčina pro devátý postupný ročník [Deutsch für den neueten Jahrgang]. Praha, 134 S. [Mit einem Kollektiv]. — Slowakische Ausgabe: Bratislava, 140 S.]
Základní mluvnice němčiny [Grammatik des Deutschen]. Praha, 188 S. [Mit einem Kollektiv].
Goethe und Schiller, 28 S. [Festvortrag anläßlich des 210. und 200. Geburtstages der deutschen Klassiker. Verlag der Stadtbibliothek Prag].
K 200. výročí Schillerových narozenin [Zum 200. Geburtstag Schillers]. — ČMF *XLII*, 134—143.
Die abgestorbene und neuerstandene Tierfabel. — Zusammenfassung der Einzelreferate der IVG, Kopenhagen 1960, 12—13.
Carl Eugen Ebert. — In: Goethe-Handbuch, Stuttgart, Sp. 1972—1973.
Dlask Laurentius Albert. — Ebda Sp. 1875.
Josef Dobrovský. — Ebda Sp. 1875—1878.
Eger.-Ebda Sp. 2062—2068.
Nad ostrou groteskou [Zu einer scharfen Groteske. Max und Moritz von W. Busch]. — Zlatý máj *III*, 563—564.
[Rez.:] Hans Bürgin, Das Werk Thomas Manns. — Phil. Prag. *III*, 243.
[Rez.:] Inge Diersen, Untersuchungen zu Thomas Mann. — DLZ 81, Sp. 1009—1012.
[Rez.:] Schlegeliana. 1. Friedrich Schlegel, Schriften und Fragmente. Ein Gesamtbild seines Geistes. Hrsg. von E. Behler. Stuttgart 1956. — 2. Friedrich Schlegel, Wissenschaft der Europäischen Literatur. Hrsg. von E. Behler. München—Paderborn—Wien 1958 (Kritische Friedrich-Schlegel-Ausgabe Bd 11). — Phil. Prag. *III*, 49—52.

1961

Němčina pro jedenáctý postupný ročník [Deutsch für den elften Jahrgang]. Praha, 156 S. [Mit einem Kollektiv].
O německé baladě [Über die deutsche Ballade]. — Světová literatura 1961, 223—224.
J. R. Becher, příklad bojovníka proti fašismu a militarismu [J. R. Becher, ein Beispiel für einen Kämpfer gegen Faschismus und Militarismus. Vortrag des Tschechischen Literaturmuseums], 12 S.
Co číst ze světových literatur [Lektüre aus der Weltliteratur]. Praha, 95—97.
[Rez.:] Paul Scherrer, Aus Thomas Manns Vorarbeiten zu den Buddenbrocks. — DLZ *82*, Sp. 1004—1007.
[Rez.:] Dieter Schlenstedt, Die Reportage bei Egon Erwin Kisch. — Ebda Sp. 321—324.

1962

Nemčina pre 1. ročník stredných všeobecnovzdelávacích škôl [Deutsch für den 1. Jahrgang der allgemeinbildenden Mittelschulen]. Bratislava, 140 S. [Mit einem Kollektiv]. [Dasselbe für den 2. und 3. Jahrgang, 155 S., 158 S., mit einem Kollektiv].

Základní mluvnice němčiny [Grammatik des Deutschen]. Praha, 190 S. [Mit einem Kollektiv].
Über Thomas Manns Altershumor. — In: Vollendung und Größe. Beiträge zu Werk und Persönlichkeit des Dichters. Halle/S., 196—203.
Goethes Liebesglück in Böhmen. — In: Festgabe für L. L. Hammerich aus Anlaß des siebzigsten Geburtstages, Kopenhagen, 255—269.
Goethe v Lokti [Goethe in Elbogen]. — In: Loket, státní hrad, město a památky v okolí. Praha, 34—38.
Heinovy narozeniny [Heines Geburtstag]. — Časopis Československého rozhlasu, Nr. 8.
[Rez.:] Wolfram Mauser, Karl Hillebrand. — DLZ *83*, Sp. 404—406.

1963

[Rez.:] Alfred Zastrau, Goethe-Handbuch. — Ebda *84*, Sp. 124—127.
[Rez.:] Johannes Urzidil, Goethe in Böhmen. — Ebda Sp. 221—224.

1966

Německá čítanka pro střední školy [Deutsches Lesebuch für Mittelschulen. Praha, 2. Aufl., 208 S. [Mit einem Kollektiv].
O humoru Jobsiády [Über den Humor der Jobsiade. Nachwort zu Karl Arnold Kortum, Jobsiáda, Übers. ins Tschech.], Praha, 189—202.
Ludwig Thoma. [Nachwort zu:] Dopisy poslance bavorského sněmu [Briefwechsel eines bayerischen Landtagsabgeordneten]. Praha, 7—25.

1967

Heinrich Heine, Dopisy [Briefe. Bd *7* der Edition der Schriften. Redaktion, Vorwort und Kommentar]. Praha, 416 S.

3. Herausgeber- und Redaktionstätigkeit

1912

Heinrich v. Kleist, Prinz Friedrich von Homburg. (Úvod, komentář a slovník). Šolcova školní knihovna sv. 25 [(Einleitung, Kommentar und Wörterbuch). Šolc' Schulbücherei Bd *25*], 99 + 123 S.
J. W. Goethe, Vzpomínky a pohádky. (Překlad, výbor a úvod) [J. W. Goethe, Erinnerungen und Märchen. (Übersetzung, Auswahl und Einleitung)], Prag, A. Hynek, 106 S.

1929—1939

Deutsche Lektüre. Sbírka německé četby pro školy a širší veřejnost, Praha, St. nakladatelství [Sammlung deutscher Lektüre für Schulen und die breitere Öffentlichkeit, Prag, Staatsverlag], Bd *1—36*.

1930ff.

Kytice. Výbor z poesie a prózy pro školy a veřejnost [Blumenstrauß. Auswahl aus Poesie und Prosa für Schulen und die Öffentlichkeit], Bd *1—27*.

1932

Goethův sborník [Sammelband anläßlich des 100. Todestages J. W. Goethes], mit O. Fischer, J. Janko, V. Jirát, A. Kraus, J. Krejčí und A. Novák.

1933—1939

Lectures françaises. Mit V. Smolák. Bd *1—4.*

1933

Linguaphone. Kurs češtiny a němčiny na 20 deskách [Kurs der tschechischen und deutschen Sprache auf 20 Schallplatten]. Mit M. Weingart.

1934

Ultraphon. Deskový kurs němčiny a češtiny [Kurs der deutschen und tschechischen Sprache, je 15 Schallplatten].

Úvod do italštiny [Einführung ins Italienische, 5 Schallplatten].

1935

Co číst z literatur slovanských posledních 10 let [Lesenswertes aus den slawischen Literaturen der letzten 10 Jahre] Prag, Fr. Borový.

Co číst z literatur germánských posledních 10 let [Lesenswertes aus der germanischen Literaturen der letzten 10 Jahre] Prag, Fr. Borový.

1936—1948

Příruční slovník německočeský. Díl I—IV. Praha, St. nakladatelství [Deutsch-tschechisches Handwörterbuch. Teil I—IV. Prag, Staatsverlag], LII + 890 + 931 + 860 + 718 [insgesamt] 3451 S. [Mit Josef Janko.]

1936

Co číst z literatur románských posledních 10 let [Lesenswertes aus den romanischen Literaturen der letzten 10 Jahre], Prag, Fr. Borový.

1937ff.

Malá brána jazyků. — Rychlé kursy jazyků [Kleines Tor zu den Sprachen. — Schnellkurse], Prag, Orbis, Bd *1—10.*

Janua linguarum. — Rapid language courses. Prag, Orbis, Bd *1—5.*

1939ff.

Velká brána jazyků [Großes Tor der Sprachen]. Prag, Orbis, Bd *1—5.*

1947ff.

Časopis pro moderní filologii [Zeitschrift für moderne Philologie. Germanistischer Teil].

1964

Německo-český slovník [Deutsch-tschechisches Wörterbuch] Praha, 2 Bde, 1442 S. [Redaktion; Mitarbeiter: Fanta, Haupt, Jungwirth, Siebenscheinová, Souček, Šedivý].

1968

Česko-německý slovník [Tschechisch-deutsches Wörterbuch], Praha, 2 Bde, 1523 S. [Redaktion; Mitarbeiter: Beneš, Fanta, Haupt, Ilková, Jungwirth, Siebenscheinová, Skála, Šmilauer].

[Nachwort zu:] Adalbert Stifter, Hvozd [Hochwald, Heidedorf, Der beschriebene Tännling, Bergkristall]. Česká Budějovice, 201—208.

Doz. Dr. phil. habil. Ernst Eichler

Zur Biobibliographie

Schriftenverzeichnisse. E. Eichler, siehe vorliegendes Jahrbuch S. 359—371. — B. Wolfová, 1959—1969. In: ČMF *52* (Praha 1970) S. 36—38. — L. Zatočil, 1949—1959. Ebda *41* (Praha 1959) S. 170—174. — Jahrbuch Sächs. Akad. Wiss. Leipzig *1957—1959* (Berlin 1961) S. 285—286; *1960—1962* (Berlin 1964) S. 323—324; *1966—1968* (Berlin 1970) S. 268. — ČMF *32* (1949) S. 157 ff.

Würdigungen. Zum 65. Geburtstag: L. Nezdařil, in: ČMF *36* (Praha 1954) S. 97—102. — Zum 70. Geburtstag: H. H. Bielfeldt, in: ZfSl *4* (1959) S. 317—320. — H. Rokyta, in: Vierteljahresschriften d. Adalbert-Stifter-Inst. d. Landes Oberösterreich *8* (1959) Folge 3—4, S. 134—135. — Zum 75. Geburtstag: O. V., in: FuF *38* (1964) S. 96.

Nachruf. J. Müller, siehe vorliegendes Jahrbuch S. 358—359 (m. Bildnis).

Walther von Wartburg

18. 5. 1888—15. 8. 1971

Am 15. August 1971 verstarb in Basel im Alter von 83 Jahren das auswärtige früher ordentliche Mitglied Walther von Wartburg. Mehrere Jahrzehnte hat dieser hervorragende Forscher die Entwicklung der romanischen Sprachwissenschaft auf breiter internationaler Ebene wesentlich mitbestimmt. Ihm verdankt die romanische Sprachwissenschaft ein Werk, das fortan zu den bedeutendsten lexikographischen Unternehmungen überhaupt zu rechnen ist: das *Französische Etymologische Wörterbuch.* Bereits im Jahre 1922 erschien von diesem wahrhaft monumentalen Wörterbuch der erste Faszikel. In harter, unermüdlicher wissenschaftlicher Arbeit gelang es Walther von Wartburg, bis zu seinem 80. Geburtstag diesen Thesaurus des galloromanischen Wortschatzes, von dem inzwischen 24 stattliche Bände erschienen sind, redaktionell zum Abschluß zu bringen.

Der am 18. Mai 1888 in Riedholz geborene Gelehrte entstammte einer kinderreichen Schweizer Beamtenfamilie. Nach dem Studium der romanischen Philologie an den Universitäten Bern, Zürich, Florenz und Paris, das er in Zürich 1912 mit der Promotion zum Dr. phil. abschloß, war er zunächst viele Jahre im Schuldienst tätig, und zwar bis 1919 am Lehrerseminar in Wettingen und anschließend bis 1928 an der Kantonsschule Aarau. Im Jahre 1928 wurde er als Ordinarius für romanische Philologie an die Universität Lausanne berufen und im Jahre 1929 an die Universität

Leipzig. Hier begann von Wartburg systematisch mit dem Aufbau eines romanistischen Forschungszentrums. Zwischen ihm und dem Germanisten Theodor Frings kam es dabei in jenen Jahren zu einer fruchtbaren Zusammenarbeit. Kurz nach Ausbruch des 2. Weltkrieges verließ von Wartburg die Leipziger Universität und folgte einem Ruf nach Basel, wo er den Lehrstuhl für romanische Sprachwissenschaft bis zu seiner Emeritierung im Jahre 1959 innehatte. Ferner sei noch erwähnt, daß von Wartburg im Jahre 1947 ein Semester lang als Gastprofessor an der Humboldt-Universität unterrichtete und ein Jahr später mit dem Aufbau einer Forschungsstelle für romanische Sprachwissenschaft an der Akademie der Wissenschaften zu Berlin begann.

Früh schon erregte die Vielgestaltigkeit des romanischen Wortschatzes das forscherische Interesse von Wartburgs, wobei anfangs der sprachgeographische Aspekt, d. h. die räumliche Gliederung der einzelnen Worttypen, vorherrschte. Davon legen sowohl seine Züricher Dissertation „Die Ausdrücke für die Fehler des Gesichtsorgans in den romanischen Sprachen und Dialekten" (Hamburg 1912) Zeugnis ab als auch seine Habilitationsschrift „Die Benennung des Schafes in den romanischen Sprachen" (Berlin 1918). Auch die ersten Faszikel seines „Französischen Etymologischen Wörterbuches" zeigen, daß zunächst vorrangig die gallo-romanischen Mundarten berücksichtigt wurden. Erst gegen Ende der 20er Jahre begann von Wartburg wesentlich stärker auch die Texte und Dokumente heranzuziehen, welche die Geschichte der französischen Schriftsprache von den Anfängen bis in unsere Zeit zu erhellen vermögen. Er beschränkte sich nicht darauf, die Herkunft eines Wortes zu ermitteln, sondern bemühte sich in zunehmendem Maße, die etymologischen Untersuchungen zu einer vielschichtigen Wortforschung auszubauen. Hierbei erkannte er komplexere Vorgänge, die eine umfassende Wortgeschichte erforderten, bei der sowohl die betreffende Wortfamilie als auch die in begrifflicher Hinsicht vorhandenen Nachbarbezeichnungen einzubeziehen waren.

Vertraut mit der von Gilliéron entwickelten Sprachgeographie, mit der von den Junggrammatikern geprägten historischen Sprachwissenschaft eines Meyer-Lübke und der von F. de Saussure vorgeschlagenen strukturell-synchronischen Betrachtungsweise, war es von Wartburgs Ziel, den inneren Zusammenhang sprachlicher Gegebenheiten in einem bestimmten Entwicklungsabschnitt aufzuspüren und mit der Dynamik des Sprachwandels zu verknüpfen, d. h., die Geschichte einer Sprache anhand einzelner synchronisch erfaßter aufeinanderfolgender Schichten darzulegen. Die ersten theoretischen Überlegungen hierzu trug er in einer Sitzung der Sächsischen Akademie vor: „Das Ineinandergreifen von deskriptiver und historischer Sprachwissenschaft" (1931). Eine praktische Exemplifizierung dieser Grundsätze lieferte er dann in seiner als Hochschullehrbuch konzipierten Geschichte der französischen Sprache, die den bezeichnenden Titel „Évolution et structure de la langue française" (1934) erhielt. Dieses inzwischen in 8. Auflage erschienene Buch verdeutlicht von Wartburgs Grundidee sehr anschaulich. Im Gegensatz zu Bally, der eine strikte Trennung von synchronischer und diachronischer Betrachtungsweise forderte, betonte von Wartburg immer wieder, wie sehr sich beide Betrachtungsweisen ergänzen müssen.

Zugleich war sich von Wartburg stets bewußt, daß die Geschichte einer Sprache nicht ohne diejenige ihrer Sprecher betrachtet werden kann. Sprachgeschichte mußte seines Erachtens letztlich in eine weitgespannte Kulturgeschichte einmünden und von hier aus ihre übergreifenden Bezüge erfahren. Auf dem Romanistenkongreß in Barcelona 1953 bekräftigte er nochmals sehr eindringlich: „Les sciences morales aident les peuples et l'humanité en entier à se connaître mieux, chacune à sa façon et avec les moyens particuliers qui lui sont donnés. La lumière que nous essayons de créer se reverse sur toute la communauté humaine. Nous contribuons ainsi à faire comprendre mieux ce que c'est que l'homme, quel a été son chemin, et quelles sont les forces qui font son destin."

Auch in seiner erstmals 1943 in Halle erschienenen Schrift „Einführung in die Problematik und Methodik der Sprachwissenschaft" bildet die Wechselseitigkeit von synchronischer und diachronischer Sprachbetrachtung den roten Faden, wobei alle sprachlichen Ebenen unter diesem Blickpunkt anhand treffender Beispiele einbezogen werden. Obgleich Walther von Wartburg sich in seiner wissenschaftlichen Laufbahn zunächst vorrangig der galloromanischen Lexikologie zugewandt hatte und viele Jahrzehnte hindurch unablässig an dem so imposanten „Französischen Etymologischen Wörterbuch" arbeitete, erstreckten sich seine wissenschaftlichen Studien weit über engere Spezialgebiete hinaus. Er untersuchte nicht nur vom allgemein sprachwissenschaftlichen Standpunkt aus die Volksetymologie oder den Ursprung und das Wesen des Argot, sondern er bemühte sich auch, Erscheinungen der Lautlehre, Wortbildung, Syntax und Stilistik zu erfassen und zu erklären. Seine gemeinsam mit Paul Zumthor verfaßte Abhandlung „Précis de syntaxe du français contemporain" (Bern 1947) bildet heute für jeden Romanisten ein unentbehrliches Handbuch. Hervorgehoben zu werden verdient ferner, daß von Wartburg einige bemerkenswerte Aufsätze über literarhistorisch-stilistische Aspekte in den Werken von Corneille, Chateaubriand und Flaubert verfaßte und zusammen mit seiner Gattin Dantes „Divina commedia" übertrug. Unter den etwa 50 deutschen Übertragungen der „Göttlichen Komödie" empfiehlt ein so bedeutender Kenner dieser Materie wie H. Friedrich diese als „die korrekteste Übersetzung" („Romanische Literaturen", Frankfurt a. M. 1972, Bd II, S. 70).

Während seiner Leipziger Zeit begann von Wartburg, sich intensiver mit dem germanischen Einfluß auf die Galloromania, einschließlich der toponomastischen Aspekte, zu beschäftigen. Dadurch wurde sein Blick auch stärker auf den Prozeß der Herausbildung der romanischen Sprachen gelenkt. Als eine wesentliche Ursache für den sprachlichen Differenzierungsprozeß zwischen Französisch und Provenzalisch erkannte er den fränkischen Einfluß auf das Nordfranzösische. Davon ausgehend untersuchte er die Rolle der übrigen germanischen Stämme bei der Herausbildung der romanischen Sprachen und stellte sie in ein alle Substrate, Superstrate und inneren Prozesse berücksichtigendes Gesamtbild hinein in „Die Ausgliederung der romanischen Sprachräume" (1936) und „Die Entstehung der romanischen Völker" (Halle 1939). Wenn seinen diesbezüglichen Thesen im einzelnen in der romanistischen Forschung auch nicht immer zugestimmt werden konnte — insbesondere hinsichtlich der Stärke des jeweiligen germanischen Einflusses und der sich daraus für die Entwicklung der einzelnen romanischen Sprachen ergebenden Konsequenzen — gelang von Wartburg hierbei doch eine sehr anregende und umfassende Synthese der frühromanischen Sprachentwicklung. Es war mit sein Verdienst, daß nunmehr in der Forschung die Eigenheiten bestimmter romanischer Sprachräume von einer übergreifenden Sicht her deutlicher markiert wurden und die Frage nach den historischen Gründen hierfür stets mit zur Diskussion stand. Außer in bezug auf das Nord- und Südfranzösische zeigte von Wartburg dies anschaulich in verschiedenen Aufsätzen und Monographien für das Frankoprovenzalische, das Wallonische, das Italienische, das Rätoromanische und das Sardische. Einzelne Beiträge hierzu sind in dem Sammelband „Von Sprache und Mensch" (1956) enthalten.

Mit seinen zahlreichen grundlegenden wissenschaftlichen Arbeiten gelangte Walther von Wartburg in der internationalen Fachwelt zu sehr hoher Anerkennung. Dies fand seinen Ausdruck u. a. auch darin, daß er von vier Universitäten (Lausanne, Leeds, Brüssel, Straßburg) die Würde eines Dr. h. c. verliehen bekam und von elf bedeutenden ausländischen Akademien zum Mitglied gewählt wurde.

Werner Bahner

Bibliographie Walther von Wartburg[1])

zusammengestellt von Kurt Baldinger, Margarete Hoffert und Alfred Thierbach

Die hier zusammengestellte vollständige Bibliographie setzt sich aus drei Teilen zusammen. Der 1. Teil (bis 1955) wurde von K. Baldinger und A. Thierbach in Walther von Wartburg, *Von Sprache und Mensch*, Bern (Francke) 1956, 234—279, publiziert. Die Bibliographie wurde von Margarete Hoffert fortgeführt in der *Festschrift Walther von Wartburg zum 80. Geburtstag*, Tübingen (Niemeyer) 1968, II, 549—558. Der dritte Teil (seit 1968) wurde von Kurt Baldinger und Margarete Hoffert zusammengestellt und wird hier zum ersten Mal publiziert.

A. Bibliographie ohne FEW

Vorbemerkung: Rezensionen v. Wartburgs sind mit *versehen. Rezensionen zu v. Wartburgs Schriften sind im Text eingezogen. Für die Abkürzungen der Zeitschriftentitel s. die Bibliographie der ZrP (s. unter C 3).

1912

1. Die Ausdrücke für die Fehler des Gesichtsorgans in den romanischen Sprachen und Dialekten. Eine semasiologische Untersuchung. Diss. Zürich. Hamburg 1912. 132 S. = S.-A. aus RdDr 3 (1911) 402—503 und 4 (1912) 16—44.
[Rez.: AnS 129 (1912) 277—278; LgrP 35 (1914) 286—288 (H. Urtel); Rdlr 56 (1913) 114—116 (J. Ronjat); DL 34 (1913) 2275—2280 (W. O. Streng); ZrP 37 (1913) 248—252 (A. Zauner).]
2.*Barth, A.: Le Lai du Conseil. Ein altfranzösisches Minnegedicht. Kritischer Text, mit Einleitung und Anmerkungen. Diss. Zürich 1911. Erlangen. 75 S. = S.-A. aus RF. [Ro 41 (1912) 288—291].

---

[1]) Der korrigierte und ergänzte Abdruck dieser Bibliographie erfolgt mit freundlicher Genehmigung des Max Niemeyer Verlages in Tübingen.

1913

3. Unterricht in den romanischen Sprachen und Literaturen. Schweiz. Zürich. = S.-A. aus Krit. Jahresber. ü. d. Fortschr. d. roman. Philologie, hrsg. v. Karl Vollmöller, Bd 12, IV, 9–31, Erlangen 1913.
4. *Thorn, Chr. A.: Quelques dénominations du cordonnier en français. Etude de géographie linguistique. AnS 129 (1912) 81–133. [ZrP 37 (1913) 498–500].

1914

5. *Gilliéron, J.: L'aire *clavellus* d'après l'Atlas linguistique de la France. Neuveville 1912. [ZrP 38 (1914) 490–499].

1915

6. Romanische Ortsnamen in der Schweiz bis 1913. Kritischer Jahresbericht ü. d. Fortschr. d. roman. Philol., hrsg. v. Karl Vollmöller, Bd 13 (1915) III 12–55.
7. Von unsern Rätoromanen. Neue Zürcher Zeitung Nr. 1181 (9. Sept. 1915) und Nr. 1186 (10. Sept. 1915).
   [Über: Velleman, A., Grammatica teorica, pratica ed istorica della lingua Ladina d'Engiadin'Ota. Zürich 1915 bis 1924. – Annalas della Società Reto-Romantscha Bd 29 (1915).]
8. Schweizerische Abwehr des italienischen Irredentismus. In: Kölnische Zeitung Nr. 927 (12. Sept. 1915). [Teilabdruck von Nr. 7.]
9. *Schönig, R.: Romanisches vorkonsonantisches *L* in den heutigen französischen Mundarten. ZrP Beih. 45 (1913). [AnS 133 (1915) 465–468.]

1916

10. Schweizer Kriegsziele. In: Die Tat. Monatsschrift für die Zukunft deutscher Kultur 8 (1916/17) Heft 10. S. 883–891.
11. *Gamillscheg, E., u. Spitzer, L.: Die Bezeichnungen der Klette im Galloromanischen. Halle 1915. [LgrP 37 (1916) 120 ff.]

1917

12. *Salvioni, C.: Ladinia ed Italia. [LgrP 38 (1917) 256 ff.]
13. *Walberg, E.: Trascrizione fonetica di tre testi altoengadini. [LgrP 38 (1917) 410 ff.]

1918

14. Zur Benennung des Schafes in den romanischen Sprachen. Ein Beitrag zur Frage der provinziellen Differenzierung des späteren Lateins. Abh. Berlin 1918, 10, 37 S. und 2 Tafeln.
15. *Annalas della Società Reto-Romantscha. Bd 31. [LgrP 39 (1918) 332 ff.]
16. *Gauchat, L., et Jeanjaquet, J.: Grammaire et lexicographie des patois de la Suisse romande. Bibliographie analytique. [LgrP 39 (1918) 384 ff.]
17. *Tappolet, E.: Die alemannischen Lehnwörter in den Mundarten der französischen Schweiz. Kulturhistor.-linguistische Untersuchung. I. II. Basel u. Straßburg 1913 bis 1917. [AnS 137 (1918) 248–256.]

1919

18. Zur Stellung der Bergeller Mundart zwischen dem Rätischen und dem Lombardischen. S.-A. aus Bündnerisches Monatsblatt Nr. 11 (1919) S. 329–348. – Neu abgedruckt bei Spitzer, L.: Meisterwerke II, 190–207.
    [Rez.: ZrP 41 (1921) 625–627 (E. Gamillscheg); LgrP 42 (1921) 192–196 (M. L. Wagner).]

19. *Bertoni, G.: Per l'elemento germanico nella lingua italiana e per altro ancora. [LgrP 40 (1919) 172ff.]
20. *Thorn, A. Chr.: *Sartre — tailleur.* Etude de lexicologie et de géographie linguistique. Avec deux cartes linguistiques. Lunds Universitets Årsskrift NF Afd. 1. Bd 9. Nr. 2. Lund, Leipzig 1913. 71 S. [ZrP 39 (1919) 749—752.]

1920

21. Zu den Vorträgen von Gustav Wyneken. In: Wissen u. Leben, 13. Jg. (1920) 17. Heft, 15. Juli 1920. S. 723—731.
22. Zum Vortrag Wyneken. S.-A. aus Aargauer Tagblatt Nr. 43 und 44.
23. Der Kampf unserer Rätoromanen um die Erhaltung ihrer Sprache. In: Aargauer Tagblatt, Nr. 287 (7. 12. 1920).
24. Der Kampf unserer Rätoromanen um die Erhaltung ihrer Sprache. In: Neue Bündner Zeitung, Chur, 44. Jg. Nr. 289 (8. 12. 1920).
25. *Ettmayer, Karl Ritter v.: Vademecum für Studierende der romanischen Philologie. Heidelberg 1919. [ZrP 40 (1920) 506—510.]
26. *Henschel, M.: Zur Sprachgeographie Südwestgalliens. Diss. Berlin. Braunschweig u. Berlin (1917). 118 S. [AnS 140 (1920) 155 bis 158.]
27. *Lerch, E.: Die Bedeutung der Modi im Französischen. Leipzig 1919. 111 S. [ZrP 40 (1920) 721—724.]
28. *Spitzer, L.: Katalanische Etymologien. [LgrP 41 (1920) 265ff.]
29. *Tappolet, E.: La survivance de *Diana* dans les patois romands. Extrait des „Archives suisses de Traditions populaires", t. 22, p. 225—231. [Aro 4 (1920) 278.]
30. *Butlletí de dialectología catalana. 1—4 (1913—1916), 5 (1917), 6 (1918). [Aro 4 (1920) 262—271, 419—422, 551—555.]

1921

31. *Albus* und seine Familie in Frankreich. ZrP 41 (1921) 182—192.
32. Romanische Lexikographie seit 1912. GRM 9 (1921) 5—14.
33. Neuschöpfung von Präfixen im Französischen. In: Misc. Schuchardt. 1921. S. 116ff.
34. Substantifs féminins avec valeur augmentative. BCat 9 (1921) 51—55.
35. Gerig, W., u. Wartburg, W. v., Chrestomathie der italienischen Literatur seit 1800. Aarau 1921.
36. Unamuno, Miguel de: Spaniens Philosophie. Dialog übersetzt von W. v. Wartburg. In: Wissen und Leben 14 (1921) 341ff.
37. *Gauchat, L., et Jeanjaquet, J.: Bibliographie linguistique de la Suisse romande. Tome second. Neuchâtel 1920. XII, 416 S. [LgrP 42 (1921) 115—116.]
38. *Lerch, E.: Die Verwendung des romanischen Futurums als Ausdruck eines sittlichen Sollens. Gekrönte Preisarbeit der Samson-Stiftung bei der Bayr. Akad. d. Wiss. Leipzig 1919. VI, 427 S. [ZrP 41 (1921) 364—369.]
39. *Öhmann, E.: Studien über die französischen Worte im Deutschen im 12. und 13. Jahrhundert. Helsinki 1918. 155 S. [ZrP 41 (1921) 617—618.]
40. *Pauli, I.: „Enfant", „garçon", „fille" dans les langues romanes, étudiés particulièrement dans les dialectes galloromans et italiens. Essai de lexicologie comparée. Lund 1919. 427 S. [ZrP 41 (1921) 612—617.]
41. *Spitzer, L.: Lexikalisches aus dem Katalanischen und den übrigen iberoromanischen Sprachen. Biblioteca dell'Archivum Romanicum, II, 1. Genève 1921. VIII, 162 S. [ZrP 41 (1921) 619—621.]

42. *WAGNER, M. L.: Die Beziehungen des Griechentums zu Sardinien und die griechischen Bestandteile des Sardischen. In: Byzant.-Neugriech. Jahrbücher 1 (1920) 158—169. [Aro 5 (1921) 139.]

1922

43. Notes lexicologiques. Revue de phil. frç. et de litt. 34 (1922) 96—128. [Betr. d. landwirtsch. Vokabular aus Liger, Nouvelle Maison Rustique 3e éd. 1732.]
44. Rätisches. In: Neue Zürcher Zeitung Nr. 578 (2. Mai 1922). [Über: Rätisches Idiotikon. — Annalas della Società Reto-Romantscha, 36. Jg. (1922).]
45. Hugo Schuchardt. Zu seinem 80. Geburtstag. In: Der Kleine Bund. Sonntagsbeilage des „Bund", Jg. 3, Nr. 6. (12. 2. 1922).
46. *GRIERA, A.: Contribució a una dialectología catalana. Extret del BCat, vols. VIII i IX. Barcelona 1921. [Aro 6 (1922) 533.]
47. *HAUST, J.: Le dialecte liégeois aux XVIIe siècle. Les trois plus anciens textes (1620 bis 1630). Edition critique, avec commentaire et glossaire. Bibliothèque de la Fac. de philos. et lettres de l'Univ. de Liège, fasc. XXVIII. Liège et Paris 1921. [ZrP 42 (1922) 509.]
48. *MEYER-LÜBKE, W.: Einführung in das Studium der romanischen Sprachwissenschaft. 3., neubearbeitete Auflage. Heidelberg 1920. 301 S. [ZrP 42 (1922) 371—377.]
49. *MEYER-LÜBKE, W.: Historische Grammatik der französischen Sprache. (2. Teil: Wortbildungslehre), Sammlg. rom. Elem.- u. Handb. I, 2. Heidelberg 1921. [ZrP 42 (1922) 504—508.]
50. *PLATZ, E.: Les noms français à double genre. Contributions à une nouvelle orientation dans l'enseignement de la langue maternelle. Luxembourg 1919. 62 S. [ZrP 42 (1922) 116—117.]
51. *Regesten von Vorarlberg und Liechtenstein bis zum Jahre 1260. 1. Lfg, bis 1000, und 1. Exkurs. Bearb. v. Dr. A. HELBOK und mit einem sprachwiss. Exkurse von Dr. R. v. PLANTA, Bregenz 1920. [ZrP 42 (1922) 377—378.]
52. *Vocabulari català-alemany de l'any 1502. Edició facsímil segons l'únic exemplar conegut, acompanyada de la transcripció, d'un estudi preliminar i de registres alfabètics, per PERE BARNILS. Biblioteca filològica de l'Institut de la Llengua Catalana. Barcelona, Institut d'Estudis Catalans, Palau de la Diputació 1916. [Aro 6 (1922) 532—533.]

1923

53. *Biblioteca filològica de l'Institut de la Llengua Catalana XIII. Barcelona, Institut d'Estudis Catalans. Palau de la Diputació 1921. [Aro 7 (1923) 414—415.]
54. *Butlletí de Dialectologia Catalana. Vol. 8 (1920), vol. 9 (1921). [Aro 7 (1923) 242—248.]
55. *Diccionari Aguiló. Materials lexicogràfics, aplegats per MARIÀN AGUILÓ I FUSTER. Barcelona, Institut d'Estudis Catalans. Palau de la Diputació 1914 ss. [Aro 7 (1923) 416—417.]
56. *Diccionari de rims de Jaume March, editat per A. GRIERA. Barcelona, Institut d'Estudis Catalans. Palau de la Diputació 1921. [Aro 7 (1923) 417.]
57. *Estudis Romànics II (Llengua i literatura). Biblioteca filològica de l'Institut de la Llengua Catalana. Barcelona, Institut d'Estudis Catalans. Palau de la Diputació 1917. [Aro 7 (1923) 418—420.]
58. *GAMILLSCHEG, E. u. SPITZER, L.: Beiträge zur romanischen Wortbildungslehre. Biblioteca dell'Archivum Romanicum II, 2. Genève 1921. [ZrP 43 (1923) 109—115.]
59. *KOCHER, F.: Reduplikationsbildungen im Französischen und Italienischen. Diss. Bern. Aarau 1921. 134 S. [LgrP 44 (1923) 354 ff.]

60. *NIEDERMANN, M.: Essais d'étymologie et de critique verbale latines. Recueil de travaux publiés par la Faculté des Lettres. Neuchâtel 1918. [ZfS 46 (1923) 242—243.]
61. *SCHURTER, H.: Die Ausdrücke für den Löwenzahn im Galloromanischen. Mit einer Karte. = Sprachgeogr. Arbeiten, Heft 2. Halle 1921. X, 132 S. [ZrP 43 (1923) 115—120.]

1924

62. Der Fremdsprachunterricht an der Aargauischen Kantonsschule. S.-A. aus Aargauer Tagblatt, 3. 5. 1924. 27 S. (Referat geh. a. d. Generalvers. d. Vereins ehem. Kantonsschüler am 3. 5. 1924.)
63. Das Glossaire des Patois de la Suisse Romande. In: Neue Zürcher Zeitung, Nr. 1558, 19. 10. 1924.
64. Was das Volk in die Sprache hineindenkt. S.-A. aus „Der Kleine Bund". 1924. 14 S. [Über Volksetymologie.]
65. Sprachgeschichte und Kulturgeschichte. S.-A. aus: Schweiz. Monatshefte für Politik und Kultur, III (1923—1924) Heft 2, S. 552—564.
66. Miguel de Unamuno und die Wiedergeburt Spaniens. In: Wissen und Leben 17 (1924) 834—841.
67. *Butlletí de Dialectología Catalana. Vol. 10; 11, 1. Barcelona, Institut d'Estudis Catalans. Palau de la Diputació 1922. [Aro 8 (1924) 486—489.]
68. *DURAFFOUR, A.: Extrait d'un lexique patois-français du parler de Vaux (en Bugey), Ain. Annales de l'Université de Grenoble, tome XXXIV, n°. 2. Grenoble 1923. [Aro 8 (1924) 485—486.]
69. *HAUST, J.: Etymologies wallonnes et françaises. Bibl. de la Fac. de philos. et lettres de l'Univ. de Liège. Liège 1923. [ZrP 44 (1924) 113—117.]

1925

70. Zur Frage der Volksetymologie. In: Homenaje Menéndez Pidal 1925. I, 17—27. [Rez.: AnS 152 (1927) 313; AOR 1 (1928) 337 (A. Griera).]
71. Unamuno, Miguel de: Abel Sánchez. Die Geschichte einer Leidenschaft. Berechtigte deutsche Übersetzg. von W. v. Wartburg. München (1925), Meyer u. Jessen. 169 S.
72. *Atlas lingüistic de Catalunya. [Aro 9 (1925) 112—113.]
73. *BERTOLDI, V.: Un ribelle nel regno dei fiori. I nomi romanzi del colchicum autumnale attraverso il tempo e lo spazio. Bibl. dell'Arch. Rom. II, 4. Genève 1923. [Rev. de phil. frç. et de litt. 37 (1925) 68—70.]
74. *BUCHMANN, J.: Il dialetto di Blenio. Saggio fonetico-morfologico con un appendice lessicale. Paris 1924. X, 133 S. [Aro 9 (1925) 334—335.]
75. *TILANDER, G.: Remarques sur le Roman de Renart. Göteborg 1923. [Aro 9 (1925) 331—334.]
76. *TILANDER, G.: Lexique du Roman de Renart. Paris 1924. [Aro 9 (1925) 331—334.]

1926

77. Frühlingsfahrt nach Italien mit Kantonsschülern. Schülererinnerungen. S.-A. aus dem Aargauer Tagblatt. 1926. 70 S. [Einleitung von W. v. W., S. 3—9.]

1927

78. Francoprovençal *BO(T)* „étable". In: Ro 53 (1927) 213—218.
79. *Discus.* In: ZrP 47 (1927) 576—579.
80. Notes d'étymologie française. Boulanger. Braquer. Brosse. Ridelle. In: Mélanges A. Thomas 1927, 493—497.

1928

81. *BRUNEAU, CH.: Manuel de phonétique. Paris 1927. XII, 133 S. [NS 36 (1928) 478f.]
82. *MENÉNDEZ PIDAL, R.: Orígenes del español. Estado lingüístico de la Península Ibérica hasta el siglo XI. Madrid 1926. XII, 579 S. [ZrP 48 (1928) 457—461.]
83. *MEYER-LÜBKE, W.: Das Katalanische, seine Stellung zum Spanischen und Provenzalischen, sprachwissenschaftl. u. historisch dargestellt. Heidelberg 1925. = Sammlg. roman. Elementar- u. Handb. V, 7. [ZrP 48 (1928) 157—161.]

1929

84. Das Schriftfranzösische im Französischen Etymologischen Wörterbuch. In: Behrens-Festschrift 1929, S. 48—55.
[Rez.: DL 51 (1930) 437 (H. Breuer).]
85. *ALCOVER, A. M., MOLL, F. DE B.: Diccionari català-valencià-balear. Vols. I—II (A-Car). Palma de Mallorca 1930. 71, 837 S.; 1935. 979 S. [Aro 13 (1929) 402—406.]
86. *HAUST, J.: Le dialecte wallon de Liège. Ire partie: Dictionnaire des rimes ou Vocabulaire liégeois-français groupant les mots d'après la prononciation des finales. Liège 1927. XVI, 352 S. [ZrP 49 (1929) 735f.]
87. *HAUST, J.: La houillerie liégeoise. Vocabulaire philologique et technologique. Liège 1926. 240 S. [ZrP 49 (1929) 375—377.]
88. *LEMASSON, N. C.: Lexique du patois vosgien de Fiménil (près Bruyères). Nancy/Paris/Strasbourg 1927. XV, 143 S. [ZrP 49 (1929) 733—735.]

1930

89. Der Einfluß der germanischen Sprachen auf den französischen Wortschatz. In: Archiv für Kulturgeschichte 20 (1930) 309—325. [Antrittsvorl. Leipz.]
[Rez.: ZrP 54 (1934) 614—616 (J. Brüch).]
90. Der gegenwärtige Stand der etymologischen Forschung (Vortragsbericht). In: ZffU 29 (1930) 478.
91. Vom Ursprung und Wesen des Argot. In: GRM 18 (1930) 376—391. [Vortrag i. d. Deutschen Gesellschaft zu Leipzig, Februar 1930.]
92. *MUSSET, G.: Glossaire des patois et des parlers de l'Aunis et de la Saintonge. Avec la collaboration de Marcel Pellisson et Dr Charles Vigen. La Rochelle. T. 1. 1929. XX, 542 S. [LgrP 51 (1930) 29—31.]
93. *WAGNER, M. L.: La stratificazione del lessico sardo. In: RLiR 4 (1927) 1—61. [LgrP 51 (1930) 452—454.]

1931

94. Das Ineinandergreifen von deskriptiver und historischer Sprachwissenschaft. In: Ber. üb. die Verh. der Sächs. Akad. d. Wiss. zu Leipzig, Phil.-hist. Kl. 83, 1 (1931) 1—23. [Rez. LgrP 52 (1931) 401—403 (L. Spitzer); Entgegnung s. Nr. 104.]
95. Le dictionnaire patois du chanoine Moutier. In: Bulletin de la Société d'archéologie et de statistique de la Drôme 63 (1931—1932) 53—55.
96. *BOILLOT, F.: Le français régional de la Grand'Combe (Doubs); ouvrage illustré de 73 dessins de l'auteur. Paris 1930. X, 351 S. [ZrP 51 (1931) 380—383.]
97. *BRUNOT, F.: Histoire de la langue française des origines à 1900. T. 6. Le XVIIIe siècle. Première partie. Le mouvement des idées et les vocabulaires techniques. 2 fasc. Paris 1930. XXXIX, 860 S. [ZrP 51 (1931) 603—607.]

98. *Rohlfs. G.: Etymologisches Wörterbuch der unteritalienischen Gräzität. Halle 1930. XLVII, 394 S. [LgrP 52 (1931) 289—291.]

99. *Sofer, J.: Lateinisches und Romanisches aus den Etymologiae des Isidorus von Sevilla. Untersuchungen zur lateinischen und romanischen Wortk unde. Göttingen 1930. XII, 190 S. [Gn 7 (1931) 281—282.]

1932

100. Prof. Philipp August Becker. Zum 70. Geburtstag des früheren Leipziger Romanisten. In: Leipziger Neueste Nachrichten Nr. 153, 1. 6. 1932.

101. Nachruf auf Georg Goetz. Berichte üb. d. Verh. d. Sächs. Akad. d. Wiss. zu Leipzig, Phil.-hist. Kl. 84, 7 (1932) Leipzig 1933. 7 S. [Gesprochen am 19. November 1932.]

102. Grundfragen der etymologischen Forschung. In: NJ 7 (1932) 222—235. [Auf Grund von Vorträgen von 1930 in Stockholm u. Uppsala, 1930 in Breslau, 1931 in Paris.]

103. Die Ursache des Auseinanderfallens der Galloromania in zwei Sprachgebiete: Französisch und Provenzalisch (Aus einem Vortrag, gehalten in der Sitzung der Phil.-hist. Klasse der Sächs. Akad. d. Wiss. zu Leipzig vom 18. Mai 1932). In: FF 8. Jg., Nr. 21, 20. Juli 1932, S. 268—269.

104. Entgegnung zu L. Spitzer, LgrP 52 (1931) 401—403. In: LgrP 53 (1932) 142—144.

105. Bloch, O.: Dictionnaire étymologique de la langue française. Avec la collaboration de W. v. Warburg. Préface d' A. Meillet. 2 Bde. Paris 1932. XXVIII, 405 u. 406 S. [Rez.: ZfS 56 (1932) 111—116 (E. Gamillscheg); Rcr 99 (1932) 63—66, 459—461 (E. Bourciez); AnS 162 (1932) 156; 163 (1933) 154 (G. Rohlfs); BSLP 34 (1933) 87 bis 89 (A. Meillet); BTDial 7 (1933) 208—210 (J. Haust); RLR 67 (1934) 227f. (M. Grammont); LgrP 55 (1934) 114—118 (E. Lerch); Ro 61 (1935) 225—227 (M. Roques); FM 2 (1934) 78—82 (Ch. Guerlin de Guer); Mercure 237 (1932) 703—709; 253 (1934) 403—409 (G. Esnault); Le Temps 27. 9. 1934 (Lancelot: Défense de la langue frç.).]

1933

106. La causa de la escisión de la Galoromania en dos regiones lingüísticas; la francesa y la provenzal. In: Investigación y Progreso 7, Nr. 4, Abril 1933, p. 125—127.

107. *Haust, J.: Le dialecte wallon de Liège (2e partie). Dictionnaire liégeois illustré de nombreuses figures documentaires par J. M. Remouchamps et exécutées par le dessinateur Maurice Salme. Liège 1929—1933. 736 S. [ZrP 53 (1933) 623f.]

108. *Pedrotti, G., Bertoldi, V.: Nomi dialettali della piante indigene del Trentino e della Ladinia Dolomitica, presi in esame dal punto di vista della botanica, della linguistica e del folclore; con 100 illustrazioni e 11 cartine. Trento (1930). XII, 588 S. [Aro 17 (1933) 130—132.]

1934

109. Aufstieg und Niedergang eines tragischen Dichters. In: DV 12 (1934) 245—254. [Pierre Corneille.] — Übersetzung: Grandeur et décadence d'un poète tragique. In: Von Sprache und Mensch (1956), S. 209—218.

110. Über die Bildungswerte des sprachwissenschaftlichen Studiums der neueren Sprachen. In: NMo 5 (1934) 241—257. [Vortrag geh. a. d. 23. Tagung d. Allg. Dt. Neuphilologenverbandes in Berlin, 6. 4. 1934.]

111. Bibliographie des dictionnaires patois. Paris 1934. 146 S. = Société de publications romanes et françaises 8.
[Rez.: Rcr 101 (1934) 442 (O. Bloch); VKR 7 (1934) 353—355 (F. Krüger); LgrP 56 (1935) 112—114 (K. Glaser); AnS 166 (1935) 151f. (G. Rohlfs); BTDial 9 (1935) 23f.

(J. Haust); MLN 50 (1935) 128f. (R. Levy); M 44 (1937) 268f. (B. E. Vidos); N 21 (1936) 324 (K. S. d. V.).]

112. Die Entstehung der Sprachgrenzen im Innern der Romania. Mit 2 Karten. In: Beiträge zur Geschichte der deutschen Sprache und Literatur 58 (1934) 209—227. [Rez.: AnS 166 (1935) 146f. (G. Rohlfs).]

113. Evolution et structure de la langue française. Leipzig u. Berlin 1934. VIII, 256 S. [Rez.: AnS 165 (1934) 156f. (G. Rohlfs); DL 55 (1934) 1116—1118 (A. Zauner); LgrP 55 (1934) 231ff. (K. Glaser); MAe 3 (1934) 230—236 (A. Ewert); NS 42 (1934) 363—366 (R. Salewsky); StN 6 (1933/34) 170—173 (E. Staaff); ZfS 58 (1934) 489—507 (H. Kuen); BSLP 35 (1935) 82—85 (A. Meillet); Le français mod. 3 (1935) 80—83 (G. Gougenheim); Ro 62 (1936) 124f. (M. Roques); RoR 25 (1934) 409—413 (M. A. Pei); ZrP 56 (1936) 463—474 (H. Friedrich); MLR 31 (1936) 228—231 (C. Johnson); ZffU 1934, 287—290 (E. Lerch); Rfe 21 (1934) 82 (G. S.); Revue germanique 1 (1935) 77—78 (F. Piquet); Časopis pro Moderni Filologii (1934) 326 bis 333 (H. Jarnik); Revue de Philologie (1935) 61 (A. Ernout); NMo 1935 (E. Richter); Revue des Langues vivantes 1935, 1, 4 (N. B.); NM 38 (1937) 88—89 (A. Långfors); Emerita 3 (1935) 181—184 (Cl. Zeppa de Nolva); Gn 11 (1935) 398—399 (J. B. Hofmann); Nuova Antologia 1934, 623—624 (A. Schiaffini); ML 15 (1934) 314 (F. Boillot); IF 52 (1932) 255f. (A. Debrunner); Luzerner Tagblatt 21. 4. 1934 (nicht signiert); Gazette de Lausanne 14. 7. 1935 (A. Mortier „Parlons français"); Basler Nachrichten 4. 3. 1934 (E. T.); Neues Land 34/41 (Kurzanzeige); Journal de Genève 20. 8. 1934 (D.); Journal des Collèges, Nr. 285, Févr. 1935 (Colomb); Schwäbischer Merkur 28. 9. 1934; Bayer. Blätter f. d. Gymnasialschulwesen 1934, 215 (Kurzanzeige); NJ 34/4 (Kurzanzeige); Österreich. Höhere Schule 35/4 (St. Hofer); L'Université combattante, mars 1936, p. 352 (nicht sign.); Geistige Arbeit 14 (20. 7. 1935); L'Œuvre littéraire 23. 10. 1934 (M. Schöne, in Rubrik: La grammaire en zigzag); Le Temps 4. 10. 1934 (A. Thérive); Nouvelles Littéraires 3. 2. 1934 (A. Thérive); La Revue du Dimanche = Suppl. hebd. de la Revue de Lausanne, 66e année, Nr. 129, 13. Mai 1934 (H. Perrochon „Notre langue"); Aargauer Tagblatt 23. 3. 1934 (W. Gerster „Entwicklung u. Struktur des Französischen"); Neue Zürcher Zeitung 27. 4. 1934, Nr. 742 (A. Ribi, „Werden und Wesen der frz. Sprache"); Mitteilungen der Provinzialfachschaft der Lehrer an höh. Schulen Hannovers in der dtsch. Erziehergemeinschaft 1934/3 (Rühl); Katholische Frauenbildung im deutschen Volke, Jan. 1935 (E. R.); Magdeburgische Ztg. 7. 9. 34 (K. Kaelber); Kölnische Zeitung 25. 3. 34 (nicht sign.); Stimmen aus Lothringen (Voix de Lorraine) Halbjahr Nr. 1, Juli 1934 (Dr. J. F.); Büchermarkt, Bibliographisches Bulletin der schweiz. Landesbibliothek Nr. 3 (1935) (Fr.); Pädagogische Zeitschrift von Flandern. Dez. 1935 (W. v. W.); Deutsche Schulzeitung in Polen 1936, 118 (R.); Gymnasieskolen Nr. 7, 5. 4. 1934 (H. P. Hansen); Den Høiere Skole Nr. 9 (1934) 226 bis 228 (G. Høst); University of Oklahoma Press, Norman, Oklahoma, USA, July 1936 (L. E. W. Kurzanzeige); De Practische Handelsschool, April 1935/Nr. 6 (R. C.); National-Zeitung Essen 2. 1. 1937 (W. Becker).]

114. Evolution et structure de la langue française. (Vorabdruck einiger ausgewählter Abschnitte aus dem gleichnamigen Werk.) In: ZffU 33 (1934) 38—47.

115. Edmund Kleinhans. In: Neue Zürcher Zeitung Nr. 1640, 14. 9. 1934.

116. *Rheinfelder, H.: Kultsprache und Profansprache in den romanischen Ländern. Sprachgeschichtliche Studien, besonders zum Wortschatz des Französischen und des Italienischen. Genf 1933. X, 481 S. = Bibl. dell'Arch. Roman. II, 18. [LgrP 55 (1934) 308—312.]

117. *Stampa, G. A.: Der Dialekt des Bergell. 1. Teil: Phonetik. Diss. Bern. Aarau 1934. IV, 163 S. [DL 55 (1934) 2223–2228.]
118. *Valkhoff, M.: Etude sur les mots français d'origine néerlandaise. Amersfoort 1931. 330 S. [LgrP 55 (1934) 240–244.]

1935

119. Archaismus und Regionalismus bei Chateaubriand. In: Festschr. E. Tappolet. Basel 1935. S. 275–278.
Übersetzung: Archaïsme et régionalisme chez Chateaubriand. In: Von Sprache und Mensch (1956). S. 229–233.
120. *Bally, Ch.: Linguistique générale et linguistique française. Paris 1932. VIII, 410 S. [ZrP 55 (1935) 252–255.]
121. *Brunot, F.: Histoire de la langue française des origines à 1900. T. VI. Le XVIIIe siècle. Deuxième partie. La langue postclassique. Par Alexis François. 2 fasc. Paris 1932 u. 1933. XVI u. S. 861–2191 [ZrP 55 (1935) 682–685.]
122. *Brunot, F., et Bruneau, Ch.: Précis de grammaire historique de la langue française. Nouvelle édition entièrement refondue. Paris 1933. XLVII, 780 S. [ZrP 55 (1935) 509–512.]
123. *Gröhler, H.: Über Ursprung und Bedeutung der französischen Ortsnamen. II. Teil: Romanische, germanische Namen. Der Niederschlag der Lehnsverfassung. Der Einfluß des Christentums. Namen verschiedenen Ursprungs. Heidelberg 1933. XV, 491 S. = Samml. rom. Elem.- u. Handb. V, 8 [LgrP 56 (1935) 251–254.]
124. *Löfstedt, E.: Syntactica. Studien und Beiträge zur historischen Syntax des Lateins. II. Teil: Syntaktisch-stilistische Gesichtspunkte und Probleme. Lund 1933. XII, 492 S. = Skrifter utgivna av kungl. humanistiska vetenskapssamfundet i Lund X, 2. [ZrP 55 (1935) 372–376.]
125. *Marouzeau, J.: Lexique de la terminologie linguistique. Paris 1933. IV, 205 S. [DL 56 (1935) 233–234.]

1936

126. Die Ausgliederung der romanischen Sprachräume. In: ZrP 56 (1936) 1–48 (mit 7 Karten.)
[Rez.: AGl 28 (1936) 71–73 (B. A. Terracini); AnS 169 (1936) 310f. (G. Rohlfs); RF 50 (1936) 317–326 (F. Schürr); BInst 4 (1937) 250–252 (I. Iordan); BSLP 38, 3 (1937) 78f. (G. Gougenheim); LgrP 58 (1937) 259–264 (E. Richter); DL 59 (1938) 479–482 (J. B. Hofmann); RFE 24 (1937) 384–396 (D. Alonso); M 45 (1937) 13 bis 14 (M. Valkhoff); Dacoromania 9 (1938) 447 (S. Puşcariu); Neue Zürcher Zeitung Nr. 840, 16. Mai 1936 (M. S. „Warum sind die romanischen Sprachen verschieden?").]
127. Vergleichende Charakteristik des Französischen und Italienischen. In: FF 12 (1936) 215f. [vgl. 130.]
128. Die Entstehung der romanischen Sprachräume. In: Schweizer Monatshefte 16 (1936) 1–15. Mit 2 Karten.
129. La Marve. In: ZrP 56 (1936) 670.
130. La posizione della lingua italiana nel mondo neolatino. Leipzig 1936. 43 S. = Veröffentl. d. Abt. f. Kulturwiss. der Bibliotheca Hertziana in Rom, Heft 2. [Enth.: Origine e vicende dello spazio della lingua italiana. S. 5–18. – Vom Latein zum Italienischen. S. 19–29. – Caratteristica comparativa dell' Italiano e del Francese. S. 30–43. (Vorträge, geh. in Rom am 2., 4. u. 6. März 1936).] [Vgl. 127 und 193.]

[Rez.: AGl 29 (1937) 89—91 (G. Tosi); DL 59 (1938) 479—482 (J. B. Hofmann); LgrP 59 (1938) 335f. (W. Mulertt); AnS 171 (1937) 278 (G. Rohlfs); Roma (Rivista) fasc. 9 (1937) 341—342 (B. Migliorini); s. auch Helmut A. Hatzfeld: A critical bibliography of the new stylistics applied to the Romance literatures (1900—1952). 1953. S. 222.]

131. *Bulletin du Dictionnaire Wallon, p. p. la Société de Littérature wallonne, XIXe année, 1934. [ZrP 56 (1936) 479.]

132. *Devaux, A.: Les patois du Dauphiné. I. Dictionnaire des patois des Terres Froides avec des mots d'autres parlers dauphinois. II. Atlas linguistique des Terres Froides. Lyon, Bibliothèque de la Faculté Catholique des Lettres 1935. XC, 334 u. 413 S. [ZrP 56 (1936) 474—476.]

133. *Gamillscheg, E.: Romania Germanica. Sprach- und Siedlungsgeschichte der Germanen auf dem Boden des alten Römerreichs. 3 Bände. Grundriß der Germanischen Philologie; Berlin u. Leipzig 1934—1936. [ZrP 56 (1936) 480—481.]

134. *Le Bidois, G., et R.: Syntaxe du français moderne I. Paris 1935. XVI, 546 S. [ZrP 56 (1936) 482f.]

135. *Loewe, R.: Über einige europäische Wörter exotischer Herkunft. In: ZvS 60 (1933) 145—184; 61 (1934) 37—136. [ZrP 56 (1936) 103—104.]

136. *Schiaffini, A.: Tradizione e poesia nella prosa d'arte italiana dalla latinità medievale a G. Boccaccio. Genova 1934. 290 S. [ZrP 56 (1936) 440—442.]

137. *Vox Romanica. Annales Helvetici explorandis linguis romanicis destinati. Herausgeber J. Jud u. A. Steiger. Zürich und Leipzig, Paris. Bd 1 (1936). Nr. 1 [ZrP 56 (1936) 476—478.]

1937

138. Betrachtungen über die Gliederung des Wortschatzes und die Gestaltung des Wörterbuchs. I. In: ZrP 57 (1937) 296—312. (= Festschr. Karl Jaberg).

139. Un doute de lexicologue; franç. *chevrin*. In: Ro 63 (1937) 381—383.

140. Evolution et structure de la langue française. 2e éd. Leipzig et Berlin; Chicago 1937. VIII, 290 S.
[Rez. MLN 54 (1939) 219f. (A. Knudson); ZfS 63 (1939) 479—500 (E. Gamillscheg); dazu ZrP 61 (1941) 225—256. (E. Lerch); Rev. d. langues vivantes 4 (1938) 248 (L. Michel); MLR 34 (1939) 298 (W. J. Entwistle); DL 60 (1939) 233f. (A. Zauner); GA 6 (1939) 16, 7 (H. Rheinfelder); M 47 (1940) 48—50 (M. Valkhoff); BSLP 120 (1939) 86 (G. Cohen); RoR 30 (1939) 430—436 (H. F. Muller); NM 39 (1938) 284 (A. Långfors); ZffU 38 (1939) 387 (E. Seifert); NS 47 (1939) 115 (R. Salewsky); Geistige Arbeit 16 (1939) 7 (Eine Geschichte der frz. Sprache, o. Vf.); Le Temps 31. 3. 1937 (G. Bourdon: Les liaisons dans la prononciation du français); Books abroad. University of Oklahoma Press. Norman, Oklahoma, USA, Juli 1940 (L. E. Winfrey).]

141. Frings, Th. u. Wartburg, W. v.: Französisch und Fränkisch. — Deutsch *Hees*, franz. *haise*, dt. Heister, franz. *hêtre*. In: ZrP 57 (1937) 193—210. (Mit zwei Karten.) [Rez. ZfS 62 (1938) 1—17 (E. Gamillscheg); dazu Antwort an E. Gamillscheg, ZrP 58 (1938) 542—549 (Th. Frings, W. v. Wartburg); BTDial 12 (1938) 402 (J. Haust.)]

142. Ein neues Wörterbuch der italienischen Sprache. In: ZrP 57 (1937) 671. [In der Rubrik Chronik: Anzeige des Arbeitsbeginns am Wörterbuch der Reale Accademia d'Italia.]

143. *Aebischer, P.: Protohistoire de deux mots romans d'origine grecque: *thius* „oncle" et *thia* „tante". Etude de stratigraphie linguistique. Bologna 1936. 52 S. = Estr. dagli Annali della R. Scuola Normale Superiore di Pisa, ser. II, V, fasc. I—II—III. [ZrP 57 (1937) 651—653.]

144. *Atlasul Linguistic Român (ALR), publicat de Muzeul limbii române din Cluj, de SEVER POP şi EMIL PETROVICI, sub direcţia lui SEXTIL PUŞCARIU. Prospect. Bucureşti, Imprimeria Naţională 1936. 2 S. Text, 4 Bilder, 17 Karten. [ZrP 57 (1937) 95—98.]
145. *BALLY, Ch.: Le langage et la vie. Nouvelle édition revue et augmentée. Zürich (1935). 229 S. [ZrP 57 (1937) 647f.]
146. *EWERT, A.: The Strasburg Oaths. In Philological Society's Transactions 1935, S. 16—35. [ZrP 57 (1937) 655f.]
147. *LABHARDT, A.: Contribution à la critique et à l'explication des Gloses de Reichenau. Thèse Neuchâtel 1936. IX, 107 S. [ZrP 57 (1937) 653—655.]
148. *LÖFSTEDT, E.: Vermischte Studien zur lateinischen Sprachkunde und Syntax. Leipzig 1936. XIII, 232 S. = Skrifter utg. av K. human. vetenskapssamfundet i Lund 23. [ZrP 57 (1937) 649f.]
149. *NICHOLSON, G.-G.: Un nouveau principe d'étymologie romane. Paris 1936. VII, 393 S. [ZrP 57 (1937) 648f.; dazu Berichtigung ZrP 58 (1938) 741—743 (G.-G. Nicholson); darauf Antwort ZrP 58 (1938) 743f. (W. v. Wartburg).]
150. *SAINÉAN, L.: Autour des sources indigènes. Etudes d'étymologie française et romane. Florenz 1935. VIII, 653 S. = Bibl. dell'Arch. Roman. II, 20 [ZrP 57 (1937) 650.]
151. *TABACHOVITZ, A.: Quelques remarques complémentaires sur la langue des serments français. Härnösand 1936. 21 S. [ZrP 57 (1937) 655f.]
152. *WAGNER, M. L.: Restos de latinidad en el Norte de Africa. Coimbra, Bibl. da Univ. 1936. 43 S. [ZrP 57 (1937) 653.]

1938

153. FRINGS, TH. u. WARTBURG, W. v.: Zu franz. *hé*, *haise*, *hêtre*. Antwort an E. Gamillscheg. In: ZrP 58 (1938) 542—549. [Siehe Nr. 141.]
154. *BOER, C. DE: „Innovations“ en matière d'analyse linguistique. Mededeelingen der Koninklijke Akademie van Wetenschappen, Afd. Letterkunde, Deel 79, Serie A, Nr. 1. Amsterdam 1935. 30 S. [ZrP 58 (1938) 413f.]
155. *DANTE ALIGHIERI: Göttliche Komödie. Deutsch von Friedrich Freiherr von Falkenhausen. Leipzig 1937. 733 S. [Berliner Tageblatt, Sonntag, 20. Februar 1938, Nr. 86: Dante, aufs neue verdeutscht.]
156. *DAUZAT, A.: Dictionnaire étymologique de la langue française. Paris 1938. 800 S. [ZrP 58 (1938) 724f.]
157. *EHMER, H.: Die sächsischen Siedlungen auf dem französischen „Litus Saxonicum“. Halle 1937. XII, 58 S. [ZrP (1938) 127.]
158. *FLASDIECK, H. M.: *Harlekin*; germanischer Mythos in romanischer Wandlung. In: Anglia 61 (1937) 225—340. [ZrP 58 (1938) 627.]
159. *GARDETTE, P.: Lous Poémes daoü Païsan. Mâcon 1938. [ZrP 58 (1938) 728.]
160. *HAHNLOSER, H. R.: Villard de Honnecourt; Kritische Gesamtausgabe des Bauhüttenbuches ms. fr. 19093 der Pariser Nationalbibliothek. Wien 1935. 342 S., 66 Taf., 154 Abb. [ZrP 58 (1938) 127—128.]
161. *JABERG, K.: Sprachwissenschaftliche Forschungen und Erlebnisse. Hrsg. von seinen Schülern und Freunden. Zürich—Leipzig—Paris 1937. XXIV, 347 S. [ZrP 58 (1938) 722.]
162. *Donum natalicium Carolo Jaberg, messori indefesso sexagenario oblatum a sodalibus Atlantis italico-helvetici. Zürich—Leipzig 1937. 192 S. = Romanica Helvetica 4. [ZrP 58 (1938) 119—121.]

163. *KELLER, O.: Beiträge zur Tessiner Dialektologie. I. Die Mundart von Rovio (Lugano); II. Wörterbuch der Mundart von Val Verzasca (Locarno). Paris—Zürich—Leipzig 1937. = Romanica Helvetica 3. 332 S. [ZrP 58 (1938) 723f.]
164. *MARZELL, H.: Wörterbuch der deutschen Pflanzennamen, mit Unterstützung der Preußischen Akademie der Wissenschaften bearbeitet, unter Mitwirkung von WILHELM WISSMANN. Leipzig 1937. Lfg 1, Abelia — Agrimonia. XVI, 144 Sp. [ZrP 58 (1938) 415—416.]
165. *PETRI, F.: Germanisches Volkserbe in Wallonien und Nordfrankreich. I., II. Die fränkische Landnahme in Frankreich und den Niederlanden und die Bildung der westlichen Sprachgrenze. Bonn 1937. I. XLIV, 1—768; II. 769—1041. = Veröffentl. d. Inst. f. geschichtl. Landeskunde der Rheinlande an der Univ. Bonn [ZrP 58 (1938) 416—418.]
166. *ROQUES, M.: Recueil général des lexiques français du moyen âge (XIIe—XVe siècles). I. Lexiques alphabétiques, tome premier. Paris 1936. XXXIII, 522 S. [ZrP 58 (1938) 419f.]
167. *SCHAAD, G.: Terminologia rurale di Val Bregaglia. Tesi di Laurea presentata alla prima sezione della Facoltà di Filosofia dell'Università di Berna. Bellinzona 1936. 170 S. [ZrP 58 (1938) 382—384.]
168. *SCHÜRR, FR.: Umlaut und Diphthongierung in der Romania. In: RF 50 (1936) 275 bis 316. [ZrP 58 (1938) 378—382.]
169. *TRÜBNERS Deutsches Wörterbuch. Im Auftrage der Arbeitsgemeinschaft für deutsche Wortforschung hrsg. von ALFRED GÖTZE. Berlin u. Leipzig 1936ff. Lfg 1—4. [ZrP 58 (1938) 414—415.]
170. *VINCENT, A.: Toponymie de la France. Bruxelles 1937. 418 S. [ZrP 58 (1938) 725.]

1939

171. Betrachtungen über das Verhältnis von historischer und deskriptiver Sprachwissenschaft. In: Mélanges de linguistique offerts à Charles Bally. Genève 1939. S. 3—18. Teilabdruck in: Von Sprache und Mensch (1956), S. 159—165.
[Rez. Neue Zürcher Zeitung 1263 vom 3. 9. 1940 (A. Ribi).]
172. Einmarsch der Franken in Nordgallien nach dem Zeugnis der Ortsnamen. In: Protokolle der Sitzungen der Sächs. Akad. d. Wiss. zu Leipzig. Sitzung vom 11. 2. 1939. [Résumé 4 Seiten.]
173. Die Entstehung der romanischen Völker. Mit 5 Karten u. 1 Tafel. Halle 1939. VII, 180 S. [Vgl. 212; 321; 433.]
[Rez.: AnS 175 (1939) 271f. (G. Rohlfs); VKR 12 (1939) 169—171 (M. L. Wagner); MLN 54 (1939) 547f. (L. Spitzer); Rfe 24 (1937) [1940] 384—396 (D. Alonso); LgrP 62 (1941) 207—209 (W. Giese); BInst 6 (1939) 266—271 (G. Cărăgaţă); MA 11 (1940) 46—49 (L. Levillain); M 48 (1941) 135 (M. Valkhoff); Deutsches Archiv f. Geschichte des Mittelalters 1941, 555—556 (M. B.); Rheinische Vierteljahresblätter 9 (1939) 298 bis 299 (F. Steinbach); Zs. f. Schweiz. Geschichte 20 (1940) 489—491 (M. Beck); GRM 27 (1939) 236 (F. R. Schröder); Gn 17 (1941) 80—84 (M. Gelzer); Zs. f. celt. Phil. 22 (1941) 117—118 (J. Sofer); Die alten Sprachen 6 (1941) 116 (Faber); Revista Istorică [Bucureşti] 26 (1940) 286—289 (Iorga); MLR 35 (1940) 251—253 (Entwistle); Rbph 22 (1943) 282—286 (F. L. Ganshof); Literaturblatt der Basler Nachrichten, Beilage zu Nr. 198, 23. 7. 1939 (W. Bruckner); Kölnische Volkszeitung 13. Juni 1939, Nr. 160, S. 4 (F. Schneider); Frankfurter Zeitung 16. Juli 1939 (K. Voßler); Ver-

gangenheit und Gegenwart 29 11/12, S. 617 (W. Engel); Neue Zürcher Zeitung Nr. 2200 vom 28. 12. 1939 und Nr. 2206 vom 29. 12. 1939 (A. Ribi); dazu Erwiderung Neue Zürcher Zeitung 5. 1. 1940, Nr. 18 Morgenausgabe, Blatt 2 (W. v. Wartburg).]

174. Problèmes relatifs aux mots romans d'origine germanique. (1. Anc. fr. *homlon*, fr. *houblon*. 2. Fr. *randonnée*, liég. *randî* et congénères. 3. Noms d'oiseaux d'origine francique). In: Mél. Haust 1939, 421–427.

175. Die fränkische Siedlung in Nordfrankreich im Spiegel der Ortsnamen. In: ZrP 59 (1939) 284–301.
[Rez.: AnS 177 (1940) 63 (G. Rohlfs).]

176. Die burgundischen Wörter im Frankoprovenzalischen. In: ZrP 59 (1939) 302–307.
[Rez.: VRo 5 (1940) 296–298 (J. Jud.)]

177. *BERTOLDI, V.: Contatti e conflitti di lingue nell'antico Mediterraneo. In: ZrP 57 (1937) 137–169. [ZrP 59 (1939) 356.]

178. *BRINKMANN, W.: Bienenstock und Bienenstand in den romanischen Ländern. Mit 57 Photos, 9 Tafeln und 4 Karten. Hamburg 1938. 200 S. = Hamburger Studien zu Volkst. u. Kultur d. Romanen, 30. [ZrP 59 (1939) 248–251.]

179. *IORDAN, I.: An introduction to Romance linguistics, its schools and scholars. Revised, translated and in parts recast by JOHN ORR. London 1937. XI, 403 S. [ZrP 59 (1939) 108–109.]

180. *MENÉNDEZ PIDAL, R.: Das Spanien des Cid. 2 Bde. München 1936–1937. [ZrP 59 (1939) 120–121.]

181. *SCHORTA, A.: Lautlehre der Mundart von Müstair (Münster, Kt. Graubünden), mit Ausblicken auf die sprachlichen Verhältnisse des inneren Münstertals. Diss. Zürich. Zürich–Leipzig 1938. = Romanica Helvetica, ser. ling. vol. VII. XVI, 152 S., 1 Kt. [ZrP 59 (1939) 251–255.]

182. *STEFFEN, M.: Die Ausdrücke für Regen und Schnee im Französischen, Rätoromanischen und Italienischen. Diss. Bern. Zürich 1935. VIII, 158 S. [ZrP 59 (1939) 411 f.]

183. *Archivum Romanicum. Vol. XXI, 1937. [ZrP 59 (1939) 360–363.]

184. *Archiv für das Studium der neueren Sprachen. 171. Band, 1937. 172. Band, 1938. [ZrP 59 (1939) 355–356.]

185. *Les Dialectes belgo-romans; revue trimestrielle p. p. „Les Amis de nos Dialectes", compagnie d'études linguistiques et littéraires belgoromanes. Tome I, nº. 1. Bruxelles 1937. [ZrP 59 (1939) 367–368.]

186. *L'Italia Dialettale, rivista di dialettologia italiana diretta da CLEMENTE MERLO e pubblicata sotto gli auspici della R. Scuola Normale Superiore; anno XIII, vol. XIII. Pisa 1937. [ZrP 59 (1939) 382–384.]

187. *Romania, p. p. Mario Roques. Tome LXIII. 1937. [ZrP 59 (1939) 391–398.]

188. *Studi Italiani di Filologia Classica. N. S. vol. XIII (1936). [ZrP 59 (1939) 403.]

189. *Studier i modern Språkvetenskap utgivna av Nyfilologiska Sällskapet i Stockholm XIII. Uppsala 1937. [ZrP 59 (1939) 400–401.]

190. *Vox Romanica. Annales Helvetici explorandis linguis romanicis destinati. Herausgeber J. JUD und A. STEIGER. Zürich–Leipzig; Paris. 1. Band, Nr. 2. 2. Band. [ZrP 59 (1939) 406–413.]

1940

191. Entstehung und Wesen der mehrsprachigen Schweiz. (Vortrag, gehalten im Schweizerverein Leipzig). In: Schweizerische Monatshefte 20 (1940) 8–17.
Übersetzung: Origines et raison d'être de la Suisse, pays aux divers langages. In: Von Sprache und Mensch (1956), S. 11–22.

192. The localization of the Capitulare de Villis. In: Speculum 15 (1940) 87–90. 1 Kte. [Aus dem Dt. übersetzt von Mr. William Roach (Catholic University of America, Washington, D. C.).]
[Rez.: AnS 178 (1940) 154 (G. Rohlfs); VRo 5 (1940) 290–294 (J. Jud).]

193. La posizione della lingua italiana. Firenze 1940. 98 S. = Biblioteca del Leonardo, 13. [Enth.: Origine e vicende dello spazio della lingua italiana. S. 7–29. – Dal latino all'italiano. S. 31–46. – Italiano e toscano. S. 47–73. – Caratteristica comparativa dell'italiano e del francese. S. 75–98.] [Vgl. 130.]
[Rez.: AnS 178 (1941) 160 (G. Rohlfs); RoR 32 (1941) 109–114 (Pei); Il Giornale d'Italia 29. 2. 1940, p. 3 (G. Bellonci „Bellezza della lingua italiana"; s. auch Helmut A. Hatzfeld: A critical bibliography of the new stylistics applied to the Romance literatures (1900–1952), 1953, S. 222.]

194. *Bertoni, G., Ugolini, F. A.: Prontuario di pronunzia e di ortografia. E. I. A. R. 1939. 414 S. [ZrP 60 (1940) 413.]

195. *Bosshard, H.: Saggio di un glossario dell'antico lombardo. Compilato su statuti e altre carte medievali della Lombardia e della Svizzera Italiana. Firenze 1938. 356 S. = Bibl. dell' Arch. Roman. II, 23. [ZrP 60 (1940) 298f.]

196. *Dicziunari Rumantsch Grischun, publ. da la Società Retorumantscha, fundà da R. de Planta e F. Melcher. Redacziun: Ch. Pult ed A. Schorta. 1. Faschicul: A-ademplat, Cuoira 1938. IV, 96 S. Mit 2 Ktn. [ZrP 60 (1940) 268–271.]

197. *Heussler, F.: Hyperkorrekte Sprachformen in den Mundarten der französischen Schweiz und in andern Sprachgebieten. Zürich 1939. 91 S. = Romanica Helvetica 11 [ZrP 60 (1940) 296f.]

198. *Levy, R.: Répertoire des lexiques du vieux français. New York, London 1937. X, 65 S. [ZrP 60 (1940) 97f.]

199. *Marzell, H.: Wörterbuch der deutschen Pflanzennamen, mit Unterstützung der Preußischen Akademie der Wissenschaften bearbeitet, unter Mitwirkung von Wilhelm Wissmann, Leipzig 1937/38. Lfg 2–3. Agriopyrum – Asparagus. Spalten 145 bis 464. [ZrP 60 (1940) 297.]

200. *Chroniques de Jean Molinet, p. p. Georges Doutrepont et Omer Jodogne. 3 tomes. Bruxelles 1935–1937. Académie Royale de Belgique; Classe des Lettres et des Sciences morales et politiques; Collection des anciens auteurs belges. [ZrP 60 (1940) 98–99.]

201. *Sella, P.: Glossario latino emiliano; con prefazione di Giulio Bertoni. Città del Vaticano 1937. XXIV, 407 S. [ZrP 60 (1940) 298.]

202. *Vidos, B. E.: Storia delle parole marinaresche italiane passate in francese. Contributo storico-linguistico all'espansione della lingua nautica italiana. Firenze 1939. XIII, 698 S. u. 26 S. Taf. = Bibl. dell'Arch. Roman. II, 24. [ZrP 60 (1940) 299f.]

203. *Walde, A.: Lateinisches etymologisches Wörterbuch. 3. neubearb. Aufl. von J. B. Hofmann, Heidelberg 1938. 1. Band: A–L. XXXIV, 872 S. [ZrP 60 (1940) 297f.]

204. *Archivum Romanicum XXII (1938). [ZrP 60 (1940) 530–534.]

205. *Archiv für das Studium der neueren Sprachen, hrsg. von A. Brandl und G. Rohlfs. Bd 173 (1938). Bd 174 (1938). [ZrP 60 (1940) 528–530.]

206. *Romania. LXIV (1938). [ZrP 60 (1940) 550–555.]

207. *Vox Romanica. 3. Band. 1938. [ZrP 60 (1940) 563–568.]

1941

208. Der Aufstieg der Literatursprachen. In: ZdG 3 (1941) 250–263.

209. Autour d'un article du „Französisches Etymologisches Wörterbuch" [grappe]. In: MP 38 (1940/41) 251–266.
210. Die Eigenart des französischen Sprachbaues und ihre historischen Grundlagen. In: Sonntagsblatt der Basler Nachrichten. 26. 1. 1941.
211. Flaubert als Gestalter. In: Dt. Vierteljahrsschr. f. Literaturwiss. u. Geistesgeschichte 19 (1941) 208–217.
Übersetzung: Flaubert, créateur de formes. In: Von Sprache und Mensch (1956) S. 219–228.
212. Les origines des peuples romans. Trad. p. C. Cuénot de Maupassant. Paris 1941. VII, 212 S. (5 cartes, 18 croquis géogr. et une planche). [Vgl. 173; 321; 433.]
[Rez.: FM 10 (1942) 65–71 (R.-L. Wagner); RHist 193 (1942/43) 229f. (A. G.); Rbph 22 (1943) 282–286 (F. L. Ganshof); Erasmus 1 (1947) 138–144 (Delbouille). – Devoto, G.: Alle origini delle nazioni romanze. Scientia 37 (1943) 107–115. – Merlo, C.: La Francia linguistica odierna e la Gallia di Giulio Cesare. RAlta VII 2 (1940) 63–73. – Merlo, C.: L'Italia linguistica odierna e le invasioni barbariche, RAlta VII 3 (1941) 63–72.]
213. Les pronoms sujets en français. In: RFE 25 (1941) 465–477.
214. *Premier Congrès international de toponymie et d'anthroponymie. Actes et mémoires. Paris, Institut de Phonétique de l'Université de Paris 1939. 287 S. [ZrP 61 (1941) 158 bis 160.]
215. *Cressot, M.: La phrase et le vocabulaire de J.-K. Huysmans. Contribution à l'histoire de la langue française pendant le dernier quart du XIXe siècle. Paris 1938. XIII, 604 S. [ZrP 61 (1941) 387–392.]
216. *Devoto, G.: Storia della lingua di Roma. Bologna 1940. 429 S. 15 Taf. u. Ktn. = Ist. di Studi Romani, Storia di Roma, 23. [ZrP 61 (1941) 144–148.]
217. *Duraffour, A.: Lexique patois-français du parler de Vaux-en-Bugey (1919–1940). Grenoble 1941. XII, 371 S. [ZrP 61 (1941) 407–408.]
218. *Grisch, M.: Die Mundart von Surmeir (Ober- und Unterhalbstein). Beitrag zur Kenntnis einer rätoromanischen Sprachlandschaft. Zürich 1939. 296 S. 1 Kte. = Romanica Helvetica 12. [ZrP 61 (1941) 371–375.]
219. *Hall, R. A.: Bibliography of Italian linguistics. Baltimore, Linguistic Society of America 1941. 543 S. [ZrP 61 (1941) 361–363.]
220. *Die Römische Schweiz. Texte und Inschriften mit Übersetzung. Hrsg. v. Ernst Howald und Ernst Meyer, Zürich (1941) XVI, 415 S., 3 Taf., 1 Kte. [ZrP 61 (1941) 405–406.]
221. *Malagoli, G.: Vocabolario pisano. Firenze, R. Acc. della Crusca 1939. 475 S. (Vocabolari e glossari pubblicati dalla R. Accademia della Crusca). [ZrP 61 (1941) 406ff.]
222. *Mayer, G.: Lexique des œuvres d'Adam de la Halle, Paris 1940. 199 S. [ZrP 61 (1941) 407.]
223. *Maistre Nicole Oresme, Le Livre de Ethiques d'Aristote, published from the text of MS. 2902, Bibliothèque Royale de Belgique, with a critical introduction and notes, by Albert Douglas Menut. New York 1940. XI, 547 S. [ZrP 61 (1941) 569–572.]
224. *Trübners Deutsches Wörterbuch. Im Auftrage der Arbeitsgemeinschaft für deutsche Wortforschung hrsg. von Alfred Götze. Berlin 1937ff. Lfg 5–29. [ZrP 61 (1941) 405.]
225. *Usteri, R.: Croquis de la vie des femmes au Pays d'Enhaut (Ct. de Vaud). Romanica Helvetica vol. 15. Zürich/Leipzig/Paris 1940. XXXVI, 126 S. [ZrP 61 (1941) 408–409.]

1942

226. Nochmals zur Lokalisierung des Capitulare de Villis. In: ZrP 62 (1942) 342—346.
227. *Reale Accademia d'Italia, Vocabolario della lingua italiana. Pref. di L. FEDERZONI. Vol. I: A—C. Milano 1941. XXIV, 979 S. [ZrP 62 (1942) 128—130.]
228. *CARNOY, A.: Dictionnaire étymologique du nom des communes de Belgique, y compris l'étymologie des principaux noms de hameaux et de rivières. 2 Bde. Louvain 1939, 1940. 666 S. [ZrP 62 (1942) 132f.]
229. *DE SANCTIS, FR.: Geschichte der italienischen Literatur. Hrsg. vom Deutsch-Italienischen Kulturinstitut Petrarca-Haus. Mit Einleitung von FRITZ SCHALK. Band I: Von den Anfängen bis zur Renaissance. Stuttgart 1941. XXX, 624 S. [ZrP 62 (1942) 542—543.
230. *FRINGS, TH.: Das Wort „Deutsch". In: Altdeutsches Wort und Wortkunstwerk. G. Baesecke zum 65. Geburtstag. Halle 1941. S. 46—82. [ZrP 62 (1942) 130—132.]
231. *PAIVA BOLÉO, M. DE: Os nomes dos dias da semana em português. Coimbra (1941). 68 S. [ZrP 62 (1942) 133.]
232. *WEISGERBER, J. L.: *Theudisk*; der deutsche Volksname und die westliche Sprachgrenze. Marburger Universitätsreden Nr. 5. Marburg 1940. 61 S. [ZrP 62 (1942) 130—132.]
233. *Archivum Romanicum. XXIII (1939). XXIV (1940). [ZrP 62 (1942) 149—158.]
234. *Archiv für das Studium der neueren Sprachen, hrsg. von A. BRANDL u. G. ROHLFS. 174.—178. Band (1938—1941). [ZrP 62 (1942) 147—149.]
235. *Bulletin de la Commission Royale de Toponymie et Dialectologie. XIII.—XV. (1939—1941). [ZrP 62 (1942) 158—161.]
236. *Studia Neophilologica. A Journal of Germanic and Romanic philology, ed. by J. MELANDER. Uppsala. Vol. XII. XIII. [ZrP 62 (1942) 199—200.]
237. *Studier i Modern Språkvetenskap, utgivna av Nyfilologiska Sällskapet i Stockholm. Uppsala. Bd 14 (1940). [ZrP 62 (1942) 201.]
238. *Zeitschrift für französische Sprache und Literatur. LXII (1939). LXIII (1940). [ZrP 62 (1942) 215—224.]
239. *Vox Romanica. Bd 4 (1939). Bd 5 (1940). [ZrP 62 (1942) 208—215.]

1943

240. Einführung in Problematik und Methodik der Sprachwissenschaft. Halle 1943. VIII, 209 S. [Vgl. 322; 414; 420; 438; 439; 443.]
[Rez.: VRo 7 (1943/44) 277—286 (K. Jaberg); AnS 184 (1944) 65 (G. Rohlfs); Bol. Bibliogr. 12 (1944) 44—46 (H. Janner); Emerita 12 (1944) 394—399 (A. Magariños); LgrP 65 (1944) 1—15 (J. Brüch); M 51 (1944) 49—51 (J. de Vries); Rbph 23 (1944) 320—328 (G. de Poerck, E. Legros); RF 58 (1944) 158—168 (B. Malmberg); ZrP 64 (1944) 400—405 (M. L. Wagner); BInst 11/12 (1944/45) 498—506 (G. Ivănescu); NM 46 (1945) 108—112 (E. Öhmann); StN 18 (1945/46) 288—290 (Liljegren); Rfe 30 (1946) 124—138 (A. Badía Margarit); Levende Talen 1944, 36 (Feringa); BTDial 18 (1944) 482; 19, 180; BSLP 422, 5 (Cohen); CultNeol 3 (1943) 309 (B. Migliorini); GRM 30 (1942) 222 (F. R. Schröder); IF 59, 2 (1948) 212—214 (Hermann); Lychnos 1943, 349—351 (Collinder); Sonntagsblatt der Basler Nachrichten 37. Jg., 1943, 13. 6., Nr. 24, S. 93—94 (Fr. Ranke: Vom Fortschreiten der Sprachwissenschaft. Zu Walther von Wartburgs neuem Buch).] [Zur Stellung Wartburgs in den Fragen der allgemeinen

Sprachwissenschaft s. noch: FLASCHE, H.: „Prinzipien der modernen Sprachwissenschaft (Walther von Wartburg)". Romania (Mainz 1949), 3—36.]

241. Probleme germanisch-galloromanischer Wortbeziehungen. In: Festschrift J. Jud, 1943. S. 329—338 mit 5 Ktn.
[Rez.: Ro 67 (1942/43) 533—534 (M. Roques); RPF 1 (1947) 248f. (J. M. Piel).]

242. Rätoromanische Renaissance. Zur Ausgabe der Werke von Gian Fontana. 5 Bde. Chur 1940—1943. In: Basler Nachrichten, 1. Beilage zu Nr. 110, 21. 4. 1943.

243. *Arte Popolare Valdostana; Catalogo Generale della Mostra di Arte Popolare a cura di GIULIO BROCHEREL. O. N. D. Comitato Nazionale Italiano per le Arti Popolari. Roma 1937. 248 S. [ZrP 63 (1943) 219—220.]

244. *Le Arti e le Tradizioni Popolari d'Italia. [ZrP 63 (1943) 212—214.] Bespricht: GIULIO FARA, L'anima della Sardegna; la musica tradizionale. Udine 1940. 191 S. — VALENTINO OSTERMANN: La vita in Friuli; usi, costumi, credenze popolari. 2a ed. riordinata, riveduta e annotata da GIUSEPPE VIDOSSI. 558 S. in 2 Bdn. Udine 1940. — F. BALILLA PRATELLA: Etnofonia di Romagna. Udine 1938. 255 S. — GIOVANNI GIANNINI: La poesia popolare a stampa nel secolo XIX; prefazione di LUIGI SORRENTO. XXIII, 769 S. in 2 Bdn. Udine 1938. — F. BALILLA PRATELLA: Primo documentario per la storia dell'etnofonia in Italia. Udine 1941. 562 S. in 2 Bdn.

245. *BRÜCH, J.: Die Anglomanie in Frankreich. Stuttgart—Berlin 1941. 102 S. [ZrP 63 (1943) 215—216.]

246. *CABONI, A.: Antiche rime italiane tratte dai Memoriali bolognesi. Istituto di Filologia Romanza della R. Università di Roma; „Testi e Manuali", vol. 23. Modena 1941. 130 S. [ZrP 63 (1943) 430—431.]

247. *COMPARETTI, D.: Virgilio nel Medio Evo; nuova edizione a cura di GIORGIO PASQUALI. Firenze. 2 Bde. XXXIV, 293 S.; 328 S. [ZrP 63 (1943) 224.]

248. *DANTE ALIGHIERI: Rime, a cura di GIANFRANCO CONTINI. Torino 1939. 242 S. [ZrP 63 (1943) 431—432.]

249. *Dicziunari Rumantsch Grischun publichà da la Società Retorumantscha cul agüd da la Confederaziun, dal Cantun Grischun e da la Lia Rumantscha, fundà da ROBERT DE PLANTA e FLORIAN MELCHER; Redacziun: CHASPER PULT e ANDREA SCHORTA; 2.—6. Faschicul, *ademplat* — *arader*. Cuoira 1939—1941. [ZrP 63 (1943) 209 bis 212.]

250. *GIL VICENTE: Tragicomedia de Don Duardos, editada por DÁMASO ALONSO; vol. I. Texto, estudios y notas. Consejo Superior de Investigaciones Científicas; Instituto Antonio de Nebrija. Biblioteca Hispano-Lusitana I. Madrid 1942. 329 S. [ZrP 63 (1943) 434—436.]

251. *HAUST, J.: Causerie sur le parler gaumais. Extr. du „Pays gaumais" 3e année, Janvier-Mars 1942. [ZrP 63 (1943) 219.]

252. *MAES, L.: Notre patois, lexique. Mouscron (1941). 84 S. [ZrP 63 (1943) 219.]

253. *Médicinaire liégeois du XIIIe siècle et Médicinaire namurois du XVe (manuscrits 815 et 2769 de Darmstadt) édités par JEAN HAUST. Académie Royale de Langue et de Littérature françaises de Belgique; Textes anciens, tome IV. Bruxelles-Liège 1941. 216 S. [ZrP 63 (1943) 217—219.]

254. *Mélanges offerts à M. JEAN DUFOUR. Montbrison, au Siège de la Diana, 1940 (auch: Bulletin de la Diana, t. XXVII, nº. 4). 93 S. [ZrP 63 (1943) 220).]

255. *MENARINI, A.: I gerghi bolognesi. Modena 1942. 165 S. (Istituto di Filologia romanza della R. Univ. di Roma, Studi e testi). [ZrP 63 (1943) 215.]

256. *MONTEVERDI, A.: Testi volgari italiani dei primi tempi. Istituto di Filologia Ro-

manza della R. Univ. di Roma. Testi e manuali a cura di GIULIO BERTONI, n⁰. 24. Modena 1941. 132 S. [ZrP 63 (1943) 212.]

257. *A Bibliographical Guide to materials on American Spanish. Edited for the Comittee on Latin American Studies of the American Council of learned Societies, by MADALINE W. NICHOLS. Cambridge-Massachusetts, Harvard University Press 1941. XII, 114 S. [ZrP 63 (1943) 220—221.]

258. *Le Chant du Roussigneul, poème allégorique du XIVe siècle, p. p. E. WALBERG. Lunds Universitets Årsskrift. NF Avd. 1. Bd 37. Nr. 7. Lund-Leipzig (1942). 62 S. [ZrP 63 (1943) 434.]

259. *SAPEGNO, N.: Compendio di storia della letteratura italiana. Vol. 1, 3a ed.; vol. 2, 2a ed. Firenze 1941, 1942, 377 S.; 604 S. [ZrP 63 (1943) 430.]

260. *Archiv für das Studium der neueren Sprachen, begr. von LUDWIG HERRIG, hrsg. von WILHELM HORN u. GERHARD ROHLFS. 179. Bd, 180. Bd, 181. Bd [ZrP 63 (1943) 438 bis 439.]

261. *Studi Danteschi, diretti da MICHELE BARBI. Vol. 25. Firenze 1940. 223 S. [ZrP 63 (1943) 468—469.]

262. *Studia Neophilologica. A Journal of germanic and romanic philology, ed by J. MELANDER. Uppsala. Vol. XV. [ZrP 63 (1943) 466—468.]

263. *Zeitschrift für französische Sprache und Literatur. LXIV (1942). [ZrP 63 (1943) 477 bis 480.]

1944

264. Mistrals Tresor dóu Felibrige und die romanische Sprachwissenschaft. In: ZrP 64 (1944) 569—572. [Darin S. 572 unten Bemerkungen zu Vauchelet, A., Tous les patois des Ardennes. Vieux langages et vieilles choses. Préface de Ch. Bruneau. Charleville, édit. de la Soc. des Ecriv. Ard. 1940. 270 S.]

265. Umfang und Bedeutung der germanischen Siedlung in Nordgallien im 5. und 6. Jahrhundert. (Sprachliches, Ortsnamen, Ausgrabungen). In: Schweiz. Beitr. zur allg. Geschichte 2 (1944) 17—42. Mit 5 Kartenskizzen.

266. *Anseys de Mes, according to Ms. N (Bibliothèque de l'Arsenal 3143). Text, published for the first time in its entirety, with an introduction, by HERMAN J. GREEN. 458 S. Paris 1939. [ZrP 64 (1944) 187—188.]

267. *CASARES. J.: Diccionario ideológico de la lengua española. Barcelona 1942. LXXI, 597 u. 1124 S. [ZrP 64 (1944) 422—425.]

268. *DE SANCTIS, FRANCESCO: Geschichte der italienischen Literatur. Bd II: Von der Spätrenaissance bis zur Romantik. Stuttgart (1943). Kröners Taschenausgabe Bd 157. [ZrP 64 (1944) 179.]

269. *Il Diatesseron in volgare italiano; testi inediti dei secoli XIII—XIV, pubblicati a cura di Prof. VENANZIO TODESCO, P. ALBERTO VACCARI, SJ, e Mons. MARCO VATTASSO. Studi e Testi pubblicati per cura degli scrittori della Biblioteca Vaticana e degli Archivisti dell' Archivio Segreto, 81. Città del Vaticano 1938. VII, 383 S. [ZrP 64 (1944) 180—181.]

270. *DURAFFOUR, A.: Lexique patois-français du parler de Vaux-en-Bugey (Ain) (1919 bis 1940). Index, édité par Marguerite Gonon. Grenoble 1942. 116 S. [ZrP 64 (1944) 177.]

271. *Girart de Rossillon, poème bourguignon du XIVe siècle, publié par EDWARD BILLINGS HAM. New Haven, Yale University Press 1939. 457 S. [ZrP 64 (1944) 184—185.]

272. *HURDUBEȚIU, I.: Die Deutschen über die Herkunft der Rumänen (von Johann Thunmann bis Ernst Gamillscheg). Breslau 1944. 80 S. [ZrP 64 (1944) 433.]

273. *Iordan, I.: Limba romînă actuală o gramatică a „greşelilor". Iaşi 1943. 557 S. [ZrP 64 (1944) 433.]

274. *Krahe, H.: Indogermanische Sprachwissenschaft. Sammlung Göschen Bd 59. Berlin 1943. 134 S. [ZrP 64 (1944) 171.]

275. *Maissen, A.: Werkzeuge und Arbeitsmethoden des Holzhandwerks in Romanisch Bünden. Die sachlichen Grundlagen einer Berufssprache. Romanica Helvetica vol. 17. Erlenbach–Zürich/Genève 1943. LVIII, 277 S. [ZrP 64 (1944) 176–177.]

276. *Marzell, H.: Wörterbuch der deutschen Pflanzennamen, mit Unterstützung der Preußischen Akademie der Wissenschaften bearbeitet, unter Mitwirkung von Wilhelm Wissmann. Lfg 4–5, 8–9. Leipzig 1939–1943. [ZrP 64 (1944) 172–173.]

277. *Menéndez Pidal, G.: Atlas Histórico Español. Editora Nacional 1941 (Barcelona). [ZrP 64 (1944) 435–436.]

278. *Menéndez Pidal, R.: Manual de gramática histórica española. 6a edición corregida y aumentada. Madrid 1941. VII, 369 S. [ZrP 64 (1944) 177–179.]

279. *Niccolò da Casola, La Guerra d'Attila, con introduzione, testo, note e glossario di Guido Stendardo. Istituto di Filologia Romanza della R. Univ. di Roma; Studi e Testi. Modena 1941. 2 Bde. XLI, 429 S.; 473 S. [ZrP 64 (1944) 179–180.]

280. *Panzini, A.: Dizionario moderno. Le parole che non si trovano negli altri dizionari. 8a ed., postuma, a cura di A. Schiaffini e B. Migliorini. Milano 1942. XI, 896 S. [ZrP 64 (1944) 175f.]

281. *Das altfranzösische Rolandslied nach der Oxforder Handschrift. Hrsg. von A. Hilka, 2. verb. Aufl., besorgt von G. Rohlfs. Halle 1942. XV, 138 S. [ZrP 64 (1944) 185.]

282. *Scheuermeier, P.: Bauernwerk in Italien, der italienischen und rätoromanischen Schweiz. Eine sprach- und sachkundliche Darstellung landwirtschaftlicher Arbeiten und Geräte. Mit 427 Holzschnitten und Zeichnungen von P. Boesch u. 331 Photographien. Erlenbach–Zürich 1943. XIII, 317 S. [ZrP 64 (1944) 433–435.]

283. *Trübners Deutsches Wörterbuch. Im Auftrage der Arbeitsgemeinschaft für deutsche Wortforschung hrsg. von Alfred Götze. Berlin 1938–1942. Lfg 5–40. [ZrP 64 (1944) 171–172.] [Vgl. 400a.]

284. *Ugolini, F. A.: Testi antichi italiani. Torino (1942). XIV, 181 S. [ZrP 64 (1944) 173–174.]

285. *La Vida de Sant Honorat, poème provençal de Raimond Feraud; publié d'après tous les manuscrits par Ingegärd Suwe. I. Uppsala 1943. CXLVII, 245 S. [ZrP 64 (1944) 188–189.]

286. *Walberg, E.: Sur un mot français d'origine nordique; encore une fois bruman. Reprinted from Studia Neophilologica 16, 39–49. [ZrP 64 (1944) 177.]

1945

287. *Rüegg, A.: Die Jenseitsvorstellungen vor Dante und die übrigen literarischen Voraussetzungen der „Divina Commedia". Ein quellenkritischer Kommentar. Bd 1.2. Einsiedeln–Köln 1945. 463 S., 380 S. [Sonntagsbeilage der National-Zeitung Basel Nr. 214 (13. Mai 1945).]

1946

288. Evolution et structure de la langue française. 3e éd., revue et augmentée. Bibliotheca Romanica edendam curat W. v. Wartburg. Series prima: Manualia et commentationes, I. Berna (1946). X, 321 S.
[Rez.: AnS 186 (1949) 181 (G. Rohlfs); RF 61 (1948) 128–139 (H. Lausberg); Paideia 2 (1947) 116–117 (V. Pisani); Erasmus 1 (1947) 741–743 (Woledge); Basler Nachrichten,

Sonntagsblatt Nr. 17, 40. Jg. 28. April 1946, S. 67 (K. Pernoux: „Das Buch von der französischen Sprache"); ALing 1 (1949) 85—86 (S. Ullmann); FR 22 (1948/49) 60—61 (M. E. Porter); s. auch Helmut A. Hatzfeld: A critical bibliography of the new stylistics applied to the Romance literatures (1900—1952). 1953, S. 219.]

289. Problèmes et méthodes de la linguistique. Trad p. P. Maillard. Paris 1946. VIII, 214 S. [Rez.: FM 15 (1947) 312—314 (A. Dauzat); MLR 42 (1947) 513—514 (Ullmann); QCri 8 (1947) 80—82 (B. Croce); RLR 69 (1940—1947) 375—378 (J. Bourciez); MP 44 (1947) 280—281 (Dillon); Rev. des Etudes Latines 1947, 387—388 (Marouzeau); BTDial 21 (1947) 185 (E. Legros); Erasmus 1 (1947) 144—149 (Delbouille); Rbph 26 (1948) 576—578 (Leroy); Neophilologus 32 (1948) 187 (Sneyders de Vogel); REA 50 (1948) 356 (Lejeune); AL 4 (1944 [1948]) 45—48 (Frei); BSL 44 (129) (1947—1948) 8—12 (Vendryes); ČMF 30 (1946—1947) 231 (Polák); s. auch Helmut A. Hatzfeld: A critical bibliography of the new stylistics applied to the Romance literatures (1900 bis 1952). 1953, S. 219.]

290. Raccolta di testi antichi italiani, a cura di W. v. Wartburg. Bibliotheca Romanica, edendam curat W. v. Wartburg, series altera: Scripta Romanica selecta, I. Berna (1946). 150 S.
[Rez.: ZrP 66 (1950) 232—233 (H. Lausberg); AnS 185 (1948) 182 (G. Rohlfs); RF 61 (1948) 161—162 (R. Hallig); Antiquitas II—V, 1947—1950 [1951] 243—244 (F. Coco); Paideia 1 (1946) 164 (V. Pisani); Italica 24 (1947) 355—356 (R. A. Hall); Gsli 126 (1949) 320 (G. Vidossi); DL 71 (1950) 303—304 (H. Rheinfelder); StM 17 (1951) 144 bis 147 (F. A.).]

1947

291. La palabra y su ambiente. In: Escorial 18, fasc. 55 (1947) 307—335 (Vorabdruck aus Nr. 322).

292. Wartburg, W. v., et Zumthor, P.: Précis de syntaxe du français contemporain. Bibliotheca Romanica, series I, vol. 2. Berna (1947). VIII, 356 S. [Vgl. 399.]
[Rez.: Paideia 3 (1948) 89—90 (V. Pisani); AnS 186 (1949) 181 bis 182 (G. Rohlfs); RF 61 (1948) 159—161 (H. Lausberg); Levende Talen 1948, 233 (Baardman); MLR 43 (1948) 271—272 (J. R. Reid); BSLP 44 (129) (1947—1948) 83—85 (Gougenheim); Erasmus 2 (1948) 93—95 (A. Henry); Philologica 4 (1949) 25 (J. Dubský); RoR 40 (1949) 156f. (L. P. G. Peckham); StN 21 (1948) 85—87 (H. Nilsson-Ehle); AGl 35 (1950) 170—174 (A. Trigiani); NM 51 (1950) 109f. (V. Väänänen); Rbph 28 (1950) 202—205 (G. de Poerck); VRo 11 (1950) 282—288 (A. Henry); ALing 2 (1950) 81 bis 89 (M. Sandmann).]

1949

293. Evolution et structure de la langue française. 4e éd. Bibliotheca Romanica edendam curat W. v. Wartburg. Series prima: Manualia et commentationes, I. Berna (1949). X, 321 S.

294. Los nombres de los días de la semana. In: RFE 33 (1949) 1—14. Neubearb. Übersetzung: Les noms des jours de la semaine dans les langues romanes. In: Von Sprache und Mensch (1956), S. 45—60.
[Rez.: VRo 11 (1950) 354—357 (H. Bruppacher); AnS 188 (1951) 161 (o. N.); Ro 72 (1951) 224—226 (A. Henry).]

295. *Brunot, F.: Histoire de la langue française des origines à 1900. Tome X. La langue classique dans la tourmente. Première partie: Contact avec la langue populaire et la

langue rurale. Paris 1939. VIII p,. p. 1—580. — Deuxième partie: Le retour à l'ordre et à la discipline. Paris 1943. XVI p., p. 581—935. [ZrP 65 (1949) 253—256.]

296. *Müller-Hauser, M.-L.: La mise en relief d'une idée en français moderne. Romanica Helvetica, vol. 21. Genève et Erlenbach—Zürich 1943. 291 S. [ZrP 65 (1949) 485—488.]

297. *Nardin, P.: La langue et le style de Jules Renard. Paris 1942. 351 S. [ZrP 65 (1949) 488—489.]

298. *Sandfeld, Kr.: Syntaxe du français contemporain. III. L'infinitif. Copenhague—Paris 1943. 540 S. [ZrP 65 (1949) 484—485.]

1950

299. Die Ausgliederung der romanischen Sprachräume. Bern 1950. Bibliotheca Romanica I, 8. X, 158 S., 18 Ktn.
[Rez.: Erasmus 4 (1951) 75—81 (F. Desonay); Lg 27 (1951) 188—192 (E. Pulgram); M 56 (1951) 139—141 (L. Kukenheim); MLR 46 (1951) 503—505 (J. Orr); N 35 (1951) 167 (P. Zumthor); RoR 42 (1951) 230—235 (R. L. Politzer); Sp 26 (1951) 548 bis 550 (U. T. Holmes); NM 53 (1952) 389—392 (V. Väänänen); RF 64 (1952) 160 bis 166 (H. Lausberg); AnS 189 (1953) 246—247 (G. Rohlfs); BTDial 25 (1951) 232 (E. Legros); Archivum Linguisticum 3 (1951) 86—88 (S. Ullmann); BSLP 47 (1951) 110—116 (R.-L. Wagner); Word 7 (1951) 73—76 (A. Martinet); Symposium 5 (1951) 377—381 (G. Bonfante); ASN Pisa 20 (1951) 255—271 (T. Bolelli); DBR 8 (1950/51) 54—57 (A. Henry); LN 12 (1951) 56; Norsk Tidsskrift for Sprogvidenskap 16 (1952) 456—458 (A. Sommerfelt); Rev. belge de philologie et d'histoire 30 (1952) 206—208 (L. Mourin); StNeoph 25 (1952) 206—208 (B. Hasselrot); Paideia 6 (1951) 159—161 (V. Pisani); Convivium 11 (1951) 456—458 (L. H.); MA 61 (1955) 207—210 (M. Delbouille); Lingua 7 (1957) 110 (P. Zumthor); Neue Zürcher Zeitung 10. 2. 1951 (Walter Stehli); National-Zeitung Basel, Sonntagsbeilage Nr. 33, 21. 1. 1951 (mn.); s. auch: M.-L. Wagner: Pro domo. In: RF 64 (1952) 416—420 und s. noch Nr. 335a.; 433.]

300. Umfang und Bedeutung der germanischen Siedlung in Nordgallien im 5. und 6. Jahrhundert im Spiegel der Sprache und der Ortsnamen. Berlin 1950. 34 S., 5 Kartenskizzen. (Dt. Akad. d. Wiss. zu Berlin, Vorträge und Schriften, H. 36.]
[Rez.: MLR 46 (1951) 503—505 (J. Orr); RF 64 (1952) 159f. (J. M. Piel); ZrP 66 (1950) 451 (T. Reinhard); BTDial 25 (1951) 228 (E. Legros); Archivum Linguisticum 3 (1951) 86—88 (S. Ullmann); The Germanic Review 26 (1951) 138—139 (C. F. Bayerschmidt); Zs. f. Phonetik 5 (1951) 130—131 (W. Mitzka); BN 3 (1951—1952) 222 (H. Rix); Niederdeutsches Jahrbuch 74 (1951) 139—140 (W. Foerste); Duitse Kroniek, Den Haag, Nr. 4, 2. Jg. Sept. 1950 (H. W. J. Kroes); Latomus 11 (1952) 116 (S. Y. de Laet).]

301. Altfranzösisch *bustin.* In: ZrP 66 (1950) 428—429.
[Rez.: BTDial 25 (1951) 247 (E. Legros).]

302. Lt. *stillicidium* im Galloromanischen. In: ZrP 66 (1950) 358—359. [s. Jud, J.: Sur l'histoire d'un mot solitaire des Vosges françaises (bressan *khtaussain*). Mél. Hoepffner (Paris 1950) 151—154.]

302a. Armino Janner, 1886—1949. Gedenkworte seiner Freunde und Schüler; Basel 1950, S. 3—9.

303. Bloch, O., et Wartburg, W. v.: Dictionnaire étymologique de la langue française. Préface d'A. Meillet. 2e éd. refondue par W. von Wartburg. Paris 1950. XXX, 651 S.
[Rez.: ZrP 68 (1952) 110—111 (H. Lausberg); AnS 188 (1951) 162 (G. Rohlfs); BF 9 (1948) 375—377 (L. F. Lindley Cintra); Archivum Linguisticum 2 (1950) 201—204 (S. Ullmann); BSLP 45, 2 (1949) 129—132 (G. Gougenheim); RPF 3 (1949/50) 409—411

(M. de Paiva Boléo); AGl 35 (1950) 69—73 (G. Vidossi); BTDial 24 (1950) 408 bis 410; 27 (1953) 173—174 (E. Legros); FM 18 (1950) 230—238 (R. Arveiller); RoJb 3 (1950) 130—169 (E. Lerch); VRo 11 (1950) 288—292 (J. Hubschmid); Rbph 30 (1952) 208—211 (A. Henry); CN 10 (1950) 116 (i. f.; Kurzanzeige).]

304. Casares, J.: Introducción a la lexicografía moderna. Prólogo de W. von Wartburg. Madrid 1950. XV, 354 S. [Prólogo S. IX—XII]
[Rez.: Lingua 3 (1953) 421—425 (R. Lapesa); BF 12 (1951) 358—385 (Manuppella); ZrP 71 (1955) 294—297 (K. Baldinger).]

305. *Almenberg, St.: L'ellipse et l'infinitif de narration en français. Thèse Uppsala 1942. 180 S. [ZrP 66 (1950) 234—235.]

306. *Asín Palacios, M.: Glosario de voces romances registradas por un botánico anónimo hispano-musulmán (siglos XI—XII). Madrid, Granada, C.S.I.C. 1943, LV, 420 S. [ZrP 66 (1950) 236.]

307. *Asín Palacios, M.: Contribución a la toponimía árabe de España. 2a ed. Madrid 1944. 155 S. (Publ. de las Escuelas de Estudios Arabes, B. 4). [ZrP 66 (1950) 237.]

308. *Battisti, C., Alessio, G.: Dizionario etimologico italiano. Vol. I: A-Ca. Firenze 1948—1950. XXXI, 818 S. [ZrP 66 (1950) 446f.]

309. *Bruppacher, H. P.: Die Namen der Wochentage im Italienischen und Rätoromanischen. Bern 1948. 234 S., 12 Ktn (Rom. Helv. 28). [ZrP 66 (1950) 220f.]

310. *Deprêtre, Flori, et le Dr R. Nopère: Petit dictionnaire du wallon du Centre (La Louvière et environs). La Louvière (1942). 298 S. [ZrP 66 (1950) 235.]

311. *Gili Gaya, S.: Tesoro Lexicográfico (1492—1726). C.S.I.C. Madrid 1947. [ZrP 66 (1950) 449—450.]

312. *Griera, A.: Tresor de la Llengua, de las Tradicions i de la Cultura popular de Catalunya. Bde I—VII. Barcelona 1935—1943. [ZrP 66 (1950) 235.]

313. *Haudricourt, A.-G., et Juilland, A.-G.: Essai pour une histoire structurale du phonétisme français. Paris 1949. XIV, 147 S. [ZrP 66 (1950) 376—378.]

314. *Deutsche Wortgeschichte, hrsg. von Friedrich Maurer und Fritz Stroh. 3 Bde. Berlin 1943. [ZrP 66 (1950) 233—234.]

315. *Migliorini, B., Duro, A.: Prontuario etimologico della lingua italiana. Torino 1949 bis 1950. XXIII, 628 S. [ZrP 66 (1950) 447f.]

316. *Zwei altfranzösische Reimpredigten, mit Benutzung der Ausgabe Hermann Suchiers neu herausgegeben von Walter Suchier. Halle 1949. [ZrP 66 (1950) 448 bis 449.]

317. *Vives, J.: Inscripciones cristianas de la España romana y visigoda. Barcelona 1941/42. 300 S., 20 Tafeln. [ZrP 66 (1950) 238.]

318. *Wagner, M. L.: Historische Lautlehre des Sardischen. Halle 1941. Beih. z. ZrP 93. XVI, 344 S. [VRo 6 (1941—1952) 349—353 (J. Jud); dazu ZrP 66 (1950) 205 (W.).]

319. *Bulletin de la Commission Royale de Toponymie et Dialectologie. Vol. XVII, 1943. 480 S. [ZrP 66 (1950) 206—208.]

320. *Vox Romanica, hrsg. von J. Jud und A. Steiger. Bd 6 (1941/42). 421 S. [ZrP 66 (1950) 202—206.]

1951

321. Die Entstehung der romanischen Völker. 2. neu bearbeitete Auflage. Mit 6 Kartenanlagen, 18 Kartenskizzen im Text und 1 Tafel. Tübingen 1951. 193 S. [Vgl. 173.]
[Rez.: Paideia 7 (1952) 135—138 (V. Pisani); RF 65 (1954) 168—171 (Jos. M. Piel);

BTDial 26 (1952) 354—355 (E. Legros); Gnomon 27 (1955) 128—129 (M. Gelzer); Rbph 31 (1953) 863—864 (L. Mourin).]

322. Problemas y métodos de la lingüística. Traducción de DÁMASO ALONSO y EMILIO LORENZO. Anotado para lectores hispánicos por Dámaso Alonso. Madrid 1951. (Consejo Superior de Investigaciones Científicas, „Instituto Miguel de Cervantes", Publicaciones de la Revista de Filología Española). XXIV, 421 S.
[Rez.: ZrP 68 (1952) 452—454 (M. Sandmann); Arbor 19 (1951) 173—175 (F. Lázaro); Emérita 20 (1952) 181—182 (M. F. Galiano); Universidad Pontificia Bolivariana, Medellín, 16 (1951) 422—423 (L. Jaramillo Vélez).]

323. Frings, Th., u. Wartburg, W. v.: Französisch und Fränkisch. 5. Anorm. *gerce*, aflandr. *germe*. 6. Franz. *gâche*, ndl. *gesp*. 7. Franz. *hart* „Strick, Strang, Weidenband", fränk. *hard* „Flachsfaser". 8. Franz. *hoder* „ermüden", fränk. **hoddôn* „quälen". 9. Franz. *heurter*, fränk. **hûrt* „Widder". In: ZrP 67 (1951) 167—173.
[Rez.: BTDial 25 (1951) 247 (E. Legros).]

324. Richthofen, E., Frhr. v., Wartburg, W. v., Niemeyer, H.: Erhard Lommatzsch zum fünfundsechzigsten Geburtstag. In: ZrP 67 (1951) 1—2.

325. Der Nationalfonds für wissenschaftliche Forschungen und die Geisteswissenschaften. In: Basler Nachrichten, 4. Dezember 1951, 1. Beilage zu Nr. 515.

326. Votum an der Generalversammlung der Vereinigung schweizerischer Hochschuldozenten in St. Gallen 1951 zum Vortrag von E. Böhler „Wissenschaft und Demokratie". In: Schweizerische Hochschulzeitung 24 (1951) 214—215.

327. *BOISACQ, E.: Dictionnaire étymologique de la langue grecque étudiée dans ses rapports avec les autres langues indo-européennes. 4e éd., augmentée d'un index par Helmut Rix. Heidelberg 1950. [ZrP 67 (1951) 354—355.]

328. *DIAZ Y DIAZ, M. C.: Antología del latín vulgar. Madrid (1950). 272 S. (Bibl. Román. Hispánica). [ZrP 67 (1951) 354.]

329. *FRIEDERICI, G.: Amerikanistisches Wörterbuch. Universität Hamburg. Abhandlungen aus dem Gebiet der Auslandskunde. Band 53, Reihe B, Völkerkunde, Kulturgeschichte und Sprachen, Band 29. Hamburg 1947. 722 S. [ZrP 67 (1951) 368.]

330. *LÉVY, P.: La langue allemande en France; pénétration et diffusion des origines à nos jours. Ier vol. Des origines à 1830. Lyon—Paris 1950, VI, 335 S. [ZrP 67 (1951) 408.]

331. *ROHLFS, G.: Historische Grammatik der unteritalienischen Gräzität. München 1950. 264 S., 1 Kte, 4 Abb. (Sitzungsber. d. Bayr. Akad. d. Wiss., Phil-hist. Kl. 1949, 4). [ZrP 67 (1951) 355f.]

332. *WALDE, A.: Lateinisches etymologisches Wörterbuch. 3., neu bearb. Aufl. von J. B. HOFMANN. Heidelberg 1948ff. 13.—16. Lfg. [ZrP 67 (1951) 352f.]

333. *Anales de Filología Clásica. Universidad de Buenos Aires, Facultad de Filosofía y Letras, Instituto de Filología, Sección Clásica, Buenos Aires 1949. [ZrP 67 (1951) 339—340.]

334. *Vox Romanica. 8. Band (1945/46). 9. Band (1946/47). [ZrP 67 (1951) 333—339.]

1952

335. Die griechische Kolonisation in Südgallien und ihre sprachlichen Zeugen im Westromanischen. In: ZrP 68 (1952) 1—48. Auch als Sonderdruck. Tübingen: Niemeyer 1953. 48 S. 5 Ktn. — Leicht überarbeitete und vermehrte Neuausgabe in: Von Sprache und Mensch (1956) S. 61—126.
[Rez. Gnomon 26 (1954) 332—335 (J. Bérard et J. Monfrin); Emérita 22 (1954) 317

bis 319 (A. Ruiz de Elvira); AnS 190 (1953/54) 362—363 (G. Rohlfs); RLR 72 (1955) 105—107 (J. Bourciez).]

335a. La fragmentación lingüística de la Romania. Traducido del alemán por MANUEL MUÑOZ CORTÉS. = Biblioteca Románica Hispánica dirigida por DÁMASO ALONSO. I. Tratados y monografías. 193 p., 17 mapas. Madrid: Editorial Gredos 1952.
[Rez.: Emérita 22 (1954) 355—360 (A. Carballo Picazo).]

336. *Pyxis* im Galloromanischen. In: Festgabe Ernst Gamillscheg. Tübingen 1952. S. 104 bis 110.

337. † Jakob Jud (1882—1952). In: Sonntagsblatt der Basler Nachrichten, 22. 6. 1952. 46. Jg., Nr. 24.

338. Hallig, R., u. Wartburg, W. v.: Begriffssystem als Grundlage für die Lexikographie. Versuch eines Ordnungsschemas. = Abh. d. Dt. Akad. d. Wiss. zu Berlin, Kl. f. Sprachen, Literatur und Kunst, Jg. 1952, Nr. 4, Berlin 1952. XXXV, 140 S.
[Rez.: Zs. für Mundartforschung 22 (1954) 34—45 (H. Glinz: Die Darstellung eines Wortschatzes); ZrP 71 (1955) 77—81 (G. Redard); DLZ 74 (1953) 397—399 (F. Dornseiff); s. dazu Erwiderung ZrP 70 (1954) 249—256 (R. Hallig), dazu ergänzende Notiz: ZrP 70 (1954) 256 (W. v. Wartburg); MLR 49 (1954) 370—371 (J. Orr); RPF 6 (1953/55) 404—411 (M. Paiva Boléo); NTS 17 (1954) 562—564; Museum 63 (1958) 196—197 (F. de Tollenaere); RoPh 8 (1954) 96—102 (Emidio de Felice); Zs. für Philosophische Forschung 7 (1953) 622—625 (E. Otto); ALing 5 (1953) 51—53 (A. Wasserstein); Philosophisches Jahrbuch 63, 1 (1955) 225 (H. D.); Paideia 8 (1953) 301 bis 302 (V. Pisani); AGl 38 (1953) 109—111 (G. Vidossi); Ro 76 (1955) 384—386 (F. Lecoy); Zs. f. Phonetik 8 (1955) 421—423 (A. Bussenius); RF 67 (1956) 120—123 (H. Kröll); kurz angezeigt: S. Pop, Bibliographie des questionnaires linguistiques. Louvain 1955, S. 135; s. außerdem: K. Baldinger, Die Gestaltung des wissenschaftlichen Wörterbuches, in: Romanistisches Jahrbuch 5 (1952) 65—94; E. Otto, Stand und Aufgabe der allgemeinen Sprachwissenschaft, Berlin 1954, S. 114—121. S. auch 403; 417.]

339. Ein stehengebliebener Zeuge klassisch-lateinischer Bildung. In: Estudios dedicados a Menéndez Pidal, Madrid 1952, III, 211—213.
[lt. *vortex* > dauph. *vorzio*.]

340. La délimitation des familles de mots voisines de sens et de forme. In: RFE 36 (1952) 308—310. [*vortex*, **reverticare*, **volvicare*.]

341. Eine neue Erklärung von fr. *berner*. In: ZrP 68 (1952) 415—417. [Kritik an E. G. Lindfors-Nordin: *Berne*, *berner*, expressions rabelaisiennes. Stockholm 1948.]

342. Ein neuer Erklärungsversuch für die mit *court*, *ville* und *villiers* gebildeten Ortsnamen. In: Rhein. Vierteljahrsblätter 17 (1952) 59—65 [Kritik an Joh. Johnson: Etude sur les noms de lieu dans lesquels entrent les éléments *court*, *ville* et *villiers*. Paris 1946.]
[Rez.: BTDial 27 (1953) 125—126 (E. Legros.)]

343. *Dicziunari Rumantsch Grischun publichà da la Società Retorumantscha cul agüd da la Confederaziun, dal Cantun Grischun e da la Lia Rumantscha. Fundà da ROBERT DE PLANTA, FLORIAN MELCHER, CHASPER PULT, Redacziun ANDREA SCHORTA, Cuoira 1950. 19. Faschicul S. 241—288. [ZrP 68 (1952) 104—105.]

344. *GESCHIERE, L.: Eléments néerlandais du wallon liégeois. Verhandeling der Koninklijke Nederlandse Akademie van Wetenschappen. Afd. Letterkunde. Nieuwe Reeks, Deel LIII, No. 2. Amsterdam 1950. XXXIV, 365 S., 2 Karten [ZrP 68 (1952) 120 bis 122.]

345. *HOFMANN, J. B.: Etymologisches Wörterbuch des Griechischen. München 1950. VI, 433 S. [ZrP 68 (1952) 100.]

346. *Mackenzie, Fr.: Les relations de l'Angleterre et de la France d'après le vocabulaire. 2 vol. Paris 1939. [ZrP 68 (1952) 107–109.]
347. *Svennung, J.: L'évolution de la préposition italienne *da* à partir de *de ab* dans le latin (Extrait de l'Archivum Latinitatis Medii Aevi 21, S. 55–85). [ZrP 68 (1952) 450.]
348. *Hofmann, J. B.: Lateinische Umgangssprache. 3. Aufl. Heidelberg 1951. XVI, 212 S. [ZrP 68 (1952) 450–451.]
349. *Vox Romanica. 10. Band (1948/49). [ZrP 68 (1952) 150–152.]

1953

350. Organisation et état actuel des travaux relatifs au Französisches Etymologisches Wörterbuch. In: Essais de Philologie Moderne (1951). Bibliothèque de la Faculté de Philosophie et Lettres de l'Université de Liège. Fasc. CXXIX. S. 97–114. Paris: Société d'édition „Les Belles Lettres“ 1953.
351. *Sabbatum: Samstag.* In: Studies in Romance Philology and French Literature presented to John Orr; S. 296–304. Manchester: University Press 1953.
[Rez.: BTDial 28 (1954) 353–354 (E. Legros, J. Herbillon).]
352. *Buck, Carl Darling: A dictionary of selected synonyms in the principal Indo-European languages. Chicago, The University of Chicago Press 1949. XX, 1515 S. [ZrP 69 (1953) 143–145.]
353. *Löfstedt, Einar: Coniectanea: Untersuchungen auf dem Gebiete der antiken und mittelalterlichen Latinität. Erste Reihe. Uppsala–Stockholm 1950. 146 S. [ZrP 69 (1953) 145–146.]
354. *Wörterbuch der deutschen Pflanzennamen, mit Unterstützung der Deutschen Akademie der Wissenschaften zu Berlin bearbeitet von Heinrich Marzell, unter Mitwirkung von Wilhelm Wissmann. Leipzig: S. Hirzel 1951. Lieferung 10. [ZrP 69 (1953) 146.]
355. *Chronique des Ducs de Normandie, par Benoit; publiée d'après le manuscrit de Tours avec les variantes du manuscrit de Londres, par Carin Fahlin, tome I. Bibliotheca Ekmaniana Universitatis Regiae Upsaliensis. Uppsala 1951. XII, 631 S. [ZrP 69 (1953) 154–155.]
356. *Hakamies, Reino: Etude sur l'origine et l'évolution du diminutif latin et sa survie dans les langues romanes. Annales Academiae Scientiarum Fennicae. Helsinki 1951. 148 S. [ZrP 69 (1953) 155.]
357. *Honoré de Balzac: Un début dans la vie. Introduction et variantes de Guy Robert; notes et index de Georges Matoré. Genève: Droz 1950. [ZrP 69 (1953) 160.]
358. *Poerck, G. de: La draperie médiévale en Flandre et en Artois; technique et terminologie; avec des compléments par M. Dubois et une introduction par H. van Werveke. 3 Bde. 342, 254, 194 S. Brugge: De Tempel 1951 [ZrP 69 (1953) 439–440.]
359. *Stäheli, Emil: Die Terminologie der Bauernmühle im Wallis und Savoyen. Eine Sach- und Wortstudie, mit 64 Abbildungen. St. Gallen 1951. 134 S. [ZrP 69 (1953) 440–441.]
360. *Blanken, Gerard: Les Grecs de Cargèse (Corse); recherches sur leur langue et sur leur histoire. Tome I, partie linguistique. Leyde 1951. XIX, 322 S. [ZrP 69 (1953) 441.]
361. *Le droit coutumier de la ville de Metz au moyen âge. Tome I: Jugements du maître-échevin de Metz au XIVe siècle, p. p. J. J. Salverda de Grave. E. M. Meijers, J. Schneider, Haarlem 1951. XXXII, 672 S. [ZrP 69 (1953) 441–442.]
362. *Siciliano, Italo: Les origines des chansons de geste; théories et discussions. Tra-

duit de l'italien par P. ANTONETTI. Paris: A. et J. Picard 1951. 233 S. [ZrP 69 (1953) 460—464.]

363. *Vox Romanica. 11. Band. Bern 1950. [ZrP 69 (1953) 422—425.]

1954

364. Zum Problem der Romanisierung Sardiniens. In: ZrP 70 (1954) 59—72.
[M.-L. Wagner: Pro domo II. Zur Romanisierung Sardiniens. In: RF 66 (1955) 361 bis 373. — S. dazu W. v. Wartburg in ZrP 72 (1956) 295—297.]

365. FRINGS, TH., und WARTBURG, W. VON: Germanisch-Romanisches. Französisch-Fränkisches. 10. Got. **sahrjô* „Korb". 11. Franz. *échasse* f. „Stelze", germ. *skakjô-*. 12. *scirpea*, **skirpja*, franz. *écharpe*. Zusatz: ital. *scarpa*, ital. *scherpa*, deutsch *Scherf*. 13. andfränk. **staka*, afranz. *estaie* „Stützbalken", ndl. *staak*. In: ZrP 70 (1954) 86—97.
[Rez.: BTDial 29 (1955) 172—173 (E. Legros).]

366. Nochmals die „gorgia toscana" und das etruskische Substrat. In: ZrP 70 (1954) 389—390.

367. Le Französisches Etymologisches Wörterbuch: Evolution et problèmes actuels. Reprinted from „Word", vol. 10, no. 2—3. August—December 1954, p. 288—305. [Behandelt: *typhein* (grec) „fumer", *stopfon* (francique) „introduire de force, remplir complètement", *stŭppa* „étoupe", *top* (anc. francique) „pointe", *toppin* (anc. francique) „pot, marmite", *tupp-* „sombre", *topp-* (onomatopée), *toppen* (néerl.) „apiquer", **talpa* „patte", **topf* (anc. além.) „touffe de cheveux".] [Neudruck in 385.]
[Rez.: BTDial 29 (1955) 175—176 (E. Legros).]

368. Français *trique* et congénères. In: Mélanges Bruneau, 91—99, Genève 1954. [Behandelt anfrk. **strîkan* „streichen".]
[Rez.: BTDial 29 (1955) 175 (E. Legros.)]

369. Die Französische Sprache. In: Der Große Brockhaus, 16. Aufl., Bd 4 (1954) 252—254.

370. *Dante Alighieri: Die Göttliche Komödie. Italienisch und deutsch. Übersetzt von HERMANN GMELIN. 3 Bde. Stuttgart: Klett 1949/50. 427, 418, 412 S. [ZrP 70 (1954) 142 bis 143.]

371. *STOLZ, FRIEDRICH: Geschichte der lateinischen Sprache; 3. Aufl. von ALBERT DEBRUNNER. Berlin 1953; Sammlung Göschen Band 492. 136 S. [ZrP 70 (1954) 300 bis 301.]

372. *BACCETTI-POLI, ROSSANA: Saggio di una bibliografia dei gerghi italiani. Università di Padova, Pubblicazioni della Facoltà di Lettere e Filosofia; Padova 1953. XXIV, 213 S. [ZrP 70 (1954) 301.]

373. *ROBSON, C. A.: Maurice of Sully and the medieval vernacular homily, with the text of Maurice's French homilies from a Sens Cathedral Chapter MS. Oxford 1952. XII, 219 S. [ZrP 70 (1954) 301—302.]

374. *LÉVY PAUL: La langue allemande en France; pénétration et diffusion des origines à nos jours; vol. II, de 1830 à nos jours. Lyon—Paris (1952). 275 S. [ZrP 70 (1954) 302—303.]

375. *Atlas Linguistique de la Wallonie. Tableau géographique des parlers de la Belgique romane d'après l'enquête de JEAN HAUST et des enquêtes complémentaires. Tome I. Introduction générale. Aspects phonétiques (cartes 1 à 100) par LOUIS REMACLE. Liège: Vaillant-Carmanne 1953 [ZrP 70 (1954) 303—304.]

376. *ALONSO, AMADO: Estudios lingüísticos; temas españoles. Madrid (1951). 347 S. [ZrP 70 (1954) 423—425.]

1955

377. Franç. *mat*, ses congénères et ses homologues dans les parlers galloromans. In: Recueil de travaux offert à Clovis Brunel par ses amis, collègues et élèves, t. II (= Mém. et doc. p. p. la Soc. de l'Ecole des Chartes). Paris. S. 671—679.
[Rez.: BTDial 31 (1957) 252—253 (E. Legros).]
378. Vorträge und Ansprachen, gehalten am VII Congreso internacional de Lingüística Románica, Universidad de Barcelona, 7—10 abril de 1953. Erschienen in Actas y Memorias, tomo II publicado por A. Badía, A. Griera, F. Udina; Barcelona 1955.
   a) L'articulation linguistique de la Romania. Conférence prononcée le 7 avril au cours de la séance inaugurale du Congrès; p. 23—38.
   b) Allocution à la réception des Académies. Allocution prononcée le 9 à la réception de la Real Academia de Buenas Letras de Barcelona, l'Institut d'Estudis Catalans et le Consejo Superior de Investigaciones Científicas; p. 55—57.
   c) Salutation à D. Ramón Menéndez Pidal. Discours de bienvenue adressé à M. Menéndez Pidal de 10 à la séance de clôture du Congrès; p. 59—60.
   d) Discours de Clôture. Discours prononcé le 10 dans la séance de clôture du Congrès; p. 77—82.
379. Franz. *bassin*. In: ZrP 71 (1955) 448.
380. Franz. *navrer*. In: Miscelánea filológica dedicada a Mons. A. Griera, t. II; Barcelona 1955.

1956

381. Frings, Th. u. Wartburg, W. v.: Französisch-Fränkisches. Drei Wörter der Lex Salica: *hrann* „Schweinestall"; *screun(i)a* „unterirdischer Raum"; *sunor* „Schweineherde". In: ZrP 92 (1956) 283—288.
382. Problèmes d'étymologie galloromane. In: RLiR 19 (1956) 275—290. [*marasch* (mndl.) „sumpf"; *marisk* (anfrk.) „sumpf"; *marr* (an.) „meer"; *protelium* „zugseil"].
[Rez.: BTDial 30 (1956) 359—361 (E. Legros.)]
383. *sī* und *sīc*. In: Festgabe Theodor Frings; Berlin 1956, 264—282.
384. *sibilare* „pfeifen, zischen". In: Deutsche Akad. d. Wissenschaften zu Berlin 1946—1956; Berlin 1956, 389—399.
385. Von Sprache und Mensch. Gesammelte Aufsätze. Mit einer Bibliographie der Publikationen des Verfassers, zusammengestellt von Kurt Baldinger und Alfred Thierbach. Mit 8 Karten, Bern, Francke, 1956, 279 S.
   1. Origines et raison d'être de la Suisse, pays aux divers langages, 11—22. Übersetzung des Vortrages gehalten im Schweizerverein Leipzig. 1940 (= 191).
   2. Die Entstehung des Rätoromanischen und seine Geltung im Land, 23—44. Vortrag gehalten am 12. November 1942 im Bernoullianum in Basel.
   3 Les noms des jours de la semaine dans les langues romanes, 45—60. Neubearbeitete Übersetzung des Artikels Los nombres de los días de la semana in: RFE 33 (1949) 1—14 (= 294).
   4. Die griechische Kolonisation in Südgallien und ihre sprachlichen Zeugen im Westromanischen, 61—126.
   Leicht umgearbeitete und vermehrte Neuausgabe des Artikels in: ZrP 68 (1952) 1—48 (= 335).
   5. Zum Problem des Frankoprovenzalischen, 127—158.
   6. Betrachtungen über das Verhältnis von historischer und deskriptiver Sprachwissenschaft, 159—165.

Teilweiser Abdruck des Artikels in: Mélanges de linguistique offerts à Charles Bally, 3—18 (= 171).

7. Sinn und Aufgaben des Französischen Etymologischen Wörterbuches, 166—177. Referat gehalten bei der Jahressitzung des Stiftungsrates des Schweizerischen Nationalfonds zur Förderung der wissenschaftl. Forschung am 12. Februar 1955.
8. Gothique (nach dem Artikel Gut-þiuda „Gotenvolk" im FEW 16, 103—105), 178—183.
9. Le Französisches Etymologisches Wörterbuch: Evolution et problèmes actuels, 184—208. Abdruck des Artikels in: Word 10 (1954) 288—305 (= 367).
10. Grandeur et décadence d'un poète tragique, 209—218. Übersetzung des Artikels Aufstieg und Niedergang eines tragischen Dichters in: DV 12 (1934) 245—254 (= 109).
11. Flaubert, créateur de formes, 219—228. Übersetzung des Artikels Flaubert als Gestalter in: DV 19 (1941) 208—217 (= 211).
12. Archaïsme et régionalisme chez Chateaubriand, 229—233. Übersetzung des Artikels Archaismus und Regionalismus bei Chateaubriand in: Festschr. E. Tappolet, 275—278 (= 119).

Anhang: Bibliographie der Publikationen von W. v. Wartburg, zusammengestellt von Kurt Baldinger und Alfred Thierbach, 234—279.

[Rez.: AnS 193 (1956/57) 341 f. (H. L.); National-Zeitung Basel Nr. 429, 16. September 1956 (O. Basler); Archives de Philosophie 33 (1957) 76—79 (R. A. Hall); DL 78 (1957) 986—992 (R. Hallig); Erasmus 10 (1957) 217—219 (E. H. Yarrill); Etudes germaniques 12 (1957) 393 f. (I. A. Bizet); FM 25 (1957) 64—66 (P. Fouché); Lg. 33 (1957) 76—79 (R. A. Hall); Neue Zürcher Zeitung 4. September 1957; Symp 11 (1957) 144—147 (U. T. Holmes); Wirkendes Wort, Düsseldorf, 2 (1957/58) 120 (H. Gipper); Zeitschrift für Anglistik und Amerikanistik 5 (1957) 226—228; BICC 13 (1958) 235 f. (Z. Hampejs); ČMFil 40 (1958) 241 f. (St. Lyer); Mitteilungsblatt des Neuphilologenverbandes 6 (1958) 176 (A. Junker); Museum Leiden (Juni 1958) 155 (J. Engels); Muttersprache 5 (1958) 170 (W. Mitzka); ZrP 74 (1958) 150—154 (M. Delbouille); Leuw. Bijdr. 48 (1959) 151—154 (A. Carnoy); BSL 56, 2 (1961) 96—99 (G. Gougenheim).]

386. Zu M. L. Wagners Aufsatz Pro Domo II (in RF 66, 360—373). In: ZrP 72 (1956) 295—297. [Vgl. 364.]
387. *Camproux, Charles: Histoire de la littérature occitane; Paris 1953, 239 S. [ZrP 72 (1956) 146 f.]
388. *The Continuations of the Old French Perceval of Chretien de Troyes, edited by William Roach. Vol. III, Part 2. Glossary of the First Continuation by Lucien Foulet; Philadelphia, The American Philosophical Society, 1955. [ZrP 72 (1956) 442 f.]
389. *Krahe, Hans: Sprache und Vorzeit; Europäische Vorgeschichte nach dem Zeugnis der Sprache; Heidelberg 1954, 180 S. [ZrP 72 (1956) 118.]
390. *Walde, Alois: Lateinisches Etymologisches Wörterbuch; 3. Auflage von J. B. Hofmann; 17.—21. Lieferung; Heidelberg 1951—1954. [ZrP 72 (1956) 119.]

1957

391. Die Etymologie von it. *lesto* und die Partizipien auf *-estus*. In: ZrP 73 (1957) 268—273.
392. *mit-* „Katze". In: Syntactica und Stilistica. Festschrift für Ernst Gamillscheg zum 70. Geburtstag, 28. Oktober 1957; Tübingen 1957, 667—678.

393. Les parlers de Wallonie dans l'ensemble des parlers romans. In: La Wallonie et l'esprit de notre temps; Actes du 2e congrès culturel wallon, Liège 14–16 octobre 1955; Liège 1957, 107–123, 8 Kartenskizzen.

394. *Spīna* „Dorn" – *spīnula* „kleiner Dorn". In: Bolletino dell'Istituto di lingue estere, Genova, 5 (1957) 17–40.

395. *Atlas linguistique de la Wallonie. Tableau géographique des parlers de la Belgique romane d'après l'enquête de JEAN HAUST† et des enquêtes complémentaires; tome 3. [ZrP 73 (1957) 169–171.]

1958

396. a) Etymologica. Walther von Wartburg zum 70. Geburtstag 18. Mai 1958. In Verbindung mit K. Baldinger, C. Th. Gossen, A. Kuhn, T. Reinhard herausgegeben von H.-E. Keller; Tübingen 1958, IX, 893 S.
[Rez.: RPF 9 (1958/59) 409–419 (M. J. de M. Santos); ZfS 69 (1959) 97–107 (E. Gamillscheg); N 44 (1960) 252 (L. Kukenheim); RoJb 11 (1960) 227–240 (J. M. Piel); ZrP 79 (1963) 1–22 (J. Orr); Rbph 42 (1964) 214–220 (C. Gaier); s. noch 420a.]
b) BALDINGER, K.: Walther von Wartburg zum 70. Geburtstag. In: FF 32 (1958) 155–158.
c) KELLER, H.-E.: [Bericht über die Feiern anläßlich des 70. Geburtstages von W. v. W.]. In: AGl 43 (1958) 85–86.
d) KUHN, A.: An Walther von Wartburg. In: Etymologica V–IX.

397. Evolution et structure de la langue française. Bibliotheca Romanica, series I, vol. 1, 5e édition revisée et augm., Bern 1958, 294 S.
[Rez.: ZrP 74 (1958) 158–161 (K. Baldinger); DBR 17 (1960) 157–160 (E. Legros).]

398. Drei kleine gruppen galloromanischer wörter germanischen ursprungs. 1. **mokka* (anfrk.) klumpen; 2. *mokke* (ndd.) krug; 3. *sceliva* (ahd.) schote; 4. **skalifa* (altalem.) schote; 5. **skarfon* (got.) schräg abschneiden? In: Romanica. Festschrift für Gerhard Rohlfs; Halle 1958, 485–490.
[Rez.: BTDial 35 (1961) 359 und DBR 18 (1961) 270 (E. Legros).]

399. WARTBURG, W. v. et ZUMTHOR, P.: Précis de syntaxe du français contemporain. Bibliotheca Romanica, series I, vol. 2, 2e édition; Bern 1958, 400 S. [Vgl. 292]
[Rez.: RLiR 22 (1958) 154 (G. Straka); ZrP 74 (1958) 154–158 (M. Dessaintes); RLR 73 (1958/59) 108–111 (J. Bourciez); Books Abroad, Norman, Oklahoma, 22 (1959); BSL 54, 2 (1959) 140–144 (R.-L. Wagner); DL 80 (1959) 122–124 (St. Ullmann); MSpr 53 (1959) 88–92 (S. Andersson); RFRomGerm 3 (1959) 250–254 (T. Cristea); RoJb 10 (1959) 225 (H. W. Klein); StN 31 (1959) 308f. (H. Nilsson-Ehle); ALing 12 (1960) 67–71 (L. C. Harmer).]

400. *Vinea* „Weinberg; Weinstock". In: Omagiu lui Iorgu Iordan cu prilejul împlinirii a 70 de ani; București 1958, 905–914.

400a. *TRÜBNERS Deutsches Wörterbuch begr. von ALFRED GÖTZE; in Zusammenarbeit mit EDUARD BRODFÜHRER und ALFRED SCHIRMER hrsg. von WALTER MITZKA. Bände 5–8. Berlin 1954. [ZrP 74 (1958) 281–283.] [Vgl. 283.]

400b. *BLAISE, A.: Dictionnaire latin-français des auteurs chrétiens; revu spécialement pour le vocabulaire théologique par HENRI CHIRAT. Strasbourg. [ZrP 74 (1958) 280–281.]

1959

401. Remarques sur les mots français dans le dictionnaire de M. Corominas. In: RLiR 23 (1959) 207–260.
[Rez.: BTDial 34 (1960) 312f. und DBR 17 (1960) 258f. (E. Legros).]

402. Ein lautnachahmendes Wortgebilde und seine Umformungen im Galloromanischen: *marm-*. In: Raccolta di studi linguistici in onore di G. D. Serra, Napoli 1959, 383 bis 400.
[Rez.: BTDial 34 (1960) 313 und DBR 17 (1960) 259 (E. Legros).]

402a. Ein Leben im Dienste hoher Ziele, Gedenkrede von Prof. Dr. WALTHER VON WARTBURG anläßlich der Abdankung für Professor FRANZ FANKHAUSER; Neues Winterthurer Tagblatt 24. November 1959.

403. Zu Bibliogr. Nr. 338: RUNKEWITZ, W.: Kritische Betrachtungen zum Begriffssystem von Hallig/Wartburg im Zusammenhang mit den Arbeiten am altgaskognischen Wörterbuch. In: Monatsberichte der Deutschen Ak. d. Wissenschaften zu Berlin, Band I, Heft 1 (1959) 73–77 und FF 33 (1959) 19–24.

1960

404. STEIGER, A. et WARTBURG, W. v.: Balance romaine. In: VRo 19 (1960) 221–244.
[Rez.: Anthropos 57 (1962) 210.]

405. BLOCH, O. et WARTBURG, W. v.: Dictionnaire étymologique de la langue française. 3e édition, refondue par W. v. Wartburg; Paris 1960, XXXII, 674 S.
[Rez.: AGl 46 (1961) 180–182 (B. Migliorini); AnS 198 (1961) 332–335 (G. Rohlfs); BSL 56, 2 (1961) 111–113 (R-L. Wagner); BTDial 35 (1961) 350–358 und DBR 18 (1961) 261–269 (E. Legros); LLM 26 (1961) 516 (A. Severino); FM 29 (1961) 306 bis 309 (P. Fouché); RLiR 25 (1961) 196f. (P. Gardette); Ro 82 (1961) 122–125 (F. Lecoy); KN 10 (1963) 180f. (H. L.).
Baldinger, K.: Der neue Bloch-Wartburg. (Lexikologischer Forschungsbericht 1950 bis 1960). In: ZrP 77 (1961) 85–137.
Baldinger, K.: Neue Ergebnisse der französischen Wortforschung. In: National-Zeitung, Basel, Nr. 160, Sonntag, 9. April 1961. Proschwitz, G. v.: En marge du Bloch-Wartburg. In: StN 36 (1964) 308–331.
Mańczak, W.: Observations sur O. Bloch et W. v. Wartburg, Dictionnaire étymologique de la langue française. In: BrP 3, 2 (1964) 120–125,

406. GÜNTHER, VERONIKA und WARTBURG, W. v.: Das angelsächsische Element im französischen Wortschatz. In: Britannica. Festschrift für Hermann M. Flasdieck; Heidelberg 1960, 113–128.

407. L'expérience du FEW. In: Lexicologie et Lexicographie françaises et romanes, Orientations actuelles, Strasbourg 1957. Colloques internationaux du Centre National de la Recherche scientifique, Sciences humaines; Paris, Editions du Centre Nat. de la Rech. Sc., 1960, 209–218. [Korrigierter Nachdruck 1961].
[Rez.: BTDial 35 (1961) 372–374 und DBR 18 (1961) 283–285 (E. Legros).]

408. Glanures étymologiques [*astiquer*, *bruine*, *chope*, *primerose*, *race*, *ras*, *rein*, *reinette*, *rigoler*, *risque*, *rondache*, *sargasse*, *serin*, *soubresaut*, *taquin*, *tiqueté*, *usure*, *zigzag*]. In: RLiR 24 (1960) 284–295.
[Rez.: BTDial 35 (1961) 358f. und DBR 18 (1961) 269f. (E. Legros).]

409. An Mons. Griera. In: Miscelánea filológica dedicada à Mons. A. Griera; San Cugat–Barcelona 1960, t. II, 421–422.

410. Zum Ursprung von franz. *somart*, *savart*. In: ZrP 76 (1960) 173–184.

1961

411. Mots à double sens. In: Vie et langage 112 (1961) 338–340.

412. Raccolta di testi antichi italiani. Bibliotheca Romanica, series altera, vol. 1, 2ª edizione; Bern 1961, 128 S., 1 Tafel.
413. Zum Ursprung von franz. *sémillant*. In: ZrP 77 (1961) 437–443.

1962

414. Einführung in Problematik und Methodik der Sprachwissenschaft. Unter Mitwirkung von St. Ullmann verbesserte und erweiterte Auflage; Tübingen 1962, XII, 248 S. [Rez.: Germanistik 4 (1963) 197 (K. Baumgärtner); IF 68 (1963) 192 (K. H. Schmidt); NS 12 (1963) 387f. (L. Söll); ZrP 81 (1965) 157–159 (H. Weinrich); Kratylos 8 (1963) 202f. (R. Ris); QIG 7 (1962/63) 127–129 (L. Rosiello); LFil 87 (1964) 414f. (H. Kurzová); MDVŠ-F 7 (1964) 188–192 (P. A. Bugadov); RoJb 15 (1964) 199–201 (D. Beyerle).]
415. Evolution et structure de la langue française. Bibliotheca Romanica, series I, vol. 1, 6e édition; Bern 1962, 294 S.
416. *Secare* = „schneiden". In: Saggi e ricerche in memoria di Ettore Li Gotti, vol. III, 1–28; Palermo 1962 [auch in: Bolletino del Centro di studi filologici e linguistici siciliani 8 (1962) 444–467].

1963

417. Hallig, R., und Wartburg, W. v.: Begriffssystem als Grundlage für die Lexikographie. Versuch eines Ordnungsschemas. 2., neu bearbeitete und erweiterte Auflage [Titel und Vorwort auch in französischer Sprache]. Deutsche Akademie der Wissenschaften zu Berlin. Veröffentlichungen des Instituts für Romanische Sprachwissenschaft Nr. 19; Berlin 1963, 316 S. [Vgl. 338]
[Rez.: RLiR 27 (1963) 488 (P. Gardette); BrP 3, 1 (1964) 108–113 (J. Klare).] — S. auch K. Heger, ZrP 80 (1964) 486–516 und TraLiLi III, 1 (1965) 7–32.]
418. Dante Alighieri, Die Göttliche Komödie. Ins Deutsche übertragen von Ida und Walther von Wartburg. Kommentiert von Walther von Wartburg. Mit 48 Illustrationen nach Holzschnitten von Gustave Doré; Zürich 1963, 1197 S.
[Rez.: Deutsches Dante-Jahrbuch 43 (1965) 222–224 (P. Amelung).]
419. *Non sapio quid*. In: Homenaje a Dámaso Alonso, tomo III, 579–584; Madrid 1963.
420. Problèmes et méthodes de la linguistique, traduit de l'allemand par Pierre Maillard, 2e édition augmentée et refondue. Avec la collaboration de Stephen Ullmann; Paris 1963, 262 S.
[Rez.: BCLF 18 (1963) 972; BJR 9 (1964) 34–36 (G. Matter); DBR 21 (1964) 152–163 (E. Legros).]
420a. Orr, John: Walther von Wartburg zum 75. Geburtstag am 18. Mai 1963. In: ZrP 79 (1963) 1–22 [Besprechung von 396a.]

1964

421. Bloch, O. et Wartburg, W. v.: Dictionnaire étymologique de la langue française. 4e édition revue et augmentée par W. v. Wartburg; Paris 1964; XXXVI, 682 S.
[Rez.: ZrP 80 (1964) 517–524 (K. Baldinger); StN 37 (1965) 401–402 (G. v. Proschwitz); BTDial 40 (1966) 114f. (E. Legros).]
422. Les origines des mots à radical *chic-*. In: Mélanges de linguistique romane et de philologie médiévale offerts à M. Maurice Delbouille, I, 675–699; Gembloux 1964.
423. Das burgundische Superstrat im frankoprovenzalischen Wortschatz. In: ZrP 80 (1964) 1–14.

1965

424. Evolution et structure de la langue française. Bibliotheca Romanica, series I, vol. 1, 7e édition revisée et augm., Bern 1965, 294 S.
425. La fusion du grec, du gaulois et du latin en occitan. Vortrag gehalten am Xe Congrès international de Linguistique et Philologie romanes, Strasbourg 1962. In: Actes du Xe Congrès international de Linguistique et Philologie romanes, Strasbourg 1962, publiés par Georges Straka; Paris 1965, t. I, 3—11.
426. Tre parole di origine orientale. In: Studi in onore di Alfredo Schiaffini, RCCM 7 (1965) 1166—1173.
427. Fr. *petun* und *tabac*. In: Omagiu lui Alexandru Rosetti la 70 de ani; Bucureşti 1965, 1007—1011.

1966

428. Evolución y estructura de la lengua francesa. Versión española de Carmen Chust. Biblioteca Románica dirigida por Dámaso Alonso, III. Manuales; Madrid 1966, 350 S.
429. Les mots bretons en français et dans les parlers galloromans. In: Mélanges de linguistique et de philologie romanes offerts à Monseigneur Pierre Gardette; Strasbourg 1966, 503—507.
430. *Tropare* und *turbare*. In: Estudis de llatí medieval i de filologia romànica dedicats a la memoria de Lluís Nicolau d'Olwer, I, 95—104 (Estudis Romànics VIII, Barcelona 1961), 1966.
431. Straka, Georges: M. Walther von Wartburg, docteur honoris causa de l'Université de Strasbourg. In: Centre de Philologie et de Littératures romanes, fasc. 11; Strasbourg 1966, 81—86. (Ansprache anläßlich der Verleihung der Ehrendoktorwürde durch die Universität Straßburg am 22. November 1965).

1967

432. Evolution et structure de la langue française. Bibliotheca Romanica, series I, vol. 1, 9e édition; Bern 1967, 294 S.
433. La fragmentation linguistique de la Romania. Traduit de l'allemand par Jacques Allières et Georges Straka; Paris 1967, 150 S., 17 Karten. In der Reihe: Bibliothèque française et romane publiée par le Centre de Philologie et de Littératures romanes de la Faculté des Lettres et Sciences humaines de Strasbourg, Série A: Manuels et études linguistiques, vol. 13.
434. Français *osier*. In: RLiR 31 (1967) 32—34, Hommage à la mémoire de John Orr.

1968

435. a) Festschrift Walther von Wartburg zum 80. Geburtstag (18. Mai 1968), hrsg. von Kurt Baldinger, 2 Bände; Tübingen (Niemeyer) 1968, Band I: XIV, 618 S., Band II: VII, 597 S.
   [Rez.: RLiR 33 (1969) 179—202 (L. F. Flutre); RoJb 20 (1969) 161—168 (Žarko Muljačić); RF 82 (1970) 112—113 (W. D. Stempel); ZrP 86 (1970) 597—617 (H. H. Christmann).
   b) Goosse, André: Hommage à Walther von Wartburg [à propos du 80e anniversaire]. In: André Goosse, Façons de parler 1, Gembloux (Duculot) 1971, 320—325.
436. Bloch, O., et Wartburg, W. v.: Dictionnaire étymologique de la langue française; cinquième édition revue et augmentée par Walther von Wartburg; Paris 1968, XXXVI, 682 S.

[Rez.: (nicht vollständig): RLiR 32 (1968) 381 (Kurzanzeige, P. Gardette); RoJb 21 (1970) 211—216 (M. Höfler); ZrP 87 (1971) 106—124 (M. Pfister).]

437. Ursprung und Geschichte des Wortes ***bâtir.*** In: Verba et Vocabula. Ernst Gamillscheg zum 80. Geburtstag, München 1968, 639—647.

1969

438. Problèmes et Méthodes de la Linguistique. Avec la collaboration de Stephen Ullmann, traduit de l'allemand par Pierre Maillard; 3e éd. Paris 1969, 350 S.

439. Problems and Methods in Linguistics; revised edition with the collaboration of Stephen Ullmann, translated by Joyce M. H. Reid; Oxford 1969, XII, 268 S.

440. Specimens d'une nouvelle rédaction d'articles parus dans le premier volume du Französisches Etymologisches Wöterbuch. In: Mélanges offerts à Rita Lejeune, vol. II, 1685—1696; Gembloux 1969.

441. Walther von Wartburg, Hans-Erich Keller, Robert Geuljans: Bibliographie des Dictionnaires patois galloromans (1550—1967); nouvelle édition entièrement revue et mise à jour; Geneve 1969.
[Rez.: RLiR 34 (1970) 246—248 (P. Gardette); ZrP 86 (1970) 670—671 (K. Baldinger); AnS 208 (1972) 429—430 (H. J. Wolf).]

442. Evolution et structure de la langue française. Bibliotheca Romanica, Series I, vol. 1, 9e édition; Bern 1969, 294 S.

1970

443. Einführung in Problematik und Methodik der Sprachwissenschaft. 3., durchgesehene Auflage; Tübingen 1970, VIII, 248 S. [Die Durchsicht der 3. Auflage besorgte Gustav Ineichen.]
[Rez.: RLiR 34 (1970) 425 (Kurzanzeige durch P. Gardette).]

1971

444. Evolution et structure de la langue française. Bibliotheca Romanica, Series I, vol. 1, 10e édition; Bern 1971, 294 S. [Vgl. 113]

B. Bibliographie zum FEW

1. Textbände

I. Französisches Etymologisches Wörterbuch. Eine darstellung des galloromanischen sprachschatzes. 1. Band: *A—B.* Bonn, Fritz Klopp 1928 (erschienen in den Jahren 1922—1927) 4°. XXXI, 683 S.
[Rez.: ZrP 43 (1923) 513—577 (E. Gamillscheg); ibid. 759—766 (L. Spitzer); LgrP 43 (1922) 242—246; 45 (1924) 225—227; 47 (1926) 355—357; 50 (1929) 264 bis 266 (G. Rohlfs); NS 30 (1922) 264—270; 31 (1923) 203—209 (L. Spitzer); 32 (1924) 424—436 (J. Brüch); 33 (1925) 49—53, 35 (1927) 356—360; 36 (1928) 109 bis 113, 601—604; 37 (1929) 653f. (L. Spitzer); Ro 52 (1926) 174—191; 53 (1927) 228—245; 55 (1929) 125—140 (Ch. Bruneau); BSLP 23 (1923) 83—84; 24 (1924) 98—99 (A. Meillet); MSLP 28 (1927) 141f.; 29 (1929) 133f. (A. Meillet); BTDial 3 (1929) 19—20, 171f. (J. Haust); RLR 61 (1923) 407—409 (J. Ronjat); 65 (1927) 107—123; 66 (1929) 221—233 (A. Duraffour); AdM 37 (1925) 1—14; 39—40 (1927—1928) 108f., 358f. (J. Anglade); Litteris 2 (1925) 73—94 (Kr. Sandfeld u. H. Pedersen); DL 45 (1924) 1957—1964 (W. Meyer-Lübke); BDC 10 (1922) 146

bis 147 (A. Griera); AOR 1 (1928) 363—364 (A. Griera); N 20 (1935) 121—123 (J. S. Clement); Rc 50 (1933) 189—196 (J. Vendryes); Revue Critique, nouv. série 90 (1923) 26—27 (A. Jeanroy); MLR 31 (1936) 442—445 (A. Ewert); Rbph 10 (1931) 205—207 (M. Wilmotte); BWall 13 (1924) 58—71; 14 (1925) 50—56 (J. Haust); Dacor 3 (1923) 824—826 (S. Puşcariu); AnS 159 (1931) 152f. (G. Rohlfs); IF 41 (1923) 27—28; 46 (1928) 299—300 (A. Debrunner); NJ 8 (1932) 434 (H. Hatzfeld; Hinweis); NA 16. 8. 1938 (A. Schiaffini; kurzer Hinweis); Der kleine Bund, Sonntagsbeilage des „Bunds“, Bern, Jg. 3, Nr. 44, 5. Nov. 1922, S. 350 (G. W.); Vaterland, Luzern 8. April 1932, Nr. 83. 2. Blatt, S. 1—2 (P. Christoph Favre, O. M. Cap. „Zur Würdigung eines Wörterbuches“).

II. 1. Französisches Etymologisches Wörterbuch. Eine darstellung des galloromanischen sprachschatzes. Verfaßt mit Unterstützung der Deutschen Forschungsgemeinschaft und des Sächsischen Ministeriums für Volksbildung. Gedruckt mit Unterstützung der Sächsischen Akademie der Wissenschaften (Ouvrage couronné par l'Institut de France, Prix Volney). 2. Band: *C K Q*. 1. Halbband: *C — cohortile*. Leipzig, Berlin: B. G. Teubner 1940. (Für Frankreich und Belgien: E. Droz, Paris). [Erschienen in den Jahren 1936—1940 (Vorwort 1944)] 4°. V, 855 S.

[Rez.: BTDial 11 (1937) 197f.; 12 (1938) 421f.; 13 (1939) 255—256; 14 (1940) 402—405; 15 (1941) 274—280 (J. Haust); AnS 171 (1937) 135—136; 173 (1938) 283; 175 (1939) 139; 177 (1940) 63; 178 (1941) 154 (G. Rohlfs); IF 54 (1936) 307; 57 (1939) 307—308 (A. Debrunner).]

2. Französisches Etymologisches Wörterbuch. Eine darstellung des galloromanischen sprachschatzes. Verfaßt mit Unterstützung der Freiwilligen Akademischen Gesellschaft. Gedruckt mit unterstützung des Basler Arbeitsrappens und der Eidgenössischen Zentralstelle für Arbeitsbeschaffung (Ouvrage couronné par l'Institut de France, Prix Volney). 2. Band: *C K Q*. 2. Halbband: *coinquinare — cytisus*. Basel: Helbing & Lichtenhahn 1946. [Erschienen in den Jahren 1944—1946.] 4°. IV, S. 857—1641.

[Rez.: BTDial 19 (1945) 193—196; 20 (1946) 327—332; 21 (1947) 196f. (E. Legros); RF 61 (1948) 143—150 (H. Lausberg); AnS 186 (1949) 180f. (G. Rohlfs); BSLP 45, 2 (1949) 125—128 (R. L. Wagner).]

III. Französisches Etymologisches Wörterbuch. Eine darstellung des galloromanischen sprachschatzes. 3. Band. *D—F*. Leipzig, Berlin: B. G. Teubner 1934. (Für Frankreich und Belgien: E. Droz, Paris). [Erschienen in den Jahren 1928—1934.] 4°. V, 945 S.

[Rez.: LgrP 56 (1935) 249f. (G. Rohlfs); AnS 159 (1931) 152f.; 164 (1933) 156f., 314; 165 (1934) 316f.; 166 (1935) 315 (G. Rohlfs); NS 39 (1931) 34—36, 597—599; 40 (1932) 161f.; 41 (1933) 25—27; MLN 51 (1936) 39—43 (L. Spitzer); Ro 59 (1933) 289—292 (Ch. Bruneau); MSLP 30 (1930) 127f.; 32 (1931) 125—127; 33 (1932) 72f.; 34 (1933) 82; 36 (1935) 51 (A. Meillet); BTDial 4 (1930) 305—307; 5 (1931) 174—176; 6 (1932) 292—295; 7 (1933) 200—202; 8 (1934) 465—468 (J. Haust); RLR 66 (1929) 452—461 (A. Duraffour); StN 8 (1935—1936) 100—104 (E. Staaff); Rc 50 (1933) 189—196 (J. Vendryes); Litteris 7 (1930) 12—25 (Kr. Sandfeld u. H. Pedersen); Etudes celt. 1 (1936) 169—173 (H. Pedersen); MLR 31 (1936) 442—445 (A. Ewert); N 20 (1935) 121—123 (J. S. Clement); IF 50 (1932) 309; 52 (1934) 256f.; 54 (1936) 307 (A. Debrunner); Rbph 10 (1931) 205—207 (M. Wilmotte); NJ 8 (1932) 434 (H. Hatzfeld; Hinweis); Geistige Arbeit 14 (20. 7. 1935) (kurzer Hinweis); NA 16. 8. 1938 (A. Schiaffini, kurzer Hinweis).]

IV. Französisches Etymologisches Wörterbuch. Eine darstellung des galloromanischen sprachschatzes. Verfaßt mit Unterstützung der Freiwilligen Akademischen Gesellschaft Basel. Gedruckt mit Unterstützung des Basler Arbeitsrappens und der Stiftung Pro Helvetia (Ouvrage couronné par l'Institut de France, Prix Volney). 4. Band: *G H I.* Basel: Helbing & Lichtenhahn 1952. (Für Frankreich und Belgien : Librairie des Méridiens, Klincksieck & Cie., 119 boulevard St-Germain, Paris VIe.) [Erschienen in den Jahren 1947—1952.] 4°. III, 855 S.

[Rez.: BTDial 22 (1948) 463—467; 23 (1949) 195—197; 26 (1952) 434—436; 27 (1953) 175—176 [auch DBR 10, 1953] (E. Legros); RF 61 (1948) 143—150; 62 (1950) 101—103; 64 (1952) 169—172; 461—463 (H. Lausberg); BSLP 45 (1949) 125—128; 47 (1951) 132—133; 48 (1952) 54—55 (R. L. Wagner); AnS 187 (1950) 163f.; 188 (1951) 174; 189 (1953) 394—395; 190 (1954) 169 (G. Rohlfs).]

V. Französisches Etymologisches Wörterbuch. Eine darstellung des galloromanischen sprachschatzes. Verfaßt mit Unterstützung der Freiwilligen Akademischen Gesellschaft Basel. Gedruckt mit der finanziellen beihilfe vieler freunde und gönner. 5. Band: *J—L.* Basel: Helbing & Lichtenhahn 1950. [Erschienen in den Jahren 1948 bis 1950.] 4°. III, 493 S.

[Rez.: BSLP 46, 2 (1950) 123—125; 47 (1951) 132—133 (R. L. Wagner); BTDial 23 (1949) 195—197; 24 (1950) 410f.; 25 (1951) 254—255 (E. Legros); RF 62 (1950) 101—103; 235—237; 472f. (H. Lausberg); AnS 188 (1951) 174 (G. Rohlfs).]

VI. Französisches Etymologisches Wörterbuch. Eine darstellung des galloromanischen sprachschatzes. Verfaßt mit unterstützung des Schweizerischen Nationalfonds zur Förderung der wissenschaftlichen Forschung. Basel, R. G. Zbinden & Co. (Für Frankreich und Belgien: Librairie des Méridiens, Klincksieck & Cie., 119 boulevard St-Germain, Paris VIe).

1. Band VI (I. Teil): *Mabille-mephitis.* Herausgegeben von Hans Erich Keller. Gedruckt mit unterstützung der Regierung des Kantons Basel-Stadt (Ouvrage couronné par l'Institut de France, Prix Volney). 1969 [Erschienen in den Jahren 1958—1968]. 4°. II, 758 S.

[Rez.: BAE 41 (1961) 567; BSL 54, 2 (1959) 129—131; 55, 2 (1960) 131—135; 56, 2 (1961) 108—110; 58, 2 (1963) 98—100 (R. L. Wagner); BTDial 33 (1959) 305—310; 34 (1960) 316—318; 35 (1961) 359—364; 36 (1962) 282—285; 38 (1964) 250—256 (E. Legros); ebenso DBR 16 (1959) 253—279; 17 (1960) 259—274, etc. (E. Legros).]

2. Band VI (II. Teil): *Mercatio-mneme.* Gedruckt mit unterstützung des Fonds zur Förderung von Lehre und Forschung, Basel (Ouvrage couronné par l'Institut de France, Prix Volney). 1967. 4°. III, 198 S.

3. Band VI (III. Teil): *Mobilis — myxa.* Gedruckt mit unterstützung der Schweizerischen Geisteswissenschaftlichen Gesellschaft (Ouvrage couronné par l'Institut de France, Prix Volney). 1969 [Erschienen in den Jahren 1966—1969]. 4°. 453 S.

VII. Band VII: *Na — pastura.* Gedruckt mit unterstützung des Basler Arbeitsrappens, der Regierung des Kantons Basel-Stadt und der Stiftung Pro Helvetia. Basel: R. G. Zbinden & Co. 1955. (Für Frankreich und Belgien: Librairie des Méridiens, Klincksieck & Cie., 119 boulevard St-Germain, Paris VIe). [Erschienen in den Jahren 1953—1955.] 4°. IV, 765 S.

[Rez.: AnS 190 (1954) 268; 191 (1955) 111—112 (G. Rohlfs); BSLP 49 [139] (1953) 63—64 (R.-L. Wagner); BSLP 51 (1955) 83—85 (G. Gougenheim); BTDial 28 (1954) 357—361; 29 (1955) 176—179; 30 (1956) 361—363 (E. Legros).]

VIII. Band VIII: *Patavia — pix.* Gedruckt mit unterstützung des Basler Arbeitsrappens und der Regierung des Kantons Basel-Stadt. Basel: R. G. Zbinden & Co. (Für Frankreich und Belgien: Librairie des Méridiens, Klincksieck & Cie., 119 boulevard St-Germain, Paris VIe). [Erschienen in den Jahren 1955—1958.] 4°. II, 621 S.
[Rez.: BSL 53, 2 (1957/58) 107f.; 54, 2 (1959) 126—129 (R.-L. Wagner); BTDial 31 (1957) 253—260; 32 (1958) 309—313; 33 (1959) 310—312 (E. Legros); gleicher Text in DBR 14 (1957) 257—276; 15 (1958) 268—292; 16 (1959) 253—279 (E. Legros); Erasmus 13 (1960) 276—279 (E. Gamillscheg).]

IX. Band IX: *Placabilis — pyxis.* Gedruckt mit unterstützung des Basler Arbeitsrappens und der Regierung des Kantons Basel-Stadt (Ouvrage couronné par l'Institut de France, Prix Volney). Basel 1959 [Erschienen 1958—1959]. III, 695 S.
[Rez.: BSL 54, 2 (1959) 126—131; 55, 2 (1960) 131—135 (R.-L. Wagner); BTDial 33 (1959) 312—319; 34 (1960) 318—319 (E. Legros); = DBR 16 (1959) 253—279; 17 (1960) 259—274 (E. Legros); Erasmus 13 (1960) 276—279 (E. Gamillscheg).]

X. Band X: *R* [*r — rutrum*; Nachträge und berichtigungen, zusammengestellt von Max Pfister (603—605)]. Gedruckt mit unterstützung des Fonds zur Förderung von Lehre und Forschung, Basel (Ouvrage couronné par l'Institut de France, Prix Volney). Basel 1962 [Erschienen 1960—1962]. 648 S.
[Rez.: BAE 41 (1961) 567; BDEsp 37 (1961) 88 (A. Griera); BSL 57, 2 (1962) 72—74; 58, 2 (1963) 98—100 (R.-L. Wagner); BTDial 35 (1961) 364—367; 36 (1962) 286 bis 289; 37 (1963) 269—278 (E. Legros); ebenso DBR 18 (1961) 270—283.]

XI. Band XI: *S — Si* [*s — situs*; Nachträge und berichtigungen (669—672).] Gedruckt mit unterstützung der Schweizerischen Geisteswissenschaftlichen Gesellschaft (Ouvrage couronné par l'Institut de France, Prix Volney). Basel 1964 [Erschienen 1961—1964]. III, 672 S.
[Rez.: BAE 41 (1961) 567; BDEsp 37 (1961) 88; 38 (1962) 152 (A. Griera); BSL 57, 2 (1962) 72—74; 58, 2 (1963) 98—100 (R.-L. Wagner); BTDial 36 (1962) 289—291; 37 (1963) 278—281; 38 (1964) 256—266; 40 (1966) 116—118 (E. Legros).]

XII. Band XII: *Sk — Š* [*skalenos — šibbólet*; Nachträge und berichtigungen (507—516).] Gedruckt mit unterstützung des Fonds zur Förderung von Lehre und Forschung, Basel. Basel 1966 [Erschienen 1963—1966.] 565 S.
[Rez.: BTDial 38 (1964) 266—275; 40 (1966) 118—120 (E. Legros).]

XIII. 1. Band XIII (I. Teil): *T — Ti* [*T — Titus*]. Gedruckt mit unterstützung der Schweizerischen Geisteswissenschaftlichen Gesellschaft. Basel 1966 [Erschienen 1965—1966] 362 S.
[Rez.: BTDial 42 (1968) 325—328 (E. Legros).]
2. Band XIII (II. Teil): *To — Tyrus* [Nachträge und berichtigungen (465—469, für 1. & 2. Teil)]. Gedruckt mit unterstützung des Fonds zur Förderung von Lehre und Forschung, Basel. Basel 1967 [Erschienen 1965—1967]. 516 S.
[Rez.: BTDial 42 (1968) 328—333 (E. Legros).]

XIV. Band XIV: *U — Z* [*uber — zygoma*; Nachträge und berichtigungen (670—678).] (Ouvrage couronné par l'Institut de France, Prix Volney). Basel 1961 [Erschienen 1957—1961]. III. 742 S.
[Rez.: BAE 41 (1961) 567; BDEsp 37 (1961) 88; 38 (1962) 152 (A. Griera); BSL 54, 2 (1959) 126—129; 55, 2 (1960) 131—135; 56, 2 (1961) 108—110; 57,2 (1962) 72—74 (R.-L. Wagner); BTDial 32 (1958) 313—317; 33 (1959) 319—322; 34 (1960) 319 bis 322; 35 (1961) 367—372; 36 (1962) 291—295 (E. Legros); ebenso DBR 15 (1958) 268—292; 16 (1959) 253—279; 17 (1960) 259—274; 18 (1961) 270—283 (E. Legros).]

XV. 1. Band XV (I. Teil) Germanische Elemente: **Aardeend — bryman*. Gedruckt mit unterstützung der Schweizerischen Geisteswissenschaftlichen Gesellschaft. Basel 1969 [Erschienen 1968—1969]. I, 320 S.
2. Band XV (II. Teil) Germanische Elemente: **Bu — füttern*; Register. Gedruckt mit unterstützung des Fonds zur Förderung von Lehre und Forschung Basel. Basel 1959 [Erschienen 1968—1969]. 252 S.

XVI. Band XVI. Germanische Elemente: *G — R* [Nachträge und berichtigungen (747 bis 770)]. Gedruckt mit unterstützung des Basler Arbeitsrappens und der Regierung des Kantons Basel-Stadt (Ouvrage couronné par l'Institut de France, Prix Volney). Basel 1959 [Erschienen 1955—1959]. III, 796 S.
[Rez.: BSL 53, 2 (1957/58) 107f.; 54, 2 (1959) 126—129; 56, 2 (1961) 108—110 (R.-L. Wagner); BTDial 31 (1957) 260—272; 32 (1958) 318—329; 33 (1959) 322—331; 34 (1960) 322—328 (E. Legros); ebenso DBR 14 (1957) 257—276; 15 (1958) 268 bis 292; 16 (1959) 253—279; 17 (1960) 259—274 (E. Legros); M. Delbouille, A propos des articles **Hara* et **Herle-King* du FEW. In: Etymologica 167—185. (s. 396a).]

XVII. Band XVII. Germanische Elemente: *S — Z* [*sabel — zwinken*; Nachträge und berichtigungen (632—643)]. Basel 1966 [Erschienen 1962—1966]. I, 691 S.
[Rez.: BTDial 37 (1963) 281—293; 38 (1964) 275—283; 40 (1966) 120—123 (E. Legros).]

XVIII. Band XVIII. Anglizismen: *Aberration — yeoman* [Nachträge und berichtigungen S. 134; Register]. Gedruckt mit unterstützung des Fonds zur Förderung von Lehre und Forschung, Basel (Ouvrage couronné par l'Institut de France, Prix Volney). Basel 1967, 1144 S.
[Rez.: M. Höfler, Beiträge zu den Anglizismen im Französischen, ZrP 86, 1970, 324—339.]

XIX. Band XIX. Orientalia: *Abār — Zwāwa* [Nachträge und berichtigungen S. 210—214; Bibliographie; Register]. Gedruckt mit unterstützung des Fonds zur Förderung von Lehre und Forschung, Basel (Ouvrage couronné par l'Institut de France, Prix Volney). Basel 1967 [= 1968] [Erschienen 1966—1968]. I, 236 S.
Kritisch ergänzend dazu: Manfred Höfler, Zum französischen Wortschatz orientalischen Ursprungs, ZrP 83, 43—66; Raymond Arveiller, Addenda au FEW XIX, ZrP 85, 1969, 108—131; 86, 1970, 340—371; 87, 1971 (wird fortgesetzt); Manfred Höfler, Afr. *molequin* — mfr. *morequin*, in: Verba et Vocabula, Ernst Gamillscheg zum 80. Geburtstag, München 1968, 265—274.]

XX. Band XX. Entlehnungen aus den übrigen Sprachen. Gedruckt mit unterstützung des Fonds zur Förderung von Lehre und Forschung, Basel. 1. Bretonisch. 2. Baskisch. 3. Mittelgriechisch, neugriechisch. 4. Hebräisch. 5. Zigeunerisch. 6. Magyarisch. 7. Slawische Sprachen, hrsg. von Otto Jänicke, S. 33—52. 8. Finnisch; Lappisch. 9. Eskimo. 10. Amerikanische Sprachen. 11. Afrikanische Sprachen. 12. Ostasiatische Sprachen. 13. Australische Sprachen. 14. Polynesisch. Basel 1968, II, 127 S.

XXI. Band XXI. Materialien unbekannten oder unsichern ursprungs. Gedruckt mit unterstützung der Schweizerischen Geisteswissenschaftlichen Gesellschaft (Ouvrage couronné par l'Institut de France, Prix Volney). I. Teil; herausgegeben von Margarete Hoffert, Johannes Hubschmid, Helmut Lüdtke, Marianne Müller: A. L'Uni-

vers (Le ciel et l'atmosphère. La terre. Les plantes. Les animaux. B. L'homme, être physique.). Basel 1965 [lies 1969; erschienen 1965—1969]. III, 392 S.
[Rez.: BTDial 42 (1968) 324; 333—339 (E. Legros).]

XXII. Band XXII (2. Teil). Lieferung 138, S. 1—96 (1973).

XXIII. Band XXIII. Materialien unbekannten oder unsichern ursprungs. Gedruckt mit unterstützung der Schweizerischen Geisteswissenschaftlichen Gesellschaft (Ouvrage couronné par l'Institut de France, Prix Volney):
a) Lieferung 119, L'habitation — La navigation, S. 1—96 (1967).
[Rez.: Jules Herbillon et Elisée Legros, Notes sur un fascicule du tome XXIII du Französisches Etymologisches Wörterbuch, Matériaux d'origine inconnue ou incertaine. Fasc. 119, in: DBR 25 (1968) 33—68.]
b) Lieferung 127, La navigation (Schluß); Le voyage; L'organisation sociale; L'homme et l'univers, S. 97—192 (1968).
c) Lieferung 136, L'homme et l'univers, S. 193—262 (1970).
Es fehlen noch ein alphabetisches Wort- und ein Begriffsregister zu XXI, XXII und XXIII, die nach Publikation von Band XXII folgen werden.

XXIV. Band XXIV (gänzlich neu bearbeitete Ausgabe von Band I): 1. Teil; Lieferung 134, *A* — *acer*. Basel 1969, S. 1—96; *acer* — *advenire*. Basel 1973, S. 97—192.

XXV. Band XXV (gänzlich neubearbeitete Ausgabe von Band I. 2. Teil): Lieferung 135, *apaideutos* — *architectus*. Basel 1970, S. 1—96.

2. *Neudrucke*

Französisches Etymologisches Wörterbuch. Eine darstellung des galloromanischen sprachschatzes. 1. Band: *A* — *B*; 2. Band: *C K Q*. 1. Halbband: *C* — *cohortile*; 3. Band: *D* — *F*. Photomechanischer neudruck. Tübingen: J. C. B. Mohr (Paul Siebeck) 1948 (Bd 1), 1949 (Bd 2 u. 3). 4°.

3. *Beihefte*

1. Französisches Etymologisches Wörterbuch. Eine darstellung des galloromanischen sprachschatzes. Beiheft: Ortsnamenregister, Literaturverzeichnis, Übersichtskarte. Bonn: Fritz Klopp 1929. 4°. X, 90 S.
2. Französisches Etymologisches Wörterbuch. Eine darstellung des galloromanischen sprachschatzes. Ergänzungen zum Orts- und Quellenverzeichnis. 1940. 26 S.
3. Französisches Etymologisches Wörterbuch. Eine darstellung des galloromanischen sprachschatzes. Beiheft: Ortsnamenregister, Literaturverzeichnis, Übersichtskarte. Zweite Auflage. Tübingen: J. C. B. Mohr (Paul Siebeck) 1950. 4°. XIV, 135 S., 2 Ktn.
[Rez.: BTDial 28 (1954) 361—368 (E. Legros avec la collaboration de Jules Herbillon).]
4. Französisches Etymologisches Wörterbuch. Eine darstellung des galloromanischen sprachschatzes. Supplement zur 2. Auflage des Bibliographischen Beiheftes, redigiert von Margarete Hoffert; R. G. Zbinden & Co.; Basel 1957; IV, 54 S.
[Rez.: BTDial 32 (1958) 329—330 (E. Legros avec la collaboration de J. Herbillon).]

4. *Literaturhinweise zum FEW*

1. Wartburg, W. von: Französisches Etymologisches Wörterbuch. Erster Bericht 1936. In: Berichte über die Verhandlungen der Sächsischen Akademie der Wissenschaften zu Leipzig, Phil.-hist. Klasse, 88. Band, 1936, 5. Heft, S. *16—*17.

2–8. Bibliographie Nrn. 84, 209, 350, 367, 385 Artikel 7 und 9, 407.
9. Baldinger, K.: Autour du „Französisches Etymologisches Wörterbuch" (FEW). Considérations critiques sur les dictionnaires français, Aalma 1380 – Larousse 1949. In: RPF 4 (1951) 342–373.
10. Legros, É.: En marge du FEW. Notes linguistico-folkloriques. In: Mélanges Bruneau, S. 100–107; Genève 1954. [Supplément aux articles du FEW **ambilattium, cambiare, fata.*]
11. Zumthor, P.: Évolution et structure du Französisches Etymologisches Wörterbuch (FEW). In: Orbis 4 (1955) 200–213.
12. En patrouille ... dans l'étymologie. In: Vie et langage 58 (1957) 37–44.
13. Guiraud, P.: Le plus monumental des dictionnaires étymologiques de la langue française est l'œuvre d'un Suisse-Allemand, Walther von Wartburg. In: Vie et langage 77 (1958) 411–415.
14. Mantou, Reine: Index des comptes rendus du FEW. In: BTDial 43, 1969, 165–169 [Betrifft die Besprechungen im BTDial].
15. Rey, Alain: Le dictionnaire étymologique de W. von Wartburg: Structures d'une description diachronique du lexique. In: Langue française 10 (mai 1971) 83–106.

C. Herausgegebene Werke und Zeitschriften

1. Zeitschrift für romanische Philologie. Begründet von Gustav Gröber, fortgeführt und herausgegeben von Walther v. Wartburg. Bd 55 (1935) – Bd 64 (1944) Halle (Saale): Max Niemeyer; Bd 65 (1949) – Bd 73 (1957) Tübingen: Max Niemeyer.
2. Beihefte zur Zeitschrift für romanische Philologie. Heft 84 (1935) – Heft 93 (1941) Halle (Saale): Max Niemeyer; Heft 94 (1952) – Heft 98 (1957) Tübingen: Max Niemeyer.
   84. Elwert, W. Th.: Geschichtsauffassung und Erzählungstechnik in den historischen Romanen Guerrazzis. 1935.
   85. Rohlfs, G.: Le Gascon. 1935.
   86. Jörder, O.: Die Formen des Sonetts bei Lope de Vega. 1936.
   87. Schossig, A.: Verbum, Aktionsart und Aspekt in der Histoire du Seigneur de Bayart par le Loyal Serviteur. 1936.
   88. Kellermann, W.: Aufbaustil und Weltbild Chrestiens von Troyes im Percevalroman. 1936.
   89. Giese, W.: Nordost-Cádiz. 1937.
   90. Lausberg, H.: Die Mundarten Südlukaniens. 1939.
   91. König, K.: Überseeische Wörter im Französischen (16.–18. Jahrhundert). 1939.
   92. Behrens, I.: Die Lehre von der Einteilung der Dichtkunst. 1940.
   93. Wagner, M. L.: Historische Lautlehre des Sardischen. 1941.
   94. Buck, A.: Italienische Dichtungslehren. Vom Mittelalter bis zum Ausgang der Renaissance. 1952.
   95. Wais, K.: Frühe Epik Westeuropas und die Vorgeschichte des Nibelungenliedes. 1. Band. Mit einem Beitrag von Hugo Kuhn: Brunhild und das Krimhildlied 1953.
   96. Wandruszka, M.: Haltung und Gebärde der Romanen. 1954.
   97. Köhler, Erich: Ideal und Wirklichkeit in der höfischen Epik. Studien zur Form der frühen Artus- und Gralsdichtung. 262 S.
   98. Levy, Raphael: Chronologie approximative de la littérature française du moyen âge. 61 S.

3. Zeitschrift für romanische Philologie. Begründet von GUSTAV GRÖBER, fortgeführt und herausgegeben von WALTHER V. WARTBURG. Supplement-Hefte: Bibliographie bearbeitet und herausgegeben von ALWIN KUHN.
   Zu Band 47—55 (1927/35), erschienen 1938 }
   Zu Band 56—57 (1936/37), erschienen 1940 } Niemeyer,
   Zu Band 58—59 (1938/39), erschienen 1943 } Halle
   Zu Band 60—66 (1940/50), XV, 955 S.; Register bearbeitet von Dr. Otto Klapp, 138 S., erschienen 1950—1957, Niemeyer, Tübingen.
4. Leipziger Romanistische Studien. Hrsg. von WALTHER V. WARTBURG. I. Sprachwissenschaftliche Reihe. Heft 1—20. Borna, Leipzig: Robert Noske; Leipzig: Selbstverlag des Romanischen Seminars; Paris: E. Droz 1931—1939.
   1. KUHN, A.: Die französische Handelssprache im 17. Jahrhundert. 1931.
   2. SCKOMMODAU, H.: Der französische psychologische Wortschatz der zweiten Hälfte des 18. Jahrhunderts. 1933.
   3. HALLIG, R.: Die Benennungen der Bachstelze in den romanischen Sprachen und Mundarten. 1933.
   4. EGGENSCHWILER, E.: Die Namen der Fledermaus auf dem französischen und italienischen Sprachgebiet. 1934.
   5. OSTERWALDER, TH.: Beiträge zur Kenntnis des Dialekts von Magland (Hochsavoyen). 1933.
   6. ROGGER, K.: Vom Wesen des Lautwandels. 1934.
   7. HASCHKE, F.: Die Sprache Richelieus nach seinem Briefwechsel. 1934.
   8. HEIDEL, G.: La langue et le style de Philippe de Commynes. 1934.
   9. BEYER, C.: Die Verba des „Essens", „Schickens", „Kaufens" und „Findens" in ihrer Geschichte vom Latein bis in die romanischen Sprachen. 1934.
   10. FLASCHE, H.: Die begriffliche Entwicklung des Wortes ratio und seine Ableitungen im Französischen bis 1500. 1936.
   11. KUNZE, H.: Die Bibelübersetzungen von Lefèvre d'Etaples und von P. R. Olivetan, verglichen in ihrem Wortschatz. 1935.
   12. POPPE, E.: Die Sprache Gilles de Gouberville's und ihre Beziehungen zu den modernen normannischen Mundarten. 1935.
   13. MAINONE, F.: Formenlehre und Syntax in der Berliner franko-venezianischen Chanson de geste von Huon d'Auvergne. 1936.
   14. HERING, W.: Die Mundart von Bozel (Savoyen). 1936.
   15. HEIDEL, H.: Die Terminologie der Finanzverwaltung Frankreichs im 15. Jahrhundert. 1936.
   16. RUNKEWITZ, W.: Der Wortschatz der Grafschaft Rethel in Beziehung zur modernen Mundart nach dem „Trésor des Chartes du Comté de Rethel". 1937.
   17. BARTZSCH, W.: Der Wortschatz des öffentlichen Lebens im Frankreich Ludwigs XI. Zusammengestellt im Hinblick auf die Beziehung: Zeitwandel und Sprachgestaltung. 1937.
   18. KÖGLER, K.: Die Bezeichnungen des Geißblatts in den romanischen Sprachen. 1937.
   19. HEILEMANN, K.: Der Wortschatz von Georges Chastellain nach seiner Chronik. 1937.
   20. EISEMANN, K. E.: Das alemannische Lehngut in der ostfranzösischen Mundart von Schnierlach (Lapoutroie) in den Vogesen. 1939.
5. Leipziger Romanistische Studien. Hrsg. von WALTHER VON WARTBURG. II. Literaturwissenschaftliche Reihe. Heft 1 bis 8. Borna, Leipzig: Robert Noske; Leipzig: Selbstverlag des Romanischen Seminars; Paris: E. Droz 1931—1938.

3. SCHRÖER, CH.: Les petits poèmes en prose von Baudelaire, eine Gedankendichtung, als Zeit- und Charakterdokument. 1935.
4. DAHNK, E.: L'hérésie de Fauvel. 1935.
5. PANTKE, A.: Gustave Flauberts „Tentation de Saint Antoine". Ein Vergleich der drei Fassungen. 1936.

6. Leipziger Romanistische Studien. III. Italienische Kulturberichte. Herausgegeben von WALTHER V. WARTBURG und FRANCO VALSECCHI. (Mit literarischen Beilagen). Jahrgang 1 (1934) 4 Hefte. Leipzig: Romanisches Seminar 1934. Jahrgang 2 (1935). Herausgegeben von W. v. WARTBURG, FRANCO VALSECCHI, VITTORIO SANTOLI (ab 4. Heft hrsg. von W. v. WARTBURG, FRANCO VALSECCHI, GIUSEPPE ZAMBONI). Leipzig: Romanisches Seminar 1936—1937.

7. Neue Deutsche Forschungen. Abt. Romanische Philologie. Hrsg. v. WALTHER V. WARTBURG. Berlin: Junker & Dünnhaupt 1935—1938.
   1. GRIMRATH, H.: Der Weltkrieg im französischen Roman. 1935.
   2. BLACKERT, H.: Der Aufbau der Kunstwirklichkeit bei Marcel Proust. Aufgezeigt an der Einführung der Personen in „A la recherche du temps perdu". 1935.
   3. BUCK, A.: Der Platonismus in den Dichtungen Lorenzo de' Medicis. 1936.
   4. ROMMEL, A.: Bruno Cicognani. Der Mensch und der Künstler. 1938.

8. Bibliotheca Romanica. Edendam curat W. v. WARTBURG. Series prima: Manualia et commentationes. Bern: A. Francke. 1946ff.
   1. Bibliographie Nrn. 288, 293, 397, 415, 424, 432, 442, 444.
   2. Bibliographie Nr. 292 und 399.
   3. WAGNER, M. L.: La lingua sarda. Storia, spirito e forma. 1951.
   4. POP, S.: Grammaire roumaine. 1948.
   5.—7. ROHLFS, G.: Historische Grammatik der italienischen Sprache und ihrer Mundarten. I. Lautlehre. II. Formenlehre und Syntax. III. Syntax und Wortbildung. 1949—1954. [Vgl. ZrP 82, 682; 84, 684].
   8. Bibliographie Nr. 299.
   9. ULLMANN, S.: Précis de sémantique française. 1952; 2e éd. 1959. [s. ZrP 76, 595]
   10. MARTINET, A.: Economie des changements phonétiques; traité de phonologie diachronique. 1955.

9. Bibliotheca Romanica. Edendam curat W. v. WARTBURG. Series altera: Scripta Romanica selecta. Bern: A. Francke. 1946ff.
   1. Bibliographie Nr. 290 und 412.
   2. AEBISCHER, P.: Chrestomathie franco-provençale. Recueil de textes franco-provençaux antérieurs à 1630. 1950.
   3.—4. Henry, A.: Chrestomathie de la littérature en ancien français. I: Textes. II: Notes et glossaire. 1954; 2e éd. rev. 1960; 3e éd. rev. 1965.

10. Deutsche Akademie der Wissenschaften zu Berlin. Veröffentlichungen des Instituts für Romanische Sprachwissenschaft. Direktor: Prof. Dr. WALTHER V. WARTBURG. Berlin: Akademie-Verlag 1950ff.
   1. BALDINGER, K.: Kollektivsuffixe und Kollektivbegriff. Ein Beitrag zur Bedeutungslehre im Französischen mit Berücksichtigung der Mundarten. 1950.
   2.—4. LOMMATZSCH, E.: Beiträge zur älteren italienischen Volksdichtung. Untersuchungen und Texte. I.—III. 1950—1951.
   5. BÖHNE, R.: Zum Wortschatz der Mundart des Sárrabus (Südostsardinien). 1950.
   6. THIERBACH, A.: Untersuchungen zur Benennung der Kirchenfeste in den romanischen Sprachen. 1951.

7. Keller, H.-E.: Etude descriptive sur le vocabulaire de Wace. 1953.
8. Toja, G.: La lingua della poesia bolognese del secolo XIII. Saggio filologico-critico. 1954.
9. Glutz, R.: Miracles de Nostre Dame par personnages. Kritische Bibliographie und neue Studien zu Text, Entstehungszeit und Herkunft. 1954.
10. Rommel, A.: Die Entstehung des klassischen französischen Gartens im Spiegel der Sprache. 1954.
11. Tausch, A.: Die Lautentwicklung der Mundarten des Trièves (Dauphiné, Dép. Isère). 1954.
12. Gossen, C. Th.: Studien zur syntaktischen und stilistischen Hervorhebung im modernen Italienisch. 1954.
13. Klare, J.: Entstehung und Entwicklung der konzessiven Konjunktionen im Französischen. 1958.

D. Nachrufe

1. Zum Gedenken an Walther von Wartburg-Boos, geboren 18. Mai 1888, gestorben 15. August 1971, 43 S. [Bei Zbinden in Basel gedrucktes, von der Familie hrsg. Heft; nicht im Handel; enthält die bei der Trauerfeier am 19. August in Basel gehaltenen Ansprachen von Ch.-Th. Gossen, Paul Schaefer, Joseph Gantner und Einige Bilder aus dem Lebenslauf Walther von Wartburgs, verfaßt von der Familie (neu abgedruckt in D 10), sowie den Nachruf von G. Hilty D 5 (neu abgedruckt in D 10), und die Allocution prononcée à la mémoire de Walther von Wartburg von Kurt Baldinger anläßlich der Eröffnungssitzung des XIIIe Congrès Intern. de Linguistique et de Philologie Romanes in Québec am 30. August 1971. Das Heft enthält außerdem 9 Photographien von Wartburgs aus verschiedenen Lebensabschnitten.]
2. † Professor Walther von Wartburg, Nachruf von G[ustav] A[dolf] W[anner], Basler Nachrichten vom 17. August 71.
3. Lindner, Hans R.: Sprachinventar als Lebenswerk. Zum Tode des Schweizer Romanisten Walther von Wartburg. In: Basler Nationalzeitung. Nr. 375 (18. August 1971).
4. Nachruf von Peter Wunderli, Badische Zeitung vom 19. August 1971.
4a. Nachruf von Jacob Wüest, Tages-Anzeiger (Zürich), 21. August 1971.
5. Hilty, Gerold: Walther von Wartburg zum Gedächtnis. In: Neue Zürcher Zeitung Nr. 391 (24. August 1971); neu abgedruckt in D 10.
6. Mitterand, Henri: Un grand romaniste. In: Les Nouvelles Littéraires Nr. 2294 (Sept. 1971).
7. Baldinger, Kurt: Ein großer Philologe — Walther von Wartburg (1888—1971). In: Sonntagsblatt der Basler Nachrichten Nr. 502 vom 28. November 1971.
8. Baldinger, Kurt: Walther von Wartburg (1888—1971). In: ZrP 87, 1971, 684—691.
9. Baldinger, Kurt: Walther von Wartburg (1888—1971). In: RLiR 35, 1971, 304—311 [fr. Fassung D 7 und D 8].
10. Walther von Wartburg (1888—1971). Beiträge zu Leben und Werk, nebst einem vollständigen Schriftenverzeichnis, hrsg. von Kurt Baldinger, ZrP-Sonderheft zu Band 87, Tübingen 1971, 106 S. — [Dazu: Jacob Bachmann in: Die Tat (Zürich) 3. Nov. 1973.]
11. Nachruf von Ch.-Th. Gossen. In: Vox Romanica 30, 1971, 225—241 (mit Photogr.).
12. Nachruf von Mario Wandruszka. In: Almanach der Österreichischen Akademie der Wissenschaften 122, 1972 (Wien 1973) 340—346 (mit Photographie).
13. Nachruf von Max Pfister. In: Onoma xvi, 1971, 266—269 (mit Photographie).

14. Nachruf von PETER WUNDERLI. In: RF 84, 1972, 151–154.
15. a. Nachrufnotiz von FÉLIX LECOY. In: Romania 92, 1971, 572.
b. Nachruf von F. LECOY. In: Romania 93, 1972, 139–141.
16. Nachruf von P. ZUMTHOR: In memoriam Walther von Wartburg (18 mai 1888 — 15 août 1971), Sep. aus dem Jaarboek der Koninklijke Nederlandse Akademie van Wetenschappen 1971 (erschienen Frühjahr 1972), 5 S.
17. Nachruf von HUGO FRIEDRICH, erscheint im Ordensjahrbuch des Pour le Mérite.
18. Nachruf von WERNER BAHNER, s. vorliegendes Jahrbuch S. 371/374 (mit Photographie).
19. IORDAN, IORGU: W. v. Wartburg (1888–1971). In: Studii şi cercetări lingvistice 23, 1972, 113–115.
20. HUBERT, JEAN: Allocution Walther von Wartburg. In: Comptes Rendues des Séances de l'année 1971, Juillet-Octobre. Paris, Janvier 1972. S. 539–541.
21. MACREA, D.: Doi mari romanişti [= W. v. Wartburg u. E. Gamillscheg]. In: România literară 5, Bucureşti 1972, Nr. 20, S. 13.

Zur Biobibliographie

Schriftenverzeichnisse. K. Baldinger, A. Thierbach, in: W. v. Wartburg: Von Sprache und Mensch. Gesammelte Aufsätze. Bern 1956. S. 234–279. — K. Baldinger, M. Hoffert, A. Thierbach, in: Sonderheft der ZrP für Walther v. Wartburg *87* (1971) S. 53–106. — Dieselben, s. vorliegendes Jahrb. S. 374–417. — M. Hoffert, in: Festschrift Walther v. Wartburg zum 80. Geburtstag II (Tübingen 1968) S. 549–558. — Jahrb. Sächs. Akad. Wiss. Leipzig *1957–1959* (Berlin 1961) S. 286–287; *1963–1965* (Berlin 1967) S. 264; *1969–1970* (Berlin 1972) S. 191–192. — Kürschners Dtsch. Gelehrten-Kalender *3* (Berlin–Leipzig 1928/29) Sp. 2580; *4* (Berlin–Leipzig 1931) Sp. 3173–3174; *5* (Berlin–Leipzig 1935) Sp. 1490; 6_2 (Berlin 1940/41) Sp. 1028–1029; *7* (Berlin 1950) Sp. 2205; *8* (Berlin 1954) Sp. 2512; *9* (Berlin 1961) S. 2202–2203; 10_2 (Berlin 1966) S. 2613–2614 [ohne Literaturangaben]; *11* (Berlin 1970) S. 3183 [ohne Literaturangaben].

Festschriften. Etymologica. Walther von Wartburg zum 70. Geburtstag 18. Mai 1958. In Verbindung mit K. Baldinger, C. Th. Gossen, A. Kuhn, T. Reinhard herausgegeben von H.-E. Keller. Tübingen 1958. IX, 893 S. (m. Bildn.). — Festschrift Walther von Wartburg zum 80. Geburtstag 18. Mai 1968. Hrsg. v. K. Baldinger. 2 Bände. Tübingen 1968. Bd *1*: XIV, 618 S., Bd *2*: VII, 597 S. [Rez.: RoJb *20* (1969) 161–168 (Ž. Muljačić); RLiR *33* (1969) 179–202 (L. F. Flutre); RF *82* (1970) 112–123 (W. D. Stempel); ZrP *86* (1970) 597–617 (H. H. Christmann).]

Gedenkschriften. Zum Gedenken an Walther von Wartburg-Boos, geboren 18. Mai 1888, gestorben 15. August 1971. Hrsg. v. der Familie, nicht im Handel. Basel 1971. 43 S. — Walther von Wartburg (1888–1971). Beiträge zu Leben und Werk, nebst einem vollständigen Schriftenverzeichnis. Hrsg. v. K. Baldinger. Tübingen 1971. 106 S. (= Sonderheft der ZrP für Walther von Wartburg *87* [1971]).

Würdigungen. Zum 70. Geburtstag: K. Baldinger, in: FuF *32* (1958) S. 155–158. — H. E. Keller, in: Archivio Glottologico Italiano *43* (1958) S. 85–86. — A. Kuhn, in: Etymologica (= Festschrift Walther von Wartburg zum 70. Geburtstag) S. V–IX. (s. 396a). — Zum 75. Geburtstag: J. Orr, in: ZrP *79* (1963) S. 1–22. — Zum 80. Geburtstag: K. Baldinger, in: Festschrift Walther von Wartburg zum 80. Geburtstag S. V–VII (s. 435a). — A. Goosse: Hommage à Walther von Wartburg [à propos du 80e anniversaire]. In: André Goosse, Façons de parler 1, Gembloux 1971. S. 320—325. — E. Schmid u. a., in: Almanach Österr. Akad. Wiss. *118* (1969) S. 371—375. — Allgemein: Der Große Brockhaus. 15. Aufl. *20* (1934) S. 28; 16. Aufl. in 12 Bänden, *12* (Wiesbaden 1957) S. 340. — Das Bertelsmann Lexikon in 7 Bänden, *7* (Gütersloh 1966) S. 914. — Meyers Neues Lexikon in 8 Bänden, *8* (Leipzig 1964) S. 613. — Die Mitglieder der Dtsch. Akad. Wiss. Berlin 1700—1950. Bearb. E. Amburger. Berlin 1950. S. 169. — I. Iordan: Einführung in die Geschichte und Methoden der romanischen Sprachwissenschaft. Ins Deutsche übertragen, ergänzt u. teilweise neu bearb. v. W. Bahner. Berlin 1962. S. 258—262. — Ders.: Lingvistica Romanică. Evoluţie — Curente — Metode. Bucureşti 1962. S. 231—234. — G. v. Proschwitz, En marge du Bloch-Wartburg. In: Studia Neophilologica *36* (Upsala 1964) Nr. 2, S. 308—331. — H. Rheinfelder, Raccolta di testi antichi italiani a cura di W. von Wartburg. In: DLZ *71* (1950) Sp. 303—304.

Nachrufe. Siehe Bibliographie Walther von Wartburg im vorliegenden Jahrbuch S. 415 bis 416.

VERZEICHNIS DER MIT DER AKADEMIE IM SCHRIFTENTAUSCH STEHENDEN KÖRPERSCHAFTEN

I. Periodica

Ägypten

Kahira
Institut Français d'Archéologie Orientale
Bibliothèque d'études
Bulletin
Conférences

National Information and Documentation Centre
Journal of Chemistry

Argentinien

Buenos Aires
Comisión Nacional de la Energía Atómica
Informe

Sociedad Cientifica Argentina
Anales

La Plata
Universidad Nacional. Facultad de Ciencias Fisicomatemáticas
Revista

Mendoza
Universidad Nacional de Cuyo. Instituto de Linguística
Anales

Australien

Adelaide
Barr Smith Library
The Australian Journal of Experimental Biology and Medical Science

Brisbane
Royal Society of Queensland
Proceedings

Canberra
National Library of Australia
Australian Bibliography and bibliographical Services
Historical Records of Australia

Melbourne
Royal Society of Victoria
Proceedings

Sydney
Royal Society of New South Wales
Journal and Proceedings
Monographs

Belgien

Anvers	*Académie Royale d'Archéologie de Belgique* Revue belge d'archéologie et d'histoire de l'art
Bruxelles	*Algemene Bibliotheek van de Vrije Uniteit* Tijdschrift Studiereeks
	Jardin Botanique de l'Etat Bulletin
	Institut Royal des Sciences naturelles de Belgique Memoirs
	Société des Bollandistes Analecta Bollandiana
	Union Académique Internationale Compte rendu Archivum latinitatis medii aevi
	Université libre. Bibliothèque Centrale Revue de l'Université
Gent	*Koninklijke Vlaamse Academie voor Taal- en Letterkunde* Jaarboek Verslagen en Mededeelingen Leonard Willemsfonds
Liège	*L'Institut Archéologique Liégois* Bulletin Chronique archéologique du pays de Liège
Louvain	*Bibliothèque de l'Université* Travaux de la Faculté de Philosophie et Lettres Travaux de l'Institut de Psychologie
	Universiteitsbibliotheek Bibliographia Academia Jaarboek Studia Hellenistica Ancient Society Humanistica Lovaniensia
Namur	*Redaction „Les études classiques"* Les Etudes classiques

Brasilien

Rio de Janeiro	*Academia Brasileira de Ciências* Anais
	Centro Brasileiro de Pesquisas Fisicas Summa brasiliensis mathematicae

Bulgarien

Sofija

Bulgarska Akademija na Naukite
Doklady
Izvestija na Instituta za bulgarski ezik
Izvestija na Instituta za literatura
Izvestija na Zoologičeskija institut

Universitetska Biblioteka
Godišnik na Sofijskija Universitet. Filologičeski fakultet
Juridičeski fakultet
Naučni trudove na Visši medicinski institut

Upravlenie za geoložki proučvanija
Godišnik. Otdel A
Priloženie kum Godišnik

Bundesrepublik Deutschland

Aachen

Aachener Geschichtsverein
Zeitschrift

Bibliothek der Rheinisch-Westfälischen Technischen Universität
Jahrbuch

Augsburg

Historischer Verein für Schwaben
Zeitschrift

Naturwissenschaftlicher Verein für Schwaben
Bericht

Bad Godesberg

Deutsche Forschungsgemeinschaft
Bericht über ihre Tätigkeit
Deutscher Forschungsdienst
Deutscher Forschungsdienst. Angewandte Wissenschaft

Beuron

Bibliothek der Erzabtei Beuron
Erbe und Auftrag
Texte und Arbeiten
Vetus lat. inst. Bericht

Braunschweig

Braunschweigische wissenschaftliche Gesellschaft
Abhandlungen

Bibliothek der Technischen Universität
Geographische Rundschau

Bremen

Überseemuseum
Veröffentlichungen

Die Wittheit zu Bremen
Abhandlungen des Naturwissenschaftlichen Vereins
Abhandlungen und Vorträge

Bremen

Bremisches Jahrbuch
Deutsche geographische Blätter
Jahrbuch der Bremischen Wissenschaft
Veröffentlichungen aus dem Staatsarchiv

Bremerhaven

Institut für Meeresforschung
Veröffentlichungen

Düsseldorf

Düsseldorfer Geschichtsverein
Düsseldorfer Jahrbuch

Erlangen

Institut für Fränkische Landesforschung
Jahrbuch
Schriften. Historische Reihe

Physikalisch-Medizinische Sozietät
Sitzungsberichte

Frankfurt a. M.

Philosophisch-Theologische Hochschule St. Georgen
Theologie und Philosophie

Physikalischer Verein
Jahresbericht

Senckenbergische Naturforschende Gesellschaft
Abhandlungen
Aufsätze und Reden
Natur und Museum
Senckenbergiana biologica
Senckenbergiana lethaea

Städtisches Museum für Völkerkunde
Paideuma

Freiburg i. Br.

Naturforschende Gesellschaft
Berichte

Gießen

Bibliothek der Justus-Liebig-Universität
Hessische Blätter für Volkskunde
Mitteilungen des Oberhessischen Geschichtsvereins
Nachrichten der Gießener Hochschulgesellschaft
Schriften der Justus-Liebig-Universität

Oberhessische Gesellschaft für Natur- und Heilkunde
Bericht. Medizinische Abteilung
Naturwissenschaftliche Abteilung

Göttingen

Akademie der Wissenschaften
Abhandlungen. Math.-phys. Klasse
Phil.-hist. Klasse
Göttingische gelehrte Anzeigen
Jahrbuch
Nachrichten. Math.-phys. Klasse
Phil.-hist. Klasse

Hamburg	*Geographische Gesellschaft* Mitteilungen *Gesellschaft für Natur- und Völkerkunde Ostasiens* Mitteilungen Nachrichten *Mathematische Gesellschaft* Mitteilungen *Staats- und Universitätsbibliothek* Abhandlungen aus dem Gebiete der Auslandskunde Hamburger Universitätsreden
Hannover	*Akademie für Raumforschung und Landesplanung* Raumforschung und Raumordnung *Bibliothek der Technischen Universität.* *Technische Informationsbibliothek* Berichte der Naturhistorischen Gesellschaft Jahrbuch *Niedersächsische Landesbibliothek* Niedersächsisches Jahrbuch für Landesgeschichte Studia Leibnitiana
Heidelberg	*Heidelberger Akademie der Wissenschaften* Abhandlungen. Phil.-hist. Klasse Jahrbuch Sitzungsberichte. Math.-nat. Klasse Phil.-hist. Klasse *Naturhistorisch-medizinischer Verein* Verhandlungen *Universitätsbibliothek* Heidelberger Jahrbücher Veröffentlichungen aus der Heidelberger Papyrussammlung
Karlsruhe	*Bibliothek der Technischen Universität* Monographien
Kiel	*Naturwissenschaftlicher Verein für Schleswig-Holstein* Schriften *Universitätsbibliothek* Schriften des Geographischen Instituts der Universität Kiel
Leverkusen	*Farbenwerke Bayer* Therapeutische Berichte
Lübeck	*Stadtbibliothek* Ausblick

Mitteilungen der Geographischen Gesellschaft und des Naturhistorischen Museums

Verein für Lübeckische Geschichte und Altertumskunde
Zeitschrift

Verein „Natur und Heimat"
Berichte

Mainz

Akademie der Wissenschaften und der Literatur
Abhandlungen der Klasse Literatur
Abhandlungen der geistes- u. sozialwiss. Klasse
Abhandlungen der mathematisch-naturwiss. Klasse
Jahrbuch
Karl-A.-Forster-Lectures
Mikrofauna des Meeresbodens

Mainzer Altertumsverein
Mainzer Zeitschrift

Marburg

Deutsche Morgenländische Gesellschaft
Zeitschrift

Gesellschaft zur Beförderung der gesamten Naturwissenschaften
Sitzungsberichte

Universitätsbibliothek
Alma Mater Philippina

München

Bayerische Akademie der Wissenschaften
Abhandlungen. Math.-nat. Klasse
Phil.-hist. Klasse
Jahrbuch
Sitzungsberichte. Math.-nat. Klasse
Phil.-hist. Klasse
Sonderschriften

Deutsches Museum
Abhandlungen und Berichte
Verwaltungsbericht

Kommission für bayerische Landesgeschichte
Bayerische Vorgeschichtsblätter

Max-Planck-Gesellschaft
Jahrbuch
Mitteilungen

Technische Universität. Universitätsbibliothek
Veröffentlichungen der Deutschen Geodätischen Kommission. Reihe E
Berichte über die Vollsitzungen der Deutschen Geodätischen Kommission

	Zentralinstitut für Kunstgeschichte Jahresbericht
Münster	*Universitätsbibliothek* Westfälische geographische Studien
Nürnberg	*Germanisches Nationalmuseum* Anzeiger Bilder aus deutscher Vergangenheit
Offenbach	*Bibliothek des Deutschen Wetterdienstes* Agrarmeteorologische Bibliographie Berichte Deutsches meteorologisches Jahrbuch
Remagen	*Bundesanstalt für Landeskunde und Raumforschung* Berichte zur deutschen Landeskunde
Speyer	*Pfälzische Landesbibliothek* Mitteilungen der Pollichia Mitteilungen des Historischen Vereins der Pfalz Pfälzische Bibliographie
Stuttgart	*Kommission für geschichtliche Landeskunde in Baden-Württemberg* Württembergische Geschichtsliteratur Zeitschrift für Württembergische Landesgeschichte
	Museum für Länder- und Völkerkunde. Linden-Museum Tribus. Jahrbuch
	Staatliches Museum für Naturkunde Stuttgarter Beiträge zur Naturkunde
	Verband der deutschen Höhlen- und Karstforscher Bibliographie zur Karst- und Höhlenkunde in Deutschland Jahreshefte für Karst- und Höhlenkunde Mitteilungen
	Württembergische Landesbibliothek Jahrbücher für Statistik und Landeskunde von Baden-Württemberg
Ulm	*Verein für Kunst und Altertum in Ulm und Oberschwaben* Mitteilungen
Wiesbaden	*Hessisches Landesamt für Bodenforschung* Abhandlungen Hessisches Lagerstättenarchiv Mitteilungen der Reichsstelle für Bodenforschung Notizblatt
	Nassauischer Verein für Naturkunde Jahrbücher
	Verein für Nassauische Altertumskunde und Geschichtsforschung Nassauische Annalen

Wolfenbüttel *Braunschweigischer Geschichtsverein*
Braunschweigisches Jahrbuch

Würzburg *Freunde Mainfränkischer Kunst und Geschichte*
Mainfränkische Hefte
Mainfränkisches Jahrbuch für Geschichte und Kunst

Physikalisch-medizinische Gesellschaft
Berichte

Ceylon

Colombo *National Museum*
Administration Report of the Director Ceylon Journal of Science. Biological Series Spolia Zeylanica. Geology, Zoology, Anthropology

Chile

Concepción *Sociedad de Biología*
Boletín

China

Pei-ching *Kuo li t'u shu kuan* (*National Library*)
Chinese Literature
Chinese Medical Journal
Scientia Sinica

Città del Vaticano

(vgl. auch Italien, Roma)

Archivum Historicum Societatis Jesu
Archivum

Biblioteca Apostolica Vaticana
Studi e Testi

Pontifico Istituto Biblico
Biblica
Orientalia

Specola Vaticana
Annual Report
Miscellanea astronomica
Ricerche astronomiche
Ricerche spettroscopiche

Dänemark

Arhus *Statsbiblioteket*
Acta Jutlandica

København — *Det Kongelige Danske Videnskaberne Selskab*
Arkeologisk-kunsthistoriske meddelelser
Arkeologisk-kunsthistoriske skrifter
Biologiske meddelelser
Biologiske skrifter
Historisk-filologiske meddelelser
Historisk-filologiske skrifter
Matematisk-fysiske meddelelser
Matematisk-fysiske skrifter
Oversigt over selskabets virksomhed

Universitets Matematiske Institut
Mathematica Scandinavica

Odense — *Odense Universitetsbibliotek*
Mediaeval Scandinavia

Deutsche Demokratische Republik

Berlin — *Deutsche Akademie der Landwirtschaftswissenschaften*
Albrecht-Thaer-Archiv

Deutsche Akademie der Wissenschaften zu Berlin
Abhandlungen. Klasse f. Mathematik, Physik u. Technik
Klasse f. Chemie, Geologie u. Biologie
Klasse f. Bergbau, Hüttenwesen u. Montangeologie
Klasse f. Medizin
Abhandlungen. Klasse f. Sprachen, Literatur u. Kunst
Klasse f. Philosophie, Geschichte, Staats-, Rechts- u. Wirtschaftswissenschaften
Jahrbuch
Journal für Hirnforschung
Monatsberichte
Sitzungsberichte. Klasse f. Mathematik, Physik u. Technik
Klasse f. Chemie, Geologie u. Biologie
Klasse f. Bergbau, Hüttenwesen u. Montangeologie
Klasse f. Medizin
Klasse f. Sprachen, Literatur u. Kunst
Klasse f. Philosophie, Geschichte, Staats-, Rechts- u. Wirtschaftswissenschaften
Vorträge und Schriften

Deutsches Amt für Meßwesen und Warenprüfung
Wissenschaftliche Abhandlungen

Geologischer Dienst. Staatliche Geologische Kommission
Geologie. Nebst Beihefte
Zeitschrift für angewandte Geologie

	Universitätsbibliothek der Humboldt-Universität	
	Wissenschaftliche Zeitschrift der Humboldt-Universität	
	Gesellschafts- u. sprachwiss. Reihe	
	Mathematisch-naturwiss. Reihe	
Dresden	*Bibliothek der Hochschule für Verkehrswesen*	
	Wissenschaftliche Zeitschrift der Hochschule für Verkehrswesen	
	Bibliothek der Technischen Universität	
	Wissenschaftliche Zeitschrift der Technischen Universität	
Erfurt	*Medizinische Akademie*	
	Personal- und Vorlesungsverzeichnis	
	Wissenschaftliche Bibliothek der Stadt Erfurt	
	Aus der Vergangenheit der Stadt Erfurt	
	Beiträge zur Geschichte der Stadt Erfurt	
Greifswald	*Universitätsbibliothek*	
	Wissenschaftliche Zeitschrift der Ernst-Moritz-Arndt-Universität	
	Gesellschafts- u. sprachwiss. Reihe	
	Mathematisch-naturwiss. Reihe	
Halle a. d. S.	*Deutsche Akademie der Naturforscher „Leopoldina"*	
	Nova Acta Leopoldina	
	Landesmuseum für Vorgeschichte	
	Jahresschrift für mitteldeutsche Vorgeschichte	
	Vorgeschichtliche Museumsarbeit und Bodendenkmalpflege	
	Universitäts- und Landesbibliothek	
	Hallische Monographien	
	Schriften zum Bibliotheks- und Büchereiwesen in Sachsen-Anhalt	
	Wissenschaftliche Zeitschrift der Martin-Luther-Universität	
	Gesellschafts- u. sprachwiss. Reihe	
	Mathematisch-naturwiss. Reihe	
Ilmenau	*Technische Hochschule*	
	Wissenschaftliche Zeitschrift	
Jena	*Universitätsbibliothek*	
	Wissenschaftliche Zeitschrift der Friedrich-Schiller-Universität	
	Gesellschafts- u. sprachwiss. Reihe	
	Mathematisch-naturwiss. Reihe	
Leipzig	*Deutsches Institut für Länderkunde*	
	Geographische Berichte	
	Geophysikalisches Institut der Karl-Marx-Universität	
	Geophysikalische Meßreihen	
	Universitätsbibliothek	
	Wissenschaftliche Zeitschrift der Karl-Marx-Universität	
	Gesellschafts- u. sprachwiss. Reihe	
	Mathematisch-naturwiss. Reihe	

Magdeburg *Technische Hochschule Otto von Guericke*
Wissenschaftliche Zeitschrift

Potsdam *Geodätisches Institut*
Veröffentlichungen

Rostock *Universitätsbibliothek*
Archiv der Freunde der Naturgeschichte in Mecklenburg
Wissenschaftliche Zeitschrift der Universität Rostock
Gesellschafts- u. sprachwiss. Reihe
Mathematisch-naturwiss. Reihe

Tautenburg (Kr. Jena) *Karl-Schwarzschild-Observatorium*
Mitteilungen

Weimar *Zentralbibliothek der deutschen Klassik*
Wissenschaftliche Zeitschrift der Hochschule für Architektur und Bauwesen

England

Cambridge *Cambridge Philosophical Society*
Proceedings

Edinburgh *Royal Society of Edinburgh*
Proceedings
Transactions
Year Book

Leeds *Leeds Philosophical and Literary Society*
Proceedings. Scientific section
Literary and historical section

Liverpool *Biological Society*
Annual Report
Proceedings and Transactions

London *India Office Library*
Report

London Mathematical Society
Journal

University of London. Library
Annual Report of the Library Committee
Bulletin of the Institute of Historical Research.
Bulletin of the School of Oriental and African Studies
Institute of Historical Research. Annual Report
Slavonic and East European Review
Theses and Dissertations accepted for Higher Degrees

The Warburg Institute
Journal of the Warburg and Courtauld Institutes

Manchester — *Manchester Literary and Philosophical Society*
Memoirs and Proceedings

University of Manchester. University Library
Journal of Semitic Studies
Rhodes-Livingstone Journal

Finnland

Helsinki — *Geologinen Tutkimuslaitos*
Bulletin de la Commission Geologique de Finlande

Societas pro Fauna et Flora Fennica
Acta
Acta botanica fennica
Acta zoologica fennica
Memoranda

Societas Biologica Fennica „Vanamo"
Annales Botanici Fennici
Annales Zoologici Fennici

Suomen Tiedeseura (Societas Scientiarum Fennica)
Acta. Nova series. B. C.
Arsbok
Bidrag till kännedom af Finlands natur och folk
Commentationes biologicae
Commentationes humanorum litterarum
Commentationes physico-mathematicae

Suomalainen Tiedeakatemia (Academia Scientiarum Fennica)
Ergebnisse der magnetischen Beobachtungen
Folklore Fellows Communications
Sitzungsberichte
Toimituksia (Annales). Sarja A 1.2.3.4.5.6. B

Suomalais-Ugrilainen Seura, Kirjasto
(Société Finno-Ougrienne, Bibliothèque)
Finnisch-ugrische Forschungen

Turku — *Academia Aboeniora*
Acta. Humaniora
Mathematica et physica

Turun Yliopiston Kirjasto (Bibliotheca Universitatia Turkuensis)
Temenos
Turun Yliopiston Julkaisuja (Annales Universitatis Turkuensis). Ser. A I. II. B

Frankreich

Besançon — *Université de Besançon*
Annales littéraires
Annales scientifiques

Cherbourg	*Société Nationale des Sciences Naturelles et Mathématiques* Mémoires
Clermont-Ferrand	*Académie des Sciences, Belles-Lettres et Arts* Bulletin historique et scientifique de l'Auvergne
Lyon	*Bibliothèque de l'Université* Annales de l'Université. Droit Lettres Sciences. Sect. A. B. C. Fascicule spécial
	Société Linnéenne de Lyon Bulletin mensuel
Marseille	*Bibliothèque de l'Université d'Aix-Marseille* Annales de la faculté des sciences Comptes rendus des travaux
Montpellier	*Académie des Sciences et Lettres* Bulletin
Paris	*Ecole Normale Supérieure* Annales scientifiques
	Institut de France. Académie des Inscriptions et Belles-Lettres Comptes rendus Mémoires. Mémoires présentés par divers savants
	Institut de France. Académie des Sciences Annuaire Bulletin bibliographique des publications périodiques Comptes rendus hebdomadaires. Ser. A.B.C.D.
	Institut de France. Académie des sciences morales et politiques Notices biographiques et bibliographiques Revue des travaux
	Muséum National d'Histoire Naturelle Annuaire Bulletin
	Société Mathématique de France Bulletin Gazette des mathématiques
	Union Géodésique et Géophysique Internationale Chronique
Rennes	*Socété Scientifique de Bretagne* Bulletin
Saint-Martin-d'Héres	*Institut de mathématiques pures* Annales de l'Institut Fourier

Sèvres	*Bureau International des Poids et Mesures* Travaux et mémoires
Toulouse	*Académie des Sciences, Inscriptions et Belles-Lettres* Mémoires
	Université de Toulouse. Bibliothèque Annales publ. par la Faculté des Lettres et des Sciences Séries Homo Littératures Pallas Travaux de l'Institut d'Art Préhistorique Via Domitia

Ghana

Accra	*Ghana Academy of Sciences* Ghana Journal of Science Proceedings

Griechenland

Atenai	*Ecole Française d'Athènes* Bulletin de Correspondence hellénique

Indien

Allahabad	*Allahabad Mathematical Society* Indian Journal of Mathematics

Indonesien

Djakarta	*Perpustakaan-Museum Pusat* Madjalah ilmu sastra Indonesia

Irland

Dublin	*Royal Dublin Society* Economic Proceedings Report Scientific Proceedings. Ser. A. B.
	Royal Irish Academy Proceedings. Sect. A.B.C. Minutes

Island

Reykjavik	*Visindafélag islendinga (Societas Scientiarum Islandica)* The Eruption of Hekla Rit Science in Iceland

Israel

Jeruschalajim — *Jewish National and University Library*
Atiquot
Israel Exploration Journal
Israel Journal of Botany
Israel Journal of Chemistry
Israel Journal of Earth-Sciences
Israel Journal of Experimental Medicine
Israel Journal of Mathematics
Israel Journal of Technology
Israel Journal of Zoology
Kirjath Sepher
Scripta Hierosolymithana

Italien

Acireale — *Accademia di Scienze, Lettere e Belle Arti*
Memorie e Rendiconti. Classe di lettere

Bologna — *Accademia delle Scienze dell'Istituto*
Annuario
Atti. Classe di scienze fisiche
Memorie
Rendiconti

Istituto di Geologie e Paleontologia dell'Universitá
Giornale di geologia

Brescia — *Ateneo*
Commentari. Nebst Supplemento
Guardare il firmamento dalla specola cidnea

Cremona — *Biblioteca Governativa e Libreria Civica*
Annali

Ferrara — *Accademia delle Scienze. Biblioteca Ariòstea*
Atti

Firenze — *Accademia della Crusca*
Studi di filologia italiana
Studi di grammatica italiana

Accademia Toscana di Scienze e Lettere „La Colombaria"
Atti e Memorie

Biblioteca Nazionale Centrale
Bibliografia nazionale italiana

Genova — *Museo Civico di Storia Naturale „Giacomo Doria"*
Annali
Doriana

Mantova	*Accademia Virgiliana di Scienze, Lettere ed Arti* Atti e Memorie
Milano	*Istituto Lombardo, Accademia di scienze e Lettere* Memorie. Classe di lettere e scienze morali e storiche Rendiconti. Classe di lettere e scienze morali e storiche Classe di scienze matematiche et naturali. A. B. Parte generale e atti ufficiale *Società Storica Lombardo* Archivio
Modena	*Accademia di Scienze, Lettere ed Arti* Atti e Memorie *Istituto di Fisica dell'Università* Atti del Seminario Matematico e Fisico
Napoli	*Società Nazionale di Scienze, Lettere ed Arti* Annuario Atti dell'Accademia di Scienze Fisiche e Matematiche Atti dell'Accademia di Scienze Morali e Politiche Atti dell'Accademia Pontaniana Memorie dell'Accademia di Archeologia, Lettere e Belle Arti Rendiconti dell'Accademia di Archeologia, Lettere e Belle Arti Rendiconti dell'Accademia di Scienze Fisiche e Matematiche Rendiconti ed Atti dell'Accademia di Scienze, Mediche e Chirurgiche *Stazione Zoologica di Napoli* Activity Report Pubblicazioni *Università di Napoli. Biblioteca della Facoltà di lettere e filosofia* Annali
Padova	*Seminario Matematico* Rendiconti
Pisa	*Scuola Normale Superiore* Annali. Classe di lettere, storia e filosofia Classe di scienze fisiche e matematiche *Società Toscana di Scienze Naturali* Atti. Ser. A.B.
Roma	*Accademia Nazionale dei Lincei* Atti. Rendiconti. Classe di scienze fisiche, matematiche e naturali Classe di scienze morali, storiche e filologiche Rendiconti della adunanze solenni

American Academy in Rome
Memoirs
Papers and Monographs

Servizio Geologico d'Italia
Bolletino

Istituto di Geologia e Paleontologia dell'Università
Geologica Romana

Sassari *Università, Istituto giuridico*
Studi Sassaresi

Torino *Accademia delle Scienze*
Annuario
Atti. Classe di scienze fisiche, matematiche e naturali
Classe di scienze morali, storiche e filologiche
Memorie. Classe di scienze fisiche, matematiche e naturali
Classe di scienze morali, storiche e filologiche

Trento *Museo di Storia Naturale della Venezia Tridentina*
Memorie
Studi Trentini

Trieste *Museo Civico di Storia Naturale*
Atti

Università degli Studi
Pubblicazioni
Rendiconti dell'Istituto di matematiche

Venezia *Istituto Veneto di Scienze, Lettere ed Arti*
Atti. Classe di scienze matematiche e naturali
Classe di scienze morali e lettere
Parte generale e atti ufficiale

Museo Civico di Storia Naturale
Bolletino

Japan

Fukuoka *Kyusyu University. Facolty of Science. Mathematical Institute*
Memoirs. Ser. A. Mathematics

Hiroshima *Hiroshima University. Library*

Journal of Science. A-II. Physics and Chemistry
B-I Zoology
B-II. Botany
C. Geology and Mineralogy
Memoirs of the Facolty of Engineering

Okayama	*Okayama University. Faculty of Science. Department of Mathematics* Mathematical Journal
Osaka	*Kansai University. Faculty of Engineering* Technology Reports
	Osaka City University. Faculty of Science Annual Reports of Scientific Works Osaka Journal of Mathematics
	Osaka City University. Institute of Polytechnics Journal of Biology
Sapporo	*Hokkaido University. Faculty of Science* Journal of the Faculty of Science. Physics.
Sendai	*Tohoku University. Faculty of Letters.* *Laboratory of Pscychology* Tohoku psychologica folia
Tokyo	*Mathematical Society of Japan* Journal
	Nippon Telegraph and Telephone Public Corporation. The Electrical Communication laboratory Review
	Science Council of Japan Japenese Journal of Mathematics
	Tokyo University of Education. Mathematical Institute Science Reports. Sect. A.
	University of Tokyo. Faculty of Science Journal of the Faculty of Science. Sect. 1.2.3.4.5.

Jugoslavien

Beograd	*Društvo matematičara, fizičara i Astronoma N.R.S.* Mathematica balkanica Vesnik
	Matematički inštitut Matematički vesnik Publications
	Observatoire Astronomique Bulletin Publications
	Srpska akademija nauka i umetnosti Balcanica

Bulletin de l'Académie Serbe des sciences
Glas
Glasnik
Glasnik Etnografskog instituta
Godišnjak
Godišnjak našeg neba
Gradja
Istoriski časopis
Istoriski institut. Posebna izdanja
Jugoslovenske zemlje u XX veku
Jugoslovenske zemlje u XIX veku
Juznoslovenski Filolog
Muzička izdanja
Naš jezik
Naučno-popularni spisi. Odeljenje društvenih nauka
Posebna izdanja
Predavanja
Pregled razmene izdanja
Spomenik
Srpski etnografski zbornik
Starinar
Zbornik radova
Zbornik radova Vizantološkog instituta
Zbornik za istočnjačku istorisku i književnu gradju
Zbornik za istoriju, jezik i književnost srpskog naroda

Institut de Geographie „Jovan Cvijić"
Posebna izdanja
Zbornik radova

Ljubljana

Conseil des Académies de la RPF Yougoslavie
Bulletin scientifique. Sect. A.B.

Geografsko društvo
Geografski vestnik

Nuklearni institut „Jozef Stefan"
Report

Slovenska akademija znanosti in umetnosti
Acta carsologica
Arheološki vestnik
Biblioteka
Dela. Classis I—V
Fontes rerum Slovenicarum
Geografski zbornik
Gradivo za narodopisje slovencev
Letopis
Linguistica
Razprave. Classis I—IV

Pula	*Arheološki muzej Istre* Jadranski zbornik Kulturhistorische Denkmäler in Istrien
Sarajevo	*Biološki institut* Godišnjak
	Zemalski muzej Glasnik. Archeologija Etnologija Istorija
Skopje	*Faculté de Philosophie de l'Université* Annuaire (Godišen zbornik)
	Faculté des Sciences de l'Université. *Institut de Mathématique* Annuaire de la faculté des sciences (Godišen zbornik)
	Filozofski fakultet na universitetot. *Seminar za klasična filologija* Ziva antika
	Makedonische Akademie der Wissenschaften und Künste Pristapni Letopis
	Narodna i Univerzitetska Biblioteka „Kliment Ohridski" Macedonian Review Razgledi
Split	*Institut za nacionalnu arheologiju* Starohrvatska prosvjeta
Zagreb	*Društvo matematičara i fizičara SRH* Glasnik matematičko-fizički i astronomski
	Hrvatsko-prirodoslovno društvo Biološki glasnik.
	Institut za geologiju i rudarstvu Geološki Vjesnik
	Jugoslovenska akademija znanosti i umetnosti Bulletin international Djela Gradja za povijest književnosti hrvatske Hrvatska bibliografija Ljetopis Prirodoslovna istraživanja Rad Zbornik Historijskog instituta
	Staroslavenski Institut Slovo

Kanada

Montréal *Université. Départment d'Etudes Slaves*
Etudes slaves et est-européennes
Canadian Slavic Studies

Winnipeg *Ukrainska Vil'na Akademija Nauk*
Literatura
Litopys
Onomastica
Slavica Canadiana
Ucrainica Canadiana

Kolumbien

Bogotá *Academia Columbiana de Ciencias Exactas, Fisicas y Naturales*
Revista

Kongo

Kinshasa *Université Lovanium*
Publications

Luxemburg

Luxemburg *Institut Grand-Ducal de Luxembourg. Section des Sciences Naturelles, Physiques et Mathématiques*
Archives
Publications

Marokko

Rabat *Société des Sciences Naturelles et Physiques du Maroc*
Bulletin
Cahiers de la Faculté des Sciences
Comptes rendus des séances mensuelles
Travaux de l'Institut scientifique Chérifien
Travaux de la section de pédologie

Mexico

Mexico *Academica Vacionalde Ciencias*
Memorias y Revista

Biblioteca Instituto de Geologia. Ciudad Universitaria
Anales
Boletin
Paleontologia mexicana

Escuela Nacional de Ciencias Biologicas
Anales

Neuseeland

Wellington	*Royal Society of New Zealand* Bulletin Journal Proceedings Transactions

Niederlande

Amsterdam	*Koninklijke Nederlandse Akademie van Wetenschappen* Jaarboek Mededeelingen. Afd. Letterkunde Proceedings. Ser. A.B.C. Verhandelingen. Afd. Letterkunde Afd. Natuurkunde
	Wiskundig Genootschap Nieuw Archief voor Wiskunde Wiskundige opgaven met de oplossingen
Harrlem	*Hollandsche Maatschappij der Wetenschappen* Archives néerlandaises de zoologie Physica
	Musée Teyler Archives
	Teyler's Tweede Genootschap Verhandelingen
Den Haag	*Koninklijke Bibliotheek* Bibliografie Mnemosyne Neophilologus
Leiden	*Koninklijke Nederlandsche Botanische Vereenigung* Recueil des travaux botaniques néerlandais
	Maatschappij der Nederlandsche Letterkunde Jaarboek
Utrecht	*Physiologisch Laboratorium der Rijksuniversiteit* Onderzoekingen
	Pronvinciaal Utrechts Genootschap van Kunsten en Wetenschappen Bijdragen en mededeelingen van het Historisch Genootschap Verslag van het verhandelde

Norwegen

Bergen	*Universitetsbiblioteket*
	Arbok. Hist.-antikv. rekke
	Matemat.-naturvidenskapelig serie
	Medisinsk rekke
	Arsmelding
	Skrifter. Bergens Historiske Forening
Oslo	*Norske Meteorologiska Institutt*
	Norsk Meteorologisk Arbok
	Norske Videnskaps-Akademi
	Arbok
	Astrophysica Norvegica
	Avhandlingar. Hist.-filos. klasse
	Matem.-naturvid. klasse
	Geofysiske Publikasjoner
	Hvalradets Skrifter
	Physica Norvegica
	Skrifter. Hist.-filos. klasse
	Matem.-naturvid. klasse
	Universitetets Oldsaksamling
	Arbok
	Norske Oldfunn
	Skrifter
	Viking
	Universitetsbiblioteket
	Archiv for Matematik og Naturvidenskab
	Nytt Magasin for Botanikk
	Nytt Magasin for Zoologi
Tromsö	*Tromsö Museum*
	Acta Borealia. A. Scientia
	B. Humaniora
	Astarte
Trondheim	*Det Kongelige Norske Videnskabers Selskabet*
	Arbok
	Forhandlingar
	Skrifter

Österreich

Graz	*Historischer Verein für Steiermark*
	Blätter für Heimatkunde
	Mitteilungen des Steiermärkischen Landesarchives

Zeitschrift. Nebst Sonderband

Naturwissenschaftlicher Verein für Steiermark
Mitteilungen

Steiermärkische Landesbibliothek
Jahrbuch der naturwissenschaftlichen Abteilung am Joanneum

Innsbruck *Universitätsbibliothek*
Acta philologica Aenipontana
Innsbrucker Beiträge zur Kulturwissenschaft
Nebst Sonderheft

Wien *Bibliothek der Technischen Hochschule*
Abhandlungen der Geographischen Gesellschaft
Mitteilungen der Geographischen Gesellschaft

Geologische Gesellschaft
Mitteilungen

Naturhistorisches Museum
Annalen

Österreichische Akademie der Wissenschaften
Almanach
Anzeiger. Math.-nat. Klasse
Phil.-hist. Klasse
Archiv für österreichische Geschichte
Denkschriften. Math.-nat. Klasse
Phil.-hist. Klasse
Fontes
Mitteilungen der prähistorischen Kommission
Monatshefte für Chemie
Sitzungsberichte. Math.-nat. Klasse
Phil.-hist. Klasse

Österreichische Mathematische Gesellschaft
Internationale mathematische Nachrichten

Universitätssternwarte
Annalen
Mitteilungen

Zoologisch-botanische Gesellschaft
Abhandlungen
Koleoptereologische Rundschau
Verhandlungen

Peru

Lima *Academia Nacional de Ciencias Exactas, Fisicas y Naturales*
Actas

Kraków	*Polska Akademia Nauk. Oddział w Krakowie* Acta archaeologica Carpathica Acta biologica Cracoviensia. Ser. Botanica et Zoologica Folia quaternaria Mały Atlas gwar polskich Materialy Komisji nauk historycznach Prace Komisji archeologicznej Prace Komisji filologii klasycznej Prace Komisji nauk historycznych Rocznik Ruch literacki Słownik staropolski
	Polskie Towarzystwo Geologiczne Regionalna Geologia Polski Rocznik
Łódź	*Łódzkie Towarzystwo Naukowe* Biuletyn peryglacjalny
Lublin	*Biblioteka Uniwersytecka Katolockiego Uniwersytetu Lubelskiego* Roczniki filozoficzne Roczniki teologiczno-kanoniczne
	Uniwersytet Marii Curie-Skłodowskiej Annales. A. AA. B. C. D. DD. E. F. G. H.
Poznán	*Polskie Towarzystwo Antropologiczne* Przegląd antropologiczny
	Polskie Towarzystwo Historyczne. Oddział w Poznaniu Studia i materiały do dziejów Wielkopolski i Pomorza
	Poznanskie Towarzystwo przyjaciol nauk Bulletin. Ser. B. C. Prace Komisji filologicznej Prace Komisji historii sztuki Prace Komisji jezykoznawczej Roczniki historyczne Zabytki jezyka i literatury polskiej
Szczecin	*Muzeum Pomorza zachodniego* Materiały zachodnio-pomorskie
Toruń	*Towarzystwo Naukowe* Fontes Prace wydziału filologiczno-filosoficznego Roczniki Sprawozdania Studia. Sect. C. E. F. G. Zapiski

Warszawa

Centralny Instytut Informacii Naukowo-Technicznej i Ekonomicznej
Obzor pol'skoj techniceskoj literatury

Państwowe Muzeum Archeologiczne
Archeologia
Materiały starozytne
Materiały wczesnośredniowieczne
Spracwozdania
Wiadomości archeologiczne

Polska Akademia nauk
Archiwum budowy maszyn
Bulletin de l'Académie Polonaise des sciences.
Sér. des sciences biologiques
Sér. des sciences chimiques
Sér. des sciences géol. et géogr.
Sér. des sciences mathématiques
Sér. des sciences techniques
Nauka polska
Review of the Polish Academy of Sciences
Sprawozdania z prac naukowych
Zeszyty problemowe nauki polskiej

Polska Akademia nauk. Instytut matematyczny
Annales polonici mathematici
Roczniki. Ser. I. II.
Studia mathematica

Polska Akademia nauk. Instytut zoologiczny
Acta ornithologica
Annales zoologici
Fragmenta faunistica

Polskie Towarzystwo Botaniczne
Acta Societatis botanicorum Poloniae

Polskie Towarzystwo Matematyczne
Roczniki. Ser. A. Prace matematyczne
Ser. B. Wiadomości matematyczne

Warsaw Technical University. Institut of Mathematics
Demonstratio Mathematica

Wroclaw

Muzeum Etnograficzne. Oddzial Muzeum Slaskiego
Roczniki etnografii slaskiej
Zeszyty etnograficzne

Polski Zwiazek Entomologiczny
Polskie pismo entomologiczne. Ser. B

Wrocławskie Towarzystwo Naukowe
Comptes rendus
Prace. Ser. A. B
Sprawozdania. Ser. A. B

Portugal

Lisboa *Academia das Ciências de Lisboa*
Anuário
Boletim

Faculdade das Ciências
Portugaliae physica

Oeiras *Instituto Gulbenkian de Ciência*
Arquivo. A. Estudo matématicos e fisicomatemáticos

Rumänien

Bucureşti *Academia Republicii Socialiste Romania*
Analele
Comunicarile
Publicatiile Comisiei pentru studiul si formarea limbii si poporului romin
Revue des études sud-est européennes
Revue roumaine des biologie.
 Sér. botanique
 Sér. de zoologie
Revue roumaine de chimie
Revue roumaine de géologie, géophysique et géographie
Revue roumaine de mathématiques pures et appliquées
Revue roumaine des sciences sociales
 Sér. de philosophie et logique
 Sér. de psychologie
 Sér. des sciences économiques
 Sér. des sciences juridiques
Revue roumaines des sciences techniques
 Sér. de mécanique appliquée
 Sér. de métallurgie
 Sér. de électrotechnique et énergétique
Revue roumaine d'histoire
Progresele stiintei
Studii. Revista de istorie
Studii clasice
Studii si cercetari istorie veche
Studii si materiale de istorie moderna
Viitorul social

Institutul Geologic
Anuarul Comitetului geologic
Dari de seama als sedintelor

Societatea de Stiinte Matematice si Fizice din R.P.R.
Bulletin mathématique
Gazeta matematica. Ser. A

Göteborg

Chalmers Tekniska Högskolas Biblioteket
Handlingar

Kungl. Vetenskaps- och Vitterhetssamhället
Handlingar. Ser. A. B. Bihang

Universitetsbibliotek
Arsredogörelse
Etnologiska studier
Fynd
Göteborgs Universitets Arsskrift
Göteborger germanistische Forschungen
Gothenburg Studies in English
Romanica Gothoburgensia
Studia graeca et latina Gothoburgensia

Lund

Kungl. Fysiografiska Sällskapets
Förhandlingar

Kungl. Humanistiska Vetenskapssamfundet
Arsberättelse
Scripta minora
Skrifter

Slaviska Institutet vid Lunds Universitet
Arsbok
Meddelanden (Sprakliga bidrag)

Universitetsbiblioteket
Lunds Universitets Arsskrift
Mémoires du Musée historique
Scando-Slavica

Stockholm

Geologiska Föreningens
Förhandlingar
Sveriges Geologiska Undersökning

Humanistiska Biblioteket. Stockholms Högskola
The Ethnographical Museum of Sweden. Monograph Studies
Stockholm Studies in History of Literature

Kungl. Svenska Vetenskapsakademien
Arkiv för Astronomi
Arkiv för Botanik
Arkiv för Geofysik
Arkiv för Kemi
Arkiv för Matematik
Arkiv för Mineralogi och Geologi
Arkiv för Zoologi
Arsbok

Avhandlingar i naturskyddsärenden
Bidrag till Kungl. Svenska Vetenskapsakademiens historia
Chemica scripta
Handlingar
Levnadsteckningar
Physica scripta
Skrifter i naturskyddsärenden
Stockholms Observatoriums Annaler
Zoologica scripta

Kungl. Tekniska Högskolas Bibliotek
Forskning och Framsteg

Kungl. Vitterhets Historie och Antikvitets Akademien
Antikvariskt arkiv
Arsbok
Filologiskt arkiv
Fornvännen
Handlingar. Antikvariska serien
Filosofisk-filologiska serien
Historiska serien
Historiskt arkiv
Samlinggarnas tillväxt

Nordiska Museet
Fataburen
Handlingar

Uppsala

Kungl. Humanistiska Vetenskapssamfundet
Skrifter

Kungl. Vetenskaps-Societeten
Arsbok
Nova Acta

Universitetsbiblioteket
Acta Universitatis Upsaliensis
Acta Societatis linguisticae Upsaliensis
Historia litterarum
Historia religionum
Archives des traditions populaires Suédoises
Bulletin of the Geological Institute
Eranos
Uppsala Läkareförenings förhandlingar (Acta Societatis medicorum Upsaliensis)
Zoologiska bidrag

Schweiz

Aarau

Historische Gesellschaft des Kantons Aargau
Argovia

Basel *Historische und antiquarische Gesellschaft*
Basler Bibliographie
Basler Zeitschrift für Geschichte und Altertumskunde

Naturforschende Gesellschaft
Verhandlungen

Öffentliche Bibliothek der Universität
Akademische Vorträge
Jahresverzeichnis der Schweizerischen Hochschulschriften

Bern *Allgemeine Geschichtsforschende Gesellschaft der Schweiz*
Bibliographie der Schweizergeschichte
Schweizerische Zeitschrift für Geschichte

Naturforschende Gesellschaft
Mitteilungen

Schweizerische Geisteswissenschaftliche Gesellschaft
Jahresbericht

Schweizerische Naturforschende Gesellschaft
Denkschriften
Verhandlungen

Chur *Naturforschende Gesellschaft Graubündens*
Jahresbericht

Genf *Institut National Genevois*
Bulletin

Musée d'Art et d'Histoire
Genava

Société Physique et d'Histoire Naturelle
Archives des sciences
Mémoires

Neuchâtel *Bibliothèque Centrale de l'Université*
Mémoires
Publications du Séminaire de Géométrie
Recueil des travaux
Travaux de l'Institut botanique

Schaffhausen *Naturforschende Gesellschaft*
Mitteilungen
Neujahrsblatt

Zürich *Eidgenössische Technische Hochschule.*
Bibliothek
Bibliographie der Schweizerischen Amtsdruckschriften
Plan. Revue Suisse d'Urbanisme

Geographisch-ethnographische Gesellschaft
Geographica Helvetica

Naturforschende Gesellschaft
Neujahrsblatt
Vierteljahrsschrift. Nebst Beihefte

Schweizerisches Landesmuseum
Jahresbericht

Senegal

Dakar *Université de Dakar. Bibliothèque Universitaire*
Annales de la Faculté des Sciences

Sowjetunion

Alma-Ata *Akademija nauk Kazachskoj SSR*
Astrofizika
Izvestija Astrofizičeskogo instituta
Trudy Astrofizičeskogo instituta

Char'kov *Char'kovskij gosudarstvennyj universitet im. A. M. Gor'kogo*
Cirkuljar Astronomičeskoj observatorii

Dušanbe *Akademija nauk Tadžikskoj SSR*
Bjulleten' Instituta astrofiziki
Bjulleten' Kommissii po kometan i meteoram Astronomičeskogo Soveta SSSR
Trudy Instituta astrofiziki

Erevan *Akademija nauk Armjanskoj SSR*
Soobščenija Bjurakanskoj observatorii

Kazań *Kazanskij gosudarstvennyj universitet*
Bjulleteń Astronomičeskoj observatorii
Izvestija Astronomičeskoj Engel'gardtovskoj observatorii

Kiev *Akademija nauk Ukrainskoj SSR*
Avtomatičeskaja svarka
Doslidžennja i materialy u ukrainśkoimovy
Geologičnyj žurnal
Izvestija Glavnoj astronomičeskoj observatorii
Leksykografija i kul'tura reči
Prykladna mechanika
Trudy Poltavskoj gravimetričeskoj observatorii
Visnyk

Astronomičeskaja observatorija Gosudarstvennogo universiteta im. T. G. Ševčenko
Cirkuljar
Publikacii Kievskoj astronomičeskoj observatorii

Kišinev	*Akademija nauk Moldavskoj SSR* Monographien
Leningrad	*Akademija nauk SSSR* Astronomičeskij cirkuljar izdavaemyj Bjuro astronomičeskich soobščenij Akademii nauk SSSR Astronomičeskij ežegodnik Astronomičeskij žurnal Bjulleteń Instituta teoretičeskoj astronomii Bjulleteń Vsesojuznogo astronomo-geodezičeskogo obščestva Efemeridy malych planet Geobotanika Izvestija Glavnoj astronomičeskoj observatorii v Pulkove Izvestija Krymskoj astrofizičeskoj observatorii Novosti sistematiki nizšich rastenij Novosti vysšich rastenij Peremennye zvezdy. Bjulleteń izdavaemyj Astronomičeskim Sovetom Akademii nauk SSSR Sbornik Muzeja antropologii i etnografii Soobščenija Gosudarstvennogo astronomičeskogo instituta im K. P. Šternberga Trudy Gel'mintologičeskoj laboratorii Trudy Glavnoj astronomičeskoj observatorii v Pulkove Trudy i materialy naučnych kongressov i soveščanij, opublikovannye za rubežom Trudy Laboratorii geologii dokembrija Trudy Paleontologičeskogo instituta
Lvov	*Astronomičeskaja observatorija L'vovskogo gosudarstvennogo universiteta im. Ivana Franko* Cirkuljar
Moskva	*Gosudarstvennaja publičnaja naučno-techničeskaja biblioteka SSSR* Uspechi chimii
Riga	*Akademija nauk Latvijskoj SSR. Astrofizičeskaja laboratorija* Trudy laboratorii Zvaigžnota debess
Tartu	*Akademija nauk Estonskoj SSR. Institut fiziki i astronomii* Soobščenija Tartuskoj astronomičeskoj observatorii Trudy
Taškent	*Akademija nauk Uzbekskoj SSR. Taškentskaja astronomičeskaja observatorija* Cirkuljar Trudy
Tbilisi	*Akademija nauk Gruzinskoj SSR* Bjulleteń

Spanien

Madrid *Ciudad Universitaria. Facultad de Filosofia y Letras*
Cuadernos de Filologia Clasica

Tschechoslowakei

Bratislava *Geologický ústav D. Štúra*
Geologické práce
Sbornik geologických vied

Slovenská Akadémia vied
Acta geologica et geographica
Ekonomický časopis
Filozofia
Jazykovedný časopis
Slovenskie odborné nažvoslovie

Brno *Brněnská základna Československé Akademie ved*
Folia Geobotanica
Práce

Czechoslovak Academy of Sciences. Botanical Institute
Folia geobotanica et phytotaxonomica bohemoslavica

J. E. Purkyně-Universita
Ročenka
Sbornik praci Filosofické fakulty. Řada C.E.F.G.
Spisy Filosofické fakulty
Spisy Lékarské fakulty
Spisy Prirodovědecké fakulty

Vysoká Škola Zemědělská
Sbornik. Ř. A—C.
Spisy

Olomouc *University Palackého. Přirodovedecké fakulty*
Acta

Praha *Československá Akademie věd*
Collection of Czechoslovak Chemical Communications
Rózpravy matemat. a přirod. věd
Rózpravy společenských věd
Rózpravy techn. věd
Slovanský přehled
Věstnik

Československá Akademie věd. Geofysikálni ústav
Bulletin čsl. seismických stanic
Geofysikálni sbornik

Special Papers
Výsledky geomagnetických

Československá Akademie věd. Historický ústav
Československý časopis historický

Československá Akademie věd. Matematický ústav
Aplikace matematiky
Časopis pro pestováni matematiky
Czechoslovak Mathematical Journal

Československá Akademie věd. Orientalni ústav
Archiv orientalni

Československá Akademie věd. Kabinet pro studia recká, římska a latinska
Byzantinoslavica

Československá Akademie věd. Ústav jazyku a literatur
Slavia

Československá Akademie věd. Ústav technické fysiky
Czechoslovak Journal of Physics

Československá Akademie věd. Ústředni ústav matematický
Časopis pro pěstováni matematiky a fysiki

Československá entomologická společnost
Acta entomologica bohemoslovaca

Ministerstvo vnitra
Archivni časopis
Sbornik archivnich praci

Národni muzeum. Entomologické odděleni
Acta faunistica entomologica
Sbornik (Acta entomologica)

Ústredni ústav geologický
Rozpravy
Sbornik

Ungarn

Budapest

Bányaszati Kutatóintézet
Mitteilungen

Magyar Tudományos Akadémia
Acta biologica
Acta geologica
Acta historica
Acta historiae artium
Acta linguistica

Acta mathematica
Acta medica
Acta morphologica
Acta orientalia
Acta physiologica
Acta veterinaria
Könyvtárának kiadványai
Magyar tudomány
Studia historica

Magyar Tudományos Akadémia. Matematikai Kutató Intézetének
Studia scientiarum mathematicarum Hungaricae

Debrecen

Institutum mathematicum Universitatis Debreceniensis
Publicationes mathematicae

Szeged

Institutum Bolyainum Universitatis
Acta scientiarum Mathematicarum

Uruguay

Montevideo

Instituto de Matemática y Estadistica.
Facultad de Ingenieria y Agrimensura
Publicaciones

Museo Nacional de Historia Natural
Anales
Communicaciones antropológicas
Communicaciones botánicas
Communicaciones paleontologicas
Communicaciones zoológicas
Flora del Uruguay

Sociedad de Biologia
Archivos

Venezuela

Caracas

Universidad Central de Venezuela. Facultad de Ciencias. Escuela de Biologia
Acta biologica venezuelica

Vereinigte Staaten von Amerika

Albany

New York State Museum and Science Service
Bulletin
Educational Leaflet
Map and Chart Series

Ann Arbor

University of Michigan
Mathematical Reviews

Berkeley	*University of California*	
	Lick Observatory Bulletin	
	Pacific Journal of Mathematics	
Bloomington	*Goethe-Linck-Observatory*	
	Publications	
	Reprint	
	Indiana University Library	
	Indiana University Publications. Social Science Series	
	Journal of Mathematics and Mechanics	
Boston	*American Academy of Arts and Sciences*	
	Daedalus	
	Memoirs	
	Records	
Cambridge	*Astronomical Observatory of Harvard College*	
	Annual Report	
	Massachusetts Institute of Technology	
	Journal of Mathematics and Physics	
	Museum of Comparative Zoology at Harvard College	
	Annual Report	
	Breviora	
	Bulletin	
Chicago	*Chicago Natural History Museum*	
	Publication. Report Series	
Columbus	*Ohio State University*	
	Chemical Abstracts	
Eugene	*University of Oregon. Library*	
	Comparative Literature	
Gainesville	*University of Florida. Florida State Museum*	
	Bulletin of the Biological Science	
	Report of the Director	
Indianapolis	*Indiana Academy of Science*	
	Proceedings	
Lawrence	*Kansas Academy of Science*	
	Transactions	
	University of Kansas. Library	
	Library Series	
	Science Bulletin	

Lexington	*University of Kentucky Library* Kentucky Geological Survey. Bulletin Report of Investigations Special Publication
Los Angeles	*University of Southern California. Allan Hancock Foundation* Allan Hancock Monographs in marine biology
Madison	*Wisconsin Academy of Sciences, Arts and Letters* Transactions
Minneapolis	*University of Minnesota. Library* Agricultural Experiment Station. Bulletin
New Haven	*Connecticut Academy of Arts and Sciences* Memoirs Transactions
	Kline Science Library Bulletin of the Bingham Oceanographie. — Collection
New York	*American Academy of Arts and Letters* Proceedings
	American Council of Learned Societies Annual Report
	American Museum of Natural History Annual Report Anthropological Papers Bulletin Natural History Novitates Science Guide
	Rockefeller Institute for Medical Research Journal of General Physiology
Philadelphia	*Academy of Natural Sciences* Proceedings
	American Philosophical Society Memoirs Proceedings Transactions Year Book
San Francisco	*California Academy of Sciences* Annual Report Occasional Papers Proceedings

Seattle	*University of Washington. Library* Annual Northwest Traffic Engineering Conference. Proceedings Publications in Anthropology Publications of Oceanography Trend in Engineering
Urbana	*University of Illinois. Library* Agricultural Experiment Station. Bulletin. — Circular Biological Notes Engineering Experiment Station. Bulletin Engineering Outlook Illinois Natural History Survey. Bulletin. — Circular. — Publications
Washington	*Library of Congress* American Bibliography of Russian and East European Studies World list of Future International Meetings
	National Bureau of Standards Journal of Research. Sect. B.
	Smithsonian Institution Annual Report of the Board of Regents Bureau of American Ethnology. Annual Report. — Bulletin Contributions from the U. S. National Herbarium Proceedings of the U. S. National Museum Smithsonian Contributions to Astrophysics Smithsonian Miscellaneous Collections
	U. S. Geological Survey 18 Abstracts of North American Geology Bulletins New Publications

Westberlin

Deutsches Archäologisches Institut
Archäologische Bibliographie
Archäologischer Anzeiger
Jahrbuch

Staatsbibliothek. Preußischer Kulturbesitz
Monographien

Technische Universität
Humanismus und Technik

II. Einzelwerke

Es gingen ein an Einzelwerken im Jahr 1971 194 Bände
1972 190 Bände

Dr. Dietmar Debes

ANHANG

75 JAHRE HISTORISCHE KOMMISSION
(1896—1971)

Als der Gründungstag der Sächsischen Akademie der Wissenschaften 1971 zum 125. Male wiederkehrte, durfte die Historische Kommission der Akademie auf eine 75jährige Tätigkeit zurückblicken. Diese Behauptung setzt voraus, daß man zwischen der Königlich Sächsischen Kommission für Geschichte, die am 22. Juni 1896 als selbständige staatliche Einrichtung ins Leben gerufen wurde, und der heutigen Historischen Kommission der Sächsischen Akademie als einem ihrer Arbeitsorgane einen inneren Zusammenhang anerkennt. Bloße Rechtsnachfolge würde zu wenig bedeuten. Der Zusammenhang ergibt sich aus der Kontinuität der Aufgaben wie aus der Art, sie zu lösen, und er zeigt sich besonders in der Fortführung wissenschaftlicher Unternehmungen, die vor langer Zeit begonnen wurden, die zu vollenden jedoch erfahrungsgemäß nur dem beharrlichen und gleichgerichteten Streben mehrerer Generationen gelingt. Der Arbeitsbereich der Historischen Kommission umspannt heute nicht mehr allein das vormalige Königreich und spätere Land Sachsen. Er erstreckt sich auf das gesamte Gebiet, aus dem die Sächsische Akademie, wie ihr neues Statut es will, ihre ordentlichen Mitglieder gewinnt, d. h. auf die Bezirke Leipzig, Dresden, Karl-Marx-Stadt, Halle, Erfurt, Gera und Suhl, demnach auch auf Teile der früheren Provinz Sachsen und des Landes Anhalt sowie auf Thüringen. Diese Ausdehnung hat die Aufgaben vergrößert. Die früher so rührige Historische Kommission für die Provinz Sachsen und für Anhalt und die erst 1937 mit vielseitiger Zielstellung errichtete Thüringische Historische Kommission bestehen nicht mehr.

Über das Wesen, die wirtschaftliche Basis und das Arbeitsprogramm der Sächsischen Kommission für Geschichte sprach in der öffentlichen Gesamtsitzung beider Klassen unserer Akademie am 23. April 1900 Karl Lamprecht[1]). Er eröffnete seine Ausführungen mit folgenden Sätzen: „Im Auftrage der Königl. Kommission für Geschichte habe ich als deren geschäftsführendes Mitglied die Ehre, die bisher erschienenen Schriften der Kommission der Königl. Gesellschaft der Wissenschaften vorzulegen. Indem die Kommission sich gestattet, ihre Schriften in je einem Exemplare der Gesellschaft der Wissenschaften geschenkweise zu überreichen, tut sie das in dem Gefühl einer gleichsam moralischen Verpflichtung gegenüber der Gesellschaft. Gewiß macht es der besondere Charakter der Kommission, ihr Verhältnis

---

[1]) Karl Lamprecht, Die Königlich Sächsische Kommission für Geschichte, in: Berichte über die Verhandlungen der Königlich Sächsischen Gesellschaft der Wissenschaften zu Leipzig, Phil.-Hist. Kl. 52 (1900) S. 153—167.

zur Landesregierung und zur Verwaltung des Hauptstaatsarchivs in Dresden, wie auch ihre eigenartige Tätigkeit innerhalb des Landes ganz unmöglich, ihr irgend ein festes Verhältnis zur Gesellschaft der Wissenschaften zu geben. Andrerseits aber herrscht, wie ich glaube, innerhalb des Kreises der Mitglieder der Kommission, die ja zum nicht geringen Teil auch zugleich Mitglieder dieser Gesellschaft sind, mehrfach die Anschauung, daß die Kommission doch gleichsam eine jüngere Fortbildung der Gesellschaft für bestimmte Zwecke sei, und daß sie jedenfalls Anlaß habe, gegenüber dem älteren verwandten Institut ihrer Verehrung durch Überreichung ihrer Schriften Ausdruck zu geben“[2]).

Von Anfang an geistig miteinander verbunden, wurden die Sächsische Kommission für Geschichte und die Sächsische Akademie der Wissenschaften gemeinsam in das Unglück zweier Weltkriege gerissen, von denen der letzte ihnen bittere Verluste zufügte und ihr Wirken schließlich fast zum Erlöschen brachte. Die Geschäftsregistratur und die Akten der Kommission für Geschichte verbrannten in Leipzig während des großen Luftangriffs am 4. Dezember 1943. Aber der damalige Vorsitzende der Kommission, Rudolf Kötzschke, ließ die Hoffnung nicht sinken. Und hatte einst die Kommission durch Lamprecht der Akademie ihre Anhänglichkeit bekundet, so nahm sich jetzt die Akademie der bedrängten Kommission an und sicherte ihren Fortbestand. Nachdem die Sächsische Akademie wieder eröffnet war, gab ihr Präsident, Theodor Frings, Rudolf Kötzschke den Auftrag, zur Wiedereröffnung der Sächsischen Kommission für Geschichte die vorbereitenden Schritte zu unternehmen. Da die Verhandlungen wenig Zeit beanspruchten, konnte Kötzschke bereits am 12. Januar 1949 den offiziellen Antrag an die Landesregierung Sachsen, Ministerium für Volksbildung, stellen, und am 17. Juli 1950 wurde unter dem Vorsitz von Theodor Frings die Sächsische Kommission für Geschichte neu konstituiert. Als Vorsitzenden wählte man Heinrich Sproemberg, als seinen Stellvertreter Hellmut Kretzschmar. Die Verbindung der Geschichtskommission mit der Akademie erhielt ihren Ausdruck zunächst durch das Wörtchen „bei“: „Historische Kommission des Landes Sachsen bei der Sächsischen Akademie der Wissenschaften zu Leipzig.“ Später bewirkte der Erlaß eines neuen Akademiestatuts (29. 11. 1956) die volle Eingliederung der Historischen Kommission in die Akademie. Doch stützt sich die Historische Kommission nicht allein auf Akademiemitglieder, sondern sie zieht eine Anzahl weiterer Fachgelehrter der historischen Forschung und ihr verwandter Disziplinen zur Mitarbeit heran.

Der Schreckensnacht von Leipzig ist nichts von dem zum Opfer gefallen, was die Sächsische Kommission für Geschichte bis dahin geleistet hatte. Ihre wissenschaftliche Leistung ist und bleibt in ihren Schriften verkörpert. Diese Leistung auf geringem Raum eindrucksvoll zu dokumentieren und zugleich übersichtlich aufzugliedern, damit künftige Forschung rasch den Zugang finde, ist der Zweck der nächsten Seiten. Wir glauben, ihn am sichersten mittels einer Bibliographie zu erreichen, die Herr Manfred Kobuch bis einschließlich 1973 bearbeitet und der Redaktion des Jahrbuchs dankenswerterweise zur Verfügung gestellt hat. Diese

---

[2]) a. a. O. S. 153.

Bibliographie offenbart überall die schmerzlichen Lücken zwischen den letzten Publikationen vor 1945 und dem Neubeginn nach 1950. Sie legt jedoch auch davon Zeugnis ab, daß die Historische Kommission seit 1950 bemüht gewesen ist, mit älteren Unternehmungen voranzukommen (Sächsische Bibliographie), den Mangel an Hilfsmitteln für die regionalgeschichtliche Forschung zu mindern (Historisches Ortsverzeichnis von Sachsen, bearbeitet von Karlheinz Blaschke), bewährte Schriftenreihen fortzusetzen (Mitteldeutsche Studien) oder neue zu begründen (Deutsch-Slawische Forschungen zur Namenkunde und Siedlungsgeschichte, Quellen und Forschungen zur sächsischen Geschichte), einem Jahrbuch (für Regionalgeschichte) auf den Weg zu helfen und darüber hinaus, auch außerhalb ihrer eigenen Schriften, den Druck förderlicher historischer Untersuchungen zu unterstützen oder überhaupt erst zu ermöglichen.

Gerhard Buchda

Bibliographie der Historischen Kommission der Sächsischen Akademie der Wissenschaften zu Leipzig

(bis 1945: Sächsische Kommission für Geschichte)

Gliederung

1. Tätigkeitsberichte

1.1. Historische Kommission (bis 1945 *Sächs. Kommission für Geschichte*)

Die (Kgl.) Sächs. Kommission für Geschichte. 1897—1924 von Hubert Ermisch; 1925 bis 1928 von Woldemar Lippert; 1939—1940 von Walter Schlesinger; 1941/42 von Rudolf Kötzschke. 1897—1926, 1928, 1939—1941/42 in: Neues Archiv für Sächs. Geschichte [abgek.: NASG]. Bd 19. 1898 — 63. 1942; 1927 in: Mitteilungen des Vereins für Geschichte der Deutschen in Böhmen [abgek.: MVDGB]. Bd 49. 1928; 1897—1905, 1907f., 1910f., 1912—1917, 1919/20, 1924f., 1927—1928/29 auch in: Korrespondenzblatt des Gesamtvereins der deutschen Geschichts- und Altertumsvereine [abgek.: KBGV]. Jg. 46. 1898 — 78. 1930; 1939 auch in: Blätter für deutsche Landesgeschichte [abgek.: BlldLG]. Bd 85. 1939.

	In: NASG	In: KBGV
1897	Bd 19. 1898, S. 154–164.	Jg. 46. 1898, S. 37f.
1898	Bd 20. 1899, S. 161–163.	Jg. 47. 1899, S. 48f.
1899	Bd 21. 1900, S. 166–169.	Jg. 48. 1900, S. 26f.
1900	Bd 22. 1901, S. 172–176.	Jg. 49. 1901, S. 71, 78f.
1901	Bd 23. 1902, S. 125–128.	Jg. 50. 1902, S. 30–32, 151.
1902	Bd 24. 1903, S. 164–168.	Jg. 51. 1903, S. 83.
1903	Bd 25. 1904, S. 198–200.	Jg. 52. 1904, Sp. 122–125.
1904	Bd 26. 1905, S. 196–198.	Jg. 53. 1905, Sp. 184.
1905	Bd 27. 1906, S. 195–197.	Jg. 54. 1906, Sp. 28f.
1906	Bd 28. 1907, S. 176–178.	
1907	Bd 29. 1908, S. 207f.	Jg. 56. 1908, Sp. 128.
1908	Bd 30. 1909, S. 196–198.	Jg. 57. 1909, Sp. 256–258.
1909	Bd 31. 1910, S. 197–200.	
1910	Bd 32. 1911, S. 190–192.	Jg. 59. 1911, Sp. 156f.
1911	Bd 33. 1912, S. 202–204.	
1912	Bd 34. 1913, S. 234–236.	Jg. 61. 1913, Sp. 55–57, 133f.
1913	Bd 35. 1914, S. 215–217.	Jg. 62. 1914, Sp. 125–127.
1914	Bd 36. 1915, S. 166–168.	Jg. 63. 1915, Sp. 33–35.
1915	Bd 37. 1916, S. 190–192.	Jg. 63. 1915, Sp. 268f.
1916	Bd 38. 1917, S. 259–261.	Jg. 65. 1917, Sp. 106f.
1917	Bd 39. 1918, S. 208–210.	Jg. 66. 1918, Sp. 31f.
1918	Bd 40. 1919, S. 230–233.	
1919/20	Bd 42. 1921, S. 168f.	Jg. 69. 1921, Sp. 83f.
1921	Bd 43. 1922, S. 304f.	
1922	Bd 45. 1924, S. 191.	
1924	Bd 46. 1925, S. 230f.	Jg. 73. 1925, Sp. 118f.
1925	Bd 47. 1926, S. 174f.	Jg. 74. 1926, Sp. 131f.
1926	MVGDB Bd 65. 1927, S. 111f.	
1927	Bd 49. 1928, S. 182f.	Jg. 75. 1927, Sp. 126f.
1928/29	Bd 51. 1930, S. 345f.	Jg. 78. 1930, Sp. 158f.
1939	Bd 60. 1939, S. 304–308.	BlldLG Bd 85. 1939, S. 44–47.
1940	Bd 61. 1940, S. 255–258.	
1941/42	Bd 63. 1942, S. 175–180.	

*

Historische Kommission des Landes Sachsen bei der Sächsischen Akademie der Wissenschaften zu Leipzig. 1957ff.: Historische Kommission (bei) der Sächsischen Akademie der Wissenschaften zu Leipzig. In: Sächs. Akademie der Wiss. zu Leipzig. Jahrbuch 1949–1970. Berlin 1954–1972.

1949–1953 (1954), S. 22–24.
1954–1956 (1958), S. 52 f., 168–174, 178 f.
1957–1959 (1961), S. 110–112, 230–332 von Hellmut Kretzshmar, 237 f.
1960–1962 (1964), S. 162 f., 263–266 von Gertrud Schubart-Fikentscher, 271 f.
1963–1965 (1967), S. 74 f., 189 f. von Gertrud Schubart- Fikentscher, 196 f.
1966–1968 (1970), S. 74 f., 195 f. von Gerhard Buchda, 201 f.
1969–1970 (1972), S. 68 f., 145 f. von Gerhard Buchda, 150 f.

1.2. Sächsische Flurnamenstelle

Flurnamenbericht. [1]-20 von Hans Beschorner; 21–22 von Conrad Sickel; 23–25 von Johannes Leipoldt. In: Mitteilungen des Vereins für Sächsische Volkskunde. Bd 3. 1903/05 – 8. 1919/23; Sächsische Heimatschutz-Nachrichten. Nr 14. 1927; Sächsischer Flurnamensammler. Nr 1. 1930 – H. 11. 1937.

[1.]	1. 1.–15. 3. 1905.	In: 3. 1903/05, S. 285–290.
[2.]	16. 3.–15. 6. 1905.	In: 3. 1903/05, S. 295–297.
[3.]	16. 6. –31. 10. 1905.	In: 3. 1903/05, S. 362–365.
4.	1. 11. 1905–15. 3. 1906.	In: 4. 1906/08, S. 2–4.
5.	1. 3.–15. 8. 1906.	In: 4. 1906/08, S. 95–97.
6.	16. 8. 1906–15. 3. 1907.	In: 4. 1906/08, S. 155f.
7.	16. 3.–15. 9. 1907.	In: 4. 1906/08, S. 215–217.
8.	16. 9. 1907–15. 3. 1908.	In: 4. 1906/08, S. 280–282.
9.	Die Flurnamensammlung der Amtshauptmannschaft Großenhain.	In: 4. 1906/08, S. 329–334.
10.	16. 3.–31. 8. 1908.	In: 4. 1906/08, S. 361–364.
11.	1. 9. 1908–15. 3. 1909.	In: 5. 1909/11, S. 3–5.
12.	16. 3.–15. 9. 1909.	In: 5. 1909/11, S. 63–71.
13.	16. 9. 1909–20. 2. 1910.	In: 5. 1909/11, S. 103–106.
14.	21. 2.–30. 11. 1910.	In: 5. 1909/11, S. 200–202.
15.	1. 12. 1910–15. 9. 1911.	In: 5. 1909/11, S. 297–299.
16.	16. 9. 1911–15. 11. 1912.	In: 6. 1912/16, S. 38–44.
17.	16. 11. 1912–10. 11. 1913.	In: 6. 1912/16, S. 115–119.
18.	11. 11. 1913–31. 12. 1918	In: 7. 1916/19, S. 306–313.
19.	1. 1. 1919–1. 5. 1921.	In: 8. 1919/23, S. 103f.
20.	1. 5. 1921–31. 12. 1926.	In: 14. 1927, S. 2–4.
21.	1927–1929.	In: 1. 1930, S. 3–9.
22.	1930.	In: 2. 1931, S. 5–7.
23.	1931–1932.	In: 4. 1934, S. 13–16.
24.	1933–1934.	In: 5. 1935, S. 6–8.
25.	1935–1936.	In: 11. 1937, S. 4–7.

Forstortsnamenbericht. 1–4 von Hans Beschorner; 5–6 von Conrad Sickel. In: Mitteilungen des Vereins für Sächsische Volkskunde. Bd 5. 1909/11–7. 1916/19; Sächsische Heimatschutz-Nachrichten. Nr. 14. 1927; Sächsischer Flurnamensammler. Nr 1. 1930 bis 2. 1931.

1.	[1905]–15. 6. 1910.	In: 5. 1909/11, S. 168–173.
2.	16. 6. 1910–15. 6. 1911.	In: 5. 1909/11, S. 264–266.
3.	15. 6. 1911–31. 12. 1918.	In: 7. 1916/19, S. 311–313.
4.	1919–1926.	In: 14. 1927, S. 2–4.
5.	1927–1929.	In: 1. 1930, S. 7f.
6.	1930.	In: 2. 1931, S. 5–7.

2. Veröffentlichungen

Schriften der (Königlich) Sächsischen Kommission für Geschichte, 43 ff. 1957 ff.: *der Historischen Kommission (bei) der Sächsischen Akademie der Wissenschaften zu Leipzig.* [1 ff.] 1898 ff.

[1.]*Vogel, Julius: Anton Graff. Bildnisse von Zeitgenossen des Meisters in Nachbildungen der Originale. Ausgew. u. erl. Leipzig: Breitkopf & Härtel 1898. 61 S. m. 14 Abb., 60 Taf.

[2.] Grundkarte von Deutschland nach v. Thudichums Vorgange als Grundlage für historische und statistische Forschungen bearb. 1:100000. Dresden: (Kgl.) Sächs. Komm. f. Gesch. [1899]—1940.

Sekt. 364/389	Zörbig—Halle. 2. Aufl. 1937.
Sekt. 365/390	Düben—Leipzig. 2. Aufl. 1937.
Sekt. 366/391	Torgau—Oschatz. 2. Aufl. 1937.
Sekt. 367/392	Finsterwalde—Großenhain. 2. Aufl. 1937.
Sekt. 393	Kamenz. [1904.]
Sekt. 394	Niesky. [1904.]
Sekt. 414/440	Zeitz—Gera. 2. Aufl. 1938.
Sekt. 415/441	Borna—Altenburg. [1902.] 2. Aufl. 1940.
Sekt. 416/442	Döbeln—Chemnitz. [1899. Neudr. 1904.]
Sekt. 417/443	Dresden—Dippoldiswalde. [1899. Neudr. 1904.]
Sekt. 418/444	Bischofswerda—Königstein. [1899.] 2. Aufl. o. J.
Sekt. 419/445	Bautzen—Zittau. [1900.]
Sekt. 420/446	Görlitz—Hirschfelde. [1900.]
Sekt. 467/492	Greiz—Hof. [1903.]
Sekt. 468/493	Zwickau—Johanngeorgenstadt. [1900]. 2. Aufl. o. J.
Sekt. 469/494	Annaberg—Wiesenthal. [1901.] 2. Aufl. o. J.
Sekt. 470	Sayda. [1900.]
Sekt. 471	Fürstenau. [1900.]
Sekt. 514	Wunsiedel. [1902.]
Sekt. 515	Mammersreuth. [1902.]

[nebst] Ermisch, Hubert: Erläuterungen zur Historisch-statistischen Grundkarte für Deutschland im Maßstabe 1:100000 ⟨Königreich Sachsen⟩. Leipzig: Teubner 1899. 16 S.

[nebst] Mittelbach, R[obert]: Karte der Ortsfluren des Königreichs Sachsen in 1:200000. Übersichtsblatt der historisch-statistischen Grundkarte von Sachsen. In amtl. Auftr. bearb. Kötzschenbroda: Mittelbach 1909. 73,5×112 cm.

[Neue Ausg. s. 31.]

[3.] Wülcker, Ernst, u. Hans Virck: Des kursächsischen Rathes Hans von der Planitz Berichte aus dem Reichsregiment in Nürnberg 1521—1523. Ges. von Ernst Wülcker nebst erg. Aktenstücken bearb. von Hans Virck. Leipzig: Teubner 1899. CXLIX, 688 S.

[4.] Brandenburg, Erich: Politische Korrespondenz des Herzogs und Kurfürsten Moritz von Sachsen. Hrsg. Bd 1 ⟨bis zum Ende des Jahres 1543⟩. Leipzig: Teubner 1900. XXIII, 761 S. [Forts. s. 9.]

---

* Die „Schriften“ sind bis 1957 ohne Bandzählung erschienen. Ihre nach der Zeitfolge vorgenommene Numerierung ließ die Kommission nur im Verzeichnis der jeweils erschienenen Titel dieser Reihe drucken, das fast in jedem Bande der „Schriften“ enthalten ist.

KARL LAMPRECHT

1856 – 1915

Begründer der Sächsischen Kommission für Geschichte

[5.] Flechsig, Eduard: Tafelbilder Lukas Cranachs d. Ä. und seiner Werkstatt. Hrsg. Leipzig: Seemann 1900. 129 Taf. in Lichtdr. [nebst] IV, 36 S. Text.

[6.] Amira, Karl von: Die Dresdner Bilderhandschrift des Sachsenspiegels. Auf Veranl. von ... sowie mit Unterstützung der Savigny-Stiftung hrsg. Bd 1. Facsimile der Handschrift in 184 Lichtdrucktaf. nebst 6 Taf. in Farbendruck u. 3 Erg.-Taf. in Autotypie. Leipzig: Hiersemann 1902.
[Forts. s. 29.]

[7.] Kroker, Ernst: Luthers Tischreden in der Mathesischen Sammlung. Aus e. Handschrift der Leipziger Stadtbibliothek hrsg. Leipzig: Teubner 1903. XXII, 471 S.

[8.] Lippert, Woldemar, u. Hans Beschorner: Das Lehnbuch Friedrichs des Strengen, Markgrafen von Meißen und Landgrafen von Thüringen 1349/1350. Hrsg. Mit 9 Taf. Leipzig: Teubner 1903. CCLVIII, 640 S.

[9.] Brandenburg, Erich: Politische Korrespondenz des Herzogs und Kurfürsten Moritz von Sachsen. Hrsg. Bd 2 ⟨bis zum Ende des Jahres 1546⟩. Leipzig: Teubner 1904. XVIII, 1063 S.

[10.] Geß, Felician: Akten und Briefe zur Kirchenpolitik Herzog Georgs von Sachsen. Hrsg. Bd 1. 1517—1524. Leipzig: Teubner 1905. LXXXVIII, 848 S.
[Forts. s. 22.]

[11.] Bruck, Robert: Die Malereien in den Handschriften des Königreichs Sachsen. Hrsg. Dresden: Meinhold 1906. XII, 469 S.

[12.] Hantzsch, Viktor: Die ältesten gedruckten Karten der sächsisch-thüringischen Länder ⟨1550—1593⟩. Hrsg. u. erl. Mit 18 Kt.-Taf. in Lichtdr. Leipzig: Teubner 1905. [Nebst] VII, 6 S. Text.

[13.] Dilich, Wilhelm: Federzeichnungen kursächsischer und meißnischer Ortschaften aus den Jahren 1626—1629. Hrsg. von Paul Emil Richter u. Christian Krollmann. 1—3. Dresden: Meinhold 1907. 3 Bde.

[14.] Lippert, Woldemar: Kaiserin Maria Theresia und Kurfürstin Maria Antonia von Sachsen. Briefwechsel 1747—1772. Mit e. Anh. ergänz. Briefe hrsg. Mit 2 Portr. u. e. Faks. Leipzig, Berlin: Teubner 1908. CCL, 591 S.

[15.] Flechsig, Eduard: Sächsische Bildnerei und Malerei vom 14. Jahrhundert bis zur Reformation. Hrsg. Leipzig: Klinkhardt & Biermann. Lfg 1: Leipzig. 1909. 7 S., 41 Taf. Lfg 2: Freiberg. 1910. 5 S., 41 Taf. Lfg. 3: Chemnitz und Zwickau. 1912. 12 S., 37 Taf.

[16.] Kaemmel, Otto: Geschichte des Leipziger Schulwesens vom Anfang des 13. bis gegen die Mitte des 19. Jahrhunderts ⟨1214—1846⟩. Mit 6 Bildn. Leipzig, Berlin: Teubner 1909. XXIV, 634 S. = Geschichte des geistigen Lebens in Leipzig. [T. 1.] Nachdr. Leipzig: Zentralantiquariat der Deutschen Demokratischen Republik 1974.
[Forts. s. 17.]

[17.] Witkowski, Georg: Geschichte des literarischen Lebens in Leipzig. Leipzig, Berlin: Teubner 1909. XXVI, 483 S. = Geschichte des geistigen Lebens in Leipzig. [T. 2.]
[Forts. s. 18.]

[18.] Wustmann, Rudolf: Musikgeschichte Leipzigs. Bd 1. Bis zur Mitte des 17. Jahrhunderts. Mit 3 Taf., 5 Abb. im Text u. vielen Notenbeisp. Leipzig, Berlin: Teubner 1909. XXI, 507 S. = Geschichte des geistigen Lebens in Leipzig. [T. 3,1.]
[Forts. s. 30.]

[19.] Haushaltung in Vorwerken. Ein landwirtschaftliches Lehrbuch aus der Zeit des Kurfürsten August von Sachsen. Nach den Handschr. hrsg. von Hubert Ermisch u. Robert Wuttke. Mit 20 Abb. Leipzig: Teubner 1910. XLVIII, 315 S.

[20.] Thomasius, Jakob: Acta Nicolaitana et Thomana. Aufzeichnungen von ... während seines Rektorates an der Nikolai- und Thomasschule zu Leipzig ⟨1670—1684⟩. Hrsg. von Richard Sachse. Leipzig: Wörner 1912. XXXV, 770 S.

[21.] Stübel, Moritz: Der Landschaftsmaler Johann Alexander Thiele und seine sächsischen Prospekte. Leipzig, Berlin: Teubner 1914. 31 Lichtdrucktaf. [nebst] XVI, 72 S. m. 14 Abb., Portr.-Taf.

[22.] Geß, Felician: Akten und Briefe zur Kirchenpolitik Herzog Georgs von Sachsen. Hrsg. Bd 2. 1525—1527. Leipzig, Berlin: Teubner 1917. XIX, 923 S.

[23.] Bemmann, Rudolf: Bibliographie der sächsischen Geschichte. Hrsg. Bd 1. Landesgeschichte. Leipzig, Berlin: Teubner.
Halbbd 1. Allgemeines. Historische Landeskunde. Allgem. politische u. Fürstengeschichte. 1918. XIV, 521 S.
Halbbd 2. Verfassung, Recht u. Verwaltung. Wirtschaftl. Verhältnisse. Geistiges Leben. Kirche. Unterrichtswesen. Heerwesen. 1921. XVII, 614 S.
Nachdr. Leipzig: Zentralantiquariat der Deutschen Demokratischen Republik 1970.
[Forts. s. 28.]

[24.] Johann von Sachsen: Briefwechsel König Johanns von Sachsen mit George Ticknor. Hrsg. von Johann Georg im Verein mit E[rnst] Daenell. Leipzig u. Berlin: Teubner 1920. 180 S.

[25.] Schmidt, Otto Eduard: Minister Graf Brühl und Karl Heinrich von Heinecken. Briefe und Akten, Charakteristiken u. Darstellungen zur sächsischen Geschichte ⟨1733—1763⟩. Leipzig, Berlin: Teubner 1921. XVI, 387 S.

[26.] Hecker, Oswald Artur: Schriften Dr. Melchiors von Osse. Mit e. Lebensabriß u. e. Anh. von Briefen u. Akten. Hrsg. Leipzig, Berlin: Teubner 1922. XVI, 80, 614 S.

[27.] Merx, Otto: Akten zur Geschichte des Bauernkriegs in Mitteldeutschland. Hrsg. [Bd. 1], Abt. 1. Leipzig, Berlin: Teubner 1923. X, 328 S. Nachdr. Aalen: Scientia Verl. 1964.
[Forts. s. 38.]

[28.] Bemmann, Rudolf, u. Jakob Jatzwauk: Bibliographie der sächsischen Geschichte. Hrsg. Bd. 2. Geschichte der Landesteile. Leipzig: Quelle & Meyer 1923. XI, 199 S. Nachdr. Leipzig: Zentralantiquariat der Deutschen Demokratischen Republik 1970. [Forts. s. 35.]

[29.] Amira, Karl von: Die Dresdner Bilderhandschrift des Sachsenspiegels. Hrsg. Bd 2, T. 1—2. Leipzig: Hiersemann 1925—1926. 2 Bde.

[30.] Schering, Arnold: Musikgeschichte Leipzigs. Bd 2. Von 1650 bis 1723. Mit 9 Taf., 3 Abb. im Text u. vielen Notenbeisp. Leipzig: Kistner & Siegel 1926. XIV, 486 S. = Geschichte des geistigen Lebens in Leipzig. [T. 3,2.] [Forts. s. 40.]

[31.] Ortsflurkarte des Freistaates Sachsen. Hrsg. ... unter Mitwirk. des Hauptstaatsarchivs u. des Statistischen Landesamtes. 1:200000. [Neue Ausg.] Kötzschenbroda: Mittelbach 1927. 73,5 × 112 cm.

[32.] Goerlitz, Woldemar: Staat und Stände unter den Herzögen Albrecht und Georg. 1485—1539. Leipzig, Berlin: Teubner 1928. 599 S. = Sächsische Landtagsakten. 1.

[33.] Sächsische Lebensbilder. Bd 1. Mit 32 Taf. Dresden: Jeß 1930. VII, 446 S.
[Forts. s. 39.]

[34.] Müntzer, Thomas: Briefwechsel. Auf Grund der Handschriften hrsg. von Heinrich Böhmer u. Paul Kirn. Leipzig u. Berlin: Teubner 1931. XI, 170 S.

[35.] Bemmann, Rudolf u. Jakob Jatzwauk: Bibliographie der sächsischen Geschichte. Hrsg. Bd 3. Ortsgeschichte. T. 1. Allgemeines. Die einzelnen Orte: A—L ⟨außer

Chemnitz, Dresden und Leipzig⟩. Leipzig: Quelle & Meyer 1928. 349 S. T. 2. Die einzelnen Orte: M—Z. Leipzig: Quelle & Meyer 1932. 371 S. Nachdr. Leipzig: Zentralantiquariat der Deutschen Demokratischen Republik 1970.

[36.] Schwinkowski, Walter: Münz- und Geldgeschichte der Mark Meißen und Münzen der weltlichen Herren nach meißnischer Art ⟨Brakteaten⟩ vor der Groschenprägung. T. 1. Abbildungstaf. Frankfurt a. M.: Heß 1931. 4 S., 63 Taf.

[37.] Beschorner, Hans: Registrum dominorum marchionum Missnensium. Verzeichnis der den Landgrafen in Thüringen und Markgrafen zu Meißen jährlich in den wettinischen Landen zustehenden Einkünfte. 1378. Hrsg. Bd 1. Einleitung, Wortlaut, urkundlicher Anh., Namenweiser, Karte. Leipzig, Berlin: Teubner 1933. LXXII, 10, 607 S., 10 Taf.

[38.] Franz, Günther: Akten zur Geschichte des Bauernkriegs in Mitteldeutschland. Bd 1, Abt. 2. Hrsg. auf Grund des Nachlasses von Otto Merx. Leipzig, Berlin: Teubner 1934. X, S. 329—730. Nachdr. Aalen: Scientia Verl. 1964.
[Forts. s. 42.]

[39.] Sächsische Lebensbilder. Mit 30 Abb. auf Taf. Bd 2. Leipzig: Leiner 1938. VIII, 424 S.
[Forts. s. 41.]

[40.] Schering, Arnold: Johann Sebastian Bach und das Musikleben Leipzigs im 18. Jahrhundert. Mit 8 Taf., e. Faks. u. vielen Notenbeisp. Leipzig: Kistner & Siegel 1941. XII, 695 S. = Musikgeschichte Leipzigs. Bd 3 = Geschichte des geistigen Lebens in Leipzig. [T. 3,3.]

[41.] Lebensbilder sächsischer Wirtschaftsführer. T. 1. Hrsg. von Erich Dittrich. Mit 24 Abb. auf Taf. Leipzig: Leiner 1941. VI, 423 S. = Sächsische Lebensbilder. Bd 3.

[42.] Fuchs, Walther Peter, unter Mitarb. von Günther Franz: Akten zur Geschichte des Bauernkriegs in Mitteldeutschland. Hrsg. Bd 2. Jena: Frommann 1942. XXXVI, 1023 S. Nachdr. Aalen: Scientia Verl. 1964.

[43.] Blaschke, Karlheinz: Historisches Ortsverzeichnis von Sachsen. Leipzig: Bibliogr. Inst. 1957. XIV, 481, 63 S.

23 [vielm. 44.] Rothe, Edith, unter Mitw. von Werner Rust: Die Leipziger Messe. Hrsg. von ... mit Unterstützung des Stadtarchivs u. des Messeamtes. Leipzig: Verl. f. Buch- und Bibliothekswesen 1957. 213 S. = Bibliographie zur Geschichte der Stadt Leipzig. So.-Bd 1.

36 [vielm. 45.] (Rothe, Edith, u. Hildegard Heilemann:) Karl-Marx-Universität Leipzig. Bibliographie zur Universitätsgeschichte 1409—1959. Hrsg. von ... mit Unterstützung des Stadtarchivs Leipzig. Leipzig: Verl. f. Buch- u. Bibliothekswesen 1961. 558 S. = Bibliographie zur Geschichte der Stadt Leipzig. So.-Bd 2.

35 [vielm. 46.] (Rothe, Edith, unter Mitarb. von Hildegard Heilemann:) Die Kunst. Bibliographie zur Geschichte der bildenden Kunst, der Musik, der Literatur und des Theaters. (Hrsg. von ... mit Unterstützung des Stadtarchivs Leipzig.) Weimar: Böhlau 1964. XVI, 431 S. = Bibliographie zur Geschichte der Stadt Leipzig. So.-Bd 3.

35 [vielm. 47.] (Rothe, Edith, u. Hildegard Heilemann:) Das Buch. Bibliographie zur Geschichte des Buchdrucks, des Buchhandels und der Bibliotheken. (Hrsg. von ... mit Unterstützung des Stadtarchivs Leipzig.) Weimar: Böhlau 1967. XVI, 383 S. = Bibliographie zur Geschichte der Stadt Leipzig. So.-Bd 4.

[48.] (Heilemann, Hildegard, nach Vorarb. von Edith Rothe. Red.: Dietmar Debes u. Manfred Unger:) Bibliographie zur Geschichte der Stadt Leipzig. Hauptbd 1. Weimar: Böhlau 1971. XII, 263 S.

Aus Sachsens Vergangenheit. Einzeldarstellungen dem sächsischen Volke dargeboten. H. 1. Leipzig: Wörner 1910; H. 2. Leipzig, Berlin: Teubner 1914; H. 4—7, Dresden: v. Baensch 1920—1931.

1. Kötzschke, Rudolf: Staat und Kultur im Zeitalter der ostdeutschen Kolonisation. 1910. VI, 85 S.
2. Schwabe, Ernst: Das Gelehrtenschulwesen Kursachsens von seinen Anfängen bis zur Schulordnung von 1580. Kurze Übersicht über die Hauptzüge der Entwicklung. 1914. VI, 160 S.
3. Schmidt, Otto Eduard: Aus der Zeit der Freiheitskriege und des Wiener Kongresses. 87 ungedruckte Briefe und Urkunden aus sächsischen Adelsarchiven hrsg. u. geschichtl. verbunden. 1914. VIII, 186 S.
4. Philipp, Albrecht: Sulkowski und Brühl und die Entstehung des Premierministeramtes in Kursachsen. Ein Zeitbild aus dem augusteischen Sachsen. Mit e. Anh.: Nachweise und Quellen. 1920. XII, 129 S.
5. Seydewitz, Thea von: Ernst Christoph Graf Manteuffel, Kabinettsminister Augusts des Starken. Persönlichkeit u. Wirken. 1926. XII, 168 S.
6. Kohlschmidt, Walter: Die Sächsische Frage auf dem Wiener Kongreß und die sächsische Diplomatie dieser Zeit. 1930. XI, 164 S.
7. Semmig, Hellmuth: Die wirtschaftliche Entwicklung der Exulantensiedlung „Johanngeorgenstadt" von der Gründung 1654 bis zum Stadtbrande 1867. 1931. XVIII, 135 S.

Sächsischer Flurnamensammler. Hrsg. im Namen der Sächsischen Kommission für Geschichte vom Landesverein Sächsischer Heimatschutz durch [Hans] Beschorner. H. 5. 1935ff. hrsg. im Namen der Sächsischen Kommission für Geschichte von Hans Beschorner u. Johannes Leipoldt.

Nr 1. 1930 — H. 17. 1943.
Nr 1—4. Dresden: Sächs. Flurnamenstelle 1930—1935; H. 5—17. Leipzig 1935—1943 = Mitteldt. Blätter für Volkskunde. Jg. 10. 1935 — 18. 1943, Beil.

Sächsische Flurnamenverzeichnisse. Hrsg. auf Grund der von der Sächsischen Kommission für Geschichte und dem Landesverein Sächsischer Heimatschutz veranstalteten Flurnamensammlung von Hans Beschorner. H. 1—2. Dresden: Landesver. Sächs. Heimatschutz 1933 bis 1943.

1. Leipoldt, Johannes, u. Rudolf Löffler: Die Flurnamen von Oelsen und Bienhof, Amtsh. Pirna. Mit e. Flurkt. 1933. 31 S.
2. Zeißig, Karl: Die Flurnamen der Stadt Penig, Kreis Rochlitz. Mit 3 Kt. 1943. 59 S.

Sächsische Forschungen zur Geschichte. Hrsg. von der Sächs. Komm. für Geschichte. Bd 1. Dresden: v. Baensch 1941.

1. Schlesinger, Walter: Die Entstehung der Landesherrschaft. Untersuchungen vorwiegend nach mitteldeutschen Quellen. T. 1. 1941. VIII, 265 S. Nachdr. Darmstadt: Wiss. Buchges. 1964.

Mitteldeutsche Studien. 13—18, 20—23 hrsg. von Th[eodor] Frings u. K[arl] Bischoff; 24—26 hrsg. von Th[eodor] Frings; 19, 27—28 hrsg. von Th[eodor] Frings u. R[udolf] Große; 29ff. von R[udolf] Große. Halle ⟨Saale⟩: Niemeyer 1953ff.

13. Schütze, Monika: Dialektgeographie der Goldenen Mark des Eichsfeldes. 1953. 143 S., 17 Kt.

14. Bischoff, Karl: Elbostfälische Studien. 1954. X, 153 S. m. 22 Abb.
15. Große, Rudolf: Die meißnische Sprachlandschaft. Dialektgeographische Untersuchungen zur obersächsischen Sprach- und Siedlungsgeschichte. 1955. XXXII, 209 S. m. 33 Abb., 26 Kt.
16. Frings, Theodor: Sprache und Geschichte. 1. 1956. VIII, 151 S. m. 37 Kt.
17. Frings, Theodor: Sprache und Geschichte. 2. 1956. X, 165 S. m. 39 Kt.
18. Frings, Theodor: Sprache und Geschichte. 3. Mit Beiträgen von Käthe Gleißner, Rudolf Große, Helmut Protze. 1956. 324 S., 73 Kt.
19,1. Frings, Theodor: Germania Romana. 2. Aufl. bes. von Gertraud Müller. 1966. 261 S., 22 Kt.
19,2. Frings, Theodor: Germania Romana. 2. Dreißig Jahre Forschung Romanische Wörter. Von Gertraud Müller u. Theodor Frings. 1968, 678 S., 3 Kt.
20. Protze, Helmut: Das Westlausitzische und Ostmeißnische. Dialektgeographische Untersuchungen zur lausitzisch-obersächsischen Sprach- u. Siedlungsgeschichte. 1957. XIV, 291 S. m. 30 Abb., 39 Kt.
21. Schönfeld, Helmut: Die Mundarten im Fuhnegebiet. 1958. XXIII, 297 S. m. Kt-skizzen u. 19 Kt. u. 1 Bl.
22—23. Kettmann, Gerhard: Die Sprache der Elbschiffer. 1—2. 1959—1961. VII, 555 S. m. 48 Abb.
24. Hutterer, Claus Jürgen: Das ungarische Mittelgebirge als Sprachraum. Histor. Lautgeographie der dt. Mundarten in Mittelungarn. [Nebst] Kt.Bd. 1963. XLIII, 531 S.; 45 Kt.; 10 S., 5 Transparentbl.
25. Spangenberg, Karl: Die Mundartlandschaft zwischen Rhön und Eichsfeld. 1962. XXIV, 240 S. m. 6 Abb. [Nebst] Kt.Bd.
26. Rosenkranz, Heinz: Der thüringische Sprachraum. Untersuchungen zur dialekt.-geogr. Struktur u. zur Sprachgeschichte Thüringens. 1964. XXXII, 298 S. m. Ktskizzen.
27. Bergmann, Gunter: Das Vorerzgebirgische. Mundart u. Umgangssprache im Industriegebiet um Karl-Marx-Stadt—Zwickau. 1965. 199 S. m. 2 Abb.
28. Lerchner, Gotthard: Studien zum nordwestgermanischen Wortschatz. Ein Beitrag zu den Fragen um Aufbau und Gliederung des Germanischen. 1965. 380 S.
29. Krug, Walter: Laut- und wortgeographische Untersuchungen in der Heidelandschaft zwischen unterer Mulde und Elbe. 1969. Textbd: 200 S. [Nebst] Kt.Bd: 40 Kt.
30. Lerchner, Gotthard: Zur 2. Lautverschiebung im Rheinisch-Westmitteldeutschen. Diachron. u. diatop. Untersuchungen. 1971. 366 S.

Deutsch-slawische Forschungen zur Namenkunde und Siedlungsgeschichte. Nr 1—24 hrsg. von Theodor Frings u. Rudolf Fischer; 25—26 hrsg. von Rudolf Fischer u. Rudolf Große; 27ff. hrsg. von Ernst Eichler, Wolfgang Fleischer [u. a.]. Halle ⟨Saale⟩: Niemeyer 1956 bis 1959; Berlin: Akademie-Verl. 1961ff.

1. Fischer, Rudolf: Ortsnamen der Kreise Arnstadt und Ilmenau. 1956. 121 S., 1 Kt.
2. Ulbricht, Elfriede: Das Flußgebiet der thüringischen Saale. Eine namenkundl. Untersuchung. 1957. VIII, 283 S.
3. Walther, Hans: Die Orts- und Flurnamen des Kreises Rochlitz. Ein Beitr. zur Sprach- u. Siedlungsgeschichte Westsachsens. 1957. VI, 308 S., 11 Kt. [nebst] Beil.
4. Eichler, Ernst: Die Orts- und Flußnamen der Kreise Delitzsch und Eilenburg. Studien zur Namenkunde u. Siedlungsgesch. im Saale-Mulde-Gebiet. 1958. VI, 252 S., 3 Kt. [nebst] Beil.

5. Leipziger Studien. Theodor Frings zum 70. Geburtstag. 1957. 257 S.
6. Müller, Erhard: Die Ortsnamen des Kreises Heiligenstadt. 1958. 168 S., 7 Kt. [nebst] Beil.
7. Schenk, Winnifred: Die Ortsnamen der Kreise Werdau und Zwickau. 1958. 132 S., 5 Kt. [nebst] Beil.
8. Eichler, Ernst, Elisabeth Lea, Hans Walther: Die Ortsnamen des Kreises Leipzig. 1960. 173 S., 8 Kt.
9. Hoffmann, Lothar: Die slawischen Flurnamen des Kreises Löbau. 1959. 96 S., 3 Kt.
10. Fischer, R(udolf), u. K[arl] Elbracht: Die Ortsnamen des Kreises Rudolstadt. 1959. 131 S., 3 Kt.
11–12. Fleischer, Wolfgang: Namen und Mundart im Raum von Dresden. Toponymie u. Dialektologie der Kreise Dresden-Altstadt u. Freital als Beitr. zur Sprach- u. Siedlungsgeschichte. 1–2. 1961–1962. 2 Bde m. 12 Kt.
13. Naumann, Horst: Die Orts- und Flurnamen der Kreise Grimma und Wurzen. Mit 16 Kt. 1962. 489 S.
14. Freydank, Dietrich: Ortsnamen der Kreise Bitterfeld und Gräfenhainichen. Mit 4 Kt. 1962. 157 S.
15. Richter, Albert: Die Ortsnamen des Saalkreises. Mit 3 Kt. 1962. 143 S.
16. Wenzel, Walter: Die Ortsnamen des Schweinitzer Landes. Mit 2 Kt. u. 2 Abb. 1964. 153 S.
17. Schlimpert, Gerhard: Slawische Personennamen in mittelalterlichen Quellen Deutschlands. 1964. 83 S.
18. Sperber, Wolfgang: Die sorbischen Flurnamen des Kreises Kamenz ⟨Ostteil⟩. Mit e. Kt. u. 8 Abb. 1967. 370 S.
19. Eichler, Ernst: Studien zur Frühgeschichte slawischer Mundarten zwischen Saale und Neiße. Mit 7 Abb. u. 3 Kt. 1965. 330 S.
20–21. Eichler, E[rnst], u. H[ans] Walther: Die Ortsnamen im Gau Daleminze. Studien zur Toponymie der Kreise Döbeln, Großenhain, Meißen, Oschatz u. Riesa. 1. Namenbuch. Mit e. Kt. 1966. 407 S. 2. Namen- und Siedlungskunde. Mit 9 Abb. 1967. 287 S.
22. Crome, Emilia: Die Ortsnamen des Kreises Bad Liebenwerda. Mit 3 Kt. 1968, 234 S.
23. Hellfritzsch, Volkmar: Vogtländische Personennamen. Untersuchungen am Material der Kreise Plauen u. Oelsnitz. Mit e. Übers. Kt. u. 18 Abb. 1969. 255 S.
24. Hänse, Günther: Die Flurnamen des Stadt- und Landkreises Weimar. Mit 3 Kt. 1970. 278 S.
25. Obersächsische Familiennamen. 1. Neumann, Isolde: Die bäuerlichen Familiennamen des Landkreises Oschatz. Mit 2 Kt. u. 20 Abb. 1970. 242 S.
26. Walther, Hans: Namenkundliche Beiträge zur Siedlungsgeschichte des Saale- und Mittelelbegebietes bis zum Ende des 9. Jahrhunderts. 1971. 373 S. [Nebst] 14 Kt.
30. Naumann, Horst: Die bäuerliche deutsche Mikrotoponymie der meißnischen Sprachlandschaft. Mit e. Kt. Berlin 1972. 311 S.
31. Körner, Siegfried: 1. Die patronymischen Ortsnamen im Altsorbischen. Mit 13 Kt. u. e. Faltkt. Berlin 1972, 193 S. = Untersuchungen zur slawischen Namengeographie.

Quellen und Forschungen zur sächsischen Geschichte. Bd 1ff. Dresden 1963ff.

1. Boer, Elisabeth: Das älteste Stadtbuch von Dresden 1404–1436. 1963. XX, 316 S., 1 Taf. Schriftproben.
2. Herrmann, Walther: Das Freiberger Bürgerbuch 1486–1605. 1965. XXXVI, 294 S.
3. Klemm, Friedrich: Beiträge zur älteren Siedlungsgeschichte im Lößgebiet des Amtes Leisnig nördlich der Freiberger Mulde. 1966. 90 S. m. mehr. Kt. im Text.

4. Haupt, Walther: Die Meißner Bistumsmatrikel von 1495. 1968. 81 S.
5. Richter, Willy: Geschichte der Dreikönigsschule in Dresden-Neustadt bis 1685. 1969, IX, 59 S., 1 Taf., Abb.
6. Müller, Ernst: Leipziger Neubürgerliste 1471—1501. 1969. 80 S.
7. Schmidt, Gerhard: Reformbestrebungen in Sachsen in den ersten Jahrzehnten des 19. Jahrhunderts. 1969. V, 128 S.

Einzelveröffentlichungen

Beschorner, H[ans]: Denkschrift über die Herstellung eines Historischen Ortsverzeichnisses für das Königreich Sachsen. Dresden 1903: Baensch. VII, 68 S. m. 5 Beil.

Die historisch-geographischen Arbeiten im Königreich Sachsen. Zsgest. [vielm. verf.] von R[udolf] Kötzschke [u. a.] Leipzig: Teubner 1907. 84 S., Beil.

Meiche, Alfred: Historisch-Topographische Beschreibung der Amtshauptmannschaft Pirna ... bearb. u. hrsg. Dresden: v. Baensch Stiftung 1927. VIII, 397 S.

Mörtzsch, Otto: Historisch-Topographische Beschreibung der Amtshauptmannschaft Großenhain. Dresden: Landesver. Sächs. Heimatschutz 1935. VII, 94 S.

Forschungen zur Geschichte Sachsens und Böhmens. Im Auftr. ... hrsg. von Rudolf Kötzschke. Dresden: v. Baensch Stiftung 1937. VII, 215 S., 7 Taf. Abb., 3 Anl.

Blaschke, Karlheinz (Bearb.), Georg Böhne (Zeichn.): Ortsflurenkarte von Sachsen ⟨19. Jahrhundert⟩. 1:200000. ... neu hrsg. o. O. [Dresden] 1954. 113 cm × 79 cm.

Sproemberg, Heinrich, unter Mitw. von Hellmut Kretzschmar: Zum 50. Jahrestag der Gründung der Abteilung Landesgeschichte. Leipzig: Karl-Marx-Univ., Inst. f. Dt. Gesch., Abt. Dt. Landesgesch. [1956]. 13 S., Portr.

Oberlausitzer Forschungen. Beiträge zur Landesgeschichte. Hrsg. von Martin Reuther. Leipzig: Koehler & Amelang 1961. 368 S., 38 Abb., Portr.

Jahrbuch für Regionalgeschichte. (Red.: Karl Czok [u. a.].) Bd 1ff. Leipzig, Dresden 1965; Weimar 1967ff.

1. Hrsg. von d. Abt. Dt. Landesgesch. des Inst. f. Dt. Gesch. an d. Karl-Marx-Univ. Leipzig in Verb. mit ... u. d. Zeitschr. „Sächs. Heimatblätter". 1965. 271 S. m. mehr. Kt.
2. Hrsg. von d. Abt. Dt. Landesgesch. an d. Karl-Marx-Univ. in Verb. mit d. Komm. f. Regionalgesch. d. Dt. Historiker-Ges. u. mit ... (Mit 2 Textabb.) 1967. 222 S.
3. Hrsg. von d. Abt. Dt. Regionalgesch. des Inst. f. Dt. Gesch. an d. Karl-Marx-Univ. Leipzig in Verb. mit d. Komm. f. Regionalgesch. d. Dt. Historiker-Ges. u. mit .... (Mit 10 Textabb. u. 5 Taf.) 1968. 279 S.
4. Hrsg. von ... 1972. 344 S.

Gedruckt mit finanzieller Unterstützung

Übersicht über die Bestände des Sächsischen Landeshauptarchivs und seiner Landesarchive. Leipzig: Koehler & Amelang 1955. 294 S., 16 Abb. = Schriftenreihe des Sächsischen Landeshauptarchivs Dresden. Nr. 1.

Eichler, Ernst, u. Mitw. von Karlheinz Hengst: Bibliographie der Namenforschung in der Deutschen Demokratischen Republik. [1. Teil: 1946—1963.] Leipzig: Leipz. namenkundl. Arbeitsgruppe 1963. 116 S.

Eichler, Ernst, Karlheinz Hengst u. Johannes Schultheis: Bibliographie der Namenforschung in der Deutschen Demokratischen Republik. 2. Teil ⟨1963–1965⟩. Leipzig: Leipzig. namenkundl. Arbeitsgruppe 1966. 104 S.

Hengst, Karlheinz: Die Ortsnamen der Kreise Glauchau, Hohenstein-Ernstthal und Stollberg. Zwickau: Päd. Inst. Karl-Marx-Stadt, Teil Zwickau 1964. 285 S., 2 Kt.

Schmidt, Gerhard: Die Staatsreform in Sachsen in der ersten Hälfte des 19. Jahrhunderts. Eine Parallele zu den Steinschen Reformen in Preußen. (Mit Abb. auf 9 Taf. u. 2 Kt.) Weimar: Böhlau 1966. 343 S., Portr. = Schriftenreihe des Staatsarchivs Dresden. Bd 7.

Neuss, Erich: Wüstungskunde des Saalkreises, der Stadt Halle und der Mansfelder Kreise. T. 1–2. Weimar: Böhlau 1969–1971.

1. Wüstungskunde des Saalkreises und der Stadt Halle. H. 1–2. (Mit 73 Kt. im Text u. 8 Übersichtskt.) 1969. LXIX, 208 S.; S. 209–477.
2. Wüstungskunde der Mansfelder Kreise ⟨Seekreis und Gebirgskreis⟩. H. 1–2. (Mit 75 Kt. im Text u. 13 Übersichtskt.) 1971, XXII, 328 S.; S. 329–611.

Hentschel, Walter: Denkmale sächsischer Kunst. Die Verluste des zweiten Weltkrieges. Mit 579 Abb. auf Taf. Berlin: Akademie-Verl. 1973. XIV, 167 S., 238 Taf. = Schriften zur Kunstgeschichte H. 15.

3. Literatur über die Historische Kommission bzw. Sächsische Kommission für Geschichte

Vorbemerkung

Eine umfassende Darstellung der Geschichte der Kommission existiert nicht. Es gibt nur wenige Titel darstellender Literatur geringen Umfangs. Detaillierte Angaben zu ihrer Geschichte enthalten dagegen die bereits angeführten Tätigkeitsberichte. Wichtiger Stoff ist auch den teilweise längeren Einleitungen zu entnehmen, die vielen der „Schriften" und anderen Veröffentlichungen der Kommission vorangestellt sind.

Ausführlichere Abhandlungen sind über einzelne wissenschaftliche Unternehmungen der Kommission geschrieben worden, die damit wesentliche Seiten ihrer Wirksamkeit widerspiegeln.

3.1. Allgemeines

[Schmidt, Ludwig:] Die Nothwendigkeit der Begründung einer historischen Commission für sächsische Geschichte. In: Leipziger Zeitung. Wiss. Beil. Jg. *1893*, Nr. 10, S. 37f.; auch in: Dresdner Anzeiger. Jg. *163*. 1893, Nr. 72 v. 13. 3., S. 21.

Lamprecht, Karl: Die Königlich Sächsische Commission für Geschichte. In: Berichte über die Verhandlungen der Kgl. Sächs. Gesellschaft der Wiss. zu Leipzig. Phil.-hist. Kl. Bd *52*. 1900, H. 3, S. 153–167.

Kötzschke, Rudolf: Die Sächsische Kommission für Geschichte. In: Amt und Volk. Jg. *3*. 1929, S. 293–297.

Hoppe, Willy, Gerhard Lüdtke u. Rudolf Kötzschke: Die deutschen Kommissionen und Vereine für Geschichte und Altertumskunde. Berlin 1940. S. 134–136 = Minerva-Handbücher. Abt. 4: Die gelehrten Gesellschaften. Bd. *1*.

R[enkhoff], O[tto]: Historische Kommission bei der Sächsischen Akademie der Wissenschaften in den Jahren 1953—1957. In: Blätter für deutsche Landesgesch. Bd. *93.* 1957, S. 260.

3.2. Einzelne Unternehmungen

Bibliographie der sächsischen Geschichte

Jatzwauk, Jacob: Kurzer Abriß einer Geschichte der Sächsischen Bibliographie. In: Festschrift Martin Bollert zum 60. Geb. Dresden 1936, S. 38—48.

Burgemeister, Burghard: Zur Geschichte der Sächsischen Bibliographie. In: Sächsische Bibliographie. Berichtsj. 1961. Zsgest. v. Johannes Jandt unter Mitarb. v. Friedrich Seydel. Dresden 1962, S. XI—XVI.

Ja[ndt, Johannes]: Aus der Geschichte der Sächsischen Bibliographie. In: Sächsische Landesbibliothek. Neuerwerbungen und Nachrichten. 1973, Jan., S. 28f., Febr., S. 40—42, Apr., S. 37f., Mai, S. 48f.

Grundkarten

Kötzschke, Rudolf: Die Grundkarten. In: Die historisch-geographischen Arbeiten im Königreich Sachsen. Im Auftr. ... zsgest. [vielm. verf.] von R. Kötzschke [u. a.], Leipzig 1907, S. 33—39.

Flurnamen

Beschorner, Hans: Unsere Flurnamen. In: Mitt. des Vereins für sächs. Volkskunde. Bd. *3.* 1903—1905, S. 197—203, 243—248.

Ders.: Die Fragebogen. Die vervollständigten Karten in 1:25000. Das Sammeln der Flurnamen. Die Vervielfältigung der Flurkrokis. In: Die historisch-geographischen Arbeiten ..., S. 40—62.

Leipoldt, Johannes: Zur Frage der Veröffentlichung der sächsischen Flurnamenverzeichnisse. In: Sächs. Flurnamensammler. Nr. 1. 1930, S. 9—11.

Ders.: Zur Veröffentlichung von Flurnamensammlungen in Sachsen. Ebda. H. 14. 1938, S. 6f.

Hildebrand, K. [vielm. Ernst]: Was ist noch zu tun? Die sächsische Flurnamen-Stelle sucht neue Mitarbeiter! Ebda Nr. 2. 1931, S. 7—10; Nr. 3. 1931, S. 4—6; Nr. 4. 1934, S. 17—18; H. 6. 1935, S. 12f.

Leipoldt, Johannes: Der erste Fragebogen der Sächsischen Flurnamenstelle und seine wissenschaftlichen Ergebnisse. Ebda H. 12. 1937, S. 1—8; H. 13. 1938, S. 4—7; H. 14. 1938, S. 3—6; H. 15. 1941, S. 1—5 [m. n. e.].

Sächsischer Flurkartenatlas

Kötzschke, Rudolf: Der Flurkartenatlas. In: Die historisch-geographischen Arbeiten ..., S. 62—68.

Ders.: Die Flurkarte als Quelle agrargeschichtlicher Forschung. Der Plan eines Sächsischen Flurkartenatlasses. In: Kötzschke, Ländliche Siedlung und Agrarwesen in Sachsen. Aus dem Nachl. hrsg. v. Herbert Helbig. Remagen/Rhein 1953, S. 9—21 = Forschungen zur Deutschen Landeskunde. Bd *77.*

Historisches Ortsverzeichnis von Sachsen

Siehe auch S. 471 unter Einzelveröffentlichungen: Beschorner, Denkschrift ...

Meiche, Alfred: Das historische Ortsverzeichnis. In: Die historisch-geographischen Arbeiten ..., S. 68–74.

Beschreibung der Bistümer Meißen und Merseburg

Becker, Richard: Die Beschreibung der Bistümer Meißen und Merseburg. In: Die historisch-geographischen Arbeiten ..., S. 74–78.

Historischer Atlas von Sachsen

Beschorner, Hans: Der Geschichtliche Atlas von Sachsen. In: Amt und Volk. Jg. *5*. 1931, S. 12–15.

Blaschke, Karlheinz: Die historisch-kartographischen Arbeiten in Deutschland und der Historische Atlas von Sachsen. In: Jb. für Regionalgeschichte. Bd. *1*. 1965, S. 212–222.

Stand: 31. 12. 1973.

Manfred Kobuch
Diplom-Historiker/Diplom-Archivar

ABKÜRZUNGEN

Abh.	Abhandlung, Abhandlungen
AdW	Akademie der Wissenschaften der DDR
AfKg.	Archiv für Kulturgeschichte
AfO	Archiv für Orientforschung
Alman.	Almanach
Ann.	Annotation
Anz.	Anzeige
Arch.	Archiv
ASAW	Abhandlungen der Sächsischen Akademie der Wissenschaften zu Leipzig
BBA	Biologisches Bundesamt für Land- und Forstwirtschaft
Bd	Band, Bände
Beil.	Beilage
Beitr.	Beiträge zur Geschichte der deutschen Sprache und Literatur
Ber.	Berichte
Bespr.	Besprechung
Bl.	Blatt
Bln	Berlin
BNF	Beiträge zur Namenforschung. Heidelberg 1949ff.
BNF NF	Beiträge zur Namenforschung. Neue Folge ab Nr. 1 (1966).
BO	Bibliotheca Orientalis
BrP	Beiträge zur romanischen Philologie
ČMF	Časopis pro moderní filologii [Zeitschrift für moderne Philologie]. Mit der Beilage Philologica [abgekürzt Phil.].
ČR	Česká revue [Tschechische Revue].
ČSSR	Československá socialistická republika
CVA	Corpus Vasorum Antiquorum
DAL	Deutsche Akademie der Landwirtschaftswissenschaften
DAW	Deutsche Akademie der Wissenschaften zu Berlin
ders., dies.	derselbe, dieselbe
DLZ	Deutsche Literaturzeitung. Berlin 1880ff.
DMG	Deutsche Morgenländische Gesellschaft
DS	Deutsch-Slawische Forschungen zur Namenkunde und Siedlungsgeschichte. Halle 1956–1959; Berlin 1961ff.
dtsch.	deutsch (e, er)
dtv	Deutscher Taschenbuch-Verlag

Einltg.	Einleitung
Festschr.	Festschrift
Forsch.	Forschung (en)
FuF	Forschungen und Fortschritte
Hdb.	Handbuch
Hs.	Handschrift
HZ	Historische Zeitschrift
IF	Indogermanische Forschungen
Inform.	Informationen der Leipziger namenkundlichen Arbeitsgruppe. H. 1—14. Leipzig 1964ff.
Interv.	Interview
JAOS	Journal of the American Oriental Society
Jb., Jahrb.	Jahrbuch
JCS	Journal of Cuneiform Studies
Kal.	Kalender
KMU	Karl-Marx-Universität
Ktn	Karten
Leipz. Abh.	Leipziger Abhandlungen zur Namenforschung und Siedlungsgeschichte (I—III) Leipzig 1962, 1964, 1965.
Lětopis	Lětopis Instituta za serbski ludospyt. Budyšin 1953ff.
Lfg	Lieferung
LN	Lidové noviny [Volkszeitung]
LNA	Leipziger namenkundliche Arbeitsgruppe an der Karl-Marx-Universität Leipzig
LNB	Leipziger namenkundliche Beiträge. Berlin
Lpz.	Leipzig
Ltg.	Leitung
MAOG	Mitteilungen der Altorientalischen Gesellschaft
Mbl.	Monatsblätter
MGH	Monumenta Germaniae Historica
MIO	Mitteilungen des Instituts für Orientforschung der Akademie der Wissenschaften der DDR in Berlin
Mitt.	Mitteilungen
m. n. e.	mehr nicht erschienen
Nachr.	Nachruf
NF	Neue Folge
NfD	nur für den Dienstgebrauch
Nkdl. Inform.	Namenkundliche Informationen (= Fortsetzungen der Informationen ab H. 15) Leipzig
NL	Národní listy [Nationalblätter].
NPT	Nationalpreisträger
NV	Naše věda. [Unsere Wissenschaft].
NZZ	Neue Zürcher Zeitung

OLZ	Orientalische Literaturzeitung
Onoma	Onoma. Louvain 1950ff.
Onomastica	Onomastica. Wrocław 1955ff.
OSG	Onomastica Slavogermanica. Berlin 1965ff.
o. V.	ohne Verfasser
PBB	Beiträge zur Geschichte der deutschen Sprache und Literatur. Halle 1874ff.
PGM	Petermanns Geographische Mitteilungen
PH	Pädagogische Hochschule
Pl.	Plan, Pläne
Psych.	Zeitschrift für Psychiatrie, Neurologie und med. Psychologie
Rdsch.	Rundschau
Rev.	Revue
RGG	Religion in Geschichte und Gegenwart. Handwörterbuch für Theologie und Religionswissenschaften. Tübingen
RGW	Rat für gegenseitige Wirtschaftshilfe
RLA	Reallexikon der Assyrologie
RLV	Reallexikon der Vorgeschichte
RSO	Rivista degli Studi Orientali
RU	Russischunterricht. Berlin 1948ff.
SAW	Sächsische Akademie der Wissenschaften zu Leipzig
Sitzungsber.	Sitzungsbericht(e)
T.	Teil
TH	Technische Hochschule
ThLZ	Theologische Literaturzeitung
TU	Technische Universität
VJa	Voprosy jazykoznanija, Moskva 1952ff.
Vortr.	Vortrag
Vorw.	Vorwort
WHO	World Health Organisation
Wiss. Annalen	Wissenschaftliche Annalen. Berlin 1952ff.
WO	Welt des Orients
Wschr.	Wochenschrift
WZ	Wissenschaftliche Zeitschrift, gesellschafts- und sprachwissenschaftliche Reihe
WZKM	Wiener Zeitschrift für die Kunde des Morgenlandes
Z., Zs.	Zeitschrift
ZA	Zeitschrift für Assyrologie
ZAA	Zeitschrift für Anglistik und Amerikanistik
Zbl.	Zentralblatt
ZDMG	Zeitschrift der Deutschen Morgenländischen Gesellschaft

ZfdPh.	Zeitschrift für deutsche Philologie
ZfG	Zeitschrift für Geschichtswissenschaft
ZfS, ZfSl.	Zeitschrift für Slawistik
ZMR	Zeitschrift für Missionskunde und Religionswissenschaft
ZrP	Zeitschrift für romanische Philologie
ZS	Zeitschrift für Semistik
ZSS	Zeitschrift der Savigny-Stiftung für Rechtsgeschichte
Ztg	Zeitung

NAMENREGISTER

(Mitglieder der Akademie und der mit ihnen im Zusammenhang stehenden Personen)

Kolibri 360 GmbH
Ferdinand-Jühlke-Straße 7
99095 Erfurt, Deutschland
produktsicherheit@kolibri360.de